中国软科学研究丛书

丛书主编：张来武

"十一五"国家重点□□□□
国家软科学研究计划资助出版项目

创新力的早期养成

叶松庆　著

科学出版社
北京

内 容 简 介

本书在全国部分省市对未成年人，中学老师，家长，科技工作者，科技型中小企业家，教育、科技、人事管理部门领导，研究生，大学生，中学校长，德育干部，小学校长等 11 个群体关于创新力的早期养成进行调查的同时，辅以多样本个案访谈、座谈会与实地考察，以原生态的视角，多途径、大范围地得到创新力的早期养成以及未成年人的科学素质发展与企业家精神培养状况等相关问题的原始数据，在此基础上详细分析了未成年人科学素质发展与企业家精神培养的关联性、客观性、现实性、必要性、必然性、可能性、可行性等相关性，对未成年人创新力的早期养成状况、存在问题与引发原因等进行深入探讨，提出了以未成年人科学素质与企业家精神联动培育养成其创新力的基本策略与具体方法，为进一步促进未成年人创新力的早期养成提供了理论与实证依据，对国家有关部门制定相关政策与引导措施有重要参考价值。

本书可供青少年、青少年教育者、科技工作者、科普工作者、科技型企业家、相关领导等阅读与参考。

图书在版编目（CIP）数据

创新力的早期养成/叶松庆著. —北京：科学出版社，2019.3
（中国软科学研究丛书）
ISBN 978-7-03-056169-5

Ⅰ. 创… Ⅱ. ①叶… Ⅲ. ①青少年–创造能力–能力培养
Ⅳ. ①G305

中国版本图书馆 CIP 数据核字（2017）第 318023 号

丛书策划：林　鹏　胡升华　侯俊琳
责任编辑：杨婵娟　乔艳茹 / 责任校对：胡小洁
责任印制：赵　博 / 封面设计：黄华斌　陈　敬

科 学 出 版 社 出版
北京东黄城根北街 16 号
邮政编码：100717
http://www.sciencep.com
涿州市殷润文化传播有限公司印刷
科学出版社发行　各地新华书店经销

*

2019 年 3 月第　一　版　开本：720×1000　B5
2025 年 5 月第二次印刷　印张：35 3/4
字数：681 000
定价：198.00 元
（如有印装质量问题，我社负责调换）

总序

软科学是综合运用现代各学科理论、方法，研究政治、经济、科技及社会发展中的各种复杂问题，为决策科学化、民主化服务的科学。软科学研究是以实现决策科学化和管理现代化为宗旨，以推动经济、科技、社会的持续协调发展为目标，针对决策和管理实践中提出的复杂性、系统性课题，综合运用自然科学、社会科学和工程技术的多门类多学科知识，运用定性和定量相结合的系统分析和论证手段，进行的一种跨学科、多层次的科研活动。

1986 年 7 月，全国软科学研究工作座谈会首次在北京召开，开启了我国软科学勃兴的动力阀门。从此，中国软科学积极参与到改革开放和现代化建设的大潮之中。为加强对软科学研究的指导，国家于 1988 年和 1994 年分别成立国家软科学指导委员会和中国软科学研究会。随后，国家软科学研究计划正式启动，对软科学事业的稳定发展发挥了重要的作用。

20 多年来，我国软科学事业发展紧紧围绕重大决策问题，开展了多学科、多领域、多层次的研究工作，取得了一大批优秀成果。京九铁路、三峡工程、南水北调、青藏铁路乃至国家中长期科学和技术发展规划战略研究，软科学都功不可没。从总体上看，我国软科学研究已经进入各级政府的决策中，成为决策和政策制定的重要依据，发挥了战略性、前瞻性的作用，为解决经济社会发展的重大决策问题做出了重要贡献，为科学把握宏观形势、明确发展战略方向发挥了重要作用。

20多年来，我国软科学事业凝聚优秀人才，形成了一支具有一定实力、知识结构较为合理、学科体系比较完整的优秀研究队任。据不完全统计，目前我国已有软科学研究机构2000多家，研究人员近4万人，每年开展软科学研究项目1万多项。

为了进一步发挥国家软科学研究计划在我国软科学事业发展中的导向作用，促进软科学研究成果的推广应用，科学技术部决定从2007年起，在国家软科学研究计划框架下启动软科学优秀研究成果出版资助工作，形成"中国软科学研究丛书"。

"中国软科学研究丛书"因其具有良好的学术价值和社会价值，已被列入国家新闻出版总署"'十一五'国家重点图书出版规划项目"。我希望并相信，丛书的出版对软科学研究优秀成果的推广应用将起到很大的推动作用，对提升软科学研究的社会影响力、促进软科学事业的蓬勃发展意义重大。

2008 年 12 月

　　关于未成年人创新力的早期养成，笔者已关注多年。笔者曾以马克思列宁主义、毛泽东思想、邓小平理论、"三个代表"重要思想、科学发展观、习近平新时代中国特色社会主义思想为指导，较系统地研究过未成年人的价值观、道德观、养成教育等，科学家的教育思想，青年科技人员素质，科技伦理，下岗青年素质，青年就业创业，青少年科学素质，青少年企业家精神等方面的相关问题，对其逻辑关系与内在联系有一定的了解，有一些研究经验与成果；对未成年人创新力的早期养成的重要性与意义以及研究思路、内容设计、方法选择、途径优化、阶段划分有一定的感悟，做了比较充分的心理和条件准备。

　　笔者从 2006 年开始在申报与完成全国教育科学"十五"规划教育部重点课题"当代未成年人价值观的演变与教育策略"（DEA050070）以及 2008 年完成全国教育科学"十一五"规划教育部重点课题"青少年思想道德素质发展状况实证研究"（DEA080176）中，同时调查了未成年人创新力的早期养成以及科学素质发展与企业家精神培养的相关问题。2009 年 10 月笔者承担了国家软科学研究计划面上项目，在未成年人，中学老师，家长，科技工作者，科技型中小企业家，教育、科技、人事管理部门领导，研究生，大学生等 8 个群体中，从未成年人的科学素质发展与企业家精神培养入手，重点调查了未成年人创新力早期养成的现状等相关问题，发表了多篇研究论文。

2011～2015年笔者连续5年对未成年人创新力早期养成的相关问题进行调研。在此期间，笔者申请并完成了（2012年6月立项，2013年12月结项）与本书研究紧密相关的研究课题：安徽省软科学研究计划2012年度项目"安徽科普资源整合与利用机制研究"（120205003020）。笔者在2013年与2015年的调查中，除了未成年人、中学老师、家长这三个不间断调查的群体以外，增加了中学校长、德育干部（2013年）、小学校长等三个新群体，并且更加突出了对未成年人创新力早期养成状况与方法的探寻，既照顾了全面性，也增加了厚实感。整个调研涉及11个群体，积累了珍贵的原始数据，进一步夯实了研究基础。

　　本书以未成年人科学素质发展与企业家精神培养的联动为切入点，主要采用连续调查、个案访谈、实地考察、对话沟通、阶段比较、综合分析等方法，对未成年人科学素质发展与企业家精神培养进行跟踪性的实证研究（已有充分的准备和前期基础），较系统而深入地探讨其现状、存在问题及原因、影响因素，细致分析其关联性、客观性、现实性、必要性、必然性、可能性、可行性等相关性，寻找早期培养以科技创新、自主创业、善于经营、懂得管理为主导的创新力的联动策略与有效方法，能较准确地反映这个群体在某个较长时段的原生态与基本状况，为更好地让未成年人早期养成创新力，使他们成为当今与可以预见的未来社会所迫切需要的创新者与创业者提供理论依据，也为进一步研究打下基础，企盼有利于推动我国经济社会的发展和进步。

叶松庆

2018年7月

目 录 **CONTENTS**

第一章 导 论

本章从党和国家领导的高度重视、国家人才发展战略目标的实现、企业自主创新、科技型企业家的成长、未成年人创新力的培养、青年与大学生的就业创业等六个方面较详细地探讨了本书研究动因；从未成年人的创新力培养研究、未成年人的科学素质现状调查研究、未成年人的科学素质理论与实践研究、企业家精神研究、未成年人的企业家精神研究、未成年人的科学素质发展与企业家精神培养研究、科技型企业家的研究、对国外相关现状的研究等八个方面探讨了国内研究现状；从创新力及其培育研究、未成年人的科学素质发展与企业家精神培养研究等两个方面探讨了国外研究现状；并对研究论及的关键词做了解析。

第一节 研 究 动 因

一 党和国家领导的高度重视

邓小平同志一直十分关心青少年的健康成长，注重青少年创新精神和创新能力的培养，他曾为全国青少年科技作品展览题词"青少年是祖国的未来，科学的希望"[①]，并嘱咐亲属将百万元稿费捐献出来设立中国青少年科技创新奖励基金，用于鼓励青少年科技创新。

江泽民同志在 1995 年 5 月 26 日召开的全国科学技术大会上指出："创新是一个民族进步的灵魂，是一个国家兴旺发达的不竭动力……一个没有创新能力的民族，难以屹立于世界先进民族之林。"[②]

胡锦涛同志在 2006 年 1 月 9 日召开的全国科学技术大会上的讲话中指出："要注重从青少年入手培养创新意识和实践能力，积极改革教育体制和改进教学方法，大力推进素质教育，鼓励青少年参加丰富多彩的科普活动和社会实践。"[③]

---

① http://dangshi.people.com.cn/GB/242358/242773/242776/17735117.html.

② http://cpc.people.com.cn/GB/64184/64185/180137/10818719.html.

③ http://www.gov.cn/ldhd/2006-01/09/content_152487.htm.

习近平同志在 2009 年 9 月 19 日同首都各界群众和青少年一起参加全国科普日活动时强调指出，"提高中华民族创新能力，把我国建设成为创新型国家，关键在人才，希望在青少年。要坚持从青少年抓起，为国家培养更多创新型科技后备人才"，勉励青少年"从小就要崇尚科学、追求真知，勤奋学习、锐意创新，保持持续的想象力和创造力，努力掌握创新方法，不断提高创新本领"[1]。

2013 年 5 月 4 日，习近平同志在《在同各界优秀青年代表座谈时的讲话》中进一步指出："广大青年一定要勇于创新创造。创新是民族进步的灵魂，是一个国家兴旺发达的不竭源泉，也是中华民族最深沉的民族禀赋，正所谓'苟日新，日日新，又日新'。生活从不眷顾因循守旧、满足现状者，从不等待不思进取、坐享其成者，而是将更多机遇留给善于和勇于创新的人们。青年是社会上最富活力、最具创造性的群体，理应走在创新创造前列。"[2]

2014 年 8 月 18 日，习近平同志在中央财经领导小组第七次会议上的讲话中强调，"创新驱动实质上是人才驱动。为了加快形成一支规模宏大、富有创新精神、敢于承担风险的创新型人才队伍，要重点在用好、吸引、培养上下功夫"[3]。

党的十八大以来，以习近平同志为核心的党中央把创新摆在国家发展全局的核心位置，围绕实施创新驱动发展战略，加快推进以科技创新为核心的全面创新。

二 国家人才发展战略目标的实现

培养人才的创新素质和创新能力已成为《国家中长期人才发展规划纲要（2010—2020 年）》和《国家中长期教育改革和发展规划纲要（2010—2020 年）》的重要战略目标和主要解决问题之一。

2017 年 9 月 26 日，中共中央、国务院颁发了《中共中央 国务院关于营造企业家健康成长环境弘扬优秀企业家精神更好发挥企业家作用的意见》，为企业家人才的成长发展与作用发挥指明了方向，为弘扬优秀企业家精神提供了政策保障。

三 企业自主创新

随着经济的蓬勃发展，自主创新成为各行各业可持续发展的源泉和动力。科学技术真正成了企业发展的"第一生产力"，是企业生存的"命根子"。而自主创新和技术进步归根结底要靠人。只有有了人的全面发展，企业才有可能

---

[1] http://www.gov.cn/ldhd/2009-09/20/content_1421571.htm.

[2] http://www.xinhuanet.com//politics/2013-05/04/c_115639203.htm.

[3] http://www.gov.cn/xinwen/2014-08/18/content_2736502.htm.

发展。企业吸纳一批具有创新精神和创造能力、善于经营管理的人才为企业的发展提供智力保障，才有可能稳步向前。

四 科技型企业家的成长

在知识经济时代，既具备良好的科学素质，又具有良好的企业家精神与较强创新能力的科技型企业家十分重要。科技型企业家何以形成？其数量如何满足企业发展的现实需要？

五 未成年人创新力的培养

按照美国政治经济学家约瑟夫·熊彼特（Joseph A. Schumpeter）的理论，"创新的主动力来自于企业家精神"（约瑟夫·熊彼特，1991）。那么，企业家精神来自何处？复旦大学姚凯教授认为，"企业家精神能否被培养，首先要从企业家精神生成的根源来看。一方面，企业家精神与遗传及从小生活、成长的环境密切关系。另一方面，商学院的培育也十分重要。理论上讲，企业家精神可以通过现代教育获取"（张晓明，2012）。企业家精神应主要来自学校教育与社会实践。

学校教育在培养未成年人的科学素质方面比较重视，设置了相关课程，也积极开展课外科技活动，取得了一定的成效。但学校教育在培养未成年人的企业家精神方面不够重视，出现意识不强、措施不多、力度不大、效果欠佳的局面。科学素质与企业家精神是人的创新力的主要支柱，学校教育缺乏培养未成年人的企业家精神，对未成年人创新力的形成不利。

"大力培养未成年人的创新力，是时代进步和经济、社会发展以及企业生存、自主创新、发展的迫切需要，也是未成年人自身生存、竞争、创业、创新、发展的迫切需要。"（叶松庆，2006）。

六 青年与大学生的就业创业

中央电视台少儿·军事·农业频道和清华大学中国创业研究中心发布的《2006—2007 年度中国百姓创业致富调查报告》称，"创业呈现明显的年轻化趋势，充满活力的青少年创业逐渐成为社会的新亮点"，但有学者同时指出，"中央电视台农业频道和清华大学中国创业研究中心的调查反映，48%的人有创业失败的经历"，"创业只有热情是不足以实现的"（迟明霞，2007）。

2012 年 10 月 8 日，《光明日报》报道，"根据国家有关部门统计，中国大学生创业成功率是 3%，而美国的大学生创业成功率为 20%，双方有 7 倍的差距，这也从一个侧面反映出两国大学生就业能力的差距。因此，我们要仔细分析青少年特点对他们大学阶段产生的影响"（王波，2012）。

一方面是创业呈年轻化趋势，另一方面是年轻创业者的能力明显不足，准备很不充分，这一矛盾如何化解？

笔者从 1998 年就开始关注青年的就业、再就业与创业，发现存在不少期望值过高与素质不够、能力不足的情况。"不少青年在感到无奈、失望、茫然的同时，也是一筹莫展，出路在哪里？"（俞浙铖和郑敏超，2010）

2013 年 5 月 3 日《半月谈》载文称，"中国的青年创业依然面临着重重阻碍：家庭的不理解不支持，创业能力不足，创业指导与经验的缺乏，创业资金的困难，创业企业负担重，创业公平环境的缺失，等等"（李诗海，2013）。其中的"创业能力不足，创业指导与经验的缺乏"如何看待？2015 年 12 月 31 日《中国青年政治学院校报》载文认为，"当下大学生总体创业意愿不高"（祝君和尹晓婧，2015）。如何提升大学生的创业意愿？2016 年 10 月 30 日《中国青年报》载文指出，"大学生创业最容易遇到的问题是，只有激情，能力不足"（陈璐，2016）。《中国经济周刊》2017 年第 39 期载文称"中国大学生创业率 5 年翻一番，平均成功率不足 5%"（王红茹，2017）。面对这种现状，如何提高大学生的创业能力？

"国内创业青年为何少有'比尔·盖茨'？"（孙大卫，2013）、"YBC 模式让青年创业成功率达到 90%"（魏和平，2007）、"涉农专业大学生创业成功率高"（陶涛和张燕，2011）、"创业失败，大不了就饿几天"（郑舒翔等，2011）、"大学生创业难以成功的关键是在学校里学的主要是就业技能，而不是创业能力"（路军，2011）、"对中学生创业应予关注和引导"（刘云伶和燕雁，2007），如何看待这些现象与观点，能从中得到哪些启示？

基于以上缘由笔者萌发了要探讨人才的全面发展，青年就业创业所必需的创新力的早期养成的现状、问题、策略与方法，企业自主创新能力的来源，科技工作者和科技型中小微企业家的成长经验与发展理念对青少年教育的启示等相关问题。

第二节　国内研究现状

一　未成年人的创新力培养研究

截止到 2017 年 9 月 20 日，笔者在中国知网上以"创新力"为主题检索到相关成果 398 138 篇，以"青少年创新力"为主题检索到相关成果 2828 篇，以"幼儿创新力"为主题检索到相关成果 2500 篇，检索到研究"未成年人创新力"的成果仅 5 篇，如下：《充分利用乡镇现有科普资源，培养未成年人科学创新能力》（陈庆照，2007）、《增强未成年人思想道德教育创新能力》（苏婷，2008）、《浅谈科技馆教育活动如何培养未成年人的创新意识和能力》（李渊渊，2011）、《未成年人创新意识和创新能力培养的实践探索》（李玥莹，2013）、《未成年人创新意识和能力培养的理论研究与实践探索》（姚安贵，2015）。这5 篇文章中有 4 篇是探讨如何利用科普资源来培养未成年人的科技创新力的。以上成果有重要参考价值，为他人进一步研究提供了不同视角。

二 未成年人的科学素质现状调查研究

2004 年 2 月中共中央、国务院印发了《中共中央国务院关于进一步加强和改进未成年人思想道德建设的若干意见》以后，社会各界以各种方式积极参与未成年人思想道德建设（含科学素质、企业家素质成分），在不同的时间做了相关调查，形成了不少地域性较强的调查报告，有些报告得以公开发表。例如，《中学生科学素养调查报告》（黄国雄，2004）、《上海青少年科学素养的调查研究》（徐进和俞真，2005）、《中国师生科学素养现状调查》（郭彦霞，2006）、《南昌市高中生科学素养现状调查报告》（卢春等，2007）、《青少年中的鬼神迷信现象探析》（耿明友，2006）、《当代城乡青少年迷信观的比较研究》（叶松庆，2009b）、《广州市初中生科学素质调查评估》（关婉君，2010）、《当代青少年科学素质状况调查研究——基于深圳、中山、北京、成都初中生的调查》（聂伟，2011）、《青少年的科学素质发展状况实证分析》（叶松庆，2011b）、《政府职能转变视角下未成年人科学素质调查及管理优化研究》（邱国俊，2015）等。这些成果通过问卷调查、数据分析，对一个时期未成年人的科学素质现状给出了评价与阶段性结论，也向我们传递了未成年人科学素质现状等相关问题的数据信息。

三 未成年人的科学素质理论与实践研究

近年来学者们多致力于研究未成年人的科学意识、科学精神、科学能力、科学行为等，每年都有一批有重要价值的成果面世。例如，《我国青少年科学教育的历史与展望》（韦钰，2008）、《当代城乡青少年科学素质的比较研究》（叶松庆，2009a）、《教育部大力提高我国未成年人科技素养》（中国科协，

2011）、《一六八中学举办未成年科学素质行动计划专题讲座》（刘五柒，2013）、《青少年科学素养的形成机理研究》（周立军等，2013）、《全面推进未成年人的科学素质提升（摘要）》（江苏省教育厅，2014）、《推广"家庭亲子"科普模式 引领未成年人科学素质提升——以鄂州市"家庭亲子科普行"活动为例》（王家绪等，2015）、《宜兴市科协提升未成年人科学素质研究》（肖绯，2016）等。这些研究成果从一些重要方面解决了未成年人科学素质发展的理论与实践问题，如不同地域的未成年人科学素质发展的现状、思路、案例分析、方法与实践途径等，为加强和改进未成年人的科学素质教育发挥了重要作用。

四 企业家精神研究

2017 年 9 月 26 日中共中央、国务院颁发的《中共中央 国务院关于营造企业家健康成长环境弘扬优秀企业家精神更好发挥企业家作用的意见》，把"优秀企业家精神"高度概括为"爱国敬业、遵纪守法、艰苦奋斗；创新发展、专注品质、追求卓越；履行责任、敢于担当、服务社会"36 个字，这是对企业家精神的最新的完整诠释。

在企业家精神的研究方面也取得了不少重要成果，研究者论述了企业家精神的内涵、企业家精神的特质、企业家精神对经济增长的影响以及如何培育企业家精神等相关问题，也对我国企业家精神的缺失原因做了一些分析。例如，《论企业家精神的内涵及其培育》（吕爱权和林战平，2006）、《中国企业家成长问题研究》（郑海航等，2006）、《学术型创业家与企业绩效的关系研究》（陈劲和朱学彦，2006）、《中国企业家精神特质及其建构条件分析》（林左鸣和吴秀生，2005）、《企业家精神为何衰减》（史振厚，2013）、《中国缺企业家，还是企业家精神？》（陈宪，2014）、《企业家精神：一种新常识》（塞曼，2016）、《企业家精神对经济增长的影响》（李占风和刘晓歌，2017）、《现代特性理论视角下的企业家精神内涵》（南倩昀，2017）等。这些成果从理论上为企业家精神深入研究打下了基础。

五 未成年人的企业家精神研究

公开发表的专门研究未成年人企业家精神的成果较少，笔者于 2017 年 9 月 20 日在中国知网上未检索到冠以"未成年人"的"企业家精神"的研究成果。检索"青少年的企业家精神"，仅检索到 2 篇，第 1 篇是《青少年企业家精神培养实证分析》（叶松庆，2012a），该文研究的对象是初二至高二的中学生，是未成年人，只是没有冠以"未成年人"，而是以"青少年"的面目出现，该文第一次尝试用实证的方法，从对企业家精神的理解、对企业家素质的认知、企业家精神现状等三个方面分析了未成年人的企业家精神培养现状，认为"近半数青少年的企业家精神现状较好"，"青少年的企业家精神培养主流呈现积极、健康、向上状态"，并认真分析了未成年人的企业家精神培养存在的问题，对如何改善未成年人的企业家精神培养进行了缜密思考。第 2 篇是《青少年科技活动对培养企业家精神的作用效果研究》（潘天骄，2011），这是中国地质大学（北京）硕士学位论文，作者从青少年的科技活动入手，以调查问卷的方式，了解和分析了青少年科技活动的现状，认为科技活动对培养青少年企业家精神有积极的作用，为科学素质与企业家精神联动培育以养成未成年人的创新力提供了有价值的参考。

浙江省诸暨市荣怀学校楼高行对在中学生中进行企业家精神教育的"必要性"与"可能性"作过认真分析（楼高行，2012），认为在未成年人中培养企业家精神是可行的。

（六）未成年人的科学素质发展与企业家精神培养研究

公开发表的专门研究未成年人科学素质发展与企业家精神培养联动现状的成果较少，笔者于 2017 年 9 月 20 日在中国知网上未检索到冠以"未成年人"的"科学素质发展与企业家精神培养"的研究成果。检索"青少年的科学素质发展与企业家精神培养"，仅检索到 3 篇，即《青少年科学素质发展与企业家精神培养的相关性》（叶松庆，2012c）、《青少年科学素质发展与企业家精神培养的基本策略》（叶松庆，2011c）、《青少年科学素质发展与企业家精神培养的主要方法》（史铁杰和叶超，2011），这 3 篇论文是一个选题的成果，从不同的方面分析了未成年人（初一至高二的中学生）的科学素质发展与企业家精神培养的相关性、基本策略与主要方法，其中论及"未成年人的企业家精神"，对了解未成年人的企业家精神有一定的帮助。相关研究成果认为未成年人的科学素质发展与企业家精神培养是未成年人成长中必不可少的因素，青少年的科学素质发展与企业家精神培养有着本质上的内在联系，有着很多共同性与共通性。中国传统文化中缺少企业家精神的成分，特别是缺少竞争、经商、创业等文化元素，这是人们不习惯培养未成年人企业家精神的重要原因；而把未成年人的科学素质发展与企业家精神培养视为一个整体的更不多见，造成这种状况的原因很多，比如，教育观念陈旧、传统思想禁锢、只注重未成年人的思想道德素质的培养、人为割裂科学素质与企业家精神的内在联系等。因此，有关未成年人科学素质发展与企业家精神培养的研究才刚刚起步。

七 科技型企业家的研究

研究科技型企业家的成果较多,如杨德林的专著《中国科技型创业家行为与成长》(杨德林,2005),对科技型企业家的角色定位与作用有了较深入的认识。《黑龙江日报》2017年5月19日载文认为"要加快实现从科技工作者向科技型企业家的角色转变"(蒋国华,2017),为科技型企业家的成长与队伍建设提供了新思路。截止到2017年9月20日,在中国知网上检索到相关研究成果近50篇,如《科技型企业家的作用机制与成长环境营造》(周国红等,2007)、《科技型企业家:技术创新的主要推进者》(丁福虎,1998)、《造就大批科技型企业家》(张艳芳,2006)、《科技型小微企业企业家政治关联对企业技术选择方向的影响》(何青松等,2013)、《时代的领跑者——科技型企业家》(王弘钰等,2014)、《科技型企业家能力特征研究——基于147份企业家调查问卷的比较分析》(代吉林等,2015)、《科技型企业家的成长规律》(李枫,2016)等,分析了科技型企业家的基本特征与作用机制,提出了营造科技型企业家成长环境的对策,进行了如何造就科技型企业家及其成长规律的思考等,为人们进一步研究提供了有益启示。

八 对国外相关现状的研究

对国外个体与群体的创新力、科学素质教育与企业家精神培养状况的研究,国内的学者有一些研究成果。例如,《日本科技人才战略及其对中国的启示》(武勤和朱光明,2008)、《法国科技人才发展状况探析》(陈伟,2008)、《论美国企业家精神培育机制及对我国教育的启示》(姚则会,2008)、《国外企业家精神教育及其对我们的启示》(张玉利和杨俊,2004)、《乔布斯的创新力研究》(武秀芳,2012)等。这些成果介绍了国外的一些相关情况,也让我们从中获益。

第三节 国外研究现状

一 创新力及其培育研究

研究创新力的专著,一是英国学者约翰·贝赞特(John Bessant)在2011年7月由世界图书出版公司出版的《管理人手册12:创新力》(约翰·贝赞特,

2011），该书向读者介绍了创新的框架、创新包含的要素，包括制定战略目标并有效沟通、寻找创新诱因、平衡项目组合和如何完成项目，试图引导读者通过思考和实践，成为一名出色的创新者。该书对创新力的结构以及如何在实践中培育与激发创新力有着独到的见地，对人们深入实践有着一定的指导作用。二是美国企业家、爵士音乐家、风险投资家、演讲家和作家，以及世界上最大的互动营销策划机构 ePrize 公司的创始人和前首席执行官乔希·林克纳（Josh Linkner）在 2012 年 10 月由中信出版社出版的《创新五把刀：突破式创新的运作系统》（乔希·林克纳，2012），该书向读者详细阐释了如何创造有价值的新想法，如何激励员工解放天性、勇敢创新，从而长期保持竞争优势。他勾勒出了一个简单易行的五步方法论（询问、准备、发现、点燃、实施），这一理论将"想"和"做"完美地结合起来，将会帮助人们提升创新效率。当然，该书谈的主要是企业员工如何运用创新力进行创新，对其他行业创新力的培育与运用也有借鉴价值，对未成年人的创新力的培育有一定的启迪作用。

二 未成年人的科学素质发展与企业家精神培养研究

发达国家很重视青少年的科学素质发展，学术界主要侧重研究青少年（从年龄上可以看出有涉及未成年人的成分，但没有明确界定）的科学意识、科学态度、科学精神、科学行为等的现状与发展机制，与我国的类似研究有一些共同点。

发达国家也很重视青少年的企业家精神培养研究，主要体现在对青少年企业家精神的教育上。1945 年美国哈佛商学院首开企业家精神课程（张玉利和杨俊，2004），自 20 世纪 60 年代后期，企业家精神教育在世界范围内以前所未有的速度迅速发展，到 1985 年美国就有 245 家高等教育机构的 253 个学院开设了企业家精神课程，至今企业家精神课程已成为美国青少年的必修课，可见其对青少年企业家精神培养的重视。在青少年的企业家精神养成研究方面，国外很重视早期养成研究，与我国社会的"企业家精神是'自然形成'的"认识，在价值判断与理念认同上存在较大差异。美国现代管理学之父彼得·德鲁克（Peter F. Drucker）的《创新与企业家精神》（彼得·德鲁克，2007）、美国政治经济学家约瑟夫·熊彼特的《经济发展理论——对于利润、资本、信贷、利息和经济周期的考察》（约瑟夫·熊彼特，1991）、英国经济学家阿尔弗雷德·马歇尔（Alfred Marshall）的《经济学原理》（阿尔弗雷德·马歇尔，2009）、美国学者杰夫·戴尔（Jeff Dyer）等的《创新者的基因》（杰夫·戴尔等，2013）、美国哲学家赫斯利普（R. D. Heslep）的《美国人的道德教育》（赫斯利普，2003）、法国社会学家埃米尔·涂尔干（Émile Durkheim）的《社会分工论》（埃米尔·涂尔干，2000）、苏联教育家马卡连柯的《教育诗》（马卡连柯，1957）等研究成果有重要参考价值。

第四节　研究论及的关键词

一　综合性关键词

（一）创新力

创新力是指审视、质疑、批判和重塑能力，是运用知识和经验，在文化、科学、艺术、技术、经营、管理等各种社会实践活动中持续不断地提供具有经济、社会与应用价值的新思想、新理论、新方法和新发明的能力。如发现新现象、发明新技术、提出新观点和新理念、制订新计划、设计新方案、开发新产品和新工艺、创作新作品等。创新力主要包括创新意识、创新欲望、创新行为等。创新力是各种竞争的核心。

（二）科学素质

科学素质一般指了解必要的科学技术知识，掌握基本的科学方法，树立科学思想，崇尚科学精神，并具有一定的应用它们处理实际问题、参与公共事务的能力。

（三）企业家精神

企业家精神一般指企业家组织建立和经营管理企业的综合才能的表述方式，是一种重要而特殊的无形生产要素。

二　未成年人关键词

（一）未成年人

未成年人，顾名思义，就是尚未成为成年人的人。从年龄上划分，不同的国家有不同的标准。我国对未成年人界定的年龄上限是"不满18周岁"，也就是17周岁是未成年人的上限，对未成年人的年龄下限尚无统一规定，本书划定为 10 周岁，由此，未成年人是指 10～17 周岁这个年龄段的青少年。如果按在校生来确定，一般为小学五年级至高二这一阶段的学生，本书调研的未成年人是中学初一至高二的学生。未成年时期是人的个性心理品质与世界观、人生观、价值观形成的重要阶段，也是创新力养成的最佳时期。

（二）未成年人的创新力

未成年人的创新力就是未成年人在学习、生活、与人交往、社会活动中所表现出来的审视、质疑、批判和重塑的能力，对未成年人的成长与发展起到极其重要的作用，也为其步入成年时期后为社会做贡献奠定了基础。

（三）未成年人的科学素质

未成年人的科学素质是未成年人具备的了解基本的科学知识，掌握基本的科学方法，树立科学思想，崇尚科学精神，持有一定的科学技能等科学意识与科学行为的统称，是未成年人的一种必备素质。

（四）未成年人的企业家精神

未成年人的企业家精神是未成年人具备的创新、冒险、合作、敬业、学习、执着、诚信、宽容等意识与行为的集合体，是未成年人的一种重要素质。具备较好企业家精神在未成年人长大成人后必将为其进一步发展创设更好的平台，这样的未成年人也最有可能成为事业的成功者、竞争的胜者、生活的强者。

第二章

未成年人创新力早期养成现状的调查述要

笔者在全国部分省市连续 10 年（2006～2015 年）对未成年人（累计 25 107 名），连续 8 年（2008～2015 年）对中学老师（累计 1693 名），连续 6 年（2010～ 2015 年）对家长（累计 1169 名），间续 2 年（2010 年、2012 年）对研究生（累计 179 名），2010 年对科技工作者（91 名）、科技型中小企业家（41 名）、教育、科技、人事管理部门领导（34 名）、大学生（869 名），连续 3 年（2013～ 2015 年）对中学校长（405 名），2013 年对德育干部（43 名），连续 3 年（2013～ 2015 年）对小学校长（135 名）等关于创新力的早期养成进行调查。为详细分析未成年人创新力早期养成现状，有必要对本书研究的相关调查情况做详尽的介绍，一方面旨在突出研究的实证特色，另一方面详尽细致的调查数据更能反映包括未成年人在内的多层级群体较高的参与度，从而为未成年人创新力的培育提供内在逻辑的支撑。

第一节　调查的基本情况

一　调查思路

从 2006 年开始至 2015 年连续 10 年以调查问卷、个案访谈、座谈会、实地考察等方式，在全国部分省市做了实证调查，对当代未成年人创新力早期养成现状有了第一手数据。

二　调查对象

调查对象涉及 11 个群体。

（一）未成年人

初一至高二的中学生，分布在全国部分省市。

（二）中学老师

在教学第一线的教师与班主任，分布在全国部分省市。

（三）家长

在校学生的家长，分布在全国部分省市。

（四）科技工作者

中国科学院系统的科研人员、高等学校的教师，分布在全国部分省市。

（五）科技型中小企业家

分布在全国部分省市。

（六）教育、科技、人事管理部门领导

安徽省教育厅、安徽省科学技术厅、中国共产主义青年团安徽省委员会等部门与安徽省高校教务、科研、人事管理部门领导。

（七）研究生

在读二年级硕士研究生，分布在文、理、工、艺术、综合等学科，仅限安徽省高校。

（八）大学生

主要为在读二年级学生，分布在文、理、工、艺术、综合等学科，仅限安徽省高校。

（九）中学校长

现职中学行政领导，仅限于安徽省。

（十）德育干部

现职中小学德育工作者，仅限于安徽省芜湖市。

（十一）小学校长

现职小学行政领导，主要在安徽省，少数来自全国其他省市。

三 调查概况

（一）调查对象的总体频次

表 2-1 是本书调查对象的总体频次情况。

表 2-1　调查对象的总体频次情况（2006～2015 年）

序号	选项	2006 年	2007 年	2008 年	2009 年	2010 年	2011 年	2012 年	2013 年	2014 年	2015 年	合计
1	未成年人	√	√	√	√	√	√	√	√	√	√	10
2	中学老师			√	√	√	√	√		√	√	8
3	家长					√	√	√	√	√	√	6
4	科技工作者					√						1
5	科技型中小企业家					√						1
6	教育、科技、人事管理部门领导					√						1
7	研究生					√		√				2
8	大学生					√						1
9	中学校长								√	√√	√√√√	7
10	德育干部								√			1
11	小学校长								√	√√	√√	5
	合计	1	1	2	2	8	3	4	6	7	9	43

注：√的数量代表次数。

（二）调查人数的总体情况

表 2-2 是本书调查人数的总体情况。

表 2-2　调查人数的总体情况（2006～2015 年）　　单位：人

序号	选项	2006 年	2007 年	2008 年	2009 年	2010 年	2011 年	2012 年	2013 年	2014 年	2015 年	合计
1	未成年人	2 426	3 045	4 025	2 216	1 936	1 931	2 104	2 968	2 938	1 518	25 107
2	中学老师			155	223	215	218	201	295	232	154	1 693

续表

序号	选项	2006年	2007年	2008年	2009年	2010年	2011年	2012年	2013年	2014年	2015年	合计
3	家长					98	183	205	294	235	154	1 169
4	科技工作者					91						91
5	科技型中小企业家					41						41
6	教育、科技、人事管理部门领导					34						34
7	研究生					131	48					179
8	大学生					869						869
9	中学校长							182		(1) 69 (2) 47	(1) 20 (2) 20 (3) 18 (4) 49	405
10	德育干部								43			43
11	小学校长								38	(1) 26 (2) 33	(1) 17 (2) 21	135
合计		2 426	3 045	4 180	2 439	3 415	2 332	2 558	3 820	3 580	1 971	29 766

注：表内（ ）中的数字表示次数的序号。

第二节　调查对象的人口特征

一　未成年人有效样本的人口特征

表 2-3 是本书中 2006～2010 年抽样调查的未成年人有效样本的人口特征。

表 2-3　未成年人有效样本的人口特征（2006～2010 年）

类别	变量	2006年	2007年	2008年	2009年	2010年
区域（城市）/个	安徽	8	10	17	16	17
		8	10	23	17	19
	其他省市	0	0	6	1	2
学校数/所	安徽	18	11	24	26	36
		18	11	32	29	38
	其他省市	0	0	8	3	2

续表

类别	变量	2006年		2007年		2008年		2009年		2010年	
人数/人	安徽	2426	2426	3045	3045	2875	4025	2021	2216	1736	1936
	其他省市	0		0		1150		195		200	
城乡[人数（人）、比例（%）]	城市	1744	71.89	1594	52.35	2073	51.50	1098	49.55	813	41.99
	乡镇	682	28.11	1451	47.65	1952	48.50	1118	50.45	1123	58.01
性别[人数（人）、比例（%）]	男	1414	58.29	1638	53.79	1821	45.24	1126	50.81	917	47.37
	女	1012	41.71	1407	46.21	2204	54.76	1090	49.19	1019	52.63
中学类别[人数（人）、比例（%）]	示范	862	35.53	1304	42.82	1071	26.61	631	28.47	529	27.32
	普通	1564	64.47	1741	57.18	2954	73.39	1585	71.53	1407	72.68
年级段[人数（人）、比例（%）]	初中	1771	73.00	1552	50.97	2721	67.60	1308	59.03	942	48.66
	高中	655	27.00	1493	49.03	1304	32.40	908	40.97	994	51.34
是否为独生子女[人数（人）、比例（%）]	独生子女	725	29.88	1009	33.14	1642	40.80	1006	45.40	905	46.75
	非独生子女	1645	67.81	1985	65.19	2280	56.65	1186	53.52	1016	52.48
	不清楚	56	2.31	51	1.67	103	2.56	24	1.08	15	0.77
是否为留守儿童[人数（人）、比例（%）]	留守儿童	703	28.98	975	32.02	1046	25.99	460	20.76	438	22.62
	非留守儿童	1698	69.99	2001	65.71	2674	66.43	1631	73.60	1442	74.48
	不清楚	25	1.03	69	2.27	305	7.58	125	5.64	56	2.89

注：表中有的项比例之和不为100%，是由四舍五入造成的，实际为100%，下表同。

表2-4是本书中2011～2015年抽样调查的未成年人有效样本的人口特征。

表2-4　未成年人有效样本的人口特征（2011～2015年）

类别	变量	2011年		2012年		2013年		2014年		2015年	
区域（城市）[数量（个）、比例（%）]	安徽	15	83.33	16	66.67	16	47.06	12	80.00	11	61.11
	其他省市	3	16.67	8	33.33	18	52.94	3	20.00	7	38.89
	合计	18	100	24	100	34	100	15	100	18	100
学校[数量（所）、比例（%）]	安徽	18	85.71	30	69.77	35	54.69	22	46.81	16	51.61
	其他省市	3	14.29	13	30.23	29	45.31	25	53.19	15	48.39
	合计	21	100	43	100	64	100	47	100	31	100
人数/人	安徽	1640	1931	1470	2104	1630	2968	1230	2938	801	1518
	其他省市	291		634		1338		1708		717	

续表

类别	变量	2011 年		2012 年		2013 年		2014 年		2015 年	
城乡[人数（人）、比例(%)]	城市	674	34.90	1131	53.75	1650	55.60	1353	46.05	857	56.46
	乡镇	1257	65.10	973	46.25	1318	44.40	1585	53.95	661	43.54
性别[人数（人）、比例(%)]	男	954	49.40	1076	51.14	1540	51.89	1345	45.78	739	48.68
	女	977	50.60	1028	48.86	1428	48.11	1593	54.22	779	51.32
中学类别[人数（人）、比例(%)]	示范	389	20.15	1315	62.50	1781	60.01	1020	34.72	842	55.47
	普通	1542	79.85	789	37.50	1187	39.99	1918	65.28	676	44.53
学段[人数（人）、比例(%)]	初中	804	41.64	786	37.36	1135	38.24	1645	55.99	636	41.90
	高中	1127	58.36	1318	62.64	1833	61.76	1293	44.01	882	58.10
是否为独生子女[人数（人）、比例(%)]	独生子女	815	42.21	1135	53.94	1650	55.60	888	30.22	860	56.65
	非独生子女	1102	57.07	969	46.06	1318	44.40	2050	69.78	639	42.09
	不清楚	14	0.73	0	0	0	0	0	0	19	1.25
是否为留守儿童[人数（人）、比例(%)]	留守儿童	481	24.91	344	16.35	557	18.77	353	12.01	138	9.09
	非留守儿童	1377	71.31	1760	83.65	2411	81.23	2585	87.99	1335	87.94
	不清楚	73	3.78	0	0	0	0	0	0	45	2.96

二　中学老师有效样本的人口特征

表 2-5 是本书中 2008～2010 年中学老师有效样本的人口特征。

表 2-5　中学老师有效样本的人口特征（2008～2010 年）

类别	变量	2008 年		2009 年		2010 年	
人数/人	安徽	110	155	205	223	195	215
	其他省市	45		18		20	
城乡[人数（人）、比例(%)]	城市	80	51.61	105	47.09	78	36.28
	乡镇	75	48.39	118	52.91	137	63.72
性别[人数（人）、比例(%)]	男	83	53.55	121	54.26	124	57.67
	女	72	46.45	102	45.74	91	42.33
学校数/所	安徽	24	32	26	29	36	38
	其他省市	8		3		2	

类别	变量	2008 年		2009 年		2010 年	
班主任[人数（人）、比例（%）]	是	124	80.00	103	46.19	117	54.42
	否	31	20.00	120	53.81	98	45.58

表 2-6 是 2011～2015 年中学老师有效样本的人口特征。

表 2-6 中学老师有效样本的人口特征（2011～2015 年）

类别	变量	2011 年		2012 年		2013 年		2014 年		2015 年	
人数/人	安徽	188	218	144	201	160	295	103	232	80	154
	其他省市	30		57		135		129		74	
城乡[人数（人）、比例（%）]	城市	95	43.58	129	64.18	223	75.59	119	51.29	116	75.32
	乡镇	123	56.42	72	35.82	72	24.41	113	48.71	38	24.68
性别[人数（人）、比例（%）]	男	114	52.29	139	69.15	146	49.49	112	48.28	72	46.75
	女	104	47.71	62	30.85	149	50.51	120	51.72	82	53.25
学校数/所	一般中学 安徽	17		30		35		24		16	
	一般中学 其他省市	3		13		29		25		15	
	在高校参加培训的中学老师所在中学		45		43		64		49		31
	安徽	25		0		0		0		0	
是否为班主任[人数（人）、比例（%）]	是	110	50.46	118	58.71	167	56.61	96	41.38	81	52.60
	否	108	49.54	83	41.29	128	43.39	136	58.62	73	47.40
政治面貌[人数(人)、比例（%）]	共产党员					134	45.42			76	49.35
	民主党派					20	6.78			10	6.49
	一般群众					141	47.80			68	44.16

三 家长有效样本的人口特征

表 2-7 是本书中 2010～2015 年家长有效样本的人口特征。

表 2-7 家长有效样本的人口特征（2010～2015 年）

类别	变量	2010 年		2011 年		2012 年		2013 年		2014 年		2015 年	
人数 /人	安徽	73	98	155	183	142	205	163	294	115	235	74	154
	其他省市	25		28		63		131		120		80	
城乡 [人数 （人）、比例 （%）]	城市	53	54.08	65	35.52	125	60.98	190	64.63	108	45.96	99	64.29
	乡镇	45	45.92	118	64.48	80	39.02	104	35.37	127	54.04	55	35.71
性别 [人数 （人）、比例 （%）]	男	30	30.61	100	54.64	109	53.17	141	47.96	129	54.89	74	48.05
	女	68	69.39	83	45.36	96	46.83	153	52.04	106	45.11	80	51.95
学段 [人数 （人）、比例 （%）]	初中生 家长					93	45.37	121	41.16	116	49.36	64	41.56
	高中生 家长					112	54.63	173	58.84	119	50.64	90	58.44
政治 面貌 [人数 （人）、比例 （%）]	共产党员							81	27.55			51	33.11
	民主党派							11	3.74			6	3.90
	一般群众							202	68.71			97	62.99
职称 [人数 （人）、比例 （%）]	正高	8	8.16										
	副高	19	19.39										
	中职	29	29.59										
	无	42	42.86										
学历 [人数 （人）、比例 （%）]	博士	7	7.14										
	硕士	16	16.33										
	本科	23	23.47										
	专科	19	19.39										
	专科以下	33	33.67										

四 科技工作者有效样本的人口特征

表 2-8 是本书中 2010 年科技工作者有效样本的人口特征。

表 2-8　科技工作者有效样本的人口特征（2010 年）

类别	变量	频数分布	
人数/人	安徽	71	
	其他省市	20	91
性别[人数（人）、比例（%）]	男	72	79.12
	女	19	20.88
年龄/人	41 岁及以上	54	
	40 岁及以下	37	91
职称[人数（人）、比例（%）]	正高	42	46.15
	副高	20	21.98
	中职	29	31.87
	初职	0	0.00
学位[人数（人）、比例（%）]	博士	43	47.25
	硕士	40	43.96
	学士	8	8.79
	无	0	0
留学/人	安徽	14	
	其他省市	9	23
学术职务[人数（人）、比例（%）]	博士生导师	29	31.87
	硕士生导师	26	28.57
	无	36	39.56
人才类型/人	长江学者	1	
	中国科学院"百人计划"	2	
	国家"百千万人才工程"	2	6
	2010 年国家自然科学奖二等奖获得者	1	
行政职务（副处级及以上）/人	安徽	14	
	其他省市	8	22

五　科技型中小企业家有效样本的人口特征

表 2-9 是本书中 2010 年科技型中小企业家有效样本的人口特征。

表 2-9　科技型中小企业家有效样本的人口特征（2010 年）

类别	变量	频数分布	
人数/人	安徽	33	41
	其他省市	8	
性别[人数（人）、比例（%）]	男	36	87.80
	女	5	12.20
年龄[人数（人）、比例（%）]	41 岁及以上	24	58.54
	40 岁及以下	17	41.46
职称[人数（人）、比例（%）]	正高	3	7.32
	副高	8	19.51
	中职	17	41.46
	无	13	31.71
学位[人数（人）、比例（%）]	博士	1	2.44
	硕士	18	43.90
	学士	19	46.34
	无	3	7.32
职务[人数（人）、比例（%）]	总经理	25	60.98
	副总经理	16	39.02
	无	0	0

六 教育、科技、人事管理部门领导有效样本的人口特征

表 2-10 是本书中 2010 年教育、科技、人事管理部门领导有效样本的人口特征。

表 2-10　教育、科技、人事管理部门领导有效样本的人口特征（2010 年）

类别	变量	频数分布	
人数/人	安徽	34	34
	其他省市	0	
性别[人数（人）、比例（%）]	男	27	79.41
	女	7	20.59
职称[人数（人）、比例（%）]	正高	7	20.59
	副高	12	35.29
	中职	7	20.59
	无	8	23.53

续表

类别	变量	频数分布	
学位[人数（人）、比例（%）]	博士	10	29.41
	硕士	9	26.47
	学士	15	44.12
	无	0	0
职务[人数（人）、比例（%）]	处长	15	44.12
	副处长	19	55.88
	无	0	0

七 研究生有效样本的人口特征

表 2-11 是本书中 2010 年和 2012 年研究生有效样本的人口特征。

表 2-11　研究生有效样本的人口特征（2010 年、2012 年）

类别	变量	2010 年		2012 年	
人数/人	安徽	131	131	48	48
	其他省市	0		0	
城乡[人数（人）、比例（%）]	来自城市	48	36.64	18	37.50
	来自乡镇	81	61.83	30	62.50
	不清楚	2	1.53	0	0
性别[人数（人）、比例（%）]	男	73	55.73	20	41.67
	女	58	44.27	28	58.33
政治面貌[人数（人）、比例（%）]	共产党员	72	54.96	26	54.17
	共青团员	59	45.04	22	45.83
	不清楚	0	0	0	0
职务[人数（人）、比例（%）]	校研究生会干部	7	5.34	17	35.42
	院研究生会干部	26	19.85	14	29.16
	班级干部	23	17.56	17	35.42
	无	75	57.25	0	0

八 大学生有效样本的人口特征

表 2-12 是本书中 2010 年大学生有效样本的人口特征。

表 2-12　大学生有效样本的人口特征（2010 年）

类别	变量		频数分布
人数/人	安徽	869	869
	其他省市	0	
城乡[人数（人）、比例（%）]	来自城市	242	27.85
	来自乡镇	597	68.70
	不清楚	30	3.45
性别[人数（人）、比例（%）]	男	506	58.23
	女	363	41.77
政治面貌[人数（人）、比例（%）]	共产党员	58	6.67
	共青团员	784	90.22
	不清楚	27	3.11
职务[人数（人）、比例（%）]	校学生会干部	15	1.73
	院学生会干部	99	11.39
	班级干部	161	18.53
	无	594	68.35

九 中学校长有效样本的人口特征

表 2-13 是本书中 2013～2015 年中学校长有效样本的人口特征。

表 2-13　中学校长有效样本的人口特征（2013～2015 年）

类别	变量	2013 年		2014 年				2015 年						
				（1）		（2）		（1）		（2）		（3）		（4）	
人数/人	安徽省	182	182	69	69	47	47	20	20	20	20	18	18	49	49
	其他省市	0		0		0		0		0		0		0	
城乡[人数（人）、比例（%）]	来自城市	98	53.85	0	0.00	4	8.51	0	0.00	2	10.00	5	27.78	15	30.61
	来自乡镇	84	46.15	69	100	43	91.49	20	100	18	90.00	13	72.22	34	69.39
	不清楚	0	0	0	0	0	0	0	0	0	0	0	0	0	0
性别[人数（人）、比例（%）]	男	159	87.36	68	98.55	46	97.87	19	95.00	19	95.00	17	94.44	47	95.92
	女	23	12.64	1	1.45	1	2.13	1	5.00	1	5.00	1	5.56	2	4.08

续表

类别	变量	2013年		2014年				2015年						
				(1)		(2)		(1)		(2)		(3)		(4)
政治面貌[人数（人）、比例（%）]	共产党员	169	92.86	68	98.55	44	93.62	20	100	16	80.00	18	100	48	97.96
	民主党派	7	3.84	1	1.45	0	0	0	0	0	0	0	0	1	2.04
	一般群众	6	3.30	0	0	3	6.38	0	0	4	20.00	0	0	0	0
职务[人数（人）、比例（%）]	校长	56	30.77	62	89.86	27	57.45	17	85.00	4	20.00	8	44.44	20	40.82
	书记	0	0	0	0	0	0	0	0	0	0	0	0	0	0
	副校长	126	69.23	7	10.14	20	42.55	3	15.00	16	80.00	10	55.56	29	59.18

十 德育干部有效样本的人口特征

表 2-14 是本书中 2013 年德育干部有效样本的人口特征。

表 2-14　德育干部有效样本的人口特征（2013 年）

类别	变量		频数分布	
人数/人	安徽（芜湖市）		43	43
	其他省市		0	
城乡[人数（人）、比例（%）]	来自城市		33	76.74
	来自乡镇		10	23.26
	不清楚		0	0
性别[人数（人）、比例（%）]	男		19	44.19
	女		24	55.81
政治面貌[人数（人）、比例（%）]	共产党员		31	72.09
	民主党派		0	0
	一般群众		12	27.91
职务[人数（人）、比例（%）]	中学	党支部书记	1	2.33
		校长	1	2.33
		副校长	5	11.63
		德育（政教）主任	5	11.63
		团委（支部）书记	5	11.63
		大队辅导员	3	6.98
		留守儿童之家负责人	1	2.33

续表

类别		变量	频数分布	
职务[人数（人）、比例（%）]	小学	副校长	3	6.98
		德育（政教）主任	3	6.98
		办公室主任	1	2.33
		德育专职干部	1	2.33
		教研组长	1	2.33
		大队辅导员	7	16.28
		中队辅导员	3	6.98
		班主任	3	6.98

十一 小学校长有效样本的人口特征

表 2-15 是本书中 2013～2015 年小学校长有效样本的人口特征。

表 2-15　小学校长有效样本的人口特征（2013～2015 年）

类别	变量	2013 年		2014 年				2015 年			
				（1）		（2）		（1）		（2）	
人数/人	安徽省	38	38	3	26	33	33	17	17	21	21
	其他省市	0		23		0		0		0	
城乡[人数（人）、比例（%）]	来自城市	27	71.05	0	0	0	0	0	0	2	9.52
	来自乡镇	11	28.95	26	100	33	100	17	100	19	90.48
	不清楚	0	0	0	0	0	0	0	0	0	0
性别[人数（人）、比例（%）]	男	24	63.16	23	88.46	29	87.88	17	100	18	85.71
	女	14	36.84	3	11.54	4	12.12	0	0	3	14.29
政治面貌[人数（人）、比例（%）]	共产党员	36	94.74	21	80.77	33	100	17	100	19	90.48
	民主党派	1	2.63	0	0	0	0	0	0	0	0
	一般群众	1	2.63	5	19.23	0	0	0	0	2	9.52
职务[人数（人）、比例（%）]	校长	26	68.42	26	100	17	51.52	15	88.24	2	9.52
	书记	1	2.63	0	0	0	0	0	0	0	0
	副校长	7	18.42	0	0	16	48.48	2	11.76	19	90.48
	幼儿园园长	2	5.26	0	0	0	0	0	0	0	0
	幼儿园副园长	2	5.26	0	0	0	0	0	0	0	0

注：为便于分析，把 1 名书记与 1 名幼儿园园长列入正校长，1 名幼儿园园长与 2 名幼儿园副园长列入副校长进行统计。

第三章 未成年人创新力培育的现状分析

未成年人是中国未来的建设者，要建设创新型国家，首先要把他们培养成为具有创新精神和创新能力的各级各类的创新型人才（葛剑平，2010）。未成年人的创新力就是未成年人在学习、生活、与人交往、社会活动中所表现出来的一种与众不同的能力。这种能力对未成年人的成长与发展起到极其重要的作用，也为其步入成年后为社会做贡献夯实了基础。

第一节　研究思路与基本假设

一 研究思路

我国研究未成年人的创新力的成果较少，由于国内暂无专门调查未成年人创新力的测评体系，笔者根据课题研究的需要，自行设计了符合我国未成年人实际的测评表，采用由未成年人自我主观评价和与未成年人紧密相关人员的客观评价相结合，以及未成年人的自我评价与相关群体的自我评价相比较的量化方式进行测定。

具体而言，本书采用有关创新意识、创新欲望、创新喜爱度、创新性、动手实践能力等的自行编制的量表来探测和评价未成年人的创新力培育现状。

二 基本假设

围绕未成年人创新力培育现状的探测与评价，本书提出以下基本假设。

假设一：未成年人对创新的了解程度低于成年人。

假设二：未成年人的创新欲望高于成年人。

假设三：未成年人的创新喜爱度高于成年人。

假设四：不同群体对未成年人创新性的评价存在较大差异，未成年人张扬自我肯定。

假设五：未成年人的创新性比成年人弱得多。

假设六：不同年份未成年人的创新性存在较大差异。

假设七：未成年人的动手实践能力弱于成年人。

第二节　关　于　创　新

一 创新与创新力

从墨守成规、人云亦云、坐享其成到增强创新意识与能力是人们最值得关注的观念变化。"创新"一词虽在以前出现过，作为一种社会观念引起人们的普遍重视却是近几年的事。

什么是创新？熊彼特认为，创新就是"建立一种新的生产函数"（约翰·贝赞特，2011），即把一种从来没有过的关于生产要素和生产条件的新组合引入生产体系。美国现代管理学之父彼得·德鲁克则指出："创新的行动就是赋予资源以创造财富的新能力，事实上，创新创造出新资源……凡是能改变已有资源的财富创造潜力的行为，就是创新。"（约翰·贝赞特，2011）

美国教育心理学家戴维斯对创新及创新力做过如下描述："它包括思维的流畅性，即产生大量设想的能力；灵活性，即对某个问题提出不同解法的能力；独创性，即提出不同的、独到设想的倾向；精细性，即发展和装饰设想的能力；问题的敏感性，即发现问题，察觉缺少信息和提出恰当问题的能力；想象，即心理构图和驾驭设想能力；隐喻思维，即一种设想和方案转换为另一种设想和方案的能力；评价，即估计方案适宜性的能力。"（约翰·贝赞特，2011）

"创新"是一个哲学概念，同时也是一个经济学、社会学概念，创新的主体不仅仅是科技人员与企业，而是各行各业。人人都可以或可能创新，人人都有显性或潜在的创新力，创新力在各行各业的工作与发展中乃至在人们的日常生活中，无时不在发挥显性或隐性的重要作用，正如乔希·林克纳所言，"在当今的商业环境中，人人都需要创新力；创新力绝对可以通过后天努力获得发展；创新力与人的社会角色毫无关系；如今，发挥创新力人人有责"（乔希·林克纳，2012）。

二 创新的重要性

关于创新的重要性，很多著名科学家从不同的角度阐述过。如 1997 年诺贝尔物理学奖得主朱棣文就认为，"创新是科学进步必需的非常重要的因素"

（王俊鸣，1998）。我国著名光学家王大珩先生认为，"创新对于解决问题十分重要"（王大珩，1998）。科学家的经历告诉人们，没有创新精神就成不了科学家，也不可能有重大科学发现，如"丁肇中那蕴含着巨大创新精神的严谨的研究风格，是导致他屡有重大科学发现的有力保障"（叶松庆，1999c）。企业家的经历也告诉人们，不创新，企业将无法生存。

三 怎样创新

笔者在发表于《青年探索》1999 年第 6 期的《面对知识经济挑战的当代大学生》中谈到怎样创新的问题，是这样说的："一是要养成独立思考与客观评价事物的习惯，凡事要问个'为什么'，要有自己的新观点与独到见解，不可人云亦云，人为亦为，要走自己的路；二是要注重'从局部分析'到'整体把握'这一重大思维方式的转变，努力发展创造性思维；三是要重视'自由讨论，各抒己见'这一重要的研究方式，在探讨中相互启发，激发灵感；四是要敢为人先，敢于做别人未做、不做或不敢做的事；五是要广泛发展兴趣，开拓视野，关注多方面的知识，不断更新思路，多角度地触及事物的本质，善于捕捉信息，洞察、发现并提出问题；六是要重视事物的奇异现象，在奇异现象中找寻创新点；七是要在解决问题、处理矛盾的过程中寻求创新。"（叶松庆，1995a）

四 创新力从何而来

市场经济的时代精神主要是创新精神。不创新就必然落后，不创新就要永远"看别人的脸色"，这是已被无数事实证明过的。要创新就需要具有创新力，创新力从何而来？笔者认为，有天资的人毕竟是少数，多数人的创新力要从教育与实践中来，要从勤奋与刻苦中来。

1953 年美国普林斯顿高等研究院主任、"原子弹之父"尤利乌斯·罗伯特·奥本海默郑重评价物理学家李政道的工作："表现出创造性、多面性和独特的风格"（R. L. 韦伯，1985），"然而，智慧、特殊能力、创造性、独特的风格源于何处？李政道认为，来源于他的勤奋、刻苦和付出的超人劳动"（叶松庆，1996b）。

第三节　未成年人创新力的现状分析

对创新力的探测是一件比较复杂的事情，既要考虑其意识，也要考虑其行为，还要考虑意识与行为的统一。由于研究对象的不同，不同的研究者有着不同的探测方法。例如，从 1997 年 8 月至 1999 年 4 月由教育部科学技术司、共青团中央学校部和中国科普研究所组织的"全国青少年创造能力培养社会调查"，采用的是调查问卷法，问卷内容涉及"一个成人的大脑，整个脑髓重量约 1300 克，包含着 1000 亿个细胞""对人脑的科学研究表明，人脑的思维能力，可以一直不断地加以提高""创造性思维的特征是新颖性、独创性""自信心与合作性""兴趣与好奇心""怀疑精神""意志力和进取精神""创造能力是人人具有的潜在能力，是人类普遍存在的能力"等，基本上是通过被调查对象的单一个体主观认知来达到探测青少年创新力的目的。

　　本书没有直接用明确为探测创新力的认知题，在探测未成年人科学素质与企业家精神时，有一些涉及创新力的主观认知题，如"对科学发现与发明的态度""对科技应用的态度"等，对认识未成年人的创新力有一定的帮助。在探测的主要操作上，一是采用自行编制的调查选择题，二是以未成年人为主，进行多群体评价，三是未成年人自我比较，四是与多群体进行比较，这样使对未成年人的创新力认识有比较准确的定位。本书从未成年人的创新意识、未成年人的创新欲望、未成年人的创新喜爱度、未成年人的创新性、未成年人的动手实践能力等五个方面进行探测。

● 一　未成年人的创新意识

（一）未成年人对创新了解程度的自我比较

　　对创新的了解程度可以反映研究对象对创新的关注度与意识强弱。如表 3-1 所示，从 2009～2011 年以及 2013 年的相继调查来看，"知道"创新的总比率达 70.62%，也就是有七成以上的未成年人对创新予以了关注，有较强的创新意识。

　　从各年的情况看，"知道"的比率 2009 年最高，2013 年最低，以 2010 年为界前后分为两个阶段进行比较发现，前后阶段"知道"的比率差为 2.96 个百分点，说明未成年人对创新的关注有所降低，对创新一无所知的人数量有所增加。尽管如此，总体上七成以上的未成年人对创新了解，两成以上的未成年人对创新有所了解，具备了较强的创新意识。

表 3-1　未成年人对创新了解程度的自我比较

选项	总		（一）						（二）					（二）与（一）比较率差
	比率/%	排序	2009 年		2010 年		合比率/%	2011 年		2013 年		合比率/%			
			人数/人	比率/%	人数/人	比率/%		人数/人	比率/%	人数/人	比率/%				
知道	70.62	1	1655	74.68	1346	69.52	72.10	1374	71.15	1992	67.12	69.14			−2.96
知道一点	22.65	2	442	19.95	450	23.24	21.60	455	23.56	708	23.85	23.71			2.11
不知道	3.91	3	52	2.35	75	3.87	3.11	67	3.47	176	5.93	4.70			1.59
说不清	2.82	4	67	3.02	65	3.36	3.19	35	1.81	92	3.10	2.46			−0.73
合计	100		2216	100	1936	100	100	1931	100	2968	100	100			0

（二）未成年人与中学校长、小学校长对创新了解程度的比较

在 2013 年对中学校长和小学校长就对创新了解程度的调查中，中学校长与小学校长选择的各选项比率依次分别为："知道"（73.63%、52.63%）、"知道一点"（25.27%、44.74%）、"不知道"（0.55%、2.63%）、"说不清"（0.55%、0）。

将 2013 年未成年人的调查数据与中小学校长进行比较，中学校长选择"知道"和"知道一点"的比率分别较未成年人高 6.51 个百分点和 1.42 个百分点。未成年人中选择"不知道"的比率为 5.93%，选择"说不清"的比率为 3.10%，而中学校长中选择这两项的比率相当低。可见，中学校长对创新的了解程度远高于未成年人，侧面可以印证未成年人对创新的了解程度低于成年人群体。鉴于多个成年人群体与未成年人的比较，并不能仅凭中学校长与未成年人的数据就推断基本假设的第一点。

未成年人选择"知道"的比率较小学校长高 14.49 个百分点，小学校长选择"知道一点"的比率较未成年人高 20.89 个百分点。在"不知道"和"说不清"选项上，未成年人选择的比率稍高。从数据来看，未成年人对创新的了解程度较小学校长高。但也应看到，受制于心智发展水平以及知识结构等多重因素，未成年人对创新的了解仍存在模糊性和不确定的认知。此外，这一数据表明，"未成年人对创新的了解程度低于成年人"的基本假设并不成立。

（三）基本认识

1. 大多数未成年人有一定的创新意识

培育和提高未成年人的创新力，重要的是提高其对创新的认识与了解程

度。在多个年份对未成年人就创新了解程度的调查中，大多数未成年人对创新有一定的了解。在与成年人群体的比较中，未成年人对创新的了解程度稍高于小学校长，但低于中学校长。对创新的了解程度会进一步触发未成年人创新意识的形成，未成年人形成的创新意识同时又是其创新力培育的重要前提性条件。创新意识是创新问题在认识论层面的反映，其形成具有较强的导向性和能动性。导向性，是指未成年人在创新意识的指引下，对创新了解程度加深，创新意识为其具体从事诸如科技小制作、小发明等创新活动提供了思想上的导向。能动性则是未成年人逐渐内化的创新意识会进一步转化为实际的创新行为与活动，这一系列的活动进一步凝练了未成年人的创新力。此外，未成年人对创新有较高的了解程度也侧面表明其对有关创新的知识性了解加深，知识性的了解为其开展相关的创新活动奠定了坚实的理论基础。

2. 未成年人的创新意识有所减弱

在多个年份对未成年人就对创新的了解程度的调查中，大多数未成年人表示自己有较高的认知度。

从两个阶段的比较来看，阶段（一）的未成年人选择"知道"创新的比率为 72.10%，阶段（二）未成年人选择同类选项的比率为 69.14%，阶段（二）的比率较阶段（一）低 2.96 个百分点，可以看出未成年人的创新意识有所减弱。厘清未成年人创新意识减弱的原因，有助于进一步提高未成年人创新力培养的实效性与针对性。

未成年人创新意识减弱的原因主要体现在认识与实践两个层面。在认识层面，未成年人、教育者以及家长等群体忽视创新及创新力培养。这些群体过分关注未成年人的学习成绩，相比考试成绩，创新素质可有可无。在实践层面，未成年人积极主动参与创新活动的积极性不高、学校组织开展的相关实践活动偏少、家长对未成年人的课外创新活动的投入不足等方面的因素均在一定程度上弱化了未成年人的创新意识。毕竟，真实的活动情境会让未成年人感受更强，了解程度更深。未成年人在相对匮乏的活动中对创新的体悟及了解程度自然而然有所降低。此外，在未成年人群体的横向比较中，不同群体对创新的了解程度不同以及出现的相应变化均在很大程度上都归结于认识与实践层面的原因。正视未成年人创新意识减弱这一客观现状，提出相应的对策并提高未成年人的创新意识是创新培养过程中不可缺少的重要环节。

3. 未成年人对创新的了解程度高于小学校长，这与假设一"未成年人对创新的了解程度低于成年人"相反

在 2013 年未成年人与中学校长和小学校长就对创新了解程度的比较中发

现，未成年人选择"知道"选项的比率为 67.12%，而中学校长选择该选项的比率为 73.63%，中学校长对创新的了解程度高于未成年人。但从小学校长选择的比率来看，小学校长选择"知道"选项的比率为 52.63%，其选择比率低于未成年人选择的比率，这一结论与基本假设一"未成年人对创新的了解程度低于成年人"相反。由此可以看出，对创新的了解程度与年龄间并不存在很强的相关性。虽然小学校长与未成年人间的比较结果驳斥了第一条研究假设，但是，并不意味着在未成年人创新力培养过程中能忽视不同年龄间的差异性。在未成年人创新力培养中，一方面，要拓展未成年人对创新了解的深度，使其认识朝着深刻化的方向发展；另一方面，又要正视未成年人与成年人的知识结构与认识水平存在的较大差异，未成年人要不断向成年人学习，拓展其对创新的了解与认识的广度。

具体而言，在深度上，未成年人不仅要明白创新的具体内涵，还要了解与创新相关的概念，如创新力、创新素质等；在广度上，未成年人要了解不同学科对创新及相关概念的阐述，同时吸收其他相关的知识，完善自身的知识结构。在向成年人学习过程中，领悟成年人的学习方法以及思考问题的角度，完善自身思想观念图式。

二 未成年人的创新欲望

（一）未成年人创新欲望的自我比较

有创新意识的人才有创新的欲望。既然大多数未成年人有创新意识，那么是不是他们中的大多数也有强烈的创新欲望？

如表 3-2 所示，从 2009～2011 年、2013～2015 年相继六年的调查数据来看，91.87% 的未成年人有创新欲望，其中选择"有，很强烈"选项的比率为 45.77%。选择"没有"和"不知道"选项的比率分别为 5.35% 和 2.81%。从历年的调查数据来看，2010 年选择"有，很强烈"选项的比率最高，2014 年该选项的比率最低。

从两个阶段的比较来看，阶段（一）选择"有，很强烈"的比率较阶段（二）高 4.22 个百分点，阶段（二）选择"有，一般化"的比率较阶段（一）高 2.55 个百分点。未成年人的创新欲望有所降低，需要进一步加强对未成年人的引导与教育。未成年人创新欲望的强弱与创新意识紧密相关，但并不一一对应，与创新意识有所减弱相呼应的是，未成年人的创新欲望有所减弱。

表 3-2 未成年人创新欲望的自我比较

选项	总		（一）			（二）					（二）与（一）比较率差
	比率/%	排序	2009年比率/%	2010年比率/%	合比率/%	2011年比率/%	2013年比率/%	2014年比率/%	2015年比率/%	合比率/%	
有，很强烈	45.77	2	46.16	49.59	47.88	48.37	44.68	35.43	46.16	43.66	-4.22
有，一般化	46.10	1	46.34	43.29	44.82	44.38	42.45	56.30	46.34	47.37	2.55
没有	5.35	3	4.69	3.98	4.34	5.70	8.52	6.47	4.69	6.35	2.01
不知道	2.81	4	2.80	3.15	2.98	1.55	4.35	1.80	2.80	2.63	-0.35
合计	100		100	100	100	100	100	100	100	100	0

（二）未成年人与相关群体创新欲望的比较

1. 未成年人与科技工作者，科技型中小企业家，教育、科技、人事管理部门领导创新欲望的比较

通常而言，成年人群体尤其是科技、企业、管理领域的群体应有更为强烈的创新欲望。现实是否这样？

在 2010 年，科技工作者，科技型中小企业家，以及教育、科技、人事管理部门领导的创新欲望调查中，三个群体依次选择的各选项比率分别为："有，很强烈"（57.14%、43.90%、41.18%）、"有，一般化"（39.56%、53.66%、58.82%）、"没有"（3.30%、2.44%、0），选择"不知道"选项的比率均为 0。

当把 2010 年未成年人的调查数据与科技工作者，科技型中小企业家，教育、科技、人事管理部门领导的创新欲望进行比较时发现，未成年人选择"有，很强烈"选项的比率较科技工作者低 7.55 个百分点，其科技创新欲望低于科技工作者。科技型中小企业家和教育、科技、人事管理部门领导选择"有，很强烈"选项的比率较未成年人分别低 5.69 个百分点和 8.41 个百分点。从调查数据来看，未成年人有强烈创新欲望的比率低于科技工作者，高于科技型中小企业家和教育、科技、人事管理部门领导（叶松庆，2011c）。同时也应看到，未成年人对这一问题认识的明晰度较科技工作者等 3 个群体低，其选择"不知道"的比率最高，达 3.15%。

2. 未成年人与研究生、大学生创新欲望的比较

在 2010 年对研究生和大学生的调查中，研究生和大学生依次选择各选项的比率分别为："有，很强烈"（37.40%、30.96%）、"有，一般化"（61.83%、50.17%）、"没有"（0.76%、11.39%）和"不知道"（0、7.48%）。同样是 2010 年的调查，未成年人选择"有，很强烈"选项的比率分别较研究生和大学生高 12.19 个百分点和 18.63 个百分点。研究生和大学生选择"有，一般化"

选项的比率较未成年人分别高 18.54 个百分点和 6.88 个百分点。从调查数据来看，大学生与研究生的创新欲望均不如未成年人。

3. 未成年人与中学校长创新欲望的比较

如表 3-3 所示，在 2013～2015 年的调查中，把未成年人的创新欲望与中学校长相比，未成年人与中学校长有较大的差别。首先，选择"有，很强烈"的，中学校长有 17.35%，未成年人有 42.09%，率差达到 24.74 个百分点，未成年人的创新欲望远高于中学校长。中学校长选择"有，一般化"的比率较未成年人高 25.53 个百分点，更多的中学校长选择了自己的创新欲望一般化。未成年人中选择"没有"和"不知道"的比率分别较中学校长高 0.27 个百分点和 0.51 个百分点。从数据来看，未成年人的创新欲望高于中学校长。但中学校长对创新欲望的了解和描述程度较未成年人高。

表 3-3 未成年人与中学校长创新欲望的比较

选项	未成年人					中学校长								未成年人与中学校长比较率差
	合		2013年	2014年	2015年	合		2013年	2014年		2015年			
	比率/%	排序	比率/%	比率/%	比率/%	比率/%	排序	比率/%	(1)比率/%	(2)比率/%	(1)比率/%	(2)比率/%	(3)比率/%	
有，很强烈	42.09	2	44.68	35.43	46.16	17.35	2	24.60	13.04	4.26	20.00	20.00	22.22	24.74
有，一般化	48.36	1	42.45	56.30	46.34	73.89	1	74.60	82.61	74.47	65.00	80.00	66.67	-25.53
没有	6.56	3	8.52	6.47	4.69	6.29	3	0.79	4.35	17.02	10.00	0	5.56	0.27
不知道	2.98	4	4.35	1.80	2.80	2.47	4	0	0	4.26	5.00	0	5.56	0.51
合计	100		100	100	100	100		100	100	100	100	100	100	0

4. 未成年人与小学校长创新欲望的比较

如表 3-4 所示，与小学校长相比发现，小学校长"有，很强烈"的比率较低，比未成年人的比率低 25.75 个百分点。在"有，一般化"这个层面上，小学校长选择的比率较未成年人高 33.52 个百分点，说明小学校长比未成年人更有创新的欲望，只是表现得较为一般。在"没有"这一项上，未成年人的比率是 6.56%，比小学校长的 1.78%高了 4.78 个百分点，较多的未成年人没有创新欲望。在"不知道"这一项上，未成年人的比率比小学校长的比率高了 2.98 个百分点，较多的未成年人无法说明自己的创新欲望。从调查数据看，未成年人的创新欲望较小学校长高，但对创新欲望认识的明晰度不及小学校长。

表 3-4　未成年人与小学校长创新欲望的比较

选项	未成年人				小学校长						未成年人与小学校长比较率差
	2013～2015 年		合		2013 年比率/%	2014 年		2015 年		
						（1）	（2）	（1）	（2）		
	均率/%	排序	比率/%	排序		比率/%	比率/%	比率/%	比率/%	
有，很强烈	42.09	2	16.34	2	21.05	23.08	15.15	17.65	4.76	25.75
有，一般化	48.36	1	81.88	1	78.95	76.92	81.82	76.47	95.24	-33.52
没有	6.56	3	1.78	3	0	0	3.03	5.88	0	4.78
不知道	2.98	4	0		0	0	0	0	0	2.98
合计	100		100		100	100	100	100	100	0

5. 未成年人与中学老师、家长创新欲望的比较

如表 3-5 所示，把未成年人的创新欲望与中学老师、家长相比，未成年人和中学老师有较大的差别。未成年人选择"有，很强烈"选项的比率分别较中学老师和家长高 25.78 个百分点和 17.59 个百分点。中学老师和家长选择"有，一般化"选项的比率分别较未成年人高 14.70 个百分点和 16.52 个百分点。选择"没有"选项比率最高的群体是中学老师，比率达 17.40%。此外，家长选择"不知道"选项的比率最高，达 4.29%。从调查数据来看，未成年人创新欲望的强烈程度分别较中学老师和家长高，中学老师和家长的创新欲望表现一般。针对创新欲望在不同群体间分布的差异，有针对性地开展教育与引导显得尤为重要，目的在于更好地培养未成年人的创新力。

表 3-5　未成年人与中学老师、家长创新欲望的比较

选项	未成年人		中学老师			家长			未成年人与中学老师比较率差	未成年人与家长比较率差
	2013～2015 年		合比率/%	2014 年比率/%	2015 年比率/%	合比率/%	2014 年比率/%	2015 年比率/%	
	均率/%	排序							
有，很强烈	42.09	2	16.31	18.97	13.64	24.50	32.77	16.23	25.78	17.59
有，一般化	48.36	1	63.06	66.38	59.74	64.88	57.02	72.73	-14.70	-16.52
没有	6.56	3	17.40	13.36	21.43	6.34	5.53	7.14	-10.84	0.22
不知道	2.98	4	3.24	1.29	5.19	4.29	4.68	3.90	-0.26	-1.31
合计	100		100	100	100	100	100	100	0	0

6. 未成年人与相关群体创新欲望的总体比较

1）未成年人与科技工作者等 5 个群体创新欲望的总体比较

如表 3-6 所示，2010 年，在未成年人与科技工作者等 5 个群体创新欲望的

比较中，未成年人选择"有，很强烈"的比率较科技工作者等 5 个群体的合比率高 7.47 个百分点，选择"有，一般化"的比率较科技工作者等 5 个群体的合比率低 9.52 个百分点。在"没有"和"不知道"选项上，未成年人选择率较科技工作者等 5 个群体的合比率分别高 0.40 个百分点和 1.65 个百分点。总的来说，未成年人的创新欲望较科技工作者等 5 个群体高，但未成年人对创新欲望存在的模糊性认识的比率较科技工作者等 5 个群体高，这需要引起足够的重视。

表 3-6 未成年人与科技工作者等 5 个群体创新欲望的总体比较（2010 年）

选项	未成年人的创新欲望比率/%	科技工作者等 5 个群体的创新欲望						未成年人与科技工作者等 5 个群体比较率差
		合比率/%	科技工作者比率/%	科技型中小企业家比率/%	教育、科技、人事管理部门领导比率/%	研究生比率/%	大学生比率/%	
有，很强烈	49.59	42.12	57.14	43.90	41.18	37.40	30.96	7.47
有，一般化	43.29	52.81	39.56	53.66	58.82	61.83	50.17	−9.52
没有	3.98	3.58	3.30	2.44	0	0.76	11.39	0.40
不知道	3.15	1.50	0	0	0	0	7.48	1.65
合计	100	100	100	100	100	100	100	0

2）未成年人与中学校长等 4 个群体创新欲望的总体比较

如表 3-7 所示，在未成年人与中学校长等 4 个群体的比较中，未成年人选择"有，很强烈"的比率较中学校长等 4 个群体高 23.46 个百分点。中学校长等 4 个群体选择"有，一般化"的比率较未成年人高 22.57 个百分点。在"不知道"的选择上，未成年人选择率较高。从数据来看，未成年人的创新欲望较中学校长等 4 个群体高。受知识结构和水平的限制，未成年人对创新欲望的了解程度需进一步加深。此外，中学校长等 4 个群体应注意加强自身创新素质以及创新力的提升，为更好地教育与引导未成年人奠定坚实的基础。

表 3-7 未成年人与中学校长等 4 个群体创新欲望的总体比较

选项	未成年人的创新欲望（2013～2015 年均率）/%	中学校长等 4 个群体的创新欲望					未成年人与中学校长等 4 个群体比较率差
		合比率%	中学校长（2013～2015 年均率）/%	小学校长（2013～2015 年均率）/%	中学老师（2014～2015 年均率）/%	家长（2014～2015 年均率）/%	
有，很强烈	42.09	18.63	17.35	16.34	16.31	24.50	23.46
有，一般化	48.36	70.93	73.89	81.88	63.06	64.88	−22.57
没有	6.56	7.95	6.29	1.78	17.40	6.34	−1.39

选项	未成年人的创新欲望（2013～2015年均率）/%	中学校长等4个群体的创新欲望					未成年人与中学校长等4个群体比较率差
		合比率%	中学校长（2013～2015年均率）/%	小学校长（2013～2015年均率）/%	中学老师（2014～2015年均率）/%	家长（2014～2015年均率）/%	
不知道	2.98	2.50	2.47	0	3.24	4.29	0.48
合计	100	100	100	100	100	100	0

（三）基本认识

1. 未成年人有较强的创新欲望符合基本假设二"未成年人的创新欲望高于成年人"

在多个年份对未成年人创新欲望的调查中，91.87%的未成年人有创新欲望，其中45.77%的未成年人选择"有，很强烈"（表3-2）。在未成年人与其他群体的比较中，未成年人选择"有，很强烈"的比率较科技工作者，科技型中小企业家，教育、科技、人事管理部门领导，研究生，以及大学生5个群体高7.47个百分点（表3-6），较中学校长、小学校长、中学老师以及家长4个群体高23.46个百分点（表3-7）。无论从对未成年人自身来看，还是从未成年人与成年人群体的比较来看，未成年人均表现出较强的创新欲望，这与基本假设二"未成年人的创新欲望高于成年人"一致。

未成年人的创新欲望是未成年人从事创新活动，培育其创新力的内在生成性因素。创新欲望愈高，其创新的热情与投入程度愈高。未成年人与成年人间创新欲望存在的差异与未成年人自身成长的阶段性特征以及成年人群体精力分配有较强的关联。就未成年人自身成长的阶段性特征来看，未成年人有较强的好奇心与探究意识，对创新型事物较为敏感，渴望探究的欲望较高；就成年人群体精力分配而言，成年人有相对固定的工作，每天投入工作的时间较多，繁重的工作会导致其减少对创新事物的关注，创新欲望自然不高。此外，兴趣因素也是导致两者差异的重要原因，未成年人对创新的兴趣较高，其创新的欲望就稍强，相应地，成年人创新兴趣低，其创新欲望就偏低。

2. 未成年人的创新欲望与创新意识并不一一对应

在对未成年人创新意识的调查中，超过七成的未成年人对创新有一定的了解，有较强的创新意识。在创新欲望的调查中，超过九成的未成年人均表示有创新欲望。虽然两者均有较高的比率，但并不意味着两者呈一一对应的关系。未成年人群体以及未成年人与成年人群体的比较中，创新欲望与创新意识呈现出不同的发展态势。一般而言，未成年人有较强的创新意识往往能激发其潜在的创新欲望。创新意识是观念层面的表现，较强的创新意识会进一步转化为创新欲望。在调查中，未成年人有较强的创新欲望并不一定有较强的创新意识。由此可见，创新意识与创新欲望间的转化与对应关系并不一定严格遵循"正强化"规律，即创新欲望越高创新意识越强。产生这种不对应现象的重要原因在于未成年人的"价值认知呈亚稳定态"（叶松庆，2006）。换言之，未成年人对创新意识的理解和认识是不持续、相对单一和分散的，很难在一定程度上转化为创新欲望。对创新欲望的理解亦是如此，很难进一步触发和巩固其创新意识。造成未成年人亚稳定价值认知的重要原因是未成年人的心智发展水平与对事物正确和全面理解之间的矛盾。

3. 未成年人的创新欲望还有较大的提升空间

从两个阶段的比较来看，在阶段（一），92.70%的未成年人认为自身有创新欲望，而在阶段（二），91.03%的未成年人认为自身有创新欲望，其中率差达 1.67 个百分点，阶段（二）中"有，很强烈"的比率较阶段（一）低 4.22 个百分点（表 3-2）。由此可见，未成年人的创新欲望呈减弱的发展态势，但总体而言，其选择的比率较成年人群体高。相比成年人群体，未成年人仍有提升的空间，主要基于以下两点：一是虽然在 2010 年前后两个不同的阶段，未成年人选择"有，很强烈"比率有所降低，但是后一阶段选择"有，一般化"选项的比率较前一阶段高 2.55 个百分点。这表明未成年人的"一般化"创新欲望在上升，在此基础上可逐渐生成较为强烈的创新欲望，可转化的比率较大。二是未成年人接受与吸收知识的能力和水平是一个逐渐提升的过程，相比成年人，其提升的空间会更大，进步会更快，由此形成的创新欲望较成年人会更强。

4. 在受访的 9 个群体中中学老师的创新欲望最弱

调查显示，79.37%的中学老师认为自身具有一定的创新欲望，其中选择"有，很强烈"选项的比率仅为 16.31%。综合相关的调查数据可以看出，在被调查的 9 个群体中，中学老师的创新欲望最弱。未成年人与中学老师的交流最为频繁，中学老师较弱的创新欲望在一定程度上影响未成年人创新力的培育。中学老师表现出相对较弱的创新欲望是多方面原因造成的，笔者认为主要表现为以下几方面：一是中学老师对未成年人创新方面的认识不足。在中学老师眼中，创新素质以及创新力的培育更多的是课堂之外的事。中学老师无法将课堂教学与未成年人创新力培育有机结合起来。二是在中考、高考等"指挥棒"的指引下，中学老师更多地倾向于如何快速提高学生的成绩，同时其自身的教育教学任务较为紧张，很难抽出时间针对未成年人的实际逐步培养未成年人的创新欲望。加强对中学老师的教育与引导，只有这样才能进一步激发中学老师的创新欲望，才能为未成年人创新力的培育提供强有力的师资队伍支持。

三 未成年人的创新喜爱度

（一）未成年人创新喜爱度的自我比较

未成年人的创新喜爱度是衡量未成年人创新可持续性的重要标志。如表 3-8 所示，未成年人选择"很喜欢"和"喜欢"的合比率为 75.88%。选择"一般化"的比率为 19.62%。选择"不喜欢"和"不知道"的合比率为 4.51%。应该说，大多数未成年人喜爱创新。

从两个阶段的比较来看，在阶段（一），未成年人选择"很喜欢"和"喜欢"的合比率为 78.78%，这一比率较阶段（二）的合比率（74.43%）高 4.35 个百分点。其中阶段（一）选择"很喜欢"的比率是阶段（二）的 1.17 倍。阶段（一）选择"一般化"和"不喜欢"的比率分别较阶段（二）低 3.52 个百分点和 1.38 个百分点。阶段（二）未成年人对创新的喜爱度有所降低，这种降低与未成年人对创新的关注降低与创新欲望的降低有一定的逻辑联系。未成年人对创新"很喜欢"比率的流失，补充到了"喜欢"与"一般化"中，对创新"不喜欢"的未成年人增多。

表 3-8　未成年人创新喜爱度的自我比较

选项	总		（一）			（二）					（二）与（一）比较率差
	比率/%	排序	2009年比率/%	2010年比率/%	合比率/%	2011年比率/%	2013年比率/%	2014年比率/%	2015年比率/%	合比率/%	
很喜欢	41.39	1	46.12	45.35	45.74	41.64	42.52	37.68	35.05	39.22	−6.52
喜欢	34.49	2	34.52	31.56	33.04	36.66	33.15	35.33	35.70	35.21	2.17
一般化	19.62	3	16.52	18.03	17.28	17.97	19.17	24.51	21.54	20.80	3.52
不喜欢	2.55	4	1.04	2.22	1.63	2.12	3.74	1.77	4.41	3.01	1.38
不知道	1.96	5	1.81	2.89	2.35	1.61	1.42	0.71	3.29	1.76	−0.59
合计	100		100	100	100	100	100	100	100	100	0

（二）未成年人与相关群体创新喜爱度的比较

1. 未成年人与科技工作者，科技型中小企业家，教育、科技、人事管理部门领导创新喜爱度的比较

在 2010 年对科技工作者，科技型中小企业家，教育、科技、人事管理部门领导的调查中，3 个群体各选项的比率依次是："很喜欢"（37.36%、14.63%、32.35%）、"喜欢"（46.15%、60.98%、55.88%）、"一般化"（16.48%、24.39%、11.76%），3 个群体选择"不喜欢"和"不知道"的比率均为 0。从 2010 年未成年人的调查数据与 3 个群体的比较来看，总体上未成年人对创新喜爱的比率（76.91%）高于科技型中小企业家（75.61%），低于科技工作者（83.51%）与教育、科技、人事管理部门领导（88.23%）。从喜爱的最高层次上看，未成年人的比率均高于科技工作者等 3 个群体，这与未成年人的个性特征有关，他们往往表现出极端性，不像成年人群体那样沉稳。这里反映了一个情况，在 4 个群体中，科技型中小企业家"很喜欢"的比率最低，也意味着科技型中小企业家的保守思想相对强一些。

2. 未成年人与研究生、大学生创新喜爱度的比较

在 2010 年对研究生和大学生创新喜爱度的调查中，两个群体选择各选项的比率分别为："很喜欢"（22.90%、32.68%）、"喜欢"（39.69%、40.85%）、"一般化"（35.88%、19.10%）、"不喜欢"（1.53%、5.06%）、"不知道"（0、2.30%）。与科技工作者等 3 个群体相似，研究生对创新喜爱的比率为 62.59%，大学生对创新喜爱的比率为 73.53%，未成年人对创新喜爱的比率均较这 2 个群体高。研究生与大学生对创新的喜爱度明显低于未成年人，尤其是研究生"很喜欢"的比率（22.90%）比未成年人的同类选项比率（2010 年）低 22.45 个百分点，差距之大非常明显。尽管在"喜欢"这个层面上，未成年人的比率低于研究生与大学生，也改变不了研究生与大学生对创新的喜爱度明显低于未成年人的局面。

3. 未成年人与中学老师创新喜爱度的比较

在本书关于创新的探测中，笔者第一次把中学老师、家长纳入探测视线。如表 3-9 所示，未成年人选择"很喜欢"和"喜欢"选项的合比率为 75.88%，中学老师选择这一选项的合比率为 54.93%，未成年人选择的合比率较中学老师高 20.95 个百分点，其中未成年人选择"很喜欢"选项的比率较中学老师高 25.09 个百分点，但是中学老师选择"喜欢"选项的合比率较未成年人高 4.14 个百分点。中学老师选择"不喜欢"和"一般化"选项的比率分别较未成年人高 5.51 个百分点和 15.62 个百分点。未成年人选择"不知道"选项的比率较中学老师

高 0.18 个百分点，可以看出未成年人对这一问题的模糊性认识仍然存在。从调查数据来看，中学老师对创新的喜爱度远不及未成年人，大部分的中学老师对创新的喜爱度偏向于"一般化"和"喜欢"，喜欢的意愿不够强烈。激发中学老师对创新的喜爱度是进一步增强未成年人创新力的外在动力。

表 3-9　未成年人与中学老师创新喜爱度的比较

| 选项 | 总 | | 未成年人 | | | | | | | 中学老师 | | | | | | 未成年人与中学老师比较率差 |
	比率/%	排序	2009年比率/%	2010年比率/%	2011年比率/%	2013年比率/%	2014年比率/%	2015年比率/%	合比率/%	2010年比率/%	2011年比率/%	2013年比率/%	2014年比率/%	2015年比率/%	合比率/%	
很喜欢	28.85	2	46.12	45.35	41.64	42.52	37.68	35.05	41.39	16.28	19.27	20.68	12.93	12.34	16.30	25.09
喜欢	36.56	1	34.52	31.56	36.66	33.15	35.33	35.70	34.49	40.93	43.58	34.58	43.53	30.52	38.63	-4.14
一般化	27.43	3	16.52	18.03	17.97	19.17	24.51	21.54	19.62	40.93	33.94	30.51	37.07	33.77	35.24	-15.62
不喜欢	5.31	4	1.04	2.22	2.12	3.74	1.77	4.41	2.55	1.40	3.21	7.12	6.47	22.08	8.06	-5.51
不知道	1.87	5	1.81	2.89	1.61	1.42	0.71	3.29	1.96	0.47	0	7.12	0	1.30	1.78	0.18
合计	100		100	100	100	100	100	100	100	100	100	100	100	100	100	0

4. 未成年人与家长创新喜爱度的比较

如表 3-10 所示，家长选择"很喜欢"和"喜欢"选项的合比率为 56.40%，这一合比率较未成年人选择的合比率（75.88%）低 19.48 个百分点，其中未成年人选择"很喜欢"的比率较家长高 22.96 个百分点，这一率差较中学老师大。家长选择"喜欢"的比率较未成年人高 3.48 个百分点。在"一般化"、"不喜欢"以及"不知道"选项上，家长选择率分别较未成年人高 17.19 个百分点、1.94 个百分点和 0.35 个百分点。从数据来看，家长对创新的喜爱度同中学老师较为接近，更多地是偏向于喜欢和一般化趋势。在与未成年人比较中，家长对创新的喜爱度远低于未成年人。家长是家庭教育的主体，提高家长对这一问题的认识有助于更好地培育未成年人的创新力。

表 3-10　未成年人与家长创新喜爱度的比较

| 选项 | 总 | | 未成年人 | | | | | | | 家长 | | | | | | 未成年人与家长比较率差 |
	比率/%	排序	2009年比率/%	2010年比率/%	2011年比率/%	2013年比率/%	2014年比率/%	2015年比率/%	合比率/%	2010年比率/%	2011年比率/%	2013年比率/%	2014年比率/%	2015年比率/%	合比率/%	
很喜欢	29.91	2	46.12	45.35	41.64	42.52	37.68	35.05	41.39	16.33	21.31	23.47	21.28	9.74	18.43	22.96
喜欢	36.23	1	34.52	31.56	36.66	33.15	35.33	35.70	34.49	32.65	35.52	32.65	45.53	43.51	37.97	-3.48
一般化	28.22	3	16.52	18.03	17.97	19.17	24.51	21.54	19.62	43.88	36.61	37.07	24.26	42.21	36.81	-17.19

选项	总		未成年人							家长						未成年人与家长比较率差
	比率/%	排序	2009年比率/%	2010年比率/%	2011年比率/%	2013年比率/%	2014年比率/%	2015年比率/%	合比率/%	2010年比率/%	2011年比率/%	2013年比率/%	2014年比率/%	2015年比率/%	合比率/%	
不喜欢	3.52	4	1.04	2.22	2.12	3.74	1.77	4.41	2.55	4.08	6.56	2.38	6.81	2.60	4.49	-1.94
不知道	2.14	5	1.81	2.89	1.61	1.42	0.71	3.29	1.96	3.06	0	4.42	2.13	1.95	2.31	-0.35
合计	100		100	100	100	100	100	100	100	100	100	100	100	100	100	0

5. 未成年人与中学校长创新喜爱度的比较

如表 3-11 所示，在对中学校长的调查中，中学校长选择"很喜欢"和"喜欢"的合比率为 59.84%，而未成年人选择同类选项的合比率为 73.15%，中学校长选择的合比率较未成年人低 13.31 个百分点。其中未成年人选择"很喜欢"的比率较中学校长高 29.16 个百分点，而中学校长选择"喜欢"的比率较未成年人高 15.85 个百分点。在"一般化"、"不喜欢"以及"不知道"选项上，中学校长选择率分别较未成年人高 10.08 个百分点、2.32 个百分点和 8.42 个百分点。从数据来看，中学校长对创新较多地倾向于"喜欢"和"一般化"，其"喜欢"的强烈程度远低于未成年人，未成年人较多地选择"很喜欢"和"喜欢"，由此看出，未成年人强烈的个性特征所表现出的极端性也再一次得到验证。

表 3-11   未成年人与中学校长创新喜爱度的比较

选项	未成年人					中学校长								未成年人与中学校长比较率差
	合		2013年比率/%	2014年比率/%	2015年比率/%	合		2013年比率/%	2014年		2015年			
	比率/%	排序				比率/%	排序		(1)比率/%	(2)比率/%	(1)比率/%	(2)比率/%	(3)比率/%	
很喜欢	38.42	1	42.52	37.68	35.05	9.26	4	15.87	5.80	12.77	5.00	5.00	11.11	29.16
喜欢	34.73	2	33.15	35.33	35.70	50.58	1	65.08	46.38	42.55	45.00	60.00	44.44	-15.85
一般化	21.74	3	19.17	24.51	21.54	31.82	2	19.05	27.54	40.43	35.00	30.00	38.89	-10.08
不喜欢	3.31	4	3.74	1.77	4.41	5.63	5	0	14.49	4.26	10.00	5.00	0	-2.32
不知道	1.81	5	1.42	0.71	3.29	10.23	3	0	5.80	0	50.00	0	5.56	-8.42
合计	100		100	100	100	100		100	100	100	100	100	100	0

6. 未成年人与德育干部创新喜爱度的比较

在 2013 年对德育干部的调查中，其选择各选项的比率分别为："很喜欢"（25.58%）、"喜欢"（44.19%）、"一般化"（30.23%），选择"不喜欢"和"不知道"选项的比率均为 0。在 2013 年对未成年人和德育干部就对创新喜爱度的调查中，德育干部选择"很喜欢"和"喜欢"选项的合比率为 69.77%，未成年人选择的同类选项比率为 75.67%，未成年人选择的合比率较德育干部高 5.90 个百分点。其中未成年人选择"很喜欢"选项的比率较德育干部高 16.94个百分点，选择"喜欢"选项的比率较德育干部低 11.04 个百分点。德育干部选择"一般化"选项的比率较未成年人高 11.06 个百分点。未成年人选择"不喜欢"和"不知道"选项的比率较德育干部分别高 3.74 个百分点和 1.42 个百分点。从调查数据来看，德育干部对创新的喜爱强烈程度不及未成年人，但德育干部对这一问题的认识较为全面。

7. 未成年人与小学校长创新喜爱度的比较

如表 3-12 所示，在未成年人与小学校长的比较中，小学校长选择"很喜欢"和"喜欢"的合比率为 74.41%，较未成年人（73.15%）高 1.26 个百分点。其中，未成年人选择"很喜欢"的比率较小学校长高 28.08 个百分点，小学校长选择"喜欢"的比率较未成年人高 29.34 个百分点，在这两个选项中，两者的差距较大。在"一般化"上，小学校长选择率较未成年人高 1.29 个百分点，在"不喜欢"和"不知道"上，未成年人选择率分别较小学校长高 0.76 个百分点和 1.81 个百分点。从数据来看，小学校长对创新的喜爱度表现出"喜欢"倾向，而未成年人则表现出"很喜欢"的倾向。

表 3-12　未成年人与小学校长创新喜爱度的比较

选项	未成年人					小学校长							未成年人与小学校长比较率差
	合		2013年 比率/%	2014年 比率/%	2015年 比率/%	合		2013年 比率/%	2014年		2015年		
	比率/%	排序				比率/%	排序		（1）比率/%	（2）比率/%	（1）比率/%	（2）比率/%	
很喜欢	38.42	1	42.52	37.68	35.05	10.34	3	18.42	7.69	9.09	11.76	4.76	28.08
喜欢	34.73	2	33.15	35.33	35.70	64.07	1	39.47	69.23	57.58	58.82	95.24	-29.34
一般化	21.74	3	19.17	24.51	21.54	23.03	2	42.11	19.23	30.30	23.53	0	-1.29
不喜欢	3.31	4	3.74	1.77	4.41	2.55	4	0	3.85	3.03	5.88	0	0.76
不知道	1.81	5	1.42	0.71	3.29	0	5	0	0	0	0	0	1.81
合计	100		100	100	100	100		100	100	100	100	100	0

8. 未成年人与相关群体创新喜爱度的总体比较

1) 未成年人与科技工作者等 5 个群体创新喜爱度的总体比较

如表 3-13 所示，科技工作者等 5 个群体选择"很喜欢"和"喜欢"的合比率为 76.69%，其中科技工作者选择"很喜欢"的比率最高，科技型中小企业家选择"喜欢"的比率最高。未成年人选择"很喜欢"和"喜欢"的合比率为 76.91%，未成年人选择的合比率较科技工作者等 5 个群体高 0.22 个百分点。未成年人选择"很喜欢"的比率较科技工作者等 5 个群体高 17.37 个百分点，选择"喜欢"的比率较科技工作者等 5 个群体低 17.15 个百分点。科技工作者等 5 个群体选择"一般化"的比率较未成年人高 3.49 个百分点，选择"不喜欢"和"不知道"的比率较未成年人分别低 0.90 个百分点和 2.43 个百分点。从数据来看，科技工作者等 5 个群体对创新的喜爱度稍低于未成年人，未成年人对这一问题的认识稍显模糊。

表 3-13　未成年人与科技工作者等 5 个群体创新喜爱度的总体比较（2010 年）

选项	未成年人的创新喜爱度比率/%	科技工作者等 5 个群体的创新喜爱度						未成年人与科技工作者等 5 个群体比较率差
		合比率/%	科技工作者比率/%	科技型中小企业家比率/%	教育、科技、人事管理部门领导比率/%	研究生比率/%	大学生比率/%	
很喜欢	45.35	27.98	37.36	14.63	32.35	22.90	32.68	17.37
喜欢	31.56	48.71	46.15	60.98	55.88	39.69	40.85	−17.15
一般化	18.03	21.52	16.48	24.39	11.76	35.88	19.10	−3.49
不喜欢	2.22	1.32	0	0	0	1.53	5.06	0.90
不知道	2.89	0.46	0	0	0	0	2.30	2.43
合计	100	100	100	100	100	100	100	0

2) 未成年人与中学校长等 4 个群体创新喜爱度的总体比较

如表 3-14 所示，中学校长等 4 个群体选择"很喜欢"和"喜欢"的合比率为 61.39%，其中家长选择"很喜欢"的比率最高，小学校长选择"喜欢"的比率最高。未成年人选择"很喜欢"和"喜欢"的合比率为 75.88%，较中学校长等 4 个群体的合比率高 14.49 个百分点。未成年人选择"很喜欢"的比率较中学校长等 4 个群体选择率高 27.81 个百分点，率差较大。中学校长等 4 个群体选择"一般化"、"不喜欢"和"不知道"的比率分别较未成年人高 12.11 个百分点、2.63 个百分点和 1.62 个百分点。从数据来看，未成年人对创新的喜爱度较中学校长等 4 个群体高。

表 3-14　未成年人与中学校长等 4 个群体创新喜爱度的总体比较

选项	未成年人的创新喜爱度（2009～2015年均率）/%	中学校长等 4 个群体的创新喜爱度					未成年人与中学校长等4个群体比较率差
		合比率/%	中学校长（2013～2015年均率）/%	小学校长（2013～2015年均率）/%	中学老师（2010～2015年均率）/%	家长（2010～2015年均率）/%	
很喜欢	41.39	13.58	9.26	10.34	16.30	18.43	27.81
喜欢	34.49	47.81	50.58	64.07	38.63	37.97	−13.32
一般化	19.62	31.73	31.82	23.03	35.24	36.81	−12.11
不喜欢	2.55	5.18	5.63	2.55	8.06	4.49	−2.63
不知道	1.96	3.58	10.23	0	1.78	2.31	−1.62
合计	100	100	100	100	100	100	0

（三）基本认识

1. 多数未成年人对创新表现出喜爱

未成年人对创新的喜爱是一种情感的流露，带有强烈的个体性和主观性色彩。一般而言，个体对事物的喜爱程度会逐渐转化为个体的兴趣。调查发现，多数未成年人对创新都表现出较高的喜爱度。未成年人对创新表现出较高的喜爱度，从侧面反映了未成年人对创新所持有的积极情感体验与态度倾向。在积极的情感体验和态度倾向下，未成年人会不自主地依照自己的喜好去拓宽关于创新知识的深度与广度，投入到创新上的时间和精力会相应增多，为将喜爱转化为兴趣奠定了基础。此外，包括家长在内的不同层级教育工作者要注意加强对未成年人的教育与引导，努力促成未成年人既要保持对创新的喜爱，同时又要将喜爱转化为兴趣，进而将兴趣转化为不断学习的动力，这样不仅有利于未成年人创新力的"深化式"和"内涵式"发展，同时对于增强未成年人的素质以及促进其健康全面发展具有重要的意义。

2. 未成年人对创新的强烈喜爱符合假设三"未成年人的创新喜爱度高于成年人"

通过数据比较发现，未成年人选择"很喜欢"创新的比率较科技工作者等10 个群体均要高。这一调查结果，符合假设三"未成年人的创新喜爱度高于成年人"。可以看出，未成年人对创新的情感与态度倾向较成年人积极，但并不意味着成年人对创新的了解程度、知识储备等方面较未成年人差。两者最主要的差别在于对创新喜爱的强烈程度，成年人可能由于多方面因素的影响，对创新表现出的更多是一种喜爱状态，没有很强烈的趋势，表现得较为平和，这或多或少与成年人较为成熟的心智有关。从中可见，未成年人的思维较为开阔，受传统以及"固化"思维的影响较小,这对未成年人创新力的培育将产生较为积极的影响。此外,还应看到有关创新的政策及文件在校园中得以很好地贯彻与执行,这才在一定程度上促成了未成年人对创新高喜爱度局面的形成。

3. 未成年人对创新所表现出的强烈喜爱与其个性特征有密切关系

未成年人对创新表现出的强烈喜爱程度,与未成年人自身的阶段性特征有密切的关系。未成年人对问题的认识带有极强的主观成分。未成年人对问题的认识呈现出不稳定的状态,受外界游弋因素的影响,其有可能会改变自身的喜好和转换情感体验与态度倾向。针对未成年人对创新的强烈喜爱,既要看到未成年人对创新所抱有的极大热情以及对创新知识的学习和对创新的专注度,又要留意未成年人出现的"一时半会儿的热情",只是由于短暂性和触发性因素而喜欢创新,对创新缺乏持续了解和探究的动力。应当指出的是,在对未成年人教育的过程中,教育者要重视保护未成年人对创新的喜爱度及热情。未成年人有强烈的好奇心和求知欲,对创新的喜爱在很大程度上能满足未成年人的这一心理。在对未成年人创新力的培育中,注意加强对未成年人的教育与引导,使其对创新的喜爱转化为对创新的兴趣,为国家的创新事业培养生力军。

4. 未成年人与成年人群体对创新的态度差异反映了群体间的成熟与否差异

从未成年人和成年人就创新喜爱程度的调查数据来看,未成年人对创新喜爱程度更为强烈,而成年人在情感体验和强烈程度上表现得较为平和。实质上,调查数据所体现的差异性反映了群体间的成熟与否。相比未成年人,成年人看问题更趋向于成熟与沉稳,强烈的、偏激性的认识较少。成年人认识问题展现出的特点既有好的方面又有其自身的局限性。好的方面主要表现为能客观、全面、认真地分析问题,逻辑和思路较为清晰等;局限性主要表现为受传统的影响较大,思维较为僵化,创新力不足等。正确看待和分析未成年人与成年人群体间成熟度的差异,成年人要以身作则,身体力行地教育和引导未成年人,未成年人应以虚心求教的心态向成年人群体学习。注意利用两个群体间的积极影响,优势互补,从而更好地培育未成年人的创新力。

四 未成年人的创新性

未成年人有着较强的创新意识、创新欲望与创新喜爱度,那么未成年人有较强的创新性吗?

(一)未成年人对创新性的自我评价

在 2014 年和 2015 年对未成年人就对创新性的自我评价的调查中,其选择的各选项的比率为："很强"（15.96%、22.66%），平均比率为19.31%；"强"（21.31%、20.75%），平均比率为21.03%；"一般"（44.15%、40.38%），平均比率为42.27%；"不强"（12.05%、8.10%），平均比率为10.08%；"弱"（1.09%、2.77%），平均比率为1.93%；"很弱"（1.36%、1.65%），平均比率为1.51%；"没有"（1.29%、0.86%），平均比率为1.08%；"不清楚"（2.79%、2.83%），平均比率为2.81%。

在对创新性的认识中，将"强""很强"定为强关联项，将"弱""很弱""不强"定为弱关联项，将"一般"定为一般关联项。未成年人选择强关联项的比率为40.34%；选择一般关联项的比率为42.27%，排在第一位；选择弱关联项的比率为13.52%。未成年人选择"没有"和"不清楚"的比率较低。从数据来看，大多数未成年人认为自身的创新性呈现"一般"态势，在"一般"态势占主导的前提下较倾向于认为自身的创新性稍强。

从2015年与2014年的比较来看，2015年选择强关联项的比率较2014年高6.14个百分点，其中2015年选择"很强"的比率较2014年高6.70个百分点。2015年选择一般关联项的比率较2014年低3.77个百分点，选择弱关联项的比率较2014年低1.98个百分点，选择"没有"的比率较2014年低0.43个百分点。从率差来看，未成年人对创新性的认识逐渐明晰化，且自身的创新性呈现出积极的发展态势。

（二）相关群体对未成年人创新性的评价

1. 教育、科技、人事管理部门领导对未成年人创新性的评价

教育、科技、人事管理部门领导的评价是比较客观的，因为他们从事教育、科技与人事管理工作多年，对未成年人的情况比较了解。在2010年的调查中，各选项的比率分别为："很强"（8.82%）、"强"（35.29%）、"一般"（50.00%）、"不强"（5.88%），选择"弱"、"很弱"、"没有"和"不清楚"选项的比率均为0。选择一般关联项的比率为50.00%，居于第一位。选择强关联项的比率为44.11%。没有人认为未成年人的创新性"弱"、"很弱"与"没有"；也没有人表示对未成年人的创新性缺乏了解。"很强"与"强"合比率为44.11%，也就是说有44.11%的教育、科技、人事管理部门领导认为未成年人有较好的创新性。

2. 中学校长对未成年人创新性的评价

如表3-15所示，中学校长选择强关联项的比率为29.39%，弱关联项的比率为16.29%，一般关联项的比率为52.84%。总的来看，大多数中学校长认为

未成年人有一定的创新性,其中近三成的中学校长认为未成年人的创新性较强。选择"没有"和"不清楚"的占很小的比率,反映出中学校长对这一问题的看法较为清晰。

表 3-15　中学校长眼中未成年人的创新性

选项	总			2013 年		2014 年 (1)		(2)		2015 年 (1)		(2)		(3)		(4)	
	人数/人	比率/%	排序	人数/人	比率/%	人数/人	比率	人数/人	比率/%	人数/人	比率/%	人数/人	比率/%	人数/人	比率/%	人数/人	比率/%
很强	30	7.41	4	11	6.04	11	15.94	2	4.26	1	5.00	0	0	0	0	5	10.20
强	89	21.98	2	52	28.57	8	11.59	9	19.15	5	25.00	1	5.00	1	5.56	13	26.53
一般	214	52.84	1	107	58.79	24	34.78	32	68.09	8	40.00	14	70.00	11	61.11	18	36.73
不强	45	11.11	3	10	5.49	16	23.19	3	6.38	2	10.00	2	10.00	3	16.67	9	18.37
弱	12	2.96	5	1	0.55	3	4.35	1	2.13	2	10.00	0	0	2	11.11	3	6.12
很弱	9	2.22	6	1	0.55	4	5.80	0	0	1	5.00	3	15.00	0	0	0	0
没有	4	0.99	7	0	0	3	4.35	0	0	1	5.00	0	0	0	0	0	0
不清楚	2	0.49	8	0	0	0	0	0	0	0	0	0	0	1	5.56	1	2.04
合计	405	100		182	100	69	100	47	100	20	100	20	100	18	100	49	100

3. 德育干部对未成年人创新性的评价

在 2013 年对德育干部就对未成年人创新性的评价的调查中,各选项比率分别为:"很强"(11.63%)、"强"(32.56%)、"一般"(34.88%)、"不强"(13.95%)、"弱"(2.33%)、"很弱"(2.33%)、"不清楚"(2.33%)、"没有"(0)。德育干部选择强关联项的比率为 44.19%,弱关联项的比率为 18.61%,一般关联项的比率为 34.88%。德育干部选择强关联项的比率较中学校长选择的比率高。

4. 小学校长对未成年人创新性的评价

如表 3-16 所示,小学校长选择强关联项的比率为 30.37%,弱关联项的比率为 23.70%,一般关联项的比率为 42.96%。总的来看,大部分的小学校长认为未成年人有一定的创新性,其中三成多的小学校长认为未成年人的创新性较强。选择"没有"和"不清楚"选项的占很小的比率,反映出小学校长对这一问题的看法较为清晰。小学校长对这一问题的认识较中学校长而言,稍显不积极。

表 3-16 小学校长眼中未成年人的创新性

选项	总			2013 年（安徽省）		2014 年				2015 年（安徽省）			
						全国部分省市（少数民族地区）（1）		安徽省（2）		（1）		（2）	
	人数/人	比率/%	排序	人数/人	比率/%	人数/人	比率/%	人数/人	比率/%	人数/人	比率/%	人数/人	比率/%
很强	12	8.89	4	5	13.16	3	11.54	3	9.09	1	5.88	0	0
强	29	21.48	2	13	34.21	5	19.23	5	15.15	4	23.53	2	9.52
一般	58	42.96	1	15	39.47	10	38.46	16	48.48	10	58.82	7	33.33
不强	25	18.52	3	5	13.16	8	30.77	8	24.24	1	5.88	3	14.29
弱	1	0.74	8	0	0	0	0	1	3.03	0	0	0	0
很弱	6	4.44	5	0	0	0	0	0	0	0	0	6	28.57
没有	2	1.48	6	0	0	0	0	0	0	1	5.88	1	4.76
不清楚	2	1.48	6	0	0	0	0	0	0	0	0	2	9.52
合计	135	100		38	100	26	100	33	100	17	100	21	100

5. 中学老师和家长对未成年人创新性的评价

如表 3-17 所示，中学老师选择强关联项的比率为 25.90%，弱关联项的比率为 20.21%，一般关联项的比率为 52.59%。总的来看，大多数中学老师认为未成年人有一定的创新性，但不足三成的中学老师认为未成年人的创新性较强。从 2015 年与 2014 年的比较来看，强关联项的比率有所上升，弱关联项的比率有所下降，中学老师没有选择"不清楚"。中学老师对这一问题的看法渐趋积极乐观。

在表 3-17 中，家长选择强关联项的比率为 46.53%，弱关联项的比率为 7.97%，一般关联项的比率为 43.96%。总的来看，多数家长认为未成年人有一定的创新性，其中近一半的家长认为未成年人的创新性较强。从率差变化来看，强关联项的比率有所降低，弱关联项的比率有所上升，家长没有选择"弱"选项。总的来说，家长对这一问题持积极乐观的态度。

表 3-17 中学老师和家长眼中未成年人的创新性

选项	中学老师						家长						
	总			2014 年		2015 年		总			2014 年		2015 年	
	人数/人	比率/%	排序	人数/人	比率/%	人数/人	比率/%	人数/人	比率/%	排序	人数/人	比率/%	人数/人	比率/%
很强	19	4.92	4	6	2.59	13	8.44	66	16.97	3	45	19.15	21	13.64
强	81	20.98	2	43	18.53	38	24.68	115	29.56	2	70	29.79	45	29.22

续表

选项	中学老师							家长						
	总			2014年		2015年		总			2014年		2015年	
	人数/人	比率/%	排序	人数/人	比率/%	人数/人	比率/%	人数/人	比率/%	排序	人数/人	比率/%	人数/人	比率/%
一般	203	52.59	1	129	55.60	74	48.05	171	43.96	1	103	43.83	68	44.16
不强	54	13.99	3	38	16.38	16	10.39	26	6.68	4	11	4.68	15	9.74
弱	5	1.30	6	1	0.43	4	2.60	0	0	8	0	0	0	0
很弱	19	4.92	4	13	5.60	6	3.90	5	1.29	5	4	1.70	1	0.65
没有	5	1.30	6	2	0.86	3	1.95	3	0.77	6	2	0.85	1	0.65
不清楚	0	0	8					3	0.77	6			3	1.95
合计	386	100		232	100	154	100	389	100		235	100	154	100

（三）未成年人及相关群体对未成年人创新性的综合评价

如表 3-18 所示，包括未成年人自身在内的 7 个群体对未成年人创新性的评价中，7 个群体选择强关联项的比率为 38.11%，选择一般关联项的比率为 44.25%，选择弱关联项的比率为 14.25%。选择"没有"和"不清楚"选项的比率均较低。从对 7 个群体的调查来看，认为未成年人创新性一般的占主流。

在未成年人与中学校长等 5 个群体的比较中，未成年人选择强关联项的比率较中学校长等 5 个群体选择的比率高 5.50 个百分点，其中未成年人选择"很强"的比率较中学校长等 5 个群体高 8.53 个百分点。未成年人选择弱关联项的比率较中学校长等 5 个群体的比率低 2.02 个百分点。从未成年人与中学校长等5 个群体的比较来看，未成年人认为自身的创新性稍强。

表 3-18　未成年人及相关群体对未成年人创新性的综合评价

选项	综合评价		未成年人的自我评价（2014~2015年）		教育、科技、人事管理部门领导的评价（2010年）		中学校长等 5 个群体的评价												未成年人与中学校长等 5 个群体比较率差
							合		中学校长（2013~2015年）		德育干部（2013年）		小学校长（2013~2015年）		中学老师（2014~2015年）		家长（2014~2015年）		
	人数/人	比率/%	人数/人	比率/%	人数/人	比率/%	人数/人	比率/%	人数/人	比率/%	人数/人	比率/%	人数/人	比率/%	人数/人	比率/%	人数/人	比率/%	
很强	948	16.21	813	18.25	3	8.82	132	9.72	30	7.41	5	11.63	12	8.89	19	4.92	66	16.97	8.53
强	1281	21.90	941	21.12	12	35.29	328	24.15	89	21.98	14	32.56	29	21.48	81	20.98	115	29.56	-3.03

续表

选项	综合评价		未成年人的自我评价（2014~2015年）		教育、科技、人事管理部门领导的评价（2010年）		中学校长等5个群体的评价												未成年人与中学校长等5个群体比较率差
							合		中学校长（2013~2015年）		德育干部（2013年）		小学校长（2013~2015年）		中学老师（2014~2015年）		家长（2014~2015年）		
	人数/人	比率/%	人数/人	比率/%	人数/人	比率/%	人数/人	比率/%	人数/人	比率/%	人数/人	比率/%	人数/人	比率/%	人数/人	比率/%	人数/人	比率/%	
一般	2588	44.25	1910	42.86	17	50.00	661	48.67	214	52.84	15	34.88	58	42.96	203	52.59	171	43.96	−5.81
不强	635	10.86	477	10.70	2	5.88	156	11.49	45	11.11	6	13.95	25	18.52	54	13.99	26	6.68	−0.79
弱	93	1.59	74	1.66	0	0	19	1.40	12	2.96	1	2.33	1	0.74	5	1.30	0	0	0.26
很弱	105	1.80	65	1.46	0	0	40	2.95	9	2.22	1	2.33	6	4.44	19	4.92	5	1.29	−1.49
没有	65	1.11	51	1.14	0	0	14	1.03	4	0.99	0		2	1.48	5	1.30	3	0.77	0.11
不清楚	133	2.27	125	2.81	0	0	8	0.59	2	0.49	1	2.33	2	1.48	0		3	0.77	2.22
合计	5848	100	4456	100	34	100	1358	100	405	100	43	100	135	100	386	100	389	100	0

（四）未成年人的创新性与相关群体的创新性比较

对未成年人创新性的评价来自 2014~2015 年未成年人自我，2010 年教育、科技、人事管理部门领导，2013~2015 年中学校长、德育干部、小学校长，以及 2014~2015 年中学老师、家长的综合评价，我们以未成年人的自我评价与中学校长、小学校长、中学老师、家长自述的创新性进行比较，看看未成年人与成年人之间有没有差距，有多大的差距。

1. 未成年人的创新性与中学校长的创新性比较

如表 3-19 所示，中学校长认为自身创新性"很强"和"强"的合比率为 25.64%，而未成年人选择"很强"和"强"的合比率为 40.34%，其中未成年人选择"很强"和"强"的比率分别较中学校长高 14.61 个百分点和 0.09 个百分点。中学校长选择"不强"、"弱"和"很弱"的合比率为 19.64%，这一比率较未成年人选择的合比率高 6.12 个百分点。在"没有"和"不清楚"中，中学校长的选择率均低于未成年人。从数据来看，中学校长对自身创新性有明确而清晰的认识，认为自身创新性一般的占大多数。总的来说，中学校长认为自身的创新性不强。

表 3-19　未成年人的创新性与中学校长的创新性比较

| 选项 | 未成年人的自我评价 | | | 中学校长的自我评价 | | | | | | | 未成年人与中学校长比较率差 |
| | 2014年比率/% | 2015年比率/% | 合比率/% | 2013年比率/% | 2014年 | | 2015年 | | | 合比率/% | |
					(1)比率/%	(2)比率/%	(1)比率/%	(2)比率/%	(3)比率/%		
很强	15.96	22.66	19.31	8.24	1.45	8.51	10.00	0	0	4.70	14.61
强	21.31	20.75	21.03	33.52	21.74	17.02	15.00	5.00	33.33	20.94	0.09
一般	44.15	40.38	42.27	0	69.57	53.19	55.00	95.00	50.00	53.79	−11.52
不强	12.05	8.10	10.08	56.04	5.80	21.28	10.00	0	11.11	17.37	−7.29
弱	1.09	2.77	1.93	2.20	1.45	0	5.00	0	0	1.44	0.49
很弱	1.36	1.65	1.51	0	0	0	5.00	0	0	0.83	0.68
没有	1.29	0.86	1.08	0	0	0	0	0	0	0	1.08
不清楚	2.79	2.83	2.81	0	0	0	0	0	5.56	0.93	1.88
合计	100	100	100	100	100	100	100	100	100	100	0

2. 未成年人的创新性与小学校长的创新性比较

如表 3-20 所示，小学校长选择"很强"和"强"的合比率为 21.39%，这一合比率较未成年人选择的合比率低 18.95 个百分点，其中未成年人选择"很强"和"强"的比率分别较小学校长高 13.82 个百分点和 5.13 个百分点。小学校长选择"一般"的比率较未成年人高。小学校长选择"不强"、"弱"和"很弱"的合比率为 15.91%，较未成年人高 2.39 个百分点。未成年人选择"没有"的比率较小学校长低 0.10 个百分点，选择"不清楚"的比率较小学校长高 2.20 个百分点。大多数小学校长对自身创新性有清晰的认识，认为自身创新性呈一般化状态。相比未成年人，小学校长认为自身的创新性不强。从数据来看，小学校长的创新性也不及中学校长。

表 3-20　未成年人的创新性与小学校长的创新性比较

| 选项 | 未成年人的自我评价 | | | 小学校长的自我评价 | | | | | | 未成年人与小学校长比较率差 |
| | 2014年比率/% | 2015年比率/% | 合比率/% | 2013年比率/% | 2014年 | | 2015年 | | 合比率/% | |
					(1)比率/%	(2)比率/%	(1)比率/%	(2)比率/%		
很强	15.96	22.66	19.31	5.26	11.54	0.00	5.88	4.76	5.49	13.82
强	21.31	20.75	21.03	28.95	11.54	27.27	11.76	0	15.90	5.13
一般	44.15	40.38	42.27	26.32	73.08	60.61	58.82	85.71	60.91	−18.64
不强	12.05	8.10	10.08	31.58	3.85	9.09	11.76	9.52	13.16	−3.08

续表

选项	未成年人的自我评价			小学校长的自我评价						未成年人与小学校长比较率差
	2014年比率/%	2015年比率/%	合比率/%	2013年比率/%	2014年(1)比率/%	2014年(2)比率/%	2015年(1)比率/%	2015年(2)比率/%	合比率/%	
弱	1.09	2.77	1.93	7.89	0	0	5.88	0	2.75	−0.82
很弱	1.36	1.65	1.51	0	0	0	0	0	0	1.51
没有	1.29	0.86	1.08	0	0	0	5.88	0	1.18	−0.10
不清楚	2.79	2.83	2.81	0	0	3.03	0	0	0.61	2.20
合计	100	100	100	100	100	100	100	100	100	0

3. 未成年人的创新性与中学老师和家长的创新性比较

如表 3-21 所示,中学老师选择"很强"和"强"的合比率为 27.32%,这一合比率较未成年人低 13.02 个百分点,未成年人选择"很强"和"强"的比率分别较中学老师高 11.64 个百分点和 1.38 个百分点。中学老师选择"不强"、"弱"和"很弱"的合比率为 12.85%,这一比率较未成年人低 0.67 个百分点。没有中学老师选择"没有"和"不清楚"。从数据来看,中学老师对自身创新性有较为清晰的认识,其认为自身创新性不强。从与中小学校长选择"很强"和"强"的合比率来看,中学老师的创新性强于中小学校长。

在表 3-21 中,家长选择"很强"和"强"的合比率为 31.30%,这一比率较未成年人选择的合比率低 9.04 个百分点,未成年人选择"很强"和"强"的比率分别较家长高 2.65 个百分点和 6.39 个百分点。家长选择"不强"、"弱"和"很弱"的合比率为 7.97%,这一比率较未成年人低 5.55 个百分点。家长选择"没有"的比率较未成年人高 1.38%,选择"不清楚"的比率较未成年人低 0.88 个百分点。从数据来看,大多数家长认为自身创新性一般。相比未成年人,家长认为自身创新性不强。从"很强"和"强"的合比率来看,家长的创新性较中学校长、小学校长和中学老师 3 个群体强。

表 3-21　未成年人的创新性与中学老师和家长的创新性比较

选项	未成年人的自我评价			中学老师的自我评价			家长的自我评价			未成年人与中学老师比较率差	未成年人与家长比较率差
	2014年比率/%	2015年比率/%	合比率/%	2014年比率/%	2015年比率/%	合比率/%	2014年比率/%	2015年比率/%	合比率/%		
很强	15.96	22.66	19.31	6.90	8.44	7.67	25.53	7.79	16.66	11.64	2.65
强	21.31	20.75	21.03	21.12	18.18	19.65	9.79	19.48	14.64	1.38	6.39
一般	44.15	40.38	42.27	57.33	62.34	59.84	53.62	59.09	56.36	−17.57	−14.09

续表

选项	未成年人的自我评价			中学老师的自我评价			家长的自我评价			未成年人与中学老师比较率差	未成年人与家长比较率差
	2014 年比率/%	2015 年比率/%	合比率/%	2014 年比率/%	2015 年比率/%	合比率/%	2014 年比率/%	2015 年比率/%	合比率/%		
不强	12.05	8.10	10.08	14.66	9.74	12.20	3.40	11.04	7.22	-2.12	2.86
弱	1.09	2.77	1.93	0	0	0	0	0	0	1.93	1.93
很弱	1.36	1.65	1.51	0	1.30	0.65	0.85	0.65	0.75	0.86	0.76
没有	1.29	0.86	1.08	0	0	0	4.26	0.65	2.46	1.08	-1.38
不清楚	2.79	2.83	2.81	0	0	0	2.55	1.30	1.93	2.81	0.88
合计	100	100	100	100	100	100	100	100	100	0	0

4. 未成年人的创新性与相关群体的创新性的总体比较

如表 3-22 所示,在未成年人与中学校长等 4 个群体的比较中,中学校长等 4 个群体选择"很强"和"强"的合比率为 26.41%,这一合比率较未成年人低 13.93 个百分点,其中未成年人选择"很强"和"强"的比率较中学校长等 4 个群体分别高 10.68 个百分点和 3.25 个百分点。未成年人选择"不强"、"弱"和"很弱"的合比率为 13.52%,这一比率较中学校长等 4 个群体低 0.58 个百分点。在"没有"和"不清楚"上,未成年人的选择率稍高。从数据来看,中学校长等 4 个群体对自身创新性有明确的认识,相比未成年人,其认为自身创新性不足。未成年人可能由于个性特征等原因,对这一问题的认识显得较为乐观。

表 3-22 未成年人的创新性与相关群体的创新性的总体比较

选项	未成年人的自我评价（2014~2015 年均率）/%	中学校长等 4 个群体的自我评价					未成年人与中学校长等 4 个群体比较率差
		合比率/%	中学校长（2013~2015 年均率）/%	小学校长（2013~2015 年均率）/%	中学老师（2014~2015 年均率）/%	家长（2014~2015 年均率）/%	
很强	19.31	8.63	4.70	5.49	7.67	16.66	10.68
强	21.03	17.78	20.94	15.90	19.65	14.64	3.25
一般	42.27	57.73	53.79	60.91	59.84	56.36	-15.46
不强	10.08	12.49	17.37	13.16	12.20	7.22	-2.41
弱	1.93	1.05	1.44	2.75	0	0.88	
很弱	1.51	0.56	0.83	0	0.65	0.75	0.95
没有	1.08	0.91	0	1.18	0	2.46	0.17
不清楚	2.81	0.87	0.93	0.61	0	1.93	1.94
合计	100	100	100	100	100	100	0

（五）综合认识

1. 相关群体认为未成年人有较好的创新性

在对相关成年人群体的调查中，大多数成年人群体认为未成年人在创新性方面表现较好。不同群体的成年人基于自身的视角与立场对未成年人的创新性给予了积极和正面性的评价，说明在成年人眼中未成年人对创新的熟知程度和创新特性都较高。此外，通过对 2014～2015 年连续 2 年就未成年人创新性的调查中，未成年人选择"很强"、"强"及"一般"选项的合比率达82.23%。换言之，大多数未成年人具有较好的创新性。未成年人具有较好的创新性在一定程度上表明未成年人对创新不仅仅是拘泥于感性的喜欢以及浅显的知识性层面，其对创新内涵的理解更为透彻，已经有逐渐向创新能力层次发展的趋向。

2. 成年人群体认识的差异性符合假设四"不同群体对未成年人创新性的评价存在较大差异，未成年人张扬自我肯定"

在成年人群体与未成年人群体就创新性的比较中，成年人选择"一般"选项的比重较大，而未成年人在"一般"选项占主导地位的前提下，其创新性更偏向于"很强"和"强"选项。未成年人的创新性一般较成年人群体高。从未成年人各选项的比率可以看出，其张扬自我的个性对其认识产生一定的潜在影响，其积极的态度倾向较为明显，而成年人看问题更多倾向于把稳和全面。

3. 未成年人的创新性强于成年人群体与假设五"未成年人的创新性比成年人弱得多"不符

在对未成年人对自身创新性的认识与成年人对自身创新性的认识的比较中，未成年人选择创新性"很强"的比率较教育、科技、人事管理部门领导，中学校长，小学校长，德育干部，以及家长高。从数据比较来看，未成年人的创新性较成年人高，与假设五不符。形成未成年人创新性强于成年人局面的原因是多方面的，重要的：一是由未成年人自身阶段性特征以及个性特点决定的。未成年人思维活跃、好奇心与求知欲较为强烈，对创新的事物较为感兴趣，学习的劲头更足，因此，在对创新性的认识上倾向性较为明显。二是成年人受制于时间、精力等多方面的限制，花费在创新性事物上的时间和精力有限，倾向性相对较弱。

4. 不同年份未成年人的创新性无明显差异与假设六"不同年份未成年人的创新性存在较大差异"不符

在不同年份，未成年人的创新性呈现出一定的波动性，但从率差上来看，没有较为明显的差异，这与假设六不符。从不同年份未成年人对创新性认识差异性较小可以看出：一是未成年人对创新、创新性的认识是一个渐进性的演变过程，并不是一蹴而就的。创新力的养成需要一个较为漫长的发生过程。二是未成年人的认识虽然出现一定的偏差和疏离，但是，其认识没有明显偏离主流认识，差异性的认识是一种合理性的存在。通过对未成年人不同年份创新性认识的差异可以看出，未成年人的认识在不断发展，在这一过程中，教育工作者要注意未成年人认识发生的微小变化，并注意把握变化发展的动向，注意加强对未成年人的教育与引导。

本书从以上考察得出的基本估计是未成年人具有一定的创新性。

五 未成年人的动手实践能力

动手实践能力是未成年人科学实践的重要能力，也是未成年人创新力的重要体现。1957 年诺贝尔物理学奖获得者、著名物理学家杨振宁 1994 年 5 月在接受《科技日报》记者采访时表示，"普遍存在动手能力差，胆小，怕出差错，不善于选择研究课题，怯于提出质疑，崇拜权威等缺陷"（心远，1994）。他殷切期望学校的领导、老师"要引导学生独立思考，发展他们的创造性思维与动手能力，尽量扩大知识面，广开视野"（叶松庆，2000b）。著名物理学家丁肇中 1999 年 3 月 30 日在《科学时报》上撰文认为，"中国年轻人考试优秀，但动手实验略逊一筹"（丁肇中，1999），杨振宁先生与丁肇中先生客观实在地评价了我国学生的动手能力（叶松庆，2011b，1999c）。著名物理学家严济慈也"曾强调理论要联系实际，要重视学生动手能力的培养和提高"（叶松庆，1997b）。时隔 10 多年，年轻人的动手能力怎样了？本书以相关群体对未成年人"小制作""小发明""小创造"等动手实践成果的微观认定、比较与相关群体对未成年人动手实践能力的宏观评价、比较，来探测、分析未成年人的动手实践能力。

（一）未成年人的动手实践成果现状

1. 未成年人对动手实践成果的自我认定

如表 3-23 所示，在多个年份对未成年人动手实践成果的自我认定调查中，各选项的排序是："有小制作"（48.30%）、"没有"（27.37%）、"有小创造"（14.19%）和"有小发明"（10.14%）。从数据来看，大多数未成年人的动手实践成果是"小制作"，选择原创性元素多和原创性强的"小发明"和"小创造"的比率较小。可以看出，大多数未成年人或多或少有一定的动手实践成果，但是凸显其创新力的动手实践成果相对较为贫乏。因此，除了鼓励未成年人多动手实践外,还应注意加强对其动手实践的指导,体现创新力,增强动手实践能力。

从 2015 年与 2009 年的比较来看,2015 年选择"没有"的比率较 2009 年低,选择"有小制作"、"有小创造"和"有小发明"的比率均较 2009 年高,其中"有小发明"选项较 2009 年高 2.92 个百分点,这也是增幅最大的选项。从率差来看,未成年人参与动手实践的人数逐渐增多,实践成果由"小制作"逐渐转向了"小发明",表明未成年人的创新力较好地融入了动手实践中。

表 3-23 未成年人对动手实践成果的自我认定

选项	总			2009 年		2010 年		2011 年		2013 年		2014 年		2015 年		2015 年与 2009 年比较率差
	人数/人	比率/%	排序	人数/人	比率/%	人数/人	比率/%	人数/人	比率/%	人数/人	比率/%	人数/人	比率/%	人数/人	比率/%	
有小制作	6 524	48.30	1	1 102	49.73	880	45.45	855	44.28	1 469	49.49	1 439	48.98	779	51.32	1.59
有小发明	1 369	10.14	4	153	6.90	183	9.45	183	9.48	438	14.76	263	8.95	149	9.82	2.92
有小创造	1 917	14.19	3	293	13.22	321	16.58	243	12.58	464	15.63	391	13.31	205	13.50	0.28
没有	3 697	27.37	2	668	30.14	552	28.51	650	33.66	597	20.11	845	28.76	385	25.36	-4.78
合计	13 507	100		2 216	100	1 936	100	1 931	100	2 968	100	2 938	100	1 518	100	0

2. 相关群体对未成年人动手实践成果的认定

1)教育、科技、人事管理部门领导对未成年人动手实践成果的认定

未成年人的动手实践成果是反映未成年人动手实践能力强弱的重要标志。教育、科技、人事管理部门领导认为未成年人"有小制作"的比率为 50.00%,"有小发明"的比率为 5.88%,"有小创造"的比率为 11.76%,这三项的合比率为 67.64%;认为"没有"的比率为 32.35%。当然,"有小制作"比起"有小发明"与"有小创造"要容易得多,但也是一种不可忽视的动手能力。由此,大多数(67.64%)的教育、科技、人事管理部门领导认为未成年人有动手实践成果。

2)中学校长对未成年人动手实践成果的认定

如表 3-24 所示,中学校长选择的各选项排序依次是:"有小制作"(50.62%)、"没有"(20.49%)、"有小发明"(14.57%)和"有小创造"(14.32%)。从数据来看,大多数中学校长认为未成年人有动手实践成果,成果的主要形式是小制作。中学校长认为未成年人的创造性和发明性的成果较少。中学校长的认识与教育、科技、人事管理部门领导认识相近,只不过中学校长认为未成年人没有动手实践成果的比率较教育、科技、人事管理部门领导低。

表 3-24　中学校长眼中未成年人的动手实践成果

选项	总			2013 年		2014 年				2015 年							
						（1）		（2）		（1）		（2）		（3）		（4）	
	人数/人	比率/%	排序	人数/人	比率/%	人数/人	比率/%	人数/人	比率/%	人数/人	比率/%	人数/人	比率/%	人数/人	比率/%	人数/人	比率/%
有小制作	205	50.62	1	110	60.44	18	26.09	20	42.55	8	40.00	16	80.00	8	44.44	25	51.02
有小发明	59	14.57	3	25	13.74	12	17.39	9	19.15	3	15.00	1	5.00	1	5.56	8	16.33
有小创造	58	14.32	4	25	13.74	16	23.19	7	14.89	2	10.00	0	0	1	5.56	7	14.29
没有	83	20.49	2	22	12.09	23	33.33	11	23.40	7	35.00	3	15.00	8	44.44	9	18.37
合计	405	100		182	100	69	100	47	100	20	100	20	100	18	100	49	100

3）德育干部对未成年人动手实践成果的认定

在 2013 年对德育干部的调查中，各选项的比率分别为："有小制作"（55.81%）、"有小发明"（11.63%）、"有小创造"（18.60%）、"没有"（13.95%）。大多数德育干部认为未成年人的动手实践成果是小制作，选择其他选项的比率大致相当。调查还发现，德育干部对未成年人的动手实践成果的认定好于 2010 年教育、科技、人事管理部门领导，表现在四个方面：一是"有小制作"的比率高了 5.81 个百分点；二是"有小发明"的比率高了 5.75 个百分点；三是"有小创造"的比率高了 6.84 个百分点；四是"没有"的比率低了 18.40 个百分点。

4）小学校长对未成年人动手实践成果的认定

由表 3-25 所知，小学校长对未成年人动手实践成果的认定虽然显得更加肯定，但主要聚焦在"有小制作"上，这项比率为 72.59%，这在一定程度上符合小学校长对未成年人的认识，因为他们关注的主要是作为小学生的未成年人，小学生有"小发明"和"小创造"的确很难，所以小学校长选择这两项的比率较低。

表 3-25　小学校长眼中未成年人的动手实践成果

选项	总			2013 年（安徽省）		2014 年				2015 年（安徽省）			
						全国部分省市（少数民族地区）（1）		安徽省（2）		（1）		（2）	
	人数/人	比率/%	排序	人数/人	比率/%	人数/人	比率/%	人数/人	比率/%	人数/人	比率/%	人数/人	比率/%
有小制作	98	72.59	1	34	89.47	16	61.54	24	72.73	11	64.71	13	61.90

续表

| 选项 | 总 | | | 2013年（安徽省） | | 2014年 | | | | 2015年（安徽省） | | | |
| | | | | | | 全国部分省市（少数民族地区）（1） | | 安徽省（2） | | （1） | | （2） | |
	人数/人	比率/%	排序	人数/人	比率/%	人数/人	比率/%	人数/人	比率/%	人数/人	比率/%	人数/人	比率/%
有小发明	8	5.93	3	2	5.26	0	0	3	9.09	3	17.65	0	0
有小创造	8	5.93	3	0	0	7	26.92	0	0	0	0	1	4.76
没有	21	15.56	2	2	5.26	3	11.54	6	18.18	3	17.65	7	33.33
合计	135	100		38	100	26	100	33	100	17	100	21	100

5）中学老师和家长对未成年人动手实践成果的认定

如表 3-26 所示，在中学老师对未成年人动手实践成果的认定上，排在第一的是"有小制作"，这项比率为 43.01%；排在第二的是"没有"，为 30.31%。可以看出，中学老师对未成年人动手实践能力的肯定程度并不高，且多认为成果为"小制作"。以"没有"选项为评判标准，中学老师与中小学校长、德育干部相比较，中学老师的认识稍显不积极。

在家长对未成年人动手实践成果的认定上，排在第一的是"有小制作"，这项比率为 48.84%；与中学老师不同的是，家长选择"没有"的比率要低得多，为 19.79%。因此，家长对于未成年人的小制作、小发明、小创造的肯定是十分明显的，其看法较中学老师稍显积极。

表 3-26　中学老师和家长眼中未成年人的动手实践成果

| 选项 | 中学老师 | | | | | | | 家长 | | | | | | |
| | 总 | | | 2014年 | | 2015年 | | 总 | | | 2014年 | | 2015年 | |
	人数/人	比率/%	排序	人数/人	比率/%	人数/人	比率/%	人数/人	比率/%	排序	人数/人	比率/%	人数/人	比率/%
有小制作	166	43.01	1	88	37.93	78	50.65	190	48.84	1	108	45.96	82	53.25
有小发明	62	16.06	3	41	17.67	21	13.64	67	17.22	3	42	17.87	25	16.23
有小创造	41	10.62	4	22	9.48	19	12.34	55	14.14	4	40	17.02	15	9.74
没有	117	30.31	2	81	34.91	36	23.38	77	19.79	2	45	19.15	32	20.78
合计	386	100		232	100	154	100	389	100		235	100	154	100

3. 未成年人与相关群体对未成年人动手实践成果的综合认定

如表 3-27 所示，将未成年人与教育、科技、人事管理部门领导以及中学校长等 5 个群体综合起来看，7 个群体选择的排序是："有小制作"（48.49%）、"没有"（26.93%）、"有小创造"（14.03%）、"有小发明"（10.55%）。7 个群体认为大多数未成年人的动手实践成果是"小制作"，也有约 1/4 的未成年人没有动手实践成果。

从未成年人与中学校长等 5 个群体的比较来看，中学校长等 5 个群体选择"有小制作"和"有小发明"的比率较未成年人分别高 1.99 个百分点和 4.66 个百分点，选择"有小创造"和"没有"的比率较未成年人分别低 1.67 个百分点和 4.98 个百分点。比较而言，中学校长等 5 个群体认为未成年人有一定的动手实践成果，且更多是"小制作"和"小发明"。

表 3-27　未成年人与相关群体对未成年人动手实践成果的综合认定

选项	综合认定		未成年人的自我认定（2009~2011年、2013~2015年）		教育、科技、人事管理部门领导的认定（2010年）		中学校长等 5 个群体的认定												未成年人与中学校长等 5 个群体比较率差
							合		中学校长（2013~2015年）		德育干部（2013年）		小学校长（2013~2015年）		中学老师（2014~2015年）		家长（2014~2015年）		
	人数/人	比率/%	人数/人	比率/%	人数/人	比率/%	人数/人	比率/%	人数/人	比率/%	人数/人	比率/%	人数/人	比率/%	人数/人	比率/%	人数/人	比率/%	
有小制作	7 224	48.49	6 524	48.30	17	50.00	683	50.29	205	50.62	24	55.81	98	72.59	166	43.01	190	48.84	−1.99
有小发明	1 572	10.55	1 369	10.14	2	5.88	201	14.80	59	14.57	5	11.63	8	5.93	62	16.06	67	17.22	−4.66
有小创造	2 091	14.03	1 917	14.19	4	11.76	170	12.52	58	14.32	8	18.60	8	5.93	41	10.62	55	14.14	1.67
没有	4 012	26.93	3 697	27.37	11	32.35	304	22.39	83	20.49	6	13.95	21	15.56	117	30.31	77	19.79	4.98
合计	14 899	100	13 507	100	34	100	1 358	100	405	100	43	100	135	100	386	100	389	100	0

（二）未成年人的动手实践能力现状

1. 未成年人对动手实践能力的自我评价

在 2014 年与 2015 年对未成年人就动手实践能力的自我评价的调查中，两个年份的各选项的比率依次为："很强"（15.38%、24.64%）、"强"（29.65%、24.90%）、"一般"（40.57%、35.57%）、"不强"（8.27%、7.51%）、"弱"（1.63%、2.04%）、"很弱"（0.82%、2.37%）、"没有"（0.20%、0.99%）、"不清楚"（3.47%、1.98%）。

在 2014～2015 年两年的调查中，未成年人选择"很强"（18.54%）和"强"（28.03%）选项的合比率为 46.57%，选择"一般"选项的比率为 38.87%，选择"不强"（8.01%）、"弱"（1.77%）和"很弱"（1.35%）选项的合比率为 11.13%，选择"没有"和"不清楚"选项的比率分别为 0.47% 和 2.96%，极少数的未成年人认为自己没有动手实践能力。从调查数据来看，大部分未成年人认为自身的动手实践能力一般，在一般占主导的前提下，未成年人认为自身的动手实践能力倾向于强的状态。总的来看，未成年人对自身动手实践能力的评价呈积极良好的态势。

从 2015 年与 2014 年的比较来看，2015 年选择"很强"的比率较 2014 年高 9.26 个百分点，这也是增幅最大的选项。2015 年选择"强"和"一般"的比率较 2014 年分别降低 4.75 个百分点和 5.00 个百分点。在其他选项上，率差较小，表明两年的差异较小。从率差来看，未成年人对自身动手实践能力的认识逐渐清晰，认为自身动手实践能力趋于逐渐增强的状态。

2. 不同群体对未成年人动手实践能力的评价

1）教育、科技、人事管理部门领导对未成年人动手实践能力的评价

在 2010 年对教育、科技、人事管理部门领导的调查中，认为未成年人动手实践能力"很强"的有 5.88%，认为"强"的有 29.41%，两项的合比率为 35.29%。"一般化"是中性层次，在此的意思是具有一定的能力，持这种认识的占 38.24%，可见约 1/3 以上的教育、科技、人事管理部门领导认为未成年人具有一定的动手实践能力。选择"不强"（20.59%）、"弱"（0）、"很弱"（5.88%）三项的合比率为 26.47%，没有人认为未成年人毫无动手实践能力，选择"不清楚"选项的比率也为 0。在教育、科技、人事管理部门领导眼中，未成年人的动手实践能力较好。

2）中学校长对未成年人动手实践能力的评价

如表 3-28 所示，中学校长选择"很强"和"强"选项的合比率为 22.72%，这一合比率较未成年人以及教育、科技、人事管理部门领导同类选项的合比率均低。中学校长选择"不强"、"弱"和"很弱"的合比率为 24.69%。中学校长选择"没有"和"不清楚"的比率分别为 1.73% 和 0.49%。从数据来看，半数以上的中学校长认为未成年人的动手实践能力"一般"，其中正性评价（"很强"和"强"）和负性评价（"不强"、"弱"和"很弱"）的比率大致相当。

表 3-28 中学校长眼中未成年人的动手实践能力

选项	总			2013 年		2014 年				2015 年						
						（1）		（2）		（1）		（2）		（3）		（4）
	人数/人	比率/%	排序	人数/人	比率/%	人数/人	比率/%	人数/人	比率/%	人数/人	比率/%	人数/人	比率/%	人数/人	比率/%	人数/人 比率/%
很强	30	7.41	4	8	4.40	8	11.59	7	14.89	1	5.00	0	0	0	0	6 12.24

续表

选项	总			2013年		2014年				2015年							
						(1)		(2)		(1)		(2)		(3)		(4)	
	人数/人	比率/%	排序	人数/人	比率/%	人数/人	比率/%	人数/人	比率/%	人数/人	比率/%	人数/人	比率/%	人数/人	比率/%	人数/人	比率/%
强	62	15.31	3	29	15.93	6	8.70	9	19.15	4	20.00	6	30.00	1	5.56	7	14.29
一般	204	50.37	1	116	63.74	24	34.78	24	51.06	9	45.00	9	45.00	6	33.33	16	32.65
不强	74	18.27	2	21	11.54	19	27.54	7	14.89	3	15.00	2	10.00	8	44.44	14	28.57
弱	17	4.20	5	7	3.85	4	5.80	0	0	1	5.00	0	0	2	11.11	3	6.12
很弱	9	2.22	6	1	0.55	4	5.80	0	0	1	5.00	1	5.00	0	0	2	4.08
没有	7	1.73	7	0	0	4	5.80	0	0	1	5.00	2	10.00	0	0	0	0
不清楚	2	0.49		0	0	0	0	0	0	0	0	0	0	1	5.56	1	2.04
合计	405	100		182	100	69	100	47	100	20	100	20	100	18	100	49	100

3）德育干部对未成年人动手实践能力的评价

在 2013 年对德育干部的调查中，其选择"很强"（16.28%）和"强"（16.28%）选项的合比率为 32.56%。也就是说，近 1/3 的德育干部认为未成年人的动手实践能力强。认为未成年人动手实践能力"一般"的占 41.86%。德育干部选择"不强"（13.95%）、"弱"（6.98%）、"很弱"（2.33%）三项的合比率为 23.26%，没有德育干部认为未成年人毫无动手实践能力，但有 2.33%的德育干部对未成年人的动手实践能力毫无所知。

4）小学校长对未成年人动手实践能力的评价

如表 3-29 所示，小学校长选择"很强"和"强"选项的合比率为 13.33%，这一合比率较中学校长同类选项的合比率低。小学校长选择"不强"、"弱"和"很弱"选项的合比率为 25.93%。选择"没有"的比率为 5.19%。从数据来看，小学校长对未成年人的动手实践能力有较为清晰的认识，大部分的小学校长认为未成年人的动手实践能力呈一般化的发展趋势。相比中学校长，小学校长对这一问题的认识稍显不积极。

表 3-29 小学校长眼中未成年人的动手实践能力

选项	总			2013年（安徽省）		2014年				2015年（安徽省）			
						全国部分省市（少数民族地区）(1)		安徽省(2)		(1)		(2)	
	人数/人	比率/%	排序	人数/人	比率/%	人数/人	比率/%	人数/人	比率/%	人数/人	比率/%	人数/人	比率/%
很强	2	1.48	7	0	0	1	3.85	0	0	1	5.88	0	0

续表

选项	总			2013 年 （安徽省）		2014 年				2015 年 （安徽省）			
						全国部分省市 （少数民族地 区）（1）		安徽省 （2）		（1）		（2）	
	人数 /人	比率 /%	排序	人数 /人	比率 /%	人数 /人	比率 /%	人数 /人	比率 /%	人数 /人	比率 /%	人数 /人	比率 /%
强	16	11.85	3	6	15.79	0	0	6	18.18	2	11.76	2	9.52
一般	75	55.56	1	25	65.79	18	69.23	19	57.58	6	35.29	7	33.33
不强	23	17.04	2	6	15.79	3	11.54	6	18.18	4	23.53	4	19.05
弱	5	3.70	6	1	2.63	0	0	2	6.06	2	11.76	0	0
很弱	7	5.19	4	0	0	4	15.38	0	0	1	5.88	2	9.52
没有	7	5.19	4	0	0	0	0	0	0	1	5.88	6	28.57
不清楚	0	0	8	0	0	0	0	0	0	0	0	0	0
合计	135	100		38	100	26	100	33	100	17	100	21	100

5）中学老师和家长对未成年人动手实践能力的评价

如表 3-30 所示，中学老师认为未成年人动手实践能力"很强"的有 7.25%，认为"强"的有 18.13%，两项的合比率为 25.38%。认为未成年人动手实践能力"一般"的比率为 44.30%，认为"不强"（16.84%）、"弱"（1.30%）、"很弱"（6.74%）的合比率为 24.88%。选择"没有"和"不清楚"的比率分别为 5.18% 和 0.26%。从数据来看，七成以上的中学老师对未成年人的动手实践能力并不持有积极态度。

在表 3-30 中，家长认为未成年人动手实践能力"很强"的有 12.34%，认为"强"的有 18.51%，两项的合比率为 30.85%。也就是说，近 1/3 的家长认为未成年人的动手实践能力强。认为未成年人动手实践能力"一般"的占 54.50%，是被选择最多的选项。选择"不强"（10.28%）、"弱"（0）、"很弱"（1.54%）的合比率为 11.82%。选择"没有"和"不清楚"的比率分别为 2.57% 和 0.26%。从数据来看，家长眼中未成年人的动手实践能力一般。

表 3-30　中学老师和家长眼中未成年人的动手实践能力

选项	中学老师							家长						
	总			2014 年		2015 年		总			2014 年		2015 年	
	人数 /人	比率 /%	排序	人数 /人	比率 /%	人数 /人	比率 /%	人数 /人	比率 /%	排序	人数 /人	比率 /%	人数 /人	比率 /%
很强	28	7.25	4	18	7.76	10	6.49	48	12.34	3	35	14.89	13	8.44

续表

选项	中学老师							家长						
	总			2014 年		2015 年		总			2014 年		2015 年	
	人数/人	比率/%	排序	人数/人	比率/%	人数/人	比率/%	人数/人	比率/%	排序	人数/人	比率/%	人数/人	比率/%
强	70	18.13	2	26	11.21	44	28.57	72	18.51	2	35	14.89	37	24.03
一般	171	44.30	1	106	45.69	65	42.21	212	54.50	1	137	58.30	75	48.70
不强	65	16.84	3	46	19.83	19	12.34	40	10.28	4	21	8.94	19	12.34
弱	5	1.30	7	1	0.43	4	2.60	0	0	8	0	0	0	0
很弱	26	6.74	5	18	7.76	8	5.19	6	1.54		2	0.85	4	2.60
没有	20	5.18	6	17	7.33	3	1.95	10	2.57	5	5	2.13	5	3.25
不清楚	1	0.26	8	0	0	1	0.65	1	0.26	7	0	0	1	0.65
合计	386	100		232	100	154	100	389	100		235	100	154	100

6）未成年人与相关群体对未成年人动手实践能力的综合评价

如表 3-31 所示，从未成年人，教育、科技、人事管理部门领导，以及中学校长等 5 个群体综合来看，这 7 个群体选择"很强"和"强"选项的合比率为 41.54%。选择"不强"、"弱"和"很弱"选项的合比率为 13.54%。选择"没有"和"不清楚"选项的比率分别为 1.11% 和 2.34%。综合 7 个群体的比率来看，未成年人的动手实践能力在一般情况占主导的情况下，更趋向于较强的状态。

从未成年人与中学校长等 5 个群体的比较来看，未成年人选择"很强"和"强"的比率较中学校长等 5 个群体分别高 10.07 个百分点和 11.31 个百分点。在"一般""不强""弱""很弱""没有"选项上，中学校长等 5 个群体选择率均较未成年人高。从率差来看，未成年人对自身动手实践能力的评价较中学校长等 5 个群体的评价更显积极。

表 3-31　未成年人与相关群体对未成年人动手实践能力的综合评价

选项	综合评价（2014～2015 年）		未成年人的自我评价（2014～2015 年）		教育、科技、人事管理部门领导的评价（2010 年）		中学校长等 5 个群体的评价												未成年人与中学校长等 5 个群体比较率差
							合		中学校长（2013～2015 年）		德育干部（2013 年）		小学校长（2013～2015 年）		中学老师（2014～2015 年）		家长（2014～2015 年）		
	人数/人	比率/%	人数/人	比率/%	人数/人	比率/%	人数/人	比率/%	人数/人	比率/%	人数/人	比率/%	人数/人	比率/%	人数/人	比率/%	人数/人	比率/%	
很强	943	16.13	826	18.54	2	5.88	115	8.47	30	7.41	7	16.28	2	1.48	28	7.25	48	12.34	10.07

续表

选项	综合评价		未成年人的自我评价（2014~2015年）		教育、科技、人事管理部门领导的评价（2010年）		中学校长等5个群体的评价													未成年人与中学校长等5个群体比较率差
							合		中学校长（2013~2015年）		德育干部（2013年）		小学校长（2013~2015年）		中学老师（2014~2015年）		家长（2014~2015年）			
	人数/人	比率/%	人数/人	比率/%	人数/人	比率/%	人数/人	比率/%	人数/人	比率/%	人数/人	比率/%	人数/人	比率/%	人数/人	比率/%	人数/人	比率/%	
强	1486	25.41	1249	28.03	10	29.41	227	16.72	62	15.31	7	16.28	16	11.85	70	18.13	72	18.51	11.31
一般	2425	41.47	1732	38.87	13	38.24	680	50.07	204	50.37	18	41.86	75	55.56	171	44.30	212	54.50	−11.20
不强	572	9.78	357	8.01	7	20.59	208	15.32	74	18.27	6	13.95	23	17.04	65	16.84	40	10.28	−7.31
弱	109	1.86	79	1.77	0	0	30	2.21	17	4.20	3	6.98	5	3.70	5	1.30	0	0	−0.44
很弱	111	1.90	60	1.35	2	5.88	49	3.61	9	2.22	1	2.33	7	5.19	26	6.74	6	1.54	−2.26
没有	65	1.11	21	0.47	0	0	44	3.24	7	1.73	0	0	7	5.19	20	5.18	10	2.57	−2.77
不清楚	137	2.34	132	2.96	0	0	5	0.37	2	0.49	1	2.33	0	0	1	0.26	1	0.26	2.59
合计	5848	100	4456	100	34	100	1358	100	405	100	43	100	135	100	386	100	389	100	0

3. 未成年人与相关群体动手实践能力的比较

1）相关群体动手实践能力的自我评价

通过相关成年人群体对自身动手实践能力的评价，了解成年人动手实践能力现状。在将未成年人与成年人就动手实践能力评价比较的过程中，厘清未成年人与相关成年人群体间的差距，并针对未成年人的实际，开展实效性强的教育教学活动，以提升未成年人的创新力。

第一，中学校长动手实践能力的自我评价。

如表3-32所示，中学校长选择"很强"和"强"选项的合比率为48.88%；选择"一般"选项的比率为26.69%；选择"不强"、"弱"和"很弱"选项的合比率为24.16%；选择"没有"和"不清楚"选项的比率较小。从调查数据来看，中学校长对自身动手实践能力的评价较高。

表 3-32 中学校长动手实践能力的自我评价

选项	总			2013年		2014年				2015年					
						（1）		（2）		（1）		（2）		（3）	
	人数/人	比率/%	排序	人数/人	比率/%	人数/人	比率/%	人数/人	比率/%	人数/人	比率/%	人数/人	比率/%	人数/人	比率/%
很强	33	9.27	4	21	11.54	5	7.25	6	12.77	1	5.00	0	0	0	0
强	141	39.61	1	80	43.96	25	36.23	15	31.91	7	35.00	9	45.00	5	27.78

续表

选项	总			2013 年		2014 年				2015 年					
						（1）		（2）		（1）		（2）		（3）	
	人数/人	比率/%	排序	人数/人	比率/%	人数/人	比率/%	人数/人	比率/%	人数/人	比率/%	人数/人	比率/%	人数/人	比率/%
一般	95	26.69	2	0	0	38	55.07	26	55.32	9	45.00	11	55.00	11	61.11
不强	78	21.91	3	74	40.66	1	1.45	0	0	2	10.00	0	0	1	5.56
弱	6	1.69	5	5	2.75	0	0	0	0	1	5.00	0	0	0	0
很弱	2	0.56	6	2	1.10	0	0	0	0	0	0	0	0	0	0
没有	0	0	8	0	0	0	0	0	0	0	0	0	0	0	0
不清楚	1	0.28	7	0	0	0	0	0	0	0	0	0	0	1	5.56
合计	356	100		182	100	69	100	47	100	20	100	20	100	18	100

第二，小学校长动手实践能力的自我评价。

如表 3-33 所示，小学校长选择"很强"和"强"的合比率为 45.19%，这一合比率较中学校长低 3.69 个百分点。小学校长选择"不强"、"弱"和"很弱"的合比率为 22.96%。小学校长选择"没有"的比率为 0.74%，选择"不清楚"的比率为 0。从数据来看，小学校长较中学校长对自身动手实践能力了解更为清楚。从总体上看，小学校长对自身动手实践能力评价较高。

表 3-33　小学校长动手实践能力的自我评价

选项	总			2013 年 （安徽省）		2014 年				2015 年 （安徽省）			
						全国部分省市 （少数民族地区）（1）		安徽省 （2）		（1）		（2）	
	人数/人	比率/%	排序	人数/人	比率/%	人数/人	比率/%	人数/人	比率/%	人数/人	比率/%	人数/人	比率/%
很强	12	8.89	4	4	10.53	4	15.38	2	6.06	1	5.88	1	4.76
强	49	36.30	1	14	36.84	7	26.92	15	45.45	2	11.76	11	52.38
一般	42	31.11	2	0	0	14	53.85	14	42.42	8	47.06	6	28.57
不强	24	17.78	3	19	50.00	1	3.85	2	6.06	2	11.76	0	0
弱	2	1.48	6	1	2.63	0	0	0	0	1	5.88	0	0
很弱	5	3.70	5	0	0	0	0	0	0	2	11.76	3	14.29
没有	1	0.74	7	0	0	0	0	0	0	1	5.88	0	0
不清楚	0	0		0	0	0	0	0	0	0	0	0	0
合计	135	100		38	100	26	100	33	100	17	100	21	100

第三，中学老师与家长动手实践能力的自我评价。

如表 3-34 所示，中学老师选择"很强"和"强"的合比率为 44.04%，这一合比率较中学校长和小学校长低。中学老师选择"一般"的比率为 51.55%。选择"不强"、"弱"和"很弱"的合比率为 3.89%。在"没有"和"不清楚"选项上，中学老师选择的比率分别为 0.52% 和 0。从调查数据来看，大部分的中学老师认为自身动手实践能力一般，中学老师对自身动手实践能力的评价较中小学校长低。

家长选择"很强"和"强"的合比率为 51.68%，这一合比率在四个成年人群体中最高。家长选择"不强"、"弱"和"很弱"的合比率为 5.92%。在"没有"和"不清楚"选项上，家长选择率分别为 0.77% 和 1.80%。从数据来看，家长对自身动手实践能力的评价呈良好态势，其评价比上述成年人群体的评价要好。

表 3-34　中学老师与家长动手实践能力的自我评价

| 选项 | 中学老师 | | | | | | | 家长 | | | | | | |
| | 总 | | | 2014 年 | | 2015 年 | | 总 | | | 2014 年 | | 2015 年 | |
	人数/人	比率/%	排序	人数/人	比率/%	人数/人	比率/%	人数/人	比率/%	排序	人数/人	比率/%	人数/人	比率/%
很强	52	13.47	3	37	15.95	15	9.74	56	14.40	3	33	14.04	23	14.94
强	118	30.57	2	68	29.31	50	32.47	145	37.28	2	94	40.00	51	33.12
一般	199	51.55	1	115	49.57	84	54.55	155	39.85	1	85	36.17	70	45.45
不强	11	2.85	4	8	3.45	3	1.95	22	5.66	4	14	5.96	8	5.19
弱	4	1.04	5	4	1.72	0	0	0	0	8	0	0	0	0
很弱	0	0	7	0	0	0	0	1	0.26	7	0	0	1	0.65
没有	2	0.52	6	0	0	2	1.30	3	0.77	6	3	1.28	0	0
不清楚	0	0	7	0	0	0	0	7	1.80	5	6	2.55	1	0.65
合计	386	100		232	100	154	100	389	100		235	100	154	100

2）未成年人与相关群体动手实践能力自我评价的比较

将未成年人对自身动手实践能力的评价与中学校长等 4 个群体分别进行比较，进一步探究未成年人与成年人对自身动手实践能力评价的差异性。

如表 3-35 所示，在未成年人与中学校长的比较中，中学校长选择"强"的比率较未成年人高 11.58 个百分点，且这一比率是成年人群体中最高的，中学校长对自身动手实践能力的评价较未成年人高。

在表 3-35 中，小学校长选择"强"的比率较未成年人高 8.27 个百分点，从总体上看，小学校长与未成年人在这一问题的认识上差异较小，小学校长对自身动手实践能力的评价较未成年人稍高。

在表 3-35 中，未成年人选择"很强"的比率较中学老师高 5.07 个百分点，选择"不强"的比率较中学老师高 5.16 个百分点，从"不强"、"弱"和"很弱"的合比率来看，中学老师较未成年人的自我评价高。

在表 3-35 中，家长选择"强"的比率较未成年人高 9.25 个百分点，选择"很强"的比率较未成年人低 4.14 个百分点，家长选择"不强"、"弱"和"很弱"的比率均较未成年人低。总体上，家长对自身动手实践能力的评价较未成年人高。

表 3-35　未成年人与相关群体动手实践能力自我评价的比较

| 选项 | 未成年人的自我评价（2014~2015 年） | | 相关群体的自我评价 | | | | | | | | 未成年人与中学校长比较率差 | 未成年人与小学校长比较率差 | 未成年人与中学老师比较率差 | 未成年人与家长比较率差 |
| | | | 中学校长（2013~2015 年） | | 小学校长（2013~2015 年） | | 中学老师（2014~2015 年） | | 家长（2014~2015 年） | | | | | |
	人数/人	比率/%	人数/人	比率/%	人数/人	比率/%	人数/人	比率/%	人数/人	比率/%				
很强	826	18.54	33	9.27	12	8.89	52	13.47	56	14.40	9.27	9.65	5.07	4.14
强	1249	28.03	141	39.61	49	36.30	118	30.57	145	37.28	−11.58	−8.27	−2.54	−9.25
一般	1732	38.87	95	26.69	42	31.11	199	51.55	155	39.85	12.18	7.76	−12.68	−0.98
不强	357	8.01	78	21.91	24	17.78	11	2.85	22	5.66	−13.9	−9.77	5.16	2.35
弱	79	1.77	6	1.69	2	1.48	4	1.04	0	0	0.08	0.29	0.73	1.77
很弱	60	1.35	2	0.56	5	3.70	0	0	1	0.26	0.79	−2.35	1.35	1.09
没有	21	0.47	0	0	1	0.74	2	0.52	3	0.77	0.47	−0.27	−0.05	−0.30
不清楚	132	2.96	1	0.28	0	0	0	0	7	1.80	2.68	2.96	2.96	1.16
合计	4456	100	356	100	135	100	386	100	389	100	0	0	0	0

（三）基本认识

1. 未成年人的动手实践成果多集中于"小制作"

对未成年人动手实践成果的调查发现，未成年人的动手实践成果主要集中在"小制作"方面。由此可见，虽然未成年人对创新的认识、对创新的喜爱度以及创新性表现出较高的倾向性与认同度，但是反映到实践层面，未成年人将对创新的认知以及创新知识运用到实际中，其体现的创新力仍不高。究其原因，未成年人的综合思维以及跨学科思维的运用有待进一步改善与增强。诸如"小发明"和"小创造"，更多地是一种综合思维和跨学科思维的凝结。因此，在未成年人创新力的培育中，要注意加强对未成年人思维方式的引导与教育，进一步打破固化和程式化的学科边界，培养未成年人多学科和多角度思考问题的能力。

2. 未成年人的动手实践成果数量较多质量较低

具体对未成年人动手实践成果数量的测定主要是针对"没有"选项而言，未成年人选择"没有"的比率为27.37%，自我认定的比率较低。

对动手实践成果质量的测定主要是综合考虑"小发明"和"小创造"的比率。从数据来看，未成年人选择"小发明"和"小创造"的合比率较低，其动手实践成果质量较低。

3. 大部分的未成年人认为自身的动手实践能力较好

在对未成年人就自身动手实践能力的调查中，近半数的未成年人认为自身动手实践能力"很强"和"强"。不同群体对未成年人动手实践能力的认识有所偏差，但总的来说，呈现出较为积极的评价。在未成年人与成年人群体的比较中，未成年人选择"很强"的比率较中学校长等4个成年人群体要高。无论是对未成年人自身的调查，还是从成年人群体的"他者"视角，均对未成年人的动手实践能力作出了积极的评价。未成年人数量较多的动手实践成果也进一步反映了其动手实践能力较强。在实际的动手实践锻炼中，未成年人对创新、创新力向成果转化会有较为清晰的认识，实践能力也会得到进一步提升。

4. 未成年人的动手实践能力稍强于成年人不符合假设七"未成年人的动手实践能力弱于成年人"

通过对未成年人动手实践能力与成年人动手实践能力的比较可以看出，未成年人选择"很强"的比率为18.54%，而中学校长、小学校长、中学老师和家长选择率分别为9.27%、8.89%、13.47%和14.40%，未成年人选择率较成年人群体高（表3-35）。可见，假设七"未成年人的动手实践能力弱于成年人"不成立。未成年人具有较强的动手实践能力，动手实践能力的养成是培育未成年人创新力的重要内容。教育工作者应对其加强教育与引导，逐渐使动手实践能力进一步转化为成果，并且体现较强的创新性。

第四节 基本结论与相关讨论

一 基本结论

通过考察、探测未成年人的创新了解度、创新欲望、创新喜爱度、创新性、动手实践成果、动手实践能力，采用以未成年人为中心，自我比较、群体比较、年份比较、阶段比较、群体内部比较等方法，得到以下基本结论。

（一）未成年人的创新力处于中等水平

从各个层面的调查数据来看，未成年人的创新力总体上处于中等水平。中等水平在具体选项的测定上表现为强、一般等。未成年人创新力处在中等水平与未成年人自身的知识结构以及知识储备有较强的关联性。未成年人的知识储备和结构处在逐渐完善的状态，但是又不及成年人，处在"中间水平"。未成年人创新力虽处在中等水平，但也应看到未成年人在朝着更高的水平发展，因为未成年人在不断的学习及社会化过程中，其知识及心智发展水平会逐步提升。

（二）未成年人的显性创新力较弱而潜在创新力较强

未成年人的显性创新力主要表现为创新成果、创新性以及动手实践能力。未成年人的显性创新力较弱的主要原因在于：一是对显在的创新性事物在具体量化中，测定凸显的创新性要素较为复杂。未成年人对创新的了解一般停留在知识性层面，并未在实践中完全"激活"相关的知识。二是未成年人的创新力处于中等水平，很难取得具有很强创新性的成果。但也应看到，未成年人潜在的创新性，未成年人对创新的喜爱程度、动手实践能力等带有稍强的主观个性色彩评价，这足以表明未成年人已在内心深处萌发了创新意识，并且这种潜在意识也在引导着未成年人的创新行为，培育其创新力。

（三）未成年人与成年人的动手实践能力的侧重点不同

未成年人动手实践成果的形式主要是小制作，这符合当前未成年人相关的知识结构和水平，与其显性创新力较弱有极大的关联。较弱的创新力反映到实践成果中，其成果的创新元素很难较强地凸显出来。成年人对创新的热情虽然没有未成年人高，但是其对创新的了解较未成年人深，其知道将创新方面的知识以及原理运用到实践成果中，所以两者存在一定的质量上的差异。这符合未成年人的个性特征以及身心发展的阶段性特征。由此可以看出进一步培育未成年人创新力的必要性与重要性。

（四）研究结果符合假设二、三、四而不符合假设一、五、六、七

通过对相关指标的测定以及相关数据的综合分析发现，未成年人对创新的了解程度并不比成年人低，这不符合假设一；未成年人的创新欲望、创新喜爱

度均高于成年人，这符合假设二、三。不同群体对未成年人创新性的评价存在较大差异，未成年人张扬自我肯定，这符合假设四。未成年人的创新性与成年人有一定的差异，但并不意味着其创新性较成年人低，这不符合假设五。从不同年份看，未成年人的创新性存在一定的差异性，但是总体上差异不大，这不符合假设六。未成年人的动手实践能力与成年人相比，较成年人群体高，这不符合假设七。

（五）本书采用自行研定的评价方法较为独特

在对未成年人创新力培育现状的指标测定中，本书采用的是"守一望多"策略，主要针对未成年人，但又综合其他群体对这一问题的认识。采用这一策略，能够较好地反映未成年人创新力培育的"样貌"，更好地反映客观实际，并针对存在的问题提出相应的解决措施。本书对未成年人创新力的分析与估计得到的结果虽只是一家之言，但却是基于多个群体的反映，多个群体大样本的调查实属不易，结果无疑具有重要的参考价值。

二　相关讨论

关于未成年人的创新力，有一些问题需要讨论。

（一）能否谈未成年人的创新力

能否谈未成年人的创新力？这个问题一直困扰着研究者。从中国知网上检索可知，明确提出并公开发表"未成年人创新能力"这个完整词汇的是黑龙江省科学技术馆李玥莹（2013）的《未成年人创新意识和创新能力培养的实践探索》一文，这表明"未成年人创新能力"是成立并得到社会认可的。创新力与创新能力没有本质上的区别，只是称呼不同而已。因此，既然可以谈未成年人的创新能力，也就可以谈未成年人的创新力。

（二）未成年人的创新力能否培养

未成年人的创新力能否培养？有观点认为，创新力是依附于人的一种自然能力，它蕴含在人的生存能力、生活能力之中，把创新力单独提出来似乎没有必要，由此，创新力不用刻意培养，自然而然就会有了。但实际上创新力与其他能力不同，最大的区别在于，其他能力是应对日常生活、工作所需要的能力，凭经验就可以获取或转化，而创新力是一种需要运用缜密的思维与新的逻辑方法，提出新的理念并产生新的价值的能力，不是与生俱来的，是需要培养的。

《培养幼儿创新意识和创新能力之我见》（谢冬梅，2000）、《幼儿手工创新教育活动的实验研究》（程彩铃，2006）、《培养幼儿创新能力的三个途径》（王丽敏，2009）、《培养幼儿的创新能力之我见》（李海英，2013）、《培养幼儿创新能力的几点思考》（李静，2016）、《如何在教学中有效培养幼儿创新能力》（刘海艳，2017）等，就是一些很好的证明，既然幼儿都可以培养创新力，小学与初、高中阶段的未成年人也能培养创新力。

（三）未成年人的创新力是逐步提升还是原地踏步

人们谈论或讨论未成年人的创新力时，一般都会认为其就是未成年人的科技创新力，其实科技创新力只是人的创新力的一部分，一个完整的创新力应该是表现在人的方方面面的创设新思维、创立新理念、创造新价值的能力。目前，我国尚无衡量未成年人创新力的统一标准，强与弱、好与差、优与劣的参照系统是什么，也不是很明确。当人们问，我国未成年人的创新力究竟怎样，是在逐步提升还是原地踏步？这很难准确回答。

由于国内对未成年人创新力的研究较少，所以可作为参考坐标的成果很少，但可用现有的研究"青少年科技创新力"（其中蕴含未成年人，但没有将其剥离出来）的他人研究成果来推测。

1. 未成年人的创新力逐步提升的依据

（1）教育部科学技术司、共青团中央学校部和中国科普研究所从 1997 年 8 月至 1999 年 4 月，联合在全国开展了青少年创造能力培养社会调查，认为"从青少年创造性现状看，本次调查显示出诸多积极因素"（马抗美和翟立原，2000）（注：有效问卷 10 941 份，其中含初中生 4266 人、高中生 3149 人，他们可被视为未成年人）。

（2）2000 年 7～9 月，教育部科学技术司、共青团中央学校部和中国科普研究所进行了第二次青少年创造能力培养社会调查，"专家认为，我国具有初步创造力特征的被调查者，已从占被调查者的 14.9%上升为 20%"（金振蓉，2001）（注：这里的青少年指 11 800 名大学生与中学生，中学生可被视为未成年人）。

（3）2002 年，教育部科学技术司、共青团中央学校部和中国科普研究所进行了第三次青少年创造能力培养社会调查，认为"具有初步创造力特征的青少年已从 1998 年的 14.9%和 2000 年的 20%持续增长至 21.6%"（马抗美和翟立原，2003）（注：这里的青少年指 62 所大学与 91 所中学的部分学生，中学生可被视为未成年人）。

（4）2007 年 8 月 1 日，《光明日报》记者齐芳采访在昆明举行的第二十二届全国青少年科技创新大赛后写了报道，认为"我国青少年科技创新能力显著提高"，但其依据是"曾多次参加全国青少年科技创新能力大赛的专家表示：'尝试解决身边问题，这说明我国青少年科技创新能力有了显著提高。'"（齐芳，2007）。她只做了定性描述，没有定量分析，无从比较。

（5）2007 年 8 月 28 日，实习生任敏在《中国青年报》上以《青少年的科技创新能力提高了多少？》为题，报道了北京青少年科技博览会的情况，其是用以下文字来反映青少年的科技能力变化的："从 1997 年起，青少中心就在全市中小学倡导开展兴趣小组，培养学生科学兴趣。2000 年，北京市八一中学开始在初中各个年级设有科技特长班，针对特长班学生开设电脑机器人、动漫制作、天文、单片机、航模等许多方面的选修课。从校内兴趣小组，到跨校项目小组，再到面向全市的少年科学院，一步一步培养有创新精神的学生，这是青少中心构建的蓝图。10 年过去了，无线电、航模班、机器人、车模、动漫制作……几乎北京市所有的中小学都开设了丰富多彩的特色班，充分挖掘孩子们的兴趣。"（任敏，2007）但他对"青少年的科技创新能力提高了多少"这一问题没有进行定量分析，也就无法以此作比较。

（6）2011 年，宁波大学王丽在多个小学做的青少年创新能力培养现状调查认为，"45.2%的青少年认为自己有创新能力"（王丽和周莹莹，2011）。

（7）2013 年，上海社会科学院青少年研究所杨雄、雷开春、陈建军等通过调查认为，"青少年创造力总体水平为中等偏上"（杨雄等，2013）。

（8）2013～2015 年，本研究在对未成年人对创新了解程度、创新欲望、创新喜爱度、创新性、动手实践成果、动手实践能力的调查、考察后认为，未成年人的创新力处于中等水平，其潜在的创新特质较强，"科技创新素质呈现良好的发展态势"（叶松庆，2016）。

2. 未成年人的创新力原地踏步的依据

（1）2000 年全国青少年创造能力培养社会调查认为，"尽管中国青少年的创新思维有了明显提高，但对创造发明的积极性却下降了"（薛晖，2001）。

（2）2002 年全国青少年创造能力培养社会调查认为，"与 1998 年相比，青少年对脑科学（包括创造性思维）的认知有了明显提高；但与 2000 年相比，上述认知却略有下降；与 1998 年和 2000 年相比，青少年自评具有初步创造人格特征比率在有了较大幅度的上升后又呈现出回落"（马抗美和翟立原，2003）。

（3）自 2009 年 12 月开始，中国科普研究所研究员陈玲及其同事进行的"青少年创造性想象力发展特点及影响因素研究"，在全国 9 个地区 72 所中小学4320 位学生中进行了调查，"青少年创造性想象力测量量表采用文字和图画方式进行测评,总分为 80 分。调查结果显示:我国青少年创造性想象力平均得分为 29.97 分,未达到及格水平,令人堪忧"(刘莉,2012)。

(4)2009 年,"教育进展国际评估组织对全球 21 个国家进行的调查显示,中国孩子的计算能力排名世界第一,想象力却排名倒数第一,创造力排名倒数第五。在中小学生中,认为自己有好奇心和想象力的只占 4.7%,而希望培养想象力和创造力的只占 14.9%"(魏娜和赵武英,2010)。

(5)2013 年 5 月,华东师范大学生命科学学院唐思贤教授认为,"我国青少年创新能力总体水平不高,普及面较窄,这些问题可能会影响到我国未来十年甚至更长时间内的科技发展"(宋元芳,2013)。

(6)2015 年 2 月,南京大学社会学院《江苏省青少年科技创新能力现状调查与培养策略研究》显示:"江苏省青少年好奇心、挑战性上表现优秀,冒险性大都集中在中等水平,而想象力相对较弱。"(王君,2015)在不同的调查与研究反映出的喜忧参半的情状下,未成年人创新力的养成任重而道远。

3. 未成年人创新力的养成

未成人创新力的养成,亦即创新力的早期养成,是本书的主题,也是主体。诺贝尔物理学奖获得者、物理学家李政道认为人在年轻时脑细胞的"零件"的效率最高,接受知识的能力最强,要抓住这个时机,尽可能地多吸取知识,进行最严格的科学训练,打牢知识基础。他主张"教育要从小抓起",1974 年就向我国领导人提出"从小选拔、培养人才"的建议(叶松庆,1996b)。中国教育学会前常务副会长、中国创新人才教育研究会顾问郭永福教授认为"拔尖创新人才或者杰出人才的培养要从娃娃抓起"(王怡,2012),原国家教委专职委员、教育部副总督学郭福昌认为,"创造性思维要从娃娃抓起"(郑勇,2016)。笔者的观点十分明确,即人的创新力必须早期养成,也就是说在未成年时期就要养成较强的创新力,等到世界观、人生观、价值观基本定型后再来重视狠抓就迟了。

未成年人科学素质发展与企业家精神培养的相关性分析

科学素质发展与企业家精神培养对未成年人创新力的早期养成起到了极为重要的作用,本章着重分析了科学素质发展与企业家精神培养的相关性。首先,在对"科学素质""企业家精神"等概念有了一定了解并做了一定辨析后,发现"科学素质"与"企业家精神"存在同一性和差异性。其次,在对相关概念充分把握后,从两方面对相关性进行了具体分析。一方面从科学素质发展与企业家精神培养的关联性、客观性、现实性、必要性、必然性、可能性、可行性等方面的调查指标和数据进行分析;另一方面从未成年人科学素质发展与企业家精神培养的影响和作用进行分析。通过大量数据的分析,本书确证未成年人科学素质发展与企业家精神培养存在很强的相关性。

第一节　关于"科学素质"与"企业家精神"

一 关于"科学素质"

(一)相关群体的理解

关于"科学素质",理论界有多种表述。本书选取两种表述供相关群体选择。第一种为《全民科学素质行动计划纲要》中的定义:"公民具备基本科学素质一般指了解必要的科学技术知识,掌握基本的科学方法,树立科学思想,崇尚科学精神,并具有一定的应用它们处理实际问题、参与公共事务的能力。"第二种为"能够理解基本科学技术术语、基本观点和方法,能够读懂报纸和刊物上有关科学技术的报道和文章;运用科学信息和知识解决日常生活和工作中遇到的实际问题的能力;具备科学意识、科学价值观和科学精神"(唐蓉蓉,2009)。

1. 科技工作者,科技型中小企业家,教育、科技、人事管理部门领导对"科学素质"的理解

2010年对科技工作者,科技型中小企业家,教育、科技、人事管理部门领导的调查中,65.66%的人选择了第一种表述,34.34%的人选择了第二种表述。

这 3 个群体更青睐第一种表述，他们大多是直接或间接从事科技工作的人员，对科学素质有着更深刻的理解，突出掌握科学的方法处理实际问题和参与公共事务的能力。

从单个群体的选择来看，64.84%的科技工作者选择第一种表述，选择第二种表述的占比为 35.16%。73.17%的科技型中小企业家选择第一种表述，选择第二种表述的占比为 26.83%。58.82%的教育、科技、人事管理部门领导选择第一种表述，选择第二种表述的占比为 41.18%。

在个案访谈中，课题组重点了解了选择第一种表述的人员，他们认为虽然第二种表述比第一种表述更细腻和深入，但是作为具体参与科技事务的人员，除了具备基本的科学素养，诸如读懂报纸与刊物上有关科学技术的报道和文章、运用科学信息和知识解决日常生活和工作中遇到的实际问题的能力等，更重要的是掌握基本的科学方法，树立科学思想，崇尚科学精神，并具有一定的应用它们处理实际问题、参与公共事务的能力，科学服务于社会的功能更加凸显。

在这 3 个与"科学素质"关系最为密切的群体中，选择第一种表述人数最多的是科技型中小企业家，比率高达 73.17%，比科技工作者高 8.33 个百分点，比教育、科技、人事管理部门领导高 14.35 个百分点。作为科技型中小企业家，其拥有双重身份，既是企业家，同时也是科技工作者，对科学素质的理解是很有深度的，这表明科技型中小企业家对科学素质有着特殊的感情。直接从事科技工作的科技工作者选择第一种表述的比率高于教育、科技、人事管理部门领导，这种选择结果符合其各自的身份特征。

2. 研究生、大学生对"科学素质"的理解

在 2010 年对研究生与大学生的调查中，55.80%的人选择了第二种表述，44.20%的人选择了第一种表述，尽管两种选择的差异不太大，但选择第一种表述的还是排在第二位，这种结果与科技工作者等 3 个群体的选择排序正好相反。从单个群体的选择来看，43.51%的研究生选择第一种表述，选择第二种表述的占比为56.49%。44.30%的大学生选择第一种表述，选择第二种表述的占比为 55.70%。从两个群体来看，无论是选择第一种还是选择第二种，率差（即比率之差）都不大，说明这两个群体的看法很一致。原因有二：一是研究生与大学生的年龄比较接近，看问题的角度比较接近；二是研究生与大学生都没有正式走上工作岗位，对科学素质的理解没有科技工作者等 3 个群体的那种切身体会，因此出现这种选择结果。

3. 中学校长、德育干部、小学校长对"科学素质"的理解

在 2013 年对中学校长、德育干部与小学校长的调查中，3 个群体选择第一种表述的比率为 65.02%，选择第二种表述的占比为 34.98%。

在 2013 年对中学校长的调查中，69.78%的中学校长选择第一种表述，选

择第二种表述的占比为 30.22%。46.51% 的德育干部选择第一种表述，选择第二种表述的占比为 53.49%。63.16% 的小学校长选择第一种表述，选择第二种表述的占比为 36.84%。中学校长、德育干部、小学校长都是受过良好教育的知识分子，他们对科学素质有着怎样的理解？中学校长与小学校长认同第一种表述的比率大于第二种表述的比率，德育干部恰好相反，两者的差异较大。这 3 个群体中，选择第一种表述比率最高的是中学校长，中学校长较德育干部（46.51%）高出 23.27 个百分点，较小学校长（63.16%）高出 6.62 个百分点。选择第二种表述比率最高的是德育干部，德育干部较中学校长（30.22%）高 23.27 个百分点，较小学校长（36.84%）高 16.65 个百分点。

（二）基本认识

如表 4-1 所示，科技工作者，科技型中小企业家，教育、科技、人事管理部门领导，研究生，大学生，中学校长，德育干部，小学校长等 8 个群体对"科学素质"的理解存在同异性。

表 4-1　科技工作者等 8 个群体对"科学素质"的理解

选项	8 个群体			科技工作者，科技型中小企业家，教育、科技、人事管理部门领导（2010 年）		研究生与大学生（2010 年）		中学校长、德育干部、小学校长（2013 年）		科技工作者等与研究生等比较率差	科技工作者等与中学校长等比较率差	研究生等与中学校长等比较率差
	人数/人	比率/%	排序	人数/人	比率/%	人数/人	比率/%	人数/人	比率/%			
一般指了解必要的科学技术知识，掌握基本的科学方法，树立科学思想，崇尚科学精神，并具有一定的应用它们处理实际问题、参与公共事务的能力	722	50.52	1	109	65.66	442	44.20	171	65.02	21.46	0.64	−20.82
能够理解基本科学技术术语、基本观点和方法，能够读懂报纸和刊物上有关科学技术的报道和文章；运用科学信息和知识解决日常生活和工作中遇到的实际问题的能力；具备科学意识、科学价值观和科学精神	707	49.48	2	57	34.34	558	55.80	92	34.98	−21.46	−0.64	20.82
合计	1429	100		166	100	1000	100	263	100	0	0	0

1. 同一性

综合科技工作者，科技型中小企业家，教育、科技、人事管理部门领导，研究生，大学生，中学校长，德育干部，小学校长等8个群体的理解，50.52%的人选择了"一般指了解必要的科学技术知识，掌握基本的科学方法，树立科学思想，崇尚科学精神，并具有一定的应用它们处理实际问题、参与公共事务的能力"，49.48%的人选择了"能够理解基本科学技术术语、基本观点和方法，能够读懂报纸和刊物上有关科学技术的报道和文章；运用科学信息和知识解决日常生活和工作中遇到的实际问题的能力；具备科学意识、科学价值观和科学精神"。两种选择比较接近，差异不太大，无论是选择第一种还是选择第二种都在一定程度上体现出了不同群体对科学素质理解的同一性。

2. 差异性

在8个群体间进行比较发现，一方面，其对科学素质的理解存在学科差异。例如，科技工作者，科技型中小企业家，教育、科技、人事管理部门领导具备一定的自然科学素养，其对科学素质有着天然的亲近感，对科学素质的理解较深，要求较高，因此出现了第一种表述的选择率（65.66%）高出第二种表述的选择率（34.34%）31.32个百分点的情况，其他5个群体无法分清其学科背景，其综合结果正好与科技工作者等相反。另一方面，不同群体有显著的工作性质差异。例如，科技工作者，科技型中小企业家，教育、科技、人事管理部门领导选第一种表述的比率（65.66%）比研究生和大学生的比率（44.20%）高21.46个百分点，研究生和大学生选择第二种表述的比率（55.80%）比中学校长、德育干部、小学校长选择第二种表述的比率（34.98%）高20.82个百分点，这些都是由于工作性质不同而产生的。可见，不同的群体对科学素质又有着不同的理解。科学素质如何表述并不是十分重要，重要的是我们认识到了科学素质是人的一种重要素质。

二 关于"企业家精神"

对很多人来说，"企业家精神"是个比较陌生的词。国内外理论界对"企业家精神"有多种表述。

熊彼特认为，"企业家精神就是一种经济首创精神，即不断创新的精神"（周玉华，2012）。他眼中的"企业家精神"包括："建立私人王国、对胜利的热情、创造的喜悦、坚强的意志。"（约瑟夫·熊彼特，1991）

英国经济学家阿尔弗雷德·马歇尔认为，"企业家精神是一种心理特征，包括'果断、机智、谨慎和坚定'，'自力更生、坚强、敏捷并富有进取心'

以及'对优越性具有强烈的愿望'"（周玉华，2012）。

彼得·德鲁克精辟地阐述了企业家精神的重要性，他认为，"无论是社会还是经济，公共服务机构还是商业机构，都需要创新与企业家精神。创新与企业家精神能让任何社会、经济、产业、公共服务机构和商业机构保持高度的灵活性与自我更新能力"（彼得·德鲁克，2007）。

经济学家单许昌认为，"企业家精神的核心特征是具有：不断进取永不停息的坚强意志、不畏艰苦和勤俭节约的理性化工作态度、勇于冒险和积极创新的精神、发现新机会的灵敏嗅觉"（单许昌，2013）。

现选出三种比较通俗的表述如下：第一种为"'企业家精神'指企业家组织建立和经营管理企业的综合才能的表述方式，它是一种重要而特殊的无形生产要素"（张玉利和杨俊，2004）；第二种为"'企业家精神'是有目的、有组织的创新，与行业、规模、阶段、年龄、性格、背景和所有权无关"（高邦仁，2009）；第三种为"'企业家精神'是企业家特殊技能（包括精神和技巧）的集合"（侯锡林，2007）。相关群体认同哪种表述呢？

（一）相关群体的理解

1. 科技工作者，科技型中小企业家，教育、科技、人事管理部门领导对"企业家精神"的理解

对于上述三种"企业家精神"的表述，在2010年对科技工作者，科技型中小企业家，教育、科技、人事管理部门领导的调查中，3个群体最赞同第一种，比率分别为71.43%、63.41%、52.94%，三者总体比率为65.66%。选择第二种表述的比率分别为17.58%、7.32%、35.29%，三者总体比率为18.67%。选择第三种表述的比率分别为 10.99%、29.27%、11.76%，三者总体比率为15.66%。

科技型中小企业家作为企业家对企业家精神的理解应当更深刻，他们中的多数人所认同的表述，一般来说更接近于实际。由此可以认为，关于企业家精神的第一种表述"'企业家精神'指企业家组织建立和经营管理企业的综合才能的表述方式，它是一种重要而特殊的无形生产要素"是一种符合企业家精神核心价值的表述。这也可从科技工作者，教育、科技、人事管理部门领导对第一种表述的高选择率得到证明。

就第二种表述与第三种表述而言，三个群体的理解不一。从排序上看，科技工作者与教育、科技、人事管理部门领导一致，两者与科技型中小企业家不一致，科技工作者与教育、科技、人事管理部门领导比较倾向于第二种，科技型中小企业家比较倾向于第三种。

2. 研究生与大学生对"企业家精神"的理解

在 2010 年对研究生与大学生的调查中，对于三种"企业家精神"的表述，研究生与大学生最赞同第一种，比率分别是 51.91%、58.69%，两者的总体比率为 57.80%。第二种表述的比率分别为 33.59%、28.77%，两者的总体比率为 29.40%。第三种表述的比率分别为 14.50%、12.54%，两者的总体比率为 12.80%。

对第二种与第三种，研究生与大学生的认同率相近，没有太大的差异。从率差来看，率差最大的是第一种表述，大学生选择第一种表述的较研究生高出 6.78 个百分点，其次是第二种表述，研究生选择第二种表述的较大学生高出 4.82 个百分点，率差最小的是第三种表述，率差仅为 1.96 个百分点。

3. 中学校长、德育干部、小学校长对"企业家精神"的理解

在 2013 年对中学校长、德育干部、小学校长的调查中，3 个群体选择第一种表述的比率分别为 64.29%、32.56%、71.05%，3 个群体的总体比率为 60.08%。选择第二种表述的比率分别为 10.44%、6.98%、13.16%，3 个群体的总体比率为 10.26%。选择第三种表述的比率分别为 25.27%、60.47%、15.79%，3 个群体的总体比率为 29.66%。

中学校长与小学校长的看法从排序上看一致，比率则有较大的差异，中学校长选择第三种表述的比率比小学校长（15.79%）高 9.48 个百分点，小学校长选择第一种和第二种表述的比率比中学校长分别高 6.76 个百分点和 2.72 个百分点。大多数德育干部更认同第三种表述。德育干部选择第三种表述的比率比中学校长（25.27%）高 35.20 个百分点，比小学校长（15.79%）高 44.68 个百分点。3 个群体中，德育干部认同第三种表述的比率最高，小学校长认同第一种表述的比率最高，中学校长认同第一种表述的比率最高。

（二）基本认识

如表 4-2 所示，科技工作者，科技型中小企业家，教育、科技、人事管理部门领导，研究生，大学生，中学校长，德育干部，小学校长等 8 个群体对企业家精神的理解存在同异性。

1. 同一性

科技工作者，科技型中小企业家，教育、科技、人事管理部门领导，研究生，大学生，中学校长，德育干部，小学校长等 8 个群体的综合认识如下：第一种表述"'企业家精神'指企业家组织建立和经营管理企业的综合才能的表述方式，它是一种重要而特殊的无形生产要素"的比率为 59.13%，位居第一；

表 4-2　科技工作者等 8 个群体对"企业家精神"的理解

选项	8 个群体			科技工作者,科技型中小企业家,教育、科技、人事管理部门领导（2010 年）		研究生与大学生（2010 年）		中学校长、德育干部、小学校长（2013 年）		科技工作者等与研究生等比较率差	科技工作者等与中学校长等比较率差
	人数/人	比率/%	排序	人数/人	比率/%	人数/人	比率/%	人数/人	比率/%		
"企业家精神"指企业家组织建立和经营管理企业的综合才能的表述方式,它是一种重要而特殊的无形生产要素	845	59.13	1	109	65.66	578	57.80	158	60.08	7.86	5.58
"企业家精神"是有目的、有组织的创新,与行业、规模、阶段、年龄、性格、背景和所有权无关	352	24.63	2	31	18.67	294	29.40	27	10.26	−10.73	8.41
"企业家精神"是企业家特殊技能（包括精神和技巧）的集合	232	16.24	3	26	15.66	128	12.80	78	29.66	2.86	−14.00
合计	1429	100		166	100	1000	100	263	100	0	0

第二种表述"'企业家精神'是有目的、有组织的创新,与行业、规模、阶段、年龄、性格、背景和所有权无关"的比率为 24.63%,位居第二;第三种表述"'企业家精神'是企业家特殊技能（包括精神和技巧）的集合"的比率为 16.24%,位居第三。可见多数人（59.13%）认同"'企业家精神'指企业家组织建立和经营管理企业的综合才能的表述方式,它是一种重要而特殊的无形生产要素"的表述。多数人的意见比较一致,体现出同一性。

2. 差异性

科技工作者,科技型中小企业家,教育、科技、人事管理部门领导,研究生,大学生,中学校长,德育干部,小学校长等 8 个群体对企业家精神的理解存在差异。一方面,身份差异。例如,科技工作者,科技型中小企业家,教育、科技、人事管理部门领导,中学校长,德育干部,小学校长等 6 个群体都是工作人员,都有一定的工作阅历和社会经验,也有一定的企业家精神,他们的选择率出现较大的起伏。研究生与大学生还处在学生时代，没有多少社会经验，也缺少对企业家精神的深度感悟，这两个群体的选择比较平和，大体一致。一个是有丰富社会经验的工作人员，一个是缺乏社会经验的还在学校读书的学生，两者对企业家精神的理解与表达形式都不一样，体现出明显的工作人员与学生身份的差异。另一方面，工作性质差异。例如，科技工作者的第一种表述的选择率（71.43%）比科技型中小企业家的第一种表述的选择率（63.41%）高 8.02个百分点，而科技工作者的第三种表述的选择率（10.99%）比科技型中小企业家的第三种表述的选择率（29.27%）低 18.28 个百分点。科技工作者的三种表述的选择率与教育、科技、人事管理部门领导也有一定的差异。小学校长的第一种表述的选择率（71.05%）比德育干部的第一种表述的选择率（32.56%）高38.49 个百分点，也体现出由工作性质不同导致的差异。

三 科学素质与企业家精神的同异性分析

（一）同一性

1. 科学素质与企业家精神在人的成长和发展中都有重要作用

科学素质是人的一种素质，企业家精神也是人的一种素质，个体的成长，尤其是未成年人的成长都需要培育相关的精神与素质。这些素质与精神有助于未成年人进一步挖掘自身的潜能，从而对其成长与发展产生重要作用。也许有人会说，没有科学素质或没有企业家精神照样生活，但没有基本的科学素质或企业家精神，其精神境界与生活质量不会很高。科学素质与企业家精神是"一个硬币的两面，不可分割"（叶松庆，2000a）。对于科学素质与企业家精神的认识应运用联系的思维综合来看，切不可割裂两者之间存在的内在逻辑关系，正确认识两者间的关系是未成年人创新力培育的重要环节。

2. 科学素质与企业家精神主要来自教育

没有良好的教育，就没有良好的科学素质与企业家精神。这里讲的教育指的是广义上的教育。如果一个人具备了良好的科学素质或企业家精神，那么毫无疑问，这个人一定受过良好的相同形式或不同形式的教育。因此，科学素质与企业家精神都来自教育，这是两者的共性。在广义的教育中蕴藏着科学素质与企业家精神的"因子"，应当注意发挥学校教育的主导性作用，毕竟未成年人在学校接受教育的时间较长，学校教育对其影响较为深远。此外，应该注意科学素质与企业家精神的关联性，在教育的过程中尤其要利用共通性的要素，以增强教育的实效性。

（二）差异性

1. 科学素质与企业家精神来自不同的教育

科学素质主要来自科学教育，也就是来自以学校教育为主渠道的科学教育，当然学校的人文教育对人的科学素质的形成也有一定的作用与影响。有良好科学素质的人，比如科学家，一般都经过了良好而严格的学校教育，尤其是高等教育，很少有未经过学校的科学教育就成为科学家的案例。企业家精神主要来自人文教育，这种人文教育可以是学校教育也可以是社会教育，既可以是集体教育也可以是个体教育，还可以是家族的传承教育。成为科技型企业家必须同时具备良好的科学素质与企业家精神，成为一般的企业家必须具备良好的企业家精神但不一定要具备良好的科学素质。没有高学历、科学文化水平不高的人成为企业家的案例比比皆是，这就反证了人的企业家精神的形成有学校人文教育的功劳，也有其他形式的教育或因素的功劳。

2. 科学素质与企业家精神在人的成长与发展中的作用和影响各有侧重

科学素质引领人朝着人生正确的方向发展，使人相信科学，不相信迷信，不做违背自然规律的事，使人的生活质量和精神享受得到有效保障。企业家精神也引领人朝着人生正确的方向发展，为社会创造财富，为人类谋福祉，推动社会经济发展，不断改善人的生活质量。正是因为科学素质与企业家精神对人成长与发展的作用与影响各有侧重，二者之间才能进一步较好地"耦合"，从而逐步形成一定的"合力"，发挥出最大的效用。因此，教育者应根据作用与影响的差异性有针对性地加强对未成年人的教育，从而更好地促进未成年人健康全面发展。

第二节　关于未成年人科学素质发展与企业家精神培养的相关性分析

一 关联性分析

关联性是指两个或多个变量因素相互之间产生牵连与影响的事物性质，以此衡量其相关密切程度。

（一）相关群体的认识

在调查中设问："未成年人科学素质发展与企业家精神培养有何关联？"

题中选项"科学素质促进企业家精神的发展"、"企业家精神促进科学素质的发展"与"两者相互促进"属于"关联","两者互不关联"属于"不关联","不知道"属于中性态度。

1. 未成年人的认识

在表 4-3 中,未成年人选择"关联"的合比率为 83.43%,比"不关联"的比率(5.86%)高 77.57 个百分点。从调查数据来看,八成以上的未成年人认同科学素质发展与企业家精神培养的关联性;未成年人对科学素质促进企业家精神的发展的认同度比对企业家精神促进科学素质的发展的认同度高。

从两个阶段的比较来看,阶段(二)选择"关联性"(单向促进与相互促进)的比率有所上升,上升了 8.28 个百分点,选择"不关联"的比率明显下降,下降了 6.50 个百分点。"不知道"的率差为 1.78 个百分点,数值较小,可以看出"不知道"的比率变化不大。总的来说,未成年人对科学素质发展与企业家精神培养关联性的认同度呈增长趋势。

表 4-3　未成年人对未成年人科学素质发展与企业家精神培养关联性的认识

选项	总			(一)					(二)									(二)与(一)比较率差
	人数/人	比率/%	排序	2009 年		2010 年		合比率/%	2011 年		2013 年		2014 年		2015 年		合比率/%	
				人数/人	比率/%	人数/人	比率/%		人数/人	比率/%	人数/人	比率/%	人数/人	比率/%	人数/人	比率/%		
科学素质促进企业家精神的发展	3 823	28.30	2	531	23.96	526	27.17	25.46	540	27.96	886	29.85	753	25.63	587	38.67	29.57	4.11
企业家精神促进科学素质的发展	1 568	11.61	3	223	10.06	160	8.26	9.22	211	10.93	470	15.84	381	12.97	123	8.10	12.67	3.45
两者相互促进	5 878	43.52	1	989	44.63	797	41.17	43.02	871	45.11	1 224	41.24	1 394	47.45	603	39.72	43.74	0.72
两者互不关联	791	5.86	5	188	8.48	242	12.50	10.36	62	3.21	106	3.57	114	3.88	79	5.20	3.86	-6.50
不知道	1 447	10.71	4	285	12.86	211	10.90	11.95	247	12.79	282	9.5	296	10.07	126	8.30	10.17	-1.78
合计	13 507	100		2 216	100	1 936	100	100	1 931	100	2 968	100	2 938	100	1 518	100	100	0

2. 中学老师的认识

在表 4-4 中,中学老师选择"关联"的合比率为 93.41%,大大高于"不关联"比率（4.19%）。可以看出，九成以上的中学老师认同科学素质发展与企业家精神培养的关联性；中学老师对科学素质促进企业家精神的发展的认同度比对企业家精神促进科学素质的发展的认同度高。

从两个阶段的比较来看，阶段（二）选择"关联性"的比率略有下降，选择"不关联"的比率略有上升，"不知道"的比率也有变化，表明中学老师在保持高认同度的同时，出现一些犹疑。

表 4-4　中学老师对未成年人科学素质发展与企业家精神培养关联性的认识

选项	总			（一）					（二）								（二）与（一）比较率差
	人数/人	比率/%	排序	2009年		2010年		合比率/%	2011年		2013年		2014年		2015年		合比率/%	
				人数/人	比率/%	人数/人	比率/%		人数/人	比率/%	人数/人	比率/%	人数/人	比率/%	人数/人	比率/%		
科学素质促进企业家精神的发展	334	24.98	2	58	26.01	49	22.79	24.43	66	30.28	74	25.08	46	19.83	41	26.62	25.25	0.82
企业家精神促进科学素质的发展	84	6.28	3	11	4.93	9	4.19	4.57	11	5.05	28	9.49	13	5.60	12	7.79	7.12	2.55
两者相互促进	831	62.15	1	142	63.68	146	67.91	65.75	126	57.8	175	59.32	159	68.53	83	53.90	60.4	-5.35
两者互不关联	56	4.19	4	6	2.69	6	2.79	2.74	10	4.59	9	3.05	11	4.74	14	9.09	4.89	2.15
不知道	32	2.39	5	6	2.69	5	2.33	2.51		2.29	9	3.05	3	1.29	4	2.60	2.34	-0.17
合计	1 337	100		223	100	215	100	100	218	100	295	100	232	100	154	100	100	0

3. 家长的认识

如表4-5所示，家长选择"关联"的合比率为89.62%，比"不关联"的比率高85.89个百分点，前者约是后者的24倍，差距较大。可见，近九成的家长认同科学素质发展与企业家精神培养的关联性；家长对科学素质促进企业家精神的发展的认同度较对企业家精神促进科学素质的发展的认同度高。

从两个阶段的比较来看，阶段（二）单向促进的比率有一定的上升，相互促进的比率有所下降，认为"互不关联的"的人增多，表明对关联性不认同的家长增多。

表4-5 家长对未成年人科学素质发展与企业家精神培养关联性的认识

选项	总			2010 年		2011 年		2013 年		2014 年		2015 年		2015 年与 2010 年比较率差
	人数/人	比率/%	排序	人数/人	比率/%	人数/人	比率/%	人数/人	比率/%	人数/人	比率/%	人数/人	比率/%	
科学素质促进企业家精神的发展	252	26.14	2	21	21.43	46	25.14	76	25.85	62	26.38	47	30.52	9.09
企业家精神促进科学素质的发展	81	8.40	3	1	1.02	14	7.65	10	3.40	38	16.17	18	11.69	10.67
两者相互促进	531	55.08	1	65	66.33	104	56.83	166	56.46	116	49.36	80	51.95	−14.38
两者互不关联	36	3.73		1	1.02	9	4.92	15	5.10	8	3.40	3	1.95	0.93
不知道	64	6.64	4	10	10.20	10	5.46	27	9.18	11	4.68	6	3.90	−6.30
合计	964	100		98	100	183	100	294	100	235	100	154	100	0

4. 科技工作者, 科技型中小企业家, 教育、科技、人事管理部门领导的认识

在 2010 年对科技工作者, 科技型中小企业家, 教育、科技、人事管理部门领导的调查中, 选择"科学素质促进企业家精神的发展"的比率分别为 26.37%、21.95%、17.65%, 总体比率为 23.49%; 选择"企业家精神促进科学素质的发展"的比率分别为 5.49%、4.88%、2.94%, 总体比率为 4.82%; 选择"两者相互促进"的比率分别为 57.14%、65.85%、58.82%, 总体比率为 59.64%; 选择"两者互不关联"的比率分别为 2.20%、2.44%、11.76%, 总体比率为 4.22%; 选择"不知道"的比率分别为 8.79%、4.88%、8.82%, 总体比率为 7.83%。科技工作者选择"关联"的合比率为 89.00%, 较"不关联"的比率高 86.80 个百分点, 科技型中小企业家选择"关联"的合比率为 92.68%, 较"不关联"的比率高 90.24 个百分点。教育、科技、人事管理部门领导选择"关联"的合比率为 79.41%, 较"不关联"的比率高 67.65 个百分点。可见, 科技型中小企业家对这一问题的认识较好, 这与其科技型企业家的身份和角色有一定的关联。

5. 研究生与大学生的认识

在 2010 年对研究生与大学生的调查中, 选择"科学素质促进企业家精神的发展"的比率分别为 19.85%、20.94%, 总体比率为 20.80%; 选择"企业家精神促进科学素质的发展"的比率分别为 21.37%、16.46%, 总体比率为 17.10%; 选择"两者相互促进"的比率分别为 6.87%、30.38%, 总体比率为 27.30%; 选择"两者互不关联"的比率分别为 29.77%、21.98%, 总体比率为 23.00%; 选择"不知道"的比率分别为 22.14%、10.24%, 总体比率为 11.80%。

研究生选择"关联"的合比率为 48.09%，比"不关联"的比率高 18.32 个百分点，前者是后者的 1.62 倍。大学生选择"关联"的合比率为 67.78%，比"不关联"的比率高 45.80 个百分点，前者是后者的 3.08 倍。可见大学生认为两者的关联性强，认识稍好于研究生。

6. 中学校长的认识

如表 4-6 所示，中学校长选择"关联"的合比率为 94.32%，比"不关联"的比率高 90.37 个百分点。从连续 3 年的调查数据来看，中学校长选择"不关联"项的比率有所上升，选择中性态度倾向的比率呈现出波动上升的趋势。因此，需要进一步加强中学校长对未成年人科学素质发展与企业家精神培养的关联性的认识，这样才能将未成年人创新力的培育落到实处。

表 4-6　中学校长对未成年人科学素质发展与企业家精神培养关联性的认识

选项	总			2013 年		2014 年				2015 年							
						（1）		（2）		（1）		（2）		（3）		（4）	
	人数/人	比率/%	排序	人数/人	比率/%	人数/人	比率/%	人数/人	比率/%	人数/人	比率/%	人数/人	比率/%	人数/人	比率/%	人数/人	比率/%
科学素质促进企业家精神的发展	94	23.21	2	45	24.73	18	26.09	10	21.28	3	15.00	3	15.00	4	22.22	11	22.45
企业家精神促进科学素质的发展	19	4.69	3	10	5.49	1	1.45	4	8.51	0	0	0	0	0	0	4	8.16
两者相互促进	269	66.42	1	117	64.29	48	69.57	28	59.57	17	85.00	17	85.00	12	66.67	30	61.22
两者互不关联	16	3.95	4	5	2.75	1	1.45	5	10.64	0	0	0	0	1	5.56	4	8.16
不知道	7	1.73	5	5	2.75	1	1.45	0	0.00	0	0	0	0	1	5.56	0	0
合计	405	100		182	100	69	100	47	100	20	100	20	100	18	100	49	100

7. 德育干部的认识

在 2013 年对德育干部的调查中，选择"科学素质促进企业家精神的发展"的比率为 13.95%，选择"企业家精神促进科学素质的发展"的比率为 6.98%，选择"两者相互促进"的比率为 74.42%，选择"两者互不关联"的比率为 0，选择"不知道"的比率为 4.65%。德育干部选择"关联"的合比率为 95.35%，比"不关联"的比率高 95.35 个百分点，这是一个完全不认同"两者互不关联"的群体。

8. 小学校长的认识

如表 4-7 所示，小学校长选择"关联"的合比率为 90.37%，比"不关联"的比率高 87.41 个百分点。在小学校长眼中，未成年人科学素质与企业家精神存在较强的关联性，此外，部分小学校长对这一问题持中性态度。从三年的数据变化来看，小学校长选择中性态度的比率有所下降，认为两者互不关联的比率有所上升。

表 4-7　小学校长对未成年人科学素质发展与企业家精神培养关联性的认识

选项	总			2013 年（安徽省）		2014 年				2015 年（安徽省）			
						全国部分省市（少数民族地区）（1）		安徽省（2）		（1）		（2）	
	人数/人	比率/%	排序	人数/人	比率/%	人数/人	比率/%	人数/人	比率/%	人数/人	比率/%	人数/人	比率/%
科学素质促进企业家精神的发展	40	29.63	2	10	26.32	11	42.31	11	33.33	3	17.65	5	23.81
企业家精神促进科学素质的发展	8	5.93	4	1	2.63	3	11.54	0	0	4	23.53	0	0
两者相互促进	74	54.81	1	22	57.89	9	34.62	21	63.64	7	41.18	15	71.43
两者互不关联	4	2.96	5							3	17.65	1	4.76
不知道	9	6.67		5	13.16	3	11.54	1	3.03	0	0	0	0
合计	135	100		38	100	26	100	33	100	17	100	21	100

（二）基本认识

1. 未成年人自身的比较

未成年人选择"关联"的合比率为 83.43%，比"不关联"的比率（5.86%）高 77.57 个百分点。从 2015 年与 2009 年比较可知，主要变化在"科学素质促进企业家精神的发展"、"企业家精神促进科学素质的发展"与"两者互不关联"三项上。在"科学素质促进企业家精神的发展"这一项上，第二阶段的比率比第一阶段高 4.11 个百分点；在"企业家精神促进科学素质的发展"这一项上，第二阶段的比率比第一阶段高 3.45 个百分点；在"两者互不关联"这一项上，第二阶段的比率比第一阶段低 6.50 个百分点（表 4-3）。这种变化反映出未成年人对科学素质与企业家精神的了解有新的进展，认同未成年人科学素质发展与企业家精神培养存在内在关联性的人增多。

2. 未成年人与成年人群体的比较

未成年人不同年份的自我比较反映出他们加深了对企业家精神的了解，当他们与成年人群体比较时，会有哪些区别呢？

1）未成年人与中学老师、家长的比较

比较可知，未成年人与中学老师、家长的一个最明显的差别是，对于科学素质、企业家精神的单向促进作用，未成年人的认同率高于中学老师和家长。对于科学素质、企业家精神的双向促进作用，未成年人的认同率大大低于中学老师和家长。可见未成年人与中学老师、家长的认识差距是比较大的。在"两者互不关联"上，未成年人的选择率最高（5.86%），比中学老师（4.19%）高1.67 个百分点，比家长（3.73%）高 2.13 个百分点。

2）未成年人与科技工作者，科技型中小企业家，教育、科技、人事管理部门领导的比较

将 2010 年的未成年人调查数据与科技工作者等 3 个群体进行比较，在科学素质、企业家精神的单向促进作用上，未成年人的认同度高于科技工作者等 3 个群体。在科学素质、企业家精神的双向促进作用与互不关联上，未成年人与科技工作者等 3 个群体有较大的分歧。例如，在"两者相互促进"上，未成年人的比率（41.17%）远低于科技工作者等 3 个群体（59.64%），在"两者互不关联"上，未成年人的比率（12.50%）大大高于科技工作者等 3 个群体（4.22%）。

未成年人与科技工作者等 3 个群体存在较大的认识差异，在"两者相互促进"上，未成年人的比率比科技型中小企业家的比率低 24.68 个百分点，科技型中小企业家是对科学素质与企业家精神的内涵与关系最为了解的一个群体，应以其为参照，来衡量其他群体认识的正误度，未成年人与其比率差异如此之大，表明未成年人在这个问题上的看法误差较大。

3）未成年人与研究生、大学生的比较

比较可知，在"科学素质促进企业家精神的发展"的单向促进作用上，2010年未成年人选择的比率高于研究生、大学生的各自比率，也高于研究生、大学生的合比率；在"企业家精神促进科学素质的发展"的单向促进作用上，研究生与大学生的合比率以及研究生、大学生的各自比率均高于未成年人，说明未成年人对科学素质的了解比对企业家精神的了解要深刻一些。

在"两者相互促进"这种双向促进作用上，未成年人的认同度远高于研究生

与大学生，尤其是远高于研究生，两者的率差为 34.30 个百分点；在"两者互不关联"上，未成年人的认同度大大低于研究生与大学生，说明未成年人对未成年人科学素质发展与企业家精神培养的认识比研究生与大学生要深刻一些。

在比较中发现：未成年人选择"不知道"的比率远小于研究生，可见研究生对未成年人科学素质发展与企业家精神培养关联性的认识不如未成年人清楚。

4）未成年人与中学校长、德育干部、小学校长的比较

如表 4-8 所示，在"科学素质促进企业家精神的发展"选项上，未成年人的比率较中学校长等 3 个群体高 5.97 个百分点，在"企业家精神促进科学素质的发展"选项上，未成年人的比率较中学校长等 3 个群体高 7.97 个百分点，在"两者相互促进"选项上，中学校长等 3 个群体的比率较未成年人高 20.93 个百分点，在"两者互不关联"和"不知道"选项上，未成年人的比率较中学校长等 3 个群体分别高 0.60 个百分点和 6.39 个百分点。

表 4-8   未成年人与中学校长、德育干部、小学校长对未成年人科学素质发展与企业家精神培养关联性认识的比较

选项	未成年人（2013~2015 年）			中学校长、德育干部、小学校长								未成年人与中学校长等 3 个群体比较率差
				合		中学校长（2013~2015 年）		德育干部（2013 年）		小学校长（2013~2015 年）		
	人数/人	比率/%	排序	人数/人	比率/%	人数/人	比率/%	人数/人	比率/%	人数/人	比率/%	
科学素质促进企业家精神的发展	2226	29.98	2	140	24.01	94	23.21	6	13.95	40	29.63	5.97
企业家精神促进科学素质的发展	974	13.12	3	30	5.15	19	4.69	3	6.98	8	5.93	7.97
两者相互促进	3221	43.39	1	375	64.32	269	66.42	32	74.42	74	54.81	-20.93
两者互不关联	299	4.03	5	20	3.43	16	3.95	0	0	4	2.96	0.60
不知道	704	9.48	4	18	3.09	7	1.73	2	4.65	9	6.67	6.39
合计	7424	100		583	100	405	100	43	100	135	100	0

3. 未成年人等 11 个群体的总体认识

如表 4-9 所示，未成年人，中学老师，家长，科技工作者等 3 个群体，研究生与大学生，中学校长等 3 个群体的总比率排序为："两者相互促进"

（45.49%）、"科学素质促进企业家精神的发展"（27.32%）、"企业家精神促进科学素质的发展"（11.06%）、"不知道"（9.64%）、"两者互不关联"（6.49%）。"关联"项的合比率为83.87%，大于"不关联"项比率（6.49%），前者是后者的12.92倍。11个群体的多数人认为未成年人的科学素质发展与企业家精神培养具有关联性。

表 4-9　未成年人等 11 个群体对未成年人科学素质发展与企业家精神培养关联性的总体认识

选项	总			未成年人（2009～2011年、2013～2015年）		中学老师（2009～2011年、2013～2015年）		家长（2010～2011年、2013～2015年）		科技工作者等3个群体（2010年）		研究生与大学生（2010年）		中学校长等3个群体（2013～2015年、2013年）	
	人数/人	比率/%	排序	人数/人	比率/%	人数/人	比率/%	人数/人	比率/%	人数/人	比率/%	人数/人	比率/%	人数/人	比率/%
科学素质促进企业家精神的发展	4 796	27.32	2	3 823	28.30	334	24.98	252	26.14	39	23.49	208	20.80	140	24.01
企业家精神促进科学素质的发展	1 942	11.06	3	1 568	11.61	84	6.28	81	8.40	8	4.82	171	17.10	30	5.15
两者相互促进	7 987	45.49	1	5 878	43.52	831	62.15	531	55.08	99	59.64	273	27.30	375	64.32
两者互不关联	1 140	6.49	5	791	5.86	56	4.19	36	3.73	7	4.22	230	23.00	20	3.43
不知道	1 692	9.64	4	1 447	10.71	32	2.39	64	6.64	13	7.83	118	11.80	18	3.09
合计	17 557	100		13 507	100	1 337	100	964	100	166	100	1 000	100	583	100

二　客观性分析

未成年人科学素质发展与企业家精神培养有着充分的客观性。客观性一般是指在意识之外，不依赖主观意志而存在的事物性质。

（一）相关群体的认识

1. 未成年人的认识

在 2014 年和 2015 年对未成年人认为要在未成年人中强化科学素质发展与企业家精神培养理由的调查中，各选项比率分别为："国际趋势"（17.77%、26.68%），总体比率为 20.80%；"社会发展需要"（43.94%、35.77%），总体比率为 41.16%；"时代要求"（12.56%、11.99%），总体比率为 12.37%；"个人发展需要"（12.70%、9.62%），总体比率为 11.65%；"国家政策引导"

（7.25%、6.06%），总体比率为 6.84%；"其他"（1.94%、2.50%），总体比率为 2.13%；"不清楚"（3.85%、7.38%），总体比率为 5.05%。

从数据来看，"社会发展需要"及"国际趋势"等宏观要求是强化未成年人科学素质发展与企业家精神培养的重要理由。时代要求以及个人发展需要同样也是重要理由。从 2015 年与 2014 年比较来看，"国际趋势"的比率有所上升，除"其他"与"不清楚"外，其余选项均有不同程度的下降。可以看出，随着我国国际化进程的加快，"国际趋势"已逐渐成为重要理由。

2. 中学老师与家长的认识

如表 4-10 所示，与未成年人认识相近的是，中学老师也认为"社会发展需要"（42.23%）是首要理由，但也注重"时代要求"因素。从中学老师的两年数据比较来看，"国际趋势"与"国家政策引导"的比率有所下降，"时代要求"以及"个人发展需要"的比率有所上升。

在表 4-10 中，家长认为"社会发展需要"（48.33%）、"时代要求"（18.77%）与"个人发展需要"（14.65%）是强化未成年人科学素质发展与企业家精神培养的主要理由，家长的认识与中学老师保持较高的相似性。从两年的比较来看，"国际趋势"和"国家政策引导"等因素的比重有所提升，表明家长对这一问题的认识的视野逐渐放宽，注重宏观因素对未成年人科学素质发展与企业家精神培养的影响。

表 4-10 中学老师和家长认为要在未成年人中强化科学素质发展与企业家精神培养的理由

| 选项 | 中学老师 | | | | | | 家长 | | | | | |
| | 总 | | 2014 年 | | 2015 年 | | 总 | | 2014 年 | | 2015 年 | |
	人数/人	比率/%	人数/人	比率/%	人数/人	比率/%	人数/人	比率/%	人数/人	比率/%	人数/人	比率/%
国际趋势	55	14.25	41	17.67	14	9.09	48	12.34	21	8.94	27	17.53
社会发展需要	163	42.23	97	41.81	66	42.86	188	48.33	114	48.51	74	48.05
时代要求	72	18.65	39	16.81	33	21.43	73	18.77	50	21.28	23	14.94
个人发展需要	50	12.95	26	11.21	24	15.58	57	14.65	42	17.87	15	9.74
国家政策引导	18	4.66	12	5.17	6	3.90	12	3.08	4	1.70	8	5.19
其他	8	2.07	7	3.02	1	0.65	6	1.54	4	1.70	2	1.30
不清楚	20	5.18	10	4.31	10	6.49	5	1.29	0	0	5	3.25
合计	386	100	232	100	154	100	389	100	235	100	154	100

3. 科技工作者，科技型中小企业家，教育、科技、人事管理部门领导的认识

在 2010 年对科技工作者，科技型中小企业家，教育、科技、人事管理

部门领导的调查中,选择"国际趋势"的比率分别为 16.48%、12.20%、11.76%,总体比率为 14.46%;选择"社会发展需要"的比率分别为 47.25%、48.78%、55.88%,总体比率为 49.40%;选择"时代要求"的比率分别为 21.98%、29.27%、32.35%,总体比率为 25.90%;选择"个人发展需要"的比率分别为 6.59%、2.44%、0,总体比率为 4.22%;选择"国家政策引导"的比率分别为 0、2.44%、0,总体比率为 0.60%;选择"其他"的比率分别为 7.69%、4.88%、0,总体比率为 5.42%;选择"不清楚"的比率均为 0,总体比率也为 0。

科技工作者认为"社会发展需要"(47.25%)和"时代要求"(21.98%)是强化未成年人科学素质发展与企业家精神培养的主要理由。科技工作者自身着眼于社会发展的内在需求开展科研工作,其自身的角色定位在很大程度上决定了其对这一问题的认识。科技型中小企业家的认识与科技工作者的认识较为相近。教育、科技、人事管理部门领导则认为"社会发展需要"(55.88%)、"时代要求"(32.35%)、"国际趋势"(11.76%)是强化未成年人科学素质发展与企业家精神培养的主要理由。

4. 研究生与大学生的认识

在 2010 年对研究生和大学生的调查中,选择"国际趋势"的比率分别为 15.27%、15.77%,总体比率为 15.70%;选择"社会发展需要"的比率分别为 38.17%、29.34%,总体比率为 30.50%;选择"时代要求"的比率分别为 29.77%、28.65%,总体比率为 28.80%;选择"个人发展需要"的比率分别为 11.45%、18.76%,总体比率为 17.80%;选择"国家政策引导"的比率分别为 3.82%、1.50%,总体比率为 1.80%;选择"其他"的比率分别为 0、4.49%,总体比率为 3.90%;选择"不清楚"的比率分别为 1.53%、1.50%,总体比率为 1.50%。

研究生较为注重"社会发展需要"(38.17%)、"时代要求"(29.77%)、"国际趋势"(15.27%)等因素。相比之下,大学生除了与研究生认识相近外,还比较看重"个人发展需要"(18.76%)的因素。总的来说,研究生和大学生对这一问题的认识具有较强的相似性。

5. 中学校长的认识

如表 4-11 所示,中学校长认识的排序是:"社会发展需要"(48.15%)、"时代要求"(19.01%)、"国际趋势"(15.31%)、"个人发展需要"(9.38%)、"国家政策引导"(5.93%)、"不清楚"(1.23%)、"其他"(0.99%)。从数据来看,中学校长选择的宏观性因素居多,同时其重视个人发展需要在强化未成年人科学素质发展与企业家精神培养中所发挥的重要作用。从三年的数据变化来看,中学校长对这一问题的认识逐渐清晰化,选择宏观性因素的比率有所上升，选择"个人发展需要"的比率呈现出一定的波动性。

表 4-11　中学校长认为要在未成年人中强化科学素质发展与企业家精神培养的理由

选项	总			2013 年		2014 年				2015 年							
						（1）		（2）		（1）		（2）		（3）		（4）	
	人数/人	比率/%	排序	人数/人	比率/%	人数/人	比率/%	人数/人	比率/%	人数/人	比率/%	人数/人	比率/%	人数/人	比率/%	人数/人	比率/%
国际趋势	62	15.31	3	16	8.79	5	7.25	18	38.30	11	55.00	2	10.00	4	22.22	6	12.24
社会发展需要	195	48.15	1	102	56.04	39	56.52	9	19.15	3	15.00	13	65.00		33.33	23	46.94
时代要求	77	19.01	2	41	22.53	14	20.29	2	4.26	0	0	5	25.00	3	16.67	12	24.49
个人发展需要	38	9.38	4	11	6.04	10	14.49	9	19.15	0	0	0	0	3	16.67	5	10.20
国家政策引导	24	5.93	5	8	4.40	0	0	7	14.89	6	30.00	0	0	0	0	3	6.12
其他	4	0.99		1	0.55	1	1.45	2	4.26	0	0	0	0	0	0	0	0
不清楚	5	1.23	6	3	1.65	0	0	0	0	0	0	0	0	2	11.11	0	0
合计	405	100		182	100	69	100	47	100	20	100	20	100	18	100	49	100

6. 德育干部的认识

在 2013 年对德育干部的调查中，德育干部选择各选项的比率分别为："国际趋势"（18.60%）、"社会发展需要"（51.16%）、"时代要求"（16.28%）、"个人发展需要"（9.30%）、"国家政策引导"（0）、"其他"（2.33%）、"不清楚"（2.33%）。有超过半数的德育干部将"社会发展需要"（51.16%）摆在第一位，反映了德育干部对社会的关注。

7. 小学校长的认识

如表 4-12 所示，小学校长认识的排序是："社会发展需要"（50.37%）、"时代要求"（17.78%）、"国际趋势"（13.33%）、"个人发展需要"（11.85%）、"国家政策引导"（3.70%）、"不清楚"（2.22%）、"其他"（0.74%）。从数据来看，小学校长认为"社会发展需要"、"时代要求"与"国际趋势"等宏观性因素是主要理由，其同时更加重视"个人发展需要"因素的重要作用。从三年的数据变化来看，小学校长对这一问题的认识逐渐清晰化，且认为个人发展需要因素在强化未成年人科学素质发展与企业家精神培养中的影响力更加凸显。

表 4-12　小学校长认为要在未成年人中强化科学素质发展与企业家精神培养的理由

选项	总			2013 年（安徽省）		2014 年				2015 年（安徽省）			
						全国部分省市（少数民族地区）（1）		安徽省（2）		（1）		（2）	
	人数/人	比率/%	排序	人数/人	比率/%	人数/人	比率/%	人数/人	比率/%	人数/人	比率/%	人数/人	比率/%
国际趋势	18	13.33	3	6	15.79	3	11.54	3	9.09	3	17.65	3	14.29
社会发展需要	68	50.37	1	17	44.74	16	61.54	21	63.64	2	11.76	12	57.14
时代要求	24	17.78	2	10	26.32	3	11.54	4	12.12	2	11.76	5	23.81
个人发展需要	16	11.85	4	0	0	3	11.54	3	9.09	9	52.94	1	4.76
国家政策引导	5	3.70	5	2	5.26	1	3.85	1	3.03	1	5.88	0	0
其他	1	0.74	7	0	0	0	0	1	3.03	0	0	0	0
不清楚	3	2.22	6	3	7.89	0	0	0	0	0	0	0	0
合计	135	100		38	100	26	100	33	100	17	100	21	100

（二）基本认识

1. 未成年人自身的比较

未成年人在在未成年人中强化科学素质发展与企业家精神培养理由的选择中，各选项的总比率的排序如下："社会发展需要"（41.16%）、"国际趋势"（20.80%）、"时代要求"（12.37%）、"个人发展需要"（11.65%）、"国家政策引导"（6.84%）、"不清楚"（5.05%）、"其他"（2.13%）。

从 2015 年与 2014 年的比较来看，率差最大的是"国际趋势"（8.91 个百分点），其次是"社会发展需要"（8.17 个百分点）。2014 年"国际趋势"的比率为 17.77%，到 2015 年"国际趋势"的比率为 26.68%，上升 8.91 个百分点。"其他"和"不清楚"的比率有小幅上升，未成年人对这一问题看法的多样化因素增加。

2. 未成年人与成年人群体的比较

1）未成年人与中学老师、家长的比较

从未成年人与中学老师的比较来看，率差最大的是"国际趋势"（6.55 个百分点），其次是"时代要求"（6.28 个百分点）。未成年人在"国际趋势"

"国家政策引导"选项上较中学老师选择的比率高，未成年人的认知水平以及社会化程度不高，其对问题的看法更多地是从宏观的、宽泛的角度去理解。对于"社会发展需要"、"时代要求"和"个人发展需要"，中学老师的选择率较未成年人高，中学老师由于具有较高的知识水平和社会化程度，对问题的看法更倾向于"深刻性"，尤其是对于"个人发展需要"，凸显了中学老师群体的前瞻性和经验性。在"其他"和"不清楚"选项上，两个群体的看法相差不大。

从未成年人与家长的比较来看，率差最大的是"国际趋势"（8.46个百分点），其次是"社会发展需要"（7.17个百分点）。在"国际趋势""国家政策引导"上，未成年人的比率较家长分别高出8.46个百分点和3.76个百分点，未成年人对国内外形势与动态的了解是其进一步强化科学素质发展与企业家精神培养的要求，也是未成年人接受学校教育的应有之义，家长由于忙于工作与生活，无暇顾及和了解国内外形势与动态，故在此选项上的比率较未成年人低。在"时代要求""个人发展需要"上，家长的比率较未成年人分别高出6.40个百分点、3.00个百分点，在"国家政策引导"上，未成年人的比率较家长高出3.76个百分点，这些选项带有一定的个人经验性认识，尤其是考虑到家长群体与未成年人群体的代际差异，家长对这些选项的个人主观意愿性更强。

2）未成年人与科技工作者，科技型中小企业家，教育、科技、人事管理部门领导的比较

在未成年人与科技工作者等3个群体的比较中，未成年人与科技工作者等3个群体较为看重"社会发展需要"对未成年人科学素质发展与企业家精神培养的影响。从单个选项来看，未成年人还较多选择"国际趋势"，科技工作者及教育、科技、人事管理部门领导倾向于选择"社会发展需要""时代要求"。从未成年人与科技工作者等3个群体的比较来看，未成年人较为重视社会和国际层面的因素，而科技型中小企业家则较为重视社会和时代因素。此外，还应看到未成年人的模糊性认知较强，其选择"不清楚"的比率最高。

3）未成年人与研究生、大学生的比较

未成年人与研究生、大学生均认为"社会发展需要"是未成年人科学素质发展与企业家精神培养的首要理由。从整体上看，未成年人与研究生、大学生在排序上大致相同，表明其对这一问题的认识保持较高的一致性。从单个选项来看，未成年人较为重视"国际趋势"（20.80%）与"时代要求"（12.37%）等因素，而研究生和大学生则更重视"时代要求"（28.80%）与"个人发展需要"（17.80%）等因素。此外，研究生和大学生对这一问题认识的清晰度较未成年人高，其选择"不清楚"的比率较低。

4）未成年人与中学校长、德育干部、小学校长的比较

如表 4-13 所示，未成年人与中学校长、德育干部以及小学校长均将"社会发展需要"作为在未成年人中强化科学素质发展与企业家精神培养的首要理由。相比中学校长等 3 个群体，未成年人较为看重"国际趋势"（20.80%）因素，而中学校长等群体更为看重"时代要求"（18.52%）因素。

表 4-13　未成年人和中学校长等 3 个群体认为要在未成年人中强化科学素质发展与企业家精神培养理由的比较

选项	未成年人 （2014～2015 年）			中学校长等 3 个群体							
				合		中学校长 （2013～2015 年）		德育干部 （2013 年）		小学校长 （2013～2015 年）	
	人数/人	比率/%	排序	人数/人	比率/%	人数/人	比率/%	人数/人	比率/%	人数/人	比率/%
国际趋势	927	20.80	2	88	15.09	62	15.31	8	18.60	18	13.33
社会发展需要	1834	41.16	1	285	48.89	195	48.15	22	51.16	68	50.37
时代要求	551	12.37	3	108	18.52	77	19.01	7	16.28	24	17.78
个人发展需要	519	11.65	4	58	9.95	38	9.38	4	9.30	16	11.85
国家政策引导	305	6.84	5	29	4.97	24	5.93	0		5	3.70
其他	95	2.13	7	6	1.03	4	0.99	1	2.33	1	0.74
不清楚	225	5.05	6	9	1.54	5	1.23	1	2.33	3	2.22
合计	4456	100		583	100	405	100	43	100	135	100

（三）未成年人等 11 个群体的总体认识

从单个选项的比率来看，"国际趋势""国家政策引导""不清楚"选择率最高的群体是未成年人，究其原因，从未成年人的成长轨迹来看，其接受的学校教育中已经内嵌了国内外形势与政策的有关知识。此外，未成年人由于认知的不稳定性和模糊性，选择"不清楚"的比率最高。在"社会发展需要"上，选择率最高的群体是科技工作者等 3 个群体，科技工作者等 3 个群体承担着为国家发展和社会进步培养优质人才的重任，"社会发展需要"正契合了科技工作者等 3 个群体的特性。在"时代要求""个人发展需要"上，选择率最高的群体是研究生和大学生，研究生和大学生立足于时代发展的浪潮，对个人的发展有自己的看法，因此对于这一问题的看法更突显自身的特殊性。

在表 4-14 中，未成年人等 11 个群体认为的理由中，"社会发展需要"（40.93%）、"国际趋势"（18.61%）、"时代要求"（16.26%）排在前三位，"个人发展需要"（12.45%）、"国家政策引导"（5.49%）等也得到不同程度

的关注。未成年人的科学素质发展与企业家精神培养的客观性得到诠释。

表 4-14　相关群体对在未成年人中强化科学素质发展与企业家精神培养的理由

选项	总			未成年人（2014~2015 年）		中学老师与家长（2014~2015 年）		中学校长等3 个群体（2013~2015 年、2013 年）		研究生与大学生（2010 年）		科技工作者等3 个群体（2010 年）	
	人数/人	比率/%	排序	人数/人	比率/%	人数/人	比率/%	人数/人	比率/%	人数/人	比率/%	人数/人	比率/%
国际趋势	1299	18.61	2	927	20.80	103	13.29	88	15.09	157	15.70	24	14.46
社会发展需要	2857	40.93	1	1834	41.16	351	45.29	285	48.89	305	30.50	82	49.40
时代要求	1135	16.26	3	551	12.37	145	18.71	108	18.52	288	28.80	43	25.90
个人发展需要	869	12.45	4	519	11.65	107	13.81	58	9.95	178	17.80	7	4.22
国家政策引导	383	5.49	5	305	6.84	30	3.87	29	4.97	18	1.80	1	0.60
其他	163	2.34	7	95	2.13	14	1.81	6	1.03	39	3.90	9	5.42
不清楚	274	3.93	6	225	5.05	25	3.23	9	1.54	15	1.50	0	0
合计	6980	100		4456	100	775	100	583	100	1000	100	166	100

三 现实性分析

现实性一般是指已经实现了的可能性，表现为事物的实际存在，是事物的性质之一。讨论未成年人科学素质发展与企业家精神培养的现实性，从未成年人的创新意识与能力的增强、经商意识增强、人生志向凸显等三个方面进行。

（一）未成年人创新意识与能力的增强

未成年人的创新意识与能力更多地体现在其创新性上，创新性表现愈强，表明未成年人具有的创新意识与能力愈强。

在未成年人，教育、科技、人事管理部门领导，中学校长，德育干部，小学校长，中学老师，家长等 7 个群体对未成年人创新性的评价中，7 个群体选择强关联项（"很强"和"强"选项）的比率为 38.11%，选择"一般"的比率为 44.25%，选择弱关联项（"不强"、"弱"和"很弱"）的比率为 14.25%，选择"没有"和"不清楚"的比率分别为 1.11%和 2.27%（表 3-18）。从数据来看，在认为未成年人创新性"一般"占主导性评价的前提下，7 个群体更倾向于认为未成年人的创新性"很强"与"强"，总体而言，未成年人的创新意识与能力较强。

（二）未成年人经商意识的增强

1. 未成年人经商意识现状

如表 4-15 所示，79.21%的未成年人认为自己有经商意识，其中选择"有，很强烈"的比率为 34.00%。由此可以看出，大多数未成年人有经商意识，表明随着我国社会主义市场经济的发展，经商的观念为未成年人所接受。

从两个阶段的比较来看，在阶段（一）中，未成年人选择有经商意识的合比率为 77.80%，在阶段（二）中，选择有经商意识的合比率为 79.85%。从率差来看，率差最大的是"有，很强烈"（3.75 个百分点），其次是"没有"（2.35 个百分点）。未成年人的经商意识逐渐增强。

表 4-15　未成年人的经商意识

选项	总			（一）					（二）									（二）与（一）比较率差
	人数/人	比率/%	排序	2009 年		2010 年		合比率/%	2011 年		2013 年		2014 年		2015 年		合比率/%	
				人数/人	比率/%	人数/人	比率/%		人数/人	比率/%	人数/人	比率/%	人数/人	比率/%	人数/人	比率/%		
有，很强烈	4 593	34.00	2	738	33.30	566	29.24	31.41	725	37.55	1 144	38.54	901	30.67	519	34.19	35.16	3.75
有，一般化	6 107	45.21	1	990	44.68	936	48.35	46.39	877	45.42	1 172	39.49	1 494	50.85	638	42.03	44.69	−1.70
没有	2 268	16.79	3	432	19.49	333	17.20	18.42	286	14.81	501	16.88	433	14.74	283	18.64	16.07	−2.35
不知道	539	3.99	4	56	2.53	101	5.22	3.78	43	2.23	151	5.09	110	3.74	78	5.14	4.08	0.30
合计	13 507	100		2 216	100	1 936	100	100	1 931	100	2 968	100	2 938	100	1 518	100	100	0

2. 未成年人的经商意识与成年人群体从小经商意识的比较

1）未成年人的经商意识与科技工作者，科技型中小企业家，教育、科技、人事管理部门领导从小经商意识的比较

在 2010 年对科技工作者，科技型中小企业家，教育、科技、人事管理部门领导的调查中，选择"有，很强烈"选项的比率分别为 19.78%、26.83%、5.88%；选择"有，一般化"选项的比率分别为 37.36%、35.69%、58.82%；选择"没有"选项的比率分别为 40.66%、35.04%、35.30%；选择"不知道"选项的比率分别为 2.20%、2.44%、0。超过一半（57.14%）的科技工作者从小有经商意识，值得注意的是，四成多的科技工作者选择了"没有"。在 2010 年未成年人与科技

工作者的比较中，未成年人选择有经商意识的合比率较科技工作者高 20.45 个百分点，在"没有"的比率上，科技工作者比未成年人高出 23.46 个百分点。可见，科技工作者从小就比较专注于学习，对经商的热情不高。

科技型中小企业家从小有经商意识的合比率为 62.52%，较科技工作者的比率高。在 2010 年未成年人与科技型中小企业家的比较中，未成年人选择有经商意识的合比率较科技型中小企业家高 15.07 个百分点。在"没有"的比率上，科技型中小企业家较未成年人高出 17.84 个百分点。未成年人的经商意识稍高于科技型中小企业家从小的经商意识。

教育、科技、人事管理部门领导从小有经商意识的合比率为 64.70%，较科技型中小企业家的比率略高。在 2010 年未成年人与教育、科技、人事管理部门领导的比较中，对于"有，很强烈""不知道"的比率，未成年人较教育、科技、人事管理部门领导分别高出 23.36 个百分点、5.22 个百分点。对于"有，一般化""没有"的比率，教育、科技、人事管理部门领导比未成年人分别高出 10.47 个百分点和 18.09 个百分点。教育、科技、人事管理部门领导从小的经商意识的强烈程度最低，未成年人的经商意识比教育、科技、人事管理部门领导从小的经商意识强烈得多。

2）未成年人与研究生、大学生从小经商意识的比较

在 2010 年对研究生与大学生的调查中，选择"有，很强烈"选项的比率分别为 31.30%、40.51%；选择"有，一般化"选项的比率分别为 57.25%、37.28%；选择"没有"选项的比率分别为 11.45%、16.46%；选择"不知道"选项的比率分别为 0、5.75%。大多数（88.55%）研究生从小有经商意识。在未成年人与研究生的比较中，对于"有，很强烈""有，一般化"的比率，研究生较未成年人分别高出 2.06 个百分点、8.90 个百分点，对于"没有""不知道"的比率，未成年人较研究生分别高出 5.75 个百分点、5.22 个百分点。相比未成年人，研究生从小经商的意识更为强烈。

大学生从小有经商意识的合比率为 77.79%，较研究生的比率低。在未成年人与大学生的比较中，对于"有，很强烈""不知道"的比率，大学生较未成年人分别高出 11.27 个百分点、0.53 个百分点，对于"有，一般化""没有"的比率，未成年人较大学生分别高出 11.07 个百分点、0.74 个百分点。大学生从小的经商意识的强烈程度高于未成年人。

3）未成年人的经商意识与中学老师、家长从小经商意识的比较

如表 4-16 所示，在未成年人与中学老师的比较中，对于"有，很强烈""有，一般化"的比率，未成年人较中学老师分别高出 10.89 个百分点、0.96 个百分点，对于"没有""不知道"的比率，未成年人较中学老师分别低 10.87 个百分点、0.96 个百分点。

总的来看，未成年人的经商意识较中学老师从小的经商意识强烈。在未成年人与家长的比较中，对于"有，很强烈""有，一般化"的比率，未成年人较家长分别高出 4.36 个百分点、0.55 个百分点，对于"没有"的比率，未成年人较家长低 7.84 个百分点。可见，未成年人的经商意识强于家长从小的经商意识。

表 4-16　未成年人的经商意识与中学老师、家长从小经商意识的比较

选项	未成年人						中学老师						家长					
	总		2014 年		2015 年		总		2014 年		2015 年		总		2014 年		2015 年	
	人数/人	比率/%	人数/人	比率/%	人数/人	比率/%	人数/人	比率/%	人数/人	比率/%	人数/人	比率/%	人数/人	比率/%	人数/人	比率/%	人数/人	比率/%
有，很强烈	1420	31.87	901	30.67	519	34.19	81	20.98	57	24.57	24	15.58	107	27.51	74	31.49	33	21.43
有，一般化	2132	47.85	1494	50.85	638	42.03	181	46.89	94	40.52	87	56.49	184	47.30	97	41.28	87	56.49
没有	716	16.07	433	14.74	283	18.64	104	26.94	63	27.16	41	26.62	93	23.91	60	25.53	33	21.43
不知道	188	4.22	110	3.74	78	5.14	20	5.18	18	7.76	2	1.30	5	1.29	4	1.70	1	0.65
合计	4456	100	2938	100	1518	100	386	100	232	100	154	100	389	100	235	100	154	100

4）未成年人的经商意识与中学校长、德育干部、小学校长从小经商意识的比较

在表 4-17 中，中学校长从小有经商意识的合比率为 66.01%，其中"有，很强烈"的比率为 15.73%。从数据来看，大多数中学校长从小有经商意识。中学校长对这一问题的积极态度，对更好地培育未成年人的企业家精神具有重要意义。

与 2014～2015 年未成年人的同类选项的数据相比，中学校长"有，很强烈"的比率较未成年人低 16.14 个百分点，可见中学校长从小有经商意识的强度弱于未成年人。

表 4-17　中学校长从小的经商意识

选项	总			2013 年		2014 年				2015 年							
						（1）		（2）		（1）		（2）		（3）		（4）	
	人数/人	比率/%	排序	人数/人	比率/%	人数/人	比率/%	人数/人	比率/%	人数/人	比率/%	人数/人	比率/%	人数/人	比率/%	人数/人	比率/%
有，很强烈	56	15.73	3	27	14.84	13	18.84	11	23.40	3	15.0	1	5.00	1	5.56	0	0
有，一般化	179	50.28	1	99	54.40	30	43.48	19	40.43	7	35.0	14	70.00	10	55.56	0	0

续表

选项	总			2013 年		2014 年				2015 年							
						（1）		（2）		（1）		（2）		（3）		（4）	
	人数/人	比率/%	排序	人数/人	比率/%	人数/人	比率/%	人数/人	比率/%	人数/人	比率/%	人数/人	比率/%	人数/人	比率/%	人数/人	比率/%
没有	101	28.37	2	56	30.77	21	30.43	9	19.15	5	25.0	5	25.00	5	27.78	0	0
不知道	20	5.62	4	0	0	5	7.25	8	17.02	5	25.0	0	0	2	11.11	0	0
合计	356	100		182	100	69	100	47	100	20	100	20	100	18	100	0	0

在 2013 年对德育干部的调查中，其选择各选项的比率分别为："有，很强烈"（9.30%）、"有，一般化"（44.19%）、"没有"（44.19%）、"不知道"（2.33%）。超过半数（53.49%）的德育干部从小有经商意识。与未成年人的同年份的同类选项相比，德育干部"有，很强烈"的比率较未成年人低29.24 个百分点，可见德育干部从小有经商意识的强度较未成年人弱很多。

如表 4-18 所示，大多数（74.07%）小学校长从小有经商意识。小学校长从小有经商意识的比率较中学校长和德育干部高。小学校长在这一问题上体现出的积极性，在一定程度上表明小学校长具有一定的企业家精神的储备。与2014～2015 年未成年人的同类选项相比，小学校长"有，很强烈"的比率较未成年人低 8.91 个百分点，可见小学校长从小的经商意识的强度弱于未成年人。

表 4-18 小学校长从小的经商意识

选项	总			2013 年（安徽省）		2014 年				2015 年（安徽省）			
						全国部分省市（少数民族地区）（1）		安徽省（2）		（1）		（2）	
	人数/人	比率/%	排序	人数/人	比率/%	人数/人	比率/%	人数/人	比率/%	人数/人	比率/%	人数/人	比率/%
有，很强烈	31	22.96	3	4	10.53	7	26.92	5	15.15	6	35.29	9	42.86
有，一般化	69	51.11	1	19	50.00	13	50.00	22	66.67	7	41.18	8	38.10
没有	35	25.93	2	15	39.47	6	23.08	6	18.18	4	23.53	4	19.05
不知道	0	0	4	0	0	0	0	0	0	0	0	0	0
合计	135	100		38	100	26	100	33	100	17	100	21	100

总的来看，大多数（79.21%）未成年人有经商意识。未成年人经商意识的强度强于中学校长、德育干部与小学校长。从中学校长等 3 个群体的比较来看，

小学校长从小的经商意识最强。

（三）未成年人人生志向的凸显

1. 未成年人人生志向的自我比较

如表 4-19 所示，在 13 种职业中，只有"干大事""经商当老板""老师""其他"的比率超过 10%，未成年人的职业取向虽然已分散化，但前两项还是突显出来。在未成年人 5 年的职业取向中，最引人瞩目的除了"干大事"外，就是"经商当老板"，这一职业取向的突显表明未成年人的经商意识与做企业家意识的强烈。

从两个阶段的比较来看，大部分选项的比率都呈现出波动性升降趋势，其中率差最大的是"其他"（26.95 个百分点），表明未成年人除了列出的 12 种职业以外，有较强烈的从事其他职业的意向。

表 4-19　未成年人人生志向的自我比较

选项	总		（一）						（二）						（二）与（一）比较率差
	比率/%	排序	2006年比率/%	2007年比率/%	2008年比率/%	2009年比率/%	2010年比率/%	合比率/%	2011年比率/%	2012年比率/%	2013年比率/%	2014年比率/%	2015年比率/%	合比率/%	
干大事	21.13	1	19.50	20.95	20.77	26.58	26.96	22.95	18.33	22.15	18.80	16.68	20.55	19.30	-3.65
高级官员	6.43	7	5.19	17.60	4.65	4.29	4.49	7.24	5.59	5.23	6.47	5.51	5.27	5.61	-1.63
经商当老板	16.11	2	16.98	16.03	18.78	17.19	18.34	17.46	18.33	12.45	16.17	14.81	12.06	14.76	-2.7
老师	11.77	4	14.30	11.79	15.28	13.54	13.27	13.64	9.01	8.03	9.87	11.37	11.20	9.90	-3.75
工人	1.31	11	0.99	1.48	0.60	0.86	1.55	1.10	0.78	1.00	1.62	2.65	1.52	1.51	0.41
解放军	5.61	8	5.07	5.58	6.51	8.71	6.46	6.47	5.23	4.04	6.17	4.15	4.22	4.76	-1.71
科学家	7.30	6	8.33	8.11	10.09	8.62	10.54	9.14	5.80	5.18	6.50	4.25	5.60	5.47	-3.68
工程师	5.50	9	6.55	6.47	6.29	6.59	6.56	6.49	4.66	5.47	4.54	2.59	5.27	4.51	-1.99
律师	8.09	5	12.65	7.65	13.54	10.60	9.76	10.84	7.20	7.70	5.19	2.48	4.15	5.34	-5.50
法官	2.61	10	4.20	3.45	3.28	3.02	2.07	3.20	2.38	2.00	2.66	0.71	2.37	2.02	-1.18
农民	0.08	13	0.70	0	0.05	0	0	0.15	0	0	0	0	0	0	-0.15
公务员	0.66	12	5.52	0.89	0.17	0	0	1.32	0	0	0	0	0	0	-1.32
其他	13.48	3	0	0	0	0	0	0	23.10	26.76	22.00	34.79	28.13	26.95	26.95
合计	100		100	100	100	100	100	100	100	100	100	100	100	100	0

2. 未成年人与科技工作者，科技型中小企业家，教育、科技、人事管理部门领导人生志向的比较

如表 4-20 所示，未成年人"干大事"（26.96%）的比率高于科技工作者（25.27%）、科技型中小企业家（21.95%）和教育、科技、人事管理部门领导（26.47）。在未成年人与科技工作者以及教育、科技、人事管理部门领导的比较中，"科学家"的率差最大，其次是"经商当老板"；在未成年人与科技型中小企业家的比较中，"工程师"的率差最大，其次是"科学家"。可以看出，由于自身的职业以及角色定位的不同，这 4 个群体人生志向的侧重点有所不同。

表 4-20　未成年人与科技工作者，科技型中小企业家，教育、科技、人事管理部门领导人
生志向的比较（2010 年）

选项	未成年人		科技工作者		科技型中小企业家		教育、科技、人事管理部门领导		未成年人与科技工作者比较率差	未成年人与科技型中小企业家比较率差	未成年人与教育、科技、人事管理部门领导比较率差
	人数/人	比率/%	人数/人	比率/%	人数/人	比率/%	人数/人	比率/%			
干大事	522	26.96	23	25.27	9	21.95	9	26.47	1.69	5.01	0.49
高级官员	87	4.49	0	0	1	2.44	1	2.94	4.49	2.05	1.55
经商当老板	355	18.34	5	5.49	8	19.51	2	5.88	12.85	-1.17	12.46
老师	257	13.27	25	27.47	5	12.20	4	11.76	-14.2	1.07	1.51
工人	30	1.55	1	1.10	0	0	0	0	0.45	1.55	1.55
解放军	125	6.46	5	5.49	1	2.44	2	5.88	0.97	4.02	0.58
科学家	204	10.54	24	26.37	8	19.51	11	32.35	-15.83	-8.97	-21.81
工程师	127	6.56	6	6.59	7	17.07	2	5.88	-0.03	-10.51	0.68
律师	189	9.76	0	0	1	2.44	0	0	9.76	7.32	9.76
法官	40	2.07	1	1.10	1	2.44	3	8.82	0.97	-0.37	-6.75
农民	0	0	0	0	0	0	0	0	0	0	0
公务员	0	0	0	0	0	0	0	0	0	0	0
其他	0	0	1	1.10	0	0	0	0	-1.10	0	0
合计	1936	100	91	100	41	100	34	100	0	0	0

3. 未成年人与研究生、大学生人生志向的比较

如表 4-21 所示，未成年人、研究生、大学生的人生志向排在第一位的都是"干大事"，比率分别为 26.96%、23.66% 和 25.32%。在未成年人与研究生的比较中，"科学家"的率差最大（10.07 个百分点），研究生当科学家的倾向性

大于未成年人；在未成年人与大学生的比较中，"高级官员"的率差最大（11.85个百分点），大学生当高级官员的意识强于未成年人。

表 4-21　未成年人与研究生、大学生人生志向的比较（2010 年）

选项	未成年人			研究生			大学生			未成年人与研究生比较率差	未成年人与大学生比较率差
	人数/人	比率/%	排序	人数/人	比率/%	排序	人数/人	比率/%	排序		
干大事	522	26.96	1	31	23.66	1	220	25.32	1	3.30	1.64
高级官员	87	4.49	8	7	5.34	5	142	16.34	3	-0.85	-11.85
经商当老板	355	18.34	2	18	13.74	4	157	18.07	2	4.60	0.27
老师	257	13.27	3	21	16.03	3	93	10.70	4	-2.76	2.57
工人	30	1.55	10	7	5.34	5	11	1.27	10	-3.79	0.28
解放军	125	6.46	6	4	3.05	9	74	8.52	6	3.41	-2.06
科学家	204	10.54	4	27	20.61	2	79	9.09	5	-10.07	1.45
工程师	127	6.56	5	7	5.34	5	34	3.91	7	1.22	2.65
律师	189	9.76	5	6	4.58	8	29	3.34	8	5.18	6.42
法官	40	2.07	9	1	0.76	11	18	2.07	9	1.31	0
农民	0	0	11	0	0	12	0	0	13	0	0
公务员	0	0	11	0	0	12	5	0.58	12	0	-0.58
其他	0	0	11	2	1.53	10	7	0.81	11	-1.53	-0.81
合计	1936	100		131	100		869	100		0	0

4. 未成年人与中学校长、小学校长人生志向的比较

如表 4-22 所示，在中学校长和小学校长群体中，"老师"一项都占有很大比重，这与这两个群体的身份特征有很大的关联度，中学校长和小学校长作为教书育人的主要领导者和参与者，其志向的选择与"老师"有着莫大的关系。在未成年人与中学校长的比较中，"老师"的率差最大（12.11 个百分点），其次是"经商当老板"（11.77 个百分点）；在未成年人与小学校长的比较中，"其他"的率差最大（19.37 个百分点），其次是"经商当老板"（13.54 个百分点）。

表 4-22　未成年人与中学校长和小学校长人生志向的比较（2013 年）

选项	未成年人			中学校长			小学校长			未成年人与中学校长比较率差	未成年人与小学校长比较率差
	人数/人	比率/%	排序	人数/人	比率/%	排序	人数/人	比率/%	排序		
干大事	558	18.80	2	36	19.78	2	9	23.68	1	-0.98	-4.88
高级官员	192	6.47	6	8	4.40	7	1	2.63	8	2.07	3.84

续表

选项	未成年人			中学校长			小学校长			未成年人与中学校长比较率差	未成年人与小学校长比较率差
	人数/人	比率/%	排序	人数/人	比率/%	排序	人数/人	比率/%	排序		
经商当老板	480	16.17	3	8	4.40	7	1	2.63	8	11.77	13.54
老师	293	9.87	4	40	21.98	1	6	15.79	2	−12.11	−5.92
工人	48	1.62	11	1	0.55	11	2	5.26	6	1.07	−3.64
解放军	183	6.17	7	21	11.54	4	6	15.79	2	−5.37	−9.62
科学家	193	6.50	5	25	13.74	3	5	13.16	4	−7.24	−6.66
工程师	135	4.55	9	12	6.59	6	2	5.26	6	−2.04	−0.71
律师	154	5.19	8	3	1.65	10	0	0	12	3.54	5.19
法官	79	2.66	10	1	0.55	11	1	2.63	8	2.11	0.03
农民	0	0	12	0	0	13	4	10.53	5	0	−10.53
公务员	0	0	12	6	3.30	9	0	0	12	−3.30	0
其他	653	22.00	1	21	11.54	8	1	2.63	8	10.46	19.37
合计	2968	100		182	100		38	100		0	0

（四）基本认识

未成年人的创新意识与创新能力的增强、经商意识与创业意识的增强是摆在人们面前的事实，这种事实既为未成年人科学素质发展与企业家精神培养奠定了基础，又成为其进一步发展与培养的动力。未成年人的人生志向的选择在一定程度上也突显了未成年人的价值取向。

1. 未成年人具备一定的创新性

在调查中，未成年人选择强关联项的比率为 40.34%，选择一般化关联项的比率为 42.27%，大多数未成年人认为自身有一定的创新性。中学校长选择强关联项的比率为 29.39%，选择一般关联项的比率为 52.84%（表 3-15），这意味着中学校长认为未成年人具备一定的创新性。小学校长选择强关联项的比率为 30.37%，选择一般关联项的比率为 42.96%，说明小学校长认为未成年人有一定的创新性。德育干部选择强关联项的比率为 44.19%，较中小学校长同类选项的比率高。家长选择强关联项的比率为 46.53%，中学老师选择强关联项的比率为 25.90%。各群体对未成年人的创新性有较高的认可度，未成年人具备创新意识，社会、家庭、学校应积极创造条件进一步引导未成年人，尤其是学校教育要尽可能地规避"分数至上""题海战术"等应试教育的做法，引导和鼓励学生积极思考，培养学生独立思考问题和解决问题的能力。

2. 经商意识与创业意识增强

随着经济、社会的发展，尤其是市场在资源配置中起决定性作用，市场经济在一定程度上带来人们思维、观念上的变化，尤其是未成年人，未成年人正处在世界观、人生观、价值观形成的关键时期，容易受到外界的影响，未成年人的经商意识在一定程度上反映出市场经济条件下未成年人"三观"微妙的变化。在各年份对未成年人的调查中，大多数未成年人有经商意识（合比率为79.21%）。从未成年人与成年人群体的比较来看，未成年人的经商意识居于前列。未成年人经商意识和创业意识的增强，在一定程度上折射出市场经济条件下个人自主性及竞争意识的强化，学校教育要积极引导未成年人，将经商与创业意识同为国家服务以及为社会主义经济建设服务的意识有机统一起来，促进未成年人更好地发展。

3. 未成年人的人生志向反映了未成年人的价值取向

未成年人在人生志向的选择中，除"其他"外，排在前三位的是："干大事"（21.13%）、"经商当老板"（16.11%）、"老师"（11.77%）。从未成年人与成年人群体的比较来看，未成年人"干大事"（26.96%）的比率高于科技工作者（25.27%）、科技型中小企业家（21.95%）和教育、科技、人事管理部门领导（26.47%）。从数据来看，未成年人首先有很大的人生抱负，希望能够施展才华，干一番大事业；其次是"经商当老板"和"老师"，一方面，可以看出未成年人观念上的变化，另一方面，未成年人大部分时间都是在学校中度过，对老师有着"天然"的亲密感，老师的行为举止对未成年人产生潜移默化的影响，未成年人"老师"的职业选择从侧面表现出这一紧密关系的应有之义。

四 必要性分析

必要性的字面理解可以为"不可缺少"或"非这样不行"。来看看不同群体对未成年人科学素质发展与企业家精神培养必要性的认识。

（一）未成年人及相关群体的认识

在各年的调查中，设问："中学阶段未成年人科学素质发展与企业家精神培养有何必要性？"

1. 未成年人的认识

社会氛围的形成只是外部环境的改善，要想得到有效的培养，作为当事者的未成年人自己的态度很重要。

如表4-23所示，未成年人认为"非常必要"与"必要"的合比率为81.11%，比认为"不必要"（5.54%）的比率高 75.57 个百分点，前者是后者的 14.64 倍，显然，大多数未成年人认为在中学阶段自己有必要发展科学素质与培养企业家精神。

从两个阶段的比较来看，阶段（二）的"非常必要"（36.16%）较阶段（一）高 7.09 个百分点，阶段（一）的"必要"较阶段（二）高 4.35 个百分点，随着时间的推移，选择"不必要"和"无所谓"的比率都在降低。总的来说，未成年人对这一问题的认识呈渐进式明晰趋势。

表 4-23　未成年人认为的中学阶段未成年人科学素质发展与企业家精神培养的必要性

选项	总		（一）			（二）					（二）与（一）比较率差
	比率/%	排序	2009年比率/%	2010年比率/%	合比率/%	2011年比率/%	2013年比率/%	2014年比率/%	2015年比率/%	合比率/%	
非常必要	33.80	2	31.59	26.55	29.07	31.23	32.68	40.54	40.18	36.16	7.09
必要	47.31	1	49.59	50.83	50.21	50.80	42.08	50.17	40.38	45.86	−4.35
不必要	5.54	5	5.55	7.75	6.65	5.39	8.29	1.67	4.61	4.99	−3.66
无所谓	6.12	4	6.36	7.70	7.03	5.80	7.08	3.74	6.06	5.67	−1.36
不知道	7.23	3	6.90	7.18	7.04	6.78	9.87	3.88	8.76	7.32	0.28
合计	100		100	100	100	100	100	100	100	100	0

2. 中学老师的认识

如表 4-24 所示，中学老师认为"非常必要"与"必要"的合比率为 83.15%，比认为"不必要"的比率高 76.16 个百分点，前者是后者的 11.90 倍，显然，大多数中学老师认为中学阶段的未成年人有必要发展科学素质与培养企业家精神。

从两个阶段的比较来看，阶段（二）的"非常必要"（29.32%）较阶段（一）（28.23%）高 1.09 个百分点，阶段（一）的"必要"（57.18%）较阶段（二）（52.70%）高 4.48 个百分点，中学老师选择"不必要"的比率降低，选择"不知道"的比率有所上升。中学老师对中学阶段未成年人科学素质发展与企业家精神培养的必要性的认识有所增强。

表 4-24　中学老师认为的中学阶段未成年人科学素质发展与企业家精神培养的必要性

选项	总		（一）			（二）					（二）与（一）比较率差
	比率/%	排序	2009年比率/%	2010年比率/%	合比率/%	2011年比率/%	2013年比率/%	2014年比率/%	2015年比率/%	合比率/%	
非常必要	28.96	2	32.74	23.72	28.23	28.44	33.56	29.31	25.97	29.32	1.09
必要	54.19	1	51.57	62.79	57.18	59.63	41.02	56.9	53.25	52.70	−4.48
不必要	6.99	3	7.62	6.51	7.07	6.42	7.80	5.17	8.44	6.96	−0.11

续表

选项	总		（一）			（二）					（二）与（一）比较率差
	比率/%	排序	2009年比率/%	2010年比率/%	合比率/%	2011年比率/%	2013年比率/%	2014年比率/%	2015年比率/%	合比率/%	
无所谓	5.60	4	6.28	4.65	5.47	2.75	10.17	3.88	5.84	5.66	0.20
不知道	4.26	5	1.79	2.33	2.06	2.75	7.46	4.74	6.49	5.36	3.30
合计	100		100	100	100	100	100	100	100	100	0

3. 家长的认识

如表 4-25 所示，家长认为"非常必要"与"必要"的合比率为 82.94%，认为"不必要"的比率为 6.03%，前者是后者的 13 倍多。

从 2015 年与 2010 年的比较来看，2015 年选择"非常必要"和"必要"的比率较 2010 年分别高 12.71 个百分点和 1.49 个百分点，选择"不必要"和"无所谓"的比率均有所降低。由此可见，家长认为中学阶段的未成年人科学素质发展与企业家精神培养很有必要。

表 4-25　家长认为的中学阶段未成年人科学素质发展与企业家精神培养的必要性

选项	总		2010年比率/%	2011年比率/%	2013年比率/%	2014年比率/%	2015年比率/%	2015年与2010年比较率差
	比率/%	排序						
非常必要	30.08	2	20.41	33.33	26.53	37.02	33.12	12.71
必要	52.86	1	53.06	51.91	57.14	47.66	54.55	1.49
不必要	6.03	4	8.16	7.65	5.78	5.96	2.60	−5.56
无所谓	6.52	3	12.24	3.83	5.44	8.51	2.60	−9.64
不知道	4.50	5	6.12	3.28	5.10	0.85	7.14	1.02
合计	100		100	100	100	100	100	0

4. 科技工作者，科技型中小企业家，教育、科技、人事管理部门领导的认识

在 2010 年对科技工作者、科技型中小企业家与教育、科技、人事管理部门领导的调查中，选择"非常必要"的比率分别为 14.29%、29.27%、35.29%，总体比率为 22.29%；选择"必要"的比率分别为 63.74%、53.66%、47.06%，总体比率为 57.83%；选择"不必要"的比率分别为 8.79%、4.88%、14.71%，总体比率为 9.04%；选择"无所谓"的比率分别为 6.59%、7.32%、2.94%，总体比率为 6.02%；选择"不知道"的比率分别为 6.59%、4.88%、0，总体比率为 4.82%。

科技工作者选择"非常必要"与"必要"的合比率为 78.03%，比"不必要"

的比率高 69.24 个百分点，前者是后者的 8.88 倍。科技型中小企业家选择"非常必要"与"必要"的合比率为 82.93%，比"不必要"的比率高 78.05 个百分点，前者是后者的 16.99 倍。从调查数据来看，科技型中小企业家由于自身的职业和角色定位，对科学素质以及企业家精神的了解与把握较为透彻，从其自身立场看，科技型中小企业家认为中学阶段培养未成年人的科学素质与企业家精神十分必要。教育、科技、人事管理部门领导选择"非常必要"与"必要"的合比率为 82.35%，比"不必要"的比率高 67.64 个百分点，前者是后者的 5.60 倍，这里的倍数虽然比较低，但仍是前者比率大。

5. 研究生与大学生的认识

在 2010 年对研究生与大学生的调查中，两个群体选择各选项的比率分别为："非常必要"（29.01%、23.25%），总体比率为 24.00%；"必要"（54.96%、47.64%），总体比率为 48.60%；"不必要"（9.92%、11.62%），总体比率为 11.40%；"无所谓"（5.34%、10.93%），总体比率为 10.20%；"不知道"（0.76%、6.56%），总体比率为 5.80%。研究生认为"非常必要"与"必要"的合比率为 83.97%，比认为"不必要"的比率高 74.05 个百分点，前者是后者的 8.46 倍。大学生认为"非常必要"与"必要"的合比率为 70.89%，比认为"不必要"比率高 59.27 个百分点，前者是后者的 6.10 倍。

6. 中学校长的认识

如表 4-26 所示，中学校长认为"非常必要"与"必要"的合比率为 93.33%，比认为"不必要"的比率高 91.35 个百分点，前者是后者的 47.14 倍。从数据来看，三年中认为"非常必要"的比率有所降低，认为"必要"的比率呈波动上升趋势。可以看出，中学校长认为中学阶段的未成年人有必要发展科学素质与培养企业家精神。

表 4-26 中学校长认为的中学阶段未成年人科学素质发展与企业家精神培养的必要性

| 选项 | 总 | | | 2013 年 | | 2014 年 | | | | 2015 年 | | | | | | | |
| | | | | | | （1） | | （2） | | （1） | | （2） | | （3） | | （4） | |
	人数/人	比率/%	排序	人数/人	比率/%	人数/人	比率/%	人数/人	比率/%	人数/人	比率/%	人数/人	比率/%	人数/人	比率/%	人数/人	比率/%
非常必要	206	50.86	1	123	67.58	19	27.54	30	63.83	16	80.00	4	20.00	3	16.67	11	22.45
必要	172	42.47	2	57	31.32	42	60.87	13	27.66	3	15.00	16	80.00	11	61.11	30	61.22
不必要	8	1.98	5	1	0.55	1	1.45	0	0	0	0	0	0	1	5.56	5	10.20
无所谓	9	2.22	4	1	0.55	5	7.25	0	0	0	0	0	0	1	5.56	2	4.08
不知道	10	2.47	3	0	0	2	2.90	4	8.51	1	5.00	0	0	2	11.11	1	2.04
合计	405	100		182	100	69	100	47	100	20	100	20	100	18	100	49	100

7. 德育干部的认识

在 2013 年对德育干部的调查中，德育干部选择各选项的比率分别为："非常必要"（25.58%）、"必要"（69.77%）、"不必要"（2.33%）、"无所谓"（2.33%）、"不知道"（0）。德育干部认为"非常必要"和"必要"的合比率为 95.35%，比认为"不必要"的比率高 93.02 个百分点，前者是后者的 40.92 倍。

8. 小学校长的认识

如表 4-27 所示，小学校长认为"非常必要"与"必要"的合比率为 82.96%，比认为"不必要"的比率高 76.29 个百分点，前者是后者的 12.44 倍。总的来说，大部分的小学校长对"必要性"予以充分肯定。

表 4-27　小学校长认为的中学阶段未成年人科学素质发展与企业家精神培养的必要性

| 选项 | 总 | | | 2013 年（安徽省） | | 2014 年 | | | | 2015 年（安徽省） | | | |
| | | | | | | 全国部分省市（少数民族地区）（1） | | 安徽省（2） | | （1） | | （2） | |
	人数/人	比率/%	排序	人数/人	比率/%	人数/人	比率/%	人数/人	比率/%	人数/人	比率/%	人数/人	比率/%
非常必要	31	22.96	2	6	15.79	4	15.38	7	21.21	10	58.82	4	19.05
必要	81	60.00	1	25	65.79	20	76.92	14	42.42	7	41.18	15	71.43
不必要	9	6.67	3	2	5.26	2	7.69	4	12.12	0	0	1	4.76
无所谓	6	4.44	5	2	5.26	0	0	3	9.09	0	0	1	4.76
不知道	8	5.93	4	3	7.89	0	0	5	15.15	0	0	0	0
合计	135	100		38	100	26	100	33	100	17	100	21	100

（二）综合认识

1. 未成年人自身的比较

未成年人对这一问题看法的总排序是："必要"（47.31%）、"非常必要"（33.80%）、"不知道"（7.23%）、"无所谓"（6.12%）、"不必要"（5.54%）。"非常必要"与"必要"的合比率为 81.11%，比"不必要"的比率高 75.57 个百分点，前者是后者的 14.64 倍（表 4-23）。

从两个阶段展开分析，在阶段（一）中，"非常必要"（29.07%）和"必要"（50.21%）的合比率为 79.28%，在阶段（二）中，"非常必要"（36.16%）和"必要"（45.86%）的合比率为 82.02%，阶段（二）较阶段（一）对于肯定性回答（"非常必要"与"必要"）的比率高 2.74 个百分点；在"不必要"上，阶段（二）的比率较阶段（一）低 1.66 个百分点，在"无所谓"上，阶段（二）的比率较阶段（一）低 1.36 个百分点（表 4-23）。总的来看，"非常必要"与"必要"的合比率逐渐增大，"不必要"与"无所谓"的比例逐渐减小，未成年人对这一问题的肯定性看法逐渐稳固。

2. 未成年人与成年人群体的比较

1）未成年人与中学老师、家长的比较

在未成年人与中学老师的比较中，中学老师倾向于"不必要"，未成年人倾向于"必要"。中学老师面临着"升学率"的无形压力，在思想上，不排除有的老师仍然过度重视未成年人的考试成绩，从而忽视未成年人的全面发展，诸如科学素质发展与企业家精神培养等。

在未成年人与家长的比较中，率差的排序是："必要"（5.55 个百分点）、"非常必要"（3.72 个百分点）、"不知道"（2.72 个百分点）、"不必要"（0.49 个百分点）、"无所谓"（0.40 个百分点）。未成年人认为"非常必要"与"必要"的合比率为 81.11%，家长认为"非常必要"与"必要"的合比率为 82.94%，相差不是很大，从一定程度上反映了家长对于未成年人发展取向的认同。

2）未成年人与科技工作者，科技型中小企业家，教育、科技、人事管理部门领导的比较

在未成年人与科技工作者的比较中，科技工作者倾向于"必要"，未成年人倾向于"非常必要"。在未成年人与科技型中小企业家的比较中，未成年人与科技型中小企业家在"非常必要"和"必要"上率差不大。未成年人与教育、科技、人事管理部门领导的比较中，未成年人认为"非常必要"的比率较低。从单个选项来看，认为"非常必要""不必要"比率最高的群体是教育、科技、人事管理部门领导；认为"必要"比率最高的群体是科技工作者；认为"无所谓""不知道"比率最高的群体是未成年人。

3）未成年人与研究生、大学生的比较

在未成年人与研究生的比较中，研究生更倾向于"非常必要"和"必要"在未成年人与大学生的比较中，未成年人更倾向于"非常必要"和"必要"。

4）未成年人与中学校长、小学校长、德育干部的比较

在未成年人与中学校长的比较中，中学校长更倾向于"必要"和"非常必要"，两者的合比率达到了 93.33%。在未成年人与小学校长的比较中，未成年人更倾向于"非常必要"。在未成年人与德育干部的比较中，未成年人更倾向于"非常必要"。

3. 未成年人等11个群体的总体认识

如表4-28所示,未成年人等11个群体总体认识的排序是:"必要"(54.13%)、"非常必要"(29.82%)、"不必要"(6.25%)、"无所谓"(5.43%)、"不知道"(4.38%)。"非常必要"与"必要"的合比率为83.95%,比"不必要"高77.70个百分点,前者是后者的13.43倍。显然,11个群体的大多数人认为中学阶段的未成年人科学素质发展与企业家精神培养很有必要。

综合起来看,随着国家层面的战略的实行,尤其是科教兴国战略的实施,学校包括高等学校以及企业、家长等都不同程度地参与到科教兴国战略的行列之中,未成年人是国家的未来和民族的希望,承载着实现中华民族伟大复兴的重任,未成年人的科学素质发展与企业家精神培养不仅是未成年人素质养成部分,更关乎国家的命运和社会的发展。

表 4-28　未成年人等11个群体对中学阶段未成年人科学素质发展与企业家精神培养必要性的总体认识　　　　单位：%

选项	总		未成年人(2009~2011年、2013~2015年)比率	中学老师(2009~2011年、2013~2014年)比率	家长(2010~2011年、2013~2014年)比率	科技工作者,科技型中小企业家,教育、科技、人事管理部门领导(2010年)比率	研究生与大学生(2010年)比率	中学校长(2013~2015年)比率	小学校长(2013~2015年)比率	德育干部(2013年)比率
	比率	排序								
非常必要	29.82	2	33.80	28.96	30.08	22.29	24.00	50.86	22.96	25.58
必要	54.13	1	47.31	54.19	52.86	57.83	48.60	42.47	60.00	69.77
不必要	6.25	3	5.54	6.99	6.03	9.04	11.40	1.98	6.67	2.33
无所谓	5.43	4	6.12	5.60	6.52	6.02	10.20	2.22	4.44	2.33
不知道	4.38	5	7.23	4.26	4.51	4.82	5.80	2.47	5.93	0
合计	100		100	100	100	100	100	100	100	100

五 必然性分析

必然性是"指事物发展、变化中的不可避免和一定不移的趋势"(中国社会科学院语言研究所词典编辑室,2016),是由事物的本质决定的,认识事物的必然性就是认识事物的本质,这是理论上的认识。在实践中,科技工作者,科技型中小企业家,教育、科技、人事管理部门领导,大学生,以及研究生会怎样看?

（一）相关群体的认识

在调查中设问："未成年人科学素质发展与企业家精神培养是否必须同时进行？"题中选项"必须"是肯定，"不必须"是否定，"不一定"是中性表达，"不好评价"是谨慎说法，"其他"是另有想法。

1. 未成年人的认识

在 2014 年与 2015 年分年份的调查中，各年份选择的各选项比率分别为："必须"（42.44%、47.83%）、"不必须"（12.12%、10.87%）、"不一定"（29.92%、27.14%）、"不好评价"（11.50%、9.49%）、"其他"（4.02%、4.68%）。

从 2014 年和 2015 年综合来看，未成年人认识的排序是："必须"（44.28%）、"不一定"（28.97%）、"不必须"（11.69%）、"不好评价"（10.82%）、"其他"（4.24%）。将近一半的未成年人持肯定性态度。从 2015 年与 2014 年的比较来看，率差最大的是"必须"（5.39 个百分点），其次是"不一定"（2.78个百分点）。未成年人选择"必须"的比率有所增大，选择"不一定"与"不好评价"的比率有所降低，表明未成年人对这一问题的看法较为乐观。

2. 中学老师与家长的认识

如表 4-29 所示，有将近一半（46.11%）的中学老师认为"必须"同时进行。从数据来看，大部分选项的比率都有所下降，其中"不必须"的比率较"必须"的降幅大。

有超过一半（52.19%）的家长认为"必须"同时进行。从数据来看，"不必须"的比率有所上升，"必须"的比率有所下降，"不一定"与"不好评价"的比率也有所上升。

表 4-29　中学老师、家长对未成年人科学素质发展与
企业家精神培养是否必须同时进行的看法

| 选项 | 中学老师 | | | | | | | 家长 | | | | | | |
| | 总 | | | 2014 年 | | 2015 年 | | 总 | | | 2014 年 | | 2015 年 | |
	人数/人	比率/%	排序	人数/人	比率/%	人数/人	比率/%	人数/人	比率/%	排序	人数/人	比率/%	人数/人	比率/%
必须	178	46.11	1	109	46.98	69	44.81	203	52.19	1	136	57.87	67	43.51
不必须	68	17.62	3	44	18.97	24	15.58	37	9.51	4	19	8.09	18	11.69
不一定	89	23.06	2	54	23.28	35	22.73	88	22.62	2	51	21.70	37	24.03
不好评价	39	10.10	4	22	9.48	17	11.04	53	13.62	3	24	10.21	29	18.83
其他	12	3.11	5	3	1.29	9	5.84	8	2.06	5	5	2.13	3	1.95
合计	386	100		232	100	154	100	389	100		235	100	154	100

3. 科技工作者，科技型中小企业家，教育、科技、人事管理部门领导的认识

在 2010 年对科技工作者，科技型中小企业家，教育、科技、人事管理部门领导的调查中，选择"必须"的比率分别为 38.46%、34.15%、41.18%，总体比率为 37.95%；选择"不必须"的比率分别为 18.68%、19.51%、23.53%，总体比率为 19.88%；选择"不一定"的比率分别为 30.77%、31.71%、29.41%，总体比率为 30.72%；选择"不好评价"的比率分别为 12.09%、12.20%、5.88%，总体比率为 10.84%；选择"其他"的比率分别为 0、2.44%、0，总体比率为 0.60%。

科技工作者的"必须"的比率大于"不必须"的比率，前者是后者的 2.06 倍，"必须"是主要的。科技型中小企业家的"必须"的比率大于"不必须"的比率，前者比后者高 14.64 个百分点，"必须"是主要的。教育、科技、人事管理部门领导的"必须"的比率大于"不必须"的比率，前者是后者的 1.75 倍，"必须"是主要的。

4. 研究生与大学生的认识

在 2010 年对研究生与大学生的调查中，选择"必须"的比率分别为 36.64%、29.80%，总体比率为 30.70%；选择"不必须"的比率分别为 23.66%、22.32%，总体比率为 22.50%；选择"不一定"的比率分别为 19.08%、21.75%，总体比率为 21.40%；选择"不好评价"的比率分别为 18.32%、17.03%，总体比率为 17.20%；选择"其他"的比率分别为 2.29%、9.09%，总体比率为 8.20%。

研究生"必须"的比率大于"不必须"的比率，前者是后者的 1.55 倍，"必须"是主要的。大学生"必须"的比率大于"不必须"的比率，前者是后者的 1.34 倍，"必须"是主要的。

5. 中学校长的认识

如表 4-30 所示，中学校长认识的排序是："必须"（44.94%）、"不一定"（26.91%）、"不必须"（17.53%）、"不好评价"（9.88%）、"其他"（0.74%）。有将近一半的中学校长认为未成年人的科学素质发展与企业家精神培养"必须"同时进行。

从数据来看，中学校长选择"必须"的比率波动上升，由此可以看出，中学校长认为未成年人的科学素质发展与企业家精神培养同时进行是非常必要的。

表 4-30　中学校长对未成年人的科学素质发展与企业家精神培养是否必须同时进行的认识

选项	总			2013 年		2014 年 (1)		(2)		2015 年 (1)		(2)		(3)		(4)	
	人数/人	比率/%	排序	人数/人	比率/%	人数/人	比率/%	人数/人	比率/%	人数/人	比率/%	人数/人	比率/%	人数/人	比率/%	人数/人	比率/%
必须	182	44.94	1	75	41.21	35	50.72	28	59.57	12	60.00	6	30.00	11	61.11	15	30.61

续表

选项	总			2013年		2014年				2015年						
						（1）		（2）		（1）		（2）		（3）		（4）
	人数/人	比率/%	排序	人数/人	比率/%	人数/人	比率/%	人数/人	比率/%	人数/人	比率/%	人数/人	比率/%	人数/人	比率/%	人数/人	比率/%
不必须	71	17.53	3	26	14.29	8	11.59	9	19.15	8	40.00	3	15.00	1	5.56	16	32.65
不一定	109	26.91		57	31.32	19	27.54	8	17.02	0	0	9	45.00	2	11.11	14	28.57
不好评价	40	9.88	4	24	13.19	6	8.70	2	4.26	0	0	2	10.00	3	16.67	3	6.12
其他	3	0.74	5	0	0	1	1.45	0	0	0	0	0	0	1	5.56	1	2.04
合计	405	100		182	100	69	100	47	100	20	100	20	100	18	100	49	100

6. 德育干部的认识

在2013年对德育干部的调查中，其认识的排序是："必须"（51.16%）、"不一定"（27.91%）、"不必须"（11.63%）、"不好评价"（6.98%）、"其他"（2.33%）。超过一半的德育干部认为未成年人的科学素质发展与企业家精神培养"必须"同时进行。

7. 小学校长的认识

如表4-31所示，小学校长认识的排序是："必须"（47.41%）、"不好评价"（21.48%）、"不一定"（18.52%）、"不必须"（10.37%）、"其他"（2.22%）。有将近一半的小学校长认为未成年人的科学素质发展与企业家精神培养"必须"同时进行。

表4-31 小学校长对未成年人科学素质发展与企业家精神培养是否必须同时进行的认识

选项	总			2013年（安徽省）		2014年				2015年（安徽省）			
						全国部分省市（少数民族地区）（1）		安徽省（2）		（1）		（2）	
	人数/人	比率/%	排序	人数/人	比率/%	人数/人	比率/%	人数/人	比率/%	人数/人	比率/%	人数/人	比率/%
必须	64	47.41	1	10	26.32	11	42.31	19	57.58	13	76.47	11	52.38
不必须	14	10.37	4	10	26.32	1	3.85	0	0	0	0	3	14.29
不一定	25	18.52	3	8	21.05	6	23.08	7	21.21	4	23.53	0	0
不好评价	29	21.48	2	10	26.32	5	19.23	7	21.21	0	0	7	33.33
其他	3	2.22	5	0	0	3	11.54	0	0	0	0	0	0
合计	135	100		38	100	26	100	33	100	17	100	21	100

（二）综合认识

1. 未成年人自身的比较

未成年人认识的总排序是："必须"（44.28%）、"不一定"（28.97%）、"不必须"（11.69%）、"不好评价"（10.82%）、"其他"（4.24%）。将近一半的未成年人持肯定性态度。从数据来看，未成年人选择"必须"的比率有所增大，选择"不一定""不必须""不好评价""其他"的比率逐渐降低，表明未成年人对这一问题的认识较为积极。

2. 未成年人与成年人群体的比较

1）未成年人与家长、中学老师的比较

未成年人、中学老师及家长认识的总排序是："必须"（47.53%）、"不一定"（24.88%）、"不必须"（12.94%）、"不好评价"（11.51%）、"其他"（3.14%）。这 3 个群体有将近一半的人认为未成年人的科学素质发展和企业家精神培养"必须"同时进行。

在未成年人与中学老师的比较中，率差最大的是"不必须"（5.93 个百分点），其次是"不一定"（5.91 个百分点），中学老师较未成年人选择"必须"的比率高，中学老师由于具备一定的知识经验，对这一问题的认识更为全面，剖析更为深入。

在未成年人与家长的比较中，率差最大的是"必须"（7.91 个百分点），其次是"不一定"（6.35 个百分点），家长选择"不好评价"的比率较未成年人高，家长忙于工作，对于学校的课程设置以及素质教育的发展缺乏足够的了解，对这类问题的看法稍显谨慎。从单个选项来看，选择"必须""不好评价"比率最高的群体是家长，选择"不必须"比率最高的群体是中学老师，选择"不一定""其他"比率最高的群体是未成年人。

2）未成年人与科技工作者，科技型中小企业家，教育、科技、人事管理部门领导的比较

未成年人选择"必须"的比率较科技工作者等 3 个群体高 6.33 个百分点，科技工作者等 3 个群体选择"不必须"、"不一定"及"不好评价"的比率均较未成年人高。比较可知，未成年人对这一问题持赞成性和肯定性态度的比率较高，而科技工作者等 3 个群体持否定性和模棱两可态度的比率较高。

3）未成年人与研究生、大学生的比较

未成年人选择"必须"的比率较研究生与大学生高 13.58 个百分点。研究生与大学生选择"不必须"、"不好评价"和"其他"的比率均较未成年人高。值得注意的是，未成年人选择"不一定"的比率较研究生和大学生高 7.57 个百

分点。比较可知,研究生与大学生倾向于认为未成年人的科学素质发展与企业家精神培养可不同时进行。此外,未成年人虽持肯定性态度的比率较高,但也存在一定的模糊性认识。

4)未成年人与中学校长、德育干部、小学校长的比较

在表 4-32 中,从排序上看,未成年人与中小学校长及德育干部相同。从比率上看,中学校长等 3 个群体选择"必须"的比率较未成年人稍高。选择"不必须"和"不好评价"的比率较未成年人分别高 3.75 个百分点和 1.53 个百分点。未成年人选择"不一定"的比率稍高。比较而言,中学校长等 3 个群体对这一问题的认识较未成年人要好。中学校长等 3 个群体作为学校教育的指导者、组织者与实施者,认为从教育内容和要素上来看,科学素质发展与企业家精神培养相通,可以同时进行。

表 4-32　未成年人、中学校长、德育干部、小学校长
对未成年人科学素质发展与企业家精神培养是否必须同时进行认识的比较

| 选项 | 未成年人 (2014~2015 年) | | | 中学校长等 3 个群体 | | | | | | | |
| | | | | 总 | | | 中学校长 (2013~2015 年) | | 德育干部 (2013 年) | | 小学校长 (2013~2015 年) | |
	人数 /人	比率 /%	排序	人数 /人	比率 /%	排序	人数 /人	比率 /%	人数 /人	比率 /%	人数 /人	比率 /%
必须	1973	44.28	1	268	45.97	1	182	44.94	22	51.16	64	47.41
不必须	521	11.69	3	90	15.44	3	71	17.53	5	11.63	14	10.37
不一定	1291	28.97	2	146	25.04	2	109	26.91	12	27.91	25	18.52
不好评价	482	10.82	4	72	12.35	4	40	9.88	3	6.98	29	21.48
其他	189	4.24	5	7	1.20	5	3	0.74	1	2.33	3	2.22
合计	4456	100		583	100		405	100	43	100	135	100

3. 未成年人等 11 个群体的总体认识

如表 4-33 所示,未成年人等 11 个群体总体认识的排序是:"必须"(42.87%)、"不一定"(26.92%)、"不必须"(13.95%)、"不好评价"(11.98%)、"其他"(4.28%)。11 个群体的"必须"比率大于"不必须"比率,前者是后者的 3.07 倍,"必须"是主要的。从单个选项来看,选择"必须"比率最高的群体是家长,选择"不必须""不好评价""其他"比率最高的群体是研究生与大学生,选择"不一定"比率最高的群体是科技工作者等 3 个群体。

从以上 11 个群体的选择率可知,认为未成年人的科学素质发展与企业家精神培养"必须"同时进行的人多于认为"不必须"的人,"必须"是主流,必

然性的论证成立。

表 4-33　未成年人等 11 个群体对未成年人科学素质发展与
企业家精神培养是否必须同时进行的总体认识

选项	总			未成年人 （2014～ 2015 年）		中学老师 （2014～ 2015 年）		家长 （2014～ 2015 年）		科技工作者 等 3 个群体 （2010 年）		研究生与大 学生 （2010 年）		中学校长等 3 个群体 （2013 年、 2013 年）	
	人数 /人	比率 /%	排序	人数 /人	比率 /%	人数 /人	比率 /%	人数 /人	比率 /%	人数 /人	比率 /%	人数 /人	比率 /%	人数 /人	比率 /%
必须	2992	42.87	1	1973	44.28	178	46.11	203	52.19	63	37.95	307	30.70	268	45.97
不必须	974	13.95	3	521	11.69	68	17.62	37	9.51	33	19.88	225	22.50	90	15.44
不一定	1879	26.92	2	1291	28.97	89	23.06	88	22.62	51	30.72	214	21.40	146	25.04
不好 评价	836	11.98	4	482	10.82	39	10.10	53	13.62	18	10.84	172	17.20	72	12.35
其他	299	4.28	5	189	4.24	12	3.11	8	2.06	1	0.60	82	8.20	7	1.20
合计	6980	100		4456	100	386	100	389	100	166	100	1000	100	583	100

六　可能性分析

虽然未成年人科学素质发展与企业家精神培养有着关联性、客观性、现实性、必要性与必然性，但它们在教育实践中会不会产生矛盾，它的可能性怎样？

（一）相关群体的认识

在调查中设问："未成年人科学素质发展与企业家精神培养同时进行有无矛盾？"题中选项"矛盾"是肯定，"不矛盾"是否定，"不好评价"是谨慎说法，"不知道"是消极态度。

1. 未成年人的认识

如表 4-34 所示，未成年人认识的总排序是："不矛盾"（63.05%）、"矛盾"（16.10%）、"不好评价"（11.02%）、"不知道"（9.82%）。"不矛盾"的比率大于"矛盾"的比率，前者是后者的 3.92 倍，"不矛盾"是主要的。大多数未成年人认为未成年人科学素质发展与企业家精神培养同时进行没有矛盾。

从阶段（二）与阶段（一）的比较得出的率差如下："矛盾"（3.84 个百分点）、"不矛盾"（2.37 个百分点）、"不好评价"（0.92 个百分点）、"不知道"（0.55 个百分点）。从数据来看，尽管"矛盾"的比率有所上升，"不矛盾"的比率略有下降，"不好评价"和"不知道"的比率均有所下降，但多数未成年人还是认为未成年人科学素质发展与企业家精神培养同时进行没有矛盾。

表 4-34　未成年人对未成年人科学素质发展与企业家精神培养同时进行有无矛盾的认识

选项	总		（一）						（二）								（二）与（一）比较率差
			2009 年		2010 年		合计比率/%	2011 年		2013 年		2014 年		2015 年		合计比率/%	
	人数/人	比率/%	人数/人	比率/%	人数/人	比率/%		人数/人	比率/%	人数/人	比率/%	人数/人	比率/%	人数/人	比率/%		
矛盾	2 175	16.10	317	14.31	241	12.45	13.44	307	15.90	612	20.62	449	15.28	249	16.40	17.28	3.84
不矛盾	8 516	63.05	1 396	63.00	1 290	66.63	64.69	1 234	63.90	1 646	55.46	1 971	67.09	979	64.49	62.32	−2.37
不好评价	1 489	11.02	265	11.96	219	11.31	11.66	189	9.79	368	12.4	280	9.53	168	11.07	10.74	−0.92
不知道	1 327	9.82	238	10.74	186	9.61	10.21	201	10.41	342	11.52	238	8.10	122	8.04	9.65	−0.55
合计	13 507	100	2 216	100	1 936	100	100	1 931	100	2 968	100	2 938	100	1 518	100	100	0

2. 中学老师的认识

如表 4-35 所示，中学老师认识的排序是："不矛盾"（78.83%）、"矛盾"（12.12%）、"不知道"（4.94%）、"不好评价"（4.11%）。"不矛盾"的比率大于"矛盾"的比率，前者是后者的 6.50 倍，"不矛盾"是主要的，大多数中学老师认为未成年人科学素质发展与企业家精神培养同时进行没有矛盾。

从 2015 年与 2009 年的比较得出的率差如下："矛盾"（5.17 个百分点）、"不矛盾"（14.92 个百分点）、"不好评价"（0.07 个百分点）、"不知道"（9.69 个百分点）。从数据来看，虽然"矛盾"的比率有所上升，"不矛盾"的比率有较大幅度的下降，但大多数中学老师还是认为未成年人的科学素质发展与企业家精神培养同时进行没有矛盾。

表 4-35　中学老师对未成年人科学素质发展与企业家精神培养同时进行有无矛盾的认识

选项	总		2009 年		2010 年		2011 年		2013 年		2014 年		2015 年		2015 年与2009 年比较率差
	人数/人	比率/%	人数/人	比率/%	人数/人	比率/%	人数/人	比率/%	人数/人	比率/%	人数/人	比率/%	人数/人	比率/%	
矛盾	162	12.12	16	7.17	12	5.58	46	21.1	35	11.86	34	14.66	19	12.34	5.17
不矛盾	1054	78.83	194	87.00	195	90.70	159	72.94	219	74.24	176	75.86	111	72.08	−14.92
不好评价	55	4.11	10	4.48	5	2.33	8	3.67	18	6.1	7	3.02	7	4.55	0.07
不知道	66	4.94	3	1.35	3	1.4	5	2.29	23	7.8	15	6.47	17	11.04	9.69
合计	1337	100	223	100	215	100	218	100	295	100	232	100	154	100	0

3. 家长的认识

如表 4-36 所示，家长对认识的排序是："不矛盾"（71.99%）、"矛盾"（13.49%）、"不好评价"（9.44%）"不知道"（5.08%）。"不矛盾"的比率大于"矛盾"的比率，前者是后者的 5.34 倍，"不矛盾"是主要的。

从 2015 年与 2010 年的比较得出的率差如下："矛盾"（9.46 个百分点）、"不矛盾"（13.08 个百分点）、"不好评价"（3.16 个百分点）、"不知道"（0.47 个百分点）。从数据来看，虽然"矛盾"的比率有所增上升，"不矛盾"的比率有所下降，但多数家长还是认为未成年人科学素质发展与企业家精神培养同时进行没有矛盾。

表 4-36　家长对未成年人科学素质发展与企业家精神培养同时进行有无矛盾的认识

选项	总		2010 年		2011 年		2013 年		2014 年		2015 年		2015 年与 2010 年比较率差
	人数/人	比率/%	人数/人	比率/%	人数/人	比率/%	人数/人	比率/%	人数/人	比率/%	人数/人	比率/%	
矛盾	130	13.49	6	6.12	38	20.77	36	12.24	26	11.06	24	15.58	9.46
不矛盾	694	71.99	79	80.61	131	71.58	215	73.13	165	70.21	104	67.53	−13.08
不好评价	91	9.44	9	9.18	7	3.83	21	7.14	35	14.89	19	12.34	3.16
不知道	49	5.08	4	4.08	7	3.83	22	7.48	9	3.83	7	4.55	0.47
合计	964	100	98	100	183	100	294	100	235	100	154	100	0

4. 科技工作者，科技型中小企业家，教育、科技、人事管理部门领导的认识

在 2010 年对科技工作者，科技型中小企业家，教育、科技、人事管理部门领导的调查中，选择"矛盾"的比率分别为 6.59%、4.88%、2.94%，总体比率为 5.42%；选择"不矛盾"的比率分别为 82.42%、92.68%、91.18%，总体比率为 86.75%；选择"不好评价"的比率分别为 8.79%、2.44%、5.88%，总体比率为 6.63%；选择"不知道"的比率分别为 2.20%、0、0，总体比率为 1.20%。

在 2010 年对科技工作者的调查中，"不矛盾"的比率大于"矛盾"的比率，前者是后者的 12.51 倍，"不矛盾"是主要的，绝大多数科技工作者认为未成年人科学素质发展与企业家精神培养同时进行没有矛盾。在 2010 年对科技型中小企业家的调查中，"不矛盾"的比率大于"矛盾"的比率，前者是后者的 18.99 倍，"不矛盾"是主要的，绝大多数科技型中小企业家认为未成年人科学素质发展与企业家精神培养同时进行没有矛盾。在 2010 年对教育、科技、人事管理部门领导的调查中，"不矛盾"的比率大于"矛盾"的比率，前者是后者的 31.01 倍，"不矛盾"是主要的，大多数教育、科技、人事管理部门领

导认为未成年人科学素质发展与企业家精神培养同时进行没有矛盾。

5. 研究生与大学生的认识

在 2010 年对研究生和大学生的调查中,选择"矛盾"的比率分别为 15.27%、14.15%,总体比率为 14.30%;选择"不矛盾"的比率分别为 79.39%、73.07%,总体比率为 73.90%;选择"不好评价"的比率分别为 5.34%、7.25%,总体比率为 7.00%;选择"不知道"的比率分别为 0、5.53%,总体比率为 4.80%。

在 2010 年对研究生的调查中,"不矛盾"的比率大于"矛盾"的比率,前者是后者的 5.19 倍,"不矛盾"是主要的,大多数研究生认为未成年人科学素质发展与企业家精神培养同时进行没有矛盾。在 2010 年对大学生的调查中,"不矛盾"的比率大于"矛盾"的比率,前者是后者的 5.16 倍,"不矛盾"是主要的,大多数大学生认为未成年人科学素质发展与企业家精神培养同时进行没有矛盾。

6. 中学校长的认识

如表 4-37 所示,中学校长认识的排序是:"不矛盾"(80.49%)、"不好评价"(8.64%)、"矛盾"(8.15%)、"不知道"(2.72%)。"不矛盾"的比率大于"矛盾"的比率,前者是后者的 9.88 倍,"不矛盾"是主要的,大多数中学校长认为未成年人科学素质发展与企业家精神培养同时进行没有矛盾。

表 4-37　中学校长对未成年人科学素质发展与企业家精神培养同时进行有无矛盾的认识

选项	总			2013 年		2014 年				2015 年							
						(1)		(2)		(1)		(2)		(3)		(4)	
	人数/人	比率/%	排序	人数/人	比率/%	人数/人	比率/%	人数/人	比率/%	人数/人	比率/%	人数/人	比率/%	人数/人	比率/%	人数/人	比率/%
矛盾	33	8.15	3	3	1.65	0	0.00	18	38.30	5	25.00	2	10.00	0	0	5	10.20
不矛盾	326	80.49	1	159	87.36	61	88.41	25	53.19	14	70.00	16	80.00	16	88.89	35	71.43
不好评价	35	8.64	2	17	9.34	6	8.70	2	4.26	1	5.00	2	10.00	1	5.56	6	12.24
不知道	11	2.72	4	3	1.65	2	2.90	2	4.26	0	0	0	0	1	5.56	3	6.12
合计	405	100		182	100	69	100	47	100	20	100	20	100	18	100	49	100

7. 德育干部的认识

在 2013 年对德育干部的调查中,其认识的排序如下:"不矛盾"(79.07%)、"不好评价"(9.30%)、"矛盾"(6.98%)、"不知道"(4.65%)。"不矛盾"的比率大于"矛盾"的比率,前者是后者的 11.33 倍,"不矛盾"是主要的,大多数德育干部认为未成年人科学素质发展与企业家精神培养同时进行没有矛盾。

8. 小学校长的认识

如表 4-38 所示，小学校长认识的排序是："不矛盾"（82.96%）、"矛盾"（9.63%）、"不好评价"（3.70%）、"不知道"（3.70%）。"不矛盾"的比率大于"矛盾"的比率，前者是后者的 8.61 倍，"不矛盾"是主要的，大多数小学校长认为未成年人科学素质发展与企业家精神培养同时进行没有矛盾。

表 4-38　小学校长对未成年人科学素质发展与企业家精神培养同时进行有无矛盾的认识

| 选项 | 总 | | | 2013 年（安徽省） | | 2014 年 | | | | 2015 年（安徽省） | | | |
| | | | | | | 全国部分省市（少数民族地区）（1） | | 安徽省（2） | | （1） | | （2） | |
	人数/人	比率/%	排序	人数/人	比率/%	人数/人	比率/%	人数/人	比率/%	人数/人	比率/%	人数/人	比率/%
矛盾	13	9.63	2	2	5.26	0	0	0	0	10	58.82	1	4.76
不矛盾	112	82.96	1	31	81.58	22	84.62	32	96.97	7	41.18	20	95.24
不好评价	5	3.70	3	1	2.63	3	11.54	1	3.03	0	0	0	0
不知道	5	3.70	3	4	10.53	1	3.85	0	0	0	0	0	0
合计	135	100		38	100	26	100	33	100	17	100	21	100

（二）综合认识

1. 未成年人自身的比较

未成年人认识的总排序是："不矛盾"（63.05%）、"矛盾"（16.10%）、"不好评价"（11.02%）、"不知道"（9.82%）。"不矛盾"的比率大于"矛盾"的比率，前者是后者的 3.92 倍，"不矛盾"是主要的。大多数未成年人认为未成年人的科学素质发展与企业家精神培养同时进行没有矛盾（表 4-34）。

随着 2010 年 7 月《国家中长期教育改革和发展规划纲要（2010—2020 年）》的颁布实施，以及各级教育主管部门和教育单位积极推进素质教育，未成年人的思想观念发生由"被动的灌输"向"主动的思考"的转变，其思维日益活跃，对新鲜事物的敏感度提升，发展科学素质和培养企业家精神是素质教育的应有之义，未成年人选择"不矛盾"的比率提高，在一定程度上反映了学校素质教育的成效。

2. 未成年人与成年人群体的比较

1）未成年人与中学老师、家长的比较

未成年人、中学老师、家长等 3 个群体选择排在第一位的都是"不矛盾"，而且比率均超过了 50.00%。

在未成年人与中学老师的比较中，中学老师认为"不矛盾"的比率较未成年人高 15.78 个百分点，这与中学老师自身的职业定位有很大的关系，中学老师不仅要教授课本上的知识，同时还要身体力行地去诠释素质教育的内涵，旨在促进未成年人更好地发展。

在未成年人与家长的比较中，家长选择"矛盾"的比率较未成年人低 2.61 个百分点，选择"不矛盾"的比率较未成年人高 8.94 个百分点。

2）未成年人与科技工作者，科技型中小企业家，教育、科技、人事管理部门领导的比较

科技工作者等 3 个群体认为"不矛盾"的比率最高。在 2010 年未成年人与科技工作者的比较中，科技工作者认为"不矛盾"的比率较未成年人高 15.79 个百分点。科技工作者一方面具有很强的科学素质，另一方面部分科技工作者在科研成果转化过程中，需要进行"校企合作""研（研究所）企合作"，在与企业合作的过程中，企业家精神无疑会成为科技工作者选择合作对象的重要参考依据。在未成年人与科技型中小企业家的比较中，科技型中小企业家认为"不矛盾"的比率较未成年人高 26.05 个百分点。科技型企业为实现良好的经济效益，使企业的发展真正占有优势，只有通过不断的科研创新，在市场上推出更新更好的产品，而科学素质是科技型企业实现发展的重要因素。在未成年人与教育、科技、人事管理部门领导的比较中，教育、科技、人事管理部门领导认为"不矛盾"的比率较未成年人高 24.55 个百分点。教育、科技、人事管理部门领导在各自管理的领域内，真切地感悟到了科学素质与企业家精神在工作中所发挥的重要作用。

3）未成年人与研究生、大学生的比较

未成年人、研究生与大学生选择排在第一位的是"不矛盾"。在未成年人与研究生的比较中，率差的排序是："不矛盾"（12.76 个百分点）、"不好评价"（5.97 个百分点）、"矛盾"（2.82 个百分点）、"不知道"（1.98 个百分点）。研究生较未成年人而言，选择"不知道""不好评价"的比率较低，表明研究生阶段的认知、思维等都相对较为成熟和理性，对于事物的认识较为全面。

在未成年人与大学生的比较中，率差的排序是："不矛盾"（6.44 个百分点）、"不知道"（4.09 个百分点）、"不好评价"（4.06 个百分点）、"矛盾"（1.70 个百分点），大学生较未成年人而言，选择"不知道""不好评价"的比率较低，表明大学生的各方面认识也逐渐趋于成熟。

4）未成年人与中学校长、德育干部、小学校长的比较

如表 4-39 所示，在 2013～2015 年的调查中，未成年人认识的总排序是：

"不矛盾"（61.91%）、"矛盾"（17.65%）、"不好评价"（10.99%）、"不知道"（9.46%）。中学校长等 3 个群体认识的总排序是："不矛盾"（80.96%）、"矛盾"（8.40%）、"不好评价"（7.55%）、"不知道"（3.09%）。未成年人认为"矛盾"的比率较中学校长等3个群体高9.25个百分点，认为"不矛盾"的比率较中学校长等3个群体低19.05个百分点。未成年人自身缺乏对事物的全面深入的了解，知识面较窄，对信息的搜集和处理能力较差，很难认识到科学素质与企业家精神之间存在的内在关联与外在弥合。中学校长等3个群体经验丰富，对事物的理解和判断呈现出全面、成熟的特质，这3个群体有较为深刻的理解，其身份和角色定位在一定程度上会力促该群体去多维度思考问题，科学素质与企业家精神之间的关系就是内嵌于多维度问题之中的。

表 4-39　未成年人、中学校长、德育干部、小学校长
对未成年人科学素质发展与企业家精神培养同时进行有无矛盾的认识比较

| 选项 | 未成年人（2013～2015 年） | | | 中学校长等 3 个群体 | | | | | | | | 未成年人与中学校长等 3 个群体比较率差 |
| | | | | 合 | | 中学校长（2013～2015 年） | | 德育干部（2013 年） | | 小学校长（2013～2015 年） | | |
	人数/人	比率/%	排序	人数/人	比率/%	人数/人	比率/%	人数/人	比率/%	人数/人	比率/%	
矛盾	1310	17.65	2	49	8.40	33	8.15	3	6.98	13	9.63	9.25
不矛盾	4596	61.91	1	472	80.96	326	80.49	34	79.07	112	82.96	-19.05
不好评价	816	10.99	3	44	7.55	35	8.64	4	9.30	5	3.70	3.44
不知道	702	9.46	4	18	3.09	11	2.72	2	4.65	5	3.70	6.36
合计	7424	100		583	100	405	100	43	100	135	100	0

3. 未成年人等 11 个群体的总体认识

如表4-40所示,未成年人等11个群体认识的总排序是:"不矛盾"(66.18%)、"矛盾"（15.20%）、"不好评价"（10.02%）、"不知道"（8.60%）。"不矛盾"的比率大于"矛盾"的比率，前者是后者的4.35倍，"不矛盾"是主要的。可见，11个群体的大多数人认为未成年人的科学素质发展与企业家精神培养同时进行没有矛盾。

综上所述，未成年人等11个群体的大多数人的一致意见是，未成年人的科学素质发展与企业家精神培养没有矛盾。未成年人的科学素质发展与企业家精神培养的可能性得到印证。

表 4-40　未成年人等 11 个群体对未成年人科学素质发展与
企业家精神培养同时进行有无矛盾的认识比较

选项	总			未成年人（2009～2011年、2013～2015年）		中学老师（2009～2011年、2013～2015年）		家长（2010～2011年、2013～2015年）		科技工作者等3个群体（2010年）		研究生与大学生（2010年）		中学校长等3个群体（2013～2015年、2013年）	
	人数/人	比率/%	排序	人数/人	比率/%	人数/人	比率/%	人数/人	比率/%	人数/人	比率/%	人数/人	比率/%	人数/人	比率/%
矛盾	2 668	15.20	2	2 175	16.10	162	12.12	130	13.49	9	5.42	143	14.30	49	8.40
不矛盾	11 619	66.18	1	8 516	63.05	1 054	78.83	694	71.99	144	86.75	739	73.90	472	80.96
不好评价	1 760	10.02	3	1 489	11.02	55	4.11	91	9.44	11	6.63	70	7.00	44	7.55
不知道	1 520	8.65	4	1 327	9.82	66	4.94	49	5.08	2	1.20	58	5.80	18	3.09
合计	17 567	100		13 507	100	1 337	100	964	100	166	100	1 010	100	583	100

七　可行性分析

　　未成年人科学素质发展与企业家精神培养同时进行在教育实践中可行吗？在连续调查中，设问："未成年人科学素质发展与企业家精神培养在教育实践中同时进行可不可行？"题中选项"可行"是肯定，"不可行"是否定，"不好评价"是谨慎说法，"不知道"是消极态度。

　　（一）相关群体的认识

　　1. 未成年人的认识

　　如表 4-41 所示，未成年人认识的排序是："可行"（63.77%）、"不好评价"（15.13%）、"不可行"（11.31%）、"不知道"（9.79%）。"可行"的比率大于"不可行"的比率，前者是后者的 5.64 倍，"可行"是主要的。大多数未成年人认为未成年人科学素质发展与企业家精神培养同时进行在教育实践中可行。

　　从两个阶段的比较来看，阶段（二）较阶段（一）在"可行"的比率上高出 5.77 个百分点。

表 4-41　未成年人对未成年人科学素质发展与
企业家精神培养同时进行在教育实践中可行性的认识

选项	总			（一）					（二）								（二）与（一）比较率差
	人数/人	比率/%	排序	2009年		2010年		合比率/%	2011年		2013年		2014年		2015年		合比率/%	
				人数/人	比率/%	人数/人	比率/%		人数/人	比率/%	人数/人	比率/%	人数/人	比率/%	人数/人	比率/%		
可行	8 614	63.77	1	1 355	61.15	1 127	58.21	59.78	1 228	63.59	1 757	59.20	2 123	72.26	1 024	67.46	65.55	5.77
不可行	1 528	11.31	3	233	10.51	310	16.01	13.08	235	12.17	415	13.98	204	6.94	131	8.63	10.53	−2.55
不好评价	2 043	15.13	2	371	16.74	270	13.95	15.44	277	14.34	504	16.98	389	13.24	232	15.28	14.99	−0.44
不知道	1 322	9.79	4	257	11.60	229	11.83	11.71	191	9.89	292	9.84	222	7.56	131	8.63	8.93	−2.78
合计	13 507	100		2 216	100	1 936	100	100	1 931	100	2 968	100	2 938	100	1 518	100	100	0

2. 中学老师的认识

如表 4-42 所示，中学老师认识的排序是："可行"（68.81%）、"不可行"（15.48%）、"不好评价"（11.82%）、"不知道"（3.89%）。"可行"的比率大于"不可行"的比率，前者是后者的 4.45 倍，"可行"是主要的。大多数中学老师认为未成年人科学素质发展与企业家精神培养同时进行在教育实践中可行。

从 2015 年与 2009 年的比较来看，2015 年选择"可行"的比率较 2009 年低 6.56 个百分点，选择"不可行"的比率较 2009 年高 0.33 个百分点。显然，中学老师对这一问题肯定性认识的比率有所降低，但总的来看，中学老师认为未成年人科学素质发展与企业家精神培养同时进行在教育实践中可行。

表 4-42　中学老师对未成年人科学素质发展与
企业家精神培养同时进行在教育实践中可行性的认识

选项	总			2009年		2010年		2011年		2013年		2014年		2015年		2015年与2009年比较率差
	人数/人	比率/%	排序	人数/人	比率/%	人数/人	比率/%	人数/人	比率/%	人数/人	比率/%	人数/人	比率/%	人数/人	比率/%	
可行	920	68.81	1	158	70.85	145	67.44	144	66.06	206	69.83	168	72.41	99	64.29	−6.56
不可行	207	15.48	2	34	15.25	34	15.81	37	16.97	37	12.54	41	17.67	24	15.58	0.33
不好评价	158	11.82	3	28	12.56	33	15.35	27	12.39	32	10.85	19	8.19	19	12.34	−0.22
不知道	52	3.89	4	3	1.35	3	1.40	10	4.59	20	6.78	4	1.72	12	7.79	6.44
合计	1337	100		223	100	215	100	218	100	295	100	232	100	154	100	0

3. 家长的认识

如表 4-43 所示，家长认识的排序是："可行"（65.77%）、"不好评价"（17.63%）、"不可行"（10.27%）、"不知道"（6.33%）。"可行"的比率大于"不可行"的比率，前者是后者的 6.40 倍，"可行"是主要的。大多数家长认为未成年人科学素质发展与企业家精神培养同时进行在教育实践中可行。

从 2015 年与 2010 年的比较来看，2015 年家长选择"可行"的比率较 2010年高 2.87 个百分点，选择"不可行"的比率较 2010 年低 4.63 个百分点。选择"不好评价"和"不知道"的比率均有所上升。从率差来看，家长对这一问题的肯定性认识增强。

表 4-43　家长对未成年人科学素质发展与企业家精神培养同时进行在教育实践中可行性的认识

选项	总		2010 年		2011 年		2013 年		2014 年		2015 年		2015 年与2010 年比较率差
	人数/人	比率/%	人数/人	比率/%	人数/人	比率/%	人数/人	比率/%	人数/人	比率/%	人数/人	比率/%	
可行	634	65.77	64	65.31	118	64.48	193	65.65	154	65.53	105	68.18	2.87
不可行	99	10.27	9	9.18	25	13.66	37	12.59	21	8.94	7	4.55	−4.63
不好评价	170	17.63	19	19.39	33	18.03	43	14.63	43	18.30	32	20.78	1.39
不知道	61	6.33	6	6.12	7	3.83	21	7.14	17	7.23	10	6.49	0.37
合计	964	100	98	100	183	100	294	100	235	100	154	100	0

4. 科技工作者，科技型中小企业家，教育、科技、人事管理部门领导的认识

在 2010 年对科技工作者，科技型中小企业家，教育、科技、人事管理部门领导的调查中，选择"可行"的比率分别为 69.23%、63.41%、67.65%，总体比率为 67.47%；选择"不可行"的比率分别为 7.69%、14.63%、20.59%，总体比率为 12.05%；选择"不好评价"的比率分别为 17.58%、17.07%、11.76%，总体比率为 16.27%；选择"不知道"的比率分别为 5.49%、4.88%、0，总体比率为 4.22%。

在 2010 年对科技工作者的调查中，"可行"的比率大于"不可行"的比率，前者是后者的 9.00 倍，"可行"是主要的。对科技型中小企业家的调查中，"可行"的比率大于"不可行"的比率，前者是后者的 4.33 倍，"可行"是主要的。对教育、科技、人事管理部门领导的调查中，"可行"的比率大于"不可行"的比率，前者是后者的 3.29 倍，"可行"是主要的。

5. 研究生与大学生的认识

在 2010 年对研究生与大学生的调查中，选择"可行"的比率分别为 74.81%、

59.95%，总体比率为61.90%；选择"不可行"的比率分别为9.92%、20.02%，总体比率为18.70%；选择"不好评价"的比率分别为9.16%、13.35%，总体比率为12.80%；选择"不知道"的比率分别为6.11%、6.67%，总体比率为6.60%。研究生选择"可行"的比率大于"不可行"的比率，前者是后者的7.54倍，"可行"是主要的。大学生选择"可行"的比率大于"不可行"的比率，前者是后者的2.99倍，"可行"是主要的。

6. 中学校长的认识

如表4-44所示，中学校长认识的排序是："可行"（66.42%）、"不好评价"（18.02%）、"不可行"（12.59%）、"不知道"（2.96%）。"可行"的比率大于"不可行"的比率，前者是后者的5.28倍，"可行"是主要的。

从数据来看，中学校长选择"可行"的比率波动上升。由此可见，越来越多的中学校长认为未成年人的科学素质发展与企业家精神培养同时进行在教育实践中可行。

表 4-44　中学校长对未成年人科学素质发展与企业家精神培养同时进行在教育实践中可行性的认识

选项	总			2013 年		2014 年				2015 年							
						（1）		（2）		（1）		（2）		（3）		（4）	
	人数/人	比率/%	排序	人数/人	比率/%	人数/人	比率/%	人数/人	比率/%	人数/人	比率/%	人数/人	比率/%	人数/人	比率/%	人数/人	比率/%
可行	269	66.42	1	123	67.58	51	73.91	27	57.45	7	35.00	15	75.00	12	66.67	34	69.39
不可行	51	12.59	3	17	9.34	4	5.80	13	27.66	8	40.00	0	0	2	11.11	7	14.29
不好评价	73	18.02	2	41	22.53	10	14.49	5	10.64	5	25.00	4	20.00	2	11.11	6	12.24
不知道	12	2.96	4	1	0.55	4	5.80	2	4.26	0	0	1	5.00	2	11.11	2	4.08
合计	405	100		182	100	69	100	47	100	20	100	20	100	18	100	49	100

7. 德育干部的认识

在2013年对德育干部的调查中，其认识的排序是："可行"（81.40%）、"不可行"（11.63%）、"不知道"（4.65%）、"不好评价"（2.33%）。"可行"的比率大于"不可行"的比率，前者是后者的7.00倍，"可行"是主要的。

8. 小学校长的认识

在表4-45中，小学校长认识的排序是："可行"（73.33%）、"不可行"（10.37%）、"不好评价"（10.37%）、"不知道"（5.93%）。"可行"的比率大于"不可行"的比率，前者是后者的7.07倍，"可行"是主要的。

从数据来看，小学校长选择"可行"的比率呈上升趋势，选择"不知道"和"不好评价"的比率有所降低。由此可见，小学校长认为未成年人科学素质发展与企业家精神培养同时进行在教育实践中可行。

表 4-45 小学校长对未成年人科学素质发展与
企业家精神培养同时进行在教育实践中可行性的认识

| 选项 | 总 | | | 2013 年（安徽省） | | 2014 年 | | | | 2015 年（安徽省） | | | |
| | | | | | | 全国部分省市（少数民族地区）（1） | | 安徽省（2） | | （1） | | （2） | |
	人数/人	比率/%	排序	人数/人	比率/%	人数/人	比率/%	人数/人	比率/%	人数/人	比率/%	人数/人	比率/%
可行	99	73.33	1	23	60.53	19	73.08	25	75.76	14	82.35	18	85.71
不可行	14	10.37	2	4	10.53	1	3.85	3	9.09	3	17.65	3	14.29
不好评价	14	10.37	2	7	18.42	3	11.54	4	12.12	0	0	0	0
不知道	8	5.93	4	4	10.53	3	11.54	1	3.03	0	0	0	0
合计	135	100		38	100	26	100	33	100	17	100	21	100

（二）综合认识

1. 未成年人自身认识的比较

在各年的调查中，未成年人认识的排序是："可行"（63.77%）、"不好评价"（15.13%）、"不可行"（11.31%）、"不知道"（9.79%）。"可行"的比率大于"不可行"的比率，前者是后者的 5.64 倍，"可行"是主要的（表 4-41）。大多数未成年人认为未成年人科学素质发展与企业家精神培养在教育实践中可行。从两个阶段的比较来看，阶段（二）较阶段（一）在"可行"的比率上高 5.77 个百分点（表 4-41）。

未成年人认为科学素质发展与企业家精神培养在教育实践中可行。未成年人大部分时间都在学校，学校通过不同的媒介、载体渗透科学素质和企业家精神，未成年人在无形中感知着这一切。未成年人有一定的判断力和逻辑思维能力，对于学校传递的类似于科学素质和企业家精神的素质教育的重要内容有较高的感知度，这会加深其对这一问题的认知。

2. 未成年人与成年人群体认识的比较

1）未成年人与中学老师、家长认识的比较

未成年人、中学老师、家长都将"可行"排在第一位。未成年人与中学老师比较的率差排序是"不知道"（5.90 个百分点）、"可行"（5.04 个百分点）、"不可行"（4.17 个百分点）、"不好评价"（3.31 个百分点），未成年人较中学老师"可行"的比率低 5.04 个百分点。对于"不好评价"和"不知道"的比率，未成年人较中学老师高，"不好评价"和"不知道"本身蕴含着谨慎、不确定的模糊性色彩，未成年人的心智尚未成熟，认知水平有待进一步提升，其对事物的看法蕴藏着较多的不确定性。

未成年人与家长比较的率差排序是："不知道"（3.46 个百分点）、"不好评价"（2.50 个百分点）、"可行"（2.00 个百分点）、"不可行"（1.04 个百分点），未成年人较家长"可行"的比率低 2.00 个百分点。总的来看，家长认为未成年人的科学素质发展与企业家精神培养在教育实践中同时进行可行，但家长由于自身各方面角色的束缚，缺乏对学校教育的足够了解，较多地选择了"不好评价"。

2）未成年人与科技工作者，科技型中小企业家，教育、科技、人事管理部门领导 3 个群体认识的比较

科技工作者等 3 个群体认识的排序是："可行"（67.47%）、"不好评价"（16.27%）、"不可行"（12.05%）、"不知道"（4.22%）。"可行"的比率大于"不可行"的比率，前者是后者的 5.60 倍，"可行"是主要的。

未成年人、科技工作者等 3 个群体都将"可行"排在第一位。2010 年未成年人与科技工作者等 3 个群体比较的率差排序是"可行"（9.26 个百分点）、"不知道"（7.61 个百分点）、"不可行"（3.96 个百分点）、"不好评价"（2.32 个百分点），未成年人"可行"的比率较科技工作者等 3 个群体低 9.26 个百分点。科技工作者等 3 个群体的身份或多或少地涉及科学素质与企业家精神的相关因素，对于这一问题的看法较未成年人有着"天然"的认知情感成分，同时科技工作者等 3 个群体在日常生活实践中，对于强化科学素质发展与企业家精神培养可行性的内在逻辑和机理有较为专业的认识，反映到中学阶段中，科技工作者等 3 个群体对这一问题的认识具有较强的可操作性和迁移性，因此，其"可行"的比率较未成年人高。

3）未成年人与研究生、大学生认识的比较

未成年人、研究生、大学生都将"可行"排在第一位。总的来看，研究生和大学生对这一问题持肯定性认识的比率较未成年人群体高。

未成年人与研究生比较的率差排序是"可行"（16.60 个百分点）、"不可行"（6.09 个百分点）、"不知道"（5.72 个百分点）、"不好评价"（4.79 个百分点），未成年人较研究生"可行"的比率低 16.60 个百分点，研究生与未成年人对这一问题认识的差距较大。究其原因，主要有：第一，研究生的科研水平较高，受科研学术思维的影响，研究生对事物的认识不仅注重知识面的

广度，还注重深度；第二，未成年人受限于自身的认知水平、思维水平，对这一问题的认识深度不够。

未成年人与大学生比较的率差排序是："不知道"（5.16 个百分点）、"不可行"（4.01 个百分点）、"可行"（1.74 个百分点）、"不好评价"（0.60 个百分点）。未成年人较大学生"可行"的比率低 1.74 个百分点。其中"可行"的率差远低于未成年人与研究生比较的率差。大学生接受的是偏通识教育的专业教育，其学习的侧重点在于知识的广度，这一特性造成其与研究生对这一问题理解的差异。

4）未成年人与中学校长、德育干部、小学校长认识的比较

如表 4-46 所示，未成年人、中学校长等 3 个群体都将"可行"排在第一位。未成年人与中学校长等 3 个群体比较的率差排序是"不知道"（4.92 个百分点）、"可行"（3.07 个百分点）、"不可行"（1.91 个百分点）、"不好评价"（0.06 个百分点），未成年人较中学校长等 3 个群体"可行"的比率低 3.07 个百分点。

表 4-46　未成年人、中学校长、德育干部、小学校长
对未成年人科学素质发展与企业家精神培养同时进行在教育实践中可行性认识的比较

| 选项 | 未成年人（2013～2015 年） | | | 中学校长、德育干部、小学校长 | | | | | | | | 未成年人与中学校长等 3 个群体比较率差 |
| | | | | 合 | | 中学校长（2013～2015 年） | | 德育干部（2013 年） | | 小学校长（2013～2015 年） | | |
	人数/人	比率/%	排序	人数/人	比率/%	人数/人	比率/%	人数/人	比率/%	人数/人	比率/%	
可行	4904	66.06	1	403	69.13	269	66.42	35	81.40	99	73.33	−3.07
不可行	750	10.10	3	70	12.01	51	12.59	5	11.63	14	10.37	−1.91
不好评价	1125	15.15	2	88	15.09	73	18.02	1	2.33	14	10.37	0.06
不知道	645	8.69	4	22	3.77	12	2.96	2	4.65	8	5.93	4.92
合计	7424	100		583	100	405	100	43	100	135	100	0

3. 未成年人等 11 个群体的总体认识

如表 4-47 所示，未成年人等 11 个群体认识的总排序是："可行"（64.37%）、"不好评价"（14.89%）、"不可行"（12.02%）、"不知道"（8.71%）。"可行"的比率大于"不可行"的比率，前者是后者的 5.36 倍，"可行"是主要的。11 个群体的大多数人认为"可行"。

总的来看，11 个群体较为一致的意见是，未成年人的科学素质发展与企业家精神培养同时进行在教育实践中可行。由此，未成年人的科学素质发展与企业家精神培养同时进行的可行性得到验证。

表 4-47 未成年人等 11 个群体对未成年人科学素质发展与
企业家精神培养同时进行的可行性的总体认识

选项	总			未成年人（2009～2011 年、2013～2014 年）		中学老师（2009～2011 年、2013～2014 年）		家长（2010～2011 年、2013～2014 年）		科技工作者等 3 个群体（2010 年）		研究生与大学生（2010 年）		中学校长等 3 个群体（2013～2015 年、2013 年）	
	人数/人	比率/%	排序	人数/人	比率/%	人数/人	比率/%	人数/人	比率/%	人数/人	比率/%	人数/人	比率/%	人数/人	比率/%
可行	11 302	64.37	1	8 614	63.77	920	68.81	634	65.77	112	67.47	619	61.90	403	69.13
不可行	2 111	12.02	3	1 528	11.31	207	15.48	99	10.27	20	12.05	187	18.70	70	12.01
不好评价	2 614	14.89	2	2 043	15.13	158	11.82	170	17.63	27	16.27	128	12.80	88	15.09
不知道	1 530	8.71	4	1 322	9.79	52	3.89	61	6.33	7	4.22	66	6.60	22	3.77
合计	17 557	100		13 507	100	1 337	100	964	100	166	100	1 000	100	583	100

八 未成年人科学素质发展的影响与作用

（一）未成年人的科学素质发展对其他素质特别是商业素质的影响

1. 未成年人的看法

未成年人看法的总排序是："促进发展"（41.81%）、"夯实基础"（31.78%）、"不清楚"（16.89%）、"没有影响"（5.70%）、"产生素质变异"（3.82%）。

从 2014 年与 2015 年分年份的调查数据来看，未成年人选择各选项的比率分别为："夯实基础"（29.58%、36.03%）、"促进发展"（45.61%、34.45%）、"产生素质变异"（3.81%、3.82%）、"没有影响"（4.83%、7.38%）、"不清楚"（16.17%、18.31%）。从 2015 年与 2014 年的比较来看，率差最大的是"促进发展"（11.16 个百分点），未成年人认为科学素质发展的影响更多是促进自身的全面发展。未成年人认为"没有影响"和"产生素质变异"的比率相对其他选项而言较小，从侧面反映出未成年人对这一问题有一定的认知度。

2. 中学老师与家长的看法

如表 4-48 所示，中学老师看法的排序是："促进发展"（43.26%）、"夯实基础"（34.97%）、"产生素质变异"（13.47%）、"没有影响"（8.03%）、"不清楚"（0.26%）。从两年的比较来看，率差最大的是"促进发展"（16.61 个百分点），同未成年人的认识相似，较多的中学老师认为科学素质发展可以促进未成年人的全面发展。

家长看法的排序是："促进发展"（39.07%）、"夯实基础"（37.02%）、"产生素质变异"（10.03%）、"不清楚"（7.46%）、"没有影响"（6.43%）。从两年的比较来看，率差最大的是"不清楚"（18.83 个百分点），其次是"产生素质变异"（11.22 个百分点）。从率差可以看出，家长对这一问题的认识仍存在一定的模糊性和不确定性。

表 4-48　中学老师、家长认为的未成年人科学素质发展对其他素质特别是商业素质的影响

选项	中学老师							家长						
	总			2014 年		2015 年		总			2014 年		2015 年	
	人数/人	比率/%	排序	人数/人	比率/%	人数/人	比率/%	人数/人	比率/%	排序	人数/人	比率/%	人数/人	比率/%
夯实基础	135	34.97	2	89	38.36	46	29.87	144	37.02	2	89	37.87	55	35.71
促进发展	167	43.26	1	85	36.64	82	53.25	152	39.07	1	94	40.00	58	37.66
产生素质变异	52	13.47	3	36	15.52	16	10.39	39	10.03	3	34	14.47	5	3.25
没有影响	31	8.03	4	22	9.48	9	5.84	25	6.43	5	18	7.66	7	4.55
不清楚	1	0.26	5	0	0	1	0.65	29	7.46	4	0	0	29	18.83
合计	386	100		232	100	154	100	389	100		235	100	154	100

3. 科技工作者，科技型中小企业家，教育、科技、人事管理部门领导的看法

在 2010 年对科技工作者、科技型中小企业家和教育、科技、人事管理部门领导的调查中，选择"夯实基础"的比率分别为 41.76%、46.34%、47.06%，总体比率为 43.98%；选择"促进发展"的比率分别为 37.36%、39.02%、26.47%，总体比率为 35.54%；选择"产生素质变异"的比率分别为 3.30%、9.76%、14.71%，总体比率为 7.23%；选择"没有影响"的比率分别为 5.49%、4.88%、2.94%，总体比率为 4.82%；选择"不清楚"的比率分别为 12.09%、0、8.82%，总体比率为 8.43%。

其中，就"夯实基础""促进发展""产生素质变异"的比率来看，科技工作者较科技型中小企业家分别低 4.58 个百分点、1.66 个百分点、6.46 个百分点；就"没有影响"和"不清楚"的比率来看，科技工作者较科技型中小企业家分别高 0.61 个百分点和 12.09 个百分点；就"夯实基础"和"产生素质变异"的比率来看，科技工作者较教育、科技、人事管理部门领导分别低 5.30 个百分点、11.41 个百分点；就"促进发展"、"没有影响"和"不清楚"的比率来看，教育、科技、人事管理部门领导较科技工作者分别低 10.89 个百分点、2.55 个百分点和 3.27 个百分点。"夯实基础"与"促进发展"是科技工作者等 3 个群

体的主要看法。

4. 研究生与大学生的看法

在 2010 年对研究生与大学生的调查中，选择"夯实基础"的比率分别为 41.22%、34.41%，总体比率为 35.30%；选择"促进发展"的比率分别为 45.80%、34.41%，总体比率为 35.90%；选择"产生素质变异"的比率分别为 6.87%、12.89%，总体比率为 12.10%；选择"没有影响"的比率分别为 2.29%、8.06%，总体比率为 7.30%；选择"不清楚"的比率分别为 3.82%、10.24%，总体比率为 9.40%。

从数据来看，对于"产生素质变异""没有影响""不清楚"的比率，研究生较大学生分别低 6.02 个百分点、5.77 个百分点、6.42 个百分点；对于"夯实基础"和"促进发展"的比率，研究生较大学生分别高 6.81 个百分点和 11.39 个百分点。从两者的比较可以看出，研究生侧重于"夯实基础"与"促进发展"的影响，大学生侧重于"产生素质变异"的影响。

5. 中学校长的看法

如表 4-49 所示，中学校长看法的排序为："夯实基础"（43.26%）、"促进发展"（39.61%）、"没有影响"（7.87%）、"产生素质变异"（4.78%）、"不清楚"（4.49%）。较多的中学校长认为未成年人的科学素质发展对其他素质特别是商业素质的影响是"夯实基础"。

表 4-49　中学校长认为的未成年人科学素质发展对其他素质特别是商业素质的影响

| 选项 | 总 | | | 2013 年 | | 2014 年 | | | | 2015 年 | | | | | | |
| | | | | | | （1） | | （2） | | （1） | | （2） | | （3） | | （4） | |
	人数/人	比率/%	排序	人数/人	比率/%	人数/人	比率/%	人数/人	比率/%	人数/人	比率/%	人数/人	比率/%	人数/人	比率/%	人数/人	比率/%
夯实基础	154	43.26	1	82	45.05	22	31.88	25	53.19	12	60.00	8	40.00	5	27.78	0	0
促进发展	141	39.61	2	79	43.41	34	49.28	12	25.53	2	10.00	6	30.00	8	44.44	0	0
产生素质变异	17	4.78	4	9	4.95	6	8.70	1	2.13	0	0	1	5.00	0	0	0	0
没有影响	28	7.87	3	7	3.85	5	7.25	9	19.15	6	30.00	0	0	1	5.56	0	0
不清楚	16	4.49	5	5	2.75	2	2.90	0	0	0	0	5	25.00	4	22.22	0	0
合计	356	100		182	100	69	100	47	100	20	100	20	100	18	100	0	0

6. 小学校长的看法

如表 4-50 所示，小学校长看法的排序为："促进发展"（50.37%）、"夯实基础"（26.67%）、"不清楚"（12.59%）、"产生素质变异"（5.93%）、

"没有影响"（4.44%）。超过一半的小学校长认为未成年人科学素质发展对其他素质特别是商业素质的影响是"促进发展"。

表 4-50　小学校长认为的未成年人科学素质发展对其他素质特别是商业素质的影响

| 选项 | 总 | | | 2013 年（安徽省） | | 2014 年 | | | | 2015 年（安徽省） | | | |
| | | | | | | 全国部分省市（少数民族地区）(1) | | 安徽省(2) | | (1) | | (2) | |
	人数/人	比率/%	排序	人数/人	比率/%	人数/人	比率/%	人数/人	比率/%	人数/人	比率/%	人数/人	比率/%
夯实基础	36	26.67	2	11	28.95	1	3.85	7	21.21	11	64.71	6	28.57
促进发展	68	50.37	1	15	39.47	19	73.08	18	54.55	4	23.53	12	57.14
产生素质变异	8	5.93	4	3	7.89	1	3.85	1	3.03	0	0	3	14.29
没有影响	6	4.44	5	0	0	2	7.69	2	6.06	2	11.76	0	0
不清楚	17	12.59	3	9	23.68	3	11.54	5	15.15	0	0	0	0
合计	135	100		38	100	26	100	33	100	17	100	21	100

7. 未成年人等 10 个群体的总体认识

如表 4-51 所示，未成年人等 10 个群体看法的总排序是："促进发展"（40.79%）、"夯实基础"（36.14%）、"不清楚"（8.50%）、"产生素质变异"（8.19%）、"没有影响"（6.37%）。10 个群体中有将近一半的人认为未成年人科学素质发展对其他素质特别是商业素质的影响是"促进发展"。

表 4-51　未成年人等 10 个群体认为的未成年人科学素质发展对
其他素质特别是商业素质的影响　　　　　单位：%

| 选项 | 总 | | 未成年人（2014~2015 年）比率 | 中学老师（2014~2015 年）比率 | 家长（2014~2015 年）比率 | 科技工作者等 3 个群体（2010 年）比率 | 研究生与大学生（2010 年）比率 | 中学校长（2013~2015 年）比率 | 小学校长（2013~2015 年）比率 |
	比率	排序							
夯实基础	36.14	2	31.78	34.97	37.02	43.98	35.30	43.26	26.67
促进发展	40.79	1	41.81	43.26	39.07	35.54	35.90	39.61	50.37
产生素质变异	8.19	4	3.82	13.47	10.03	7.23	12.10	4.78	5.93
没有影响	6.37	5	5.70	8.03	6.43	4.82	7.30	7.86	4.44
不清楚	8.50	3	16.89	0.27	7.45	8.43	9.40	4.49	12.59
合计	100		100	100	100	100	100	100	100

（二）未成年人的科学素质发展对企业家的成功所起的作用

1. 未成年人的看法

如表 4-52 所示，未成年人看法的排序是："基础作用"（46.97%）、"促进作用"（15.89%）、"决定性作用"（13.08%）、"不清楚"（8.66%）、"支撑作用"（8.60%）、"较小作用"（4.67%）、"没有作用"（1.50%）、"负面作用"（0.63%）。从数据来看，未成年人认为未成年人的科学素质发展对企业家的成功起着积极的作用。

从 2015 年与 2014 年的比较来看，率差最大的是"支撑作用"（6.54 个百分点），其次是"基础作用"（4.99 个百分点）。在连续 2 年中，选择含有负性意味选项的率差较小，表明未成年人对这一问题逐渐产生"共识性"。

表 4-52　未成年人认为的未成年人的科学素质发展对企业家的成功所起的作用

选项	总			2014 年		2015 年		2015年与2014年比较率差
	人数/人	比率/%	排序	人数/人	比率/%	人数/人	比率/%	
基础作用	2093	46.97	1	1330	45.27	763	50.26	4.99
决定性作用	583	13.08	3	404	13.75	179	11.79	−1.96
促进作用	708	15.89	2	429	14.60	279	18.38	3.78
支撑作用	383	8.60	5	318	10.82	65	4.28	−6.54
较小作用	208	4.67	6	147	5.00	61	4.02	−0.98
没有作用	67	1.50	7	36	1.23	31	2.04	0.81
负面作用	28	0.63	8	12	0.41	16	1.05	0.64
不清楚	386	8.66	4	262	8.92	124	8.17	−0.75
合计	4456	100		2938	100	1518	100	0

2. 中学老师与家长的看法

如表 4-53 所示，中学老师看法的排序是："基础作用"（39.64%）、"促进作用"（25.39%）、"决定性作用"（12.44%）、"支撑作用"（8.81%）、"较小作用"（7.25%）、"不清楚"（6.22%）、"没有作用"（0.26%）、"负面作用"（0）。从数据来看，中学老师认为未成年人科学素质发展对企业家的成功所起到的积极性作用较大。从两年的比较来看，率差最大的是"基础作用"（7.61 个百分点），其次是"促进作用"（6.38 个百分点）。中学老师认为是"促进作用"的比率在提高。

在表 4-53 中，家长看法的排序是："基础作用"（48.07%）、"促进作用"（20.82%）、"决定性作用"（12.08%）、"支撑作用"（7.97%）、"不清楚"

（5.91%）、"较小作用"（4.37%）、"负面作用"（0.77%）、"没有作用"
（0）。从两年的比较来看，率差最大的是"基础作用"（6.42个百分点），其
次是"促进作用"（5.45个百分点）。与中学老师相比，家长更倾向于认为未
成年人科学素质发展对企业家的成功起"基础作用"。

表 4-53　中学老师、家长认为的未成年人科学素质发展对企业家成功所起的作用

选项	中学老师							家长						
	总			2014 年		2015 年		总			2014 年		2015 年	
	人数/人	比率/%	排序	人数/人	比率/%	人数/人	比率/%	人数/人	比率/%	排序	人数/人	比率/%	人数/人	比率/%
基础作用	153	39.64	1	99	42.67	54	35.06	187	48.07	1	107	45.53	80	51.95
决定性作用	48	12.44	3	27	11.64	21	13.64	47	12.08	3	30	12.77	17	11.04
促进作用	98	25.39	2	53	22.84	45	29.22	81	20.82	2	54	22.98	27	17.53
支撑作用	34	8.81	4	20	8.62	14	9.09	31	7.97	4	18	7.66	13	8.44
较小作用	28	7.25	5	18	7.76	10	6.49	17	4.37	6	6	2.55	11	7.14
没有作用	1	0.26	7	0	0	1	0.65	0	0	8	0	0	0	0
负面作用	0	0	8	0	0	0	0	3	0.77	7	2	0.85	1	0.65
不清楚	24	6.22	6	15	6.47	9	5.84	23	5.91	5	18	7.66	5	3.25
合计	386	100		232	100	154	100	389	100		235	100	154	100

3. 科技工作者，科技型中小企业家，教育、科技、人事管理部门领导的看法

在 2010 年对科技工作者，科技型中小企业家，教育、科技、人事管理部
门领导的调查中，选择"基础作用"的比率分别为 51.65%、46.34%、50.00%，
总体比率为 50.00%；选择"决定性作用"的比率分别为 5.49%、9.76%、11.76%，
总体比率为 7.83%；选择"促进作用"的比率分别为 26.37%、24.39%、23.53%，
总体比率为 25.30%；选择"支撑作用"的比率分别为 5.49%、4.88%、2.94%，
总体比率为 4.82%；选择"较小作用"的比率分别为 4.40%、9.76%、11.76%，
总体比率为 7.23%；选择"没有作用"的比率分别为 1.10%、0、0，总体比率
为 0.60%；选择"负面作用"的比率均为 0，总体比率也为 0；选择"不清楚"
的比率分别为 5.49%、4.88%、0，总体比率为 4.22%。

从科技工作者与科技型中小企业家的比较来看，率差最大的是"较小作用"
（5.36 个百分点），其次是"基础作用"（5.31 个百分点）。在科技工作者与
教育、科技、人事管理部门领导的比较中，率差最大的是"较小作用"（7.36
个百分点），其次是"决定性作用"（6.27 个百分点）。科技工作者等 3 个群
体都把"基础作用""促进作用""决定性作用"排在前三位，充分肯定了未

成年人科学素质发展对企业家的成功的积极作用。

4. 研究生与大学生的看法

在 2010 年对研究生和大学生的调查中，选择"基础作用"的比率分别为51.15%、42.23%，总体比率为43.40%；选择"决定性作用"的比率分别为11.45%、4.72%，总体比率为5.60%；选择"促进作用"的比率分别为17.56%、23.59%，总体比率为22.80%；选择"支撑作用"的比率分别为16.03%、9.90%，总体比率为10.70%；选择"较小作用"的比率分别为3.05%、9.44%，总体比率为8.60%；选择"没有作用"的比率分别为0、2.19%，总体比率为1.90%；选择"负面作用"的比率分别为0、4.14%，总体比率为3.60%；选择"不清楚"的比率分别为0.76%、3.80%，总体比率为3.40%。从研究生和大学生的比较来看，率差最大的是"基础作用"（8.92 个百分点），其次是"决定性作用"（6.73 个百分点）。

5. 中学校长的看法

如表 4-54 所示，中学校长看法的排序是："基础作用"（43.46%）、"促进作用"（21.23%）、"决定性作用"（12.59%）、"支撑作用"（9.63%）、"较小作用"（9.38%）、"不清楚"（2.72%）、"没有作用"（0.99%）、"负面作用"（0）。中学校长对这一问题的看法趋于积极乐观，选择"负面作用"、"较小作用"和"没有作用"的比率较小。

表 4-54　中学校长认为的未成年人科学素质发展对企业家的成功所起的作用

选项	总			2013 年		2014 年				2015 年							
						（1）		（2）		（1）		（2）		（3）		（4）	
	人数/人	比率/%	排序	人数/人	比率/%	人数/人	比率/%	人数/人	比率/%	人数/人	比率/%	人数/人	比率/%	人数/人	比率/%	人数/人	比率/%
基础作用	176	43.46	1	83	45.60	22	31.88	29	61.70	13	65.00	5	25.00	7	38.89	17	34.69
决定性作用	51	12.59	3	26	14.29	14	20.29	4	8.51			1	5.00	2	11.11	4	8.16
促进作用	86	21.23	2	42	23.08	14	20.29	0	0			10	50.00	5	27.78	15	30.61
支撑作用	39	9.63	4	16	8.79	10	14.49	2	4.26	1	5.00	2	10.00	1	5.56	7	14.29
较小作用	38	9.38	5	11	6.04	3	4.35	10	21.28	6	30.00	2	10.00	2	11.11	4	8.16
没有作用	4	0.99	7	0	0	0	0	4	5.80	0	0	0	0	0	0	0	0
负面作用	0	0	8	0	0	0	0	0	0	0	0	0	0	0	0	0	0
不清楚	11	2.72	6	4	2.20	2	2.90	2	4.26					1	5.56	2	4.08
合计	405	100		182	100	69	100	47	100	20	100	20	100	18	100	49	100

6. 小学校长的看法

如表 4-55 所示，小学校长看法的排序是："基础作用"（52.59%）、"促进作用"（17.04%）、"不清楚"（9.63%）、"决定性作用"（8.89%）、"较小作用"（6.67%）、"支撑作用"（4.44%）、"没有作用"（0.74%）、"负面作用"（0）。从数据来看，大多数小学校长认为未成年人科学素质发展对企业家的成功起着重要的积极作用。小学校长对这一问题的认识逐渐清晰化，而且其积极性认识的比率有所上升。

表 4-55　小学校长认为的未成年人科学素质发展对企业家的成功所起的作用

选项	总			2013 年（安徽省）		2014 年				2015 年			
						全国部分省市（少数民族地区）（1）		安徽省（2）		安徽省			
										（1）		（2）	
	人数/人	比率/%	排序	人数/人	比率/%	人数/人	比率/%	人数/人	比率/%	人数/人	比率/%	人数/人	比率/%
基础作用	71	52.59	1	19	50.00	14	53.85	18	54.55	11	64.71	9	42.86
决定性作用	12	8.89	4	0	0	4	15.38	1	3.03	2	11.76	5	23.81
促进作用	23	17.04	2	8	21.05	3	11.54	6	18.18	0	0	6	28.57
支撑作用	6	4.44	6	2	5.26	1	3.85	3	9.09	0	0	0	0
较小作用	9	6.67	5	2	5.26	1	3.85	1	3.03	4	23.53	1	4.76
没有作用	1	0.74	7	0	0	0	0	1	3.03	0	0	0	0
负面作用	0	0	8	0	0	0	0	0	0	0	0	0	0
不清楚	13	9.63	3	7	18.42	3	11.54	3	9.09	0	0	0	0
合计	135	100		38	100	26	100	33	100	17	100	21	100

7. 未成年人等 10 个群体的总体看法

如表 4-56 所示，未成年人等 10 个群体看法的总排序是："基础作用"（46.30%）、"促进作用"（21.21%）、"决定性作用"（10.36%）、"支撑作用"（7.85%）、"较小作用"（6.88%）、"不清楚"（5.82%）、"没有作用"（0.86%）、"负面作用"（0.71%）。10 个群体中近一半人认为起到了"基础作用"。总的来说，10 个群体充分肯定了未成年人科学素质发展对企业家的成功所起的正向作用。

表 4-56 未成年人等 10 个群体认为的未成年人科学素质发展对企业家的成功所起的作用

单位：%

选项	总		未成年人（2014～2015 年）比率	中学老师（2014～2015 年）比率	家长（2014～2015 年）比率	科技工作者等 3 个群体（2010 年）比率	研究生与大学生（2010 年）比率	中学校长（2013～2015 年）比率	小学校长（2013～2015 年）比率
	比率	排序							
基础作用	46.30	1	46.97	39.64	48.07	50.00	43.40	43.46	52.59
决定性作用	10.36	3	13.08	12.44	12.08	7.83	5.60	12.59	8.89
促进作用	21.21	2	15.89	25.39	20.82	25.30	22.80	21.23	17.04
支撑作用	7.85	4	8.60	8.81	7.97	4.82	10.70	9.63	4.44
较小作用	6.88	5	4.67	7.25	4.37	7.23	8.60	9.38	6.67
没有作用	0.86	7	1.50	0.26	0	0.60	1.90	0.99	0.74
负面作用	0.71	8	0.63	0	0.77	0	3.60	0	0
不清楚	5.82	6	8.66	6.21	5.92	4.22	3.40	2.72	9.63
合计	100		100	100	100	100	100	100	100

九 未成年人企业家精神培养的影响与作用

本书以未成年人企业家精神培养对企业家的成功所起的作用为例加以探讨。在 2013 年对中学校长和小学校长的调查中，其选择"基础作用"的比率分别为 41.76%、55.26%，总体比率为 44.09%；选择"决定性作用"的比率分别为 19.78%、2.63%，总体比率为 16.82%；选择"促进作用"的比率分别为 19.78%、18.42%，总体比率为 19.55%；选择"支撑作用"的比率分别为 6.04%、5.26%，总体比率为 5.91%；选择"较小作用"的比率分别为 6.59%、0，总体比率为 5.45%；选择"没有作用"的比率分别为 1.10%、0，总体比率为 0.91%；选择"负面作用"的比率分别为 0.55%、0，总体比率为 0.45%；选择"不清楚"的比率分别为 4.40%、18.42%，总体比率为 6.82%。

较多的中学校长与小学校长都认为未成年人的企业家精神对企业家的成功起"基础作用"，就"决定性作用"的比率来看，中学校长较小学校长高 17.15 个百分点。中学校长与小学校长分别作为中等教育和初等教育的直接领导者和参与者，其重要的职责就是"教书育人"，一方面要教授知识，另一方面需要通过不同途径来实施素质教育，素质教育的内涵丰富，包括正确意识形态的树立、良好行为习惯的养成等等。企业家精神属于观念层面，观念层面的教育需要配合具体事例才能使观念更好地为未成年人所接受、内化与外显，企业家精神对企业家的成功所起的基础性作用，除了内含着企业家成功所必需的精神要素之外，也是思想观念层面教育的一个重要体现。

中学校长与小学校长认为的"决定性作用"的率差较大（17.15 个百分点），中学校长认为的"决定性作用"与未成年人的成长阶段的特性相符合。小学阶段的未成年人抽象思维能力还不够强，对事物的理解还不够深刻，而到了中学阶段以后，未成年人随着所学知识的增加以及逻辑思维能力的提升，对事物的理解不是停留在表层，而是会深入思考。中学校长倾向于认为未成年人的企业家精神培养对企业家的成功起"决定性作用"正是基于未成年人的认知特点来衡量的。

第五章

未成年人科学素质发展现状的实证分析

1992 年以来,中国科学技术协会、中国科普研究所通过抽样调查的方法做过 8 次"中国公民科学素养调查(18~69 岁的成年人)"(甘晓,2010),2007 年安徽省进行了第一次公民科学素养调查(唐蓉蓉,2009),安徽省芜湖市 2008 年进行了第二次"市民科学素养调查"(赵丹丹,2008),为认识了解不同时期、不同地域、不同年龄的成年公民的科学素质发挥了积极作用。我国对 18 岁以下(15~17 岁)的未成年人尚未进行全国性的大规模的科学素质调查,缺少对这一人群的实际状况的了解与深入研究,而了解并掌握这一人群科学素质发展现状以便加强引导显得十分必要。

第一节　研究思路与基本假设

一　研究思路

我国已进行的各类科学素质调查基本上沿用了美国伊利诺伊大学公众舆论研究所时任所长米勒教授 1979 年建立的科学素质评估体系,同时根据我国近 20 年的调查经验,增加了一些更适合中国本土情况的测试题。由于国内暂无专门调查未成年人科学素质的评估体系,本书在吸纳了部分国内外同行的抽样调查测试题的基础上,自行设计了适合我国未成年人实际的评估体系,采用由未成年人自我主观评价(此前国内所做的中学生或青少年科学素质调查基本属此类)和与未成年人紧密相关人员的客观评价,以及未成年人的自我评价与相关群体的自我评价相比较相结合的量化方式进行测定。

具体而言,本书采用不同群体对未成年人科学素质的评价、未成年人对科学精神与科学行为的自我评价、未成年人对科学相关问题的态度、未成年人对科学常识的了解程度、未成年人对迷信与伪科学的态度等自行编制的量表来探测和评价未成年人的科学素质发展现状。

二 基本假设

围绕未成年人科学素质发展现状的探测与评价，本书提出以下基本假设。

假设一：不同群体对未成年人科学素质的评价存在较大差异，未成年人对科学素质的自我评价一般好于不同群体的自我评价以及不同群体对未成年人科学素质的评价。

假设二：未成年人对科学精神与科学行为的自我评价较好，这不是未成年人不谦虚的结果，现实的确如此。

假设三：未成年人对科学相关问题的态度积极，表现出良好的价值认知。

假设四：未成年人对科学常识的了解有了较大的进展，表明科学教育已有一定成效。

假设五：未成年人相信迷信与伪科学的程度低于一般公众，但呈现出的势头不容乐观。

第二节　未成年人科学素质发展现状

一 未成年人对科学常识的了解

2007 年南京市科学技术协会与国家统计局南京调查队用 16 道题（答对 10 道为合格，合格率为 4.70%）来测公众的科学素养（樊中卫，2008），本书用 9 道题来测试 2007～2015 年（不含 2012 年）的八年中未成年人对科学常识的掌握程度。

（一）未成年人的认识与比较

1. 对"光速比声速快"的判断

如表 5-1 所示，八成多的未成年人认为"光速比声速快"，可见，大多数未成年人判断正确。未成年人对这一问题的正确认识，表明大多数未成年人对这一基本的科学常识有较好的了解。

从两个阶段的比较来看，阶段（二）中未成年人选择"对"的比率较阶段（一）低 3.40 个百分点，选择"不知道"的比率较阶段（一）有所上升。从率差来看，应进一步加强对未成年人的科学常识教育。

表 5-1　未成年人对"光速比声速快"的判断

选项	总		(一)					(二)					(二) 与 (一) 比较率差
	比率/%	排序	2007年比率/%	2008年比率/%	2009年比率/%	2010年比率/%	合比率/%	2011年比率/%	2013年比率/%	2014年比率/%	2015年比率/%	合比率/%	
对	85.85	1	88.60	90.93	83.26	87.40	87.55	85.45	82.99	82.44	85.70	84.15	−3.40
不对	9.34	2	7.19	4.77	10.65	9.14	7.94	9.48	10.55	12.63	10.28	10.74	2.80
不知道	4.82	3	4.21	4.30	6.09	3.46	4.52	5.07	6.46	4.93	4.02	5.12	0.61
合计	100		100	100	100	100	100	100	100	100	100	100	0

2. 对"月光是月亮本身发的光"的判断

如表 5-2 所示，未成年人判断的总排序是："不对"（80.04%）、"对"（14.73%）、"不知道"（5.23%）。比较可知，大多数未成年人对此问题有较为准确的认识，但仍有 14.73% 的未成年人缺乏相关认识。

从两个阶段的比较来看，两者的率差不大，但未成年人在阶段（二）选择"对"的比率较阶段（一）高 2.36 个百分点，表明不正确认识的比率还在提升，普及这一基本常识的任务还较重。

表 5-2　未成年人对"月光是月亮本身发的光"的判断

选项	总		(一)					(二)					(二) 与 (一) 比较率差
	比率/%	排序	2007年比率/%	2008年比率/%	2009年比率/%	2010年比率/%	合比率/%	2011年比率/%	2013年比率/%	2014年比率/%	2015年比率/%	合比率/%	
对	14.73	2	27.03	9.24	10.24	7.70	13.55	11.76	19.51	14.13	18.25	15.91	2.36
不对	80.04	1	65.22	85.69	84.57	87.6	80.77	83.64	74.26	82.87	76.48	79.31	−1.46
不知道	5.23	3	7.75	5.07	5.19	4.70	5.68	4.60	6.23	3.00	5.27	4.78	−0.90
合计	100		100	100	100	100	100	100	100	100	100	100	0

3. 对"艾滋病能通过空气传播"的判断

如表 5-3 所示，未成年人判断的总排序是："不对"（72.24%）、"对"（19.45%）、"不知道"（8.31%）。大多数未成年人判断正确，表明大多数未成年人对艾滋病的传播途径有较为清晰的认识。

从两个阶段的比较来看，未成年人在阶段（二）选择"对"的比率较阶段（一）高 3.01 个百分点，认为艾滋病能通过空气传播的比率有所上升，可见，未成年人对艾滋病传播途径的认识还存在误区。

表 5-3　未成年人对"艾滋病能通过空气传播"的判断

选项	总		（一）					（二）					（二）与（一）比较率差
	比率/%	排序	2007年比率/%	2008年比率/%	2009年比率/%	2010年比率/%	合比率/%	2011年比率/%	2013年比率/%	2014年比率/%	2015年比率/%	合比率/%	
对	19.45	2	18.65	15.93	21.84	15.34	17.94	17.61	25.03	22.26	18.91	20.95	3.01
不对	72.24	1	68.51	74.56	68.05	76.86	72.00	74.83	66.24	73.59	75.30	72.49	0.49
不知道	8.31	3	12.84	9.51	10.11	7.80	10.07	7.56	8.73	4.15	5.79	6.56	−3.51
合计	100		100	100	100	100	100	100	100	100	100	100	0

4. 对"纳米"的了解程度

如表 5-4 所示，未成年人判断的总排序是："长度计量单位之一"（68.32%）、"一种高科技材料"（24.73%）、"不知道"（3.93%）、"水稻新产品"（3.03%）。可见，大多数未成年人判断正确，其比率高于上海青少年（63.39%）（章迪思，2005）。

从两个阶段的比较来看，未成年人对这一问题的正确认识的比率有所上升。但对未成年人关于纳米知识的普及还是要着重加强。

表 5-4　未成年人了解"纳米"的情况

选项	总		（一）					（二）					（二）与（一）比较率差
	比率/%	排序	2007年比率/%	2008年比率/%	2009年比率/%	2010年比率/%	合比率/%	2011年比率/%	2013年比率/%	2014年比率/%	2015年比率/%	合比率/%	
长度计量单位之一	68.32	1	71.10	67.80	65.70	60.69	66.32	64.94	67.72	78.18	70.42	70.32	4.00
一种高科技材料	24.73	2	19.44	25.42	25.86	32.08	25.70	29.98	24.06	17.77	23.19	23.75	−1.95
水稻新产品	3.03	4	4.56	1.91	2.84	2.89	3.05	2.90	4.08	2.83	2.24	3.01	−0.04
不知道	3.93	3	4.89	4.87	5.60	4.34	4.93	2.18	4.14	1.22	4.15	2.92	−2.01
合计	100		100	100	100	100	100	100	100	100	100	100	0

5. 对"外星人"的相信度

如表 5-5 所示，未成年人判断的总排序是："相信"（45.05%）、"半信半疑"（28.98%）、"不相信"（22.79%）、"不知道"（3.20%）。

从两个阶段的比较来看，相信有外星人存在的整体比率有所提高，此外，还有一部分人对此"半信半疑"，因此应加强对这方面知识的宣传教育。

表 5-5　未成年人相信有"外星人"的情况

选项	总		(一)					(二)					(二)与(一)比较率差
	比率/%	排序	2007年比率/%	2008年比率/%	2009年比率/%	2010年比率/%	合比率/%	2011年比率/%	2013年比率/%	2014年比率/%	2015年比率/%	合比率/%	
相信	45.05	1	37.80	42.19	46.53	39.62	41.54	45.57	47.17	44.83	56.65	48.56	7.02
不相信	22.79	3	20.79	19.68	24.28	28.20	23.24	25.74	23.35	22.36	17.85	22.33	-0.91
半信半疑	28.98	2	32.90	34.78	26.44	29.18	30.83	26.67	28.63	30.87	22.34	27.13	-3.70
不知道	3.20	4	8.51	3.35	2.75	3.00	4.40	2.02	0.85	1.94	3.16	1.99	-2.42
合计	100		100	100	100	100	100	100	100	100	100	100	0

6. 对 DNA 的了解程度

如表 5-6 所示，未成年人判断的总排序是："生物名词，与遗传有关"（60.41%）、"生物的遗传物质，存在于一切细胞中，是脱氧核糖核酸"（25.47%）、"人体蛋白质，存在于血液中，是白细胞的简称"（8.60%）、"不知道"（5.53%）。可见，大多数未成年人判断正确，并且对 DNA 认识得比较全面。

从两个阶段的比较来看，"不知道"的比率下降了一半左右，"生物名词，与遗传有关"的比率上升相对较多，说明越来越多的未成年人对 DNA 有了一定的了解。

表 5-6　未成年人了解 DNA 的情况

选项	总		(一)					(二)					(二)与(一)比较率差
	比率/%	排序	2007年比率/%	2008年比率/%	2009年比率/%	2010年比率/%	合比率/%	2011年比率/%	2013年比率/%	2014年比率/%	2015年比率/%	合比率/%	
生物名词，与遗传有关	60.41	1	58.65	58.83	63.54	55.17	59.05	60.23	60.65	64.91	61.26	61.76	2.71
人体蛋白质，存在于血液中，是白细胞的简称	8.60	3	17.14	6.06	5.42	6.35	8.74	6.68	7.88	10.93	8.3	8.45	-0.29
生物的遗传物质，存在于一切细胞中，是脱氧核糖核酸	25.47	2	17.57	26.56	23.19	33.21	25.13	30.24	26.68	22.46	23.85	25.81	0.68
不知道	5.53	4	6.62	8.55	7.85	5.27	7.08	2.85	4.77	1.70	6.59	3.98	-3.10
合计	100		100	100	100	100	100	100	100	100	100	100	0

7. 对 UFO 的了解程度

如表 5-7 所示，未成年人判断的总排序是："知道"（76.89%）、"听说过"（13.08%）、"不知道"（10.04%）。

从两个阶段的比较来看，大多数未成年人对 UFO 有所了解，"知道"的比率总体上升，在 2014 年达到最高（84.79%），同时，仍有 10% 左右的未成年人"不知道"UFO，因此，需要加强宣传教育。

表 5-7　未成年人了解 UFO 的情况

选项	总		（一）					（二）					（二）与（一）比较率差
	比率/%	排序	2007年比率/%	2008年比率/%	2009年比率/%	2010年比率/%	合比率/%	2011年比率/%	2013年比率/%	2014年比率/%	2015年比率/%	合比率/%	
知道	76.89	1	72.02	71.43	78.88	78.36	75.17	75.19	74.73	84.79	79.71	78.61	3.44
不知道	10.04	3	12.22	11.30	8.44	7.44	9.85	11.45	12.53	7.25	9.68	10.23	0.38
听说过	13.08	2	15.76	17.27	12.68	14.2	14.98	13.36	12.74	7.96	10.61	11.17	−3.82
合计	100		100	100	100	100	100	100	100	100	100	100	0

8. 对"气功"的了解程度

如表 5-8 所示，未成年人判断的总排序是："知道"（61.01%）、"不知道"（20.47%）、"有点了解，但不知怎么回事"（18.52%）。从两个阶段的比较来看，大多数未成年人对"气功"有所了解且比率整体有所上升，"不知道""气功"的比率在下降，说明科学宣传教育起到了一定的作用。

表 5-8　未成年人了解"气功"的情况

选项	总		（一）					（二）					（二）与（一）比较率差
	比率/%	排序	2007年比率/%	2008年比率/%	2009年比率/%	2010年比率/%	合比率/%	2011年比率/%	2013年比率/%	2014年比率/%	2015年比率/%	合比率/%	
知道	61.01	1	59.8	54.76	63.85	55.94	58.59	58.88	59.94	72.43	62.45	63.43	4.84
不知道	20.47	2	20.85	22.96	18.95	28.15	22.73	22.11	21.09	12.19	17.46	18.21	−4.52
有点了解，但不知怎么回事	18.52	3	19.35	22.28	17.18	15.91	18.68	19.01	18.97	15.38	20.09	18.36	−0.32
合计	100		100	100	100	100	100	100	100	100	100	100	0

9. 对"克隆羊"的了解程度

1996 年 7 月 5 日英国克隆羊"多莉"的问世，不仅带给科学界强大的冲击，而且使现行伦理学受到史无前例的巨大震撼（叶松庆，1998d）。

如表 5-9 所示，八年的总排序是："听说过"（91.21%）、"没听说过"（5.95%）、"根本不知道"（2.84%）。八年"听说过"的比率相差不大，都有九成左右的未成年人"听说过""克隆羊"。可见，大多数未成年人对"克隆羊"有所了解。与上海市"91.14%的青少年了解克隆"（章迪思，2005）的调查结果相似，也与 2006 年南昌市"89.9%的中学生了解克隆"（卢春等，2007）的调查结果相近。未成年人对"克隆羊"的了解与认知在一定程度上表明基础性的科学宣传教育取得了一定的成效。

表 5-9　未成年人听说过"克隆羊"的情况

选项	总		（一）					（二）					（二）与（一）比较率差
	比率/%	排序	2007年比率/%	2008年比率/%	2009年比率/%	2010年比率/%	合比率/%	2011年比率/%	2013年比率/%	2014年比率/%	2015年比率/%	合比率/%	
听说过	91.21	1	82.5	95.8	93.68	93.34	91.33	90.52	86.93	95.95	90.97	91.09	−0.24
没听说过	5.95	2	10.41	2.98	5.37	5.32	6.02	6.63	7.92	2.76	6.19	5.88	−0.14
根本不知道	2.84	3	7.09	1.22	0.95	1.34	2.65	2.85	5.15	1.29	2.84	3.03	0.38
合计	100		100	100	100	100	100	100	100	100	100	100	0

（二）未成年人与中学校长及小学校长的比较

1. 对"光速比声速快"判断的比较

在 2013 年对中学校长与小学校长就"光速比声速快"这一问题判断的调查中，各选项的比率分别为："对"（88.46%、92.11%）、"不对"（9.89%、7.89%）、"不知道"（1.65%、0）。在未成年人的认识与中小学校长的比较中，3 个群体选择"对"的比率都在八成以上，小学校长超过九成，说明对这一问题各群体都有较为正确的认识，其中，中小学校长的认识较未成年人要好。未成年人选择"不知道"的比率最高。中小学校长自身具备较为丰富的知识储备，对常识性问题的认识与了解程度较高，因此选择"不知道"的比率较未成年人低。由此可以进一步看出，未成年人群体需要加强对常识性知识的学习。

2. 对"月光是月亮本身发的光"判断的比较

在 2013 年对中学校长与小学校长就"月光是月亮本身发的光"这一问题判断的调查中，各选项的比率分别为："对"（2.75%、2.63%）、"不对"（97.25%、97.37%）、"不知道"（0、0）。在未成年人的认识与中小学校长的比较中，3 个群体的选择都较为集中在"不对"上，其中，未成年人的比率为 80.04%，中学校长（97.25%）与小学校长（97.37%）的比率相近并且几乎达到 100%。

由此可见，中小学校长群体普及了相关知识。未成年人对常识性问题的判断能力还较为缺乏，教育工作者应进一步加强对未成年人常识性知识的普及，通过多种途径来提高其对常识性问题的认识。

3. 对"艾滋病能通过空气传播"判断的比较

在 2013 年对中学校长与小学校长就"艾滋病能通过空气传播"这一问题判断的调查中，各选项的比率分别为："对"（3.85%、2.63%）、"不对"（95.05%、97.37%）、"不知道"（1.10%、0）。将未成年人的认识与中小学校长的认识相比较，未成年人对"艾滋病能通过空气传播"判断的比率最高的是"不对"，中学校长与小学校长对这一问题的判断也集中在"不对"这一选项，尽管未成年人与这 2 个群体的率差较大，但总体上的认识较为一致。比较可知，中小学校长群体认识的正确率较高，因此，有必要进一步提高未成年人对此问题的认知能力。

4. 对"纳米"了解程度的比较

在 2013 年对中学校长与小学校长就"了解'纳米'情况"的调查中，各选项的比率分别为："长度计量单位之一"（65.38%、55.26%）、"一种高科技材料"（32.97%、42.11%）、"水稻新产品"（1.10%、2.63%）、"不知道"（0.55%、0）。将未成年人的认识与中小学校长比较，3 个群体认为"纳米"是一种"长度计量单位之一"的比率均高于其他选项，相比之下，未成年人与中学校长对此项的比率最为相近，而更多的小学校长认为"纳米"是"一种高科技材料"。可见，3 个群体对此的认识较为科学但不全面。因此，有关"纳米"的知识，这 3 个群体都需要进一步普及。

5. 相信有"外星人"情况的比较

在 2013 年对中学校长与小学校长就"相信有'外星人'情况"的调查中，各选项的比率分别为："相信"（28.02%、42.11%）、"不相信"（34.62%、21.05%）、"半信半疑"（31.87%、28.95%）、"不知道"（5.49%、7.89%）。将未成年人的认识与中小学校长比较，较少的中学校长"相信"（28.02%）有"外星人"的存在，未成年人与小学校长则较多地"相信"有"外星人"存在。至于"半信半疑"与"不知道"的比率，3 个群体相差不大。总之，对于这个问题，3 个群体都应进一步加强认识与探究，从而进一步了解科学发展的前沿性问题。

6. 了解 DNA 情况的比较

在 2013 年对中学校长与小学校长就"了解 DNA 情况"的调查中，各选项的比率分别为："生物名词，与遗传有关"（57.14%、42.11%）、"人体蛋白质，存在于血液中，是白细胞的简称"（13.19%、2.63%）、"生物的遗传物质，存在于一切细胞中，是脱氧核糖核酸"（29.12%、55.26%）、"不知道"（0.55%、0）。将未成年人的认识与中小学校长比较，更多的小学校长认为 DNA

是"生物的遗传物质，存在于一切细胞中，是脱氧核糖核酸"，而未成年人和中学校长各选项的比率排序相同。3个群体对DNA都有一定的了解，但其认识还存在一定的局限性。就科学问题尤其是科普性问题，应进一步加强对未成年人的教育，有了较为科学的认识有助于对科学产生更大的兴趣与热情，从而促进科学素质的发展。

7. 了解UFO情况的比较

在2013年对中学校长与小学校长就"了解UFO情况"的调查中，各选项的比率分别为："知道"（89.56%、84.21%）、"不知道"（3.30%、5.26%）、"听说过"（7.14%、10.53%）。将未成年人的认识与中小学校长比较，3个群体"知道"UFO的比率均在八成左右，中学校长的比率近九成，3个群体对UFO情况的总体认识一致，但"不知道"的比率在未成年人群体中最高。相比其他群体，未成年人还应进一步加强对科普知识的了解。

8. 了解"气功"情况的比较

在2013年对中学校长与小学校长就"了解'气功'情况"的调查中，各选项的比率分别为："知道"（74.73%、84.21%）、"不知道"（4.95%、5.26%）、"有点了解，但不知怎么回事"（20.32%、10.53%）。将未成年人的认识与中小学校长比较，在3个群体中，小学校长对"气功"最为了解，相比之下，未成年人对"气功"的了解情况令人担忧。"气功"作为中国优秀传统文化之一，未成年人群体"不知道"的比率竟高达20%左右，一定程度上，这不是未成年人谦虚的结果，此群体的认识还有待进一步提高。如何提高未成年人对优秀传统文化的科学性认识是值得进一步思考的问题。

9. 对"克隆羊"了解程度的比较

在2013年对中学校长与小学校长就对"克隆羊"的了解程度的调查中，各选项的比率分别为："听说过"（94.51%、94.74%）、"没听说过"（5.49%、5.26%）、"根本不知道"（0、0）。将未成年人的认识与中小学校长比较，3个群体各选项比率的排序相同，并且3个群体"听说过""克隆羊"的比率都高达90%以上。在"没听说过"和"根本不知道"上，未成年人的比率均较中小学校长高。可以看出，虽然3个群体对相关科学知识的了解情况较好，表明我国在相关领域的知识教育有了一定的成效，但仍要进一步提高未成年人对科学问题的认识，以更好地发展其科学素质。

（三）基本认识

1. 大多数未成年人对科学常识的了解状况较好

在对未成年人就基本科学常识了解状况的调查中，大多数未成年人对基本科学常识有一定的知晓度，可以看出，未成年人对科学常识的学习表现出较高的主动性和积极性，从侧面也可反映出各级各类教育重视对未成年人的科学教育以及科普工作。但也应看到，未成年人对科学常识的理解往往只是停留在表面并且部分未成年人对科学常识的理解存在一定的误区。在对未成年人就"气功"以及DNA知晓度情况的调查中，部分未成年人只是对概念有一定的了解，对概念背后的含义却了解不深。此外，在对未成年人就"艾滋病能通过空气传播"判断的调查中，近两成的未成年人还认为艾滋病可以通过空气传播，可见未成年人对艾滋病传播途径的了解还存在一定的误区。因此，除了对未成年人进行科学常识的教育外，还应针对未成年人的接受能力和知识水平的实际，开展相对深入的科学常识教育，这样才有利于未成年人科学素质的发展。

2. 未成年人对科学常识的了解有待进一步提升

在未成年人与中小学校长就科学常识了解状况的比较中，中小学校长无论是对科学常识认识的全面性还是深刻性都较未成年人高。从一般意义上来说，成年人群体的知识储备水平、心智发展水平以及思维层次均较未成年人高，对问题的了解（包括对科学常识的了解）具备一定的广度和深度。因此，成年人群体对未成年人就科学常识的教育中，要将自身对科学常识的理解与思考，通过适当的方式有效地传递给未成年人，让未成年人逐渐遵循科学的思维方式来看待常识性问题，这样才能促进未成年人的科学素质发展。

3. 对未成年人的科学教育取得了一定成效

用于测试的题目，要么是初中物理、化学、生物等课程中的学习内容，要么是日常生活中遇到的问题，是未成年人群体比较熟悉的，大多数未成年人能作出正确判断，对科学知识有较多的了解，但也有少数未成年人判断严重失误，对科学了解甚少，甚至出现常识性错误。与2003年湖南株洲的"39.8%的中学生了解基本科学术语，86.0%的中学生了解基本科学观点，35.9%的中学生掌握基本科学常识"（黄国雄，2004）的调查结果相比，未成年人对科学常识的了解有了较大的进展，表明科学教育已有一定成效，验证了假设四。

二 未成年人的科学精神与科学行为

（一）未成年人的科学精神

1. 未成年人对科学精神的自我判断

未成年人的科学精神"是其看待科学的基本精神状态和思维方式"（叶松

庆，2009b），衡量科学精神的重要因素之一是对科学真理的态度。本书2007～2015年（不含2008年、2012年）的调查表列出了10种情况供未成年人选择。

如表5-10所示，"欣赏真理"的总比率为38.03%，"追求真理"的总比率为17.96%，"捍卫真理"的总比率为5.63%，此三项合起来的比率为61.62%。可见，半数以上的未成年人热爱真理，这与2010年11月25日公布的中国科学技术协会第八次中国公民科学素养调查"崇尚科学精神的公民比例为64.94%"（王硕，2010）的结果相近。同时应看到，有2.43%的未成年人"反感科学"，还有14.04%的未成年人对科学真理"兴趣不大"，5.02%的未成年人对科学真理"缺乏认识"，1.34%的未成年人"畏惧科学"，4.30%的未成年人持"其他"态度，此5项的合比率为27.13%，也就是近30%的未成年人对科学真理的态度消极；"有机会学"（6.56%）与"有时宣传"（4.72%）反映的也是未成年人的态度不是很积极。总的来说，大多数未成年人具有良好的科学精神，这无疑有助于促进其科学素质的发展。部分未成年人对科学持有消极性态度，对这部分未成年人应进一步加强教育与引导，促使其转变对科学的态度，提升对科学的兴趣与热情。

表 5-10　未成年人对科学精神的自我判断

| 选项 | 总 | | （一） | | | | （二） | | | | | （二）与（一）比较率差 |
	比率/%	排序	2007年比率/%	2009年比率/%	2010年比率/%	合比率/%	2011年比率/%	2013年比率/%	2014年比率/%	2015年比率/%	合比率/%	
欣赏真理	38.03	1	19.08	38.54	38.89	32.17	38.94	42.32	45.27	49.01	43.89	11.72
兴趣不大	14.04	3	10.02	14.08	13.22	12.44	16.68	16.00	15.86	14.03	15.64	3.20
反感科学	2.43	9	0	2.17	3.56	1.91	2.9	4.01	2.45	2.44	2.95	1.04
追求真理	17.96	2	10.57	17.55	22.83	16.98	19.99	17.89	20.52	17.33	18.93	1.95
有机会学	6.56	4	4.11	12.59	7.85	8.18	6.58	4.72	4.29	4.15	4.94	-3.24
缺乏认识	5.02	6	14.25	3.43	2.38	6.69	3.57	2.96	4.19	2.64	3.34	-3.35
捍卫真理	5.63	5	11.59	4.51	5.79	7.30	4.14	4.82	3.27	3.56	3.95	-3.35
有时宣传	4.72	7	18.59	3.2	1.76	7.85	1.86	1.85	0.82	1.84	1.59	-6.26
畏惧科学	1.34	10	3.55	0.99	1.19	1.91	0.73	0.81	0.51	0.99	0.76	-1.15
其他	4.30	8	8.24	2.94	2.53	4.57	4.61	4.62	2.82	4.01	4.02	-0.55
合计	100		100	100	100	100	100	100	100	100	100	0

2. 中学校长与小学校长对未成年人科学精神的判断及比较

如表5-11所示，中学校长与小学校长2个群体选择"欣赏真理"、"追求真理"和"捍卫真理"的合比率为 40.46%, 这一合比率较未成年人（2013 年）低 24.57 个百分点。从单个群体的比较来看，未成年人选择这三项的合比率为 65.03%（2013 年），较中学校长和小学校长选择的合比率分别高 20.53 个百分点和 43.98 个百分点，可以看出，小学校长对这一问题的正面积极性认识的比率偏低。未成年人"反感科学"和"畏惧科学"的比率均较中小学校长的比率高。可见，未成年人对科学精神的自我评价要高于中小学校长，但同时也应看到，仍存在部分未成年人对科学产生畏惧和反感，对这部分未成年人需要增强其对科学的辩证认识。此外，中小学校长需要加强科学精神的学习，提高其对科学的正面积极性认识，这样才有利于促进未成年人科学素质的发展，从而有助于创新力的早期养成。

表 5-11　中学校长与小学校长对未成年人科学精神的判断及比较

| 选项 | 未成年人（2007 年、2009~2011 年、2013~2015 年） | | 中学校长、小学校长（2013 年） | | | | | | 未成年人与中学校长比较率差 | 未成年人与小学校长比较率差 |
| | | | 合 | | 中学校长 | | 小学校长 | | | |
	均率/%	排序	人数/人	比率/%	人数/人	比率/%	人数/人	比率/%		
欣赏真理	38.03	1	57	25.91	51	28.02	6	15.79	10.01	22.24
兴趣不大	14.04	3	48	21.82	37	20.33	11	28.95	-6.29	-14.91
反感科学	2.43	9	3	1.36	3	1.65	0	0	0.78	2.43
追求真理	17.96	2	30	13.64	28	15.38	2	5.26	2.58	12.7
有机会学	6.56	4	37	16.82	28	15.38	9	23.68	-8.82	-17.12
缺乏认识	5.02	6	29	13.18	24	13.19	5	13.16	-8.17	-8.14
捍卫真理	5.63	5	2	0.91	2	1.10	0	0	4.53	5.63
有时宣传	4.72	7	8	3.64	4	2.20	4	10.53	2.52	-5.81
畏惧科学	1.34	10	0	0	0	0	0	0	1.34	1.34
其他	4.30	8	6	2.73	5	2.75	1	2.63	1.55	1.67
合计	100		220	100	182	100	38	100	0	0

3. 未成年人与成年人群体科学精神的比较

1）未成年人与科技工作者等 3 个群体科学精神的比较

如表 5-12 所示，科技工作者等 3 个群体选择"欣赏真理"、"追求真理"和"捍卫真理"的合比率为 41.56%，较未成年人（2010 年）低 23.47 个百分点。从单个群体来看，未成年人选择这三个选项的合比率居于第一位，其次是科技型中小企业家，其合比率达 46.34%，教育、科技、人事管理部门领导的合比率为 44.11%，科技工作者的合比率最低（38.46%）。在"反感科学"上，科技工作者等 3 个群体均表示对科学不反感。在"有机会学"上，除科技工作者的比率略低于未成年人外，其他两个群体的比率均较未成年人高。

总的来看，未成年人对科学精神的自我评价较科技工作者等 3 个群体的自我评价高。受科技工作者等 3 个群体的职业性质以及角色定位的影响，其对科学精神的敏感度较未成年人高，同时接触科学的机会较未成年人频繁。应正确辩证地看待他们之间的差别，逐步促进未成年人持续性科学精神的养成，从而有助于提升其科学素质。

表 5-12　未成年人与科技工作者，科技型中小企业家，教育、科技、人事管理部门领导科学精神的比较

| 选项 | 未成年人（2007 年、2009～2011 年、2013～2015 年） | | 科技工作者等 3 个群体（2010 年） | | | | | | | | 未成年人与科技工作者等 3 个群体比较率差 |
| | | | 合 | | 科技工作者 | | 科技型中小企业家 | | 教育、科技、人事管理部门领导 | | |
	均率/%	排序	人数/人	比率/%	人数/人	比率/%	人数/人	比率/%	人数/人	比率/%	
欣赏真理	38.03	1	61	36.75	33	36.26	16	39.02	12	35.29	1.28
兴趣不大	14.04	3	48	28.92	42	46.15	4	9.76	2	5.88	−14.88
反感科学	2.43	9	0	0	0	0	0	0	0	0	2.43
追求真理	17.96	2	6	3.61	1	1.10	2	4.88	3	8.82	14.34
有机会学	6.56	4	31	18.67	7	7.69	9	21.95	15	44.12	−12.11
缺乏认识	5.02	6	12	7.23	4	4.40	7	17.07	1	2.94	−2.21
捍卫真理	5.63	5	2	1.20	1	1.10	1	2.44	0	0	4.43
有时宣传	4.72	7	3	1.81	1	1.10	1	2.44	1	2.94	2.91
畏惧科学	1.34	10	1	0.60	0	0	1	2.44	0	0	0.74
其他	4.30	8	2	1.20	2	2.20	0	0	0	0	3.10
合计	100		166	100	91	100	41	100	34	100	0

2）未成年人与研究生、大学生科学精神的比较

如表 5-13 所示，研究生与大学生选择"欣赏真理"、"追求真理"和"捍卫真理"的合比率为 51.60%，这一合比率较未成年人低 15.91 个百分点。从单个群体来看，研究生选择这三项的合比率为 67.17%，较大学生（49.25%）高 17.92 个百分点，较未成年人（67.51%）低 0.34 个百分点。在"反感科学"上，研究生与大学生的比率均较未成年人低。在"畏惧科学"上，研究生的比率较

未成年人低，大学生的比率较未成年人高。综合起来看，研究生对这一问题的认识最为积极乐观，未成年人次之，需要进一步提升大学生群体的认识。此外，进一步转变未成年人对科学的态度，逐步克服畏惧心理，同时多创造条件让未成年人接触与科学有关的实验和操作，使其在真实的情境中感受科学精神。

表 5-13　未成年人与研究生、大学生科学精神的比较

选项	未成年人（2007年、2009～2011年、2013～2015年）		研究生与大学生（2010年）						未成年人与研究生比较率差	未成年人与大学生比较率差
			合		研究生		大学生			
	均率/%	排序	人数/人	比率/%	人数/人	比率/%	人数/人	比率/%		
欣赏真理	38.03	1	386	38.60	40	30.53	346	39.82	7.50	-1.79
兴趣不大	14.04	3	171	17.10	28	21.37	143	16.46	-7.33	-2.42
反感科学	2.43	9	5	0.50	2	1.53	3	0.35	0.90	2.08
追求真理	17.96	2	96	9.60	46	35.11	50	5.75	-17.16	12.2
有机会学	6.56	4	143	14.30	5	3.82	138	15.88	2.74	-9.32
缺乏认识	5.02	6	52	5.20	3	2.29	49	5.64	2.73	-0.62
捍卫真理	5.63	5	34	3.40	2	1.53	32	3.68	4.10	1.95
有时宣传	4.72	7	51	5.10	1	0.76	50	5.75	3.96	-1.03
畏惧科学	1.34	10	19	1.90	1	0.76	18	2.07	0.58	-0.73
其他	4.30	8	43	4.30	3	2.29	40	4.60	2.01	-0.3
合计	100		1000	100	131	100	869	100	0	0

3）未成年人与中学校长、德育干部、小学校长科学精神的比较

如表 5-14 所示，中学校长、德育干部和小学校长 3 个群体选择"欣赏真理"、"追求真理"与"捍卫真理"的合比率为 79.47%，较未成年人的合比率高。从单个群体来看，这三个选项的合比率排序为：小学校长（81.58%）、中学校长（80.77%）、"德育干部"（72.10%）、未成年人（65.03%）。在"兴趣不大"、"缺乏认识"和"畏惧科学"等含有消极意味的选项上，未成年人的比率均较中小学校长和德育干部高。

综合来看，中小学校长和德育干部对这一问题的认识较未成年人更显积极乐观。中小学校长和德育干部是学校教育的指导者、组织者与实施者，其对这一问题正面积极性认识有助于更好地教育与引导未成年人，积极促进未成年人的科学素质发展。

表 5-14 未成年人与中学校长、德育干部、小学校长科学精神的比较

选项	未成年人 (2007年、2009~2011年、2013~2015年)		中学校长、德育干部、小学校长（2013年）								未成年人与中学校长比较率差	未成年人与德育干部比较率差	未成年人与小学校长比较率差
			合		中学校长		德育干部		小学校长				
	均率/%	排序	人数/人	比率/%	人数/人	比率/%	人数/人	比率/%	人数/人	比率/%			
欣赏真理	38.03	1	122	46.39	77	42.31	21	48.84	24	63.16	-4.28	-10.81	-25.13
兴趣不大	14.04	3	13	4.94	6	3.30	4	9.30	3	7.89	10.74	4.74	6.15
反感科学	2.43	9	4	1.52	2	1.10	1	2.33	1	2.63	1.33	0.1	-0.20
追求真理	17.96	2	82	31.18	65	35.71	10	23.26	7	18.42	-17.75	-5.3	-0.46
有机会学	6.56	4	22	8.37	17	9.34	3	6.98	2	5.26	-2.78	-0.42	1.30
缺乏认识	5.02	6	3	1.14	2	1.10	1	2.33	0	0	3.92	2.69	5.02
捍卫真理	5.63	5	5	1.90	5	2.75	0	0	0	0	2.88	5.63	5.63
有时宣传	4.72	7	7	2.66	3	1.65	3	6.98	1	2.63	3.07	-2.26	2.09
畏惧科学	1.34	10	2	0.76	2	1.10	0	0	0	0	0.24	1.34	1.34
其他	4.30	8	3	1.14	3	1.65	0	0	0	0	2.65	4.30	4.30
合计	100		263	100	182	100	43	100	38	100	0	0	0

（二）未成年人的科学行为

1. 未成年人对科学行为的自我判断

未成年人的科学行为是其科学能力最典型的表现形式。如表 5-15 所示，列出 9 种状态供未成年人选择，用"善于""很少""其他"三个维度来探测未成年人的科学行为。在"善于"维度上，四个选项的合比率为 69.94%。可见，大多数未成年人自认为具有善于解决与科学相关问题的行为能力。在"很少"维度上，四个选项的合比率为 20.09%，这部分未成年人不是完全没有行为能力，只是"很少"。9.99%的未成年人的"其他"可以被理解为是没有能力的代名词。

从两个阶段的比较来看，阶段（二）选择"善于发现问题"和"善于发现原因"的比率有所提升，此外，"很少"维度选项的比率有所降低。未成年人对自身科学行为的判断较为清晰，评价也较好。

表 5-15　未成年人对科学行为的自我判断

选项	总 比率/%	排序	(一) 2007年 比率/%	2009年 比率/%	2010年 比率/%	合比率/%	(二) 2011年 比率/%	2013年 比率/%	2014年 比率/%	2015年 比率/%	合比率/%	(二)与(一)比较率差
善于发现问题	41.09	1	18.76	49.05	43.29	37.03	44.12	48.11	50.03	38.34	45.15	8.12
善于发现原因	13.00	2	13.70	11.06	11.78	12.18	13.67	14.99	13.48	13.11	13.81	1.63
善于提出办法	8.06	5	11.14	6.23	9.81	9.06	5.39	6.81	6.50	9.55	7.06	-2.00
善于解决问题	7.79	6	12.22	7.63	8.57	9.47	6.16	7.08	4.15	7.05	6.11	-3.36
很少发现问题	8.27	4	10.91	7.72	7.49	8.71	8.39	7.11	8.75	7.05	7.83	-0.88
很少发现原因	4.77	7	11.59	3.60	3.67	6.29	3.31	2.93	1.63	5.07	3.24	-3.05
很少提出办法	3.65	8	9.65	2.26	2.32	4.74	2.28	2.02	1.91	4.02	2.56	-2.18
很少解决问题	3.40	9	8.25	2.30	2.89	4.48	2.85	2.29	1.60	2.50	2.31	-2.17
其他	9.99	3	3.78	10.15	10.18	8.04	13.83	8.66	11.95	13.31	11.94	3.90
合计	100		100	100	100	100	100	100	100	100	100	0

2. 中学校长与小学校长对未成年人科学行为的判断及比较

如表 5-16 所示，中学校长与小学校长选择"善于"维度选项的合比率为 62.72%，这一合比率较未成年人低。从单个群体来看，中学校长"善于"维度选项的合比率为 63.73%，小学校长"善于"维度选项的合比率为 57.89%。中小学校长选择"很少"维度选项的合比率为 34.54%，这一合比率较未成年人高。从单个群体看，中学校长"很少"维度选项的合比率为 34.06%，小学校长"很少"维度选项的合比率为 36.84%，均较未成年人高。在"其他"选项上，未成年人的比率较中小学校长高。

综合来看，3 个群体的大部分人选择了"善于"维度选项，其中选择"善于发现问题"均排在第一位，但未成年人自身的认同率没有其他 2 个群体的认同率高。此外，34.21%的小学校长认为未成年人"很少发现原因"，与中学校长的看法和未成年人的自评差距较大。

表 5-16　中学校长与小学校长对未成年人科学行为的判断及比较

选项	未成年人(2007年、2009~2011年、2013~2015年) 均率/%	排序	中学校长、小学校长(2013年) 合 人数/人	比率/%	中学校长 人数/人	比率/%	小学校长 人数/人	比率/%	未成年人与中学校长比较率差	未成年人与小学校长比较率差
善于发现问题	41.09	1	107	48.64	88	48.35	19	50.00	-7.26	-8.91
善于发现原因	13.00	2	14	6.36	13	7.14	1	2.63	5.86	10.37

续表

选项	未成年人（2007年、2009~2011年、2013~2015年）		中学校长、小学校长（2013年）							未成年人与中学校长比较率差	未成年人与小学校长比较率差
			合		中学校长		小学校长				
	均率/%	排序	人数/人	比率/%	人数/人	比率/%	人数/人	比率/%			
善于提出办法	8.06	5	14	6.36	12	6.59	2	5.26		1.47	2.8
善于解决问题	7.79	6	3	1.36	3	1.65	0	0		6.14	7.79
很少发现问题	8.27	4	24	10.91	24	13.19	0	0		−4.92	8.27
很少发现原因	4.77	7	26	11.82	13	7.14	13	34.21		−2.37	−29.44
很少提出办法	3.65	8	14	6.36	14	7.69	0	0		−4.04	3.65
很少解决问题	3.40	9	12	5.45	11	6.04	1	2.63		−2.64	0.77
其他	9.99	3	6	2.73	4	2.20	2	5.26		7.79	4.73
合计	100		220	100	182	100	38	100		0	0

3. 未成年人与成年人群体科学行为的比较

1）未成年人与科技工作者等3个群体科学行为的比较

如表5-17所示，科技工作者等3个群体选择"善于"维度选项的合比率为87.35%，选择"很少"维度选项的合比率为7.22%。科技工作者的科学行为的自我评价集中在"善于"上，可见，科技工作者对自己的科学行为较为肯定。比较可知，未成年人的科学行为较科技工作者还有一定的差距，但未成年人对科学精神与科学行为的自我评价仍然是较好的。

表 5-17　未成年人与科技工作者，科技型中小企业家，
教育、科技、人事管理部门领导科学行为的比较

选项	未成年人（2007年、2009~2011年、2013~2015年）		科技工作者等3个群体（2013年）								未成年人与科技工作者等3个群体比较率差
			合		科技工作者		科技型中小企业家		教育、科技、人事管理部门领导		
	均率/%	排序	人数/人	比率/%	人数/人	比率/%	人数/人	比率/%	人数/人	比率/%	
善于发现问题	41.09	1	70	42.17	42	46.15	16	39.02	12	35.29	−1.08
善于发现原因	13.00	2	34	20.48	18	19.78	9	21.95	7	20.59	−7.48
善于提出办法	8.06	5	20	12.05	8	8.79	6	14.63	6	17.65	−3.99

续表

选项	未成年人（2007年、2009~2011年、2013~2015年）		科技工作者等3个群体（2013年）									未成年人与科技工作者等3个群体比较率差
			合		科技工作者		科技型中小企业家		教育、科技、人事管理部门领导			
	均率/%	排序	人数/人	比率/%	人数/人	比率/%	人数/人	比率/%	人数/人	比率/%		
善于解决问题	7.79	6	21	12.65	10	10.99	7	17.07	4	11.76		−4.86
很少发现问题	8.27	4	8	4.82	5	5.49	0	0	3	8.82		3.45
很少发现原因	4.77	7	1	0.60	1	1.10	0	0	0	0		4.17
很少提出办法	3.65	8	2	1.20	1	1.10	0	0	1	2.94		2.45
很少解决问题	3.40	9	1	0.60	1	1.10	0	0	0	0		2.80
其他	9.99	3	9	5.42	5	5.49	3	7.32	1	2.94		4.57
合计	100		166	100	91	100	41	100	34	100		0

2）未成年人与研究生、大学生科学行为的比较

如表5-18所示，研究生与大学生2个群体选择"善于"维度选项的合比率为72.30%，选择"很少"维度选项的合比率为19.70%。研究生与大学生"善于"维度选项的比率较未成年人高，可见，研究生与大学生更重视发现问题，并试图找出问题出现的原因及对策，这是较成熟思维方式的重要体现。

比较可知，研究生较未成年人与大学生"善于发现问题"的比率高，研究生由于心智较为成熟，因而"善于发现问题"。此外，"善于提出办法"的比率都还不到10%，可见，这3个群体应提高对问题的应对能力。

表5-18　未成年人与研究生、大学生科学行为的比较

选项	未成年人（2007年、2009~2011年、2013~2015年）		研究生与大学生（2010年）						未成年人与研究生比较率差	未成年人与大学生比较率差
			合		研究生		大学生			
	均率/%	排序	人数/人	比率/%	人数/人	比率/%	人数/人	比率/%		
善于发现问题	41.09	1	369	36.90	63	48.09	306	35.21	−7.00	5.88
善于发现原因	13.00	2	163	16.30	22	16.79	141	16.23	−3.79	−3.23
善于提出办法	8.06	5	90	9.00	13	9.92	77	8.86	−1.86	−0.8
善于解决问题	7.79	6	101	10.10	14	10.69	87	10.01	−2.90	−2.22
很少发现问题	8.27	4	90	9.00	9	6.87	81	9.32	1.40	−1.05
很少发现原因	4.77	7	44	4.40	1	0.76	43	4.95	4.01	−0.18

续表

选项	未成年人（2007年、2009～2011年、2013～2015年）		研究生与大学生（2010年）						未成年人与研究生比较率差	未成年人与大学生比较率差
			合		研究生		大学生			
	均率/%	排序	人数/人	比率/%	人数/人	比率/%	人数/人	比率/%		
很少提出办法	3.65	8	27	2.70	2	1.53	25	2.88	2.12	0.77
很少解决问题	3.40	9	36	3.60	1	0.76	35	4.03	2.64	−0.63
其他	9.99	3	80	8.00	6	4.58	74	8.52	5.41	1.47
合计	100		1000	100	131	100	869	100	0	0

3）未成年人与中学校长、德育干部、小学校长科学行为的比较

如表 5-19 所示，中学校长等 3 个群体选择"善于"维度选项的合比率为 74.53%，选择"很少"维度选项的合比率为 21.29%。

中学校长等 3 个群体选择"善于"维度选项的合比率较未成年人高。比较可知，在"善于发现问题"方面，未成年人的比率与中学校长等 3 个群体相近，但在"善于解决问题"方面，中学校长等 3 个群体的能力不及未成年人，可见，未成年人较中学校长等 3 个群体能更好地解决已知问题。

表 5-19　未成年人与中学校长、德育干部、小学校长科学行为的比较

选项	未成年人（2007年、2009～2011年、2013～2015年）		中学校长、德育干部、小学校长（2013年）								未成年人与中学校长比较率差	未成年人与德育干部比较率差	未成年人与小学校长比较率差
			合		中学校长		德育干部		小学校长				
	均率/%	排序	人数/人	比率/%	人数/人	比率/%	人数/人	比率/%	人数/人	比率/%			
善于发现问题	41.09	1	125	47.53	87	47.80	23	53.49	15	39.47	−6.71	−12.40	1.62
善于发现原因	13.00	2	41	15.59	30	16.48	3	6.98	8	21.05	−3.48	6.02	−8.05
善于提出办法	8.06	5	23	8.75	17	9.34	4	9.30	2	5.26	−1.28	−1.24	2.80
善于解决问题	7.79	6	7	2.66	5	2.75	2	4.65	0	0	5.04	3.14	7.79
很少发现问题	8.27	4	2	0.76	2	1.10	0	0	0	0	7.17	8.27	8.27
很少发现原因	4.77	7	19	7.22	12	6.59	3	6.98	4	10.53	−1.82	−2.21	−5.76
很少提出办法	3.65	8	4	1.52	1	0.55	2	4.65	1	2.63	3.10	−1.00	1.02
很少解决问题	3.40	9	31	11.79	19	10.44	5	11.63	7	18.42	−7.04	−8.23	−15.02
其他	9.99	3	11	4.18	9	4.95	1	2.33	1	2.63	5.04	7.66	7.36
合计	100		263	100	182	100	43	100	38	100	0	0	0

（三）基本认识

1. 大部分未成年人具备一定的科学精神且表现出一定的科学行为

在对未成年人科学精神与科学行为的调查中，未成年人在科学精神方面更多地倾向于对科学真理的欣赏、追求与捍卫。科学精神就是在不懈探求真理的过程中所表现出的各种精神性要素的总和。未成年人对科学真理表现出的积极性态度倾向表明其或多或少具备了一定的科学精神。在未成年人科学行为的自我判断中，未成年人选择"善于发现问题"、"善于发现原因"、"善于提出办法"和"善于解决问题"的合比率为69.94%（表5-15），从中可以看出，大多数未成年人对科学行为有较为清晰的认识，科学行为所表现的逻辑为未成年人所接受与认同。总的来说，大部分未成年人具备一定的科学精神与科学行为，表明对未成年人的科学教育取得了较好的成效。

2. 未成年人与成年人相比在科学精神与科学行为方面存在一定差距

在科学精神方面，成年人群体对科学更多地表现出一种积极性的状态，研究生与大学生以及科技工作者等3个群体对"反感科学"的选择率较低，表示不反感科学或不太反感科学，这与未成年人形成鲜明对比。在科学行为方面，未成年人在发现问题、发现原因、提出办法以及解决问题方面的能力远不及成年人群体，应该明确的是，成年人与未成年人之间的差距是一种客观的实际状况，这与未成年人的阅历、心智以及知识水平均有较大的关系。如何逐渐缩小在科学精神和科学行为方面的差距，使得未成年人对这些问题的理解更为透彻和深入，是需要进一步思考的问题。

3. 存在的差距是进一步加强对未成年人的科学教育的动因

未成年人的科学精神通过对科学真理的态度显现出来，尽管有部分人对未成年人的科学精神提出质疑，甚至是抱着消极的态度，但总体来说，有半数左右的人坚信未成年人的科学精神和科学行为是积极向上的。各种数据显示，各群体对未成年人的评价都较为理性，认为未成年人对科学知识有较大的兴趣，且在日常生活中善于发现问题，且未成年人对科学精神与科学行为的自我评价较好，这不是未成年人不谦虚的结果，现实的确如此，验证了假设二。但是，还需进一步推动未成年人科学精神的确立与科学行为的养成。

三 未成年人对科学相关问题的态度

（一）未成年人的认识

1. 未成年人对科学新发现与新发明的态度

如表5-20所示，有74.77%的未成年人对科学新发现与新发明表示感兴趣，选择"一般化"选项的比率为 18.02%，明确表示"不感兴趣"和"无所谓"的比率较小。大多数未成年人对科学新发现与新发明保持较高的兴趣，有一定的热情。未成年人对这一问题的正面积极性认识有助于其更好地了解科学事物，从而促进科学素质的发展。

从两个阶段的比较来看，阶段（二）选择"不感兴趣"和"无所谓"的比率较阶段（一）均有少许上升，选择"感兴趣"的比率较阶段（一）低 0.98 个百分点。未成年人对科学新发现与新发明的态度发生了细微的变化，感兴趣的比率有所降低，这需要引起教育者的重视。

表 5-20　未成年人对科学新发现与新发明的态度

选项	总		（一）			（二）					（二）与（一）比较率差
	比率/%	排序	2009 年比率/%	2010 年比率/%	合比率/%	2011 年比率/%	2013 年比率/%	2014 年比率/%	2015 年比率/%	合比率/%	
很感兴趣	40.63	1	40.30	40.29	40.30	38.37	41.48	36.62	47.36	40.96	0.66
感兴趣	34.14	2	39.45	29.8	34.63	35.99	33.69	35.19	29.71	33.65	−0.98
一般化	18.02	3	15.43	21.49	18.46	19.37	17.05	19.33	14.56	17.58	−0.88
不感兴趣	2.74	4	1.53	3.62	2.58	1.66	3.03	3.57	3.29	2.89	0.31
无所谓	1.78	6	1.17	2.34	1.76	1.61	2.19	2.01	1.38	1.80	0.04
不知道	2.72	5	2.12	2.46	2.29	3	2.56	3.28	3.70	3.14	0.85
合计	100		100	100	100	100	100	100	100	100	0

2. 未成年人对新科技应用的态度

如表 5-21 所示，有 76.13% 的未成年人对新科技应用表现出兴趣，其中"很感兴趣"的比率为 43.12%。选择"一般化"选项的比率为 17.38%。从数据来看，大多数未成年人对新科技应用抱有较大的兴趣，同时关注度较高。

从两个阶段的比较来看，阶段（二）选择"很感兴趣"的比率较阶段（一）高 1.04 个百分点，阶段（二）选择"不感兴趣"和"无所谓"的比率有一定的增长，但增幅较小。未成年人对新科技应用的态度未出现较大幅度的变化，仍以积极性的态度为主。

表 5-21　未成年人对新科技应用的态度

选项	总		（一）			（二）			（二）与（一）比较率差
	比率/%	排序	2009 年比率/%	2010 年比率/%	合比率/%	2011 年比率/%	2013 年比率/%	合比率/%	
很感兴趣	43.12	1	44.18	41.01	42.60	44.02	43.26	43.64	1.04
感兴趣	33.01	2	33.84	34.35	34.10	32.88	30.96	31.92	−2.18

续表

选项	总		（一）			（二）			（二）与（一）比较率差
	比率/%	排序	2009年比率/%	2010年比率/%	合比率/%	2011年比率/%	2013年比率/%	合比率/%	
一般化	17.38	3	16.61	18.75	17.68	17.24	16.91	17.08	-0.60
不感兴趣	2.17	5	1.67	1.91	1.79	1.81	3.27	2.54	0.75
无所谓	1.87	6	1.13	2.22	1.68	1.29	2.8	2.05	0.37
不知道	2.47	4	2.57	1.76	2.17	2.76	2.8	2.78	0.61
合计	100		100	100	100	100	100	100	0

3. 未成年人对科学新闻的态度

如表 5-22 所示，有 68.39% 的未成年人对科学新闻表示感兴趣，其中选择"很感兴趣"的比率为 35.14%，选择"无所谓"和"不知道"的比率很小。大多数未成年人对科学新闻有较高的兴趣，对科学新闻的了解有助于未成年人加深对科学的理解，洞察科学界的最新进展，对发展自身的科学素质具有重要意义。

从两个阶段的比较来看，阶段（二）选择"很感兴趣"的比率较阶段（一）高 1.23 个百分点，选择"感兴趣"的比率较阶段（一）有所下降。从整个率差来看，未成年人对科学新闻有浓厚的兴趣。

表 5-22 未成年人对科学新闻的态度

选项	总		（一）			（二）					（二）与（一）比较率差
	比率/%	排序	2009年比率/%	2010年比率/%	合比率/%	2011年比率/%	2013年比率/%	2014年比率/%	2015年比率/%	合比率/%	
很感兴趣	35.14	1	32.72	36.31	34.52	33.71	41.48	29.78	38.01	35.75	1.23
感兴趣	33.25	2	34.75	32.33	33.54	32.47	33.69	33.46	32.21	32.96	-0.58
一般化	23.71	3	25.95	23.09	24.52	26.62	17.05	26.21	21.67	22.89	-1.63
不感兴趣	4.11	4	3.78	4.13	3.96	3.88	3.03	6.43	3.69	4.26	0.30
无所谓	1.90	6	1.40	2.27	1.84	1.66	2.19	1.70	2.24	1.95	0.11
不知道	1.91	5	1.40	1.86	1.63	1.66	2.56	2.42	2.17	2.20	0.57
合计	100		100	100	100	100	100	100	100	100	0

4. 未成年人对医学新进展的态度

如表 5-23 所示，有 60.03% 的未成年人对医学新进展表现出兴趣，其中选择"很感兴趣"的比率为 30.96%，居于第一位。选择"一般化"的比率为 27.63%。六成多的未成年人对医学新进展感兴趣，但相比之前的几个科学问题，未成年人应进一步关注医学新进展。

从两个阶段的比较来看，阶段（二）选择"很感兴趣"和"感兴趣"的比率较阶段（一）均要高，阶段（二）选择"不感兴趣"、"无所谓"和"不知道"的比率均较阶段（一）低。未成年人对医学新进展表现出较为浓厚的兴趣，感兴趣的比率在逐渐提升。

表 5-23　未成年人对医学新进展的态度

选项	总		（一）			（二）			（二）与（一）比较率差
	比率/%	排序	2009 年比率/%	2010 年比率/%	合比率/%	2011 年比率/%	2013 年比率/%	合比率/%	
很感兴趣	30.96	1	29.78	31.15	30.47	29.16	33.73	31.45	0.98
感兴趣	29.07	2	28.97	27.48	28.23	31.54	28.27	29.91	1.68
一般化	27.63	3	29.2	26.08	27.64	29.00	26.25	27.63	−0.01
不感兴趣	6.34	4	5.96	7.90	6.93	4.82	6.67	5.75	−1.18
无所谓	2.92	6	2.35	4.65	3.5	2.02	2.66	2.34	−1.16
不知道	3.10	5	3.75	2.74	3.25	3.47	2.43	2.95	−0.30
合计	100		100	100	100	100	100	100	0

5. 未成年人对环境保护的态度

如表 5-24 所示，有 74.18%的未成年人对环境保护表现出兴趣，"很感兴趣"和"感兴趣"比率的差异较小。未成年人选择"一般化"的比率为 20.23%，选择"不感兴趣"、"无所谓"和"不知道"的比率较小。大多数未成年人对环境保护表现出一定的兴趣，未成年人树立环境保护意识有助于其更好地践行环保价值观，促进人与自然的和谐相处。

从两个阶段的比较来看，阶段（二）选择"很感兴趣"和"感兴趣"的比率均较阶段（一）低，选择"不感兴趣"的比率变化较小。从率差来看，未成年人对环境保护的热情和兴趣有一定的下降。因此，需要加强对未成年人的教育与引导。

表 5-24　未成年人对环境保护的态度

选项	总		（一）			（二）			（二）与（一）比较率差
	比率/%	排序	2009 年比率/%	2010 年比率/%	合比率/%	2011 年比率/%	2013 年比率/%	合比率/%	
很感兴趣	37.39	1	40.12	36.83	38.48	35.21	37.37	36.29	−2.19
感兴趣	36.79	2	35.51	38.33	36.92	38.63	34.67	36.65	−0.27
一般化	20.23	3	20.04	18.34	19.19	22.27	20.28	21.28	2.09

续表

选项	总		（一）			（二）			（二）与(一)比较率差
	比率/%	排序	2009年比率/%	2010年比率/%	合比率/%	2011年比率/%	2013年比率/%	合比率/%	
不感兴趣	2.09	4	1.85	1.81	1.83	1.19	3.50	2.35	0.52
无所谓	1.57	6	1.44	2.84	2.14	0.73	1.28	1.01	−1.13
不知道	1.94	5	1.04	1.86	1.45	1.97	2.90	2.44	0.99
合计	100		100	100	100	100	100	100	0

6. 未成年人对灾害防治的态度

如表 5-25 所示，有 64.22%的未成年人对灾害防治表现出一定的兴趣，其中"很感兴趣"和"感兴趣"的比率均占三成以上。未成年人选择"一般化"的比率接近三成。选择其他选项的比率较小。大多数未成年人对灾害防治表现出一定程度的关心。

从两个阶段的比较来看，选择"很感兴趣"和"感兴趣"的比率波动幅度较小，但阶段（二）均较阶段（一）高，其他选项的比率波动的幅度也较小。从率差来看，未成年人对灾害防治的兴趣有了一定程度的提升，态度较为积极。此外，还应加强对"一般化"态度的未成年人的宣传教育，使其更加关注各种灾害及其防治工作。

表 5-25　未成年人对灾害防治的态度

选项	总		（一）			（二）			（二）与(一)比较率差
	比率/%	排序	2009年比率/%	2010年比率/%	合比率/%	2011年比率/%	2013年比率/%	合比率/%	
很感兴趣	30.06	2	31.77	27.27	29.52	28.69	32.51	30.60	1.08
感兴趣	34.16	1	32.94	34.76	33.85	36.35	32.58	34.47	0.62
一般化	28.11	3	27.71	29.60	28.66	28.69	26.42	27.56	−1.10
不感兴趣	3.13	4	3.07	3.05	3.06	2.18	4.21	3.20	0.14
无所谓	2.10	6	2.17	2.84	2.51	1.55	1.82	1.69	−0.82
不知道	2.46	5	2.35	2.48	2.42	2.54	2.46	2.50	0.08
合计	100		100	100	100	100	100	100	0

7. 未成年人对国防科技的态度

如表 5-26 所示，有 68.89%的未成年人对国防科技表现出兴趣，其中"很感兴趣"的比率较"感兴趣"高。选择"一般化"的比率为 23.16%。大多数未成年人对国防科技表现出较高的兴趣，国防科技水平的提升是综合国力提升的重要表现。未成年人对这一问题的关注，从侧面表明未成年人具有强烈的爱国情感。

从两个阶段的比较来看，阶段（二）选择"很感兴趣"和"感兴趣"的比率均较阶段（一）高，但增幅较小，其他选项的变化幅度也较小。未成年人对国防科技的态度变化不大，较为平稳。总的来看，未成年人对国防科技较为重视。

表 5-26　未成年人对国防科技的态度

选项	总		（一）			（二）			（二）与（一）比较率差
	比率/%	排序	2009 年比率/%	2010 年比率/%	合比率/%	2011 年比率/%	2013 年比率/%	合比率/%	
很感兴趣	39.79	1	40.43	39.1	39.77	39.36	40.26	39.81	0.04
感兴趣	29.10	2	28.34	29.39	28.87	29.21	29.45	29.33	0.46
一般化	23.16	3	24.68	22.11	23.4	24.55	21.29	22.92	−0.48
不感兴趣	3.69	4	2.62	4.70	3.66	3.11	4.31	3.71	0.05
无所谓	1.83	6	1.71	2.48	2.10	0.93	2.19	1.56	−0.54
不知道	2.44	5	2.21	2.22	2.22	2.85	2.49	2.67	0.45
合计	100		100	100	100	100	100	100	0

8. 未成年人对建造航空母舰的态度

如表 5-27 所示，未成年人对建造航空母舰"很感兴趣"和"感兴趣"的合比率为 72.87%，其中"很感兴趣"的比率较高。选择"一般化"的比率为 19.38%，其他选项比率较小。大多数未成年人对建造航空母舰表现出较高兴趣。建造航空母舰是国家综合国力的重要体现，未成年人的感兴趣度从侧面反映了其爱国情怀的强烈程度。

从两个阶段的比较来看，阶段（二）选择"很感兴趣"和"感兴趣"的比率均较阶段（一）低，在其他含有消极性意味的选项上，未成年人选择的比率较低。从率差来看，未成年人对建造航空母舰所表现的兴趣程度有所降低，但总体上积极性较高。

表 5-27　未成年人对建造航空母舰的态度

选项	总		（一）			（二）			（二）与（一）比较率差
	比率/%	排序	2009 年比率/%	2010 年比率/%	合比率/%	2011 年比率/%	2013 年比率/%	合比率/%	
很感兴趣	46.71	1	49.37	48.04	48.71	44.8	44.64	44.72	−3.99
感兴趣	26.16	2	26.26	26.5	26.38	25.43	26.45	25.94	−0.44

续表

选项	总		（一）			（二）			（二）与（一）比较率差
	比率/%	排序	2009年比率/%	2010年比率/%	合比率/%	2011年比率/%	2013年比率/%	合比率/%	
一般化	19.38	3	17.6	17.77	17.69	22.27	19.88	21.08	3.39
不感兴趣	3.54	4	3.16	3.15	3.16	3.31	4.55	3.93	0.77
无所谓	1.80	6	1.40	2.58	1.99	1.29	1.92	1.61	−0.38
不知道	2.41	5	2.21	1.96	2.09	2.9	2.56	2.73	0.64
合计	100		100	100	100	100	100	100	0

9. 未成年人对我国"神舟"号飞船发射升空的态度

如表 5-28 所示，未成年人对"神舟"号飞船发射升空"很感兴趣"的比率为 57.70%，"感兴趣"的比率为 25.59%，"一般化"的比率为 12.18%，"不感兴趣"的比率为 1.74%，"无所谓"的比率为 1.65%，"不知道"的比率为 1.14%。可见，八成多的未成年人对我国"神舟"号飞船发射升空感兴趣，充满了民族自豪感，"非常感兴趣"的比率虽有一定程度的下降，但这并不能说明未成年人对"神舟"号飞船的关注度下降，相反，它从侧面反映出我国航天技术的飞速发展，未成年人对"神舟"号飞船发射升空有较强烈的自信心与自豪感。

表 5-28 未成年人对我国"神舟"号飞船发射升空的态度

选项	总		（一）			（二）			（二）与（一）比较率差
	比率/%	排序	2009年比率/%	2010年比率/%	合比率/%	2011年比率/%	2013年比率/%	合比率/%	
很感兴趣	57.70	1	66.34	59.61	62.98	55.46	49.39	52.43	−10.55
感兴趣	25.59	2	23.65	25.83	24.74	26.31	26.58	26.45	1.71
一般化	12.18	3	7.36	10.12	8.74	14.29	16.95	15.62	6.88
不感兴趣	1.74	4	0.50	1.96	1.23	1.04	3.47	2.26	1.03
无所谓	1.65	5	1.58	1.50	1.54	1.29	2.22	1.76	0.22
不知道	1.14	6	0.59	0.98	0.79	1.61	1.38	1.50	0.71
合计	100		100	100	100	100	100	100	0

10. 未成年人对我国建造核电站的态度

如表 5-29 所示，未成年人对建造核电站"很感兴趣"的比率为 45.29%，"感兴趣"的比率为 31.05%，"一般化"的比率为 16.11%，"不感兴趣"的比率为 3.62%，"无所谓"的比率为 2.10%，"不知道"的比率为 1.83%。未成年人对我国核电站的建造表现出较大的热情。与"神舟"号飞船发射升空的情况相似，未成年人对核电站建造的态度"一般化"的比率有所上升，在一定程度上反映出未成年人对核电站技术的运用习以为常。

表 5-29　未成年人对我国建造核电站的态度

选项	总		（一）			（二）			（二）与（一）比较率差
	比率/%	排序	2009 年比率/%	2010 年比率/%	合比率/%	2011 年比率/%	2013 年比率/%	合比率/%	
很感兴趣	45.29	1	52.53	48.5	50.52	38.48	41.64	40.06	−10.46
感兴趣	31.05	2	30.78	31.71	31.25	32.57	29.14	30.86	−0.39
一般化	16.11	3	10.92	12.96	11.94	19.01	21.53	20.27	8.33
不感兴趣	3.62	4	2.44	3.31	2.88	5.33	3.4	4.37	1.49
无所谓	2.10	5	1.49	2.48	1.99	1.71	2.73	2.22	0.23
不知道	1.83	6	1.85	1.03	1.44	2.90	1.55	2.23	0.79
合计	100		100	100	100	100	100	100	0

（二）未成年人与科技工作者，科技型中小企业家，教育、科技、人事管理部门领导的比较

1. 对科学新发现与新发明态度的比较

在 2010 年对科技工作者、科技型中小企业家，教育、科技、人事管理部门领导就对科学新发现与新发明态度的调查中，选择"很感兴趣"选项的比率分别为 42.86%、34.15%、41.18%，综合比率为 40.36%；选择"感兴趣"选项的比率分别为 51.65%、58.54%、47.06%，综合比率为 52.41%；选择"一般化"选项的比率分别为 5.49%、2.44%、11.76%，综合比率为 6.02%。科技型中小企业家选择"不知道"选项占比为 4.88%，其余两个群体选择"不知道"选项比率均为 0。此外，三个群体选择"不感兴趣"和"无所谓"选项的比率均为 0。

在未成年人与这 3 个群体的比较中，未成年人与科技工作者等 3 个群体在"很感兴趣"上的比率相似，但在"感兴趣"的比率上，科技型中小企业家、科技工作者表示认同的比率更大。此外，较多的未成年人对科学新发现与新发明的态度仅仅只是"一般化"，科技工作者等 3 个群体由于自身职业兼有科学性的意味，选择"一般化"的比率较低。科技工作者等 3 个群体从事的工作与科技息息相关，所以没有人表现出"不感兴趣"或者"无所谓"的态度。

2. 对新科技应用态度的比较

在 2010 年对科技工作者、科技型中小企业家,教育、科技、人事管理部门领导就对新科技应用态度的调查中,选择"很感兴趣"选项的比率分别为 48.35%、24.39%、41.18%,综合比率为 40.96%;选择"感兴趣"选项的比率分别为 45.05%、65.85%、55.88%,综合比率 52.41%;选择"一般化"选项的比率分别为 6.59%、9.76%、2.94%,综合比率为 6.63%。3 个群体选择"不感兴趣"、"无所谓"和"不知道"选项的比率均为 0。

将未成年人与这 3 个群体比较可知,科技工作者等 3 个群体在"感兴趣"选项上的比率较未成年人高 19.40 个百分点。与此同时,未成年人对新科技应用表现出更多的"一般化"态度,科技工作者等 3 个群体对科技方面的知识与产品有着较为深刻的了解,选择"一般化"的比率较未成年人低得多。

3. 对科学新闻态度的比较

在 2010 年对科技工作者、科技型中小企业家,教育、科技、人事管理部门领导就对科学新闻态度的调查中,选择"很感兴趣"选项的比率分别为 35.16%、21.95%、32.35%,综合比率为 31.33%;选择"感兴趣"选项的比率分别为 49.45%、65.85%、64.71%,综合比率为 56.63%;选择"一般化"选项的比率分别为 14.29%、12.20%、2.94%,综合比率为 11.45%。科技工作者选择"不知道"选项的比率为 1.10%,其他两个群体选择该选项的比率均为 0。此外,3 个群体选择"不感兴趣"和"无所谓"选项的比率均为 0。在 3 个群体与未成年人的比较中,科技工作者等 3 个群体"感兴趣"的比率较未成年人高 23.38 个百分点,与之前的情况相似,未成年人对科学新闻的态度没有科技工作者等 3 个群体积极。从某种程度上说,科技工作者等 3 个群体对科学新闻的了解有助于其进一步把握科技前沿与动态,对更好地开展科学研究和从事经营具有重要的意义。由于对科学新闻了解的动机和目的不同,未成年人的"感兴趣"度大大低于科技工作者等 3 个群体。

（三）未成年人与研究生、大学生的比较

1. 对科学新发现与新发明态度的比较

在 2010 年对研究生与大学生就对科学新发现与新发明态度的调查中,选择"很感兴趣"的比率分别为 29.77%、30.96%,综合比率为 30.80%;选择"感兴趣"的比率分别为 49.62%、38.67%,综合比率为 40.10%;选择"一般化"的比率分别为 19.85%、19.91%,综合比率为 19.90%;选择"不感兴趣"的比率分别为 0、4.14%,综合比率为 3.60%;选择"无所谓"的比率分别为 0、3.22%,综合比率为 2.80%;选择"不知道"的比率分别为 0.76%、3.11%,综合比率为

2.80%。

将未成年人与这 2 个群体进行比较,研究生与大学生选择"很感兴趣"和"感兴趣"的合比率为 70.90%,这一合比率较未成年人低 3.87 个百分点。研究生与大学生选择"一般化"的综合比率较未成年人高,选择"不知道"的综合比率也较未成年人高。比较而言,研究生与大学生对这一问题的清晰性认识较未成年人好,但未成年人对这一问题的态度更显积极。

2. 对新科技应用态度的比较

在 2010 年对研究生与大学生就对新科技应用态度的调查中,选择"很感兴趣"的比率分别为 35.11%、37.51%,综合比率为 37.20%;选择"感兴趣"的比率分别为 34.35%、32.22%,综合比率为 32.50%;选择"一般化"的比率分别为29.01%、18.41%,综合比率为 19.80%;选择"不感兴趣"的比率分别为 0、3.57%,综合比率为 3.10%;选择"无所谓"的比率分别为 1.53%、5.52%,综合比率为5.00%;选择"不知道"的比率分别为 0、2.76%,综合比率为 2.40%。

将未成年人与这 2 个群体进行比较,研究生与大学生对新科技应用表现出"很感兴趣"和"感兴趣"的合比率为 69.70%,这一合比率较未成年人低。研究生与大学生"一般化"的比率均较未成年人高。总的来看,3 个群体对新科技应用均表现出较高的兴趣,研究生与大学生的认识较多地倾向于选择"一般化"。

3. 对科学新闻态度的比较

在 2010 年对研究生与大学生就对科学新闻态度的调查中,选择"很感兴趣"的比率分别为 25.95%、34.29%,综合比率为 33.20%;选择"感兴趣"的比率分别为 37.40%、33.26%,综合比率为 33.80%;选择"一般化"的比率分别为 36.64%、23.82%,综合比率为 25.50%;选择"不感兴趣"的比率分别为 0、3.45%,综合比率为 3.00%;选择"无所谓"的比率分别为 0、3.11%,综合比率为 2.70%;选择"不知道"的比率分别为 0、2.07%,综合比率为 1.80%。

将未成年人与这 2 个群体进行比较,研究生与大学生对科学新闻表示"很感兴趣"和"感兴趣"的合比率为 67.00%,较未成年人的合比率稍低,但从单个选项来看,研究生与大学生选择"感兴趣"的合比率较未成年人高。此外,研究生与大学生对科学新闻较多地持"一般化"的态度。总的来说,未成年人对科学新闻的态度较研究生与大学生更显积极。

（四）未成年人与中学校长、小学校长的比较

1. 对科学新发现与新发明态度的比较

在 2013 年对中学校长与小学校长就对科学新发现与新发明态度的调查中,选择"很感兴趣"的比率分别为 43.41%、28.95%;选择"感兴趣"的比率分别

为 47.80%、55.26%；选择"一般化"的比率分别为 8.24%、15.79%；选择"不知道"的比率分别为 0.55%、0。此外，两个群体选择"不感兴趣"和"无所谓"的比率均为 0。

将未成年人与中小学校长进行比较，中学校长选择"很感兴趣"和"感兴趣"的比率均较未成年人群体高；小学校长选择"感兴趣"的比率较未成年人高 21.12 个百分点，选择"很感兴趣"的比率较未成年人低。总的来看，3 个群体对科学新发现与新发明都表现出一定的兴趣，中学校长的兴趣更浓烈。

2. 对新科技应用态度的比较

在 2013 年对中学校长和小学校长就对新科技应用态度的调查中，选择"很感兴趣"的比率分别为 37.36%、34.21%；选择"感兴趣"的比率分别为 52.75%、55.26%；选择"一般化"的比率分别为 9.89%、10.53%；选择"不感兴趣"、"无所谓"和"不知道"比率均为 0。

将未成年人与中小学校长进行比较，较多的未成年人认为自己对新科技应用"很感兴趣"，超过半数的中小学校长对新科技应用"感兴趣"。未成年人选择"一般化"的比率较中小学校长分别高 7.49 个百分点和 6.85 个百分点。中小学校长选择"不感兴趣"、"无所谓"和"不知道"的比率均为 0。总的来看，中学校长与小学校长对新科技应用的态度比未成年人积极。

3. 对科学新闻态度的比较

在 2013 年对中学校长与小学校长就对科学新闻态度的调查中，选择"很感兴趣"的比率分别为 32.42%、34.21%；选择"感兴趣"的比率分别为 62.64%、55.26%；选择"一般化"的比率分别为 4.95%、10.53%；选择"不感兴趣"、"无所谓"和"不知道"的比率均为 0。

将未成年人与中小学校长进行比较，中小学校长群体对科学新闻表现出很高的热情，其中有 62.64%的中学校长对科学新闻"感兴趣"，约是未成年人同类选项比率的两倍。与此相对应的是，在"一般化"的选择上未成年人表现出较多的保守态度。总的来看，中小学校长对科学新闻的关注度较未成年人高，态度更为积极和乐观。

4. 对医学新进展态度的比较

在 2013 年对中学校长与小学校长就对医学新进展态度的调查中，选择"很感兴趣"的比率分别为 39.01%、28.95%；选择"感兴趣"的比率分别为 51.10%、52.63%；选择"一般化"的比率分别为 8.79%、15.79%；选择"不感兴趣"的比率分别为 0.55%、0；选择"不知道"的比率分别为 0.55%、2.63%；选择"无所谓"的比率均为 0。

将未成年人与中小学校长进行比较，中小学校长表现更多的是"感兴趣"，但"很感兴趣"的比率总体来说也是中小学校长占优势。3 个群体在"一般化"的比率上,未成年人分别较中学校长与小学校长高 18.84 个百分点、11.84 个百分点。总的来看,中学校长与小学校长对医学新进展的态度好于未成年人。

5. 对环境保护态度的比较

在 2013 年对中学校长与小学校长就对环境保护态度的调查中,选择"很感兴趣"的比率分别为 42.31%、42.11%;选择"感兴趣"的比率分别为 53.85%、55.26%;选择"一般化"的比率分别为 3.85%、2.63%;选择"不感兴趣"、"无所谓"和"不知道"的比率均为 0。

将未成年人与中小学校长进行比较,中学校长和小学校长都有超半数的人选择了"感兴趣",且比未成年人对此项的选择都多了约 20 个百分点。可以看出,中小学校长对环境保护的态度呈现出清晰明确的积极性态度。在"一般化"上,未成年人的比率远高于中小学校长。总的来看,中小学校长对这一问题的认识较未成年人更显积极。因此,未成年人的环保意识有待进一步加强。

6. 对灾害防治态度的比较

在 2013 年对中学校长与小学校长就对灾害防治态度的调查中,选择"很感兴趣"的比率分别为 24.18%、28.95%;选择"感兴趣"的比率分别为 64.84%、57.89%;选择"一般化"的比率分别为 10.99%、10.53%;选择"不知道"的比率分别为 0、2.63%;选择"不感兴趣""无所谓"的比率均为 0。

将未成年人与中小学校长进行比较,中学校长与小学校长都有六成左右的人选择了"感兴趣",未成年人在此项上的比率与中小学校长的差距较大,表现出更多的"一般化"态度。未成年人选择"一般化"的比率分别较中学校长和小学校长高 17.12 个百分点和 17.58 个百分点。总的来看,中小学校长对灾害防治的认识较未成年人更为全面深刻,积极性更高,也需要进一步加强对未成年人就灾害防治的宣传教育。

7. 对国防科技态度的比较

在 2013 年对中学校长与小学校长就对国防科技态度的调查中,选择"很感兴趣"的比率分别为 42.31%、39.47%;选择"感兴趣"的比率分别为 50.00%、47.37%;选择"一般化"的比率分别为 7.69%、13.16%;选择"不感兴趣"、"无所谓"和"不知道"的比率均为 0。

将未成年人与中小学校长进行比较,中学校长与小学校长选择"感兴趣"的比率比未成年人分别高 20.90 个百分点、18.27 个百分点。中学校长与小学校长选择"不感兴趣"、"无所谓"和"不知道"的比率均为 0。未成年人选择"一般化"的比率分别较中学校长与小学校长高 15.47 个百分点和 10.00 个百分点。总的来看,虽然未成年人对国防科技的态度较为积极,但与中小学校长群体相比还有一定差距，需要加强相关知识的学习。

8. 对建造航空母舰态度的比较

在 2013 年对中学校长与小学校长就对建造航空母舰态度的调查中，选择"很感兴趣"的比率分别为 53.85%、39.47%；选择"感兴趣"的比率分别为 39.01%、42.11%；选择"一般化"的比率分别为 6.04%、18.42%；选择"不感兴趣"的比率分别为 1.10%、0；选择"无所谓"和"不知道"的比率均为 0。

将未成年人与中小学校长进行比较，中学校长与未成年人在这一问题上的认识排序一致，而小学校长更多地认为自己对航空母舰的建造"感兴趣"。中学校长和小学校长"感兴趣"的比率较未成年人分别高 12.85 个百分点、15.95 个百分点。总的来看，中学校长在对建造航空母舰的态度上要好于其他两个群体。

9. 对我国"神舟"号飞船发射升空态度的比较

在 2013 年对中学校长和小学校长就对我国"神舟"号飞船发射升空态度的调查中，选择"很感兴趣"的比率分别为 71.43%、68.42%；选择"感兴趣"的比率分别为 24.73%、26.32%；选择"一般化"的比率分别为 3.85%、5.26%；选择"不感兴趣"、"无所谓"和"不知道"的比率均为 0。

将未成年人与中小学校长进行比较，中学校长和小学校长对"神舟"号飞船发射升空"很感兴趣"的比率较未成年人分别高 13.73 个百分点、10.72 个百分点。中小学校长选择"不感兴趣"、"无所谓"和"不知道"的比率为 0。总的来看，3 个群体对我国"神舟"号飞船发射升空的态度都较为积极，可见，我国航空航天事业的发展受到了包括未成年人在内的很多人的关注。但就感兴趣的强烈程度而言，中小学校长对"神舟"号飞船发射升空更感兴趣。

10. 对我国建造核电站态度的比较

在 2013 年对中学校长与小学校长就对我国建造核电站态度的调查中，选择"很感兴趣"的比率分别为 26.37%、26.32%；选择"感兴趣"的比率分别为 50.00%、39.47%；选择"一般化"的比率分别为 19.23%、21.05%；选择"不感兴趣"的比率分别为 2.20%、10.53%；选择"无所谓"的比率分别为 2.20%、0；选择"不知道"的比率分别为 0、2.63%。

将未成年人与中小学校长进行比较，有半数的中学校长表达了对核电站建造"感兴趣"，且比率较未成年人高 18.95 个百分点，未成年人更多地是认为自己对我国建造核电站"很感兴趣"，态度较为自信。

（五）基本认识

1. 大多数未成年人对科学相关问题表现出较为浓厚的兴趣且态度较为积极

以上 10 个方面的问题涉及医学、新闻、环保、自然灾害、国防科技等各个领域，从数据来看，大多数未成年人对这些问题均表现出浓厚的兴趣，反映了未成年人对科学问题的喜爱。从调查问题的涉及面来看，未成年人对生活关注的维度广，涉猎的知识多。总的来说，未成年人对科学相关问题的态度积极，表现出良好的价值认知，总体较为乐观，仍需保持这种良好的势头，验证了假设三。

2. 未成年人的自我评价较成年人群体高

在未成年人与成年人的比较中，未成年人对科学相关问题的认识更多地倾向于"很感兴趣"，成年人群体选择"感兴趣"的居多。由此不仅可以看出两者对科学相关问题认识的较大差异性，更能反映出未成年人对自身科学素质的自我评价一般要好于其他群体的自我评价，验证了假设一。但应当正确认识与对待未成年人自身的评价，毕竟未成年人对问题的认识带有一定的自我主观性成分，对问题的认识尚不全面。辩证客观地看待未成年人的自我评价，针对不足和需改进之处提出有针对性的教育策略，以期提高对未成年人科学素质教育的实效性。

3. 对未成年人相关科学问题的教育应常抓不懈

这里所说的科学相关问题的教育更多的是针对未成年人自身的实际而展开的相关教育，具有一定的契合性。从未成年人对科学相关问题的认识来看，大多数未成年人对科学问题表现出浓厚兴趣。但值得注意的是，仍有少数未成年人对科学知识不关心，甚至持有怀疑态度。从这个层面来说，加强未成年人科学相关问题的教育依旧任重而道远。因此，针对态度表现较为消极的未成年人，要进一步加强对这部分未成年人科学知识的普及，切实改变其对科学相关问题的态度，增强其对科学问题的兴趣。未成年人科学教育的成效不是一蹴而就的，而是一个循序渐进的过程。因此，相关的科学教育工作应努力体现持续性特点，常抓不懈。

四　未成年人的科学普及情况

（一）对科学普及的态度

1. 未成年人对科学普及的态度

如表 5-30 所示，未成年人对科学普及"很感兴趣"的比率为 37.13%。"很不感兴趣"和"不感兴趣"的合比率为 14.80%。79.44% 的未成年人对科学普及表现出浓厚的兴趣。对科学普及表现出浓厚的兴趣有助于其更好地理解科学知识，了解科技发展的最新动态。

从 2015 年与 2012 年的比较来看，2015 年选择"很感兴趣"的比率较 2012 年低 2.37 个百分点，选择"很不感兴趣"的比率较 2012 年高 1.56 个百分点。

从率差来看，未成年人对科学普及的兴趣有所降低，但总的来看，大多数未成年人对科学普及表现出较高的兴趣。

表 5-30　未成年人眼中的科学普及

选项	总			2012 年		2013 年		2014 年		2015 年		2015 年与 2012 年比较率差
	人数/人	比率/%	排序	人数/人	比率/%	人数/人	比率/%	人数/人	比率/%	人数/人	比率/%	
很感兴趣	3538	37.13	2	894	42.49	1108	37.33	927	31.55	609	40.12	-2.37
感兴趣	4031	42.31	1	815	38.74	1217	41	1398	47.58	601	39.59	0.85
很不感兴趣	661	6.94	4	128	6.08	238	8.02	179	6.09	116	7.64	1.56
不感兴趣	749	7.86	3	161	7.65	222	7.48	260	8.85	106	6.98	-0.67
不知道	549	5.76	5	106	5.04	183	6.17	174	5.92	86	5.67	0.63
合计	9528	100		2104	100	2968	100	2938	100	1518	100	0

2. 未成年人与中学老师、家长的比较

如表 5-31 所示，未成年人更多地表现出对科学普及"很感兴趣"（37.13%），在这一选项上，未成年人的比率较中学老师和家长高。未成年人"感兴趣"的比率较中学老师低 7.09 个百分点，较家长低 16.81 个百分点。其他选项的率差相差不大。可见，3 个群体对科学普及的态度都较积极。

表 5-31　未成年人与中学老师、家长对科学普及态度的比较

选项	未成年人（2012~2015 年）			中学老师（2012~2013 年）			家长（2012~2013 年）			未成年人与中学老师比较率差	未成年人与家长比较率差
	人数/人	比率/%	排序	人数/人	比率/%	排序	人数/人	比率/%	排序		
很感兴趣	3538	37.13	2	154	31.05	2	108	21.64	2	6.08	15.49
感兴趣	4031	42.31	1	245	49.40	1	295	59.12	1	-7.09	-16.81
很不感兴趣	661	6.94	4	34	6.85	4	33	6.61	3	0.09	0.33
不感兴趣	749	7.86	3	25	5.04	5	30	6.01	5	2.82	1.85
不知道	549	5.76	5	38	7.66	3	33	6.61	3	-1.90	-0.85
合计	9528	100		496	100		499	100		0	0

3. 未成年人与中学校长、德育干部、小学校长的比较

如表 5-32 所示，中学校长等 3 个群体选择"很感兴趣"和"感兴趣"的合比率为 96.19%，较未成年人高 16.75 个百分点，其中中学校长等 3 个群体选择

"感兴趣"的比率较未成年人高。在"很不感兴趣"、"不感兴趣"和"不知道"选项上，未成年人的比率较中学校长等 3 个群体均高。中学校长等 3 个群体对科学普及"感兴趣"，且与未成年人相比率差较大，仍有一部分未成年人的科学普及兴趣有待提高。

表 5-32　未成年人与中学校长、德育干部、小学校长对科学普及态度的比较

| 选项 | 未成年人（2012~2015 年） | | | 中学校长等 3 个群体（2013 年） | | | | | | | | | | 未成年人与中学校长比较率差 | 未成年人与德育干部比较率差 | 未成年人与小学校长比较率差 |
| | | | | 合 | | 中学校长 | | 德育干部 | | 小学校长 | | | | | | |
	人数/人	比率/%	排序	人数/人	比率/%	人数/人	比率/%	人数/人	比率/%	人数/人	比率/%					
很感兴趣	3538	37.13	2	64	24.33	45	24.73	9	20.93	10	26.32			12.40	16.2	10.81
感兴趣	4031	42.31	1	189	71.86	131	71.98	32	74.42	26	68.42			−29.67	−32.11	−26.11
很不感兴趣	661	6.94	4	5	1.90	3	1.65	1	2.33	1	2.63			5.29	4.61	4.31
不感兴趣	749	7.86	3	2	0.76	2	1.10	0	0	0	0			6.76	7.86	7.86
不知道	549	5.76	5	3	1.14	1	0.55	1	2.33	1	2.63			5.21	3.43	3.13
合计	9528	100		263	100	182	100	43	100	38	100			0	0	0

（二）对科学普及知识的掌握

1. 未成年人对科学普及知识的掌握情况

如表 5-33 所示，未成年人选择"很丰富"和"丰富"的合比率为 53.13%，选择"很不丰富"和"不丰富"的合比率为 28.90%。其中选择"根本不了解"和"不知道"的比率较小。从数据来看，超过半数的未成年人拥有较丰富的科学普及知识。

从 2015 年与 2012 年的比较来看，未成年人掌握科普知识的丰富程度大致相同，"很不丰富"和"了解很少"的比率有所下降，认为"不丰富"的比率有所上升。从整体上看，"很丰富"和"丰富"的合比率不高。因此，未成年人应努力丰富自身的科普知识。

表 5-33　未成年人对科学普及知识的掌握情况

| 选项 | 总 | | | 2012 年 | | 2013 年 | | 2014 年 | | 2015 年 | | 2015 年与2012 年比较率差 |
	人数/人	比率/%	排序	人数/人	比率/%	人数/人	比率/%	人数/人	比率/%	人数/人	比率/%	
很丰富	1712	17.97	2	431	20.48	648	21.83	358	12.19	275	18.12	−2.36
丰富	3350	35.16	1	695	33.03	938	31.6	1190	40.5	527	34.72	1.69
很不丰富	1409	14.79	3	340	16.16	459	15.46	410	13.96	200	13.18	−2.98

续表

选项	总			2012 年		2013 年		2014 年		2015 年		2015 年与2012 年比较率差
	人数/人	比率/%	排序	人数/人	比率/%	人数/人	比率/%	人数/人	比率/%	人数/人	比率/%	
不丰富	1344	14.11	4	260	12.36	383	12.9	438	14.91	263	17.33	4.97
了解很少	1075	11.28	5	236	11.22	327	11.02	378	12.87	134	8.83	−2.39
根本不了解	222	2.33	7	60	2.85	72	2.43	67	2.28	23	1.52	−1.33
不知道	416	4.37	6	82	3.90	141	4.75	97	3.3	96	6.32	2.42
合计	9528	100		2104	100	2968	100	2938	100	1518	100	0

2. 未成年人与中学老师、家长的比较

如表 5-34 所示，未成年人选择"很丰富"和"丰富"的合比率为 53.13%，中学老师同类选项的合比率为 49.66%，家长同类选项的合比率为 46.21%。从单个选项看，中学老师"丰富"的比率是 3 个群体中最高的。在"很不丰富"和"不丰富"上，中学老师与家长的比率较未成年人高。从数据来看，中学老师与家长认为自身的科普知识还算"丰富"，但离"很丰富"还有距离。3 个群体中，未成年人的认识相对乐观。

表 5-34　未成年人与中学老师、家长对科学普及知识掌握情况的比较（2012～2015 年）

选项	未成年人			中学老师			家长			未成年人与中学老师比较率差	未成年人与家长比较率差
	人数/人	比率/%	排序	人数/人	比率/%	排序	人数/人	比率/%	排序		
很丰富	1712	17.97	2	93	10.54	4	111	12.54	4	7.43	5.43
丰富	3350	35.16	1	345	39.12	1	298	33.67	1	−3.96	1.49
很不丰富	1409	14.79	3	175	19.84	2	165	18.64	2	−5.05	−3.85
不丰富	1344	14.11	4	155	17.57	3	161	18.19	3	−3.46	−4.08
了解很少	1075	11.28	5	60	6.80	5	104	11.75	5	4.48	−0.47
根本不了解	222	2.33	7	24	2.72	7	17	1.92	7	−0.39	0.41
不知道	416	4.37	6	30	3.40	6	29	3.28	6	0.97	1.09
合计	9528	100		882	100		885	100		0	0

3. 未成年人与中学校长、德育干部、小学校长的比较

如表 5-35 所示，中学校长等 3 个群体选择"很丰富"和"丰富"的合比率为 50.94%，较未成年人低。从单个选项来看，中学校长和小学校长选择"丰富"

的比率均较未成年人高。在"了解很少"和"根本不了解"选项上，未成年人的比率较中学校长等 3 个群体均高。从数据来看，未成年人的科普知识的储备没有中学校长等 3 个群体丰富，仍需加强学习。

表 5-35　未成年人与中学校长、德育干部、小学校长对科学普及知识掌握的比较

选项	未成年人（2012～2015 年）			中学校长等 3 个群体（2013 年）									未成年人与中学校长比较率差	未成年人与德育干部比较率差	未成年人与小学校长比较率差
				合		中学校长		德育干部		小学校长					
	人数/人	比率/%	排序	人数/人	比率/%	人数/人	比率/%	人数/人	比率/%	人数/人	比率/%				
很丰富	1712	17.97	2	52	9.74	27	7.58	14	32.56	11	8.15		10.39	−14.59	9.82
丰富	3350	35.16	1	220	41.20	156	43.82	11	25.58	53	39.26		−8.66	9.58	−4.10
很不丰富	1409	14.79	3	78	14.61	63	17.7	1	2.33	14	10.37		−2.91	12.46	4.42
不丰富	1344	14.11	4	142	26.59	88	24.72	13	30.23	41	30.37		−10.61	−16.12	−16.26
了解很少	1075	11.28	5	33	6.18	18	5.06	3	6.98	12	8.89		6.22	4.30	2.39
根本不了解	222	2.33	7	3	0.56	2	0.56	0	0	1	0.74		1.77	2.33	1.59
不知道	416	4.37	6	6	1.12	2	0.56	1	2.33	3	2.22		3.81	2.04	2.15
合计	9528	100		534	100	356	100	43	100	135	100		0	0	0

（三）基本认识

1. 未成年人对科学普及呈现出积极的态度

未成年人正处于增长知识的黄金时期，在对未成年人就对科学普及态度的调查中，未成年人对科普知识很感兴趣的占据多数。可能是因为未成年人获取科普知识的渠道增多，再加上同辈群体的影响，未成年人对科普知识的感兴趣程度有所提高。此外，与未成年人对待科普态度有所区别的是，成年人群体更多地倾向于选择"感兴趣"选项。可以看出，未成年人的积极性较高。可见未成年人对科学常识的了解有了较大进展，表明科学教育已有一定成效，与假设四吻合。

对未成年人进行科学教育，不仅是知识层面的教育，更重要的是思想观念层面的引导。"知""行"层面的教育在一定程度上促成未成年人对科学普及朝着更为积极的方向发展。

2. 未成年人需进一步丰富自身的科普知识

在对未成年人科普知识掌握情况的调查中，未成年人选择"了解很少"、"根本不了解"以及"不知道"的比率较高。可以看出，各群体特别是未成年人群体的掌握程度不容乐观。未成年人在对科普有较高兴趣、积极性、热情的基础上，还应掌握具体的科普知识，真正做到"知行合一"。因此，未成年人在

培养良好的科学兴趣的同时，不应忘记丰富相关的科普知识，在学习和生活中不断充电，用知识提升自我。掌握丰富的科普知识有助于未成年人辨别生活中的迷信以及伪科学现象，为良好社会风气的营造贡献自己的力量。

3. 创造增强科普教育实效性的重要条件

在未成年人中开展科普教育的相关活动，目的是提高未成年人对科学的认识，增强了解科学和学习科学的动力和热情。对未成年人开展科普教育的主体不仅可以由学校来承担，社会同样发挥着重要的作用。无论采取何种形式的教育，重要的是提高科学教育的实效性，使未成年人真切地感受科普魅力。努力转变未成年人对科普的态度，并努力与掌握科普知识相结合，是增强科普教育实效性的重要条件。

五 未成年人对迷信及伪科学的态度

未成年人对迷信的态度是其是否具备科学素质的试金石。如果相信"算命"并且"算过命"，那么这个未成年人的科学素质一般不可能很好。当今传统的街头"算命"市场还很旺盛，同时，求签、相面、星座预测、碟仙、笔仙、周公解梦、网络占卜等披着"高科技"外衣的迷信也有发展之势。

（一）未成年人的认识

1. 未成年人相信"算命"的情况

如表 5-36 所示，2007～2015 年（不含 2012 年）的八年调查的总比率的排序是："不相信"（52.98%）、"有点相信，但不全信"（30.74%）、"相信"（12.86%）、"不知道"（3.42%）。从数据来看，"不相信""算命"的未成年人为多数，但"相信"与"有点相信，但不全信"的合比率为 43.60%，这个数字不小，可见，迷信在超四成的未成年人心目中占有较大比重，这与 2001 年甘肃省科学技术协会的"认为算命是科学的占 7.9%，认为电脑算命是科学的占 17%，认为'8'和'6'确实能给我们带来好运的占 15.4%"（韩克茵，2002）、2002 年 1 月河北省的"2%的中学生相信算命、42%的中学生对算命持半信半疑态度"（李和平和安拴虎，2003）、2003 年 4 月湖南省株洲市的"有 1.80%的中学生认为'算命非常科学'，23.18%的中学生认为'算命有点科学'"（黄国雄，2004），以及广东省珠海市教育局 2008 年的"近四成中学生相信算命"（贺玉玲，2008）的调查结果近似。

从两个阶段的比较来看，阶段（二）选择"不相信"的比率较阶段（一）低 14.34 个百分点，选择"有点相信，但不全信"和"相信"的比率均较阶段

（一）高。从率差来看，未成年人相信"算命"的比率有所上升。因此，仍需进一步加强对未成年人的教育与引导，使其正确认识与看待科学。

表 5-36 未成年人相信"算命"的情况

选项	总		（一）					（二）					（二）与（一）比较率差
	比率/%	排序	2007年比率/%	2008年比率/%	2009年比率/%	2010年比率/%	合比率/%	2011年比率/%	2013年比率/%	2014年比率/%	2015年比率/%	合比率/%	
不相信	52.98	1	56.52	60.32	64.71	59.04	60.15	56.24	63.68	53.57	9.76	45.81	−14.34
相信	12.86	3	10.87	6.19	6.77	6.25	7.52	9.17	10.38	9.36	43.90	18.20	10.68
有点相信，但不全信	30.74	2	23.02	31.06	26.31	31.40	27.95	32.31	22.71	35.23	43.90	33.54	5.59
不知道	3.42	4	9.59	2.43	2.21	3.31	4.39	2.28	3.23	1.84	2.44	2.45	−1.94
合计	100		100	100	100	100	100	100	100	100	100	100	0

2. 未成年人"算命"的情况

如表 5-37 所示，八年调查总比率的排序是："没算过"（59.52%）、"算过"（29.24%）、"搞不清楚"（11.24%）。显然，"没算过"命的未成年人占多数，"算过"命的未成年人约占三成，与 2003 年河北省的一项调查"33%的未成年人算过命"（李和平和安拴虎，2003）的比率相近。一般而言，"相信""算命"的未成年人会找机会去"算命"，"有点相信，但不全信"的未成年人却不一定去，因此，真的"算过命"的未成年人的比率比相信"算命"的未成年人的比率小。根据中国科普研究所科学素质研究室张超研究员"曾经算过命，即使他的其余问题全部答对，也不能算是具备公民基本科学素质"（何微等，2008）的判据，本调查所得的 29.24%"算过命"的未成年人的科学素质被一票否决，也就是说至少有 29.24%的未成年人不具备科学素质。

从两个阶段的比较来看，阶段（二）选择"算过"的比率较阶段（一）低1.72 个百分点，选择"搞不清楚"的比率较阶段（一）高 2.61 个百分点。从率差来看，未成年人"算过"与"没算过"的比率都有所降低，而"搞不清楚"的比率有所上升，可见未成年人对这一问题的认识还较为模糊。

表 5-37 未成年人"算命"的情况

选项	总		（一）					（二）					（二）与（一）比较率差
	比率/%	排序	2007年比率/%	2008年比率/%	2009年比率/%	2010年比率/%	合比率/%	2011年比率/%	2013年比率/%	2014年比率/%	2015年比率/%	合比率/%	
算过	29.24	2	35.5	28.15	27.8	28.93	30.10	31.28	38.34	21.95	21.95	28.38	−1.72

续表

选项	总		（一）					（二）					（二）与（一）比较率差
	比率/%	排序	2007年比率/%	2008年比率/%	2009年比率/%	2010年比率/%	合比率/%	2011年比率/%	2013年比率/%	2014年比率/%	2015年比率/%	合比率/%	
没算过	59.52	1	51.07	63.75	65.34	59.71	59.97	60.18	56.06	73.69	46.34	59.07	-0.90
搞不清楚	11.24	3	13.43	8.10	6.86	11.36	9.94	8.54	5.59	4.36	31.71	12.55	2.61
合计	100		100	100	100	100	100	100	100	100	100	100	0

3. 未成年人相信"求签、相面、星座预测、碟仙、笔仙、周公解梦、网络占卜"的情况

如表 5-38 所示，2007～2014 年（不含 2012 年）的七年调查的总比率的排序是："不相信"（39.15%）、"有些相信"（27.09%）、"很相信"（17.70%）、"不知道"（16.07%）。"很相信"与"有些相信"的合比率（44.79%）比"不相信"的比率高 5.64 个百分点，表明"求签"等非科学的预测方法在未成年人中有较大市场。这与 2006 年北京市"对于传统迷信在互联网上摇身一变为'科学预测'的'高科技迷信'，竟有一半的中学生'有点相信'或'很相信'"的调查结果（熊言豪，2006）相似。

从两个阶段的比较来看，阶段（二）选择"很相信"的比率较阶段（一）高 18.66 个百分点，未成年人对求签等"很相信"的比率上升，这一现象应引起相关部门的高度重视，进一步加强对未成年人的科学教育与引导。

表 5-38 未成年人相信"求签、相面、星座预测、碟仙、笔仙、周公解梦、网络占卜"的情况

选项	总		（一）					（二）				（二）与（一）比较率差
	比率/%	排序	2007年比率/%	2008年比率/%	2009年比率/%	2010年比率/%	合比率/%	2011年比率/%	2013年比率/%	2014年比率/%	合比率/%	
很相信	17.70	3	13.63	6.34	5.19	8.32	8.37	10.82	16.71	53.57	27.03	18.66
有些相信	27.09	2	28.47	28.97	27.53	34.87	29.96	34.59	28.71	9.36	24.22	-5.74
不相信	39.15	1	35.01	41.84	44	38.22	39.77	46.71	33.63	35.23	38.52	-1.25
不知道	16.07	4	22.89	22.86	23.29	18.60	21.91	7.88	20.95	1.84	10.22	-11.69
合计	100		100	100	100	100	100	100	100	100	100	0

4. 未成年人处理"求签、相面、星座预测、碟仙、笔仙、周公解梦、网络占卜"预测方法的方式

如表 5-39 所示，超过半数的未成年人对"求签、相面、星座预测、碟仙、笔

仙、周公解梦、网络占卜"预测方法持不理睬的态度。选择"查询有关书籍或询问亲友"的比率为 18.32%，选择"不知道"的比率为 15.59%。其中 10.55% 的未成年人会遵循预测者提供的方法，对于这部分未成年人一定要进一步加强教育与引导，让他们明白这些预测者所提供的方法有悖科学逻辑与思维，是不科学的表现。

从两个阶段的比较来看，阶段（二）选择"不理睬"和"查询有关书籍或询问亲友"的比率均较阶段（一）有所提高，其他选项的比率均有所降低。从率差来看，未成年人对这一问题有着较为理性的认识，看法也逐渐科学和客观，从侧面反映了未成年人具有较好的科学素质。

表 5-39　未成年人处理"求签、相面、星座预测、碟仙、笔仙、周公解梦、网络占卜"预测方法的方式

选项	总		（一）					（二）			（二）与（一）比较率差
	比率/%	排序	2007年比率/%	2008年比率/%	2009年比率/%	2010年比率/%	合比率/%	2011年比率/%	2013年比率/%	合比率/%	
不理睬	55.55	1	44.73	59.30	60.56	52.32	54.23	55.98	57.75	56.87	2.64
查询有关书籍或询问亲友	18.32	2	16.12	13.54	16.34	22.31	17.08	21.13	17.96	19.55	2.47
遵循预测者提供的方法	10.55	4	19.24	9.27	7.58	11.52	11.90	8.70	9.70	9.20	-2.70
不知道	15.59		19.90	17.89	15.52	13.84	16.79	14.19	14.59	14.39	-2.40
合计	100		100	100	100	100	100	100	100	100	0

5. 未成年人"算命"的原因

如表 5-40 所示，未成年人选择的总比率排序是："好奇心"（43.89%）、"不清楚"（24.46%）、"家里人让算的"（17.74%）、"相信灵验"（8.23%）、"从众心理"（5.70%）。由连续九年的调查可知，未成年人大多是因为"好奇心"而"算命"的，还有部分未成年人甚至不清楚自己为何要"算命"。

从两个阶段的比较来看，阶段（二）选择"相信灵验"以及"不清楚"的比率较阶段（一）有所上升，其他选项的比率均有所下降。未成年人自身缺乏辨别是非能力，加之心智发展不成熟等因素的影响，较易相信"算命"的力量，这一问题需引起成年人的高度注意与反思。

表 5-40　未成年人"算命"的原因

选项	总		（一）					（二）						（二）与（一）比较率差
	比率/%	排序	2007年比率/%	2008年比率/%	2009年比率/%	2010年比率/%	合比率/%	2011年比率/%	2012年比率/%	2013年比率/%	2014年比率/%	2015年比率/%	合比率/%	
好奇心	43.89	1	31.46	48.37	46.98	50.00	44.20	46.76	45.67	46.7	35.97	42.75	43.57	-0.63

续表

选项	总		（一）					（二）						（二）与（一）比较率差
	比率/%	排序	2007年比率/%	2008年比率/%	2009年比率/%	2010年比率/%	合比率/%	2011年比率/%	2012年比率/%	2013年比率/%	2014年比率/%	2015年比率/%	合比率/%	
相信灵验	8.23	4	12.71	5.04	6.59	6.10	7.61	10.67	11.31	9.00	4.03	9.22	8.85	1.24
家里人让算的	17.74	3	23.45	15.45	16.47	16.22	17.90	17.04	17.45	16.91	18.45	17.98	17.57	-0.33
从众心理	5.70	5	11.53	4.22	6.41	5.11	6.82	2.9	3.99	6.00	3.72	6.26	4.57	-2.25
不清楚	24.46	2	20.85	26.91	23.56	22.57	23.47	22.63	21.58	21.39	37.83	23.78	25.44	1.97
合计	100		100	100	100	100	100	100	100	100	100	100	100	0

（二）未成年人与相关群体的比较

1. 相信"算命"的比较

1）未成年人与中学老师、家长的比较

如表 5-41 所示，中学老师与家长群体"不相信""算命"的总比率为 52.49%，这一比率稍低于未成年人。中学老师与家长选择"有点相信，但不全信"的比率较未成年人高。此外，未成年人"相信"的比率较其他两个群体高。从 3 个群体的比较可知，中学老师与家长的选择排序和未成年人相同，但较多的未成年"相信""算命"。对此，应加强对未成年人的教育与引导，使未成年人对事物的价值认知符合科学素质的发展要求。

表 5-41 未成年人与中学老师、家长相信"算命"情况的比较

选项	未成年人（2007~2011年、2013~2015年）		中学老师与家长						未成年人与中学老师比较率差	未成年人与家长比较率差
			合		中学老师（2012~2015年）		家长（2012~2015年）			
	均率/%	排序	人数/人	比率/%	人数/人	比率/%	人数/人	比率/%		
不相信	52.98	1	929	52.49	443	50.23	486	54.73	2.75	-1.75
相信	12.86	3	171	9.66	84	9.52	87	9.80	3.34	3.06
有点相信，但不全信	30.74	2	590	33.33	297	33.67	293	33.00	-2.93	-2.26
不知道	3.42	4	80	4.52	58	6.58	22	2.48	-3.16	0.94
合计	100		1770	100	882	100	888	100	0	0

2）未成年人与科技工作者，科技型中小企业家，教育、科技、人事管理部门领导的比较

在 2010 年对科技工作者、科技型中小企业家，教育、科技、人事管理部门领导相信"算命"情况的调查中，选择"不相信"的比率分别为 69.23%、51.22%、58.82%，综合比率为 62.65%；选择"相信"的比率分别为 1.10%、7.32%、0，综合比率为 2.41%；选择"有点相信，但不全信"的比率分别为 27.47%、36.59%、41.18%，综合比率为 32.53%；选择"不知道"的比率分别为 2.20%、4.88%、0，综合比率为 2.41%。

将未成年人与这 3 个群体进行比较，科技工作者等 3 个群体"不相信""算命"的比率为 62.65%，"有点相信，但不全信"的比率为 32.53%，选择"相信"与"不知道"的比率均为 2.41%。比较可知，科技工作者等 3 个群体由于工作性质的原因，"不相信""算命"的比率比未成年人高了近一成，科技工作者等 3 个群体"相信""算命"的比率也大大低于未成年人。因此，未成年人应多涉猎科学知识，不能盲目相信迷信。

3）未成年人与研究生、大学生的比较

在 2010 年对研究生与大学生相信"算命"情况的调查中，选择"不相信"的比率分别为 49.62%、48.79%，综合比率为 48.90%；选择"相信"的比率分别为 11.45%、9.32%，综合比率为 9.60%；选择"有点相信，但不全信"的比率分别为 38.17%、33.83%，综合比率为 34.40%；选择"不知道"的比率分别为 0.76%、8.06%，综合比率为 7.10%。

将未成年人与这 2 个群体进行比较，研究生与大学生"不相信""算命"的比率为 48.90%，比未成年人低；研究生与大学生"相信"的比率较未成年人分别低 1.41 个百分点和 3.54 个百分点；在"有点相信，但不全信"上，研究生与大学生的比率分别较未成年人高 7.43 个百分点和 3.09 个百分点。在 3 个群体中，未成年人"相信""算命"的比率最高，需加强相关教育。

4）未成年人与中学校长、德育干部、小学校长的比较

如表 5-42 所示，中学校长等 3 个群体"不相信""算命"的比率为 60.30%，"有点相信，但不全信"的比率为 28.84%，"相信"的比率为 7.87%，"不知道"的比率为 3.00%。比较可知，小学校长"不相信""算命"的比率最高，4 个群体中未成年人是"相信""算命"比率较高的群体，可见，对未成年人的科学教育不能松懈。

表 5-42　未成年人与中学校长、德育干部、小学校长相信"算命"情况的比较

选项	未成年人（2007~2011年、2013~2015年）		中学校长等3个群体								未成年人与中学校长比较率差	未成年人与德育干部比较率差	未成年人与小学校长比较率差
			合		中学校长（2013~2015年）		德育干部（2013年）		小学校长（2013~2015年）				
	均率/%	排序	人数/人	比率/%	人数/人	比率/%	人数/人	比率/%	人数/人	比率/%			
不相信	52.98	1	322	60.30	213	59.83	23	53.49	86	63.70	-6.85	-0.51	-10.72
相信	12.86	3	42	7.87	30	8.43	3	6.98	9	6.67	4.43	5.88	6.19
有点相信，但不全信	30.74	2	154	28.84	103	28.93	17	39.53	34	25.19	1.81	-8.79	5.55
不知道	3.42	4	16	3.00	10	2.81	0	0	6	4.44	0.61	3.42	-1.02
合计	100		534	100	356	100	43	100	135	100	0	0	0

2. "算命"的比较

1）未成年人与科技工作者，科技型中小企业家，教育、科技、人事管理部门领导的比较

在 2010 年对科技工作者，科技型中小企业家，教育、科技、人事管理部门领导的调查中，选择"算过"的比率分别为 24.18%、31.71%、64.71%，综合比率为 34.34%；选择"没算过"的比率分别为 72.53%、63.41%、29.41%，综合比率为 61.45%；选择"搞不清楚"的比率分别为 3.30%、4.88%、5.88%，综合比率为 4.22%。

将未成年人与这 3 个群体进行比较，除教育、科技、人事管理部门领导外，其余 2 个群体选择"没算过"的比率较未成年人高，其中科技工作者选择"没算过"的比率最高。从数据对比可知，有较多的未成年人对这个问题"搞不清楚"，可见，未成年人的心智还未成熟，对生活中的迷信现象和行为不知所措，应加以正确引导。

2）未成年人与研究生、大学生的比较

在 2010 年对研究生和大学生的调查中，选择"算过"的比率分别为 40.46%、26.58%，综合比率为 28.40%；选择"没算过"的比率分别为 57.25%、61.57%，综合比率为 61.00%；选择"搞不清楚"的比率分别为 2.29%、11.85%，综合比率为 10.60%。

将未成年人与这 2 个群体进行比较，3 个群体选择"没算过"的比率相差不大，研究生"算过"命的比率最大（40.46%），比未成年人高 11.22 个百分

点。可见在这 3 个群体中，未成年人与大学生的情况较好。

3）未成年人与中学校长、德育干部、小学校长的比较

如表 5-43 所示，中学校长等 3 个群体选择的排序是："没算过"（61.80%）、"算过"（31.09%）、"搞不清楚"（7.12%）。大多数中小学校长与德育干部都"没算过"命。值得注意的是，这 3 个群体中仍有三成多的人"算过"命，这一情况值得这 3 个群体反思。比较可知，小学校长"没算过"命的比率最高（65.19%），未成年人"算过"命的比率最低。

表 5-43　未成年人与中学校长、德育干部、小学校长"算命"情况的比较

选项	未成年人（2007～2011年、2013～2015年）		中学校长、德育干部、小学校长								未成年人与中学校长比较率差	未成年人与德育干部比较率差	未成年人与小学校长比较率差
			合		中学校长（2013～2015年）		德育干部（2013年）		小学校长（2013～2015年）				
	均率/%	排序	人数/人	比率/%	人数/人	比率/%	人数/人	比率/%	人数/人	比率/%			
算过	29.24	2	166	31.09	107	30.06	16	37.21	43	31.85	-0.82	-7.97	-2.61
没算过	59.52	1	330	61.80	217	60.96	25	58.14	88	65.19	-1.44	1.38	-5.67
搞不清楚	11.24	3	38	7.12	32	8.99	2	4.65	4	2.96	2.25	6.58	8.28
合计	100		534	100	356	100	43	100	135	100	0	0	0

4）未成年人与中学老师、家长的比较

如表 5-44 所示，中学老师与家长选择的排序是："没算过"（54.52%）、"算过"（35.14%）、"搞不清楚"（10.34%）。比较可知，家长"算过"命的比率最高（37.50%），中学老师与家长 2 个群体"算过"命的比率都比未成年人高。可见，未成年人参与"算命"与中学老师、家长的影响有一定的关系。中学老师与家长应规范自己的言行，不要为未成年人作负面示范，以自己不相信"算命"与不"算命"的行为影响未成年人。

表 5-44　未成年人与中学老师、家长"算命"情况的比较

选项	未成年人（2007～2011年、2013～2015年）		中学老师与家长						未成年人与中学老师比较率差	未成年人与家长比较率差
			合		中学老师（2012～2015年）		家长（2012～2015年）			
	均率/%	排序	人数/人	比率/%	人数/人	比率/%	人数/人	比率/%		
算过	29.24	2	622	35.14	289	32.77	333	37.50	-3.53	-8.26
没算过	59.52	1	965	54.52	473	53.63	492	55.41	5.89	4.11

续表

选项	未成年人（2007~2011年、2013~2015年）		中学老师与家长						未成年人与中学老师比较率差	未成年人与家长比较率差
			合		中学老师（2012~2015年）		家长（2012~2015年）			
	均率/%	排序	人数/人	比率/%	人数/人	比率/%	人数/人	比率/%		
搞不清楚	11.24	3	183	10.34	120	13.61	63	7.09	−2.37	4.15
合计	100		1770	100	882	100	888	100	0	0

（三）基本认识

1. 大多数未成年人对迷信和伪科学行为有较为正确和明晰的认识

从数据来看，52.98%的未成人表示不相信"算命"这一迷信行为（表5-36），55.55%的未成年人处理"求签、相面、星座预测、碟仙、笔仙、周公解梦、网络占卜"预测方法的方式是"不理睬"（表5-39），还有部分未成年人会选择通过"查询有关书籍或询问亲友"的方式来处理这一问题。从未成年人对待迷信和伪科学的表现来看，大多数未成年人都有较强的明辨是非的能力；从未成年人的态度倾向可以看出，未成年人具有良好的科学素质，对科学常识的了解有了较大的进展，表明对未成年人的科学教育取得了一定成效，进一步验证了假设四。

2. 部分未成年人受家长与从众心理等因素的影响会涉足迷信和伪科学

在对未成年人"算命"情况的调查中，29.24%的未成年人表示"算过"命（表5-37），部分未成年人还表示会遵循"求签、相面、星座预测、碟仙、笔仙、周公解梦、网络占卜"预测者提供的方法。从数据可知，仍有部分未成年人会涉足迷信和伪科学。在涉足原因的调查中，17.74%的未成年人表示是家里人让算的，5.70%的未成年人则表示受"从众心理"的影响（表5-40）。由此看来，部分未成年人并没有端正自己的态度，没有树立科学的思维方式，没有养成良好的科学素质，对迷信和伪科学持有"暧昧"和模糊不清的态度。

3. 未成年人相信迷信与伪科学的程度低于一般公众，但呈现出的势头不容乐观

现实生活中有些问题暂时无法用科学回答，于是一些家长、老师多多少少都会用"算命"的方式来解决问题以求心理安慰。随着科技的进步，一些迷信也披上了"科学"的外衣，比如网络占卜，这些无疑都为迷信行为增加了受众，特别是未成年人的好奇心较强，容易受到迷信的迷惑。从数据比较来看，未成年人相信迷信与伪科学的程度虽低于一般公众，不相信"算命"的未成年人多

了，但"算命"的未成年人也多了，呈现出些许不容乐观的势头，验证了假设五。同时，由于教育者以及家长等群体自身有一些迷信行为，在一定程度上对未成年人群体也产生了较严重的负面影响，因此，解决未成年人迷信思想与行为的问题要从多方面全方位着手。

六 未成年人具备的科学素质

（一）相关群体的看法

未成年人的科学素质可以大体分为了解基本的科学知识、掌握基本的科学方法、树立科学思想、崇尚科学精神、具备一定的科学技能、其他等 6 个维度，由未成年人，中学老师，家长，科技工作者，科技型中小企业家，教育、科技、人事管理部门领导，研究生，大学生，中学校长，德育干部，小学校长等 11 个群体来衡量测定。

1. 未成年人的自我看法

如表 5-45 所示，未成年人对自身科学素质看法的总排序是："了解基本的科学知识"（27.47%）、"树立科学思想"（19.12%）、"掌握基本的科学方法"（17.75%）、"具备一定的科学技能"（15.87%）、"崇尚科学精神"（15.33%）、"其他"（4.46%）。从数据来看，未成年人把自身科学素质较多地定义为"了解基本的科学知识"。

从两年的比较来看，"了解基本的科学知识"的比率有所上升。此外，选择"其他"的比率较小，可见，未成年人对自身科学素质的认识较为清晰。

表 5-45　未成年人对自身科学素质的看法（多选题）

| 选项 | 总 | | | 未成年人 | | | | | | 2015 年与 2014 年比较率差 |
| | 人数/人 | 比率/% | 排序 | 2014 年 | | | 2015 年 | | | |
				人数/人	比率/%	排序	人数/人	比率/%	排序	
了解基本的科学知识	3 391	27.47	1	2 395	26.17	1	996	31.21	1	5.04
掌握基本的科学方法	2 191	17.75	3	1 655	18.08	3	536	16.80	2	−1.28
树立科学思想	2 360	19.12	2	1 829	19.98	2	531	16.64	3	−3.34
崇尚科学精神	1 892	15.33	5	1 398	15.28	5	494	15.48	4	0.20
具备一定的科学技能	1 959	15.87	4	1 483	16.2	4	476	14.92	5	−1.28
其他	550	4.46	6	392	4.28	6	158	4.95	6	0.67
合计	12 343	100		9 152	100		3 191	100		0

2. 中学老师与家长的看法

与未成年人相似, 如表 5-46 所示, 中学老师也认为未成年人的科学素质集中表现在 "了解基本的科学知识" 方面, 从数据来看, 中学老师此项的比率高于未成年人自评的比率。从两年的比较来看, 中学老师选择 "崇尚科学精神" 和 "树立科学思想" 的比率有所上升, 表明中学老师逐渐关注未成年人科学素质中含有精神性意味的成分。

家长也较多地认为未成年人的科学素质表现在 "了解基本的科学知识" 方面, 与未成年人的自我认识相近。从两年的比较来看, 家长选择 "了解基本的科学知识" 和 "具备一定的科学技能" 的比率有所上升。从率差来看, 家长对未成年人科学素质中的知识和技能类的成分较为关注。

表 5-46 中学老师与家长对未成年人科学素质的看法 (多选题)

选项	家长							中学老师						
	总			2014 年		2015 年		总			2014 年		2015 年	
	人数/人	比率/%	排序	人数/人	比率/%	人数/人	比率/%	人数/人	比率/%	排序	人数/人	比率/%	人数/人	比率/%
了解基本的科学知识	275	34.16	1	163	32.6	112	36.72	262	39.28	1	175	40.05	87	37.83
掌握基本的科学方法	148	18.39	2	94	18.8	54	17.70	113	16.94	2	75	17.16	38	16.52
树立科学思想	134	16.65	4	89	17.8	45	14.75	95	14.24	4	60	13.73	35	15.22
崇尚科学精神	135	16.77	3	89	17.8	46	15.08	105	15.74	3	65	14.87	40	17.39
具备一定的科学技能	85	10.56	5	47	9.4	38	12.46	77	11.54	5	52	11.9	25	10.87
其他	28	3.48	6	18	3.6	10	3.28	15	2.25	6	10	2.29	5	2.17
合计	805	100		500	100	305	100	667	100		437	100	230	100

3. 科技工作者, 科技型中小企业家, 教育、科技、人事管理部门领导的看法

在 2010 年对科技工作者, 科技型中小企业家, 教育、科技、人事管理部门领导的调查中, 选择 "了解基本的科学知识" 的比率分别为 87.91%、75.61%、76.47%, 综合比率为 82.53%; 选择 "掌握基本的科学方法" 的比率分别为 5.49%、7.32%、5.88%, 综合比率为 6.02%; 选择 "树立科学思想" 的比率分别为 4.40%、2.44%、5.88%, 综合比率为 4.22%; 选择 "崇尚科学精神" 的比率分别为 1.10%、2.44%、5.88%, 综合比率为 2.41%; 选择 "具备一定的科学技能" 的比率分别为 0、7.32%、5.88%, 综合比率为 3.01%; 选择 "其他" 的比率分别为 1.10%、4.88%、0, 综合比率为 1.81%。

从 3 个群体的比较来看，教育、科技、人事管理部门领导的认识较为统一，除了解基本的科学知识外，其认为未成年人科学素质表现为掌握基本的科学方法、树立科学思想和崇尚科学精神，其认识较为均衡。科技工作者认为未成年人科学素质应表现为知识和方法层面的素质。科技型中小企业家较倾向于认为未成年人科学素质中含有较多的科学技能成分。3 个群体对这一问题的认识均带有一定的职业特色，职业角色的差异导致其认识有所不同，各有侧重。

4. 研究生与大学生的看法

在 2010 年对研究生和大学生的调查中，选择"了解基本的科学知识"的比率分别为 36.84%、28.65%，综合比率为 29.73%；选择"掌握基本的科学方法"的比率分别为 18.66%、17.89%，综合比率为 17.99%；选择"树立科学思想"的比率分别为 20.10%、16.65%，综合比率为 17.11%；选择"崇尚科学精神"的比率分别为 10.53%、16.73%，综合比率为 15.91%；选择"具备一定的科学技能"的比率分别为 7.18%、11.64%，综合比率为 11.05%；选择"其他"的比率分别为 6.70%、8.44%，综合比率为 8.21%。

研究生对这一问题的认识与中学老师和家长群体的认识相近。大学生的各项比率最接近未成年人的认识，因此，大学生对未成年人科学素质的了解具有较高的可信度。从研究生与大学生的比较来看，研究生较倾向于选择"树立科学思想"，而大学生则较倾向于选择"掌握基本的科学方法"。

5. 中学校长的看法

如表 5-47 所示，中学校长对未成年人科学素质看法的排序是："了解基本的科学知识"（36.82%）、"掌握基本的科学方法"（16.02%）、"崇尚科学精神"（14.60%）、"具备一定的科学技能"（14.08%）、"树立科学思想"（13.05%），"其他"（5.43%）。中学校长也较多地认为未成年人的科学素质集中在"了解基本的科学知识"方面，且 2014 年此项比率最高。

表 5-47　中学校长对未成年人科学素质的看法（多选题）

选项	总			2013 年		2014 年				2015 年					
						（1）		（2）		（2）		（3）		（4）	
	人数/人	比率/%	排序	人数/人	比率/%	人数/人	比率/%	人数/人	比率/%	人数/人	比率/%	人数/人	比率/%	人数/人	比率/%
了解基本的科学知识	285	36.82	1	158	32.05	42	60.87	16	47.06	15	28.85	15	40.54	39	43.82
掌握基本的科学方法	124	16.02	2	87	17.65	3	4.35	2	5.88	13	25.00	6	16.22	13	14.61

续表

选项	总			2013 年		2014 年（1）		（2）		2015 年（2）		（3）		（4）	
	人数/人	比率/%	排序	人数/人	比率/%	人数/人	比率/%	人数/人	比率/%	人数/人	比率/%	人数/人	比率/%	人数/人	比率/%
树立科学思想	101	13.05	5	68	13.79	4	5.80	6	17.65	8	15.38	6	16.22	9	10.11
崇尚科学精神	113	14.60	3	83	16.84	6	8.70	2	5.88	10	19.23	4	10.81	8	8.99
具备一定的科学技能	109	14.08	4	76	15.42	3	4.35	6	17.65	4	7.69	4	10.81	16	17.98
其他	42	5.43	6	21	4.26	11	15.94	2	5.88	2	3.85	2	5.41	4	4.49
合计	774	100		493	100	69	100	34	100	52	100	37	100	89	100

6. 德育干部的看法

在 2013 年对德育干部的调查中，其对未成年人科学素质看法的排序是："了解基本的科学知识"（33.33%）、"掌握基本的科学方法"（18.92%）、"树立科学思想"（15.32%）、"崇尚科学精神"（15.32%）、"具备一定的科学技能"（13.51%）、"其他"（3.60%）。德育干部更倾向于认为未成年人的科学素质更多地表现为了解基本的科学知识。

7. 小学校长的看法

如表 5-48 所示，小学校长对未成年人科学素质看法的排序是："了解基本的科学知识"（36.26%）、"树立科学思想"（15.93%）、"崇尚科学精神"（15.38%）、"具备一定的科学技能"（14.29%）、"掌握基本的科学方法"（13.19%）、"其他"（4.95%）。比较可知，近几年小学校长选择"了解基本的科学知识"的比率有所提高，与此同时，选择"崇尚科学精神"的比率有所下降。

表 5-48　小学校长对未成年人科学素质的看法（多选题）

选项	总			2013 年（安徽省）		2014 年 全国部分省市（少数民族地区）（1）		安徽省（2）		2015 年（安徽省）（2）	
	人数/人	比率/%	排序	人数/人	比率/%	人数/人	比率/%	人数/人	比率/%	人数/人	比率/%
了解基本的科学知识	66	36.26	1	19	24.05	11	42.31	20	60.61	16	36.36
掌握基本的科学方法	24	13.19	5	9	11.39	6	23.08	3	9.09	6	13.64

续表

选项	总			2013 年（安徽省）		2014 年				2015 年（安徽省）（2）	
						全国部分省市（少数民族地区）（1）		安徽省（2）			
	人数/人	比率/%	排序	人数/人	比率/%	人数/人	比率/%	人数/人	比率/%	人数/人	比率/%
树立科学思想	29	15.93	2	18	22.78	4	15.38	3	9.09	4	9.09
崇尚科学精神	28	15.38	3	21	26.58	2	7.69	1	3.03	4	9.09
具备一定的科学技能	26	14.29	4	12	15.19	3	11.54	2	6.06	9	20.45
其他	9	4.95	6	0	0	0	0	4	12.12	5	11.36
合计	182	100		79	100	26	100	33	100	44	100

（二）基本认识

1. 未成年人与中学老师、家长看法的比较

未成年人与中学老师、家长均将"了解基本的科学知识"作为首要选项。中学老师与家长较为重视"掌握基本的科学方法"，而未成年人较为看重"树立科学思想"。此外，未成年人"具备一定的科学技能"的比率较中学老师和家长高。比较可知，科学素质的养成起始于知识的积累。此外，成年人群体由于思想和思维的成熟性，更偏重于方法论层面的素质，而未成年人的选择相对较为宽泛，较为注重情感性和精神性方面的素质。

2. 未成年人与科技工作者等 3 个群体看法的比较

从未成年人与科技工作者等 3 个群体的比较可知，其均将"了解基本的科学知识"作为首要选项。

未成年人较倾向于"树立科学思想"，而科技工作者等 3 个群体则较倾向于"掌握基本的科学方法"。比较可知，科学素质的基础在于知识的积累。科技工作者等 3 个群体由于长期从事科学技术方面的工作，较为重视方法论层面的素质，而未成年人则对情感性和精神性方面的素质较为重视。

3. 未成年人与研究生、大学生看法的比较

在未成年人与研究生、大学生的比较中，其均将"了解基本的科学知识"置于第一位。未成年人较倾向于"树立科学思想"，而研究生和大学生则较倾向于"掌握基本的科学方法"，这一认识与科技工作者等 3 个群体的认识相似。研究生与大学生较未成年人具备更为丰富的知识储备，心智发展更为成熟，注重运用所学知识解决实际问题，较为看重未成年人科学素质中的方

法论层面的因素。

4. 未成年人与中学校长、德育干部、小学校长看法的比较

如表 5-49 所示，中学校长、德育干部、小学校长 3 个群体对未成年人科学素质看法的排序是："了解基本的科学知识"（36.36%）、"掌握基本的科学方法"（15.84%）、"崇尚科学精神"（14.81%）、"具备一定的科学技能"（14.06%）、"树立科学思想"（13.78%）、"其他"（5.15%）。比较可知，3 个群体各选项的比率相差不大，各群体都有超过三成的人认为未成年人"了解基本的科学知识"，且除了"了解基本的科学知识"和"其他"以外，各选项的比率分布较均匀。

比较可知，未成年人较为重视"树立科学思想"，而中学校长等 3 个群体较为重视"崇尚科学精神"。由此，中学校长等 3 个群体除了对基本的科学知识较为重视外，还较为重视未成年人的科学精神与思想方面的素质。

表 5-49　未成年人与中学校长、德育干部、小学校长对
未成年人科学素质看法的比较（多选题）

| 选项 | 未成年人（2014~2015 年） | | | 中学校长等 3 个群体 | | | | | | | | | | | |
| | | | | 总 | | | 中学校长（2013~2015 年） | | | 德育干部（2013 年） | | | 小学校长（2013~2015 年） | | |
	人数/人	比率/%	排序	人数/人	比率/%	排序	人数/人	比率/%	排序	人数/人	比率/%	排序	人数/人	比率/%	排序
了解基本的科学知识	3 391	27.47	1	388	36.36	1	285	36.82	1	37	33.33	1	66	36.26	1
掌握基本的科学方法	2 191	17.75	3	169	15.84	3	124	16.02	2	21	18.92	2	24	13.19	5
树立科学思想	2 360	19.12	2	147	13.78	5	101	13.05	5	17	15.32	3	29	15.93	2
崇尚科学精神	1 892	15.33	5	158	14.81	3	113	14.60	3	17	15.32	3	28	15.38	3
具备一定的科学技能	1 959	15.87	4	150	14.06	4	109	14.08	4	15	13.51	5	26	14.29	4
其他	550	4.46	6	55	5.15	6	42	5.43	6	4	3.6	6	9	4.95	6
合计	12 343	100		1 067	100		774	100		111	100		182	100	

5. 未成年人等 11 个群体总的看法

如表 5-50 所示，在"了解基本的科学知识"上，11 个群体看法的总体比率为 29.61%，科技工作者等 3 个群体的比率最高（82.53%），其比率约是总体比率的 2.79 倍；在"掌握基本的科学方法"上，11 个群体看法的总体比率为 17.53%，科技工作者等 3 个群体的比率最低（6.02%），总体比率是其比率的

近 3 倍；在"树立科学思想"上，11 个群体看法的总体比率为 18.12%，也是科技工作者等 3 个群体的比率最低（4.22%），总体比率是其比率的 4 倍多；在"崇尚科学精神"上，11 个群体看法的总体比率为 15.31%，还是科技工作者等 3 个群体的比率最低（2.41%），总体比率是其比率的 6 倍多；在"具备一定的科学技能"上，11 个群体看法的总体比率为 14.74%，仍是科技工作者等 3 个群体的比率最低（3.01%）；"其他"（4.70%）是 5 种具体素质之外的素质，之所以要设这一选项，主要是考虑到科学素质是一种综合性素质。

由此看来，未成年人所具备的科学素质，主要体现在"了解基本的科学知识""掌握基本的科学方法""树立科学思想""崇尚科学精神"等方面，"具备一定的科学技能"方面尚较欠缺。可见，未成年人已具备一定的科学素质，尽管这种素质尚处在不完整状态。

表 5-50　未成年人等 11 个群体对未成年人科学素质的判断

选项	总			未成年人（2014~2015 年）		中学老师（2014~2015 年）		家长（2014~2015 年）		科技工作者等 3 个群体（2010 年）		研究生与大学生（2010 年）		中学校长等 3 个群体（2013~2015 年、2013 年）	
	人数/人	比率/%	排序	人数/人	比率/%	人数/人	比率/%	人数/人	比率/%	人数/人	比率/%	人数/人	比率/%	人数/人	比率/%
了解基本的科学知识	4 924	29.61	1	3 391	27.47	262	39.28	275	34.16	137	82.53	471	29.73	388	36.36
掌握基本的科学方法	2 916	17.53	3	2 191	17.75	113	16.94	148	18.39	10	6.02	285	17.99	169	15.84
树立科学思想	3 014	18.12	2	2 360	19.12	95	14.24	134	16.65	7	4.22	271	17.11	147	13.78
崇尚科学精神	2 546	15.31	4	1 892	15.33	105	15.74	135	16.77	4	2.41	252	15.91	158	14.81
具备一定的科学技能	2 451	14.74	5	1 959	15.87	77	11.54	85	10.56	5	3.01	175	11.05	150	14.06
其他	781	4.70	6	550	4.46	15	2.25	28	3.48	3	1.81	130	8.21	55	5.15
合计	16 632	100		12 343	100	667	100	805	100	166	100	1584	100	1067	100

七　对未成年人科学素质的评价

（一）未成年人的自我评价

如表 5-51 所示，未成年人选择含有积极意味选项（"很好"、"好"和"较好"）的合比率为 70.33%，其中"很好"的比率为 22.33%。选择"一般化"
选项的比率为 15.51%；未成年人选择含有负性意味选项（"不好"和"很
差"）的合比率为 1.77%，选择模糊性和不确定性选项（"不好评价"和"不
清楚"）的合比率为 12.39%。从数据来看，大多数未成年人对自身科学素
质的评价较好。

从 2015 年与 2014 年的比较来看，2015 年选择"很好"和"好"的比率较
2014 年分别高 7.10 个百分点和 2.23 个百分点，选择"一般化"的比率较 2014
年高 2.16 个百分点。此外，2015 年选择具有负性意味以及模糊性和不确定性
选项的比率均较 2014 年有所降低。从率差来看，未成年人对自身科学素质的评
价呈现出积极乐观的态势，表明对未成年人进行的科学素质方面的教育取得了
一定的成效。

表 5-51　未成年人对科学素质的自我评价

选项	总			2014 年			2015 年			2015 年与 2014 年比较率差
	人数/人	比率/%	排序	人数/人	比率/%	排序	人数/人	比率/%	排序	
很好	995	22.33	3	585	19.91	3	410	27.01	1	7.10
好	1094	24.55	1	699	23.79	2	395	26.02	2	2.23
较好	1045	23.45	2	712	24.23	1	333	21.94	3	−2.29
一般化	691	15.51	4	434	14.77	4	257	16.93	4	2.16
不好	45	1.01	7	31	1.06	7	14	0.92	7	−0.14
很差	34	0.76	8	26	0.88	8	8	0.53	8	−0.35
不好评价	91	2.04	6	72	2.45	6	19	1.25	6	−1.20
不清楚	461	10.35	5	379	12.9	5	82	5.40	5	−7.50
合计	4456	100		2938	100		1518	100		0

（二）相关群体的评价

1. 中学老师对未成年人科学素质的评价

如表 5-52 所示，与未成年人自身的评价不同的是，中学老师把未成年人的
科学素质"一般化"（45.08%）排在了第一位，比未成年人同类选项比率高 29.57
个百分点。中学老师选择"好"、"较好"和"很好"的合比率为 41.56%，较
未成年人同类合比率低。总的来看，较多的中学老师认为未成年人的科学素质
"一般化"。从 2015 年与 2013 年的比较来看，"很好"与"较好"的比率有上
升，可见，中学老师对未成年人科学素质持较为乐观的态度。

表 5-52　中学老师对未成年人科学素质的评价

选项	总			2013 年			2014 年			2015 年			2015 年与 2013 年比较率差
	人数/人	比率/%	排序	人数/人	比率/%	排序	人数/人	比率/%	排序	人数/人	比率/%	排序	
很好	71	10.43	4	26	8.81	3	29	12.5	3	16	10.39	4	1.58
好	134	19.68	2	87	29.49	2	22	9.48	5	25	16.23	3	−13.26
较好	78	11.45	3	0	0	7	45	19.4	2	33	21.43	2	21.43
一般化	307	45.08	1	159	53.9	1	92	39.66	1	56	36.36	1	−17.54
不好	53	7.78	5	18	6.1	4	26	11.21	4	9	5.84	6	−0.26
很差	9	1.32	7	1	0.34	6	6	2.59	6	2	1.30	8	0.96
不好评价	9	1.32	7	0	0	7	6	2.59	6	3	1.95	7	1.95
不清楚	20	2.94	6	4	1.36	5	6	2.59	6	10	6.49	5	5.13
合计	681	100		295	100		232	100		154	100		0

2. 家长对未成年人科学素质的评价

如表 5-53 所示，家长把未成年人的科学素质"一般化"（35.72%）排在了第一位，家长选择"好"、"很好"和"较好"的合比率为 51.83%，选择"不好"和"很差"的合比率为 4.54%。总的来说，家长认为未成年人的科学素质呈现出较好的发展态势。从三年的比较可知，"一般化"的比率在 2013 年达到最高，但在 2014 年有所降低；认为"较好"的比率三年中增加了 23.38 个百分点。可见，家长对未成年人科学素质的评价有所改观。

表 5-53　家长对未成年人科学素质的评价

选项	总			2013 年			2014 年			2015 年			2015 年与 2013 年比较率差
	人数/人	比率/%	排序	人数/人	比率/%	排序	人数/人	比率/%	排序	人数/人	比率/%	排序	
很好	108	15.81	3	44	14.97	3	32	13.62	4	32	20.78	3	5.81
好	154	22.55	2	83	28.23	2	48	20.43	3	23	14.94	4	−13.29
较好	92	13.47	4	0	0	7	56	23.83	2	36	23.38	2	23.38
一般化	244	35.72	1	134	45.58	1	61	25.96	1	49	31.82	1	−13.76
不好	25	3.66	6	18	6.12	4	4	1.70	7	3	1.95	7	−4.17
很差	6	0.88	8	0	0	7	2	0.85	8	4	2.60	5	2.60
不好评价	10	1.46	7	1	0.34	6	6	2.55	6	3	1.95	7	1.61
不清楚	44	6.44	5	14	4.76	5	26	11.06	5	4	2.60	5	−2.16
合计	683	100		294	100		235	100		154	100		0

3. 科技工作者，科技型中小企业家，教育、科技、人事管理部门领导对未成年人科学素质的评价

在 2010 年对科技工作者，科技型中小企业家，教育、科技、人事管理部门领导的调查中，选择"很好"的比率分别为 4.40%、7.32%、5.88%，总体比率为 5.42%；选择"好"的比率分别为 10.99%、7.32%、11.76%，总体比率为 10.24%；选择"较好"的比率分别为 27.47%、31.70%、23.54%，总体比率为 27.71%；选择"一般化"的比率分别为 35.16%、41.46%、52.94%，总体比率为 40.36%；选择"不好"的比率分别为 10.99%、7.32%、5.88%，总体比率为 9.04%；选择"很差"的比率分别为 3.30%、0、0，总体比率为 1.81%；选择"不好评价"的比率分别为 4.40%、2.44%、0，总体比率为 3.01%；选择"不清楚"的比率分别为 3.30%、2.44%、0，总体比率为 2.41%。

科技工作者对未成年人科学素质的评价较为积极。在 2010 年对科技型中小企业家的调查中，选择"不好"（7.32%）和"很差"（0）的合比率为 7.32%，较科技工作者低；选择"不好评价"与"不清楚"的比率均为 2.44%。可见，科技型中小企业家的评价较科技工作者稍好。在 2010 年对教育、科技、人事管理部门领导的调查中，其对未成年人科学素质评价"一般化"的比率为 52.94%，选择"很好"（5.88%）、"好"（11.46%）和"较好"（23.53%）的合比率为 41.18%，这一合比率较科技工作者以及科技型中小企业家同类选项的合比率均低；选择"不好"（5.88%）和"很差"（0）的合比率为 5.88%。其余选项的比率均为 0。

综合来看，科技型中小企业家对未成年人科学素质的评价最高，科技工作者的评价次之，教育、科技、人事管理部门领导的评价最低。

4. 研究生与大学生对未成年人科学素质的评价

在 2010 年对研究生与大学生的调查中，选择"很好"的比率分别为 12.21%、14.96%，总体比率为 14.60%；选择"好"的比率分别为 20.61%、14.84%，总体比率为 15.60%；选择"较好"的比率分别为 25.19%、10.93%，总体比率为 12.80%；选择"一般化"的比率分别为 21.37%、30.96%，总体比率为 29.70%；选择"不好"的比率分别为 8.40%、17.61%，总体比率为 16.40%；选择"很差"的比率分别为 5.34%、6.44%，总体比率为 6.30%；选择"不好评价"的比率分别为 5.34%、2.76%，总体比率为 3.10%；选择"不清楚"的比率分别为 1.53%、1.50%，总体比率为 1.50%。

总的来说，研究生对未成年人科学素质的认识较为积极乐观。大学生选择"很好"（14.96%）、"好"（14.84%）和"较好"（10.93%）的合比率为 40.73%，较研究生同类选项的合比率低；选择"不好"（17.61%）和"很差"（6.44%）

的合比率为 24.05%; 选择"不好评价"和"不清楚"的比率分别为 2.76%、1.50%, 较研究生同类选项的合比率低。比较可知, 研究生对这一问题的评价较大学生稍高。

5. 中学校长对未成年人科学素质的评价

如表 5-54 所示, 中学校长选择"一般化"的比率 (43.21%) 与中学老师相近 (45.08%)。选择"很好"、"好"和"较好"的合比率为 31.61%, 选择"不好"和"很差"的合比率为 22.22%。可见, 较多的中学校长认为未成年人科学素质"一般化", 在"一般化"选项占主导的前提下, 中学校长较倾向于认为未成年人的科学素质较好。总的来说, 近年来"较好"的比率有所上升, "不好"的比率相对下降, 中学校长对未成年人科学素质的评价有所好转。

表 5-54 中学校长对未成年人科学素质的评价

| 选项 | 总 | | | 2013 年 | | 2014 年 | | | | 2015 年 | | | | | | | |
| | | | | | | （1） | | （2） | | （1） | | （2） | | （3） | | （4） | |
	人数/人	比率/%	排序	人数/人	比率/%	人数/人	比率/%	人数/人	比率/%	人数/人	比率/%	人数/人	比率/%	人数/人	比率/%	人数/人	比率/%
很好	24	5.93	5	7	3.85	3	4.35	8	17.02	2	10.00	0	0	0	0	4	8.16
好	68	16.79	3	26	14.29	7	10.14	17	36.17	8	40.00	1	5.00	0	0	9	18.37
较好	36	8.89	4	0	0	7	10.14	5	10.64	5	25.00	4	20.00	5	27.78	10	20.41
一般化	175	43.21	1	86	47.25	34	49.28	9	19.15	5	25.00	11	55.00	9	50.00	21	42.86
不好	71	17.53	2	49	26.92	11	15.94	2	4.26	0	0	2	10.00	3	16.67	4	8.16
很差	19	4.69	6	13	7.14	5	7.25	0	0	0	0	0	0	0	0	1	2.04
不好评价	8	1.98	7	0	0	2	2.90	4	8.51	0	0	2	10.00	0	0	0	0
不清楚	4	0.99	8	1	0.55	0	0	2	4.26	0	0	0	0	1	5.56	0	0
合计	405	100		182	100	69	100	47	100	20	100	20	100	18	100	49	100

6. 德育干部对未成年人科学素质的评价

在 2013 年对德育干部的调查中, 其选择"一般化"的比率为 62.79%, 选择"很好"（9.30%）、"好"（18.60%）和"较好"（0）的合比率为 27.90%, 这一合比率较中学校长低。德育干部选择"不好"（6.98%）和"很差"（0）的合比率为 6.98%, 选择"不好评价"和"不清楚"的比率分别为 0、2.33%。

从总体上看, 德育干部认为未成年人的科学素质"一般化"。

7. 小学校长对未成年人科学素质的评价

如表 5-55 所示, 小学校长选择"一般化"的比率为 32.35%, 居于第一位。

选择"好"、"较好"和"很好"的合比率为 28.43%，这一合比率较中学校长低，但高于德育干部。其选择"不好"和"很差"的合比率为 32.35%。从率差来看，小学校对未成年人科学素质的评价较为分散，选择积极性、消极性和模糊性选项的比率大致相当。

比较可知，小学校长对未成年人科学素质的评价较多地集中在"一般化"和"不好"两项中，同时选择"很好"的比率较中学校长和德育干部高，小学校长的评价较为中肯。

表 5-55　小学校长对未成年人科学素质的评价

选项	总			2013 年（安徽省）		2014 年（全国部分省市，少数民族地区）（1）		2015 年（安徽省）			
								（1）		（2）	
	人数/人	比率/%	排序	人数/人	比率/%	人数/人	比率/%	人数/人	比率/%	人数/人	比率/%
很好	13	12.75	3	2	5.26	2	7.69	8	47.06	1	4.76
好	7	6.86	5	5	13.16	1	3.85	1	5.88	0	0
较好	9	8.82	4	0	0	3	11.54	2	11.76	4	19.05
一般化	33	32.35	1	8	21.05	10	38.46	2	11.76	13	61.90
不好	27	26.47	2	19	50.00	5	19.23	0	0	3	14.29
很差	6	5.88	6	4	10.53	2	7.69	0	0	0	0
不好评价	6	5.88	6	0	0	2	7.69	4	23.53	0	0
不清楚	1	0.98	8	0	0	1	3.85	0	0	0	0
合计	102	100		38	100	26	100	17	100	21	100

（三）基本认识

1. 未成年人与中学老师、家长评价的比较

未成年人选择"很好"、"好"和"较好"的合比率为 70.33%，选择"一般化"的比率为 15.51%，选择"不好"和"很差"的合比率为 1.77%。中学老师选择"一般化"的比率为 45.08%，居于第一位；选择"很好"、"好"和"较好"的合比率为 41.56%，这一合比率较未成年人同类选项的合比率低；选择"不好"和"很差"的合比率为 9.10%。家长选择"一般化"的比率为 35.72%，居于第一位，选择"很好"、"好"和"较好"的合比率为 51.83%，较中学老师比率高，但低于未成年人。比较可知，未成年人对自身科学素质的评价较高，中学老师与家长的评价尽管差异较大但均较低，说明未成年人对科学素质的自我评价好于不同群体对未成年人科学素质的评价，从而验证了假设一。

2. 未成年人与科技工作者等 3 个群体评价的比较

科技工作者等 3 个群体选择"一般化"的比率为 40.36%，居于第一位；选择"好"、"很好"和"较好"的合比率为 43.37%；选择"不好"和"很差"的合比率为 10.85%。未成年人选择"好"、"较好"和"很好"的合比率为 70.33%，其中"好"的比率为 24.55%，居于第一位，未成年人的合比率较科技工作者等 3 个群体高。比较可知，未成年人对自身科学素质的评价较科技工作者等 3 个群体高，符合假设一。

3. 未成年人与研究生、大学生评价的比较

研究生与大学生等 2 个群体选择"一般化"的比率为 29.70%，居于第一位，选择"很好"、"好"和"较好"的合比率为 43.00%，较未成年人同类选项的合比率低 27.33 个百分点。研究生与大学生选择"不好"和"很差"的合比率为 22.70%，较未成年人同类选项的合比率高很多。比较可知，大多数研究生与大学生认为未成年人的科学素质呈"一般化"状态，而未成年人认为自身的科学素质较好。未成年人的自我评价好于研究生与大学生对未成年人的评价，验证了假设一。

4. 未成年人与中学校长、德育干部、小学校长评价的比较

如表 5-56 所示，中学校长等 3 个群体选择"一般化"的比率为 42.73%，居于第一位。这 3 个群体选择"很好"、"好"和"较好"的合比率为 30.72%，较未成年人同类选项的合比率低 39.61 个百分点。选择"不好"和"很差"的合比率为 22.91%。这 3 个群体作为教育未成年人的主要组织者、实施者，较倾向于认为未成年人科学素质"一般化"。比较可知，未成年人的自我评价较中学校长等 3 个群体的评价高，验证了假设一。

表 5-56 中学校长、德育干部、小学校长对未成年人科学素质的评价

| 选项 | 未成年人（2014~2015 年） | | | 中学校长等 3 个群体 | | | | | | | | |
| | | | | 总 | | | 中学校长（2013~2015 年） | | | 德育干部（2013 年） | | | 小学校长（2013~2015 年） | | |
	人数/人	比率/%	排序	人数/人	比率/%	排序	人数/人	比率/%	排序	人数/人	比率/%	排序	人数/人	比率/%	排序
很好	995	22.33	3	41	7.45	5	24	5.93	5	4	9.30	3	13	12.75	3
好	1094	24.55	1	83	15.09	3	68	16.79	3	8	18.6	2	7	6.86	5
较好	1045	23.45	2	45	8.18	4	36	8.89	4	0	0	6	9	8.82	4
一般化	691	15.51	4	235	42.73	1	175	43.21	1	27	62.79	1	33	32.35	1
不好	45	1.01	7	101	18.36	2	71	17.53	2	3	6.98	4	27	26.47	2
很差	34	0.76	6	25	4.55	6	19	4.69	6	0	0	6	6	5.88	6

续表

| 选项 | 未成年人（2014~2015 年） | | | 中学校长等 3 个群体 | | | | | | | | | | | |
| | | | | 总 | | | 中学校长（2013~2015 年） | | | 德育干部（2013 年） | | | 小学校长（2013~2015 年） | | |
	人数/人	比率/%	排序	人数/人	比率/%	排序	人数/人	比率/%	排序	人数/人	比率/%	排序	人数/人	比率/%	排序
不好评价	91	2.04	6	14	2.55	7	8	1.98	7	0	0	6	6	5.88	6
不清楚	461	10.35	5	6	1.09	8	4	0.99	8	1	2.33	5	1	0.98	8
合计	4456	100		550	100		405	100		43	100		102	100	

5. 未成年人等 11 个群体总的评价

如表 5-57 所示，未成年人等 11 个群体总的评价是，选择"一般化"的比率为 24.43%，居于第一位，选择"很好"、"好"和"较好"的合比率为 58.95%。选择"不好"和"很差"的合比率为 7.21%。从数据来看，未成年人等 11 个群体的大多数人认为未成年人的科学素质是好的（包括很好、好和较好）。从单个选项来看，除了科技工作者等 3 个群体选择"较好"的比率较未成年人稍高外，未成年人选择"很好"、"好"以及"较好"的比率均较其他 10 个群体高，其他 10 个群体较多地选择"一般化"。未成年人的自我评价较其他群体对未成年人的评价高，验证了假设一。

表 5-57　未成年人等 11 个群体对未成年人科学素质的评价

| 选项 | 总 | | | 未成年人（2014~2015 年） | | 中学老师（2014~2015 年） | | 家长（2014~2015 年） | | 科技工作者等 3 个群体（2010 年） | | 研究生与大学生（2010 年） | | 中学校长等 3 个群体（2013~2015 年、2013 年） | |
	人数/人	比率/%	排序	人数/人	比率/%	人数/人	比率/%	人数/人	比率/%	人数/人	比率/%	人数/人	比率/%	人数/人	比率/%
很好	1370	18.18	4	995	22.33	71	10.43	108	15.81	9	5.42	146	14.60	41	7.45
好	1638	21.74	2	1094	24.55	134	19.68	154	22.55	17	10.24	156	15.60	83	15.09
较好	1434	19.03	3	1045	23.45	78	11.45	92	13.47	46	27.71	128	12.80	45	8.18
一般化	1841	24.43	1	691	15.51	307	45.08	244	35.72	67	40.36	297	29.70	235	42.73
不好	403	5.35	6	45	1.01	53	7.78	25	3.66	15	9.04	164	16.40	101	18.36
很差	140	1.86	8	34	0.76	9	1.32	6	0.88	3	1.81	63	6.30	25	4.55
不好评价	160	2.12	7	91	2.04	9	1.32	10	1.46	5	3.01	31	3.10	14	2.55
不清楚	550	7.30	5	461	10.35	20	2.94	44	6.44	4	2.41	15	1.50	6	1.09
合计	7536	100		4456	100	681	100	683	100	166	100	1000	100	550	100

八 未成年人科学素质与成年人科学素质的比较

（一）相关群体的看法

1. 中学老师对自身科学素质的评价

如表 5-58 所示，中学老师选择"一般化"的比率为 33.33%，居于第一位，选择"很好"、"好"和"较好"的合比率为 51.25%。选择"不好"和"很差"的合比率为 7.49%。可见，中学老师对自身科学素质的评价较为中肯，更多的人认为自己的科学素质"一般化"。

从 2015 年与 2013 年的比较可知，2015 年中学老师选择"很好"的比率较 2013 年高 22.04 个百分点，有了较大幅度的增长。认为自身科学素质"一般化"的比率有所下降。总的来看，中学老师对自身科学素质有较大的自信。

表 5-58　中学老师对自身科学素质的评价

选项	总			2013 年			2014 年			2015 年			2015 年与2013 年比较率差
	人数/人	比率/%	排序	人数/人	比率/%	排序	人数/人	比率/%	排序	人数/人	比率/%	排序	
很好	145	21.29	2	48	16.27	3	38	16.38	3	59	38.31	1	22.04
好	89	13.07	4	52	17.63	2	15	6.47	4	22	14.29	3	-3.34
较好	115	16.89	3	0	0	8	87	37.5	1	28	18.18	2	18.18
一般化	227	33.33	1	138	46.78	1	67	28.88	2	22	14.29	3	-32.49
不好	35	5.14	5	20	6.78	5	14	6.03	5	1	0.65	7	-6.13
很差	16	2.35	8	9	3.05	6	4	1.72	6	3	1.95	6	-1.10
不好评价	25	3.67	7	2	0.68	7	4	1.72	6	19	12.34	5	11.66
不清楚	29	4.26	6	26	8.81	4	3	1.29	8	0	0	8	-8.81
合计	681	100		295	100		232	100		154	100		0

2. 家长对自身科学素质的评价

如表 5-59 所示，家长选择"一般化"的比率为 45.24%，居于第一位，较中学老师同类选项比率高 11.91 个百分点。选择"好"、"很好"和"较好"的合比率为 39.82%，选择"不好"和"很差"的合比率为 7.17%。从数据来看，家长对自身科学素质的评价不及中学老师乐观，较多的家长认为自身科学素质"一般化"。

从 2015 年与 2013 年的比较来看，2015 年选择"很好"、"好"和"较好"的比率均较 2013 年有所增长，其中"较好"的比率有了较大增幅，同中学老师的变化相似，家长也认为自身的科学素质有了提高。

表 5-59　家长对自身科学素质的评价

选项	总			2013 年			2014 年			2015 年			2015 年与2013 年比较率差
	人数/人	比率/%	排序	人数/人	比率/%	排序	人数/人	比率/%	排序	人数/人	比率/%	排序	
很好	70	10.25	4	24	8.16	5	31	13.19	4	15	9.74	4	1.58
好	111	16.25	2	50	17.01	2	34	14.47	3	27	17.53	3	0.52
较好	91	13.32	3	0	0	8	42	17.87	2	49	31.82	2	31.82
一般化	309	45.24	1	153	52.04	1	104	44.26	1	52	33.77	1	−18.27
不好	44	6.44	6	26	8.84	4	11	4.68	5	7	4.55	5	−4.29
很差	5	0.73	7	2	0.68	6	3	1.28	7	0	0	8	−0.68
不好评价	3	0.44	8	1	0.34	7	0	0	8	2	1.30	6	0.96
不清楚	50	7.32	5	38	12.93	3	10	4.26	6	2	1.30	6	−11.63
合计	683	100		294	100		235	100		154	100		0

3. 中学校长对自身科学素质的评价

如表 5-60 所示，中学校长对自身科学素质评价的排序为："一般化"（41.85%）、"好"（25.28%）、"较好"（11.80%）、"不好"（10.96%）、"很好"（8.99%）、"不好评价"（0.56%）、"不清楚"（0.28%）、"很差"（0.28%）。可见，中学校长对自身科学素质有较大的自信。2015 年中学校长认为"很好"的比率较低，认为"一般化"的比率较高。

表 5-60　中学校长对自身科学素质的评价

选项	总			2013 年		2014 年				2015 年					
						（1）		（2）		（1）		（2）		（3）	
	人数/人	比率/%	排序	人数/人	比率/%	人数/人	比率/%	人数/人	比率/%	人数/人	比率/%	人数/人	比率/%	人数/人	比率/%
很好	32	8.99	5	23	12.64	2	2.90	6	12.77	1	5.00	0	0	0	0
好	90	25.28	2	68	37.36	11	15.94	4	8.51	0	0	5	25.00	2	11.11
较好	42	11.80	3	0	0	15	21.74	15	31.91	7	35.00	1	5.00	4	22.22
一般化	149	41.85	1	54	29.67	37	53.62	22	46.81	12	60.00	14	70.00	10	55.56
不好	39	10.96	4	35	19.23	4	5.80	0	0	0	0	0	0	0	0
很差	1	0.28	7	1	0.55	0	0	0	0	0	0	0	0	0	0

续表

选项	总			2013年		2014年				2015年					
	人数/人	比率/%	排序	人数/人	比率/%	（1）		（2）		（1）		（2）		（3）	
						人数/人	比率/%	人数/人	比率/%	人数/人	比率/%	人数/人	比率/%	人数/人	比率/%
不好评价	2	0.56	6	1	0.55	0	0	0	0	0	0	0	0	1	5.56
不清楚	1	0.28	7	0	0	0	0	0	0	0	0	0	0	1	5.56
合计	356	100		182	100	69	100	47	100	20	100	20	100	18	100

4. 小学校长对自身科学素质的评价

如表 5-61 所示，小学校长对自身科学素质评价的排序是："一般化"（45.19%）、"较好"（20.74%）、"好"（14.07%）、"不好"（10.37%）、"很好"（5.19%）、"很差"（2.22%）、"不好评价"（1.48%）、"不清楚"（0.74%）。小学校长较多地认为自身科学素质只能算"一般化"，且 2015 年的此项比率有所上升。总的来看，与中学老师、家长的自我感觉相似，小学校长也对自身科学素质的评价较为中肯。

表 5-61　小学校长对自身科学素质的评价

选项	总			2013年（安徽省）		2014年				2015年（安徽省）			
						全国部分省市（少数民族地区）（1）		安徽省（2）		（1）		（2）	
	人数/人	比率/%	排序	人数/人	比率/%	人数/人	比率/%	人数/人	比率/%	人数/人	比率/%	人数/人	比率/%
很好	7	5.19	5	1	2.63	0	0	3	9.09	3	17.65	0	0
好	19	14.07	3	7	18.42	3	11.54	7	21.21	2	11.76	0	0
较好	28	20.74	2	0	0	9	34.62	6	18.18	5	29.41	8	38.10
一般化	61	45.19	1	15	39.47	12	46.15	15	45.45	7	41.18	12	57.14
不好	14	10.37	4	13	34.21	0	0	0	0	0	0	1	4.76
很差	3	2.22	6	1	2.63	1	3.85	1	3.03	0	0	0	0
不好评价	2	1.48	7	0	0	1	3.85	1	3.03	0	0	0	0
不清楚	1	0.74	8	1	2.63	0	0	0	0	0	0	0	0
合计	135	100		38	100	26	100	33	100	17	100	21	100

（二）未成年人科学素质与中学老师、家长、中学校长、德育干部、小学校长科学素质的比较

如表 5-62 所示，除未成年人较多地认为自身科学素质"好"之外，其他几个群体在评价自身的科学素质时，都把"一般化"排在了第一位。其中，德育干部认为"一般化"的比率最高。未成年人的自我评价高于成年人群体的自我评价。此外，未成年人较大的比率集中在"很好""较好"，认为"不好"和"很差"的合比率较小，而成年人群体选择含有消极意味选项（"不好"和"很差"）的合比率较未成年人稍高。由此可见，未成年人对自身科学素质最为自信。

表 5-62 未成年人科学素质与中学老师、家长、中学校长、德育干部、
小学校长科学素质的比较

选项	未成年人（2014～2015 年）			中学老师（2013～2015 年）			家长（2013～2015 年）			中学校长（2013～2015 年）			小学校长（2013～2015 年）			德育干部（2013 年）		
	人数/人	比率/%	排序	人数/人	比率/%	排序	人数/人	比率/%	排序	人数/人	比率/%	排序	人数/人	比率/%	排序	人数/人	比率/%	排序
很好	995	22.33	3	145	21.29	2	70	10.25	4	32	8.99	5	7	5.19	5	5	11.63	3
好	1094	24.55	1	89	13.07	4	111	16.25	2	90	25.28	2	19	14.07	3	7	16.28	2
较好	1045	23.45	2	115	16.89	3	91	13.32	3	42	11.80	3	28	20.74	2	0	0	7
一般化	691	15.51	4	227	33.33	1	309	45.24	1	149	41.85	1	61	45.19	1	28	65.12	1
不好	45	1.01	7	35	5.14	5	44	6.44	6	39	10.96	4	14	10.37	4	0	0	7
很差	34	0.76	8	16	2.35	8	5	0.73	7	1	0.28	7	3	2.22	7	1	2.33	4
不好评价	91	2.04	6	25	3.67	7	3	0.44	8	2	0.56	7	2	1.48	7	1	2.33	4
不清楚	461	10.35	5	29	4.26	6	50	7.32	5	1	0.28	7	1	0.74	8	1	2.33	4
合计	4456	100		681	100		683	100		356	100		135	100		43	100	

第三节　基本结论与相关讨论

一　基本结论

（一）未成年人科学素质发展的总体状况

未成年人的科学素质总体处在中等以上（一般化以上）的水平，20%左右

的未成年人有好的科学素质。主要依据如下：

（1）24.55%的未成年人认为自己有好的科学素质（表5-51）。

（2）19.68%的中学老师认为未成年人有好的科学素质（表5-52）。

（3）22.55%的家长认为未成年人有好的科学素质（表5-53）。

（4）15.09%的中学校长、德育干部、小学校长认为未成年人有好的科学素质（表5-56）。

（5）未成年人对自身科学素质的评价在"较好"及以上的比率总和为70.33%（表5-51），较之于成年人群体自我评价的比率要高出许多。未成年人对自身的科学素质比较自信。

从总体上看，尽管还有一部分未成年人对科学的态度不够正确，但他们的科学素质的发展呈积极、健康、向上状态，发展势头较好。随着科技的进步，人们获取知识的渠道拓宽，未成年人对科学知识的了解增加，并且了解程度也随之加深，即对于科学知识的了解在维度与深度两个方面都有较为喜人的发展，表明科学教育已有一定的成效。

（二）未成年人科学素质发展的局部情况

从历年的调查可知，至少30%的未成年人的科学素质较差：29.24%的未成年人算过命（表5-37），至少12.86%的未成年人相信"算命"（表5-36），更有一些未成年人缺乏基本的科学常识，对科学的了解不够。一部分未成年人对科学的兴趣不大，较为严重的还有反感科学的。

从未成年人科学素质发展的局部情况看，未成年人对科学素质的认识、科学情感以及在具体生活学习中践行科学价值观方面均有诸多需要改进和提升之处。这些都对科学教育提出了严峻挑战，教育者和教育机构应当找出问题存在的根源，对症下药，让更多的未成年人喜爱科学、崇尚科学。未成年人只有对科学表现出浓厚的兴趣与热情，其科学素质才有进一步发展的空间。

（三）未成年人科学素质发展的基本态势

与2007年相比，未成年人的科学素质有了较快的发展，表现在对科学常识判断的正确率总体有较大幅度的提升，各群体对未成年人科学素质的评价也有明显的好转，未成年人科学素质发展态势良好，这符合未成年人身心发展的实际，同时也与社会发展的预期保持了较高的一致性。

未成年人对外界事物尤其是科学知识保持了较高的积极性和较强的好奇心，求知欲较强，未成年人科学素质取得了较快的发展。但也应看到，未成年人对事物的认知难免有失偏颇，看问题也不够全面深刻，对自身科学素质的估计与评价可能不完全准确。因此，在对未成年人科学素质发展态势的把握中，要注意结合未成年人自身的阶段性特点，坚持不懈地开展有针对性的科学教育，以期取得更大的教育实效。

（四）未成年人科学素质发展的提升空间

从整体水平看，未成年人的科学素质发展有了较大的进展，但与中国科学技术协会提出的"全民科学素质行动计划"（简称"2049计划"）中提出的"到2049年中华人民共和国成立100周年时，人人具备基本科学素养"目标差距较大，仍有未成年人不了解科学，对科学持有怀疑态度、反感心理的现象存在，提升的空间较大。应当正视当前未成年人科学素质发展状况，找出存在的问题并分析其成因。培育未成年人科学素质仍然任重而道远。未成年人自身要注重科学素质的发展，相关部门与工作者更应加强科学教育工作的宣传，逐渐缩小与总目标之间的差距。

二 相关讨论

（一）未成年人科学素质发展的成绩显著

我国未成年人科学素质的发展所取得的成绩是显著的，这是党和国家重视与广大教育、科技、管理工作者长期努力的结果，也是未成年人自身努力的结果，本书研究也充分证明了这一点。科学技术的迅猛发展为未成年人科学素质的发展带来了前所未有的机遇，国家的宣传教育、教育工作者的正确引导、朋辈群体的良性影响、未成年人自身的觉醒等各方面的因素都为未成年人科学素质发展带来了前进的动力。因此，近年来对未成年人科学教育的力度不断加大，未成年人科学素质发展工作取得了显著成绩。

（二）未成年人科学素质发展的阻碍因素

在看到成绩的同时，也应看到我国的教育尤其是中小学教育在"教育体制不适应社会发展的需要"等体制性因素与"教育观念陈旧"等观念性因素的制约下，在未成年人科学素质的发展方面还存在一些薄弱环节。例如，学校对未成年人科学素质发展重视不够；教师缺乏创造性不能以身示教；难以培养学生的自主性；课程设置不合理；未成年人的课外科技活动缺乏有效指导；未成年人与中学老师对科学素质的关注度不够，错失培养的最佳时机，延迟到大学教育再来强化；家长对未成年人科学教育的重视不够，甚至给未成年人带来负面影响等。这些因素都阻碍了未成年人科学素质的发展，严重的会使未成年人的世界观、人生观、价值观偏离正确的轨道，减小这些不利于未成年人科学素质发展因素的影响已成为当务之急。

（三）国家与社会应重视未成年人科学素质的发展

未成年人是国家的未来、民族的希望，未成年人强则国家强。国家和社会应高度重视未成年人科学素质的发展。在国际形势与社会发展趋势面前，要使全社会达成共识，统一思想与行动，扎实地做好各项应做的工作，切实加强未成年人科学素质发展工作。国家应加紧制定科学的方针政策，重视基础教育阶段的科学教育，社会各界应很好地贯彻实施国家的大政方针，为未成年人科学素质发展提供一个较为适宜的环境，加强科学教育的教师队伍建设，敦促未成年人社会科普活动的开展等，集合社会上各种资源为未成年人科学素质发展添砖加瓦。

第六章

未成年人企业家精神培养
现状的实证分析

未成年人的企业家精神培养是未成年人素质养成很重要的方面，也是研究未成年人的一个新领域，具有强烈的时代气息和现实需要。通过对未成年人群体的调查，进一步了解未成年人对企业家精神所含要素的了解以及对自身具备的企业家精神的评价。同时，在对不同群体的实证调查并进行分析的基础上，可以窥探未成年人企业家精神所呈现出的发展态势。

第一节　研究思路与基本假设

一　研究思路

国外关于企业家精神的研究起步较早，我国关注与研究企业家精神的时间不长。经查询中国知网可知，能检索到的第一篇研究企业家精神的文章是发表在《企业管理》1985年第3期的《发扬企业家精神》。近30余年来，有关企业家精神的研究引起学术界的重视，出了不少研究成果，对后续研究起到了很好的指导与借鉴作用。基于前面的研究成果多集中于企业家与相关成年人群体，对青少年尤其是未成年人的企业家精神的研究不多，故本研究尚有空间。

根据我国最近30余年的研究经验，本研究增加了一些更适合中国本土情况的调查测试题。由于国内暂无专门调查未成年人（18周岁以下）企业家精神的测评体系，本研究在吸纳了部分国内外通行的抽样调查问卷试题外，自行设计了适合我国未成年人实际的评估体系，采用由未成年人自我主观评价和与未成年人紧密相关人员的客观评价相结合，以及未成年人的自我评价与相关群体的自我评价相比较的量化方式进行测定。

二　基本假设

围绕对未成年人企业家精神培养现状的探测与评价，本书提出以下研究假设。

假设一：不同群体对未成年人的企业家精神持半信半疑心态，评价趋于谨慎。

假设二：未成年人对企业家精神的自我评价不低，这不是未成年人骄傲的表现。

假设三：未成年人对企业家精神的态度比较积极，因为这符合全球化趋势与社会发展的必然要求，也符合未成年人的兴趣。

第二节　未成年人企业家精神的培养现状

一 对未成年人企业家精神培养现状的评价

一般认为，企业家精神是企业家所具有的，与其他人群尤其是未成年人关系不大，把企业家精神与未成年人联系起来还是近几年的事。未成年人与企业家精神有无关系，只要看看企业家精神的组成要素便可知道。企业家精神包括创新、冒险、合作、敬业、学习、执着、诚信、宽容等组成要素，这些组成要素在未成年人中或多或少、时显时隐地存在，也就是说，只要这些要素在未成年人身上存在，未成年人就有企业家精神的成分，与企业家精神就有天然的关系。那么，未成年人的企业家精神究竟怎样呢？我们来看看相关群体的评价。

（一）相关群体的评价

1. 未成年人的自我评价

在表 6-1 中，对未成年人对企业家精神自我评价的调查中，选择积极性评价（"很好"、"好"和"较好"）的合比率为 67.37%，选择"一般化"的比率为 19.55%，选择消极性评价（"不好"和"很差"）的合比率为 7.20%。态度较为模糊的评价（"不好评价"和"不清楚"）的合比率为 5.88%。从数据来看，大多数未成年人对自身企业家精神的评价较为积极乐观。

从 2015 年与 2014 年的比较来看，"不好"和"很差"的比率较 2014 年分别上升 3.40 个百分点和 1.36 个百分点。选择"一般化"的比率降幅最大。从率差来看，未成年人的消极性评价有些许增加。总的来看，比率的浮动不大，较为稳定。

表 6-1　未成年人对企业家精神的自我评价

选项	总			2014 年			2015 年			2015 年与2014 年比较率差
	人数/人	比率/%	排序	人数/人	比率/%	排序	人数/人	比率/%	排序	
很好	1588	35.64	1	1058	36.01	1	530	34.91	1	−1.10
好	651	14.61	4	424	14.43	4	227	14.95	4	0.52
较好	763	17.12	3	521	17.73	3	242	15.94	3	−1.79
一般化	871	19.55	2	621	21.14	2	250	16.47	2	−4.67
不好	217	4.87	5	109	3.71	5	108	7.11	5	3.40
很差	104	2.33	7	55	1.87	7	49	3.23	7	1.36
不好评价	96	2.15	8	51	1.74	8	45	2.96	8	1.22
不清楚	166	3.73	6	99	3.37	6	67	4.41	6	1.04
合计	4456	100		2938	100		1518	100		0

2. 科技工作者，科技型中小企业家，教育、科技、人事管理部门领导的评价

在 2010 年对科技工作者，科技型中小企业家，教育、科技、人事管理部门领导的调查中，选择"很好"的比率分别为 9.89%、2.44%、5.88%，总体比率为 7.23%；选择"好"的比率分别为 10.99%、4.88%、0，总体比率为 7.23%；选择"较好"的比率分别为 18.68%、17.07%、38.24%，总体比率为 22.29%；选择"一般化"的比率分别为 36.26%、56.10%、41.18%，总体比率为 42.17%；选择"不好"的比率分别为 7.69%、14.63%、14.71%，总体比率为 10.84%；选择"很差"的比率分别为 2.20%、0、0，总体比率为 1.20%；选择"不好评价"的比率分别为 4.40%、2.44%、0，总体比率为 3.01%；选择"不清楚"的比率分别为 9.89%、2.44%、0，总体比率为 6.02%。

在 2010 年对科技工作者的调查中，大多数科技工作者认为未成年人企业家精神"一般化"。在对科技型中小企业家的调查中，其较科技工作者认为"很好"、"好"和"较好"的合比率低，说明他们认为未成年人尚不具有很明显的企业家精神；其选择"不好"和"很差"的比率分别为 14.63%、0；选择"不好评价"和"不清楚"的比率均为 2.44%。在对教育、科技、人事管理部门领导的调查中，其认为未成年人的企业家精神"一般化"的比率为 41.18%，认为"很好"（5.88%）、"好"（0）和"较好"（38.24%）的合比率为 44.12%，这一合比率较科技工作者和科技型中小企业家的同类选项的合比率均高；认为"好"、"很差"、"不好评价"和"不清楚"的比率最小，均为 0。教育、科技、人事管理部门领导出现两头小中间大的评价，说明他们根据自己多年的管理工作经验，对未成年人的企业家精神给予较为中肯的评价。

3. 研究生与大学生的评价

在2010年对研究生与大学生的调查中，选择"很好"的比率分别为15.27%、11.16%，总体比率为11.70%；选择"好"的比率分别为21.37%、11.97%，总体比率为13.20%；选择"较好"的比率分别为25.19%、18.41%，总体比率为19.30%；选择"一般化"的比率分别为29.77%、34.41%，总体比率为33.80%；选择"不好"的比率分别为3.82%、9.21%，总体比率为8.50%；选择"很差"的比率分别为3.05%、5.98%，总体比率为5.60%；选择"不好评价"的比率分别为0.76%、6.67%，总体比率为5.90%；选择"不清楚"的比率分别为0.76%、2.19%，总体比率为2.00%。

从调查数据看，研究生较为赞赏未成年人的企业家精神。与研究生相比，大学生赞同度较低，并且模糊性比例稍高，这可能是因为大学生对企业家精神的了解较少。大学生选择"不好"、"很差"、"不好评价"和"不清楚"的比率分别为9.21%、5.98%、6.67%、2.19%。

4. 中学老师的评价

如表6-2所示，中学老师认为未成年人的企业家精神"一般化"的比率为35.24%，认为"很好"、"好"和"较好"的合比率为37.88%，认为"不好"和"很差"的合比率为14.83%。在中学老师眼中，较多未成年人有较好的企业家精神，虽然部分未成年人的企业家精神还未完全形成，但如果加以恰当的引导会有较好的发展。其中有7.05%的中学老师表示"不清楚"，这可能是由于这部分老师教学经验较少或者是平常对未成年人的关心较少。

从2015年与2013年的比较来看，认为"很好"和"好"的比率较2013年分别下降5.66个百分点、3.00个百分点，这两个选项的下降幅度较为明显。认为"不好"的比率有所上升。从率差来看，中学老师认为未成年人的企业家精神并不是十分乐观，其认可程度较低。

表6-2 中学老师对未成年人企业家精神的评价

选项	总			2013年			2014年			2015年			2015年与2013年比较率差
	人数/人	比率/%	排序	人数/人	比率/%	排序	人数/人	比率/%	排序	人数/人	比率/%	排序	
很好	65	9.54	4	32	10.85	4	25	10.78	4	8	5.19	6	-5.66
好	57	8.37	5	28	9.49	5	19	8.19	5	10	6.49	5	-3.00
较好	136	19.97	2	53	17.97	2	50	21.55	2	33	21.43	2	3.46
一般化	240	35.24	1	97	32.88	1	78	33.62	1	65	42.21	1	9.33
不好	69	10.13	3	25	8.47	6	27	11.64	3	17	11.04	3	2.57
很差	32	4.70	8	12	4.07	8	18	7.76	6	2	1.30	8	-2.77

续表

选项	总			2013 年			2014 年			2015 年			2015 年与2013 年比较率差
	人数/人	比率/%	排序	人数/人	比率/%	排序	人数/人	比率/%	排序	人数/人	比率/%	排序	
不好评价	34	4.99	7	14	4.75	7	9	3.88	7	11	7.14	4	2.39
不清楚	48	7.05	6	34	11.53	3	6	2.59	8	8	5.19	6	-6.34
合计	681	100		295	100		232	100		154	100		0

5. 家长的评价

如表 6-3 所示，家长认为未成年人的企业家精神"很好"、"好"和"较好"的合比率为 45.82%，认为"一般化"的比率为 30.89%。选择消极性评价的比率较低。从数据来看，家长的评价总体较好。但也有部分家长表示"不清楚"，可能认为未成年人离企业家还有一些距离，不易根据小时候的表现得出定论。

从 2015 年与 2013 年的比较来看，2015 年认为"很好"、"好"和"较好"的比率均较 2013 年高，认为"很差"、"不好评价"和"不清楚"的比率较 2013 年有所降低。从率差来看，家长对未成年人企业家精神有着清晰的认识，且对未成年人企业家精神的评价也较为积极乐观。

表 6-3　家长对未成年人企业家精神的评价

选项	总			2013 年			2014 年			2015 年			2015 年与2013 年比较率差
	人数/人	比率/%	排序	人数/人	比率/%	排序	人数/人	比率/%	排序	人数/人	比率/%	排序	
很好	92	13.47	3	30	10.20	4	44	18.72	3	18	11.69	4	1.49
好	91	13.32	4	30	10.20	4	32	13.62	4	29	18.83	3	8.63
较好	130	19.03	2	40	13.61	3	59	25.11	2	31	20.13	2	6.52
一般化	211	30.89	1	103	35.03	1	61	25.96	1	47	30.52	1	-4.51
不好	57	8.35	6	21	7.14	6	19	8.09	5	17	11.04	5	3.90
很差	7	1.02	8	2	0.68	8	4	1.70	8	1	0.65	8	-0.03
不好评价	32	4.69	7	20	6.80	7	6	2.55	7	6	3.90	6	-2.90
不清楚	63	9.22	5	48	16.33	2	10	4.26	6	5	3.25	7	-13.08
合计	683	100		294	100		235	100		154	100		0

6. 中学校长的评价

如表 6-4 所示，中学校长认为未成年人的企业家精神"一般化"的比率为

43.95%，认为"不好"的比率为 12.10%，认为"较好"的比率为 20.00%，认为"很好"（4.94%）、"很差"（2.96%）和"不清楚"（1.23%）的比率较低。总的来看，中学校长态度积极，模糊性的回答所占比率较低，说明中学校长对未成年人的企业家精神有比较明确的认识。

表 6-4　中学校长对未成年人企业家精神的评价

选项	总			2013 年		2014 年				2015 年							
						（1）		（2）		（1）		（2）		（3）		（4）	
	人数/人	比率/%	排序	人数/人	比率/%	人数/人	比率/%	人数/人	比率/%	人数/人	比率/%	人数/人	比率/%	人数/人	比率/%	人数/人	比率/%
很好	20	4.94	6	4	2.20	6	8.70	7	14.89	0	0	0	0	0	0	3	6.12
好	36	8.89	4	16	8.79	7	10.14	5	10.64	1	5.00	1	5.00	3	16.67	3	6.12
较好	81	20.00	2	38	20.88	16	23.19	11	23.40	2	10.00	5	25.00	1	5.56	8	16.33
一般化	178	43.95	1	101	55.49	13	18.84	16	34.04	12	60.00	10	50.00	8	44.44	18	36.73
不好	49	12.10	3	12	6.59	15	21.74	4	8.51	4	20.00	2	10.00	4	22.22	8	16.33
很差	12	2.96	7	0	0	8	11.59									4	8.16
不好评价	24	5.93	5	10	5.49	4	5.80	2	4.26	0	0	2	10.00	1	5.56	5	10.20
不清楚	5	1.23	8	1	0.55	0	0	2	4.26	1	5.00	0	0	1	5.56	0	0
合计	405	100		182	100	69	100	47	100	20	100	20	100	18	100	49	100

7. 德育干部的评价

在 2013 年对德育干部的调查中，其认为未成年人的企业家精神"一般化"的比率为 41.86%；认为"很好"（4.65%）、"好"（9.30%）和"较好"（13.95%）的合比率为 27.90%；认为"不好评价"（11.63%）和"不清楚"（4.65%）的合比率为 16.28%；认为"不好"和"很差"的比率分别为 13.95%、0。总的来看，德育干部的评价较好。

8. 小学校长的评价

如表 6-5 所示，小学校长认为未成年人的企业家精神"一般化"及以上的合比率为 77.03%，其中认为"很好"、"好"和"较好"的合比率为 44.44%，认为"不好评价"、"不好"、"很差"、"不清楚"的比率分别是 8.15%、8.15%、1.48%、5.19%。从数据来看，小学校长可能因为对企业家精神的关注度较高，总体持肯定态度。

表 6-5　小学校长对未成年人企业家精神的评价

| 选项 | 总 | | | 2013 年（安徽省） | | 2014 年 | | | | 2015 年（安徽省） | | | |
| | | | | | | 全国部分省市（少数民族地区）（1） | | 安徽省（2） | | （1） | | （2） | |
	人数/人	比率/%	排序	人数/人	比率/%	人数/人	比率/%	人数/人	比率/%	人数/人	比率/%	人数/人	比率/%
很好	13	9.63	4	1	2.63	1	3.85	3	9.09	4	23.53	4	19.05
好	18	13.33	3	3	7.89	2	7.69	3	9.09	3	17.65	7	33.33
较好	29	21.48	2	10	26.32	4	15.38	7	21.21	7	41.18	1	4.76
一般化	44	32.59	1	12	31.58	13	50.00	10	30.30	3	17.65	6	28.57
不好	11	8.15	5	4	10.53	2	7.69	4	12.12	0	0	1	4.76
很差	2	1.48	8	0	0	1	3.85	1	3.03	0	0	0	0
不好评价	11	8.15	5	4	10.53	3	11.54	4	12.12	0	0	0	0
不清楚	7	5.19	7	4	10.53	0	0	1	3.03	0	0	2	9.52
合计	135	100		38	100	26	100	33	100	17	100	21	100

（二）综合认识

1. 未成年人与科技工作者等 3 个群体评价的比较

科技工作者等 3 个群体认为未成年人的企业家精神"一般化"的比率为 42.17%，认为"很好"、"好"和"较好"的合比率为 36.75%，认为"不好"和"很差"的合比率为 12.04%。可见，科技工作者等 3 个群体倾向于认为未成年人的企业家精神"一般化"。未成年人认为"很好"、"好"和"较好"的合比率为 67.37%，较科技工作者等 3 个群体同类选项的合比率高 30.62 个百分点；认为"不好"和"很差"的合比率为 7.20%，较科技工作者等 3 个群体同类选项的合比率低 4.84 个百分点。比较可知，未成年人的评价较科技工作者等 3 个群体好。

2. 未成年人与研究生、大学生的比较

研究生与大学生认为未成年人的企业家精神"一般化"的比率为 33.80%，居于第一位。认为"很好"、"好"和"较好"的合比率为 44.20%，较未成年人同类选项的合比率低 23.17 个百分点。研究生与大学生认为"不好"和"很差"的合比率为 14.10%，较未成年人同类选项的合比率高 6.90 个百分点。未成年人的评价较研究生与大学生稍好。

3. 未成年人与中学老师、家长评价的比较

如表 6-6 所示，中学老师与家长认为未成年人的企业家精神"一般化"的

比率为 33.06%，居于第一位。中学老师与家长认为"很好"、"好"和"较好"的合比率为 41.86%，较未成年人同类选项的合比率低 25.51 个百分点。中学老师与家长认为"不好"和"很差"的合比率为 12.10%，较未成年人同类选项的合比率高 4.90 个百分点。中学老师与家长选择"不好评价"和"不清楚"的合比率较未成年人高。未成年人的评价较中学老师与家长稍好。

表 6-6　未成年人与中学老师、家长对未成年人企业家精神评价的比较

选项	未成年人（2014～2015 年）			中学老师和家长（2013～2015 年）							未成年人与中学老师、家长比较率差
				总			中学老师		家长		
	人数/人	比率/%	排序	人数/人	比率/%	排序	人数/人	比率/%	人数/人	比率/%	
很好	1588	35.64	1	157	11.51	3	65	9.54	92	13.47	24.13
好	651	14.61	4	148	10.85	4	57	8.37	91	13.32	3.76
较好	763	17.12	3	266	19.50		136	19.97	130	19.03	−2.38
一般化	871	19.55	2	451	33.06	1	240	35.24	211	30.89	−13.51
不好	217	4.87	5	126	9.24	5	69	10.13	57	8.35	−4.37
很差	104	2.33	7	39	2.86	8	32	4.70	7	1.02	−0.53
不好评价	96	2.15	8	66	4.84		34	4.99	32	4.69	−2.69
不清楚	166	3.73	6	111	8.14	6	48	7.05	63	9.22	−4.41
合计	4456	100		1364	100		681	100	683	100	0

4. 未成年人与中学校长、德育干部、小学校长评价的比较

如表 6-7 所示，中学校长等 3 个群体认为未成年人的企业家精神"一般化"的比率为 41.17%，居于第一位。认为"很好"、"好"和"较好"的合比率为 35.85%，较未成年人同类选项的合比率低 31.52 个百分点。中学校长等 3 个群体认为"不好"和"很差"的合比率为 13.72%，较未成年人同类选项的合比率高 6.52 个百分点。比较可知，未成年人的评价较中学校长等 3 个群体稍好。

表 6-7　未成年人与中学校长等 3 个群体对未成年人企业家精神评价的比较

选项	未成年人（2014～2015 年）			中学校长等 3 个群体									未成年人与中学校长等 3 个群体比较率差
				总			中学校长（2013～2015 年）		德育干部（2013 年）		小学校长（2013～2015 年）		
	人数/人	比率/%	排序	人数/人	比率/%	排序	人数/人	比率/%	人数/人	比率/%	人数/人	比率/%	
很好	1588	35.64	1	35	6.00	6	20	4.94	2	4.65	13	9.63	29.64

选项	未成年人 （2014~2015 年）			中学校长等 3 个群体										未成年人与中学校长等 3 个群体比较率差
				总			中学校长 （2013~2015 年）		德育干部 （2013 年）		小学校长 （2013~2015 年）		
	人数/人	比率/%	排序	人数/人	比率/%	排序	人数/人	比率/%	人数/人	比率/%	人数/人	比率/%	
好	651	14.61	4	58	9.95	4	36	8.89	4	9.30	18	13.33	4.66
较好	763	17.12	3	116	19.90	2	81	20.00	6	13.95	29	21.48	−2.78
一般化	871	19.55	2	240	41.17	1	178	43.95	18	41.86	44	32.59	−21.62
不好	217	4.87	5	66	11.32	3	49	12.10	6	13.95	11	8.15	−6.45
很差	104	2.33	7	14	2.40	7	12	2.96	0	0	2	1.48	−0.07
不好评价	96	2.15	8	40	6.86	5	24	5.93	5	11.63	11	8.15	−4.71
不清楚	166	3.73	6	14	2.40	7	5	1.23	2	4.65	7	5.19	1.33
合计	4456	100		583	100		405	100	43	100	135	100	0

5. 科技工作者等 11 个群体的总体评价

如表 6-8 所示，科技工作者等 11 个群体认为未成年人的企业家精神"一般化"的比率为 26.03%，认为"很好"、"好"和"较好"的合比率为 56.61%。可以看出，11 个群体对未成年人的企业家精神的评价较为积极。

从单个选项来看，认为"一般化"比率最高的群体是科技工作者等 3 个群体（42.17%）。成年人群体对未成年人的企业家精神的评价倾向于"一般化"，评价比较谨慎，这就验证了假设一：不同群体对未成年人的企业家精神持半信半疑心态，评价趋于谨慎。

从数据来看，认为"很好"、"好"和"较好"的合比率最高的群体是未成年人（67.37%），可以看出未成年人对企业家精神的自我评价不低，这验证了假设二：未成年人对企业家精神的自我评价不低，这不是未成年人骄傲的表现。

认为"不好"和"很差"的合比率最高的群体是中学老师（14.83%）。认为"不好评价"和"不清楚"合比率最高的群体是家长（13.91%）。综合来看，应进一步提高中学老师与家长的重视程度，为未成年人企业家精神的培养创造条件。

表 6-8　科技工作者等 11 个群体对未成年人的企业家精神的总体评价

选项	科技工作者等 11 个群体			未成年人（2014～2015 年）		科技工作者等 3 个群体（2010 年）		研究生与大学生（2010 年）		中学校长等 3 个群体（2013～2015 年、2013 年）		中学老师（2013～2015 年）		家长（2013～2015 年）	
	人数/人	比率/%	排序	人数/人	比率/%	人数/人	比率/%	人数/人	比率/%	人数/人	比率/%	人数/人	比率/%	人数/人	比率/%
很好	1909	25.22	2	1588	35.64	12	7.23	117	11.70	35	6.00	65	9.54	92	13.47
好	1001	13.22	4	651	14.61	12	7.23	132	13.20	58	9.95	57	8.37	91	13.32
较好	1375	18.17	3	763	17.12	37	22.29	193	19.30	116	19.90	136	19.97	130	19.03
一般化	1970	26.03	1	871	19.55	70	42.17	338	33.80	240	41.17	240	35.24	211	30.89
不好	512	6.76	5	217	4.87	18	10.84	85	8.50	66	11.32	69	10.13	57	8.35
很差	215	2.84	8	104	2.33	2	1.20	56	5.60	14	2.40	32	4.70	7	1.02
不好评价	266	3.51	7	96	2.15	5	3.01	59	5.90	40	6.86	34	4.99	32	4.69
不清楚	321	4.24	6	166	3.73	10	6.02	20	2.00	14	2.40	48	7.05	63	9.22
合计	7569	100		4456	100	166	100	1000	100	583	100	681	100	683	100

⬛二 未成年人已经具备的企业家精神

我们通过前面的分析已经了解各个群体对未成年人是否具有较好的企业家精神都有了各自的评价，而对于评价情况，前面也有了叙述。现在来讨论未成年人具备了哪些企业家精神。

（一）相关群体的评价

对企业家精神共列出 7 种要素进行量化分析，分别为创新、冒险、合作、敬业、学习、执着、诚信，再加上一种不确定的要素"其他"供选择。

1. 未成年人的自我评价

如表 6-9 所示，未成年对已经具备的企业家精神选择最多的三项分别为"创新"（16.27%）、"合作"（14.20%）、"学习"（12.99%）。从地域分布来看，城市未成年人与乡镇未成年人率差最大的是"创新"，率差最小的是"执着"；从学段分布来看，初中未成年人与高中未成年人率差最大的是"创新"，率差最小的是"合作"。对于"创新"，无论城市还是乡镇，无论初中还是高中，都比较看重；认可率较低的是"敬业"，这与未成年人还未踏入工作岗位，对"敬业"这一精神理解较少有关。

表 6-9　未成年人认为自己已经具备的企业家精神的自我评价（多选题）（2015 年）

选项	总			地域			学段		
	人数/人	比率/%	排序	城市/%	乡镇/%	率差	初中/%	高中/%	率差
创新	802	16.27	1	15.33	16.92	1.59	17.17	15.60	−1.57
冒险	624	12.66	4	12.89	12.50	−0.39	13.43	12.08	−1.35
合作	700	14.20	2	14.04	14.32	0.28	14.29	14.14	−0.15
敬业	439	8.91	8	8.21	9.39	1.18	9.13	8.74	−0.39
学习	640	12.99	3	13.39	12.71	−0.68	12.11	13.65	1.54
执着	534	10.84	6	10.80	10.86	0.06	10.36	11.19	0.83
诚信	554	11.24	5	11.60	11.00	−0.60	11.02	11.41	0.39
宽容	473	9.60	7	10.10	9.25	−0.85	9.70	9.52	−0.18
其他	162	3.29	9	3.63	3.05	−0.58	2.79	3.66	0.87
合计	4928	100		100	100	0	100	100	0

2. 科技工作者，科技型中小企业家，教育、科技、人事管理部门领导的评价

如表 6-10 所示，科技工作者把未成年人的"创新"放在第一位，可见科技工作者对未成年人的创新精神比较认可，没有对未成年人的"宽容"要素给予肯定。

科技型中小企业家也将"创新"放在第一位，但没有对未成年人的"诚信""宽容""执着"要素给予肯定。

教育、科技、人事管理部门领导除了重视"创新"和"冒险"要素外，对"学习"较为认可，各种形式的学习是提升自身素质和本领的前提条件。"执着"和"诚信"的比率均为 0，对未成年人的诚信等道德方面的要素肯定不够。

表 6-10　科技工作者，科技型中小企业家，教育、科技、人事管理部门领导
认为的未成年人已经具备的企业家精神（多选题）（2010 年）

选项	总			科技工作者			科技型中小企业家			教育、科技、人事管理部门领导		
	人数/人	比率/%	排序	人数/人	比率/%	排序	人数/人	比率/%	排序	人数/人	比率/%	排序
创新	71	42.77	1	41	45.05	1	17	41.46	1	13	38.24	1
冒险	35	21.08	2	15	16.48	2	11	26.83	2	9	26.47	2
合作	13	7.83	4	7	7.69	5	5	12.20	3	1	2.94	5
敬业	5	3.01	6	2	2.20	6	1	2.44	6	2	5.88	4
学习	27	16.27	3	15	16.48	2	5	12.20	3	7	20.59	3

选项	总			科技工作者			科技型中小企业家			教育、科技、人事管理部门领导		
	人数/人	比率/%	排序	人数/人	比率/%	排序	人数/人	比率/%	排序	人数/人	比率/%	排序
执着	2	1.20	7	2	2.20	6	0	0	7	0	0	8
诚信	1	0.60	8	1	1.10	8	0	0	7	0	0	8
宽容	1	0.60	8	0	0	9	0	0	7	1	2.94	5
其他	11	6.63	5	8	8.79	4	2	4.88	5	1	2.94	5
合计	166	100		91	100		41	100		34	100	

3. 研究生与大学生的评价

如表 6-11 所示，研究生与大学生 2 个群体总评价的排序是："创新"（17.71%）、"学习"（15.29%）、"合作"（12.97%）、"执着"（12.11%）、"冒险"（12.06%）、"诚信"（10.49%）、"敬业"（8.17%）、"宽容"（7.06%）、"其他"（4.14%）。研究生与大学生均将"创新"精神放在第一位，可见对未成年人的"创新"比较认可。相比其他群体，研究生对未成年人的"冒险"和"敬业"的认可度较高，大学生对"学习"和"合作"的认可度较高。在大学生眼中，其对"合作"较为认可，认为无论是科学素质还是企业家精神均要求个体具有良好的合作意识，"合作"在一定程度上是效果最大化的条件。此外，研究生较大学生更认可"创新"，大学生则对"诚信"这一道德素质较为认可。

表 6-11　研究生与大学生认为未成年人已经具备的企业家精神（多选题）（2010 年）

选项	总			研究生			大学生		
	人数/人	比率/%	排序	人数/人	比率/%	排序	人数/人	比率/%	排序
创新	351	17.71	1	57	23.75	1	294	16.88	1
冒险	239	12.06	5	35	14.58	2	204	11.71	5
合作	257	12.97	3	31	12.92	4	226	12.97	3
敬业	162	8.17	7	34	14.17	3	128	7.35	7
学习	303	15.29	2	23	9.58	6	280	16.07	2
执着	240	12.11	4	24	10.00	5	216	12.40	4
诚信	208	10.49	6	14	5.83	7	194	11.14	6
宽容	140	7.06	8	13	5.42	8	127	7.29	8
其他	82	4.14	9	9	3.75	9	73	4.19	9
合计	1982	100		240	100		1742	100	

4. 中学老师的评价

如表 6-12 所示，中学老师认为排在前三位的要素是："合作"（16.97%）、"创新"（16.12%）、"学习"（14.26%）。从数据来看，率差最大的是"冒险"（除"其他"选项外），率差最小的是"学习"。从总体上说，"合作"与"创新"分别位于中学老师要素评价的第一和第二位。从"其他"比率下降可知，中学老师对企业家精神要素的认识相对固化，也可看出未成年人的企业家精神的内涵发展逐渐趋于稳定。

表 6-12　中学老师认为的未成年人已经具备的企业家精神（多选题）

选项	总			2013 年			2014 年			2015 年			2015 年与2013 年比较率差
	人数/人	比率/%	排序	人数/人	比率/%	排序	人数/人	比率/%	排序	人数/人	比率/%	排序	
创新	286	16.12	2	120	16.00	2	132	17.41	1	34	12.78	5	-3.22
冒险	236	13.30	4	80	10.67	5	118	15.57	2	38	14.29	3	3.62
合作	301	16.97	1	139	18.53	1	109	14.38	3	53	19.92	1	1.39
敬业	120	6.76	8	36	4.80	9	67	8.84	7	17	6.39	7	1.59
学习	253	14.26	3	116	15.47	3	95	12.53	4	42	15.79	2	0.32
执着	159	8.96	6	50	6.67	8	85	11.21	5	24	9.02	6	2.35
诚信	209	11.78	5	96	12.80	4	76	10.03	6	37	13.91	4	1.11
宽容	125	7.05	7	61	8.13	6	48	6.33	8	16	6.02	8	-2.11
其他	85	4.79	9	52	6.93	7	28	3.69	9	5	1.88	9	-5.05
合计	1774	100		750	100		758	100		266	100		0

5. 家长的评价

如表 6-13 所示，家长认为排在前三位的要素是："创新"（18.78%）、"学习"（16.96%）、"诚信"（13.38%）。从数据来看，率差最大的是"冒险"，率差最小的是"诚信"。从总体上说，"创新"位于家长的要素评价的第一位，三年的比率较为接近，"冒险"的比率在三年中呈现上升态势。此外，2015 年诸如"宽容"等道德素质的比率较 2013 年有所降低。道德素质的养成与提高会潜在地影响企业家精神的培养，而且对未成年人的健康成长具有重要的引导作用。

表 6-13　家长认为的未成年人已经具备的企业家精神（多选题）

选项	总			2013 年			2014 年			2015 年			2015 年与2013 年比较率差
	人数/人	比率/%	排序	人数/人	比率/%	排序	人数/人	比率/%	排序	人数/人	比率/%	排序	
创新	351	18.78	1	136	17.09	2	136	20.21	1	79	19.75	1	2.66

续表

选项	总			2013 年			2014 年			2015 年			2015 年与2013 年比较率差
	人数/人	比率/%	排序	人数/人	比率/%	排序	人数/人	比率/%	排序	人数/人	比率/%	排序	
冒险	233	12.47	4	81	10.18	5	94	13.97	3	58	14.50	3	4.32
合作	221	11.82	5	100	12.56	4	81	12.04	4	40	10.00	6	-2.56
敬业	125	6.69	8	52	6.53	8	48	7.13	7	25	6.25	7	-0.28
学习	317	16.96	2	137	17.21	1	112	16.64	2	68	17.00	2	-0.21
执着	179	9.58	6	79	9.92	6	57	8.47	6	43	10.75	4	0.83
诚信	250	13.38	3	115	14.45	3	77	11.44	5	58	14.50	3	0.05
宽容	132	7.06	7	68	8.54	7	44	6.54	8	20	5.00	8	-3.54
其他	61	3.26	9	28	3.52	9	24	3.57	9	9	2.25	9	-1.27
合计	1869	100		796	100		673	100		400	100		0

6. 中学校长的评价

如表 6-14 所示，中学校长认为排在前三位的要素是："学习"（17.52%）、"创新"（16.89%）、"冒险"（15.45%）。中学校长将"学习"这个要素放在了第一位，"创新"与"冒险"被放在了第二与第三的位置。从数据来看，中学校长比较认可未成年人的"学习"要素。良好学习品质的形成对未成年人今后进一步的学习以及习得其他素质具有重要的"迁移"作用。

表 6-14　中学校长认为的未成年人已经具备的企业家精神（多选题）

选项	总			2013 年		2014 年				2015 年						
						（1）		（2）		（1）		（2）		（3）		（4）
	人数/人	比率/%	排序	人数/人	比率/%	人数/人	比率/%	人数/人	比率/%	人数/人	比率/%	人数/人	比率/%	人数/人	比率/%	人数/人	比率/%
创新	188	16.89	2	93	13.98	18	26.09	30	25.64	11	33.33	12	23.08	3	8.11	21	15.00
冒险	172	15.45	3	83	12.48	20	28.99	14	11.97	4	12.12	14	26.92	11	29.73	26	18.57
合作	153	13.75	4	98	14.74	3	4.35	12	10.26	3	9.09	11	21.15	5	13.51	21	15.00
敬业	84	7.55	7	53	7.97	9	13.04	8	6.84	2	6.06	1	1.92	2	5.41	9	6.43
学习	195	17.52	1	117	17.59	11	15.94	24	20.51	7	21.21	6	11.54	7	18.92	23	16.43
执着	99	8.89	6	67	10.08	1	1.45	11	9.40	1	3.03	4	7.69	3	8.11	12	8.57
诚信	110	9.88	5	80	12.03	2	2.90	8	6.84	1	3.03	4	7.69	5	13.51	10	7.14
宽容	69	6.20	8	49	7.37	2	2.90	6	5.13	2	6.06	0		2	5.41	10	7.14
其他	43	3.86	9	25	3.76	3	4.35	4	3.42	2	6.06	0		1	2.70	8	5.71
合计	1113	100		665	100	69	100	117	100	33	100	52	100	37	100	140	100

7. 德育干部的评价

在 2013 年对德育干部就对未成年人企业家精神评价的调查中，各选项比率分别为："创新"（19.09%）、"冒险"（12.73%）、"合作"（10.91%）、"敬业"（5.45%）、"学习"（20.91%）、"执着"（6.36%）、"诚信"（9.09%）、"宽容"（6.36%）、"其他"（9.09%）。德育干部认为排在前三位的要素是学习、创新与冒险。

8. 小学校长的评价

如表 6-15 所示，小学校长认为排在前三位的要素是："学习"（20.28%）、"合作"（17.44%）、"创新"（14.59%）和"冒险"（14.59%）。小学校长将"学习"这个要素放在了第一位。"合作"、"创新"和"冒险"被分别放在了第二与第三的位置。从数据来看，小学校长认为未成年人具备的企业家精神主要体现在"学习"、"合作"、"创新"及"冒险"等方面。小学校长对未成年人的企业家精神的认识较为全面，各个选项均有一定的涉及。

表 6-15　小学校长认为的未成年人已经具备的企业家精神（多选题）

| 选项 | 总 | | | 2013 年（安徽省） | | 2014 年 | | | | 2015 年（安徽省） | | | |
| | | | | | | 全国部分省市（少数民族地区）（1） | | 安徽省（2） | | （1） | | （2） | |
	人数/人	比率/%	排序	人数/人	比率/%	人数/人	比率/%	人数/人	比率/%	人数/人	比率/%	人数/人	比率/%
创新	41	14.59	3	14	11.97	3	11.54	5	15.15	13	28.26	6	10.17
冒险	41	14.59	3	13	11.11	9	34.62	8	24.24	3	6.52	8	13.56
合作	49	17.44	2	22	18.80	3	11.54	7	21.21	5	10.87	12	20.34
敬业	18	6.41	7	8	6.84	2	7.69	4	12.12	1	2.17	3	5.08
学习	57	20.28	1	21	17.95	5	19.23	4	12.12	12	26.09	15	25.42
执着	21	7.47	6	8	6.84	0	0	3	9.09	6	13.04	4	6.78
诚信	29	10.32	5	18	15.38	0	0	1	3.03	3	6.52	7	11.86
宽容	12	4.27	9	7	5.98	0	0	0	0	1	2.17	4	6.78
其他	13	4.63	8	6	5.13	4	15.38	1	3.03	2	4.35	0	0
合计	281	100		117	100	26	100	33	100	46	100	59	100

（二）基本认识

1. 未成年人与科技工作者等 3 个群体评价的比较

科技工作者等 3 个群体认为排在前三位的要素是："创新"（42.77%）、

"冒险"（21.08%）和"学习"（16.27%）。这 3 个群体并不太认同未成年人具有"诚信""宽容"等要素，其认为未成年人的道德素质较弱。未成年人认为排在前三位的要素是"创新"（16.27%）、"合作"（14.20%）和"学习"（12.99%）。比较可知，科技工作者等 3 个群体较为认可"冒险"要素，而未成年人则更认可"合作"要素。

2. 未成年人与研究生、大学生评价的比较

研究生与大学生认为排在前三位的要素是："创新"（17.17%）、"学习"（15.29%）和"合作"（12.97%）。从数据来看，研究生、大学生的认可与未成年人保持了较高的一致性，从排序上看，研究生与大学生更侧重于认可"学习"要素。比较来看，未成年人的认识较为全面，其既重视诸如"创新""冒险"等企业家精神的现代要素，又注重诸如"诚信"和"宽容"等道德素质。而研究生与大学生较普遍认同未成年人已经具备"创新""学习"要素，而不太认同未成年人具有"诚信""宽容"等要素。

3. 未成年人与中学老师、家长评价的比较

如表 6-16 所示，中学老师与家长认为排在前三位的要素是："创新"（17.49%）、"学习"（15.65%）和"合作"（14.33%）。此外，中学老师与家长对诸如"诚信"等要素较为认可。未成年人与中学老师的前三位选项较为相似，只是中学老师与家长更为认可未成年人的"学习"要素，认为只有通过不断地学习以及不同层次的学习，才能进一步习得各种素质，从而有助于促进未成年人企业家精神的培养。

表 6-16 未成年人与中学老师、家长就未成年人已经具备的
企业家精神评价的比较（多选题）

选项	未成年人（2015 年）			中学老师与家长（2013～2015 年）									未成年人与中学老师、家长比较率差
				总			中学老师			家长			
	人数/人	比率/%	排序	人数/人	比率/%	排序	人数/人	比率/%	排序	人数/人	比率/%	排序	
创新	802	16.27	1	637	17.49	1	286	16.12	2	351	18.78	1	−1.22
冒险	624	12.66	4	469	12.87	4	236	13.30	5	233	12.47	4	−0.21
合作	700	14.20	2	522	14.33	3	301	16.97	1	221	11.82	5	−0.13
敬业	439	8.91	8	245	6.73	8	120	6.76	8	125	6.69	8	2.18
学习	640	12.99	3	570	15.65	2	253	14.26	3	317	16.96	2	−2.66
执着	534	10.84	6	338	9.28	6	159	8.96	6	179	9.58	6	1.56
诚信	554	11.24	5	459	12.60	5	209	11.78	4	250	13.38	3	−1.36

选项	未成年人（2015 年）			中学老师与家长（2013～2015 年）									未成年人与家长、中学老师比较率差
				总			中学老师			家长			
	人数/人	比率/%	排序	人数/人	比率/%	排序	人数/人	比率/%	排序	人数/人	比率/%	排序	
宽容	473	9.60	7	257	7.05	7	125	7.05	7	132	7.06	7	2.55
其他	162	3.29	9	146	4.01	9	85	4.79	9	61	3.26	9	-0.72
合计	4928	100		3643	100		1774	100		1869	100		0

4. 未成年人与中学校长、德育干部、小学校长评价的比较

如表 6-17 所示，中学校长等 3 个群体认为排在前三位的要素是："学习"（18.28%）、"创新"（16.62%）和"冒险"（15.09%）。中学校长等 3 个群体认可"诚信""宽容"等道德要素的比率较未成年人低，需要引起足够重视。

表 6-17　未成年人与中学校长、德育干部、小学校长认为的未成年人已经具备的企业家精神的比较（多选题）

选项	未成年人（2015 年）			中学校长等 3 个群体										未成年人与中学校长等 3 个群体比较率差
				总			中学校长（2013～2015 年）		德育干部（2013 年）		小学校长（2013～2015 年）			
	人数/人	比率/%	排序	人数/人	比率/%	排序	人数/人	比率/%	人数/人	比率/%	人数/人	比率/%		
创新	802	16.27	1	250	16.62	2	188	16.89	21	19.09	41	14.59		-0.35
冒险	624	12.66	4	227	15.09	3	172	15.45	14	12.73	41	14.59		-2.43
合作	700	14.20	2	214	14.23	4	153	13.75	12	10.91	49	17.44		-0.03
敬业	439	8.91	8	108	7.18	7	84	7.55	6	5.45	18	6.41		1.73
学习	640	12.99	3	275	18.28	1	195	17.52	23	20.91	57	20.28		-5.29
执着	534	10.84	6	127	8.44	6	99	8.89	7	6.36	21	7.47		2.40
诚信	554	11.24	5	149	9.91	5	110	9.88	10	9.09	29	10.32		1.33
宽容	473	9.60	7	88	5.85	8	69	6.20	7	6.36	12	4.27		3.75
其他	162	3.29	9	66	4.39	9	43	3.86	10	9.09	13	4.63		-1.10
合计	4928	100		1504	100		1113	100	110	100	281	100		0

5. 科技工作者等 11 个群体的总体认识

如表 6-18 所示，科技工作者等 11 个群体认为未成年人具备企业家精神要素的排序是："创新"（17.27%）、"学习"（14.85%）、"合作"（13.96%）、"冒险"（13.04%）、"诚信"（11.22%）、"执着"（10.15%）、"敬业"（7.85%）、"宽容"（7.85%）、"其他"（3.82%）。受访的 11 个群体对未成年人所具有的"创新"要素都予以肯定，尤其是科技工作者等 3 个群体的比率高达 42.77%，对未成年人的创新性大加赞赏，这可能是因为作为科技人才，其对创新更加看重。中小学校长、德育干部与中学老师较为认可"学习"与"合作"。由此可见，不同群体因为自身社会角色与出发点不同，对未成年人已经具备的企业家精神的认识的侧重点也有不同。

表 6-18　科技工作者等 11 个群体认为未成年人已经具备的企业家精神（多选题）

选项	科技工作者等11个群体			未成年人（2015年）		科技工作者等3个群体（2010年）		研究生与大学生（2010年）		中学校长等3个群体（2013~2015年）		中学老师（2013~2015年）		家长（2013~2015年）	
	人数/人	比率/%	排序	人数/人	比率/%	人数/人	比率/%	人数/人	比率/%	人数/人	比率/%	人数/人	比率/%	人数/人	比率/%
创新	2 111	17.27	1	802	16.27	71	42.77	351	17.71	250	16.62	286	16.12	351	18.78
冒险	1 594	13.04	4	624	12.66	35	21.08	239	12.06	227	15.09	236	13.30	233	12.47
合作	1 706	13.96	3	700	14.20	13	7.83	257	12.97	214	14.23	301	16.97	221	11.82
敬业	959	7.85	7	439	8.91	5	3.01	162	8.17	108	7.18	120	6.76	125	6.69
学习	1 815	14.85	2	640	12.99	27	16.27	303	15.29	275	18.28	253	14.26	317	16.96
执着	1 241	10.15	6	534	10.84	2	1.20	240	12.11	127	8.44	159	8.96	179	9.58
诚信	1 371	11.22	5	554	11.24	1	0.60	208	10.49	149	9.91	209	11.78	250	13.38
宽容	959	7.85	7	473	9.60	1	0.60	140	7.06	88	5.85	125	7.05	132	7.06
其他	467	3.82	9	162	3.29	11	6.63	82	4.14	66	4.39	85	4.79	61	3.26
合计	12 223	100		4 928	100	166	100	1 982	100	1 504	100	1 774	100	1 869	100

三　未成年人具备企业家精神的自我评价

我们在未成年人自身的评价中发现其具备了一定的企业家精神。下面主要从国际公认的企业家精神的基本要素方面逐个进行分析。

（一）相关基本要素分析

1. 创新

未成年人的动手实践成果蕴含着未成年人对知识的运用、对日常生活的思考。我们可以把未成年人的动手实践成果看成是创新性的重要表现，亦是检验未成年人创新的重要指标。

在表 6-19 中，未成年人有动手实践成果的排序是："有小制作"（41.52%）、"没有"（38.10%）、"有小创造"（11.78%）、"有小发明"（8.60%）。从数据来看，大多数未成年人的动手实践成果为"小制作"，蕴含丰富创新性因子的"小发明"和"小创造"的比率偏低，从侧面可以看出未成年人的创新能力有进一步提升的空间。

从两个阶段的比较来看，阶段（二）"有小制作"、"有小发明"及"有小创造"的比率均较阶段（一）高，认为"没有"的比率有所降低。未成年人不同形式的动手实践成果均有增加，这表明未成年人的创新性逐渐增强。

表 6-19 未成年人的动手实践成果

选项	总			（一）				（二）				（二）与（一）比较率差
	人数/人	比率/%	排序	2007年比率/%	2009年比率/%	2010年比率/%	合比率/%	2011年比率/%	2013年比率/%	2014年比率/%	2015年比率/%	合比率/%	
有小制作	6 873	41.52	1	11.46	49.73	45.45	35.55	44.28	49.49	48.98	36.59	44.84	9.29
有小发明	1 423	8.60	4	1.78	6.90	9.45	6.04	9.48	14.76	8.95	48.78	20.49	14.45
有小创造	1 950	11.78	3	1.09	13.22	16.58	10.3	12.58	15.63	13.31	9.76	12.82	2.52
没有	6 306	38.10	2	85.67	30.14	28.51	48.11	33.66	20.11	28.76	4.88	21.85	−26.26
合计	16 552	100		100	100	100	100	100	100	100	100	100	0

2. 冒险

冒险内在地包含对未知的探求以及对风险的承受。可以把未成年人的风险意识看作是其冒险精神的表现，从一个方面反映未成年人的冒险性。

在表 6-20 中，未成年人风险意识的排序是："有"（72.08%）、"没有"（16.58%）、"不知道什么叫'风险意识'"（11.34%）。从数据来看，大多数未成年人有一定的风险意识。

从两个阶段的比较来看，阶段（二）选择"有"的比率较阶段（一）降低了 9.17 个百分点，选择"没有"的比率较阶段（一）提高 11.30 个百分点，不知道什么叫"风险意识"的比率有所降低。从率差来看，未成年人逐渐对风险意识有了较为清晰的认识，但也应看到未成年人的风险意识有所减弱。

表 6-20　未成年人的风险意识

选项	总			（一）			（二）					（二）与（一）比较率差
	人数/人	比率/%	排序	2009年比率/%	2010年比率/%	合比率/%	2011年比率/%	2013年比率/%	2014年比率/%	2015年比率/%	合比率/%	
有	9 736	72.08	1	69.49	73.61	71.55	67.48	68.87	76.58	36.59	62.38	-9.17
没有	2 239	16.58	2	18.14	14.36	16.25	17.76	18.70	15.18	58.54	27.55	11.30
不知道什么叫"风险意识"	1 532	11.34	3	12.36	12.03	12.20	14.76	12.43	8.24	4.88	10.08	-2.12
合计	13 507	100		100	100	100	100	100	100	100	100	0

3. 合作

可以把未成年人的团队精神与合作精神看作是其合作意识的体现，从一个方面反映未成年人的合作意识。

1）未成年人的团队精神

如表 6-21 所示，未成年人认为"很强"和"强"的合比率为 67.12%，认为"一般化"的比率为 27.89%，认为"不强"和"不知道"的比率分别为 3.24%和 1.75%。从数据来看，未成年人的团队精神较强。

从两个阶段的比较来看，阶段（二）选择"很强"和"强"的比率分别较阶段（一）高 1.33 个百分点和 1.88 个百分点。选择"一般化"、"不强"和"不知道"的比率均有所降低。从率差来看，未成年人对团队精神有清晰的了解，其团队精神逐渐增强。

表 6-21　未成年人的团队精神

选项	总			（一）			（二）					（二）与（一）比较率差
	人数/人	比率/%	排序	2009年比率/%	2010年比率/%	合比率/%	2011年比率/%	2013年比率/%	2014年比率/%	2015年比率/%	合比率/%	
很强	3 795	28.10	2	29.78	25.15	27.47	26.83	31.30	23.59	33.47	28.80	1.33
强	5 270	39.02	1	36.51	38.58	37.55	38.22	33.69	47.41	38.41	39.43	1.88
一般化	3 767	27.89	3	29.24	29.44	29.34	30.66	29.11	26.31	21.08	26.79	-2.55
不强	438	3.24	4	2.53	4.44	3.49	3.37	4.21	1.87	3.36	3.20	-0.29
不知道	237	1.75	5	1.94	2.38	2.16	0.93	1.68	0.82	3.69	1.78	-0.38
合计	13 507	100		100	100	100	100	100	100	100	100	0

2）未成年人的合作精神

如表 6-22 所示，90.23%的未成年人会选择与别人合作，其中认为"经常合作"的比率为 50.16%。明确表示"不合作"和选择"不知道"的比率较低。从数据来看，大多数未成年人都能做到与他人合作，有较强的合作意识。但也应看到"不经常合作"的比率占了四成多，说明这部分未成年人的合作精神不强，对合作重视不够。

从两个阶段的比较来看，阶段（二）选择"经常合作"的比率较阶段（一）高 1.36 个百分点，选择"不经常合作"的比率较阶段（一）低 0.58 个百分点，选择"不合作"的比率有所上升。从率差来看，未成年人的合作精神变化不是太大，基本保持在相对平稳的水平。

表 6-22　未成年人的合作精神

选项	总			（一）			（二）					（二）与（一）比较率差
	人数/人	比率/%	排序	2009年比率/%	2010年比率/%	合比率/%	2011年比率/%	2013年比率/%	2014年比率/%	2015年比率/%	合比率/%	
经常合作	6 789	50.16	1	47.20	49.23	48.22	42.52	48.21	56.36	51.22	49.58	1.36
不经常合作	5 423	40.07	2	43.91	41.89	42.90	47.70	39.82	35.43	46.34	42.32	-0.58
不合作	733	5.42	3	4.56	3.00	3.78	4.82	7.41	6.33	2.44	5.25	1.47
不知道	589	4.35	4	4.33	5.89	5.11	4.97	4.55	1.87	0.00	2.85	-2.26
合计	13 534	100		100	100	100	100	100	100	100	100	0

4. 敬业

可以把未成年人的事业心、进取心与责任心看作是其敬业意识的体现，从一个方面反映未成年人的敬业精神。

1）未成年人的事业心

未成年人的事业心强在很大程度上能够反映他们的敬业精神也强。在表 6-23 中，未成年人认为自己事业心"很强"和"强"的合比率为 64.92%，其中"很强"的比率为 30.18%。从数据来看，未成年人的事业心较强。

从两个阶段的比较来看，阶段（二）选择"很强"和"强"的比率较阶段（一）分别低 1.24 个百分点和 1.98 个百分点。选择"没有"和"不知道"的比率较阶段（一）有所降低。未成年人的事业心有所减弱。虽然未成年人还未到就业阶段，但不能忽视对其进行敬业方面的教育。

表 6-23 未成年人的事业心

选项	总			（一）			（二）					（二）与（一）比较率差
	人数/人	比率/%	排序	2009年比率/%	2010年比率/%	合比率/%	2011年比率/%	2013年比率/%	2014年比率/%	2015年比率/%	合比率/%	
很强	4 077	30.18	2	32.54	29.03	30.79	30.30	32.11	28.83	26.94	29.55	−1.24
强	4 693	34.74	1	37.14	35.49	36.32	37.75	34.60	31.01	33.99	34.34	−1.98
一般化	3 900	28.87	3	24.01	26.34	25.18	26.36	28.87	35.33	29.91	30.12	4.94
不强	330	2.44	5	1.90	2.58	2.24	2.12	2.43	2.14	4.08	2.69	0.45
没有	130	0.96	6	0.54	2.01	1.28	0.73	1.25	0.48	1.58	1.01	−0.27
不知道	377	2.79	4	3.88	4.55	4.22	2.74	0.74	2.21	3.49	2.30	−1.92
合计	13 507	100		100	100	100	100	100	100	100	100	0

2）未成年人的进取心

未成年人的进取心也是反映其敬业精神的一个方面。由表 6-24 可知，未成年人认为"很强"和"强"的合比率为 65.56%，其中"很强"的比率为 26.10%。从数据来看，大多数未成年人的进取心较强。较强的进取心有助于未成年人在今后的工作中追求卓越的成绩，从而逐步实现自己的人生价值。

从两个阶段的比较来看，阶段（二）选择"很强"和"强"的比率较阶段（一）分别高 2.32 个百分点和 0.95 个百分点。其他选项的比率均有所降低。由此可以看出，未成年人对自身进取心的判断逐渐清晰化，进取心也逐渐增强。未成年人具有积极进取的意识和心态，有助于其敬业精神的塑造与强化，从而促进其企业家精神的培养。

表 6-24 未成年人的进取心

选项	总			（一）			（二）					（二）与（一）比较率差
	人数/人	比率/%	排序	2009年比率/%	2010年比率/%	合比率/%	2011年比率/%	2013年比率/%	2014年比率/%	2015年比率/%	合比率/%	
很强	3 525	26.10	3	24.19	25.77	24.98	23.72	29.35	21.75	34.39	27.30	2.32
强	5 330	39.46	1	39.44	36.98	38.21	35.37	34.50	50.41	36.36	39.16	0.95
一般化	3 826	28.33	2	30.19	29.96	30.08	34.23	29.62	23.96	21.94	27.44	−2.64
不强	537	3.98	4	3.43	4.70	4.07	5.23	4.28	2.79	3.95	4.06	−0.01
不知道	289	2.14	5	2.75	2.58	2.67	1.45	2.26	1.09	3.36	2.04	−0.63
合计	13 507	100		100	100	100	100	100	100	100	100	0

3）未成年人的责任心

责任心是个体完成工作或者事业的重要保证，在未成年人的敬业精神中，未成年人的责任心也是很重要的。由表 6-25 可知，未成年人认为"很强"和"强"的合比率为 75.38%，其中"很强"的比率为 31.30%。从数据来看，未成年人拥有较强的责任心，这对未成年人今后从事工作大有裨益。

从两个阶段的比较来看，阶段（二）选择"很强"的比率较阶段（一）高 2.01 个百分点，选择"一般化"的比率有所降低。近年来未成年人的责任心未出现较大幅度的波动，基本上处于平稳发展状态。

表 6-25　未成年人的责任心

选项	总			（一）			（二）					（二）与（一）比较率差
	人数/人	比率/%	排序	2009年比率/%	2010年比率/%	合比率/%	2011年比率/%	2013年比率/%	2014年比率/%	2015年比率/%	合比率/%	
很强	4 228	31.30	2	32.36	28.20	30.28	27.91	31.27	30.70	39.26	32.29	2.01
强	5 954	44.08	1	44.63	45.51	45.07	45.11	39.79	48.84	39.33	43.27	−1.80
一般化	2 793	20.68	3	20.17	21.90	21.04	23.46	23.92	17.60	15.94	20.23	−0.81
不强	310	2.30	4	1.49	2.17	1.83	2.43	3.17	1.91	2.50	2.50	0.67
不知道	222	1.64	5	1.35	2.22	1.79	1.09	1.85	0.95	2.96	1.71	−0.08
合计	13 507	100		100	100	100	100	100	100	100	100	0

5. 学习

可以把未成年人的勤奋度和应试态度看作是其学习毅力的体现，从侧面反映未成年人的学习精神。

1）未成年人的勤奋度

如表 6-26 所示，未成年人认为自己的勤奋度"一般化"的比率为 35.91%，认为"很勤奋"和"勤奋"的合比率为 54.62%，也有少部分"不知道"什么叫勤奋的未成年人（1.49%）。从数据来看，多数未成年人的勤奋度较高。

从两个阶段的比较来看，阶段（二）选择"很勤奋"的比率较阶段（一）高 6.39 个百分点，选择"勤奋"的比率有所降低。阶段（二）选择"一般化""不勤奋""不知道"的比率均较阶段（一）有所降低。由此可以看出，未成年人对勤奋问题有较为明晰的认识，且勤奋度逐渐增强。"勤能补拙"，未成年人通过勤奋学习可以弥补自身的不足，进一步提升自身的心智发展水平。

表 6-26　未成年人的勤奋度

选项	总			（一）			（二）					（二）与（一）比较率差
	人数/人	比率/%	排序	2009年比率/%	2010年比率/%	合比率/%	2011年比率/%	2013年比率/%	2014年比率/%	2015年比率/%	合比率/%	
很勤奋	2 715	20.10	3	14.58	16.48	15.53	16.99	26.89	19.88	23.91	21.92	6.39
勤奋	4 663	34.52	2	33.94	35.80	34.87	33.56	31.17	39.18	32.54	34.11	−0.76
一般化	4 851	35.91	1	40.07	35.43	37.75	39.10	33.22	34.85	33.73	35.23	−2.52
不勤奋	1 077	7.97	4	9.25	10.12	9.69	9.53	7.45	5.34	7.51	7.46	−2.23
不知道	201	1.49	5	2.17	2.17	2.17	0.83	1.28	0.75	2.31	1.29	−0.88
合计	13 507	100		100	100	100	100	100	100	100	100	0

2）未成年人的应试态度

通过应试来检验未成年人对知识的掌握水平和自身学习状况。对未成年人应试态度的考察旨在了解未成年人对考试以及学习的重视程度。

如表 6-27 所示，未成年人对考试作弊看法的排序是："不讲诚信"（41.86%）、"不公平竞争"（31.24%）、"违反纪律"（17.64%）、"无所谓"（6.79%）、"不知道"（2.47%）。从数据来看，大多数未成年人对考试作弊都有较为正确和清晰的认识，应试态度较为端正。

从 2015 年与 2011 年的比较来看，2015 年未成年人选择"不讲诚信"的比率较 2011 年高 15.46 个百分点，其他选项均较 2011 年有所降低。从率差来看，未成年人对考试作弊的认识趋向于认为是一种不讲诚信的行为。

表 6-27　考试作弊是什么行为

选项	总			2011年		2012年		2013年		2014年		2015年		2015年与2011年比较率差
	人数/人	比率/%	排序	人数/人	比率/%	人数/人	比率/%	人数/人	比率/%	人数/人	比率/%	人数/人	比率/%	
不讲诚信	4 797	41.86	1	667	34.54	951	45.20	1 334	44.95	1 086	36.96	759	50.00	15.46
违反纪律	2 021	17.64	3	366	18.95	282	13.40	525	17.69	612	20.83	236	15.55	−3.40
不公平竞争	3 580	31.24	2	641	33.20	634	30.13	849	28.61	1 061	36.11	395	26.02	−7.18
无所谓	778	6.79	4	203	10.51	169	8.03	173	5.83	141	4.80	92	6.06	−4.45
不知道	283	2.47	5	54	2.80	68	3.23	87	2.93	38	1.29	36	2.37	−0.43
合计	11 459	100		1 931	100	2 104	100	2 968	100	2 938	100	1 518	100	0

6. 执着

可以把未成年人的自尊心、自信心、自主性、独立性和控制力看作是其执着性的体现，从一个方面反映未成年人的执着精神。

1) 未成年人的自尊心

如表 6-28 所示，未成年人认为自尊心"很强"和"强"的合比率为 77.66%，认为"一般化"的比率为 15.87%。选择其他选项的比率较低。从数据来看，大多数未成年人对自尊心有较为明晰的认识，未成年人有较强的自尊心。

从两个阶段的比较来看，阶段（二）选择"很强"和"强"的比率较阶段（一）分别高 2.54 个百分点和 0.40 个百分点。其他选项的比率均有不同程度的降低。由此可以看出，未成年人的自尊心进一步增强。

表 6-28 未成年人的自尊心

选项	总			（一）						（二）			（二）与（一）比较率差
	人数/人	比率/%	排序	2006年比率/%	2007年比率/%	2008年比率/%	2009年比率/%	2010年比率/%	合比率/%	2011年比率/%	2015年比率/%	合比率/%	
很强	6 529	38.19	2	28.11	30.74	44.25	42.73	41.48	37.46	40.13	39.86	40.00	2.54
强	6 748	39.47	1	31.33	40.39	40.72	40.93	43.23	39.32	40.96	38.47	39.72	0.40
一般化	2 714	15.87	3	21.06	17.50	13.74	14.40	13.48	16.04	16.11	14.89	15.50	-0.54
不强	593	3.47	4	9.56	6.80	0.52	0.68	0.93	3.70	1.76	4.35	3.06	-0.64
没有	81	0.47	6	3.34	0	0	0	0	0.67	0	0	0	-0.67
不知道有没有	432	2.53	5	6.60	4.56	0.77	1.26	0.88	2.81	1.04	2.44	1.74	-1.07
合计	17 097	100		100	100	100	100	100	100	100	100	100	0

2) 未成年人的自信心

如表 6-29 所示，未成年人认为自信心"很强"和"强"的合比率为 60.44%，其中"强"的比率为 36.31%。选择"一般化"的比率为 29.62%，选择其他选项的比率较小。从数据来看，大多数未成年人有较强的自信心。自信心较强将有助于增强未成年人尝试新事物的勇气和开拓精神的塑造。

从两个阶段的比较来看，阶段（二）选择"很强"的比率较阶段（一）高 0.62 个百分点，选择"强"的比率较阶段（一）低 2.07 个百分点。从率差来看，各选项的比率变动不大，表明近年来未成年人的自信心保持在相对稳定的状态。

表 6-29　未成年人的自信心

选项	总			(一)						(二)			(二)与(一)比较率差
	人数/人	比率/%	排序	2006年比率/%	2007年比率/%	2008年比率/%	2009年比率/%	2010年比率/%	合比率/%	2011年比率/%	2015年比率/%	合比率/%	
很强	4 126	24.13	3	26.34	26.86	23.20	21.39	22.06	23.97	21.18	28.00	24.59	0.62
强	6 208	36.31	1	23.37	44.76	38.53	35.38	39.36	36.28	34.49	33.93	34.21	−2.07
一般化	5 064	29.62	2	30.30	17.90	32.17	36.64	31.56	29.71	35.06	25.63	30.35	0.64
不强	1 168	6.83	4	11.29	6.34	4.82	5.78	5.58	6.76	7.20	8.70	7.95	1.19
没有	112	0.66	6	4.62	0	0	0	0	0.92	0	0	0	−0.92
不知道有没有	419	2.45	5	4.10	4.14	1.27	0.81	1.44	2.35	2.07	3.75	2.91	0.56
合计	17 097	100		100	100	100	100	100	100	100	100	100	0

3）未成年人的自主性

未成年人的自主性是指未成年人自主选择的行为，行为或行动的背后体现出自身对事物判断的逻辑与思路。

如表 6-30 所示，未成年人认为自主性"很强"和"强"的合比率为 62.80%，其中选择"强"的比率为 33.53%。未成年人选择"一般化"的比率为 31.40%，其他各项的比率均较小。从数据来看，未成年人的自主性较强。

从两个阶段的比较来看，阶段（二）选择"很强"的比率较阶段（一）高1.27 个百分点，选择"一般化"的比率较阶段（一）低 1.07 个百分点。从率差来看，未成年人的自主性呈现出逐渐增强的状态，只是增幅较小。从中也可看出，未成年人的自主性较为稳定，变化幅度不大。

表 6-30　未成年人的自主性

选项	总			(一)			(二)					(二)与(一)比较率差
	人数/人	比率/%	排序	2009年比率/%	2010年比率/%	合比率/%	2011年比率/%	2013年比率/%	2014年比率/%	2015年比率/%	合比率/%	
很强	3 953	29.27	3	28.70	27.53	28.12	27.40	32.68	29.03	28.46	29.39	1.27
强	4 529	33.53	1	34.52	33.94	34.23	32.73	28.67	36.86	35.64	33.48	−0.75
一般化	4 241	31.40	2	32.13	31.92	32.03	33.14	31.13	31.18	28.39	30.96	−1.07
不强	595	4.41	4	3.52	4.60	4.06	5.18	5.96	2.52	5.07	4.68	0.62
不知道	189	1.40	5	1.13	2.01	1.57	1.55	1.55	0.41	2.44	1.49	−0.08
合计	13 507	100		100	100	100	100	100	100	100	100	0

4）未成年人的独立性

如表 6-31 所示，未成年人认为自身独立性"很强"和"强"的合比率为67.70%，其中"很强"的比率为30.07%。选择"一般化"的比率为27.27%。从数据来看，大多数未成年人认为自己的独立性较强。较强的独立性有助于未成年人养成不依赖父母的习惯。

从两个阶段的比较来看，阶段（二）选择"很强"和"强"的比率较阶段（一）分别高 0.37 个百分点和1.87 个百分点。其他选项的比率均较阶段（一）低。从率差来看，未成年人的独立性逐渐增强，这与素质教育的贯彻实施有较大关系。大力实施素质教育有助于未成年人各方面素质的养成，包括独立性的养成。

表 6-31　未成年人的独立性

| 选项 | 总 | | | （一） | | | （二） | | | | | （二）与（一）比较率差 |
	人数/人	比率/%	排序	2009年比率/%	2010年比率/%	合比率/%	2011年比率/%	2013年比率/%	2014年比率/%	2015年比率/%	合比率/%	
很强	4 062	30.07	2	31.27	27.69	29.48	28.02	34.80	28.18	28.39	29.85	0.37
强	5 083	37.63	1	36.42	36.83	36.63	36.77	31.23	43.70	42.29	38.50	1.87
一般化	3 684	27.27	3	28.02	28.46	28.24	29.67	27.76	25.94	23.25	26.66	−1.58
不强	511	3.78	4	2.98	5.17	4.08	4.76	4.89	1.63	3.95	3.81	−0.27
不知道	167	1.24	5	1.31	1.86	1.59	0.78	1.31	0.54	2.11	1.19	−0.40
合计	13 507	100		100	100	100	100	100	100	100	100	0

5）未成年人的控制力

如表 6-32 所示，未成年人认为控制力"很强"和"强"的合比率为57.77%，其中"很强"的比率为24.63%。选择"一般化"的比率为32.04%，选择"不强"和"不知道"的比率较低。从数据来看，大多数未成年人认为自己具有较强的控制力。未成年人的控制力更多地表现为自制力，能够自觉抵制不良诱惑，自觉控制自身的不良情绪。

从两个阶段的比较来看，阶段（二）选择"很强"的比率较阶段（一）高4.15 个百分点，选择"一般化"的比率较阶段（一）低1.18 个百分点。选择"不强"和"不知道"的比率变化幅度不是很大。从率差来看，未成年人的控制力呈现出增强态势。

表 6-32　未成年人的控制力

选项	总			（一）			（二）					（二）与（一）比较率差
	人数/人	比率/%	排序	2009年比率/%	2010年比率/%	合比率/%	2011年比率/%	2013年比率/%	2014年比率/%	2015年比率/%	合比率/%	
很强	3 327	24.63	3	22.38	20.87	21.63	20.56	27.19	26.96	28.39	25.78	4.15
强	4 476	33.14	1	34.52	35.54	35.03	33.76	30.73	35.16	28.06	31.93	−3.10
一般化	4 327	32.04	2	33.94	32.23	33.09	35.27	30.39	30.09	31.88	31.91	−1.18
不强	1 162	8.60	4	7.90	9.19	8.55	9.63	9.84	6.91	8.43	8.70	0.15
不知道	215	1.59	5	1.26	2.17	1.72	0.78	1.85	0.88	3.23	1.69	−0.03
合计	13 507	100		100	100	100	100	100	100	100	100	0

7. 诚信

可以把未成年人的忠诚观、诚实观和诚信观看作是其诚信意识的体现，从侧面反映未成年人的诚信精神。

1）未成年人的忠诚观

此处忠诚，包含对党和国家的忠诚、对事业的忠诚。未成年人树立忠诚观有助于激发未成年人的理想与信念，养成良好的道德品质与素质。

如表 6-33 所示，71.35%的未成年人认为忠诚是好的，选择"不好"的比率为 7.18%。从数据来看，大多数未成年人都有较强的忠诚意识和忠诚心。但仍有部分未成年人对这一问题持相对模糊的态度。

从两个阶段的比较来看，阶段（二）选择"好"的比率较阶段（一）低 6.74个百分点，阶段（二）选择"不好"的比率较阶段（一）高 8.03 个百分点。选择"不好评价"的比率有所降低。从率差来看，未成年人对忠诚的认识较为模糊，这不利于未成年人企业家精神的培养。

表 6-33　未成年人的忠诚观（你觉得一个人忠诚好不好）

选项	总			（一）			（二）					（二）与（一）比较率差
	人数/人	比率/%	排序	2009年比率/%	2010年比率/%	合比率/%	2011年比率/%	2013年比率/%	2014年比率/%	2015年比率/%	合比率/%	
好	9 637	71.35	1	72.47	73.55	73.01	72.71	66.35	74.81	51.22	66.27	−6.74
不好	970	7.18	3	6.72	5.99	6.36	5.96	5.85	6.74	39.02	14.39	8.03
不好评价	2 511	18.59	2	19.00	18.03	18.52	19.06	25.76	16.41	7.32	17.14	−1.38
不知道	389	2.88	4	1.81	2.43	2.12	2.28	2.04	2.04	2.44	2.20	0.08
合计	13 507	100		100	100	100	100	100	100	100	100	0

2）未成年人的诚实观

诚实，意味着要坚持实事求是的原则，不弄虚作假，坦诚地对待周围的人和事。未成年人树立诚实观，有助于其树立正确的价值观。

如表 6-34 所示，36.09% 的未成年人认为做一个诚实的人是不会吃亏的，认为"短时会，长远不会"的比率为 28.46%，认为"会"的比率为 21.77%。从数据来看，大多数未成年人认为一个人坚守诚实是不会吃亏的，表明其具有较好的诚实观。

从两个阶段的比较来看，阶段（二）选择"会"的比率较阶段（一）高 5.44个百分点，选择"不会"的比率较阶段（一）低 12.68 个百分点。从率差来看，未成年人对诚实的认识出现了一定的偏差。因此，应注意加强对未成年人的教育与引导，让未成年人明白诚实是人的一种基本的道德品质。

表 6-34　未成年人的诚实观（你觉得做一个诚实的人会不会吃亏）

选项	总			（一）			（二）					（二）与（一）比较率差
	人数/人	比率/%	排序	2009年比率/%	2010年比率/%	合比率/%	2011年比率/%	2013年比率/%	2014年比率/%	2015年比率/%	合比率/%	
会	2 940	21.77	3	15.66	19.01	17.34	27.76	22.20	17.19	23.98	22.78	5.44
不会	4 875	36.09	1	52.39	34.14	43.27	29.62	22.34	40.37	30.04	30.59	−12.68
短时会，长远不会	3 844	28.46	2	24.86	31.77	28.32	28.59	40.73	26.92	30.50	31.69	3.37
很难说	1 595	11.81	4	7.08	12.91	10.00	12.89	13.17	13.96	12.32	13.09	3.09
不知道	253	1.87	5	0.00	2.17	1.09	1.14	1.57	1.57	3.16	1.86	0.77
合计	13 507	100		100	100	100	100	100	100	100	100	0

3）未成年人的诚信观

我国古代就有"立木为信"的故事，用来表明诚信的重要性。人无信不立，诚信做人做事不仅是企业家精神的内在要求，也是一个人基本的道德素养。

如表 6-35 所示，62.15% 的未成年人认为自己"讲"诚信，23.39% 的未成年人认为自己"不太讲"诚信，不太讲并不意味着完全不讲，只是受到的影响因素较多，讲诚信的行为表现不稳定。其他选项的比率较低。从数据来看，大多数未成年人有良好的诚信意识。

从两个阶段的比较来看，阶段（二）选择"讲"的比率较阶段（一）低 18.44个百分点，除此之外，除了"不知道"选项，其他选项的比率均较阶段（一）高。从率差来看，同诚实观类似，未成年人的诚信观出现了一定程度的偏离。对于这种偏离现象，应注意厘清产生的原因，并提出有针对性的教育引导对策。

表 6-35　未成年人的诚信观

选项	总			（一）						（二）						（二）与（一）比较率差
	人数/人	比率/%	排序	2007年比率/%	2008年比率/%	2009年比率/%	2010年比率/%	合比率/%	2011年比率/%	2012年比率/%	2013年比率/%	2014年比率/%	2015年比率/%	合比率/%	
讲	14 097	62.15	1	60.53	72.25	71.66	74.69	69.78	68.72	73.29	59.30	21.20	34.19	51.34	−18.44
不太讲	5 305	23.39	2	14.81	16.97	18.68	15.34	16.45	17.50	15.64	25.10	60.99	46.90	33.23	16.78
不讲	791	3.49	5	8.67	0.87	0.72	1.34	2.90	2.95	2.66	3.84	6.23	5.93	4.32	1.42
不愿讲	396	1.75	6	4.93	0.37	0.59	0.77	1.67	1.24	0.62	2.32	2.62	3.36	2.03	0.36
别人不讲我也不讲	1 122	4.95	3	5.16	5.04	3.97	4.91	4.77	6.16	4.23	4.01	5.92	4.35	4.93	0.16
不知道	970	4.28	4	5.91	4.50	4.38	2.94	4.43	3.42	3.56	5.42	3.03	5.27	4.14	−0.29
合计	22 681	100		100	100	100	100	100	100	100	100	100	100	100	0

8. 宽容

宽容，更多的表现为宽宏大量，不斤斤计较，能够体谅别人和原谅别人对自己的不利行为（包括情感和行动）。宽容是一种美德，是一种理解和同理心的重要表现。

如表 6-36 所示，当未成年人受到委屈或情感伤害时，49.87% 的未成年人会"宽容别人"，居于第一位。选择"不知道怎么办"的比率为 16.54%，其他选项的比率均超过 10%。从数据来看，将近一半的未成年人具备一定的宽容心。此外，仍有部分未成年人在受委屈或情感伤害时感到束手无策，对这部分未成年人应引导他们调整心态，以积极健康的心态去面对学习或生活中可能出现的伤害。

从两个阶段的比较来看，阶段（二）选择"强烈报复"、"责难自己"以及"不知道怎么办"的比率均较阶段（一）高，选择"宽容别人"的比率较阶段（一）低 5.25 个百分点。从率差来看，未成年人在受到委屈或情感伤害时的处理方式较为欠妥。因此，有必要加强对未成年人的教育，帮助其树立应对挫折的健康心态。

表 6-36　未成年人的宽容心（当受委屈或情感伤害时，你最可能怎么办？）

选项	总			（一）						（二）			（二）与（一）比较率差
	人数/人	比率/%	排序	2006年比率/%	2007年比率/%	2008年比率/%	2009年比率/%	2010年比率/%	合比率/%	2011年比率/%	2015年比率/%	合比率/%	
强烈报复	1 810	10.59	5	12.24	11.36	6.78	9.21	9.19	9.76	14.03	15.88	14.96	5.20
怨天恨地	1 961	11.47	4	13.11	15.37	8.10	11.73	12.50	12.16	10.82	9.09	9.96	−2.20

续表

选项	总			（一）						（二）			（二）与（一）比较率差
	人数/人	比率/%	排序	2006年比率/%	2007年比率/%	2008年比率/%	2009年比率/%	2010年比率/%	合比率/%	2011年比率/%	2015年比率/%	合比率/%	
宽容别人	8 527	49.87	1	44.77	44.96	57.94	53.29	51.14	50.42	47.85	42.49	45.17	−5.25
责难自己	1 972	11.53	3	12.65	12.87	10.24	10.88	10.28	11.38	11.03	13.70	12.37	0.99
不知道怎么办	2 827	16.54	2	17.23	15.44	16.94	14.89	16.89	16.28	16.26	18.84	17.55	1.27
合计	17 097	100		100	100	100	100	100	100	100	100	100	0

9. 其他

1）未成年人的义利观

义利观是个体在面对义与利之间的取舍时所作出的选择，树立正确的义利观，有助于个体在面对利益诱惑时，不忘初心，不迷失自己。

如表 6-37 所示，未成年人选择"重义轻利"的比率为 63.34%，选择"不重义也不重利"的比率为 17.72%，选择"重利轻义"的比率为 7.51%。从数据来看，大多数未成年人在义利取舍面前，能坚守"义"，具备较好的义利观。

从两个阶段的比较来看，阶段（二）选择"重利轻义"的比率较阶段（一）高 12.99 个百分点，选择"重义轻利"的比率较阶段（一）低 7.79 个百分点，选择"不清楚"选项的比率有所降低。从率差来看，未成年人对利益的关注逐渐增强，这需要引起教育工作者的重视。对利益过分地关注、对道义的忽视，有可能使未成年人形成畸形的义利观，对个人成长成才不利，对企业家精神的培养也尤为不利。

表 6-37 未成年人的义利观

选项	总			（一）			（二）					（二）与（一）比较率差
	人数/人	比率/%	排序	2009年比率/%	2010年比率/%	合比率/%	2011年比率/%	2013年比率/%	2014年比率/%	2015年比率/%	合比率/%	
重义轻利	8 555	63.34	1	64.40	63.53	63.97	60.07	60.34	67.70	36.59	56.18	−7.79
重利轻义	1 014	7.51	4	4.87	5.17	5.02	7.82	11.49	6.40	46.34	18.01	12.99
不重义也不重利	2 393	17.72	2	16.25	17.41	16.83	20.35	18.23	16.44	17.07	18.02	1.19
不清楚	1 545	11.44	3	14.49	13.89	14.19	11.76	9.94	9.46	0	7.79	−6.40
合计	13 507	100		100	100	100	100	100	100	100	100	0

2）未成年人的人际关系

良好的人际关系有助于营造和谐的氛围，个体在积极和谐的环境中学习与生活，会提高其工作和生活的效率，也有助于其生活质量的提升。未成年人形成良好的人际关系将有助于其树立团结和互帮互助的意识，增强集体荣誉感。

如表 6-38 所示，未成年人认为人际关系"很好"和"好"的合比率为 68.40%，其中"好"的比率为 36.28%。认为"一般化"的比率为 25.76%，认为"不好""很不好""不知道"的比率较低。从数据来看，大多数未成年人认为自己的人际关系较好。

从两个阶段的比较来看，阶段（二）选择"很好"的比率较阶段（一）高 2.52 个百分点，选择"不好"和"很不好"的比率较阶段（一）均有所上升，但增幅较小。从率差来看，未成年人的人际关系表现趋于平稳。

表 6-38　未成年人的人际关系

选项	总			（一）			（二）					（二）与（一）比较率差
	人数/人	比率/%	排序	2009年比率/%	2010年比率/%	合比率/%	2011年比率/%	2013年比率/%	2014年比率/%	2015年比率/%	合比率/%	
很好	4 339	32.12	2	32.49	28.41	30.45	27.71	32.82	33.59	37.75	32.97	2.52
好	4 901	36.28	1	39.53	38.12	38.83	39.25	33.69	34.28	34.39	35.40	-3.43
一般化	3 479	25.76	3	24.28	27.74	26.01	28.28	26.58	25.66	20.75	25.32	-0.69
不好	461	3.41	4	1.90	2.79	2.35	3.26	4.41	3.81	3.89	3.84	1.49
很不好	147	1.09	6	0.36	1.39	0.88	0.57	1.15	1.43	1.65	1.20	0.32
不知道	180	1.33	5	1.44	1.55	1.50	0.93	1.35	1.23	1.58	1.27	-0.23
合计	13 507	100		100	100	100	100	100	100	100	100	0

（二）综合认识

1. 未成年人对企业家精神的态度积极且对自身企业家精神的评价较高

本书将未成年人的企业家精神基本要素大致划分为九个方面，通过了解未成年人对相关基本要素的认识、了解及掌握程度，来窥探未成年人企业家精神的培养现状。

调查显示，大多数未成年人认为自身具备企业家精神的相关要素，且从多个年份的比较来看，他们对相关要素持肯定性认识，尤其在"创新""合作""学习"等基本要素上。这表明未成年人对企业家精神的态度较为积极，积极的态度在很大程度上源于相关教育，尤其是企业家精神教育。随着"大众创业，万众创新"热潮兴起，人们对企业尤其是企业家有了更为清晰的认识，大众传媒对企业家精神的关注度提高。多种因素使然，未成年人对企业家精神相关要素的认识与把握也更为深刻、透彻，自我评价相对较高。

2. 未成年人对企业家精神要素的认识呈现出一定的波动性

未成年人对企业家精神基本要素的认识不是单一和一成不变的。从要素分布来看，未成年人选择的要素关乎多个方面，呈现出多向度的特点。此外，在未成年人眼中，对企业家精神基本要素的认识呈现出一定的波动性，这种波动性表现为"增强"或"减弱"等形式。具体而言，未成年人对"创新""学习""执着"等要素的认识逐渐增强，对"冒险"和"敬业"等要素的认识有所减弱。对"诚信"以及义利观的认识，较多地表现出自我性，其道德意识出现一定的偏差。之所以出现这种波动性，与未成年人的认知水平有很大关联。受环境变化以及企业家精神基本要素本身变化的影响，未成年人的价值认知表现为一种"亚稳定态"，认识不够稳定，呈现出一定的波动性。

3. 针对新情况和新问题开展有效的企业家精神教育

虽然未成年人对企业家精神基本要素的认识存在一定的波动性，但大多数未成年人对自身企业家精神作出了较高的评价。因此，应加强对未成年人的教育，使其对企业家精神的认识逐渐稳定化，尽量避免价值认知出现大的偏差，强化其已经接受的企业家精神，并逐渐在其脑海中"固化"。与此同时，针对企业家精神的基本要素在新时期出现的变化，以及其他要素给未成年人带来的观念上的影响，要注意结合未成年人的实际，并与他们的接受水平以及知识结构相适应，进一步增强企业家精神教育的实效性，为未成年人创新力的早期养成助力。

四 成年人群体对未成年人具备企业家精神的评价

本小节分析教育、科技、人事管理部门领导，中学校长，小学校长对未成年人具备企业家精神的评价。

（一）相关要素分析

1. 创新

如表 6-39 所示，教育、科技、人事管理部门领导，中学校长，小学校长认为未成年人创新性"很强"和"强"的合比率为 35.19%，认为"一般"的比率为 43.58%，认为"不强""弱""很弱"的合比率为 18.43%，认为"没有"的比率极低。从数据来看，教育、科技、人事管理部门领导等 3 个群体认为未成年人有一定的创新性。

　　从教育、科技、人事管理部门领导与中学校长、小学校长 2 个群体的比较来看，中学校长与小学校长认为"很强"和"强"的比率较教育、科技、人事管理部门领导低，认为"不强"、"弱"和"很弱"的比率较教育、科技、人事管理部门领导高。从率差来看，中学校长与小学校长的认识远不及教育、科技、人事管理部门领导积极乐观。提高中小学校长的认识，并促成教育管理者采取切实可行的措施增强未成年人的创新性，是培养未成年人企业家精神的一个重要着力点。

表 6-39　未成年人的创新性

| 选项 | 总 | | | 教育、科技、人事管理部门领导（2010 年） | | | 中学校长与小学校长（2015 年） | | | | | | | | 教育、科技、人事管理部门领导与中小学校长比较率差 |
| | | | | | | | 合 | | 中学校长 | | | | 小学校长 | | |
	人数/人	比率/%	排序	人数/人	比率/%	排序	人数/人	比率/%	（1）比率/%	（2）比率/%	（3）比率/%	（4）比率/%	（1）比率/%	（2）比率/%	
很强	13	7.26	4	3	8.82	3	10	6.90	15.00	0	0	10.20	11.80	0	1.92
强	50	27.93	2	12	35.29	2	38	26.21	80.00	5.00	5.56	28.57	23.50	9.52	9.08
一般	78	43.58	1	17	50.00	1	61	42.07	5.00	70.00	61.11	34.69	64.70	33.33	7.93
不强	19	10.61	3	2	5.88	4	17	11.72	0	10.00	16.67	18.37	0	14.29	−5.84
弱	5	2.79	6	0	0	5	5	3.45	0	0	11.11	6.12	0	0	−3.45
很弱	9	5.03	5	0	0	5	9	6.21	0	15.00	0	0	0	28.57	−6.21
没有	1	0.56	8	0	0	5	1	0.69	0	0	0	0	0	4.76	−0.69
不清楚	4	2.23	7	0	0	5	4	2.76	0	0	5.56	2.04	0	9.52	−2.76
合计	179	100		34	100		145	100	100	100	100	100	100	100	0

2. 冒险

　　如表 6-40 所示，教育、科技、人事管理部门领导，中学校长，小学校长对未成年人风险意识的认识是："没有""不知道什么叫'风险意识'"的比率分别为 40.16%、37.80%，两者的合比率为 77.96%，远远超过半数。可以认为，这 3 个群体不认为未成年人具有风险意识。

　　在教育、科技、人事管理部门领导与中学校长、小学校长的比较中，两者率差最大的是"不知道什么叫'风险意识'"（13.08 个百分点），可知两者对未成年人的风险意识的认识略有出入。教育、科技、人事管理部门领导对该意识了解较多，所以认识较为明确，而校长主要从事教育事业，对风险意识的关注度较低。

表 6-40　未成年人的风险意识

选项	总			教育、科技、人事管理部门领导（2010 年）			中学校长与小学校长（2013 年）								教育、科技、人事管理部门领导与中小学校长比较率差
							合			中学校长		小学校长			
	人数/人	比率/%	排序	人数/人	比率/%	排序	人数/人	比率/%	排序	人数/人	比率/%	人数/人	比率/%		
有	56	22.05	3	10	29.41	2	46	20.91	3	42	23.08	4	10.53		8.50
没有	102	40.16	1	15	44.12	1	87	39.55	1	74	40.66	13	34.21		4.57
不知道什么叫"风险意识"	96	37.80	2	9	26.47	3	87	39.55	1	66	36.26	21	55.26		−13.08
合计	254	100		34	100		220	100		182	100	38	100		0

3. 合作

可以把未成年人的团队精神和合作精神看作是其合作力的表现，从侧面反映未成年人的合作意识。

1）未成年人的团队精神

如表 6-41 所示，教育、科技、人事管理部门领导，中学校长，小学校长对未成年人的团队精神的认识："很强""强"的比率分别为 3.94%、34.25%，两者的合比率为 38.19%；认为"一般化"的比率为 55.51%。可以认为，这 3个群体均认可未成年人具备团队精神，且其团队精神更多地表现为一般化状态。

在教育、科技、人事管理部门领导与中学校长、小学校长的比较中，两者率差最大的是"强"（19.17 个百分点），中小学校长与未成年人相处的时间较长，对未成年人在校表现较为了解，且学校从规章制度层面也更加重视未成年人的团队精神建设。中小学校长对未成年人团队精神的积极性认识与评价较教育、科技、人事管理部门领导稍高，这反映出未成年人团队精神获认可。

表 6-41　未成年人的团队精神

选项	总			教育、科技、人事管理部门领导（2010 年）			中学校长与小学校长（2013 年）							教育、科技、人事管理部门领导与中小学校长比较率差
							合			中学校长		小学校长		
	人数/人	比率/%	排序	人数/人	比率/%	排序	人数/人	比率/%	排序	人数/人	比率/%	人数/人	比率/%	
很强	10	3.94	4	4	11.76	3	6	2.73	4	5	2.75	1	2.63	9.03
强	87	34.25	2	6	17.65	2	81	36.82	2	68	37.36	13	34.21	−19.17
一般化	141	55.51	1	20	58.82	1	121	55.00	1	100	54.95	21	55.26	3.82

续表

选项	总			教育、科技、人事管理部门领导（2010年）			中学校长与小学校长（2013年） 合			中学校长		小学校长		教育、科技、人事管理部门领导与中小学校长比较率差
	人数/人	比率/%	排序	人数/人	比率/%	排序	人数/人	比率/%	排序	人数/人	比率/%	人数/人	比率/%	
不强	16	6.30	3	4	11.76	3	12	5.45	3	9	4.95	3	7.89	6.31
不知道	0	0	5	0	0	5	0	0	5	0	0	0	0	0
合计	254	100		34	100		220	100		182	100	38	100	0

2）未成年人的合作精神

如表 6-42 所示，教育、科技、人事管理部门领导，中学校长，小学校长对未成年人合作精神的认识："不经常合作""不合作"的比率分别为 71.26%、5.12%，两者的合比率为 76.38%。可以认为，这 3 个群体不认可未成年人已经具备合作精神。

教育、科技、人事管理部门领导比中小学校长认为"不合作"的比率高。教育、科技、人事管理部门领导由于自身职业以及角色定位的要求，对合作精神以及个体应具备的合作精神有较高的期待，但由于对未成年人的具体情况的了解不及中小学校长，这无疑拉低了其过高的期待值，使得其对未成年人合作精神的评价较中小学校长稍显消极。

表 6-42　未成年人的合作精神

选项	总			教育、科技、人事管理部门领导（2010年）			中学校长与小学校长（2013年） 合			中学校长		小学校长		教育、科技、人事管理部门领导与中小学校长比较率差
	人数/人	比率/%	排序	人数/人	比率/%	排序	人数/人	比率/%	排序	人数/人	比率/%	人数/人	比率/%	
经常合作	57	22.44	2	5	14.71	3	52	23.64	2	42	23.08	10	26.32	−8.93
不经常合作	181	71.26	1	23	67.65	1	158	71.82	1	132	72.53	26	68.42	−4.17
不合作	13	5.12	4	6	17.65	2	7	3.18	3	5	2.75	2	5.26	14.47
不知道	3	1.18	4	0	0	4	3	1.36	4	3	1.65	0	0	−1.36
合计	254	100		34	100		220	100		182	100	38	100	0

4. 敬业

可以把未成年人的事业心、进取心和责任心看作是其敬业意识的表现，从侧面反映未成年人的敬业精神。

1）未成年人的事业心

如表 6-43 所示，教育、科技、人事管理部门领导，中学校长，小学校长对未成年人事业心的认识："一般化"的比率为 60.24%，"很强""强"的合比率为 20.47%。这 3 个群体更多地认为未成年人的事业心一般化。

比较而言，教育、科技、人事管理部门领导与中小学校长对未成年人的事业心的评价大致相同。未成年人的事业心更多地表现为对学习的投入程度，中小学校长对他们的学习状况较为了解，评价也就更客观一些。

表 6-43　未成年人的事业心

| 选项 | 总 | | | 教育、科技、人事管理部门领导（2010 年） | | | 中学校长与小学校长（2013 年） | | | | | | | 教育、科技、人事管理部门领导与中小学校长比较率差 |
| | | | | | | | 合 | | | 中学校长 | | 小学校长 | | |
	人数/人	比率/%	排序	人数/人	比率/%	排序	人数/人	比率/%	排序	人数/人	比率/%	人数/人	比率/%	
很强	5	1.97	5	1	2.94	5	4	1.82	5	3	1.65	1	2.63	1.12
强	47	18.50	2	6	17.65	2	41	18.64	2	37	20.33	4	10.53	−0.99
一般化	153	60.24	1	21	61.76	1	132	60.00	1	105	57.69	27	71.05	1.76
不强	38	14.96	3	4	11.76	3	34	15.45	3	30	16.48	4	10.53	−3.69
不知道	11	4.33	4	2	5.88	4	9	4.09	4	7	3.85	2	5.26	1.79
合计	254	100		34	100		220	100		182	100	38	100	0

2）未成年人的进取心

如表 6-44 所示，教育、科技、人事管理部门领导，中学校长，小学校长对未成年人进取心的认识：认为"一般化"的比率为 51.97%，认为"很强""强"的比率分别为 3.15%、38.58%，两者的合比率为 41.73%。这 3 个群体更倾向于认为未成年人的进取心一般化。中小学校长与未成年人的接触频度以及对未成年人的了解程度较高，他们的评价与教育、科技、人事管理部门领导的评价有一定差异。

表 6-44　未成年人的进取心

| 选项 | 总 | | | 教育、科技、人事管理部门领导（2010 年） | | | 中学校长与小学校长（2013 年） | | | | | | | 教育、科技、人事管理部门领导与中小学校长比较率差 |
| | | | | | | | 合 | | | 中学校长 | | 小学校长 | | |
	人数/人	比率/%	排序	人数/人	比率/%	排序	人数/人	比率/%	排序	人数/人	比率/%	人数/人	比率/%	
很强	8	3.15	4	3	8.82	3	5	2.27	4	5	2.75	0	0	6.55
强	98	38.58	2	9	26.47	2	89	40.45	2	73	40.11	16	42.11	−13.98

续表

选项	总			教育、科技、人事管理部门领导（2010年）			中学校长与小学校长（2013年）							教育、科技、人事管理部门领导与中小学校长比较率差
							合			中学校长		小学校长		
	人数/人	比率/%	排序	人数/人	比率/%	排序	人数/人	比率/%	排序	人数/人	比率/%	人数/人	比率/%	
一般化	132	51.97	1	19	55.88	1	113	51.36	1	94	51.65	19	50.00	4.52
不强	12	4.72	3	2	5.88	4	10	4.55		8	4.40	2	5.26	1.33
不知道	4	1.57	5	1	2.94	5	3	1.36	5	2	1.10	1	2.63	1.58
合计	254	100		34	100		220	100		182	100	38	100	0

3）未成年人的责任心

如表 6-45 所示，教育、科技、人事管理部门领导，中学校长，小学校长对未成年人责任心的认识："一般化"的比率为 54.33%，"很强""强"的比率分别为 1.57%、21.26%，两者的合比率为 22.83%。这 3 个群体更倾向于认为未成年人的责任心"一般化"。

中小学校长认为"强"的比率较教育、科技、人事管理部门领导高，中小学校长的评价更显积极。此外，在中小学校长内部，小学校长选择"不知道"的比率较高，说明小学校长对未成年人的责任心关注度偏低。

表 6-45　未成年人的责任心

选项	总			教育、科技、人事管理部门领导（2010年）			中学校长与小学校长（2013年）							教育、科技、人事管理部门领导与中小学校长比较率差
							合			中学校长		小学校长		
	人数/人	比率/%	排序	人数/人	比率/%	排序	人数/人	比率/%	排序	人数/人	比率/%	人数/人	比率/%	
很强	4	1.57	4	1	2.94	4	3	1.36	4	3	1.65	0	0	1.58
强	54	21.26	3	3	8.82	3	51	23.18		43	23.63	8	21.05	−14.36
一般化	138	54.33	1	21	61.76	1	117	53.18	1	94	51.65	23	60.53	8.58
不强	55	21.65	2	9	26.47	2	46	20.91		41	22.53	5	13.16	5.56
不知道	3	1.18	5	0	0	5	3	1.36		1	0.55	2	5.26	−1.36
合计	254	100		34	100		220	100		182	100	38	100	0

5. 学习

如表 6-46 所示，教育、科技、人事管理部门领导，中学校长，小学校长对未成年人勤奋度的认识："一般化"的比率为 53.94%，"很勤奋""勤奋"的比率分别为 1.18%、35.43%，两者的合比率为 36.61%。这 3 个群体更倾向于认为未成年人的勤奋度一般化。

教育、科技、人事管理部门领导认为"很勤奋"和"勤奋"的比率较中小学校长分别高 2.03 个百分点和 10.03 个百分点。中小学校长认为"一般化"的比率较高。总的来看，教育、科技、人事管理部门领导对未成年人的勤奋度评价稍高。

表 6-46　未成年人的勤奋观

| 选项 | 总 | | | 教育、科技、人事管理部门领导（2010年） | | | 中学校长与小学校长（2013年） | | | | | | | | | 教育、科技、人事管理部门领导与中小学校长比较率差 |
| | | | | | | | 合 | | | 中学校长 | | | 小学校长 | | | |
	人数/人	比率/%	排序	人数/人	比率/%	排序	人数/人	比率/%	排序	人数/人	比率/%	人数/人	比率/%				
很勤奋	3	1.18	5	1	2.94	4	2	0.91	5	2	1.10	0	0.00				2.03
勤奋	90	35.43	2	15	44.12	2	75	34.09	2	63	34.62	12	31.58				10.03
一般化	137	53.94	1	16	47.06	1	121	55.00	1	96	52.75	25	65.79				−7.94
不勤奋	20	7.87	3	2	5.88	3	18	8.18	3	17	9.34	1	2.63				−2.30
不知道	4	1.57	4	0	0	5	4	1.82	4	4	2.20	0	0				−1.82
合计	254	100		34	100		220	100		182	100	38	100				0

6. 执着

1）未成年人的自尊心

如表 6-47 所示，教育、科技、人事管理部门领导，中学校长，小学校长对未成年人自尊心的认识："一般化"的比率为 9.06%，"很强""强"的合比率为 90.55%，远远超过半数，这 3 个群体认为未成年人的自尊心强。此外，也应看到这 3 个群体均未选择"不知道有没有"，显然，这 3 个群体对未成年人的自尊心状况有较为清晰的了解。

表 6-47　未成年人的自尊心

| 选项 | 总 | | | 教育、科技、人事管理部门领导（2010年） | | | 中学校长与小学校长（2013年） | | | | | | | 教育、科技、人事管理部门领导与中小学校长比较率差 |
| | | | | | | | 合 | | | 中学校长 | | 小学校长 | | |
	人数/人	比率/%	排序	人数/人	比率/%	排序	人数/人	比率/%	排序	人数/人	比率/%	人数/人	比率/%	
很强	90	35.43	2	12	35.29	2	78	35.45	2	70	38.46	8	21.05	−0.16
强	140	55.12	1	21	61.76	1	119	54.09	1	96	52.75	23	60.53	7.67

续表

选项	总			教育、科技、人事管理部门领导（2010年）			中学校长与小学校长（2013年）							教育、科技、人事管理部门领导与中小学校长比较率差
							合			中学校长		小学校长		
	人数/人	比率/%	排序	人数/人	比率/%	排序	人数/人	比率/%	排序	人数/人	比率/%	人数/人	比率/%	
一般化	23	9.06	3	1	2.94	3	22	10.00	3	15	8.24	7	18.42	−7.06
不强	1	0.39	4	0	0	4	1	0.45	4	1	0.55	0	0	−0.45
不知道有没有	0	0	5	0	0	4	0	0	5	0	0	0	0	0
合计	254	100		34	100		220	100		182	100	38	100	0

2）未成年人的自信心

如表 6-48 所示，教育、科技、人事管理部门领导，中学校长，小学校长对未成年人自信心的认识："一般化"的比率为 41.34%，"很强""强"的比率分别为 9.45%、45.28%，两者的合比率为 54.73%，超过半数。这 3 个群体更倾向于认为未成年人的自信心较强。比较而言，教育、科技、人事管理部门领导对未成年人的自信心更为认同，选择"强"的比率更高。

表 6-48　未成年人的自信心

选项	总			教育、科技、人事管理部门领导（2010年）			中学校长与小学校长（2013年）							教育、科技、人事管理部门领导与中小学校长比较率差
							合			中学校长		小学校长		
	人数/人	比率/%	排序	人数/人	比率/%	排序	人数/人	比率/%	排序	人数/人	比率/%	人数/人	比率/%	
很强	24	9.45	3	3	8.82	3	21	9.55	3	19	10.44	2	5.26	−0.73
强	115	45.28	1	17	50.00	1	98	44.55	1	82	45.05	16	42.11	5.45
一般化	105	41.34	2	14	41.18	2	91	41.36	2	73	40.11	18	47.37	−0.18
不强	10	3.94	4	0	0	4	10	4.55	4	8	4.40	2	5.26	−4.55
没有	0	0	5	0	0	4	0	0	5	0	0	0	0	0
不知道有没有	0	0	5	0	0	4	0	0	5	0	0	0	0	0
合计	254	100		34	100		220	100		182	100	38	100	0

3）未成年人的自主性

如表 6-49 所示，教育、科技、人事管理部门领导，中学校长，小学校长对未成年人自主性的认识："一般化"的比率为 49.21%，"很强""强"的合比率为28.74%。这3个群体更倾向于认为未成年人的自主性一般化。比较而言，教育、科技、人事管理部门领导对未成年人的自主性更为认可。

表6-49 未成年人的自主性

| 选项 | 总 | | | 教育、科技、人事管理部门领导（2010年） | | | 中学校长与小学校长（2013年） | | | | | | | | 教育、科技、人事管理部门领导与中小学校长比较率差 |
| | | | | | | | 合 | | | 中学校长 | | 小学校长 | | | |
	人数/人	比率/%	排序	人数/人	比率/%	排序	人数/人	比率/%	排序	人数/人	比率/%	人数/人	比率/%		
很强	8	3.15	4	4	11.76	3	4	1.82	4	4	2.20	0	0		9.94
强	65	25.59	2	10	29.41	2	55	25.00	2	44	24.18	11	28.95		4.41
一般化	125	49.21	1	17	50.00	1	108	49.09	1	89	48.90	19	50.00		0.91
不强	55	21.65	3	3	8.82	4	52	23.64	3	45	24.73	7	18.42		−14.82
不知道	1	0.39	5	0	0	5	1	0.45	5	0	0	1	2.63		−0.45
合计	254	100		34	100		220	100		182	100	38	100		0

4）未成年人的独立性

如表6-50所示，教育、科技、人事管理部门领导，中学校长，小学校长对未成年人独立性的认识："一般化"的比率为48.43%，"很强""强"的比率分别为2.76%、18.50%，两者的合比率为21.26%。这3个群体更倾向于认为未成年人的独立性一般化。比较而言，教育、科技、人事管理部门领导对未成年人的独立性更加认同。

表6-50 未成年人的独立性

| 选项 | 总 | | | 教育、科技、人事管理部门领导（2010年） | | | 中学校长与小学校长（2013年） | | | | | | | | 教育、科技、人事管理部门领导与中小学校长比较率差 |
| | | | | | | | 合 | | | 中学校长 | | 小学校长 | | | |
	人数/人	比率/%	排序	人数/人	比率/%	排序	人数/人	比率/%	排序	人数/人	比率/%	人数/人	比率/%		
很强	7	2.76	4	2	5.88	4	5	2.27	4	4	2.20	1	2.63		3.61
强	47	18.50	3	10	29.41	2	37	16.82	3	32	17.58	5	13.16		12.59
一般化	123	48.43	1	16	47.06	1	107	48.64	1	90	49.45	17	44.74		−1.58
不强	77	30.31	2	6	17.65	3	71	32.27	2	56	30.77	15	39.47		−14.62
不知道	0	0	5	0	0	5	0	0	5	0	0	0	0		0
合计	254	100		34	100		220	100		182	100	38	100		0

5）未成年人的控制力

如表 6-51 所示，教育、科技、人事管理部门领导，中学校长，小学校长对未成年人控制力的认识："一般化"的比率为 55.12%，"很强""强"的合比率为 7.87%。可见这 3 个群体更倾向于认为未成年人的控制力一般化。比较而言，教育、科技、人事管理部门领导认为"不强"的比率稍高于中小学校长，说明中小学校长对未成年人控制力的评价稍好于教育、科技、人事管理部门领导。

表 6-51　未成年人的控制力

| 选项 | 总 | | | 教育、科技、人事管理部门领导（2010 年） | | | 中学校长与小学校长（2013 年） | | | | | | | 教育、科技、人事管理部门领导与中小学校长比较率差 |
| | | | | | | | 合 | | | 中学校长 | | 小学校长 | | |
	人数/人	比率/%	排序	人数/人	比率/%	排序	人数/人	比率/%	排序	人数/人	比率/%	人数/人	比率/%	
很强	0	0	4	0	0	4	0	0	4	0	0	0	0	0
强	20	7.87	3	2	5.88	3	18	8.18	3	16	8.79	2	5.26	-2.30
一般化	140	55.12	1	16	47.06	1	124	56.36	1	100	54.95	24	63.16	-9.30
不强	94	37.01	2	16	47.06	2	78	35.45	2	66	36.26	12	31.58	11.61
不知道	0	0	4	0	0	4	0	0	4	0	0	0	0	0
合计	254	100		34	100		220	100		182	100	38	100	0

7. 诚信

如表 6-52 所示，教育、科技、人事管理部门领导，中学校长，小学校长认为未成年人"讲"诚信的比率为 25.20%，认为"不太讲"诚信的比率为 62.60%。其他选项的比率较低。从数据来看，这 3 个群体并不是很认可未成年人的诚信观。

比较而言，教育、科技、人事管理部门领导认为"讲"诚信的比率较中小学校长高 18.45 个百分点，表明其对未成年人诚信观的认可度较中小学校长高。

表 6-52　未成年人的诚信观

| 选项 | 总 | | | 教育、科技、人事管理部门领导（2010 年） | | | 中学校长与小学校长（2013 年） | | | | | | | 教育、科技、人事管理部门领导与中小学校长比较率差 |
| | | | | | | | 合 | | | 中学校长 | | 小学校长 | | |
	人数/人	比率/%	排序	人数/人	比率/%	排序	人数/人	比率/%	排序	人数/人	比率/%	人数/人	比率/%	
讲	64	25.20	2	14	41.18	2	50	22.73	2	35	19.23	15	39.47	18.45
不太讲	159	62.60	1	16	47.06	1	143	65.00	1	125	68.68	18	47.37	-17.94

续表

选项	总			教育、科技、人事管理部门领导（2010年）			中学校长与小学校长（2013年）								教育、科技、人事管理部门领导与中小学校长比较率差
							合			中学校长			小学校长			
	人数/人	比率/%	排序	人数/人	比率/%	排序	人数/人	比率/%	排序	人数/人	比率/%		人数/人	比率/%		
不讲	5	1.97	5	0	0	4	5	2.27	5	4	2.20		1	2.63		-2.27
不愿讲	7	2.76	4	0	0	4	7	3.18	4	7	3.85		0	0		-3.18
别人不讲我也不讲	19	7.48	3	4	11.76	3	15	6.82	3	11	6.04		4	10.53		4.94
不知道	0	0	6	0	0	4	0	0	6	0	0		0	0		0
合计	254	100		34	100		220	100		182	100		38	100		0

8. 其他

成年人群体对未成年人的人际关系的考察，更多地是侧面观察未成年人的行为以及从正面与未成年人的接触中逐渐进行了解。

如表 6-53 所示，教育、科技、人事管理部门领导，中学校长和小学校长对未成年人人际关系的认识："很好""好"的比率分别为 2.76%、31.10%，两者的合比率为 33.86%，"一般化"的比率为 62.60%。这 3 个群体更多地认为未成年人的人际关系一般化。

表 6-53 未成年人的人际关系

选项	总			教育、科技、人事管理部门领导（2010年）			中学校长与小学校长（2013年）							教育、科技、人事管理部门领导与中小学校长比较率差
							合			中学校长		小学校长		
	人数/人	比率/%	排序	人数/人	比率/%	排序	人数/人	比率/%	排序	人数/人	比率/%	人数/人	比率/%	
很好	7	2.76	3	1	2.94	4	6	2.73	3	5	2.75	1	2.63	0.21
好	79	31.10	2	7	20.59	2	72	32.73	2	55	30.22	17	44.74	-12.14
一般化	159	62.60	1	24	70.59	1	135	61.36	1	118	64.84	17	44.74	9.23
不好	6	2.36	4	2	5.88	3	4	1.82	4	3	1.65	1	2.63	4.06
很不好	0	0	6	0	0	5	0	0	6	0	0	0	0	0
不知道	3	1.18	5	0	0	5	3	1.36	5	1	0.55	2	5.26	-1.36
合计	254	100		34	100		220	100		182	100	38	100	0

（二）基本认识

以教育、科技、人事管理部门领导，中学校长，小学校长为定量，以"创新、冒险、合作、敬业、学习、执着、诚信与其他"为变量进行分析，得出对未成年人企业家精神的认知结果。

1. 成年人群体对未成年人企业家精神的评价整体上呈现出认同态势

在以"创新、冒险、合作、敬业、学习、执着、诚信与其他"为变量的调查中，以"很强""强"作为是否认可未成年人企业家精神的评价标准，除了冒险和诚信，从总体上看，对于这些因素，成年人群体是比较认同的。认同态度的形成关键在于未成年人自身或多或少确实已经具备了企业家精神的相关要素。此外，未成年人群体对自身企业家精神的评价一定程度上也可映衬出成年人群体的认同态势。成年人群体对未成年人企业家精神持认同态度将会促进未成年人企业家精神的培养，成年人群体已经获得了一定的"心理认同"，有利于开展教育工作，较易实现与未成年人间的"共情"，进而增强实效性。

2. 成年人群体对未成年人企业家精神表现出不同的认同度

成年人群体对未成年人的企业家精神表现出不同的认同度，这种认同度不仅表现为选项上的不同，还表现为成年人群体对同一企业家精神要素的不同的认同度。就不同选项而言，成年人群体对"冒险"和"诚信"精神持相对较低的认同度。在同一选项中，如"敬业"大选项中的"进取心"和"事业心"，中小学校长选择的比率与教育、科技、人事管理部门领导大致相同或有一定差异。因此，在今后对未成年人的教育中，要注意把握不同的认同度。例如，成年人群体选择"执着"大选项中的"自尊心"的比率较高，可见，处于发育阶段的未成年人的自尊心在成年人群体眼中是非常强的，这也提醒教育工作者与家长在教育过程中要注意保护这一时期未成年人的自尊心。

3. 成年人群体对未成年人企业家精神认同度不同由多方面原因造成

成年人群体对未成年人企业家精神形成的不同认同度是由多方面原因造成的，主要表现为职业及角色定位不同、与未成年人的接触程度不同。从职业及角色定位来看，教育、科技、人事管理部门领导与中小学校长有着不同的职业分工及相应的角色定位，中小学校长角色的主要职责是考虑学校发展大计，实现未成年人健康成长成才；而教育、科技、人事管理部门领导的角色的主要职责是作出优化的决策与进行有效的管理，保证各方协同配合并完成相应工作。此外，相比中小学校长，教育、科技、人事管理部门领导与未成年人直接接触的时间相对偏少、频度相对偏低，对未成年人生活和学习情况的了解程度不是很深。不同的原因造成了成年人群体对未成年人企业家精神的认同度不同，应逐渐缩小成年人群体认识上的分歧与差异，使对事物的评价趋于客观和全面。

五 未成年人的企业家精神与成年人的企业家精神的比较

为便于比较，本书采用由未成年人的自我评价与科技工作者，科技型中小企业家，教育、科技、人事管理部门领导，研究生，大学生等 5 个群体在 2010 年的评价，以及中学校长、德育干部、小学校长、中学老师、家长等 5 个群体在 2013～2015 年的评价（其中德育干部是 2013 年）构成的未成年人的企业家精神综合评价的均值。用未成年人、科技工作者等 5 个群体、中学校长等 5 个群体对未成年人企业家精神的综合评价的均值与中学老师、家长、德育干部、小学校长等 4 个群体在 2013～2015 年的调查中对自身企业家精神的自我评价进行比较，来看未成年人的企业家精神在社会群体中处于何种状态。

（一）未成年人的企业家精神与中学老师、家长的企业家精神的比较

如表 6-54 所示，未成年人等 11 个群体认为未成年人企业家精神"很好"、"较好"和"好"的合比率为 50.18%。从单个选项来看，这 11 个群体选择"一般化"的比率为 30.01%，居于第一位。在这 11 个群体中，除未成年人外，科技工作者等 5 个群体与中学校长等 5 个群体均将"一般化"排在第一位，说明未成年人的企业家精神并未引起成年人群体的重视。

在未成年人与中学老师的比较中，未成年人等 11 个群体"很好"、"好"和"较好"的合比率（50.18%）较中学老师（43.17%）高 7.01 个百分点，未成年人等 11 个群体"不好""很差"的合比率（11.19%）较中学老师（15.27%）低 4.08 个百分点。从率差比较可知，未成年人的企业家精神较中学老师稍强。

在未成年人与家长的比较中，未成年人等 11 个群体认为"很好"、"好"和"较好"的合比率（50.18%）较家长（46.26%）高 3.92 个百分点，未成年人等 11 个群体"不好""很差"的合比率（11.19%）较家长（9.37%）高 1.82 个百分点。从率差可知，未成年人的企业家精神较家长稍强。

表 6-54　未成年人的企业家精神与中学老师、家长的企业家精神的比较

选项	未成年人等 11 个群体的综合评价							中学老师的自我评价（2013~2015年）		家长的自我评价（2013~2015年）		未成年人与中学老师比较率差	未成年人与家长比较率差
	未成年人的自我评价（2014~2015年）		科技工作者等5个群体的评价（2010年）		中学校长等5个群体的评价（2013~2015年、2013年）		合比率/%						
	人数/人	比率/%	人数/人	比率/%	人数/人	比率/%		人数/人	比率/%	人数/人	比率/%		
很好	1588	35.64	129	11.06	192	9.86	18.85	97	14.24	109	15.96	4.61	2.89
好	651	14.61	144	12.35	206	10.58	12.51	72	10.57	91	13.32	1.94	-0.81
较好	763	17.12	230	19.73	382	19.62	18.82	125	18.36	116	16.98	0.46	1.84
一般化	871	19.55	408	34.99	691	35.49	30.01	208	30.54	209	30.60	-0.53	-0.59
不好	217	4.87	103	8.83	192	9.86	7.85	72	10.57	54	7.91	-2.72	-0.06
很差	104	2.33	58	4.97	53	2.72	3.34	32	4.70	10	1.46	-1.36	1.88
不好评价	96	2.15	64	5.49	106	5.44	4.36	30	4.41	30	4.39	-0.05	-0.03
不清楚	166	3.73	30	2.57	125	6.42	4.24	45	6.61	64	9.37	-2.37	-5.13
合计	4456	100	1166	100	1947	100	100	681	100	683	100	0	0

（二）未成年人的企业家精神与德育干部、小学校长的企业家精神的比较

如表 6-55 所示，在未成年人与德育干部的比较中，未成年人等 11 个群体的"很好"、"好"和"较好"的合比率（50.18%）较德育干部（30.23%）高 19.95 个百分点，未成年人"不好""很差"的合比率（11.19%）较德育干部（4.65%）高 6.54 个百分点。从率差可知，未成年人的企业家精神较德育干部强。

在未成年人与小学校长的比较中，未成年人等 11 个群体的"很好"、"好"和"较好"的合比率（50.18%）较小学校长（56.69%）低 6.51 个百分点，未成年人"不好""很差"的合比率（11.19%）较小学校长（8.56%）高 2.63 个百分点。从率差比较可知，未成年人的企业家精神较小学校长弱。

表 6-55　未成年人企业家精神与德育干部、小学校长企业家精神的比较

选项	未成年人等11个群体的综合评价均率/%	德育干部的自我评价（2013年）		小学校长的自我评价（2013~2015年）		未成年人与德育干部比较率差	未成年人与小学校长比较率差
		人数/人	比率/%	人数/人	比率/%		
很好	18.85	6	13.95	27	14.44	4.90	4.41
好	12.51	5	11.63	38	20.32	0.88	-7.81

续表

选项	未成年人等 11 个群体的综合评价均率/%	德育干部的自我评价（2013 年）		小学校长的自我评价（2013~2015 年）		未成年人与德育干部比较率差	未成年人与小学校长比较率差
		人数/人	比率/%	人数/人	比率/%		
较好	18.82	2	4.65	41	21.93	14.17	-3.11
一般化	30.01	24	55.81	63	33.69	-25.8	-3.68
不好	7.85	2	4.65	10	5.35	3.20	2.50
很差	3.34	0	0	6	3.21	3.34	0.13
不好评价	4.36	2	4.65	2	1.07	-0.29	3.29
不清楚	4.24	2	4.65	0	0	-0.41	4.24
合计	100	43	100	187	100	0	0

（三）综合认识

1. 成年人对自身企业家精神的认识较为模糊和中庸化

相较于未成年人，成年人群体的选择更倾向于"一般化"、"不清楚"或"不好评价"，答案大多模棱两可，不够清晰。成年人在一定程度上缺乏类似未成年人的好奇心与探知欲，选择的模糊性较未成年人强。造成这一现象的根源在于认识方式的差异，未成年人受传统性思维的束缚较少，对包括企业家精神在内的要素接受性较强，而且其顾忌因素较少；相反，成年人群体在一定程度上思考和看待问题的方式较为"固化"，想法较为保守，这也间接验证了假设一：不同群体对未成年人的企业家精神持半信半疑心态，评价趋于谨慎。

成年人群体多数情况下受到社会的影响，自我评价较为中庸，偏向"中立"的态度。可以从正反两个方面进行分析，一方面，成年人群体较为谦和、中立，对自我评价不会给出明确的答案，体现于问卷调查中属于自谦的表现；另一方面，"创新""进取心"等确实是未成年人等年轻一辈的群体体现得更为强烈一点。自我评价主观性因素较多，因此无法从数据中准确得知哪个群体的企业家精神更好，只能是大体上的一个基本估计。

2. 成年人企业家精神的自我评价没有未成年人企业家精神的自我评价好

如表 6-56 所示，在未成年人与中学老师的比较中，未成年人认为"很好"、"好"和"较好"的合比率（67.37%）较中学老师（43.17%）高 24.20 个百分点，未成年人认为"不好""很差"的合比率（7.20%）较中学老师（15.27%）低 8.07 个百分点。从率差比较可知，未成年人的企业家精神强于中学老师。

在未成年人与家长的比较中，未成年人认为"很好"、"好"和"较好"的合比率（67.37%）较家长（46.26%）高 21.11 个百分点，未成年人认为"不好""很差"的合比率（7.20%）较家长（9.37%）低 2.17 个百分点。从率差比较可知，未成年人的企业家精神强于家长。

在未成年人与德育干部的比较中，未成年人认为"很好"、"好"和"较好"的合比率（67.37%）较德育干部（30.23%）高 37.14 个百分点，未成年人认为"不好""很差"的合比率（7.20%）较德育干部（4.65%）高 2.55 个百分点。从率差比较可知，未成年人的企业家精神强于德育干部。

在未成年人与小学校长的比较中，未成年人认为"很好"、"好"和"较好"的合比率（67.37%）较小学校长（56.69%）高 10.68 个百分点，未成年人认为"不好""很差"的合比率（7.20%）较小学校长（8.56%）低 1.36 个百分点。从率差比较可知，未成年人的企业家精神强于小学校长。

比较而言，未成年人的自我评价好于中学老师、家长、德育干部与小学校长的自我评价。这就验证了假设二：未成年人对企业家精神的自我评价不低，这不是未成年人骄傲的表现。

表 6-56 未成年人企业家精神与中学老师、家长、德育干部、小学校长企业家精神的比较

选项	未成年人的自我评价（2014～2015年）		中学老师的自我评价（2013～2015年）		家长的自我评价（2013～2015年）		德育干部的自我评价（2013年）		小学校长的自我评价（2013～2015年）		未成年人与中学老师比较率差	未成年人与家长比较率差	未成年人与德育干部比较率差	未成年人与小学校长比较率差
	人数/人	比率/%	人数/人	比率/%	人数/人	比率/%	人数/人	比率/%	人数/人	比率/%				
很好	1588	35.64	97	14.24	109	15.96	6	13.95	27	14.44	21.40	19.68	21.69	21.20
好	651	14.61	72	10.57	91	13.32	5	11.63	38	20.32	4.04	1.29	2.98	-5.71
较好	763	17.12	125	18.36	116	16.98	2	4.65	41	21.93	-1.24	0.14	12.47	-4.81
一般化	871	19.55	208	30.54	209	30.60	24	55.81	63	33.69	-10.99	-11.05	-36.26	-14.14
不好	217	4.87	72	10.57	54	7.91	2	4.65	10	5.35	-5.7	-3.04	0.22	-0.48
很差	104	2.33	32	4.70	10	1.46	0		6	3.21	-2.37	0.87	2.33	-0.88
不好评价	96	2.15	30	4.41	30	4.39	2	4.65	2	1.07	-2.26	-2.24	-2.50	1.08
不清楚	166	3.73	45	6.61	64	9.37	2	4.65	0	0	-2.88	-5.64	-0.92	3.73
合计	4456	100	681	100	683	100	43	100	187	100	0	0	0	0

3. 未成年人对企业家精神持更为积极和肯定的态度

未成年人相对于中学老师、家长、德育干部、小学校长群体而言，给出的答案较为肯定，模糊性较小，能给出较为明确的观点，表明未成年人对自身企业家精神的评价较高，表现较为积极和乐观。未成年人形成这一评价的原因在

于未成年人本身对企业家精神基本要素有了较为充分的了解及掌握，而且随着未成年人受教育水平的逐步提升,未成年人对这些基本要素的理解会更加深刻，由此形成的认识会更趋稳定化，态度表现更为正向。与此同时，成年人群体自身缺乏对企业家精神内涵的深刻理解一定程度上亦能反衬出未成年人积极和肯定的态度。未成年人对企业家精神的积极态度与强烈兴趣，说明未成年人是与全球化趋势和社会发展紧密契合的一个可塑性很强的群体。同时，这也验证了假设三：未成年人对企业家精神的态度比较积极，因为这符合全球化趋势与社会发展的必然要求，也符合未成年人的兴趣。

第三节　基本结论与相关讨论

一　基本结论

（一）未成年人已经具备一定的企业家精神

无法否认的是，近十年来无论是学校、家庭还是社会对企业家精神（创新、冒险、合作、敬业、学习、执着、诚信、宽容等）的培养确实有一定的加强，未成年人无论是自我评价还是在成年人群体眼中,都具备了一定的企业家精神，并且从历年调查来看，整体上呈现的是曲折上升趋势。未成年人的企业家精神之所以呈现出程度不同的培养态势，一方面是由于未成年人自身的接受能力与水平相对有限，对企业家精神及其基本要素的理解呈现出不同程度的认知；另一方面，未成年人形成不同程度的企业家精神，表明未成年人有进一步提升的空间，对未成年人企业家精神的教育还需进一步加强。总的来说，未成年人已经具备了一定的企业家精神，这就为今后未成年人科学素质发展与企业家精神培养的联动实施夯实了基础。

（二）正确理解未成年人与成年人群体对企业家精神的认知差异

我们在进行对比性分析时发现，未成年人在进行企业家精神的自我评价时，肯定性答案要多于成年人群体，而模糊性答案要明显少于成年人群体，未成年人的自我评价比成年人群体好。未成年人与成年人群体差异性的态度倾向的形成，主要与两个群体对企业家精神基本要素的理解、自身角色和心智发展水平有较大关联。未成年人对新鲜事物、冒险、创新以及自尊心等比较看重，个性化特征较为明显；而成年人心智成熟，其对问题的认识尤其是对企业家精神的理解更多地受自身职业以及社会角色的影响，看问题较为温和，个性化的想法偏少。应当正确认识未成年人与成年人群体的差异性，两个群体应优势互补，共同做好未成年人企业家精神培养的相关工作。

（三）社会已经开始重视未成年人的企业家精神培养

近年来研究企业家精神的人正在逐渐增多，本研究访谈的 11 个群体对企业家精神都有一定的了解。未成年人对企业家精神的态度也较为积极，未成年人企业家精神的培养也逐渐受到社会的重视。社会对企业家精神的重视表现为良好的企业家精神氛围对未成年人产生的潜移默化的影响。随着经济全球化的深入发展，中国经济的发展为全球经济发展作出了积极的贡献，而中国一大批优秀的企业家在中国经济发展中开展了卓有成效的工作，其中所形成的企业家精神发挥着举足轻重的作用。良好的社会氛围以及社会舆论，都在一定程度上影响未成年人企业家精神的形成。从整体上说，未成年人的企业家精神培养呈现出积极、健康、向上的发展态势，符合社会发展趋势。

（四）未成年人的企业家精神培养存在亟待解决的问题

在未成年人企业家精神培养中也存在较多问题需要重视与解决，如企业家精神的培养没有形成系统化与规范化的教育，目前对未成年人企业家精神的培养是散落于其他教育之中的，无意教育多过有意教育；教育不全面也会导致企业家精神的整体缺失等。应注意厘清问题及分析成因，商讨策略，采取有效措施。从学校教育、家庭教育、社区教育甚至社会化教育等多维教育体系着手，切实促成未成年人企业家精神培养朝着系统化、规范化和科学化的方向发展。

二　相关讨论

（一）企业家精神在日常教育中已有体现

企业家精神对很多人来说显得很陌生，这并不奇怪，这是因为平时关注少或者还不习惯用"企业家精神"这个词。其实，无论是否意识到，在对未成年人进行的各种教育中，都已经或多或少地蕴含着企业家精神的培养成分，如"创新"（创新精神和创新素质）、"冒险"、"合作"、"敬业"、"学习"、"执着"、"诚信"、"宽容"等企业家精神要素，都是日常教育的重要内容。我国近年来高度重视对未成年人进行思想道德教育，着力提升他们的道德水准，更是在实质性地培养未成年人企业家精神的相关要素。因此，教育工作者要有机整合与开发现有教育资源，利用与企业家精神有较强相关性的要素资源，实现教育资源的有机融合，以增强培养的实效性。

（二）正视差距，迎头赶上

客观地说，我国在未成年人的企业家精神培养方面做了较多的工作，已有一定成效，具备了一定的基础，但与发达国家未成年人具备企业家精神的状况相比还有较大差距，不能满足全球化国际形势发展和社会发展需要以及未成年人自身发展需要。应当切实认真地弄清培养现状，正视存在的问题，透彻分析阻碍发展的原因，进一步利用有利因素，从主客观上创造条件，为培养未成年人的企业家精神营造良好环境。要求未成年人具备一定的企业家精神并不是要求他们个个成为企业家，但是如果忽略或轻视了对未成年人企业家精神的培养，未成年人一代将在国际竞争力上大打折扣，价值理念与战略眼光将跟不上时代发展的步伐，在很多方面必会落后与受制于人。全社会应当尽快统一认识和高度重视，用智慧和勤劳共同开创未成年人企业家精神培养的新局面。

未成年人科学素质发展与企业家精神培养存在的主要问题及原因分析

本章着重探讨未成年人科学素质发展与企业家精神培养存在的主要问题及其原因。通过历年的数据分析，应该看到未成年人科学素质发展与企业家精神培养存在的主要问题表现为：现有教育体制在一定程度上限制了未成年人科学素质发展与企业家精神培养，基础教育中有关未成年人科学素质发展与企业家精神培养的教育成分较少，社会对未成年人科学素质发展与企业家精神培养关注不够，社会的科学普及工作存在一定的局限性。厘清存在问题的原因，对于有针对性地培育未成年人科学素质与企业家精神大有裨益。

我们通过对科技工作者等 10 个群体调查数据的分析发现："教育体制不能适应社会发展的需要""教育观念陈旧""学生缺乏自主性"是阻碍未成年人科学素质发展与企业家精神培养的前三位影响因素。对未成年人等 11 个群体调查数据的分析表明：学校对未成年人科学素质发展与企业家精神培养重视不够，目前中学科学课程的相关作用没有充分发挥，以及目前中学教育的相关效用没有充分展现等，是影响未成年人科学素质发展与企业家精神培养的重要原因。

第一节　未成年人科学素质发展与企业家精神培养存在的主要问题

● 一　现有教育体制的限制较强

（一）基本现状

早在 1988 年钱学森就认为"现行教育制度思路太窄，无法应对现代化建设和科学发展的形势，更无法面对 21 世纪"，并强调，"今天我们办学，一定要有科技创新精神，培养会动脑筋、具有非凡创造能力的人才"（宫礼等，2009）。

几十年过去了，我国的教育获得长足发展，但在体制创新方面变化却不大，因此有了"钱学森之问"（宫礼等，2009）的讨论。

在 2010 年 10 月的上海世界博览会上，教育部原副部长吴启迪对俄罗斯馆印象很深：里面有很多俄罗斯儿童对未来城市规划的设计，"思维非常开阔，想法很有意思"，而中国馆里的几十幅儿童画，手法都很老到，但却没有一幅是"超出想象"的，"中国孩子的创新潜能已经被扼杀了，这是个大问题，从小就接受应试教育，到了大学就难办了"（周凯，2010）。在 2010 年 10 月 27 日安徽省芜湖市中小学生建模和车模设计比赛上，"发现初中选手的想象力比不过小学生选手"（王俊杰，2010），出现了在学生中"年龄越大想象力越差"的情况，令人深思。

我国的儿童从小接受应试教育，这是教育体制使然。在我国当前的教育体制下，基础教育中的公办中小学是无法自行突破课程设置而开设关于科学素质发展与企业家精神培养课程的，只有为数不多的民办中小学经过教育主管部门批准后方可开设此类课程。例如，2003 年 9 月厦门英才学校（由厦门市教育局主管的中、小、幼一体化全日寄宿制民办公助学校）小学部把"未来科学家、企业家素养"列入了校本课程开发计划（厦门英才学校，2008）；在浙江，"作为一所民办学校，诸暨荣怀学校开发'企业家精神'校本课程拥有丰富的校外教育资源与宝贵的校本教育资源"（楼高行和王慧君，2009），"2009 年以来在新课程改革中，自主创新，先后编印并实施了《人格教育》、《礼仪教育》、《企业家精神教育》等校本课程，在省内产生较大影响"（齐兰兰和俞碧超，2009）；等等。

创新潜能与想象力不仅是科技创新的重要基础，也是科学素质发展与企业家精神培养的重要基础。在现有教育体制下能否做好未成年人的科学素质发展与企业家精神培养工作？

（二）相关群体的看法

1. 中学老师的看法

如表 7-1 所示，中学老师认为"能"的比率为 30.10%，认为"不能"和"很难"的比率分别为 33.33% 和 17.47%，认为"不好评价"和"不知道"的合比率为 19.09%。从数据来看，中学老师的看法较为消极。

比较而言，2015 年选择"能"的比率较 2013 年低 5.64 个百分点，选择"很难"和"不好评价"的比率较 2013 年分别高 3.32 个百分点和 7.22 个百分点。从率差来看，较多的中学老师倾向于认为现有教育体制下很难做好未成年人的科学素质发展与企业家精神培养工作。

表 7-1　中学老师对在现有教育体制下能否做好未成年人科学素质发展
与企业家精神培养工作的看法

| 选项 | 总 | | | 2013 年 | | 2014 年 | | 2015 年 | | 2015 年与2013 年比较率差 |
	人数/人	比率/%	排序	人数/人	比率/%	人数/人	比率/%	人数/人	比率/%	
能	205	30.10	2	99	33.56	63	27.16	43	27.92	-5.64
不能	227	33.33	1	99	33.56	83	35.78	45	29.22	-4.34
很难	119	17.47	3	40	13.56	53	22.84	26	16.88	3.32
不好评价	94	13.80	4	40	13.56	22	9.48	32	20.78	7.22
不知道	36	5.29	5	17	5.76	11	4.74	8	5.19	-0.57
合计	681	100		295	100	232	100	154	100	0

2. 家长的看法

如表 7-2 所示,家长认为"能"的比率为 36.11%,居于第一位,这一比率较中学老师高。家长认为"不能"和"很难"的比率分别为 24.84%和 15.32%。从数据来看,较大一部分家长对这一问题持积极肯定的态度,对这一问题的认识较中学老师好。

比较而言,2015 年认为"能"的比率较 2010 年高 27.38 个百分点,认为"不能"、"很难"和"不好评价"的比率均较 2010 年低。从率差来看,家长对这一问题的认识逐渐清晰化,进一步说明随着国家积极推行素质教育,在现有教育体制下做好未成年人的科学素质发展与企业家精神培养工作在家长群体中的认同度得到较大的提高。

表 7-2　家长对在现有教育体制下能否做好未成年人的科学素质发展
与企业家精神培养工作的看法

| 选项 | 总 | | | 2010 年 | | 2011 年 | | 2013 年 | | 2014 年 | | 2015 年 | | 2015 年与2010 年比较率差 |
	人数/人	比率/%	排序	人数/人	比率/%	人数/人	比率/%	人数/人	比率/%	人数/人	比率/%	人数/人	比率/%	
能	330	36.11	1	4	8.33	53	28.96	103	35.03	115	48.94	55	35.71	27.38
不能	227	24.84	2	15	31.25	68	37.16	79	26.87	29	12.34	36	23.38	-7.87
很难	140	15.32	4	11	22.92	26	14.21	43	14.63	39	16.60	21	13.64	-9.28
不好评价	144	15.75	3	15	31.25	30	16.39	26	8.84	42	17.87	31	20.13	-11.12
不知道	73	7.99	5	3	6.25	6	3.28	43	14.63	10	4.26	11	7.14	0.89
合计	914	100		48	100	183	100	294	100	235	100	154	100	0

3. 科技工作者，科技型中小企业家，教育、科技、人事管理部门领导的看法

在 2010 年对科技工作者的调查中，其认为"能"的比率为 21.98%，认为"不能"（16.48%）和"很难"（34.07%）的合比率为 50.55%，其中"很难"选项居于第一位。选择"不好评价"（24.18%）和"不知道"（3.30%）的合比率为 27.48%。从数据来看，认为"能"的比率虽然排在第三位，但比率并不高，他们强调的是"很难"，"不能"是一种十分明确的态度，"不好评价"与"不知道"也是一种负面的反应，在科技工作者眼里，在现有教育体制下很难做好未成年人的科学素质发展与企业家精神培养工作。

在 2010 年对科技型中小企业家的调查中，各选项的比率分别为："能"（17.07%）、"不能"（29.27%）、"很难"（26.83%）、"不好评价"（24.39%）、"不知道"（2.44%）。其认为"能"的比率较科技工作者同类选项比率低 4.91 个百分点，显然缺乏底气。"不能"的比率比科技工作者同类选项比率高 12.79 个百分点，可见科技型中小企业家的信心更加不足。他们中有 1/4 的人认为"很难"，在"不好评价"与"不知道"这种负面反应上与科技工作者相近。在科技型中小企业家眼里，在现有教育体制下很难做好未成年人的科学素质发展与企业家精神培养工作。

在 2010 年对教育、科技、人事管理部门领导的调查中，各选项的比率分别为："能"（17.65%）、"不能"（29.41%）、"很难"（44.12%）、"不好评价"（8.82%）、"不知道"（0）。认为"能"的比率较科技工作者同类选项比率低 4.33 个百分点，与科技型中小企业家相近，也缺乏底气。"不能"的比率比科技工作者同类选项比率高 12.93 个百分点，与科技型中小企业家相近。可见，教育、科技、人事管理部门领导的信心也不足。他们中认为"很难"的比率是 3 个群体中最高的，凸显了他们作为教育、科技、人事管理部门领导的忧虑，在他们眼里，在现有教育体制下很难做好未成年人的科学素质发展与企业家精神培养工作。

4. 研究生与大学生的看法

在 2010 年对研究生的调查中，其看法的排序是："能"（27.48%）、"不能"（24.43%）、"很难"（14.50%）、"不好评价"（30.53%）、"不知道"（3.05%）。认为"不能"的比率与科技型中小企业家，教育、科技、人事管理部门领导相近。

在 2010 年对大学生的调查中，其看法的排序是："不能"（32.45%）、"能"（25.32%）、"不好评价"（19.45%）、"很难"（15.77%）、"不知道"（7.02%）。认为"能"的比率与研究生相近，认为"不能"的比率高于

研究生。总的来看，研究生与大学生认为在现有教育体制下很难做好未成年人的科学素质发展与企业家精神培养工作。

5. 中学校长的认识

如表 7-3 所示，中学校长认为"能"的比率为 30.37%，居于第一位。认为"不能"和"很难"的比率分别为 29.88%和 28.15%。认为"不好评价"和"不知道"的合比率为 11.60%。从数据来看，中学校长在前三项的比率差异较小，由此可以看出，中学校长对这一问题的认识较为纠结，但总体上认为在现有教育体制下很难做好未成年人的科学素质发展与企业家精神培养工作。

表 7-3　中学校长对在现有的教育体制下能否做好未成年人的科学素质发展
与企业家精神培养工作的看法

| 选项 | 总 | | | 2013 年 | | 2014 年 | | | | 2015 年 | | | | | | | |
| | | | | | | （1） | | （2） | | （1） | | （2） | | （3） | | （4） | |
	人数/人	比率/%	排序	人数/人	比率/%	人数/人	比率/%	人数/人	比率/%	人数/人	比率/%	人数/人	比率/%	人数/人	比率/%	人数/人	比率/%
能	123	30.37	1	38	20.88	18	26.09	28	59.57	18	90.00	7	35	6	33.33	8	16.33
不能	121	29.88	2	57	31.32	18	26.09	9	19.15	2	10.00	7	35	7	38.89	21	42.86
很难	114	28.15	3	61	33.52	26	37.68	4	8.51	0	0	3	15	4	22.22	16	32.65
不好评价	38	9.38	4	24	13.19	6	8.70	4	8.51	0	0	3	15	0	0	1	2.04
不知道	9	2.22	5	2	1.10	1	1.45	2	4.26	0	0	0	0	1	5.56	3	6.12
合计	405	100		182	100	69	100	47	100	20	100	20	100	18	100	49	100

6. 德育干部的认识

在 2013 年对德育干部的调查中，其认为"能"和"很难"的比率均为 30.23%，并列居于第一位，认为"不能"的比率为 20.93%，认为"不好评价"（16.28%）和"不知道"（2.33%）的合比率为 18.61%。从数据来看，德育干部认为在现有教育体制下很难做好未成年人的科学素质发展与企业家精神培养工作。

7. 小学校长的认识

如表 7-4 所示，小学校长认为"不能"的比率为 28.15%，居于第一位。认为"能"的比率为 27.41%，认为"不好评价"和"很难"的比率差异较小。从数据来看，小学校长对这一问题有较为清晰的认识，且倾向于认为在现有教育体制下很难做好未成年人的科学素质发展与企业家精神培养工作。与中学校长和德育干部比较而言，小学校长认为"能"的比率是最低的。

表 7-4 小学校长对在现有的教育体制下能否做好未成年人的科学素质发展
与企业家精神培养工作的看法

| 选项 | 总 | | | 2013 年（安徽省） | | 2014 年 | | | | 2015 年（安徽省） | | | |
| | | | | | | 全国部分省市（少数民族地区）(1) | | 安徽省（2） | | （1） | | （2） | |
	人数/人	比率/%	排序	人数/人	比率/%	人数/人	比率/%	人数/人	比率/%	人数/人	比率/%	人数/人	比率/%
能	37	27.41	2	10	26.32	8	30.77	8	24.24	4	23.53	7	33.33
不能	38	28.15	1	13	34.21	7	26.92	6	18.18	5	29.41	7	33.33
很难	29	21.48	4	3	7.89	8	30.77	9	27.27	4	23.53	5	23.81
不好评价	31	22.96	3	12	31.58	3	11.54	10	30.30	4	23.53	2	9.52
不知道	0	0	5	0	0	0	0	0	0	0	0	0	0
合计	135	100		38	100	26	100	33	100	17	100	21	100

（三）综合认识

1. 科技工作者等 5 个群体的看法

在 2010 年对科技工作者，科技型中小企业家，教育、科技、人事管理部门领导，研究生，大学生的调查中，其选择"能"的比率分别为 21.98%、17.07%、17.65%、27.48%、25.32%，总体比率为 24.79%；选择"不能"的比率分别为 16.48%、29.27%、29.41%、24.43%、32.45%，总体比率为 30.10%；选择"很难"的比率分别为 34.07%、26.83%、44.12%、14.50%、15.77%，总体比率为 18.27%；选择"不好评价"的比率分别为 24.18%、24.39%、8.82%、30.53%、19.45%，总体比率为 20.93%；选择"不知道"的比率分别为 3.30%、2.44%、0、3.05%、7.02%，总体比率为 5.91%。

从单个选项来看，认为"能"的比率最高的群体是研究生。认为"不能"和"很难"的比率最高的群体分别是大学生和教育、科技、人事管理部门领导。总的来说，"不能"是一种直接否定，"很难"其实也是否定的另一种表达方式，"不好评价"中的否定成分应该多一些，至少是态度不积极，"不知道"则是一种消极态度。综合来看，只有约 1/4 的人认为"能"，约 3/4 的人持否定和消极态度。可见，在现有教育体制下很难做好未成年人的科学素质发展与企业家精神培养工作，现有教育体制确实在一定程度上产生了制约作用。

2. 中学老师、家长、中学校长、德育干部、小学校长等 5 个群体的看法

在表 7-5 中，中学老师、家长、中学校长、德育干部、小学校长等 5

个群体看法的排序是："能"（32.51%）、"不能"（28.56%）、"很难"（19.05%）、"不好评价"（14.42%）、"不知道"（5.46%）。只有约30%的人认为"能"，比率比科技工作者等5个群体稍高。总体而言，现有教育体制下很难做好未成年人的科学素质发展与企业家精神培养工作，是这5个群体的主流意见。

表 7-5　中学老师等 5 个群体对在现有教育体制下能否做好未成年人的科学素质发展与企业家精神培养工作的看法

选项	总			中学老师（2013～2015年）		家长（2010～2011年、2013～2015年）		中学校长（2013～2015年）		德育干部（2013年）		小学校长（2013～2015年）	
	人数/人	比率/%	排序	人数/人	比率/%	人数/人	比率/%	人数/人	比率/%	人数/人	比率/%	人数/人	比率/%
能	708	32.51	1	205	30.10	330	36.11	123	30.37	13	30.23	37	27.41
不能	622	28.56	2	227	33.33	227	24.84	121	29.88	9	20.93	38	28.15
很难	415	19.05	3	119	17.47	140	15.32	114	28.15	13	30.23	29	21.48
不好评价	314	14.42		94	13.80	144	15.75	38	9.38	7	16.28	31	22.96
不知道	119	5.46	5	36	5.29	73	7.99	9	2.22	1	2.33	0	0
合计	2178	100		681	100	914	100	405	100	43	100	135	100

3. 科技工作者等 10 个群体的总体看法

从表 7-6 可知，中学老师等 5 个群体较科技工作者等 5 个群体更为认同在现有教育体制下"能"做好未成年人的科学素质发展与企业家精神培养工作，两类群体在"能"选项上的率差最大。关于"不好评价"的看法，两类群体的率差也较大，中学老师等 5 个群体的看法要乐观一些。总的来看，科技工作者等 5 个群体的看法较为消极，中学老师等 5 个群体的看法稍显积极。中学老师等 5 个群体与未成年人的接触程度以及对未成年人的了解程度较高，评价相对来讲更贴近实际。

科技工作者等 10 个群体看法的排序是："能"（29.81%）、"不能"（29.10%）、"很难"（18.78%）、"不好评价"（16.69%）、"不知道"（5.62%）。综合来看，认为"能"和"不能"的比率较为接近。"很难"和"不好评价"的合比率为 35.47%，占了总比重的三成左右。虽然认为"能"的比率居于第一位，但也不能忽视其他项。由此可以看出，科技工作者等 10 个群体的看法不够积极。

这从侧面表明，在现有教育体制下做好未成年人的科学素质发展与企业家精神培养工作，仍有很多相应的工作要做。

表 7-6　科技工作者等 10 个群体对在现有教育体制下能否做好未成年人的
科学素质发展与企业家精神培养工作的看法

选项	总			科技工作者等 5 个群体			中学老师等 5 个群体			科技工作者等 5 个群体与中学老师等 5 个群体比较率差
	人数/人	比率/%	排序	人数/人	比率/%	排序	人数/人	比率/%	排序	
能	997	29.81	1	289	24.79	2	708	32.51	1	−7.72
不能	973	29.10	2	351	30.10	1	622	28.56	2	1.54
很难	628	18.78	3	213	18.27	4	415	19.05	3	−0.78
不好评价	558	16.69	4	244	20.93	3	314	14.42	4	6.51
不知道	188	5.62	5	69	5.92	5	119	5.46	5	0.46
合计	3344	100		1166	100		2178	100		0

二　基础教育中的相关教育成分较少

未成年人大多是在校学生，他们的科学素质发展与企业家精神培养主要依靠学校教育，而基础教育是否担当了这种责任？未成年人，中学老师，科技工作者，科技型中小企业家，教育、科技、人事管理部门领导，家长，研究生，大学生，都经受过基础教育，在调查中他们会有什么看法？

（一）相关群体的看法

1. 未成年人的看法

未成年人是学校教育的主要对象，他们对基础教育中有无科学素质发展与企业家精神培养的教育成分最清楚，他们的看法具有权威性。

由表 7-7 可知，未成年人看法的排序是："有"（36.51%）、"没有"（32.83%）、"不好说"（18.83%）、"不知道"（11.83%）。从数据来看，1/3 以上的未成年人认为"有"科学素质发展与企业家精神培养的成分。但也应看到，有相当一部分未成年人对这一问题没有较为清晰和明确的认识。

从两个阶段的比较来看，阶段（二）认为"有"的比率较阶段（一）高11.90 个百分点，认为"没有"的比率较阶段（一）低 9.83 个百分点。从率差来看，未成年人对这一问题的认识较为乐观。

表 7-7 未成年人对基础教育中有无科学素质发展与企业家精神培养的教育成分的看法

| 选项 | 总 | | | （一） | | | （二） | | | | | （二）与（一）比较率差 |
	人数/人	比率/%	排序	2009年比率/%	2010年比率/%	合比率/%	2011年比率/%	2013年比率/%	2014年比率/%	2015年比率/%	合比率/%	
有	4 931	36.51	1	35.29	28.25	31.77	32.37	36.62	42.27	63.41	43.67	11.90
没有	4 435	32.83	2	35.20	43.13	39.17	38.63	34.87	21.92	21.95	29.34	−9.83
不好说	2 543	18.83	3	16.02	16.43	16.23	15.33	15.23	27.57	9.76	16.97	0.74
不知道	1 598	11.83	4	13.49	12.19	12.84	13.67	13.27	8.24	4.88	10.02	−2.82
合计	13 507	100		100	100	100	100	100	100	100	100	0

2. 中学老师的看法

如表 7-8 所示，中学老师认为"有"的比率为 36.87%，这一比率较未成年人稍高。认为"没有"和"不好说"的比率分别为 36.65% 和 19.15%，认为"不知道"的比率较未成年人低。从数据来看，中学老师对这一问题的认识较未成年人而言更显清晰。

比较而言，2015 年中学老师认为"有"和"没有"的比率较 2009 年有所降低，其中"没有"的比率降幅最大，认为"不好说"和"不知道"的比率较 2009 年有所上升。从率差来看，有更多的中学老师倾向于认为"有"科学素质发展与企业家精神培养的教育成分。中学老师作为基础教育中重要的组成力量，其态度与认识关系着未成年人科学素质发展与企业家精神培养的成效。

表 7-8 中学老师对基础教育中有无科学素质发展与企业家精神培养的教育成分的看法

| 选项 | 总 | | | 2009年 | | 2010年 | | 2011年 | | 2013年 | | 2014年 | | 2015年 | | 2015年与2009年比较率差 |
	人数/人	比率/%	排序	人数/人	比率/%	人数/人	比率/%	人数/人	比率/%	人数/人	比率/%	人数/人	比率/%	人数/人	比率/%	
有	493	36.87	1	94	42.15	75	34.88	78	35.78	106	35.93	78	33.62	62	40.26	−1.89
没有	490	36.65	2	88	39.46	89	41.40	90	41.28	97	32.88	82	35.34	44	28.57	−10.89
不好说	256	19.15	3	36	16.14	40	18.6	39	17.89	52	17.63	56	24.14	33	21.43	5.29
不知道	98	7.33	4	5	2.24	11	5.12	11	5.05	40	13.56	16	6.90	15	9.74	7.50
合计	1337	100		223	100	215	100	218	100	295	100	232	100	154	100	0

3. 家长的看法

如表 7-9 所示，家长认为"有"的比率为 36.62%，这一比率较未成年人略高，较中学老师略低。家长认为"没有"的比率为 26.87%，认为"不好说"和"不知道"的合比率为 36.52%。从数据来看，家长对这一问题的认识与了解程度较低。

比较而言，2015 年家长认为"有"的比率较 2010 年高 21.34 个百分点，认为"没有"的比率有大幅下降。从率差来看，家长对这一问题呈现出正面积极的认识。

表 7-9　家长对基础教育中有无科学素质发展与企业家精神培养的教育成分的看法

选项	总			2010 年		2011 年		2013 年		2014 年		2015 年		2015 年与2010 年比较率差
	人数/人	比率/%	排序	人数/人	比率/%	人数/人	比率/%	人数/人	比率/%	人数/人	比率/%	人数/人	比率/%	
有	353	36.62	1	23	23.47	59	32.24	97	32.99	105	44.68	69	44.81	21.34
没有	259	26.87	2	39	39.80	66	36.07	95	32.31	37	15.74	22	14.29	−25.51
不好说	213	22.10	3	21	21.43	34	18.58	50	17.01	74	31.49	34	22.08	0.65
不知道	139	14.42	4	15	15.31	24	13.11	52	17.69	19	8.09	29	18.83	3.52
合计	964	100		98	100	183	100	294	100	235	100	154	100	0

4. 科技工作者，科技型中小企业家，教育、科技、人事管理部门领导，研究生与大学生的看法

在 2010 年对科技工作者，科技型中小企业家，教育、科技、人事管理部门领导，研究生，大学生的调查中，选择"有"的比率分别为 25.27%、14.63%、23.53%、30.53%、33.03%；选择"没有"的比率分别为 43.96%、53.66%、38.24%、45.04%、44.65%；选择"不好说"的比率分别为 20.88%、17.07%、29.41%、15.27%、12.54%；选择"不知道"的比率分别为 9.89%、14.63%、8.82%、9.16%、9.78%。

科技工作者认为"没有"的比率（43.96%）比"有"的比率（25.27%）高 18.69 个百分点，相差较大，"没有"占了上风。科技型中小企业家认为"有"的比率比"没有"的比率低 39.03 个百分点，后者是前者的 3.67 倍，相差太大。应该说，科技型中小企业家的体会更深，他们的看法一定是有道理的。相比科技工作者，科技型中小企业家更倾向于认为"没有"相关教育成分。教育、科技、人事管理部门领导认为"有"的比率比"没有"的比率低 14.71 个百分点，相差较大，"没有"占了上风。但相比前述两个"科技型"角色群体，教育、科技、人事管理部门领导的认识相对较积极。

研究生认为"有"的比率比"没有"的比率低 14.51 个百分点，此率差与

教育、科技、人事管理部门领导的率差相近，也是"没有"占了上风。大学生认为"有"的比率为 33.03%，"没有"的比率为 44.65%，"不好说"和"不知道"的合比率为 22.32%。"有"的比率比"没有"的比率低 11.62 个百分点，仍是"没有"占了上风。相比研究生，大学生的认识稍显积极。

5. 中学校长的看法

如表 7-10 所示，中学校长认为"有"的比率为 39.01%，"没有"的比率为 31.60%。在看法的排序上，"有"排在第一位，"没有"排在第二位，两者的率差为 7.41 个百分点，"有"占了上风。但也应看到，"不好说"和"不知道"这样模糊和不确定态度的合比率为 29.38%，占了近三成，从侧面反映出中学校长在这一问题认识上的欠深入。

表 7-10　中学校长对基础教育中有无科学素质发展与企业家精神培养的教育成分的看法

选项	总			2013 年		2014 年				2015 年						
						(1)		(2)		(1)		(2)		(3)		(4)
	人数/人	比率/%	排序	人数/人	比率/%	人数/人	比率/%	人数/人	比率/%	人数/人	比率/%	人数/人	比率/%	人数/人	比率/%	人数/人 比率/%
有	158	39.01	1	64	35.16	32	46.38	20	42.55	7	35.00	3	15.00	5	27.78	27　55.10
没有	128	31.60	2	62	34.07	18	26.09	12	25.53	8	40.00	9	45.00	4	22.22	15　30.61
不好说	106	26.17	3	49	26.92	19	27.54	13	27.66	5	25.00	8	40.00	8	44.44	4　8.16
不知道	13	3.21	4	7	3.85	0	0	2	4.26	0	0	0	0	1	5.56	3　6.12
合计	405	100		182	100	69	100	47	100	20	100	20	100	18	100	49　100

6. 德育干部的看法

在 2013 年对德育干部的调查中，各选项的比率分别为："有"（46.51%）、"没有"（20.93%）、"不好说"（27.91%）、"不知道"（4.65%）。从数据可知，"有"的比率比"没有"的比率高 25.58 个百分点，显然，"有"占了上风。德育干部是所有被访群体中认为"有"的比率最高的群体。

7. 小学校长的看法

如表 7-11 所示，小学校长认为"有"的比率为 36.30%，"没有"的比率为 21.48%，"不好说"的比率为 31.85%，"不知道"的比率为 10.37%。"有"排在第一位，"不好说"排在第二位。总的来说，小学校长更倾向于认为"有"相关教育成分。比较而言，小学校长对这一问题的认识较为积极。

表 7-11 小学校长对基础教育中有无科学素质发展与企业家精神培养的教育成分的看法

| 选项 | 总 | | | 2013 年（安徽省） | | 2014 年 | | | | 2015 年（安徽省） | | | |
| | | | | | | 全国部分省市（少数民族地区）（1） | | 安徽省（2） | | （1） | | （2） | |
	人数/人	比率/%	排序	人数/人	比率/%	人数/人	比率/%	人数/人	比率/%	人数/人	比率/%	人数/人	比率/%
有	49	36.30	1	11	28.95	7	26.92	12	36.36	8	47.06	11	52.38
没有	29	21.48	3	12	31.58	3	11.54	9	27.27	1	5.88	4	19.05
不好说	43	31.85	2	12	31.58	9	34.62	10	30.30	6	35.29	6	28.57
不知道	14	10.37	4	3	7.89	7	26.92	2	6.06	2	11.76	0	0
合计	135	100		38	100	26	100	33	100	17	100	21	100

（二）基本认识

在基础教育中，"有"一定的科学素质发展与企业家精神培养的教育成分，但远远未能适应需要。下面通过未成年人与成年人群体在不同年份看法的比较，来甄别现状。

1. 未成年人自身的比较

调查显示，未成年人看法的排序是："有"（36.51%）、"没有"（32.83%）、"不好说"（18.83%）、"不知道"（11.83%）（表 7-7）。总的来看，未成年人认为基础教育中有一定的科学素质发展与企业家精神培养的教育成分。

从两个阶段的比较来看，各选项率差如下：认为"有"的率差为 11.90 个百分点；认为"没有"的率差为 9.83 个百分点；认为"不好说"的率差为 0.75 个百分点；认为"不知道"的率差为 2.82 个百分点。2010 年以后未成年人选择"有"的得到较快发展，比率比 2010 年之前高。2010 年以后"没有""不知道"的比率明显下降（表 7-7），可见随着时间的推移，未成年人的看法日渐积极。

2. 未成年人与成年人群体的比较

1）未成年人与中学老师、家长的比较

将未成年人与中学老师、家长的四个选项的比率进行比较，未成年人与中学老师"有"的率差较小，表明两者的认识较为相似，未成年人认为"没有"的比率较中学老师低，可以看出，未成年人的评价较中学老师更为积极。

未成年人与家长"有"的率差较小，未成年人认为"没有"的比率较家长高。总的来看，家长对这一问题的认识还不够深入，但就认识的态度而言，家长较未成年人更显积极。

2）未成年人与科技工作者，科技型中小企业家，教育、科技、人事管理部门领导的比较

如表 7-12 所示，科技工作者等 3 个群体看法的排序是："没有"（45.18%）、"有"（22.29%）、"不好说"（21.69%）、"不知道"（10.84%）。总的来看，科技工作者等 3 个群体认为较少"有"相关教育成分。

将未成年人与科技工作者等 3 个群体进行比较得出率差：认为"有"的率差为 5.96 个百分点，认为"没有"的率差为 2.05 个百分点，认为"不好说"的率差为 5.26 个百分点，认为"不知道"的率差为 1.35 个百分点。关于"有"的比率，未成年人高于科技工作者等 3 个群体，未成年人比科技工作者等 3 个群体乐观。

表 7-12　未成年人、科技工作者等 3 个群体对基础教育中有无科学素质发展
与企业家精神培养的教育成分看法的比较（2010 年）

选项	未成年人			科技工作者等 3 个群体									未成年人与科技工作者等 3 个群体比较率差
				合		科技工作者		科技型中小企业家		教育、科技、人事管理部门领导			
	人数/人	比率/%	排序	人数/人	比率/%	人数/人	比率/%	人数/人	比率/%	人数/人	比率/%		
有	547	28.25	2	37	22.29	23	25.27	6	14.63	8	23.53		5.96
没有	835	43.13	1	75	45.18	40	43.96	22	53.66	13	38.24		−2.05
不好说	318	16.43	3	36	21.69	19	20.88	7	17.07	10	29.41		−5.26
不知道	236	12.19	4	18	10.84	9	9.89	6	14.63	3	8.82		1.35
合计	1936	100		166	100	91	100	41	100	34	100		0

3）未成年人与研究生、大学生的比较

如表 7-13 所示，研究生与大学生看法的排序是："没有"（44.70%）、"有"（32.70%）、"不好说"（12.90%）、"不知道"（9.70%）。总的来看，研究生与大学生认为较少"有"相关教育成分。

将未成年人与研究生、大学生进行比较得出率差，未成年人认为"有"和"没有"的比率较研究生与大学生低。研究生与大学生选择"模糊性"选项（"不好说"和"不知道"）的比率均较未成年人高。由此可以看出，研究生与大学

生较为谨慎。

表 7-13　未成年人、研究生、大学生对基础教育中有无科学素质发展
与企业家精神培养的教育成分看法的比较（2010 年）

| 选项 | 未成年人 | | | 研究生与大学生 | | | | | | 未成年人与研究生比较 率差 | 未成年人与大学生比较 率差 |
| | | | | 合 | | 研究生 | | 大学生 | | | |
	人数 /人	比率 /%	排序	人数 /人	比率 /%	人数 /人	比率 /%	人数 /人	比率 /%		
有	547	28.25	2	327	32.70	40	30.53	287	33.03	−2.28	−4.78
没有	835	43.13	1	447	44.70	59	45.04	388	44.65	−1.91	−1.52
不好说	318	16.43	3	129	12.90	20	15.27	109	12.54	1.16	3.89
不知道	236	12.19	4	97	9.70	12	9.16	85	9.78	3.03	2.41
合计	1936	100		1000	100	131	100	869	100	0	0

4）未成年人与中学校长、小学校长、德育干部的比较

如表 7-14 所示，中学校长认为"有"的比率（39.01%）低于未成年人
（47.43%），未成年人"没有"的比率（26.25%）低于中学校长（31.61%）。
在"不好说"选项上，未成年人与中学校长的率差最大（8.65 个百分点）。在
"不知道"选项上，未成年人的比率较中学校长高 5.59 个百分点。比较而言，
未成年人对这一问题的认识渐趋积极乐观，中学校长模棱两可的倾向性认识甚
于未成年人。

小学校长认为"有"的比率（36.30%）低于未成年人（47.43%），未成年
人"没有"的比率（26.25%）高于小学校长（21.48%）。在"不好说"选项
上，未成年人与小学校长的率差最大（14.33 个百分点）。在"不知道"选
项上，未成年人的比率较小学校长低 1.57 个百分点。此外，小学校长认为"不
好说"的比率较未成年人高 14.33 个百分点，可以看出，小学校长的认识较
为谨慎。

在未成年人与德育干部的比较中，率差如下："有"（0.92 个百分点）、
"没有"（5.32 个百分点）、"不好说"（10.39 个百分点）、"不知道"（4.15
个百分点）。其中率差最大的是"不好说"，未成年人认为"不好说"的比率
较德育干部低 10.39 个百分点，德育干部认为"有"的比率较未成年人低 0.92
个百分点。总的来看，德育干部的看法也是较为谨慎的。

表 7-14 未成年人、中学校长等 3 个群体对基础教育中有无科学素质发展
与企业家精神培养的教育成分看法的比较

| 选项 | 未成年人 | | | | 中学校长等 3 个群体 | | | 未成年人与中学校长比较率差 | 未成年人与小学校长比较率差 | 未成年人与德育干部比较率差 |
	2013 年比率/%	2014 年比率/%	2015 年比率/%	合比率/%	中学校长（2013～2015 年）比率/%	小学校长（2013～2015 年）比率/%	德育干部（2013 年）比率/%			
有	36.62	42.27	63.41	47.43	39.01	36.30	46.51	8.42	11.13	0.92
没有	34.87	21.92	21.95	26.25	31.61	21.48	20.93	−5.36	4.77	5.32
不好说	15.23	27.57	9.76	17.52	26.17	31.85	27.91	−8.65	−14.33	−10.39
不知道	13.27	8.24	4.88	8.80	3.21	10.37	4.65	5.59	−1.57	4.15
合计	100	100	100	100	100	100	100	0	0	0

（三）未成年人等 11 个群体的认识

如表 7-15 所示，未成年人与成年人群体比较的各选项的率差是："有"（0.75个百分点）、"没有"（0.34 个百分点）、"不好说"（4.28 个百分点）、"不知道"（3.18 个百分点）。未成年人"有""没有""不知道"的比率较相关群体高。相关群体"不好说"的比率较未成年人高。总的来看，未成年人的认识较成年人群体的认识更加积极。受制于角色以及各种因素的影响，成年人群体的认识显得相对谨慎。

未成年人等 11 个群体总看法的排序是："有"（35.85%）、"没有"（32.53%）、"不好说"（22.58%）、"不知道"（9.04%）。总的来看，未成年人等 11 个群体认为基础教育中"有"一定的科学素质发展与企业家精神培养的教育成分，对这一问题的看法持积极乐观的态度。值得注意的是，未成年人等 11 个群体认为"没有"的比率为 32.53%，与"有"的率差为 3.32 个百分点，两者的差距较小。由此可见，仍需继续增加基础教育中科学素质发展与企业家精神培养的教育成分。

从单个选项来看，德育干部认为"有"的比率最高，科技工作者等 3 个群体认为"没有"的比率最高，小学校长认为"不好说"的比率最高，家长选择"不知道"的比率最高。

表 7-15　未成年人等 11 个群体对基础教育中有无科学素质发展
与企业家精神培养的教育成分的看法

选项	未成年人（2009～2011年、2013～2015年）比率/%	相关群体									未成年人与相关群体比较率差
	合比率/%	科技工作者等3个群体（2010）年）比率/%	研究生和大学生（2010年）比率/%	中学校长（2013～2015年）比率/%	小学校长（2013～2015年）比率/%	中学老师（2009～2011年、2013～2015年）比率/%	家长（2010～2011年、2013～2015年）比率/%	德育干部（2013年）比率/%	合比率/%		
有	35.85	36.51	22.29	32.70	39.01	36.30	36.87	36.61	46.51	35.76	0.75
没有	32.53	32.83	45.18	44.70	31.61	21.48	36.65	26.87	20.93	32.49	0.34
不好说	22.58	18.83	21.69	12.90	26.17	31.85	19.33	22.10	27.91	23.11	−4.28
不知道	9.04	11.83	10.84	9.70	3.21	10.37	7.33	14.42	4.65	8.65	3.18
合计	100	100	100	100	100	100	100	100	100	100	0

三　社会的关注度不够高

（一）相关群体的认识

1. 未成年人的认识

1）未成年人对科学素质与企业家精神的关注度低

在调查中列出 11 个有关未成年人的选项供未成年人选择，由表 7-16 可知，比率超过 10.00% 的选项有："身体健康"（48.71%）、"道德修养"（14.89%）、"人的尊严"（10.04%）。从排序来看，"科学素质"与"企业家精神"居倒数位置，其比率很低，分别仅占 1.88% 和 1.57%。也就是在 11 155 名未成年人中，约有 175 名关注"企业家精神"，210 名关注"科学素质"，这反映了"科学素质"与"企业家精神"不是未成年人最关注的问题。

从两个阶段的比较来看，其中增幅最大的是"身体健康"，阶段（二）较阶段（一）高 9.61 个百分点。阶段（二）选择"企业家精神"的比率较阶段（一）低，但降幅较小。阶段（二）选择"科学素质"的比率与阶段（一）仅相差 0.05 个百分点。由此可以看出，科学素质与企业家精神仍未引起未成年人的足够重视。对于这一问题，应注意加强对未成年人的教育与引导，切实提高其对科学素质与企业家精神的关注度。

表 7-16　未成年人最关注的问题

| 选项 | 总 | | | （一） | | | | | | （二） | | | | | | | （二）与（一）比较率差 |
| | 人数/人 | 比率/% | 排序 | 2009 年 | | 2010 年 | | 合计比率/% | 2011 年 | | 2012 年 | | 2013 年 | | 合计比率/% | |
				人数/人	比率/%	人数/人	比率/%		人数/人	比率/%	人数/人	比率/%	人数/人	比率/%		
身体健康	5 434	48.71	1	954	43.05	818	42.25	42.68	750	38.84	1 378	65.49	1 534	51.68	52.29	9.61
学习成绩	974	8.73	4	206	9.30	186	9.61	9.44	233	12.07	133	6.32	216	7.28	8.31	−1.13
上好的中学	220	1.97	8	42	1.90	25	1.29	1.61	26	1.35	34	1.62	93	3.13	2.18	0.57
考上大学	660	5.92	5	150	6.77	179	9.25	7.92	123	6.37	62	2.95	146	4.92	4.73	−3.19
政治思想进步	328	2.94	6	110	4.96	41	2.12	3.64	54	2.80	33	1.57	90	3.03	2.53	−1.11
道德修养	1 661	14.89	2	400	18.05	359	18.54	18.28	353	18.28	227	10.79	322	10.85	12.88	−5.40
科学素质	210	1.88	9	30	1.35	47	2.43	1.85	43	2.23	28	1.33	62	2.09	1.90	0.05
企业家精神	175	1.57	10	48	2.17	32	1.65	1.93	32	1.66	9	0.43	54	1.82	1.36	−0.57
人的尊严	1 120	10.04	3	220	9.93	197	10.18	10.04	209	10.82	160	7.60	334	11.25	10.04	0
其他	229	2.05	7	50	2.26	31	1.60	1.95	49	2.54	20	0.95	79	2.66	2.11	0.16
不知道	144	1.29	11	6	0.27	21	1.08	0.65	59	3.06	20	0.95	38	1.28	1.67	1.02
合计	11 155	100		2 216	100	1 936	100	100	1 931	100	2 104	100	2 968	100	100	0

2）未成年人认为中学老师最关心未成年人的学习成绩

如表 7-17 所示，未成年人认为中学老师最关心他们的问题排在前三位的是："学习成绩"（58.25%）、"身体健康"（16.89%）、"道德品质"（9.08%）。数据显示，未成年人认为中学老师最关心他们的学习成绩。但是在这三年中该选项的比率有下降的趋势。

从 2013 年与 2011 年的比较来看，未成年人认为中学老师对"身体健康"以及"道德品质"等问题的关注度提高，对"学习成绩"的关注度降低。可以看出，随着素质教育的深入实施，中学老师对未成年人各方面素质的发展有所重视。

表 7-17　未成年人认为的中学老师最关心未成年人的问题

选项	总			2011 年		2012 年		2013 年		2013 年与2011 年比较率差
	人数/人	比率/%	排序	人数/人	比率/%	人数/人	比率/%	人数/人	比率/%	
身体健康	1183	16.89	2	242	12.53	439	20.87	502	16.91	4.38
学习成绩	4079	58.25	1	1260	65.25	1222	58.08	1597	53.81	−11.44
政治素质	372	5.31	4	118	6.11	82	3.90	172	5.80	−0.31
思想进步	287	4.10	5	56	2.90	96	4.56	135	4.55	1.65
道德品质	636	9.08	3	160	8.29	173	8.22	303	10.21	1.92
同学关系	102	1.46	7	13	0.67	15	0.71	74	2.49	1.82
孝顺长辈	71	1.01	9	13	0.67	7	0.33	51	1.72	1.05
其他	101	1.44	8	18	0.93	16	0.76	67	2.26	1.33
不知道	172	2.46	6	51	2.64	54	2.57	67	2.26	−0.38
合计	7003	100		1931	100	2104	100	2968	100	0

3）未成年人认为家长最关心未成年人的身体健康

如表 7-18 所示，未成年人认为家长最关心未成年人的问题排在前三位的是："身体健康"（48.92%）、"学习成绩"（32.19%）、"道德品质"（7.69%）。"身体健康"排在第一位，比率还呈现出上升的趋势。由此可以看出，未成年人认为家长最关心他们的身体健康。与中学老师的认识较为相似，未成年人认为家长对"学习成绩"的关注度有所降低。

表 7-18　未成年人认为的家长最关心未成年人的问题

选项	总			2009 年		2010 年		2011 年		2012 年		2013 年		2013 年与2009 年比较率差
	人数/人	比率/%	排序	人数/人	比率/%	人数/人	比率/%	人数/人	比率/%	人数/人	比率/%	人数/人	比率/%	
身体健康	5 457	48.92	1	946	42.69	856	44.21	811	42.00	1 324	62.93	1 520	51.21	8.52
学习成绩	3 591	32.19	2	816	36.82	749	38.69	751	38.89	478	22.72	797	26.85	−9.97
政治素质	328	2.94	4	57	2.57	53	2.74	65	3.37	47	2.23	106	3.57	1.00
思想进步	262	2.35	5	57	2.57	37	1.91	49	2.54	24	1.14	95	3.20	0.63
道德品质	858	7.69	3	215	9.70	158	8.16	154	7.98	134	6.37	197	6.64	−3.06
同学关系	121	1.08	9	16	0.72	6	0.31	20	1.04	13	0.62	66	2.22	1.50
孝顺长辈	184	1.65	7	51	2.30	25	1.29	23	1.19	21	1.00	64	2.16	−0.14
其他	169	1.52	8	35	1.58	15	0.77	22	1.14	21	1.00	76	2.56	0.98
不知道	185	1.66	6	23	1.04	37	1.91	36	1.86	42	2.00	47	1.58	0.54
合计	11 155	100		2 216	100	1 936	100	1 931	100	2 104	100	2 968	100	0

2. 中学老师的认识

1）在小系统中选择

中学老师对未成年人寄予了很高的期望，他们无微不至地关心未成年人的所有问题，这符合情理。当把未成年人的"科学素质"与"企业家精神"作为一个小系统让中学老师选择时，如表 7-19 所示，中学老师的排序是："都重要"（38.15%）、"科学素质"（37.85%）、"企业家精神"（13.24%）、"不好说"（5.24%）、"不知道"（3.07%）、"都不重要"（2.47%）。总的来看，中学老师认为"都重要"的比率占 1/3 以上，但在"科学素质"与"企业家精神"两者之间比较，"科学素质"的比率比"企业家精神"高得多。

表 7-19　中学老师认为的未成年人科学素质与企业家精神谁更重要

选项	总			2009 年		2010 年		2011 年		2013 年		2014 年		2015 年	
	人数/人	比率/%	排序	人数/人	比率/%	人数/人	比率/%	人数/人	比率/%	人数/人	比率/%	人数/人	比率/%	人数/人	比率/%
科学素质	506	37.85	2	91	40.81	89	41.40	78	35.78	94	31.86	101	43.53	53	34.42
企业家精神	177	13.24	3	30	13.45	18	8.37	27	12.39	53	17.97	31	13.36	18	11.69
都重要	510	38.15	1	89	39.91	99	46.05	92	42.20	105	35.59	71	30.60	54	35.06
都不重要	33	2.47	6	0	0	0	0	3	1.38	12	4.07	11	4.74	7	4.55
不好说	70	5.24	4	11	4.93	6	2.79	11	5.05	14	4.75	12	5.17	16	10.39
不知道	41	3.07	5	2	0.90	3	1.40	7	3.21	17	5.76	6	2.59	6	3.90
合计	1337	100		223	100	215	100	218	100	295	100	232	100	154	100

2）在大系统（1）中选择

当把"科学素质"与"企业家精神"放在一个大系统中让中学老师选择时，得到的结果有些意外。由表 7-20 可知，中学老师排在前三位的是："道德品质"（29.45%）、"身体健康"（26.14%）和"学习成绩"（20.09%）。与未成年人眼中中学老师的认识较为相似。"科学素质"虽排在第七位，但比率较低（2.08%）。"企业家精神"排在末位，且在 1538 名中学老师中仅有 6 名认同，"企业家精神"在中学老师的心目中地位很低。从 2015 年与 2009 年的比较来看，"科学素质"与"企业家精神"的比率有一定程度的上升，表明这两种素质受关注度有些许上升。

表 7-20　中学老师最看重的未成年人问题

选项	总 人数/人	比率/%	排序	2009年 人数/人	比率/%	2010年 人数/人	比率/%	2011年 人数/人	比率/%	2012年 人数/人	比率/%	2013年 人数/人	比率/%	2014年 人数/人	比率/%	2015年 人数/人	比率/%
身体健康	402	26.14	2	59	26.46	35	16.28	64	29.36	52	25.87	60	20.34	55	23.71	77	50.00
学习成绩	309	20.09	3	71	31.84	53	24.65	45	20.64	42	20.90	47	15.93	35	15.09	16	10.39
政治素质	67	4.36	5	9	4.04	1	0.47	6	2.75	2	1.00	30	10.17	16	6.90	3	1.95
思想进步	186	12.09	4	18	8.07	31	14.42	24	11.01	33	16.42	43	14.58	23	9.91	14	9.09
道德品质	453	29.45	1	51	22.87	84	39.07	74	33.94	66	32.84	55	18.64	86	37.07	37	24.03
科学素质	32	2.08	7	5	2.24	4	1.86	0	0	6	2.99	0	0	13	5.60	4	2.60
企业家精神	6	0.39	11	2	0.90	0	0.00	0	0	0	0	0	0	2	0.86	2	1.30
同学关系	28	1.82	8	1	0.45	5	2.33	2	0.92	0	0	20	6.78	0	0	0	0
尊敬老师	35	2.28	6	1	0.45	0	0	0	0	0	0	33	11.19	0	0	1	0.65
其他	13	0.85	9	4	1.79	0	0	2	0.92	0	0	5	1.69	2	0.86	0	0
不知道	7	0.46	10	2	0.90	2	0.93	1	0.46	0	0	2	0.68	0	0	0	0
合计	1538	100		223	100	215	100	218	100	201	100	295	100	232	100	154	100

　　3）在大系统（2）中选择

　　如表 7-21 所示，中学老师最看重的未成年人的素质的比率超过 10.00%的有："做人的素质"（26.85%）、"身体素质"（26.59%）、"道德素质"（21.85%）和"思想素质"（14.24%），"科学素质"与"企业家素质"被排在最后，且比率均在 1.00%左右。显然，未成年人的"科学素质"和"企业家素质"不仅没有被中学老师看重，反而是被极度轻视了。从 2015 年与 2009 年的比较来看，"科学素质"的比率有所上升，但增幅较小，而"企业家素质"的比率下降了。

表 7-21　中学老师最看重的未成年人素质

选项	总 人数/人	总 比率/%	排序	2009 年 人数/人	2009 年 比率/%	2010 年 人数/人	2010 年 比率/%	2011 年 人数/人	2011 年 比率/%	2012 年 人数/人	2012 年 比率/%	2013 年 人数/人	2013 年 比率/%	2014 年 人数/人	2014 年 比率/%	2015 年 人数/人	2015 年 比率/%
身体素质	409	26.59	2	64	28.70	30	13.95	43	19.72	47	23.38	75	25.42	80	34.48	70	45.45
政治素质	110	7.15	5	13	5.83	11	5.12	19	8.72	14	6.97	18	6.10	26	11.21	9	5.84
思想素质	219	14.24	4	41	18.39	44	20.47	38	17.43	17	8.46	37	12.54	20	8.62	22	14.29
道德素质	336	21.85	3	45	20.18	48	22.33	56	25.69	50	24.88	59	20.00	47	20.26	31	20.13
科学素质	17	1.11	7	1	0.45	1	0.47	2	0.92	0	0	8	2.71	2	0.86	3	1.95
企业家素质	14	0.91	8	2	0.90	0	0	0	0	0	0	11	3.73	0	0	1	0.65
做人的素质	413	26.85	1	57	25.56	78	36.28	59	27.06	73	36.32	75	25.42	53	22.84	18	11.69
不知道	20	1.30	6	0	0	3	1.40	1	0.46	0	0	12	4.07	4	1.72	0	0
合计	1538	100		223	100	215	100	218	100	201	100	295	100	232	100	154	100

3. 中学校长的认识

1）在小系统中选择

当把未成年人的"科学素质"与"企业家精神"作为一个小系统让中学校长选择时，如表 7-22 所示，中学校长的排序是："科学素质"（48.03%）、"都重要"（34.27%）、"企业家精神"（8.71%）、"不好说"（5.62%）、"都不重要"（1.97%）、"不知道"（1.40%）。从数据来看，中学校长认为未成年人的"科学素质"更重要。

表 7-22　中学校长认为的未成年人科学素质与企业家精神谁更重要

选项	总 人数/人	总 比率/%	排序	2013 年 人数/人	2013 年 比率/%	2014 年 (1) 人数/人	2014 年 (1) 比率/%	2014 年 (2) 人数/人	2014 年 (2) 比率/%	2015 年 (1) 人数/人	2015 年 (1) 比率/%	2015 年 (2) 人数/人	2015 年 (2) 比率/%	2015 年 (3) 人数/人	2015 年 (3) 比率/%
科学素质	171	48.03	1	83	45.60	32	46.38	22	46.81	13	65.00	13	65.00	8	44.44
企业家精神	31	8.71	3	12	6.59	8	11.59	6	12.77	1	5.00	2	10.00	2	11.11

续表

选项	总			2013年		2014年				2015年					
						(1)		(2)		(1)		(2)		(3)	
	人数/人	比率/%	排序	人数/人	比率/%	人数/人	比率/%	人数/人	比率/%	人数/人	比率/%	人数/人	比率/%	人数/人	比率/%
都重要	122	34.27	2	67	36.81	26	37.68	15	31.91	5	25.00	4	20.00	5	27.78
都不重要	7	1.97	5	5	2.75	0	0	2	4.26	0	0	0	0	0	0
不好说	20	5.62	4	15	8.24	3	4.35	0	0	0	0	1	5.00	1	5.56
不知道	5	1.40	6	0	0	0	0	2	4.26	1	5.00	0	0	2	11.11
合计	356	100		182	100	69	100	47	100	20	100	20	100	18	100

2）在大系统（1）中选择

当把"科学素质"与"企业家精神"放在一个大系统中让中学校长选择时，如表 7-23 所示，中学校长的选择率超过 10.00%的有："道德品质"（37.08%）、"身体健康"（35.96%）、"学习成绩"（16.01%）。中学校长更多地关注未成年人"道德品质"的发展。"企业家精神"被排在第七位（0.84%）。"科学素质"居于末位（0）。中学校长对"科学素质"与"企业家精神"的认同度低。

表 7-23 中学校长最看重的未成年人问题

选项	总			2013年		2014年				2015年					
						(1)		(2)		(1)		(2)		(3)	
	人数/人	比率/%	排序	人数/人	比率/%	人数/人	比率/%	人数/人	比率/%	人数/人	比率/%	人数/人	比率/%	人数/人	比率/%
身体健康	128	35.96	2	62	34.07	28	40.58	12	25.53	3	15.00	16	80.00	7	38.89
学习成绩	57	16.01	3	19	10.44	11	15.94	13	27.66	11	55.00	0	0	3	16.67
政治素质	9	2.53	5	1	0.55	2	2.90	5	10.64	1	5.00	0	0	0	0
思想进步	18	5.06	4	11	6.04	4	5.80	2	4.26	0	0	0	0	1	5.56
道德品质	132	37.08	1	82	45.05	21	30.43	15	31.91	5	25.00	4	20.00	5	27.78
科学素质	0	0	10	0	0.00	0	0	0	0	0	0	0	0	0	0
企业家精神	3	0.84	7	2	1.10	1	1.45	0	0	0	0	0	0	0	0
同学关系	2	0.56	9	0	0	2	2.90	0	0	0	0	0	0	0	0
尊敬老师	0	0	10	0	0	0	0	0	0	0	0	0	0	0	0
其他	3	0.84	7	3	1.65	0	0	0	0	0	0	0	0	0	0
不知道	4	1.12	6	2	1.10	0	0	0	0	0	0	0	0	2	11.11
合计	356	100		182	100	69	100	47	100	20	100	20	100	18	100

3）在大系统（2）中选择

由表 7-24 所示，中学校长最看重的未成年人的素质的比率超过 10.00% 的有："身体素质"（37.64%）、"道德素质"（30.90%）和"做人的素质"（17.13%）。从数据来看，中学校长较倾向于看重未成年人的"身体素质"与"道德素质"等。中学校长选择"科学素质"与"企业家素质"的比率分别为 0.84% 和 0.56%，比率很低。由此可以看出，中学校长并未看重这两种素质。

表 7-24　中学校长最看重的未成年人素质

选项	总			2013 年		2014 年				2015 年					
						（1）		（2）		（1）		（2）		（3）	
	人数/人	比率/%	排序	人数/人	比率/%	人数/人	比率/%	人数/人	比率/%	人数/人	比率/%	人数/人	比率/%	人数/人	比率/%
身体素质	134	37.64	1	56	30.77	32	46.38	17	36.17	6	30.00	15	75.00	8	44.44
政治素质	21	5.90	4	3	1.65	1	1.45	11	23.40	6	30.00	0	0	0	0
思想素质	18	5.06	5	13	7.14	5	7.25	0	0	0	0	0	0	0	0
道德素质	110	30.90	2	61	33.52	21	30.43	15	31.91	8	40.00	2	10.00	3	16.67
科学素质	3	0.84	7	2	1.10	1	1.45	0	0	0	0	0	0	0	0
企业家素质	2	0.56	8	2	1.10	0	0	0	0	0	0	0	0	0	0
做人的素质	61	17.13	3	45	24.73	6	8.70	2	4.26	0	0	3	15.00	5	27.78
不知道	7	1.97	6	0	0.00	3	4.35	2	4.26	0	0	0	0	2	11.11
合计	356	100		182	100	69	100	47	100	20	100	20	100	18	100

4. 德育干部的认识

1）在小系统中选择

当把未成年人的"科学素质"与"企业家精神"作为一个小系统让德育干部选择时，其选择的排序（2013 年）是："都重要"（55.81%）、"科学素质"（23.26%）、"企业家精神"（16.28%）、"不好说"（2.33%）、"都不重要"（2.33%）、"不知道"（0）。从数据来看，德育干部对这一问题有较为清晰的认识，大部分人认为"科学素质"与"企业家精神""都重要"，但在"科学素质"和"企业家精神"两者之间比较，其认为"科学素质"比"企业家精神"重要。

2）在大系统（1）中选择

当把"科学素质"与"企业家精神"放在一个大系统中让德育干部选择时，

其选择率（2013 年）超过 10.00%的有："道德品质"（48.84%）、"身体健康"（25.58%）、"学习成绩"（11.63%）和"思想进步"（11.63%）。选择"其他"的比率为 2.33%。选择"政治素质"、"科学素质"、"企业家精神"、"同学关系"、"尊敬老师"和"不知道"选项的比率均为 0。可见，德育干部最看重未成年人的"道德品质"，这或多或少与其自身的工作职责以及角色定位有关联。没有德育干部选择"企业家精神"和"科学素质"。可见，"科学素质"与"企业家精神"在德育干部的心目中也没有地位。

3）在大系统（2）中选择

在 2013 年的调查中，德育干部最看重的未成年人的素质的比率超过 10.00%的有："道德素质"（39.53%）、"身体素质"（30.23%）、"做人的素质"（18.60%）、"思想素质"（11.63%）。而选择"政治素质"、"不知道"、"科学素质"与"企业家素质"等的比率均为 0。显然，与大系统（1）相似，"科学素质"与"企业家素质"也被德育干部所轻视。

5. 小学校长的认识

1）在小系统中选择

如表 7-25 所示，当把未成年人的"科学素质"与"企业家精神"作为一个小系统让小学校长选择时，小学校长的排序是："科学素质"（48.15%）、"都重要"（34.07%）、"企业家精神"（13.33%）、"不好说"（4.44%）、"都不重要"（0）、"不知道"（0）。由此看来，小学校长认为未成年人的"科学素质"更重要。

表 7-25　小学校长认为的未成年人科学素质与企业家精神谁更重要

选项	总			2013 年（安徽省）		2014 年				2015 年（安徽省）			
						全国部分省市（少数民族地区）（1）		安徽省（2）		（1）		（2）	
	人数/人	比率/%	排序	人数/人	比率/%	人数/人	比率/%	人数/人	比率/%	人数/人	比率/%	人数/人	比率/%
科学素质	65	48.15	1	23	60.53	12	46.15	15	45.45	7	41.18	8	38.10
企业家精神	18	13.33	3	3	7.89	4	15.38	4	12.12	4	23.53	3	14.29
都重要	46	34.07	2	10	26.32	9	34.62	12	36.36	6	35.29	9	42.86
都不重要	0	0	5	0	0	0	0	0	0	0	0	0	0
不好说	6	4.44	4	2	5.26	1	3.85	2	6.06	0	0	1	4.76
不知道	0	0	5	0	0	0	0	0	0	0	0	0	0
合计	135	100		38	100	26	100	33	100	17	100	21	100

2）在大系统（1）中选择

如表 7-26 所示，当把"科学素质"与"企业家精神"放在一个大系统中让小学校长选择时，小学校长选择的前三位是："身体健康"（42.22%）、"道德品质"（27.41%）、"学习成绩"（21.48%）。"科学素质"与"企业家精神"均排在第六位，且选择的比率较低，均为 0.74%。可见，科学素质与企业家精神也未受到小学校长的重视。

表 7-26　小学校长最看重的未成年人问题

| 选项 | 总 | | | 2013 年（安徽省） | | 2014 年 | | | | 2015 年（安徽省） | | | |
| | | | | | | 全国部分省市（少数民族地区）（1） | | 安徽省（2） | | （1） | | （2） | |
	人数/人	比率/%	排序	人数/人	比率/%	人数/人	比率/%	人数/人	比率/%	人数/人	比率/%	人数/人	比率/%
身体健康	57	42.22	1	20	52.63	11	42.31	19	57.58	3	17.65	4	19.05
学习成绩	29	21.48	3	5	13.16	14	53.85	3	9.09	1	5.88	6	28.57
政治素质	5	3.70	4	0	0	0	0	1	3.03	3	17.65	1	4.76
思想进步	3	2.22	5	0	0	0	0	1	3.03	2	11.76	0	0
道德品质	37	27.41	2	10	26.32	1	3.85	8	24.24	8	47.06	10	47.62
科学素质	1	0.74	6	1	2.63	0	0	0	0	0	0	0	0
企业家精神	1	0.74	6	1	2.63	0	0	0	0	0	0	0	0
同学关系	1	0.74	6	0	0	0	0	1	3.03	0	0	0	0
尊敬老师	0	0	10	0	0	0	0	0	0	0	0	0	0
其他	0	0	10	0	0	0	0	0	0	0	0	0	0
不知道	1	0.74		1	2.63	0	0	0	0	0	0	0	0
合计	135	100		38	100	26	100	33	100	17	100	21	100

3）在大系统（2）中选择

如表 7-27 所示，小学校长最看重的未成年人的素质的比率超过 10.00% 的有："身体素质"（43.70%）、"道德素质"（17.78%）、"做人的素质"（17.78%）和"思想素质"（13.33%）。小学校长选择"科学素质"的比率为 1.48%，选择"企业家素质"的比率为 0。从数据来看，小学校长并未看重未成年人的"企业家素质"，选择"科学素质"的比率也偏低。可以看出，小学校长忽视了这两种素质的重要性。

表 7-27 小学校长最看重的未成年人素质

选项	总			2013 年（安徽省）		2014 年 全国部分省市（少数民族地区）（1）		安徽省（2）		2015 年（安徽省）（1）		（2）	
	人数/人	比率/%	排序	人数/人	比率/%	人数/人	比率/%	人数/人	比率/%	人数/人	比率/%	人数/人	比率/%
身体素质	59	43.70	1	18	47.37	9	34.62	18	54.55	8	47.06	6	28.57
政治素质	8	5.93	5	1	2.63	3	11.54	0	0	3	17.65	1	4.76
思想素质	18	13.33	4	2	5.26	10	38.46	5	15.15	0	0	1	4.76
道德素质	24	17.78	2	4	10.53	4	15.38	6	18.18	6	35.29	4	19.05
科学素质	2	1.48	6	0	0	0	0	0	0	0	0	2	9.52
企业家素质	0	0	7	0	0	0	0	0	0	0	0	0	0
做人的素质	24	17.78	2	13	34.21	0	0	4	12.12	0	0	7	33.33
不知道	0	0	7	0	0	0	0	0	0	0	0	0	0
合计	135	100		38	100	26	100	33	100	17	100	21	100

6. 家长的认识

1）在小系统中选择

如表 7-28 所示，当把未成年人的"科学素质"与"企业家精神"作为一个小系统让家长选择时，家长的排序是："都重要"（40.87%）、"科学素质"（33.61%）、"企业家精神"（14.94%）、"不好说"（5.71%）、"不知道"（3.11%）、"都不重要"（1.76%）。排在前两位的是"都重要"和"科学素质"。在"科学素质"和"企业家精神"的比较中，家长认为"科学素质"比"企业家精神"重要。从 2015 年与 2010 年的比较来看，家长对"科学素质"与"企业家精神"的重视程度均有所提升。

表 7-28 家长认为的未成年人的科学素质与企业家精神谁更重要

选项	总			2010 年		2011 年		2013 年		2014 年		2015 年	
	人数/人	比率/%	排序	人数/人	比率/%	人数/人	比率/%	人数/人	比率/%	人数/人	比率/%	人数/人	比率/%
科学素质	324	33.61	2	29	29.59	65	35.52	95	32.31	82	34.89	53	34.42
企业家精神	144	14.94	3	5	5.10	30	16.39	54	18.37	47	20.00	8	5.19
都重要	394	40.87	1	50	51.02	70	38.25	112	38.10	91	38.72	71	46.10
都不重要	17	1.76	6	0	0	5	2.73	5	1.70	3	1.28	4	2.60
不好说	55	5.71	4	9	9.18	8	4.37	17	5.78	9	3.83	12	7.79
不知道	30	3.11	5	5	5.10	5	2.73	11	3.74	3	1.28	6	3.90
合计	964	100		98	100	183	100	294	100	235	100	154	100

2）在大系统（1）中选择

当把"科学素质"与"企业家精神"放在一个大系统中让家长选择时，由表 7-29 可知，比率超过 10.00%的有："身体健康"（50.13%）、"学习成绩"（18.82%）和"道德品质"（18.39%）。家长选择"科学素质"与"企业家精神"的比率均为 0.86%，并列居于第七位。可以看出，极少有家长关心未成年人的"科学素质"与"企业家精神"。从 2015 年与 2010 年的比较来看，"科学素质"的比率有所降低，"企业家精神"的比率略有提升。因此，家长需提高认识和重视程度。

表 7-29　家长最看重的未成年人问题

选项	总 人数/人	比率/%	排序	2010年 人数/人	比率/%	2011年 人数/人	比率/%	2012年 人数/人	比率/%	2013年 人数/人	比率/%	2014年 人数/人	比率/%	2015年 人数/人	比率/%
身体健康	586	50.13	1	43	43.88	90	49.18	102	49.76	137	46.60	131	55.74	83	53.90
学习成绩	220	18.82	2	25	25.51	47	25.68	40	19.51	53	18.03	30	12.77	25	16.23
政治素质	33	2.82	5			8	4.37	5	2.44	8	2.72	9	3.83	3	1.95
思想进步	61	5.22	4	5	5.10	7	3.83	9	4.39	10	3.40	17	7.23	13	8.44
道德品质	215	18.39	3	18	18.37	27	14.75	38	18.54	62	21.09	42	17.87	28	18.18
科学素质	10	0.86	7	2	2.04	0	0	2	0.98	5	1.70	0	0	1	0.65
企业家精神	10	0.86	7	0	0	0	0	0	0	6	2.04	3	1.28	1	0.65
同学关系	3	0.26	10	0	0	2	1.09	0	0	1	0.34	0	0	0	0
尊敬老师	0	0	11												
其他	21	1.80	6	3	3.06	1	0.55	9	4.39	5	1.70	3	1.28	0	0
不知道	10	0.86	7	2	2.04	1	0.55	0	0	7	2.38				
合计	1169	100		98	100	205	100	205	100	294	100	235	100	154	100

3）在大系统（2）中选择

如表 7-30 所示，家长最看重的未成年人的素质的比率超过 10.00%的有："身体素质"（39.61%）、"做人的素质"（22.16%）、"道德素质"（13.09%）和"思想素质"（12.83%）。"科学素质"和"企业家素质"的比率均较低，且排在较后的位置。显然，在家长眼中未成年人的"科学素质"与"企业家素质"不被重视。从 2015 年与 2010 年的比较来看，家长对"科学素质"的重视程度有所减弱。

表 7-30　家长最看重的未成年人素质

选项	总			2010 年		2011 年		2012 年		2013 年		2014 年		2015 年	
	人数/人	比率/%	排序	人数/人	比率/%	人数/人	比率/%	人数/人	比率/%	人数/人	比率/%	人数/人	比率/%	人数/人	比率/%
身体素质	463	39.61	1	22	22.45	55	30.05	83	40.49	99	33.67	129	54.89	75	48.70
政治素质	114	9.75	5	2	2.04	20	10.93	49	23.90	18	6.12	19	8.09	6	3.90
思想素质	150	12.83	4	17	17.35	26	14.21	24	11.71	42	14.29	22	9.36	19	12.34
道德素质	153	13.09	3	15	15.31	32	17.49	9	4.39	47	15.99	21	8.94	29	18.83
科学素质	12	1.03	7	2	2.04	1	0.55	2	0.98	2	0.68	3	1.28	2	1.30
企业家素质	3	0.26	8	0	0	1	0.55	0	0	0	0	2	0.85	0	0
做人的素质	259	22.16	2	38	38.78	47	25.68	34	16.59	78	26.53	39	16.60	23	14.94
不知道	15	1.28	6	2	2.04	1	0.55	4	1.95	8	2.72	0	0	0	0
合计	1169	100		98	100	183	100	205	100	294	100	235	100	154	100

7. 科技工作者，科技型中小企业家，教育、科技、人事管理部门领导的认识

在 2013 年对科技工作者，科技型中小企业家，教育、科技、人事管理部门领导的调查中，选择"身体健康"的比率分别为 70.33%、70.73%、52.94%；选择"学习成绩"的比率分别为 0、0、2.94%；选择"道德修养"的比率分别为 12.09%、14.63%、23.53%；选择"科学素质"的比率分别为 3.30%、0、0；选择"企业家精神"的比率分别为 0、7.32%、0；选择"人的尊严"的比率分别为 13.19%、7.32%、17.65%；选择"其他"的比率分别为 1.10%、0、2.94%；选择"上好的中学"、"考上大学"、"政治思想进步"和"不知道"选项的比率均为 0。

科技工作者最看重的未成年人的素质居于前三位的是："身体健康"（70.33%）、"人的尊严"（13.19%）和"道德修养"（12.09%）。由于职业角色以及身份的因素，科技工作者选择"科学素质"的比率为 3.30%，居于第四位，没有关注"企业家精神"。"企业家精神"得到了科技型中小企业家的重视，因为"企业家精神"是企业家的立身之本。与科技工作者认识不同的是，"科学素质"未引起科技型中小企业家的重视。可以看出，基于不同的职业和角色，其侧重点有所不同，导致认识不同。从数据来看，教育、科技、人事管理部门领导并不重视"科学素质"与"企业家精神"。

8. 研究生与大学生的认识

在 2010 年对研究生和大学生的调查中，选择"身体健康"的比率分别为

61.07%、46.14%；选择"学习成绩"的比率分别为 8.40%、6.56%；选择"上好的中学"的比率分别为 0、2.76%；选择"考上大学"的比率分别为 1.53%、2.53%；选择"政治思想进步"的比率分别为 0.76%、2.88%；选择"道德修养"的比率分别为 9.16%、12.43%；选择"科学素质"的比率分别为 2.29%、3.57%；选择"企业家精神"的比率分别为 2.29%、4.26%；选择"人的尊严"的比率分别为 10.69%、11.16%；选择"其他"的比率分别为 3.05%、5.52%；选择"不知道"的比率分别为 0.76%、2.19%。

研究生的考虑比较复杂一些，其中"科学素质"与"企业家精神"被摆在同等位置，但比率很小。大学生没有零比率的选项，他们虽然也很关注"身体健康"，排在第一位，但比率相对较小；尽管"企业家精神"与"科学素质"的比率不高，却被分别排在了第六、第七位，可见大学生比较在意"科学素质"与"企业家精神"。

（二）基本认识

1. 未成年人自身的比较

未成年人最关注的未成年人问题的排序是："身体健康"（48.71%）、"道德修养"（14.89%）、"人的尊严"（10.04%）、"学习成绩"（8.73%）、"考上大学"（5.92%）、"政治思想进步"（2.94%）、"其他"（2.05%）、"上好的中学"（1.97%）、"科学素质"（1.88%）、"企业家精神"（1.57%）、"不知道"（1.29%）（表 7-16）。

从两个阶段的比较来看，阶段（二）中的"身体健康"比率较阶段（一）高 9.61 个百分点，阶段（二）中的"科学素质"的比率较阶段（一）高 0.05个百分点，阶段（二）中的"企业家精神"的比率较阶段（一）低 0.57 个百分点（表 7-16）。总的来看，2010 年以后"身体健康"的比率有明显增大，而"科学素质"与"企业家精神"的比率变化不大，可见随着时间的推移，未成年人对"科学素质"和"企业家精神"的认识并无明显提高，对"科学素质"与"企业家精神"也未给予重视。

2. 未成年人与成年人群体的比较

1）未成年人与科技工作者，科技型中小企业家，教育、科技、人事管理部门领导的比较

在表 7-31 中，科技工作者等 3 个群体最为看重未成年人的"身体健康"，其次是"道德修养"。选择"科学素质"与"企业家精神"的比率均为 1.81%。在未成年人与科技工作者等 3 个群体的比较中，率差最大的是"身体健康"，其次是"考上大学"。未成年人选择"科学素质"的比率较科技工作者等 3 个

群体高 0.62 个百分点,选择"企业家精神"的比率较科技工作者等 3 个群体低 0.16 个百分点。从率差来看,科技工作者较倾向于重视未成年人的"企业家精神"。从单个群体来看,选择"科学素质"比率最高的群体是科技工作者,选择"企业家精神"比率最高的群体是科技型中小企业家。

表 7-31 未成年人、科技工作者等 3 个群体最看重的未成年人问题的比较(2010 年)

| 选项 | 未成年人 | | | 科技工作者等 3 个群体 | | | | | | | | 未成年人与科技工作者等 3 个群体比较率差 |
| | | | | 合 | | 科技工作者 | | 科技型中小企业家 | | 教育、科技、人事管理部门领导 | | |
	人数/人	比率/%	排序	人数/人	比率/%	人数/人	比率/%	人数/人	比率/%	人数/人	比率/%	
身体健康	818	42.25	1	111	66.87	64	70.33	29	70.73	18	52.94	−24.62
学习成绩	186	9.61	4	1	0.60	0	0	0	0	1	2.94	9.01
上好的中学	25	1.29	10	0	0	0	0	0	0	0	0	1.29
考上大学	179	9.25	5	0	0	0	0	0	0	0	0	9.25
政治思想进步	41	2.12	7	0	0	0	0	0	0	0	0	2.12
道德修养	359	18.54	2	25	15.06	11	12.09	6	14.63	8	23.53	3.48
科学素质	47	2.43	6	3	1.81	3	3.30	0	0	0	0	0.62
企业家精神	32	1.65	8	3	1.81	0	0	3	7.32	0	0	−0.16
人的尊严	197	10.18	3	21	12.65	12	13.19	3	7.32	6	17.65	−2.47
其他	31	1.60	9	2	1.20	1	1.10	0	0	1	2.94	0.40
不知道	21	1.08	11	0	0	0	0	0	0	0	0	1.08
合计	1936	100		166	100	91	100	41	100	34	100	0

2)未成年人与研究生、大学生的比较

如表 7-32 所示,研究生与大学生最为看重未成年人的"身体健康",其次是"道德修养",这与未成年人的排序相似,未成年人最先看重自己的"身体健康",其次是自己的"道德修养"。大学生选择"科学素质"和"企业家精神"的比率分别较未成年人高 1.14 个百分点和 2.61 个百分点。从单个群体来看,大学生是选择"科学素质"和"企业家精神"比率最高的群体。比较而言,研究生与大学生受学术水平以及知识积累等多方面因素的影响,更为看重"科学素质"与"企业家精神"。

表 7-32　未成年人与研究生、大学生最看重的未成年人问题的比较（2010 年）

| 选项 | 未成年人 | | | 研究生与大学生 | | | | | | 未成年人与研究生比较率差 | 未成年人与大学生比较率差 |
| | | | | 合 | | 研究生 | | 大学生 | | | |
	人数/人	比率/%	排序	人数/人	比率/%	人数/人	比率/%	人数/人	比率/%		
身体健康	818	42.25	1	481	48.10	80	61.07	401	46.14	-18.82	-3.89
学习成绩	186	9.61	4	68	6.80	11	8.40	57	6.56	1.21	3.05
上好的中学	25	1.29	10	24	2.40	0	0.00	24	2.76	1.29	-1.47
考上大学	179	9.25	5	24	2.40	2	1.53	22	2.53	7.72	6.72
政治思想进步	41	2.12	7	26	2.60	1	0.76	25	2.88	1.36	-0.76
道德修养	359	18.54	2	120	12.00	12	9.16	108	12.43	9.38	6.11
科学素质	47	2.43	6	34	3.40	3	2.29	31	3.57	0.14	-1.14
企业家精神	32	1.65	8	40	4.00	3	2.29	37	4.26	-0.64	-2.61
人的尊严	197	10.18	3	111	11.10	14	10.69	97	11.16	-0.51	-0.98
其他	31	1.60	9	52	5.20	4	3.05	48	5.52	-1.45	-3.92
不知道	21	1.08	11	20	2.00	1	0.76	19	2.19	0.32	-1.11
合计	1936	100		1000	100	131	100	869	100	0	0

3）未成年人与中学老师、家长的比较

第一，基于大系统（1）的比较。如表 7-33 所示，未成年人将"身体健康"排在第一位，其次是"道德品质"。而中学老师最看重的是未成年人的"道德品质"，其次是"身体健康"。家长除了关注未成年人的"身体健康"外，更倾向于关注未成年人的"学习成绩"。未成年人选择"科学素质"与"企业家精神"的比率较中学老师与家长高。未成年人的成长与发展应具有全面性，因此，有必要进一步提高中学老师与家长对这一问题的认识，避免其过分关注未成年人的学习成绩，而忽视其他素质的培养。

表 7-33　未成年人与中学老师、家长基于大系统（1）的比较

| 选项 | 未成年人（2009～2013 年） | | | 中学老师（2009～2015 年） | | | 家长（2010～2015 年） | | | 未成年人与中学老师比较率差 | 未成年人与家长比较率差 |
	人数/人	比率/%	排序	人数/人	比率/%	排序	人数/人	比率/%	排序		
身体健康	5434	59.48	1	402	26.14	2	586	50.13	1	33.34	9.35
学习成绩	974	10.66	3	309	20.09	3	220	18.82	2	-9.43	-8.16
政治素质	0	0	9	67	4.36	5	33	2.82	5	-4.36	-2.82
思想进步	328	3.59	4	186	12.09	4	61	5.22	4	-8.50	-1.62

选项	未成年人（2009～2013 年）			中学老师（2009～2015 年）			家长（2010～2015 年）			未成年人与中学老师比较率差	未成年人与家长比较率差
	人数/人	比率/%	排序	人数/人	比率/%	排序	人数/人	比率/%	排序		
道德品质	1661	18.18	2	453	29.45	1	215	18.39	3	−11.27	−0.21
科学素质	210	2.30	6	32	2.08	7	10	0.86	7	0.22	1.44
企业家精神	175	1.92	7	6	0.39	11	10	0.86	7	1.53	1.06
同学关系	0	0	9	28	1.82	8	3	0.26	10	−1.82	−0.26
尊敬老师	0	0	9	35	2.28	6	0	0	11	−2.28	0.00
其他	229	2.51	5	13	0.85	9	21	1.80	6	1.66	0.71
不知道	125	1.37	8	7	0.46	10	10	0.86	7	0.91	0.50
合计	9136	100		1538	100		1169	100		0	0

注：因未成年人在大系统（1）中的部分选项数据缺失，故未成年人的总人数改变。

第二，基于大系统（2）的比较。如表 7-34 所示，中学老师最为关注未成年人的"做人的素质"，其次是"身体素质"，而未成年人最为关注自身的"身体素质"，其次是"道德素质"。家长最为关注未成年人的"身体素质"，其次是"做人的素质"。比较而言，未成年人选择"科学素质"和"企业家素质"的比率均较这 2 个群体高。与大系统（1）类似，未成年人在"科学素质"与"企业家素质"的认识上较为自信和积极。

表 7-34 未成年人与中学老师、家长基于大系统（2）的比较

选项	未成年人（2009～2013 年）			中学老师（2009～2015 年）			家长（2010～2015 年）			未成年人与中学老师比较率差	未成年人与家长比较率差
	人数/人	比率/%	排序	人数/人	比率/%	排序	人数/人	比率/%	排序		
身体素质	5434	68.50	1	409	26.59	2	463	39.61	1	41.91	28.89
政治素质	328	4.13	3	110	7.15	5	114	9.75	5	−3.02	−5.62
思想素质	0	0	7	219	14.24	4	150	12.83	4	−14.24	−12.83
道德素质	1661	20.94	2	336	21.85	3	153	13.09	3	−0.91	7.85
科学素质	210	2.65	4	17	1.11	7	12	1.03	7	1.54	1.62
企业家素质	175	2.21	5	14	0.91	8	3	0.26	8	1.30	1.95
做人的素质	0	0	7	413	26.85	1	259	22.16	2	−26.85	−22.16
不知道	125	1.58	6	20	1.30	6	15	1.28	6	0.28	0.30
合计	7933	100		1538	100		1169	100		0	0

注：因未成年人在大系统（2）中的部分选项数据缺失，故未成年人的总人数改变。

4）未成年人与德育干部的比较

第一，基于大系统（1）的比较。由表 7-35 可知，其中率差最大的是"身体健康"（38.47 个百分点），其次是"道德品质"（35.40 个百分点）。德育干部较未成年人更多地关注未成年人的"道德品质"，而忽视了"科学素质"和"企业家精神"。德育干部更多地从自身工作实际出发，重视培养未成年人的道德素养，在实际工作中，没有很好地融入"科学素质"与"企业家精神"。因此，如何更好地促进未成年人的科学素质发展与企业家精神培养，是德育干部今后工作中需要重视和解决的问题。

表 7-35　未成年人与德育干部基于大系统（1）的比较（2013 年）

选项	未成年人			德育干部			未成年人与德育干部比较率差
	人数/人	比率/%	排序	人数/人	比率/%	排序	
身体健康	1534	64.05	1	11	25.58	2	38.47
学习成绩	216	9.02	3	5	11.63	3	−2.61
政治素质	0	0	9	0	0	6	0
思想进步	90	3.76	4	5	11.63	3	−7.87
道德品质	322	13.44	2	21	48.84	1	−35.40
科学素质	62	2.59	6	0	0	6	2.59
企业家精神	54	2.25	7	0	0	6	2.25
同学关系	0	0	9	0	0	6	0
尊敬老师	0	0	9	0	0	6	0
其他	79	3.30	5	1	2.33	5	0.97
不知道	38	1.59	8	0	0	6	1.59
合计	2395	100		43	100		0

注：因未成年人在大系统（1）中的部分选项数据缺失，故未成年人的总人数改变。

第二，基于大系统（2）的比较。由表 7-36 可知，德育干部更多地关注未成年人的道德素质，而未成年人最为重视自身的"身体素质"，其次是道德与政治方面的素质。与大系统（1）相似，"科学素质"与"企业家素质"未引起德育干部足够的重视。

表 7-36　未成年人与德育干部基于大系统（2）的比较（2013 年）

选项	未成年人			德育干部			未成年人与德育干部比较率差
	人数/人	比率/%	排序	人数/人	比率/%	排序	
身体素质	1534	73.05	1	13	30.23	2	42.82

续表

选项	未成年人			德育干部			未成年人与德育干部比较率差
	人数/人	比率/%	排序	人数/人	比率/%	排序	
政治素质	90	4.29	3	0	0	5	4.29
思想素质	0	0	7	5	11.63	4	−11.63
道德素质	322	15.33	2	17	39.53	1	−24.20
科学素质	62	2.95	4	0	0	5	2.95
企业家素质	54	2.57	5	0	0	5	2.57
做人的素质	0	0	7	8	18.60	3	−18.60
不知道	38	1.81	6	0	0	5	1.81
合计	2100	100		43	100		0

注：因未成年人在大系统（2）中的部分选项数据缺失，故未成年人的总人数改变。

5）未成年人与中学校长、小学校长的比较

第一，基于大系统（1）的比较。如表 7-37 所示，未成年人与中学校长、小学校长选择的前三项是"身体健康"、"道德品质"和"学习成绩"。比较而言，中学校长对未成年人素质的关注较为全面，其中与未成年人率差最大的是"身体健康"（23.52 个百分点），其次是"道德品质"（18.90 个百分点）。小学校长对未成年人素质的关注也较全面，与未成年人率差最大的也是"身体健康"（17.26 个百分点），其次是"学习成绩"（10.82 个百分点）。未成年人选择"科学素质"与"企业家精神"的比率均较中小学校长高。

表 7-37 未成年人与中学校长、小学校长基于大系统（1）的比较

选项	未成年人（2009~2013 年）			中学校长（2013~2015 年）			小学校长（2013~2015 年）			未成年人与中学校长比较率差	未成年人与小学校长比较率差
	人数/人	比率/%	排序	人数/人	比率/%	排序	人数/人	比率/%	排序		
身体健康	5434	59.48	1	128	35.96	2	57	42.22	1	23.52	17.26
学习成绩	974	10.66	3	57	16.01	3	29	21.48	3	−5.35	−10.82
政治素质	0	0	9	9	2.53	5	5	3.70	4	−2.53	−3.70
思想进步	328	3.59	4	18	5.06	4	3	2.22	5	−1.47	1.37
道德品质	1661	18.18	2	132	37.08	1	37	27.41	2	−18.90	−9.23
科学素质	210	2.30	6	0	0	10	1	0.74	6	2.30	1.56
企业家精神	175	1.92	7	3	0.84	7	1	0.74	6	1.08	1.18

续表

选项	未成年人 （2009～2013年）			中学校长 （2013～2015年）			小学校长 （2013～2015年）			未成年人与中学校长比较率差	未成年人与小学校长比较率差
	人数/人	比率/%	排序	人数/人	比率/%	排序	人数/人	比率/%	排序		
同学关系	0	0	9	2	0.56	9	1	0.74	6	-0.56	-0.74
尊敬老师	0	0	9	0	0	10	0	0	7	0	0
其他	229	2.51	5	3	0.84	7	0	0	7	1.67	2.51
不知道	125	1.37	8	4	1.12	6	1	0.74	6	0.25	0.63
合计	9136	100		356	100		135	100		0	0

注：因未成年人在大系统（1）中的部分选项数据缺失，故未成年人的总人数改变。

　　第二，基于大系统（2）的比较。如表7-38所示，在未成年人与中学校长的比较中，中学校长更多地关注未成年人的身体、道德、做人等方面的素质，各选项均有一定的涉及，看法较为全面。小学校长与中学校长的认识较为相似，只是个别选项的排序有所不同。在"科学素质"与"企业家精神"的比较中，未成年人的选择率均较中学校长与小学校长高。从中小学校长之间的比较来看，小学校长较看重未成年人的"科学素质"，中学校长则更倾向于看重未成年人的"企业家精神"。

表7-38　未成年人与中学校长、小学校长基于大系统（2）的比较

选项	未成年人 （2009～2013年）			中学校长 （2013～2015年）			小学校长 （2013～2015年）			未成年人与中学校长比较率差	未成年人与小学校长比较率差
	人数/人	比率/%	排序	人数/人	比率/%	排序	人数/人	比率/%	排序		
身体素质	5434	68.50	1	134	37.64	1	59	43.70	1	30.86	24.80
政治素质	328	4.13	3	21	5.90	3	8	5.93	3	-1.77	-1.80
思想素质	0	0	7	18	5.06	5	18	13.33	4	-5.06	-13.33
道德素质	1661	20.94	2	110	30.90	2	24	17.78	2	-9.96	3.16
科学素质	210	2.65	4	3	0.84	7	2	1.48	6	1.81	1.17
企业家素质	175	2.21	5	2	0.56	8	0	0	7	1.65	2.21
做人的素质	0	0	7	61	17.13	3	24	17.78	2	-17.13	-17.78
不知道	125	1.58	6	7	1.97	6	0	0	7	-0.39	1.58
合计	7933	100		356	100		135	100		0	0

注：因未成年人在大系统（2）中的部分选项数据缺失，故未成年人总人数改变。

（三）未成年人等 11 个群体的认识

1. 科技工作者，科技型中小企业家，教育、科技、人事管理部门领导，研究生，大学生等 5 个群体的认识

如表 7-39 所示，科技工作者等 5 个群体选择率超过 10.00%的有："身体健康"（50.77%）、"道德修养"（12.44%）和"人的尊严"（11.32%）。其中，研究生与大学生"科学素质"和"企业家精神"的比率较科技工作者等 3 群体高。总的来看，这 5 个群体最关注未成年人的"身体健康"。"企业家精神"与"科学素质"分别排在第六位、第七位，排名靠后，未引起 5 个群体的重视。

表 7-39　科技工作者等 5 个群体最看重的未成年人问题（2010 年）

选项	总			科技工作者等 3 个群体		研究生与大学生	
	人数/人	比率/%	排序	人数/人	比率/%	人数/人	比率/%
身体健康	592	50.77	1	111	66.87	481	48.10
学习成绩	69	5.92	4	1	0.60	68	6.80
上好的中学	24	2.06	9	0	0	24	2.40
考上大学	24	2.06	9	0	0	24	2.40
政治思想进步	26	2.23	8	0	0	26	2.60
道德修养	145	12.44	2	25	15.06	120	12.00
科学素质	37	3.17	7	3	1.81	34	3.40
企业家精神	43	3.69	6	3	1.81	40	4.00
人的尊严	132	11.32	3	21	12.65	111	11.10
其他	54	4.63	5	2	1.20	52	5.20
不知道	20	1.72	11	0	0	20	2.00
合计	1166	100		166	100	1000	100

2. 中学老师、中学校长、小学校长、德育干部、家长等 5 个群体基于小系统的认识

如表 7-40 所示，中学老师等 5 个群体的选择排序是："都重要"（38.66%）、"科学素质"（37.95%）、"企业家精神"（13.30%）、"不好说"（5.36%）、"不知道"（2.68%）、"都不重要"（2.05%）。排在前两位的是"都重要"和"科学素质"。从单个选项来看，选择"科学素质"比率最高的群体是小学校长，选择"企业家精神"比率最高的群体是德育干部。在"科学素质"和"企业家精神"的比较中，这 5 个群体认为"科学素质"比"企业家精神"重要。

表 7-40　中学老师、中学校长、小学校长、德育干部、家长基于小系统的认识

选项	总			中学老师		中学校长		小学校长		德育干部		家长	
	人数/人	比率/%	排序	人数/人	比率/%	人数/人	比率/%	人数/人	比率/%	人数/人	比率/%	人数/人	比率/%
科学素质	1076	37.95	2	506	37.85	171	48.03	65	48.15	10	23.26	324	33.61
企业家精神	377	13.30	3	177	13.24	31	8.71	18	13.33	7	16.28	144	14.94
都重要	1096	38.66	1	510	38.15	122	34.27	46	34.07	24	55.81	394	40.87
都不重要	58	2.05	6	33	2.47	7	1.97	0	0	1	2.33	17	1.76
不好说	152	5.36	4	70	5.24	20	5.62	6	4.44	1	2.33	55	5.71
不知道	76	2.68	5	41	3.07	5	1.40	0	0	0	0	30	3.11
合计	2835	100		1337	100	356	100	135	100	43	100	964	100

3. 未成年人、家长、中学老师、德育干部、中学校长、小学校长等 6 个群体基于大系统（1）的认识

如表 7-41 所示，未成年人等 6 个群体的选择排序是："身体健康"（53.47%）、"道德品质"（20.35%）、"学习成绩"（12.88%）、"思想进步"（4.86%）、"其他"（2.16%）、"科学素质"（2.04%）、"企业家精神"（1.58%）、"不知道"（1.19%）、"政治素质"（0.92%）、"尊敬老师"（0.28%）、"同学关系"（0.27%）。"科学素质"排在第六位，"企业家精神"排在第七位。这 6 个群体最关心的前三位是未成年人的"身体健康""道德品质""学习成绩"，极少关心未成年人的"科学素质"与"企业家精神"。

表 7-41　未成年人、中学老师、中学校长、小学校长、德育干部、家长
基于大系统（1）的认识

选项	总			未成年人（2009～2013 年）		中学老师（2009～2015 年）		中学校长（2013～2015 年）		小学校长（2013～2015 年）		德育干部（2013 年）		家长（2010～2015 年）	
	人数/人	比率/%	排序	人数/人	比率/%	人数/人	比率/%	人数/人	比率/%	人数/人	比率/%	人数/人	比率/%	人数/人	比率/%
身体健康	6 618	53.47	1	5 434	59.48	402	26.14	128	35.96	57	42.22	11	25.58	586	50.13
学习成绩	1 594	12.88	3	974	10.66	309	20.09	57	16.01	29	21.48	5	11.63	220	18.82
政治素质	114	0.92	9	0	0	67	4.36	9	2.53	5	3.70	0	0	33	2.82
思想进步	601	4.86	4	328	3.59	186	12.09	18	5.06	3	2.22	5	11.63	61	5.22
道德品质	2 519	20.35	2	1 661	18.18	453	29.45	132	37.08	37	27.41	21	48.84	215	18.39
科学素质	253	2.04	6	210	2.30	32	2.08	0	0	1	0.74	0	0	10	0.86

续表

选项	总			未成年人（2009～2013年）		中学老师（2009～2015年）		中学校长（2013～2015年）		小学校长（2013～2015年）		德育干部（2013年）		家长（2010～2015年）	
	人数/人	比率/%	排序	人数/人	比率/%	人数/人	比率/%	人数/人	比率/%	人数/人	比率/%	人数/人	比率/%	人数/人	比率/%
企业家精神	195	1.58	7	175	1.92	6	0.39	3	0.84	1	0.74	0	0	10	0.86
同学关系	34	0.27	11	0	0	28	1.82	2	0.56	1	0.74	0	0	3	0.26
尊敬老师	35	0.28	10	0	0	35	2.28	0	0	0	0	0	0	0	0
其他	267	2.16	5	229	2.51	13	0.85	3	0.84	0	0	1	2.33	21	1.80
不知道	147	1.19	8	125	1.37	7	0.46	4	1.12	1	0.74	0	0	10	0.86
合计	12 377	100		9 136	100	1 538	100	356	100	135	100	43	100	1 169	100

注：因未成年人在大系统（1）中的部分选项数据缺失，故未成年人的总人数改变。

4. 未成年人、家长、中学老师、德育干部、中学校长、小学校长等6个群体基于大系统（2）的认识

如表 7-42 所示，未成年人等 6 个群体选择的比率超过 10.00%的有："身体素质"（58.28%）与"道德素质"（20.59%）。其中"科学素质"和"企业家素质"分别排在第六位与第七位，比率相对较低。虽然未成年人选择"科学素质"与"企业家素质"的比率较成年人群体高，但仍不能忽视这两种素质未引起足够重视的状况。总的来说，当前社会对未成年人的科学素质发展与企业家精神培养关注不够。

表 7-42　未成年人、中学老师、中学校长、小学校长、德育干部、家长基于大系统（2）的认识

选项	总			未成年人（2009～2013年）		中学老师（2009～2015年）		中学校长（2013～2015年）		小学校长（2013～2015年）		德育干部（2013年）		家长（2010～2015年）	
	人数/人	比率/%	排序	人数/人	比率/%	人数/人	比率/%	人数/人	比率/%	人数/人	比率/%	人数/人	比率/%	人数/人	比率/%
身体素质	6 512	58.28	1	5 434	68.50	409	26.59	134	37.64	59	43.70	13	30.23	463	39.61
政治素质	581	5.20	4	328	4.13	110	7.15	21	5.90	8	5.93	0	0	114	9.75
思想素质	410	3.67	5	0	0	219	14.24	18	5.06	18	13.33	5	11.63	150	12.83
道德素质	2 301	20.59	2	1661	20.94	336	21.85	110	30.90	24	17.78	17	39.53	153	13.09

续表

选项	总			未成年人 （2009～ 2013 年）		中学老师 （2009～ 2015 年）		中学校长 （2013～ 2015 年）		小学校长 （2013～ 2015 年）		德育干部 （2013 年）		家长 （2010～ 2015 年）	
	人数 /人	比率 /%	排序	人数 /人	比率 /%	人数 /人	比率 /%	人数 /人	比率 /%	人数 /人	比率 /%	人数 /人	比率 /%	人数 /人	比率 /%
科学 素质	244	2.18	6	210	2.65	17	1.11	3	0.84	2	1.48	0	0	12	1.03
企业家 素质	194	1.74	7	175	2.21	14	0.91	2	0.56	0	0	0	0	3	0.26
做人的 素质	765	6.85	3	0	0	413	26.85	61	17.13	24	17.78	8	18.60	259	22.16
不知道	167	1.49	8	125	1.58	20	1.30	7	1.97	0	0	0	0	15	1.28
合计	11 174	100		7 933	100	1 538	100	356	100	135	100	43	100	1 169	100

注：因未成年人在大系统（2）中的部分选项数据缺失，故未成年人的总人数改变。

四　科学普及工作存在一定的局限性

（一）科学普及设施情况

1. 未成年人眼中社会的科学普及设施情况

如表 7-43 所示，未成年人选择"很好"、"好"与"较好"的合比率为 53.24%，其中"较好"的比率为 20.54%，居于第一位。选择"很不好"与"不好"的合比率为 22.24%，选择"一般"与"不知道"的比率分别为 10.37%、14.15%。从数据来看，大多数未成年人认为社会的科学普及设施总体上是好的。

比较而言，2015 年选择"很好"和"好"的比率分别较 2012 年提高 8.20 个百分点和 7.33 个百分点。其他选项的比率均有所降低。从率差来看，未成年人对这一问题的正面和积极性的评价有所增加，表明近年来社会的科学普及设施建设工作取得了一定的成效。

表 7-43　未成年人眼中社会的科学普及设施情况

选项	总			2012 年		2013 年		2014 年		2015 年		2015 年与 2012 年比较 率差
	人数 /人	比率 /%	排序	人数 /人	比率 /%	人数 /人	比率 /%	人数 /人	比率 /%	人数 /人	比率 /%	
很好	1640	17.21	2	314	14.92	571	19.24	404	13.75	351	23.12	8.20
好	1476	15.49	3	256	12.17	514	17.32	410	13.96	296	19.50	7.33
较好	1957	20.54	1	458	21.77	597	20.11	598	20.35	304	20.03	−1.74

续表

选项	总			2012 年		2013 年		2014 年		2015 年		2015 年与2012 年比较率差
	人数/人	比率/%	排序	人数/人	比率/%	人数/人	比率/%	人数/人	比率/%	人数/人	比率/%	
很不好	1297	13.61	5	314	14.92	357	12.03	433	14.74	193	12.71	-2.21
不好	822	8.63	7	254	12.07	206	6.94	270	9.19	92	6.06	-6.01
一般	988	10.37	6	239	11.36	350	11.79	274	9.33	125	8.23	-3.13
不知道	1348	14.15	4	269	12.79	373	12.57	549	18.69	157	10.34	-2.45
合计	9528	100		2104	100	2968	100	2938	100	1518	100	0

2. 未成年人与中学老师、家长的比较

如表 7-44 所示，中学老师选择"很好"、"好"与"较好"的合比率为 46.17%，可见将近一半的中学老师认为社会的科学普及设施较好。从两年的比较来看，选择"很好"的比率有所上升，选择"很不好"与"不好"的比率有所降低，中学老师眼中社会的科学普及设施呈现出较好的发展态势。

从未成年人与中学老师的比较来看，未成年人选择积极性评价（"很好"、"好"与"较好"）的合比率较中学老师稍高，中学老师选择"很不好"的比率较未成年人高。未成年人的评价较中学老师积极。

家长选择"很好"、"好"与"较好"的合比率为 42.09%，表明家长对这一问题的认识较为积极。从两年的比较来看，家长的模糊性认识有所增加，但总体上正面评价较高。

在未成年人与家长的比较中，家长选择"很好"、"好"与"较好"的合比率较未成年人低，这一合比率也是 3 个群体中最低的，未成年人的评价较家长更积极一些。

表 7-44 未成年人与中学老师、家长眼中社会的科学普及设施情况的比较

选项	未成年人		中学老师						家长						未成年人与中学老师比较率差	未成年人与家长比较率差
			合		2012 年		2013 年		合		2012 年		2013 年			
	人数/人	比率/%	人数/人	比率/%	人数/人	比率/%	人数/人	比率/%	人数/人	比率/%	人数/人	比率/%	人数/人	比率/%		
很好	1640	17.21	37	7.46	6	2.99	31	10.51	28	5.61	11	5.37	17	5.78	9.75	11.60
好	1476	15.49	61	12.30	28	13.93	33	11.19	68	13.63	20	9.76	48	16.33	3.19	1.86
较好	1957	20.54	131	26.41	58	28.86	73	24.75	114	22.85	53	25.85	61	20.75	-5.87	-2.31
很不好	1297	13.61	99	19.96	47	23.38	52	17.63	54	10.82	25	12.20	29	9.86	-6.35	2.79
不好	822	8.63	42	8.47	18	8.96	24	8.14	68	13.63	36	17.56	32	10.88	0.16	-5.00

续表

选项	未成年人		中学老师						家长						未成年人与中学老师比较率差	未成年人与家长比较率差
			合		2012年		2013年		合		2012年		2013年			
	人数/人	比率/%	人数/人	比率/%	人数/人	比率/%	人数/人	比率/%	人数/人	比率/%	人数/人	比率/%	人数/人	比率/%		
一般	988	10.37	77	15.52	19	9.45	58	19.66	84	16.83	33	16.10	51	17.35	-5.15	-6.46
不知道	1348	14.15	49	9.88	25	12.44	24	8.14	83	16.63	27	13.17	56	19.05	4.27	-2.48
合计	9528	100	496	100	201	100	295	100	499	100	205	100	294	100	0	0

3. 未成年人与中学校长、德育干部、小学校长的比较

如表 7-45 所示，中学校长、德育干部与小学校长选择"很好"、"好"与"较好"的合比率为 46.38%，这一合比率较未成年人同类选项的合比率低。

从未成年人与中学校长的比较来看，未成年人选择"很好"与"好"的合比率较中学校长高，中学校长选择"较好"与"一般"的合比率较未成年人高。德育干部与中学校长相似，较倾向于选择"较好"和"一般"。

从未成年人与小学校长的比较来看，小学校长更倾向于选择"很不好"。从单个选项来看，选择"很好"与"好"比率最高的群体是未成年人，选择"较好"比率最高的群体是德育干部，选择"很不好"比率最高的群体是小学校长。总的来说，未成年人的认识更显积极乐观。

表 7-45　未成年人与中学校长、德育干部、小学校长眼中社会的科学普及设施情况的比较（2013 年）

选项	未成年人			中学校长等3个群体								未成年人与中学校长等3个群体比较率差	未成年人与中学校长比较率差	未成年人与小学校长比较率差	未成年人与德育干部比较率差
				合		中学校长		德育干部		小学校长					
	人数/人	比率/%	排序	人数/人	比率/%	人数/人	比率/%	人数/人	比率/%	人数/人	比率/%				
很好	571	19.24	2	5	1.90	3	1.65	2	2.33	2	2.63	17.34	17.59	16.61	16.91
好	514	17.32	3	20	7.60	12	6.59	3	6.98	5	13.16	9.72	10.73	4.16	10.34
较好	597	20.11	1	97	36.88	70	38.46	17	39.53	10	26.32	-16.77	-18.35	-6.21	-19.42
很不好	357	12.03	5	37	14.07	22	12.09	3	6.98	12	31.58	-2.04	-0.06	-19.55	5.05
不好	206	6.94	7	1	0.38	0	0	1	2.33	0	0	6.56	6.94	6.94	4.61
一般	350	11.79	6	60	22.81	43	23.63	11	25.58	6	15.79	-11.02	-11.84	-4.00	-13.79
不知道	373	12.57	4	43	16.35	32	17.58	7	16.28	4	10.53	-3.78	-5.01	2.04	-3.71
合计	2968	100		263	100	182	100	43	100	38	100	0	0	0	0

4. 未成年人、中学老师、家长、中学校长、德育干部、小学校长等 6 个群体的总体看法

在关于社会的科学普及设施情况的调查中，如表 7-46 所示，6 个群体选择"很好"、"好"与"较好"的合比率为 52.23%，其中"较好"的比率为 21.31%，居于第一位。选择"很不好"与"不好"的合比率为 22.44%，选择"一般"与"不知道"的比率分别为 11.21%、14.12%。由此可以看出，6 个群体对这一问题的评价相对比较积极，认为当前社会的科学普及设施情况较好，当然也有少部分群体认为较差。

表 7-46　未成年人、中学老师、家长、中学校长、德育干部、小学校长的看法

选项	合			未成年人（2012～2015 年）		中学老师（2012～2013 年）		家长（2012～2013 年）		中学校长（2013 年）		德育干部（2013 年）		小学校长（2013 年）	
	人数/人	比率/%	排序	人数/人	比率/%	人数/人	比率/%	人数/人	比率/%	人数/人	比率/%	人数/人	比率/%	人数/人	比率/%
很好	1 710	15.85	2	1 640	17.21	37	7.46	28	5.61	3	1.65	1	2.33	1	2.63
好	1 625	15.07	3	1 476	15.49	61	12.30	68	13.63	12	6.59	3	6.98	5	13.16
较好	2 299	21.31	1	1 957	20.54	131	26.41	114	22.85	70	38.46	17	39.53	10	26.32
很不好	1 487	13.79	5	1 297	13.61	99	19.96	54	10.82	22	12.09	3	6.98	12	31.58
不好	933	8.65	7	822	8.63	42	8.47	68	13.63	0	0	1	2.33	0	0
一般	1 209	11.21	6	988	10.37	77	15.52	84	16.83	43	23.63	11	25.58	6	15.79
不知道	1 523	14.12	4	1 348	14.15	49	9.88	83	16.63	32	17.58	7	16.28	4	10.53
合计	10 786	100		9 528	100	496	100	499	100	182	100	43	100	38	100

（二）学校的科学普及条件情况

1. 中学老师与家长的比较

中学老师作为学校教育的实施者，对学校的科普资源及条件较为了解。如表 7-47 所示，中学老师选择"很好"、"好"与"较好"的合比率为 47.38%，较多的中学老师认为学校具备了一定的科学普及条件。从两年的比较来看，选择"很好"的比率有所上升，选择"很不好"的比率有所下降，中学老师认为学校科学普及条件呈现出良好的发展态势。

家长通过与未成年人的交流或者通过实地参观学校可进一步了解学校科学普及条件及发展现状。在表 7-47 中，家长选择"很好"、"好"与"较好"的合比率为 49.10%，选择"很不好"与"不好"的合比率为 18.04%，选择"一般"与"不知道"的比率分别为 20.64%、12.22%。从数据来看，家长对这一问

题的认识较中学老师更积极，正面和积极性评价占主导。从两年的比较来看，家长2013年选择"很好"的比率较2012年高7.51个百分点，选择"较好"的比率较2012年低9.77个百分点，是降幅最大的选项。从率差来看，家长认为当前学校科学普及条件有待进一步完善。

中学老师与家长2个群体选择"很好"、"好"与"较好"的合比率为48.24%，选择"很不好"与"不好"的合比率为24.93%，选择"一般"与"不知道"的比率分别为19.90%、6.93%。总的来说，中学老师与家长认为学校科学普及条件较好。从两者的比较来看，率差最大的是"很不好"（13.56个百分点），其次是"不知道"（10.61个百分点），家长的选择率较中学老师高10.61个百分点，可能是由于受环境以及与校园接触程度等因素的影响，家长的认识没有中学老师深入。

表 7-47 中学老师、家长眼中的学校科学普及条件的比较

选项	总			中学老师						家长						中学老师与家长比较率差
				合		2012年		2013年		合		2012年		2013年		
	人数/人	比率/%	排序	人数/人	比率/%	人数/人	比率/%	人数/人	比率/%	人数/人	比率/%	人数/人	比率/%	人数/人	比率/%	
很好	92	9.25	5	48	9.68	11	5.47	37	12.54	44	8.82	9	4.39	35	11.90	0.86
好	161	16.18	3	70	14.11	31	15.42	39	13.22	91	18.24	38	18.54	53	18.03	-4.13
较好	227	22.81	1	117	23.59	50	24.88	67	22.71	110	22.04	57	27.80	53	18.03	1.55
很不好	157	15.78	4	112	22.58	52	25.87	60	20.34	45	9.02	7	3.41	38	12.93	13.56
不好	91	9.15	6	46	9.27	17	8.46	29	9.83	45	9.02	23	11.22	22	7.48	0.25
一般	198	19.90	2	95	19.15	36	17.91	59	20.00	103	20.64	51	24.88	52	17.69	-1.49
不知道	69	6.93	7	8	1.61	4	1.99	4	1.36	61	12.22	20	9.76	41	13.95	-10.61
合计	995	100		496	100	201	100	295	100	499	100	205	100	294	100	0

2. 中学老师、家长与中学校长、德育干部、小学校长的比较

如表7-48所示，中学校长等3个群体选择"很好"、"好"与"较好"的合比率为39.17%，这一合比率较中学老师与家长选择的合比率（48.24%）低9.07个百分点。中学校长等3个群体选择"很不好"与"不好"的合比率为22.43%，较中学老师与家长选择的同类选项的比率稍低。由此可以看出，中学老师与家长群体对这一问题的认识较中学校长等5个群体积极。作为学校教育的重要组织者，中学校长等3个群体应切实重视和改善学校的科学普及条件，为未成年人的健康成长创设良好的环境。

综合5个群体的数据来看，选择"很好"、"好"与"较好"的合比率为46.35%，选择"很不好"与"不好"的合比率为24.40%。可以看出，5个群体

对这一问题的认识较为积极，认为当前学校的科学普及条件较好。应当注意，这 5 个群体作为基础教育中的重要力量，创设良好的科学普及条件是其重要的职责，同时也是促进未成年人科学素质发展与企业家精神培养的重要举措。

表 7-48　中学老师、家长与中学校长、德育干部、小学校长眼中学校科学普及条件的比较

| 选项 | 合 | | | 中学老师与家长（2012~2013年） | | 中学校长等 3 个群体（2013年） | | | | | | | | 中学老师、家长与中学校长等 3 个群体比较率差 |
| | | | | | | 合 | | 中学校长 | | 德育干部 | | 小学校长 | | |
	人数/人	比率/%	排序	人数/人	比率/%	人数/人	比率/%	人数/人	比率/%	人数/人	比率/%	人数/人	比率/%	
很好	100	7.95	6	92	9.25	8	3.04	3	1.65	3	6.98	2	5.26	6.21
好	186	14.79	4	161	16.18	25	9.51	18	9.89	2	4.65	5	13.16	6.67
较好	297	23.61	1	227	22.81	70	26.62	55	30.22	8	18.60	7	18.42	−3.81
很不好	209	16.61	3	157	15.78	52	19.77	33	18.13	10	23.26	9	23.68	−3.99
不好	98	7.79	7	91	9.15	7	2.66	0	0	7	16.28	0	0	6.49
一般	250	19.87	2	198	19.90	52	19.77	35	19.23	8	18.60	9	23.68	0.13
不知道	118	9.38	5	69	6.93	49	18.63	38	20.88	5	11.63	6	15.79	−11.70
合计	1258	100		995	100	263	100	182	100	43	100	38	100	0

（三）学校科学普及辅导人员配备情况

1. 未成年人眼中的科学普及辅导人员情况

科学普及辅导人员是科普活动的组织者和指导者，为了更好地帮助未成年人了解科普，应有针对性和有计划地开展相应的指导工作。如表 7-49 所示，未成年人眼中的科学普及辅导人员配备情况是："没有"（45.80%）、"不知道"（31.22%）、"有"（22.97%），选择"有"的比率排在最后。从时间上看，2015 年比 2012 年选择"有"的比率有所上升。总体而言，在未成年人眼中的科学普及辅导人员配备情况不是很理想。

表 7-49　未成年人眼中的科学普及辅导人员配备情况

| 选项 | 总 | | | 2012 年 | | 2013 年 | | 2014 年 | | 2015 年 | | 2015 年与2012 年比较率差 |
	人数/人	比率/%	排序	人数/人	比率/%	人数/人	比率/%	人数/人	比率/%	人数/人	比率/%	
有	2189	22.97	3	382	18.16	770	25.94	554	18.86	483	31.82	13.66
没有	4364	45.80	1	1021	48.53	1237	41.68	1439	48.98	667	43.94	−4.59
不知道	2975	31.22	2	701	33.32	961	32.38	945	32.16	368	24.24	−9.08
合计	9528	100		2104	100	2968	100	2938	100	1518	100	0

2. 未成年人与中学老师、家长的比较

如表 7-50 所示，中学老师眼中的科学普及辅导人员配备情况是："没有"（62.10%）、"有"（18.95%）、"不知道"（18.95%）。大多数中学老师选择"没有"。在两年的比较中，"有"和"没有"的比率有所下降，其中降幅最大的是"没有"，增幅最大的是"不知道"。从率差来看，中学老师认为科学普及辅导人员的配备情况稍有改善。

在表 7-50 中，家长眼中的科学普及辅导人员配备情况是："不知道"（43.69%）、"没有"（40.08%）、"有"（16.23%）。在两年的比较中，2013年家长选择"有"与"不知道"的比率均有所提高，选择"没有"的比率有所降低。从率差来看，家长认为科学普及辅导人员配备情况越来越好。

未成年人与中学老师比较的率差为："有"（3.76 个百分点）、"没有"（17.58 个百分点）、"不知道"（13.82 个百分点）。中学老师选择"没有"的比率比未成年人高很多，选择"不知道"的比率比未成年人低，中学老师比未成年人心智成熟，并且对学校的了解情况比未成年人好，所以选择"不知道"的比率比未成年人低。

未成年人与家长比较的率差为："有"（6.48 个百分点）、"没有"（4.44 个百分点）、"不知道"（10.92 个百分点）。家长选择最多的是"不知道"，家长是相对于中学老师和未成年人的一个不直接和学校接触的群体，所以，对于学校有没有配备科学普及辅导人员自然不是很了解。

表 7-50 未成年人与中学老师、家长眼中科学普及辅导人员配备情况的比较

选项	未成年人（2012~2013年）			中学老师						家长						未成年人与中学老师比较率差	未成年人与家长比较率差
				合		2012年		2013年		合		2012年		2013年			
	人数/人	比率/%	排序	人数/人	比率/%	人数/人	比率/%	人数/人	比率/%	人数/人	比率/%	人数/人	比率/%	人数/人	比率/%		
有	1152	22.71	3	94	18.95	40	19.90	54	18.31	81	16.23	29	14.15	52	17.69	3.76	6.48
没有	2258	44.52	1	308	62.10	134	66.67	174	58.98	200	40.08	93	45.37	107	36.39	-17.58	4.44
不知道	1662	32.77	2	94	18.95	27	13.43	67	22.71	218	43.69	83	40.49	135	45.92	13.82	-10.92
合计	5072	100		496	100	201	100	295	100	499	100	205	100	294	100	0	0

3. 未成年人与中学校长、德育干部、小学校长的比较

如表 7-51 所示，中学校长等 3 个群体选择"没有"的比率为 73.76%，选择"有"的比率为 23.58%。中学校长等 3 个群体的评价没有未成年人高。未成年人与中学校长等 3 个群体比较的率差为："有"（2.36 个百分点）、"没有"（32.08 个百分点）、"不知道"（29.72 个百分点）。中学校等 3 个群体"没

"有"的比率较未成年人高。从单个选项来看，选择"有"比率最高的群体是小学校长，选择"没有"比率最高的群体是中学校长，选择"不知道"比率最高的群体是未成年人。

表 7-51　未成年人与中学校长、德育干部、小学校长眼中科学
普及辅导人员配备情况的比较（2013 年）

| 选项 | 未成年人 | | | 中学校长等 3 个群体 | | | | | | | | | 未成年人与中学校长比较率差 | 未成年人与德育干部比较率差 | 未成年人与小学校长比较率差 | 未成年人与中学校长等 3 个群体比较率差 |
| | | | | 合 | | 中学校长 | | 德育干部 | | 小学校长 | | | | | |
	人数/人	比率/%	排序	人数/人	比率/%	人数/人	比率/%	人数/人	比率/%	人数/人	比率/%				
有	770	25.94	3	62	23.58	39	21.43	8	18.60	15	39.47	4.51	7.34	-13.53	2.36
没有	1237	41.68	1	194	73.76	140	76.92	32	74.42	22	57.89	-35.24	-32.74	-16.21	-32.08
不知道	961	32.38	2	7	2.66	3	1.65	3	6.98	1	2.63	30.73	25.40	29.75	29.72
合计	2968	100		263	100	182	100	43	100	38	100	0	0	0	0

4. 未成年人、中学老师、家长、中学校长、德育干部、小学校长等 6 个群体的总体看法

如表 7-52 所示，未成年人、中学老师、家长、中学校长、德育干部、小学校长等 6 个群体眼中科学普及辅导人员配备情况的排序是："没有"（46.97%）、"不知道"（30.54%）、"有"（22.49%）。从数据来看，小学校长选择"有"的比率最高，中学校长选择"没有"的比率最高，家长选择"不知道"的比率最高。总的来看，未成年人等 6 个群体较倾向于认为"没有"科学普及辅导人员的配备。因此，进一步加强科学普及辅导人员队伍建设显得尤为重要。

表 7-52　未成年人、中学老师、家长、中学校长、德育干部、小学校长等
6 个群体的总体看法

| 选项 | 合 | | | 未成年人（2012~2015 年） | | 中学老师（2012~2013 年） | | 家长（2012~2013 年） | | 中学校长（2013 年） | | 德育干部（2013 年） | | 小学校长（2013 年） | |
	人数/人	比率/%	排序	人数/人	比率/%	人数/人	比率/%	人数/人	比率/%	人数/人	比率/%	人数/人	比率/%	人数/人	比率/%
有	2 426	22.49	3	2 189	22.97	94	18.95	81	16.23	39	21.43	8	18.60	15	39.47
没有	5 066	46.97	1	4 364	45.80	308	62.10	200	40.08	140	76.92	32	74.42	22	57.89
不知道	3 294	30.54	2	2 975	31.22	94	18.95	218	43.69	3	1.65	3	6.98	1	2.63
合计	10 786	100		9 528	100	496	100	499	100	182	100	43	100	38	100

（四）学校开展科学普及活动的情况

1. 未成年人眼中的学校开展科学普及活动情况

如表 7-53 所示，未成年人的排序是："没有举办过"（34.59%）、"举办过"（31.55%）、"不知道"（20.06%）、"经常举办"（13.80%）。总体而言，"没有举办过"的比率最高。

从 2015 年与 2012 年的比较来看，2015 年选择"经常举办"与"举办过"的比率均较 2012 年高，其他选项的比率有所降低。从率差来看，"经常举办"的比率呈上升趋势，可以看出，随着时间的推移与条件的改善，学校举办科学普及活动的次数在逐渐增多。

表 7-53　未成年人眼中的学校开展科学普及活动情况

| 选项 | 总 | | | 2012 年 | | 2013 年 | | 2014 年 | | 2015 年 | | 2015 年与 2012 年比较 率差 |
	人数/人	比率/%	排序	人数/人	比率/%	人数/人	比率/%	人数/人	比率/%	人数/人	比率/%	
经常举办	1315	13.80	4	230	10.93	516	17.39	249	8.48	320	21.08	10.15
举办过	3006	31.55	2	589	27.99	930	31.33	936	31.86	551	36.30	8.31
没有举办过	3296	34.59	1	832	39.54	950	32.01	1098	37.37	416	27.40	-12.14
不知道	1911	20.06	3	453	21.53	572	19.27	655	22.29	231	15.22	-6.31
合计	9528	100		2104	100	2968	100	2938	100	1518	100	0

2. 未成年人与中学老师、家长的比较

如表 7-54 所示，中学老师的排序是："举办过"（43.35%）、"没有举办过"（36.29%）、"不知道"（10.89%）、"经常举办"（9.48%）。中学老师的评价较高。从两年的比较来看，选择"经常举办"与"举办过"的比率均有所提高，"没有举办过"的比率有所降低。可以看出，中学老师认为学校开展科学普及活动情况较好。

在表 7-54 中，家长的排序是："举办过"（37.88%）、"没有举办过"（29.26%）、"不知道"（26.65%）、"经常举办"（6.21%）。从数据来看，家长的评价没有中学老师高。从两年的比较来看，"举办过"的比率有所降低，"不知道"的比率有所提高。从率差来看，家长对这一问题仍存在模糊性的认识。此外，家长认为学校开展科学普及活动的次数有所减少。

比较而言，未成年人选择"经常举办"与"不知道"的比率较中学老师高,中学老师选择"举办过"的比率较未成年人高很多。从未成年人与家长的比较来看,未成年人选择"经常举办"和"没有举办"的比率较家长高,其他选项的比率较家长低。未成年人的认识相对较好,但未成年人存在一定的模糊性认识。

从单个选项来看,选择"经常举办"比率最高的群体是未成年人,选择"举办过"比率最高的群体是中学老师,选择"没有举办过"比率最高的群体是中学老师,选择"不知道"比率最高的群体是家长。

表 7-54　未成年人与中学老师、家长眼中的学校
开展科学普及活动情况的比较

选项	未成年人 (2012～2013年)			中学老师						家长						未成年人与中学老师比较率差	未成年人与家长比较率差
				合		2012年		2013年		合		2012年		2013年			
	人数/人	比率/%	排序	人数/人	比率/%	人数/人	比率/%	人数/人	比率/%	人数/人	比率/%	人数/人	比率/%	人数/人	比率/%		
经常举办	746	14.71	4	47	9.48	18	8.96	29	9.83	31	6.21	11	5.37	20	6.80	5.23	8.50
举办过	1519	29.95	2	215	43.35	87	43.28	128	43.39	189	37.88	87	42.44	102	34.69	−13.40	−7.93
没有举办过	1782	35.13	1	180	36.29	86	42.79	94	31.86	146	29.26	65	31.71	81	27.55	−1.16	5.87
不知道	1025	20.21	3	54	10.89	10	4.98	44	14.92	133	26.65	42	20.49	91	30.95	9.32	−6.44
合计	5072	100		496	100	201	100	295	100	499	100	205	100	294	100	0	0

3. 未成年人与中学校长、德育干部、小学校长的比较

如表 7-55 所示,在未成年人与中学校长等 3 个群体的比较中,未成年人选择"经常举办"的比率均较这 3 个群体高,中学校长等 3 个群体选择"举办过"的比率均较未成年人高。在"没有举办过"选项上,德育干部选择的比率最高,其次是小学校长。在"不知道"选项上,未成年人选择的比率最高。

比较而言,未成年人对这一问题的正面和积极性的评价居多,而中学校长等 3 个群体较多地倾向于"举办过",并不着重强调举办的频率。此外,未成年人对这一问题的模糊性认识依然存在,选择"不知道"的比率最高。

表 7-55　未成年人与中学校长、德育干部、小学校长眼中的
学校开展科学普及活动情况的比较（2013 年）

| 选项 | 未成年人 | | | 中学校长等 3 个群体 | | | | | | | | 未成年人与中学校长比较率差 | 未成年人与德育干部比较率差 | 未成年人与小学校长比较率差 | 未成年人与中学校长等 3 个群体比较率差 |
| | | | | 合 | | 中学校长 | | 德育干部 | | 小学校长 | | | | | |
	人数/人	比率/%	排序	人数/人	比率/%	人数/人	比率/%	人数/人	比率/%	人数/人	比率/%				
经常举办	516	17.39	4	18	6.84	12	6.59	1	2.33	5	13.16	10.80	15.06	4.23	10.55
举办过	930	31.33	2	164	62.36	125	68.68	21	48.84	18	47.37	−37.35	−17.51	−16.04	−31.03
没有举办过	950	32.01	1	77	29.28	45	24.73	19	44.19	13	34.21	7.28	−12.18	−2.20	2.73
不知道	572	19.27	3	4	1.52	0	0	2	4.65	2	5.26	19.27	14.62	14.01	17.75
合计	2968	100		263	100	182	100	43	100	38	100	0	0	0	0

4. 未成年人、中学老师、家长、中学校长、德育干部、小学校长等 6 个群体的总体看法

如表 7-56 所示，未成年人、中学老师、家长、中学校长、德育干部、小学校长看法的排序是："没有举办过"（34.29%）、"举办过"（33.14%）、"不知道"（19.49%）、"经常举办"（13.08%）。从数据来看，6 个群体认为学校会开展一定的科学普及活动，只是开展的频率相对有限。从单个选项来看，选择"经常举办"比率最高的群体是未成年人，选择"举办过"比率最高的群体是中学校长，选择"没有举办过"比率最高的群体是德育干部，选择"不知道"比率最高的群体是家长。

表 7-56　未成年人、中学老师、家长、中学校长、德育干部、小学校长的总体看法

| 选项 | 总 | | | 未成年人（2012～2015 年） | | 中学老师（2012～2013 年） | | 家长（2012～2013 年） | | 中学校长（2013 年） | | 德育干部（2013 年） | | 小学校长（2013 年） | |
	人数/人	比率/%	排序	人数/人	比率/%	人数/人	比率/%	人数/人	比率/%	人数/人	比率/%	人数/人	比率/%	人数/人	比率/%
经常举办	1 411	13.08	4	1 315	13.80	47	9.48	31	6.21	12	6.59	1	2.33	5	13.16
举办过	3 574	33.14	2	3 006	31.55	215	43.35	189	37.88	125	68.68	21	48.84	18	47.37
没有举办过	3 699	34.29	1	3 296	34.59	180	36.29	146	29.26	45	24.73	19	44.19	13	34.21
不知道	2 102	19.49	3	1 911	20.06	54	10.89	133	26.65	0	0	2	4.65	2	5.26
合计	10 786	100		9 528	100	496	100	499	100	182	100	43	100	38	100

5. 中学老师、家长、中学校长、德育干部、小学校长开展科学普及活动的情况

1）中学老师与家长开展科学普及活动情况的比较

如表 7-57 所示，中学老师选择"没有做过"的比率为 61.29%，选择"做过"和"经常做"的合比率为 30.85%，选择"不知道"的比率仅为 7.86%。从数据来看，大多数中学老师并没有开展过科学普及活动。从两年的比较来看，选择"经常做"和"做过"的比率有所上升，选择"没有做过"的比率降幅较大。可见，中学老师开展科学普及活动的情况逐渐好转，这无疑有助于未成年人的科学素质发展与企业家精神培养。

由表 7-57 可知，家长选择"没有做过"的比率为 59.92%，选择"做过"和"经常做"的合比率为 28.46%。选择"不知道"的比率仅为 11.62%。从数据来看，较多的家长承认自己没有做过科学普及活动。从两年的比较来看，选择"经常做"和"做过"的比率均有所降低，家长在科学普及方面仍需努力。

中学老师与家长选择"经常做"和"做过"的合比率为 29.66%（中学老师与家长的这 2 项的合比率的均值），选择"没有做过"的比率为 60.61%，居于第一位，选择"不知道"的比率为 9.74%。可以看出，中学老师与家长认为自己在科学普及方面做得不够。就频率而言，中学老师选择"经常做"的比率较家长高，在指导未成年人方面做得比家长好。

表 7-57　中学老师与家长开展科学普及活动情况的比较

| 选项 | 中学老师 | | | | | | 家长 | | | | | | 中学老师与家长比较率差 |
| | 合 | | 2012 年 | | 2013 年 | | 合 | | 2012 年 | | 2013 年 | | |
	人数/人	比率/%	人数/人	比率/%	人数/人	比率/%	人数/人	比率/%	人数/人	比率/%	人数/人	比率/%	
经常做	44	8.87	9	4.48	35	11.86	21	4.21	9	4.39	12	4.08	4.66
做过	109	21.98	39	19.40	70	23.73	121	24.25	50	24.39	71	24.15	-2.27
没有做过	304	61.29	145	72.14	159	53.90	299	59.92	126	61.46	173	58.84	1.37
不知道	39	7.86	8	3.98	31	10.51	58	11.62	20	9.76	38	12.93	-3.76
合计	496	100	201	100	295	100	499	100	205	100	294	100	0

2）中学老师、家长 2 个群体与中学校长、德育干部、小学校长 3 个群体的比较

如表 7-58 所示，中学校长等 3 个群体选择"没有做过"的比率为 61.22%，这一比率较中学老师与家长选择的同类选项的比率高 0.62 个百分点，中学老师与家长选择"经常做"和"不知道"的比率较中学校长等 3 个群体高。从单个

选项来看，选择"做过"比率最高的群体是小学校长，选择"没有做过"比率最高的群体是德育干部。

比较而言，中学老师与家长对这一问题的评价更积极一些。作为学校教育的重要管理者，中学校长等 3 个群体应通过制定相应的制度和激励机制等多方面措施，来组织开展形式多样的科学普及活动，从而在一定程度上确保未成年人科学素质培养取得实效。

表 7-58　中学老师、家长与中学校长、德育干部、小学校长
开展科学普及活动情况的比较（2013 年）

选项	中学老师与家长			中学校长等 3 个群体								中学老师、家长与中学校长比较率差	中学老师、家长与德育干部比较率差	中学老师、家长与小学校长比较率差	中学老师、家长与中学校长等 3 个群体比较率差
				合		中学校长		德育干部		小学校长					
	人数/人	比率/%	排序	人数/人	比率/%	人数/人	比率/%	人数/人	比率/%	人数/人	比率/%				
经常做	65	6.53	4	9	3.42	6	3.30	1	2.33	2	5.26	3.23	4.20	1.27	3.11
做过	230	23.12		92	34.98	61	33.52	12	27.91	19	50.00	-10.4	-4.79	-26.88	-11.86
没有做过	603	60.60	1	161	61.22	115	63.19	29	67.44	17	44.74	-2.59	-6.84	15.86	-0.62
不知道	97	9.75	3	1	0.38	0	0	1	2.33	0	0	9.75	7.42	9.75	9.37
合计	995	100		263	100	182	100	43	100	38	100	0	0	0	0

3）中学老师、家长、中学校长、德育干部、小学校长等 5 个群体的总体看法

如表 7-59 所示，中学老师、家长、中学校长、德育干部、小学校长等 5 个群体对开展科学普及活动情况的排序是："没有做过"（60.73%）、"做过"（25.60%）、"不知道"（7.79%）、"经常做"（5.88%）。总的来看，中学老师等 5 个群体认为"没有做过"是主流，"经常做"和"做过"的合比率才占约三成。

表 7-59　中学老师、家长、中学校长、德育干部、小学校长的总体看法

选项	合			中学老师（2012～2013年）		家长（2012～2013年）		中学校长（2013年）		小学校长（2013年）		德育干部（2013年）	
	人数/人	比率/%	排序	人数/人	比率/%	人数/人	比率/%	人数/人	比率/%	人数/人	比率/%	人数/人	比率/%
经常做	74	5.88	4	44	8.87	21	4.21	6	3.30	2	5.26	1	2.33
做过	322	25.60	2	109	21.98	121	24.25	61	33.52	19	50.00	12	27.91

续表

选项	合			中学老师（2012~2013年）		家长（2012~2013年）		中学校长（2013年）		小学校长（2013年）		德育干部（2013年）	
	人数/人	比率/%	排序	人数/人	比率/%	人数/人	比率/%	人数/人	比率/%	人数/人	比率/%	人数/人	比率/%
没有做过	764	60.73	1	304	61.29	299	59.92	115	63.19	17	44.74	29	67.44
不知道	98	7.79	3	39	7.86	58	11.62	0	0	0	0	1	2.33
合计	1258	100		496	100	499	100	182	100	38	100	43	100

（五）基本认识

1. 社会的科学普及设施情况

从上述数据来看，包括未成年人在内的相关群体认为社会的科学普及设施较好，反映了科普工作在一定程度上所取得的阶段性成效。良好的科学普及设施在一定程度上能进一步开阔未成年人的科学视野，从而有助于其科学素质的发展。

比较而言，未成年人选择"很好"与"好"的比率较中学老师、家长高，中学老师、家长选择"较好"的比率较未成年人高。可以看出，未成年人的评价较中学老师与家长稍高，这或多或少跟他们与科普设施的接触程度有关。未成年人无论是接触程度还是参与科普活动的频率均较中学老师、家长高，在频繁的接触中，其体悟显得更深。

在 2013 年对中学校长、德育干部、小学校长的调查中，中学校长选择率最高的是"较好"（38.46%），其次是"一般"（23.63%）；德育干部选择率最高的是"较好"（39.53%），其次是"一般"（25.58%）；小学校长选择率最高的是"很不好"（31.58%），其次是"较好"（26.32%）。中学校长和德育干部的看法基本一致，小学校长的看法较为消极。因此，一方面要进一步拓宽小学校长认识的视域，另一方面要通过各方面的措施改进和完善社会科学普及设施。

2. 学校科学普及条件情况

学校开展科学普及工作有助于直接让未成年人接受科普知识、发展科学素质。学校科普条件的好坏与否，在一定程度上决定了科普工作的质量与成效。

中学老师、家长、中学校长、德育干部、小学校长看法的排序是："较好"（23.61%）、"一般"（19.87%）、"很不好"（16.61%）、"好"（14.79%）、"不知道"（9.38%）、"很好"（7.95%）、"不好"（7.79%）。5 个群体总体认为学校的科学普及条件较好，但仍有进一步改进的空间。最重要的是要切实从多方面改善学校的科普条件,可从以下两个方面着手进行:一是在学校科普的"硬件"上,增加相应的经费投入;二是在学校科普的"软件"上,开设相应的科普课程,编写科普校本教材,完善师资队伍建设等。应当注意的是,改善科普条件是多元主体共同参与的过程,各主体间应保持相应的协作与配合,切实改善学校科普的"硬件"和"软件"。

3. 学校科学普及辅导人员配备情况

科学普及辅导人员是开展科普工作的重要力量,对未成年人养成科普意识以及科学素质发展具有重要作用。在连续多个年份对包括未成年人在内的多个群体的调查中,多数人认为学校没有配备科学普及辅导人员。可以看出,科学普及辅导人员配备情况不容乐观,需要进一步加强科学普及辅导人员队伍建设。当前部分学校仍存在"重智育,轻德育"的做法,在诸如科学素质发展等方面的做法往往只是应付上级主管部门的检查,并未真正落到实处。科学普及辅导人员往往也是由在职教师兼任,没有形成专门的科学普及辅导人员队伍。因此,学校应从制度出发,完善科学普及辅导人员队伍建设的顶层设计,高度重视科学普及辅导人员队伍建设,逐渐建立专业化的队伍。另外,要采取相应的激励措施,保持科学普及辅导人员的工作热情,让科普不再停留在课堂上、书本上的知识层面,而是体现在对问题的认知以及具体的行动之中。

4. 学校开展科学普及活动的情况

未成年人、中学老师、家长、中学校长、德育干部、小学校长等 6 个群体对学校开展科学普及活动情况看法的排序是:"没有举办过"(34.29%)、"举办过"(33.14%)、"不知道"(19.49%)、"经常举办"(13.08%)。总的来说,选择"没有举办过"的比率居第一位,"经常举办"的比率偏低。学校开展相应的科学普及活动,目的就是使未成年人更好地在实践活动中体悟科学素质的提高。学校组织开展相应的科学普及活动能取得多方面的教育成效。首先,学校各级领导与教育工作者在具体指导的过程中,会逐渐领会科学素质教育和科普精神的内涵,在不断领会与吸收的过程中强化自身的责任意识。其次,未成年人通过丰富多彩的校园科普活动,在活动中进一步发挥自身的主观能动性,在实践与互动中明晰科学真理,逐渐培养科学素质。此外,值得关注的是,未成年人等 6 个群体选择"没有举办过"和"举办过"的率差仅为 1.15 个百分点,相信随着时间的推移、办学条件的进一步优化,学校会更多地开展科学普及活动。

5. 中学老师、家长、中学校长、德育干部、小学校长等 5 个群体开展科学普及活动的情况

在开展科学普及活动方面,家长"做过"科学普及活动的比率大于中学

老师，中学老师"没有做过"科学普及活动的比率大于家长，家长做得比中学老师好一些。家长开展相应的科学普及活动，更多地是与未成年人共同参与科普活动，如参观科技馆、聆听科普讲座等。小学校长选择"经常做"和"做过"的比率较中学校长和德育干部高，凸显小学校长比较重视未成年人的科学普及方面的教育；德育干部选择"没有做过"的比率最高，德育干部主要从事未成年人的思想道德建设工作，其对科学普及活动的重视不够。

将中学老师、家长 2 个群体与中学校长、德育干部、小学校长 3 个群体进行比较所得率差："经常做"（3.11 个百分点）、"做过"（11.86 个百分点）、"没有做过"（0.62 个百分点）、"不知道"（9.37 个百分点）。可以看出，中学校长等 3 个群体"做过"的比率要高于中学老师与家长。将中学老师等 5 个群体综合起来的结果如下："经常做"（5.88%）、"做过"（25.60%）、"没有做过"（60.73%）、"不知道"（7.79%）。总的来看，中学老师等 5 个群体的多数人"没有做过"科学普及活动，"经常做"和"做过"的人数仅占约 30%。这 5 个群体开展科学普及活动的工作还有待进一步深入展开，切实为未成年人的科学素质培养提供实践上的支持。

第二节　存在问题的原因分析

一　阻碍的主要因素

未成年人科学素质发展与企业家精神培养有一定进展，但阻碍其进一步发展的因素还不少，找出并厘清主要因素显得很有必要。

（一）相关群体的看法

1. 中学老师的看法

如表 7-60 所示，中学老师认为排在前五位的主要因素是："教育体制不能适应社会发展的需要"（42.88%）、"教育观念陈旧"（26.14%）、"学生缺乏自主性"（7.49%）、"缺乏政策的有效引导"（4.85%）和"教师缺乏创造性"（4.26%）。从数据来看，体制性因素仍是主要的阻碍性因素。

在 2015 年与 2013 年的比较中，率差最大的是"教育体制不能适应社会发展的需要"（14.46 个百分点），该比率由 2013 年的 50.17% 下降至 2015 年 35.71%。随着国家教育中长期规划的实施，办学条件和办学环境不断改善和优化，教育体制逐渐得以完善。此外,"学生缺乏自主性"这一阻碍因素的比率有所上升,增幅较大。因此,需要进一步提高学生的自主性,激发其对科学探究和对企业家精神的兴趣。

表 7-60　中学老师认为的阻碍未成年人科学素质发展与企业家精神培养的主要因素

选项	总			2013 年		2014 年		2015 年		2015 年与2013 年比较率差
	人数/人	比率/%	排序	人数/人	比率/%	人数/人	比率/%	人数/人	比率/%	
教育观念陈旧	178	26.14	2	69	23.39	69	29.74	40	25.97	2.58
教育体制不能适应社会发展的需要	292	42.88	1	148	50.17	89	38.36	55	35.71	−14.46
教师缺乏创造性	29	4.26	5	12	4.07	8	3.45	9	5.84	1.77
学生缺乏自主性	51	7.49	3	18	6.10	17	7.33	16	10.39	4.29
学生的能力基础太差	5	0.73	11	2	0.68	0	0	3	1.95	1.27
社会思维僵化	27	3.96	6	8	2.71	12	5.17	7	4.55	1.84
缺乏政策的有效引导	33	4.85	4	10	3.39	14	6.03	9	5.84	2.45
国家重视不够	15	2.20	9	7	2.37	6	2.59	2	1.30	−1.07
社会关注度不高	17	2.50	8	6	2.03	4	1.72	7	4.55	2.52
其他	8	1.17	10	2	0.68	5	2.16	1	0.65	−0.03
不知道	26	3.82	7	13	4.41	8	3.45	5	3.25	−1.16
合计	681	100		295	100	232	100	154	100	0

2. 家长的看法

如表 7-61 所示,家长认为排在前五位的主要因素是:"教育体制不能适应社会发展的需要"（36.54%）、"教育观念陈旧"（24.62%）、"学生缺乏自主性"（11.05%）、"教师缺乏创造性"（6.46%）、"不知道"（6.02%）。家长的认识与中学老师较为相似,只是家长站在自身的角度更侧重于教师对未成年人所产生的潜在影响。此外,家长对这一问题的认识远没有中学老师深刻和深入,选择"不知道"的比率较高。

从 2015 年与 2010 年的比较来看,教育体制不能适应社会发展的需要这一阻碍性因素的影响作用逐渐减小。"教育观念陈旧"、"学生缺乏自主性"以及"学生的能力基础太差"等因素的比率有所上升。由此可以看出,家长认为改善当前的培养状况,应从教育观念以及学生自身各方面的能力着手,进一步提高教育的实效性。

表 7-61　家长认为的阻碍未成年人科学素质发展与企业家精神培养的主要因素

选项	总			2010 年		2011 年		2013 年		2014 年		2015 年		2015 年与 2010 年比较率差
	人数/人	比率/%	排序	人数/人	比率/%	人数/人	比率/%	人数/人	比率/%	人数/人	比率/%	人数/人	比率/%	
教育观念陈旧	225	24.62	2	5	10.42	52	28.42	80	27.21	58	24.68	30	19.48	9.06
教育体制不能适应社会发展的需要	334	36.54	1	27	56.25	63	34.43	109	37.07	77	32.77	58	37.66	−18.59
教师缺乏创造性	59	6.46	4	5	10.42	8	4.37	14	4.76	22	9.36	10	6.49	−3.93
学生缺乏自主性	101	11.05	3	1	2.08	31	16.94	16	5.44	30	12.77	23	14.94	12.86
学生的能力基础太差	23	2.52	7	0	0	3	1.64	11	3.74	2	0.85	7	4.55	4.55
社会思维僵化	21	2.30	9	2	4.17	3	1.64	4	1.36	8	3.40	4	2.60	−1.57
缺乏政策的有效引导	49	5.36	6	3	6.25	12	6.56	10	3.40	19	8.09	5	3.25	−3.00
国家重视不够	16	1.75	10	1	2.08	2	1.09	7	2.38	5	2.13	1	0.65	−1.43
社会关注度不高	23	2.52	7	1	2.08	6	3.28	9	3.06	0	0	7	4.55	2.47
其他	8	0.88	11	0	0	0	0	5	1.70	0	0	3	1.95	1.95
不知道	55	6.02	5	3	6.25	3	1.64	29	9.86	14	5.96	6	3.90	−2.35
合计	914	100		48	100	183	100	294	100	235	100	154	100	0

3. 科技工作者, 科技型中小企业家, 教育、科技、人事管理部门领导的看法

在 2010 年对科技工作者, 科技型中小企业家, 教育、科技、人事管理部门领导的调查中, 选择"教育观念陈旧"的比率分别为 29.67%、26.83%、41.18%; 选择"教育体制不能适应社会发展的需要"的比率分别为 45.05%、46.34%、44.12%; 选择"教师缺乏创造性"的比率分别为 6.59%、9.76%、2.94%; 选择"学生缺乏自主性"的比率分别为 5.49%、7.32%、8.82%; 选择"学生的能力基础太差"的比率均为 0; 选择"社会思维僵化"的比率分别为 2.20%、2.44%、0; 选择"缺乏政策的有效引导"的比率分别为 1.10%、0、0; 选择"国家重视不够"的比率分别为 0、2.44%、2.94%; 选

择"社会关注度不高"的比率分别为 2.20%、2.44%、0；选择"其他"的比率分别为 2.20%、0、0；选择"不知道"的比率分别为 5.49%、2.44%、0。

科技工作者的认识与家长的认识较为相似，认为体制、教育观念以及其他等方面的因素阻碍了未成年人的科学素质发展与企业家精神培养。科技型中小企业家认为教育体制是最大的影响因素，其次是教育观念，教师的因素也被凸显，科技型中小企业家和科技工作者的前四位的排序保持一致。教育、科技、人事管理部门领导认为除了"教育体制""教育观念"以外，还应突出学生自身的因素，对社会层面的因素没有在意。

4. 研究生与大学生的看法

在 2010 年对研究生与大学生的调查中，选择"教育观念陈旧"的比率分别为 13.74%、25.32%；选择"教育体制不能适应社会发展的需要"的比率分别为 46.56%、31.65%；选择"教师缺乏创造性"的比率分别为 9.92%、10.01%；选择"学生缺乏自主性"的比率分别为 11.45%、14.96%；选择"学生的能力基础太差"的比率分别为 0、4.14%；选择"社会思维僵化"的比率分别为 12.98%、5.52%；选择"缺乏政策的有效引导"的比率分别为 1.53%、3.34%；选择"国家重视不够"的比率分别为 3.82%、1.38%；选择"社会关注度不高"的比率分别为 0、1.38%；选择"其他"的比率分别为 0、0.23%；选择"不知道"的比率分别为 0、2.07%。

从数据来看，研究生群体更为侧重社会因素对未成年人的影响，由此应注意厘清社会性因素的影响，从多层面来逐渐规制这种消极性的社会影响。大学生与研究生的认识较为相似，其较为重视社会方面的因素对未成年人的影响。大学生在各个选项上均有涉及，也在一定程度上反映了其认识的全面性。此外，"学生缺乏自主性"与"学生的能力基础太差"的合比率为 19.10%，选择的比率较高，可以看出大学生对未成年人自身因素的重视。

5. 中学校长的看法

如表 7-62 所示，中学校长认为排在前五位的主要因素是："教育体制不能适应社会发展的需要"（44.44%）、"教育观念陈旧"（30.62%）、"教师缺乏创造性"（7.65%）、"学生缺乏自主性"（4.94%）和"缺乏政策的有效引导"（2.96%）。从数据来看，中学校长除了关注教育体制、教育观念以及教师与学生等方面因素的影响外，还比较注重政策性因素对未成年人的影响。中学校长应注意在现有教育体制下，创新工作方法，改进工作形式，切实重视未成年人科学素质发展与企业家精神培养工作。

表 7-62　中学校长认为的阻碍未成年人科学素质发展与企业家精神培养的主要因素

选项	总			2013 年		2014 年 (1)		2014 年 (2)		2015 年 (1)		2015 年 (2)		2015 年 (3)		2015 年 (4)	
	人数/人	比率/%	排序	人数/人	比率/%	人数/人	比率/%	人数/人	比率/%	人数/人	比率/%	人数/人	比率/%	人数/人	比率/%	人数/人	比率/%
教育观念陈旧	124	30.62	2	48	26.37	15	21.74	22	46.81	14	70.00	7	35.00	1	5.56	17	34.69
教育体制不能适应社会发展的需要	180	44.44	1	89	48.90	32	46.38	9	19.15	5	25.00	13	65.00	9	50.00	23	46.94
教师缺乏创造性	31	7.65	3	12	6.59	8	11.59	2	4.26	1	5.00	0	0	3	16.67	5	10.20
学生缺乏自主性	20	4.94	4	11	6.04	2	2.90	6	12.77	0	0	0	0	0	0	1	2.04
学生的能力基础太差	1	0.25	11	1	0.55	0	0	0	0	0	0	0	0	0	0	0	0
社会思维僵化	6	1.48	9	2	1.10	0	0	4	8.51	0	0	0	0	0	0	0	0
缺乏政策的有效引导	12	2.96	5	5	2.75	3	4.35	0	0	0	0	0	0	2	11.11	2	4.08
国家重视不够	8	1.98	7	3	1.65	4	5.80	0	0	0	0	0	0	1	5.56	0	0
社会关注度不高	8	1.98	7	4	2.20	2	2.90	0	0	0	0	0	0	1	5.56	1	2.04
其他	10	2.47	6	6	3.30	2	2.90	2	4.26	0	0	0	0	0	0	0	0
不知道	5	1.23	10	1	0.55	1	1.45	2	4.26	0	0	0	0	1	5.56	0	0
合计	405	100		182	100	69	100	47	100	20	100	20	100	18	100	49	100

6. 德育干部的看法

在 2013 年对德育干部的调查中，其选择的各选项比率为："教育观念陈旧"（11.63%）、"教育体制不能适应社会发展的需要"（62.79%）、"教师缺乏创造性"（9.30%）、"学生缺乏自主性"（6.98%）、"社会思维僵化"（2.33%）、"缺乏政策的有效引导"（2.33%）、"不知道"（4.65%）、"学生的能力基础太差"（0）、"国家重视不够"（0）、"社会关注度不高"（0）、"其他"（0）。相对于中学校长，德育干部选择"教育体制不能适应社会发展的需要"的比率要高很多。

7. 小学校长的看法

如表 7-63 所示，小学校长认为排在前五位的主要因素是："教育体制不能适应社会发展的需要"（49.63%）、"教育观念陈旧"（22.22%）、"学生缺乏自主性"（11.85%）、"教师缺乏创造性"（3.70%）和"缺乏政策的有效引导"（2.96%）。从数据来看，小学校长和中学校长一样，所有选项均有所涉及，小学校长同样看重政策性因素的影响。

表 7-63　小学校长认为的阻碍未成年人科学素质发展与企业家精神培养的主要因素

| 选项 | 总 | | | 2013 年（安徽省） | | 2014 年 | | | | 2015 年（安徽省） | | | |
| | | | | | | 全国部分省市（少数民族地区）（1） | | 安徽省（2） | | （1） | | （2） | |
	人数/人	比率/%	排序	人数/人	比率/%	人数/人	比率/%	人数/人	比率/%	人数/人	比率/%	人数/人	比率/%
教育观念陈旧	30	22.22	2	14	36.84	4	15.38	4	12.12	6	35.29	2	9.52
教育体制不能适应社会发展的需要	67	49.63	1	16	42.11	15	57.69	19	57.58	2	11.76	15	71.43
教师缺乏创造性	5	3.70	4	1	2.63	2	7.69	2	6.06	0	0	0	0
学生缺乏自主性	16	11.85	3	1	2.63	2	7.69	6	18.18	5	29.41	2	9.52
学生的能力基础太差	2	1.48	8	1	2.63	1	3.85	0	0	0	0	0	0
社会思维僵化	3	2.22	6	1	2.63	0	0	0	0	2	11.76	0	0
缺乏政策的有效引导	4	2.96	5	1	2.63	2	7.69	0	0	0	0	1	4.76
国家重视不够	1	0.74	11	0	0	0	0	1	3.03	0	0	0	0
社会关注度不高	2	1.48	8	1	2.63	0	0	1	3.03	0	0	0	0
其他	3	2.22	6	1	2.63	0	0	0	0	2	11.76	0	0
不知道	2	1.48	8	1	2.63	0	0	0	0	0	0	1	4.76
合计	135	100		38	100	26	100	33	100	17	100	21	100

（二）综合认识

1. 2010 年相关群体看法的比较

1）科技工作者，科技型中小企业家，教育、科技、人事管理部门领导看法的比较

如表 7-64 所示，从单个选项来看，3 个群体均是"教育体制不能适应社会发展的需要"占主导，除此之外，教育、科技、人事管理部门领导更倾向于选择教育观念层面的因素，而科技工作者与科技型中小企业家选择教育观念及教师方面的因素居多。比较而言，在"教育观念陈旧"及"教师缺乏创造性"上，3 个群体的分歧较大。

表 7-64　科技工作者，科技型中小企业家，教育、科技、人事管理部门领导对阻碍未成年人科学素质发展与企业家精神培养主要因素看法的比较（2010 年）

选项	总			科技工作者比率/%	科技型中小企业家比率/%	教育、科技、人事管理部门领导比率/%	科技工作者与科技型中小企业家比较率差	科技工作者与教育、科技、人事管理部门领导比较率差	科技型中小型企业家与教育、科技、人事管理部门领导比较率差
	人数/人	比率/%	排序						
教育观念陈旧	52	31.33	2	29.67	26.83	41.18	2.84	-11.51	-14.35
教育体制不能适应社会发展的需要	75	45.18	1	45.05	46.34	44.12	-1.29	0.93	2.22
教师缺乏创造性	11	6.63	3	6.59	9.76	2.94	-3.17	3.65	6.82
学生缺乏自主性	11	6.63	3	5.49	7.32	8.82	-1.83	-3.33	-1.50
学生的能力基础太差	0	0	11	0	0	0	0	0	0
社会思维僵化	3	1.81	6	2.20	2.44	0	-0.24	2.20	2.44
缺乏政策的有效引导	1	0.60	10	1.10	0	0	1.1	1.10	0
国家重视不够	2	1.20	8	0	2.44	2.94	-2.44	-2.94	-0.50
社会关注度不高	3	1.81	6	2.20	2.44	0	-0.24	2.20	2.44
其他	2	1.20	8	2.20	0	0	2.20	2.20	0
不知道	6	3.61	5	5.49	2.44	0	3.05	5.49	2.44
合计	166	100		100	100	100	0	0	0

2）研究生与大学生看法的比较

如表 7-65 所示，研究生与大学生认为社会性因素对未成年人的科学素质发展与企业家精神培养具有较大影响。从研究生与大学生的比较来看，研究生较为关注教育体制和社会思维等方面的因素，大学生则更为关注教育观念的影响。此外，大学生对学生的能力基础、自主性等因素较为重视，认为这些因素或多或少地影响着未成年人科学素质发展与企业家精神培养。

表 7-65　研究生、大学生对阻碍未成年人科学素质发展与企业家精神培养
主要因素看法的比较（2010 年）

选项	总			研究生			大学生			研究生与大学生比较率差
	人数/人	比率/%	排序	人数/人	比率/%	排序	人数/人	比率/%	排序	
教育观念陈旧	238	23.80	2	18	13.74	2	220	25.32	2	−11.58
教育体制不能适应社会发展的需要	336	33.60	1	61	46.56	1	275	31.65	1	14.91
教师缺乏创造性	100	10.00	4	13	9.92	5	87	10.01	4	−0.09
学生缺乏自主性	145	14.50	3	15	11.45	4	130	14.96	3	−3.51
学生的能力基础太差	36	3.60	6	0	0	8	36	4.14	6	−4.14
社会思维僵化	65	6.50	5	17	12.98	3	48	5.52	5	7.46
缺乏政策的有效引导	31	3.10	7	2	1.53	7	29	3.34	7	−1.81
国家重视不够	17	1.70	9	5	3.82	6	12	1.38	9	2.44
社会关注度不高	12	1.20	10	0	0	8	12	1.38	9	−1.38
其他	2	0.20	11	0	0	8	2	0.23	11	−0.23
不知道	18	1.80	8	0	0	8	18	2.07	8	−2.07
合计	1000	100		131	100		869	100		0

3）科技工作者等 3 个群体与研究生、大学生 2 个群体看法的比较

如表 7-66 所示，科技工作者等 3 个群体与研究生、大学生 2 个群体都是主要强调教育体制与教育观念的影响，除此之外，研究生与大学生 2 个群体相对来说更倾向于关注"学生缺乏自主性"的影响。在"社会关注度不高"以及"其他"选项上，科技工作者等 3 个群体选择的比率相对较高。

表 7-66 科技工作者等 3 个群体，以及研究生与大学生 2 个群体对阻碍未成年人科学素质
发展与企业家精神培养主要因素看法的比较（2010 年）

选项	总			科技工作者等 3 个群体		研究生与大学生 2 个群体		科技工作者等 3 个群体与研究生、大学生 2 个群体比较率差
	人数/人	比率/%	排序	人数/人	比率/%	人数/人	比率/%	
教育观念陈旧	290	24.87	2	52	31.33	238	23.80	7.53
教育体制不能适应社会发展的需要	411	35.25	1	75	45.18	336	33.60	11.58
教师缺乏创造性	111	9.52	4	11	6.63	100	10.00	-3.37
学生缺乏自主性	156	13.38	3	11	6.63	145	14.50	-7.87
学生的能力基础太差	36	3.09	6	0	0	36	3.60	-3.60
社会思维僵化	68	5.83	5	3	1.81	65	6.50	-4.69
缺乏政策的有效引导	32	2.74	7	1	0.60	31	3.10	-2.50
国家重视不够	19	1.63	9	2	1.20	17	1.70	-0.50
社会关注度不高	15	1.29	10	3	1.81	12	1.20	0.61
其他	4	0.34	11	2	1.20	2	0.20	1.00
不知道	24	2.06	8	6	3.61	18	1.80	1.81
合计	1166	100		166	100	1000	100	0

2. 2013～2015 年相关群体的看法及比较

1）中学老师、中学校长、小学校长的看法

如表 7-67 所示，中学老师、中学校长、小学校长 3 个群体认为排在前五位的主要因素是："教育体制不能适应社会发展的需要"（44.14%）、"教育观念陈旧"（27.19%）、"学生缺乏自主性"（7.13%）、"教师缺乏创造性"（5.32%）、"缺乏政策的有效引导"（4.01%）。除了体制性因素与观念性因素外，这 3 个群体较侧重于学生的因素。

表 7-67 中学老师、中学校长、小学校长对阻碍未成年人科学素质发展
与企业家精神培养主要因素看法的比较（2013～2015 年）

选项	总			中学老师		中学校长		小学校长		中学老师与中学校长比较率差	中学老师与小学校长比较率差	中学校长与小学校长比较率差
	人数/人	比率/%	排序	人数/人	比率/%	人数/人	比率/%	人数/人	比率/%			
教育观念陈旧	332	27.19	2	178	26.14	124	30.62	30	22.22	-4.48	3.92	8.40
教育体制不能适应社会发展的需要	539	44.14	1	292	42.88	180	44.44	67	49.63	-1.56	-6.75	-5.19

续表

选项	总			中学老师		中学校长		小学校长		中学老师与中学校长比较率差	中学老师与小学校长比较率差	中学校长与小学校长比较率差
	人数/人	比率/%	排序	人数/人	比率/%	人数/人	比率/%	人数/人	比率/%			
教师缺乏创造性	65	5.32	4	29	4.26	31	7.65	5	3.70	-3.39	0.56	3.95
学生缺乏自主性	87	7.13	3	51	7.49	20	4.94	16	11.85	2.55	-4.36	-6.91
学生的能力基础太差	8	0.66	11	5	0.73	1	0.25	2	1.48	0.48	-0.75	-1.23
社会思维僵化	36	2.95	6	27	3.96	6	1.48	3	2.22	2.48	1.74	-0.74
缺乏政策的有效引导	49	4.01	5	33	4.85	12	2.96	4	2.96	1.89	1.89	0
国家重视不够	24	1.97	9	15	2.20	8	1.98	1	0.74	0.22	1.46	1.24
社会关注度不高	27	2.21	8	17	2.50	8	1.98	2	1.48	0.52	1.02	0.5
其他	21	1.72	10	8	1.17	10	2.47	3	2.22	-1.3	-1.05	0.25
不知道	33	2.70	7	26	3.82	5	1.23	2	1.48	2.59	2.34	-0.25
合计	1221	100		681	100	405	100	135	100	0	0	0

2）中学老师、中学校长、小学校长看法的比较

在中学老师与中学校长的比较中，中学校长前三项的比率均较中学老师高，除了"其他"外，对于其他选项的比率，都是中学老师相对较高；在中学老师与小学校长的比较中，小学校长较多地关注学生自身的因素限制，而中学老师则较为关注基础性因素（如教育观念等）；在中学校长与小学校长的比较中，小学校长认为在体制性因素占主导的前提下，未成年人自身因素的阻滞作用不容忽视。

3. 2010～2015 年相关群体的看法及比较

1）德育干部与家长的看法

德育干部与家长 2 个群体认为排在前五位的主要因素是："教育体制不能适应社会发展的需要"（37.72%）、"教育观念陈旧"（24.03%）、"学生缺乏自主性"（10.87%）、"教师缺乏创造性"（6.58%）、"不知道"（5.96%）。除了体制性与观念性因素外，家长与德育干部更加注重学生与教师的因素。综合来看，应当逐步厘清教师与学生群体中阻碍性的因素，并逐一分析，提出相应的解决方案，为未成年人的科学素质发展与企业家精神培养奠定基础。

2）德育干部与家长看法的比较

如表 7-68 所示，在德育干部与家长的比较中，德育干部较倾向于认为阻碍性因素是教育体制的影响，家长则更倾向于认为是教育观念陈旧引起的。在教师、学生、政策以及社会关注度方面的因素上，德育干部与家长存在一

定的分歧。应进一步转变德育干部与家长的思想观念，从具体的教育实际着手，逐步破除阻碍性因素，以适应促进未成年人科学素质发展与企业家精神培养的新形势。

表 7-68　德育干部、家长对阻碍未成年人科学素质发展
与企业家精神培养主要因素看法的比较

选项	总			德育干部（2013年）			家长（2010～2011年、2013～2015年）			德育干部与家长比较率差
	人数/人	比率/%	排序	人数/人	比率/%	排序	人数/人	比率/%	排序	
教育观念陈旧	230	24.03	2	5	11.63	2	225	24.62	2	−12.99
教育体制不能适应社会发展的需要	361	37.72	1	27	62.79	1	334	36.54	1	26.25
教师缺乏创造性	63	6.58	4	4	9.30	3	59	6.46	4	2.84
学生缺乏自主性	104	10.87	3	3	6.98	4	101	11.05	3	−4.07
学生的能力基础太差	23	2.40	7	0	0	8	23	2.52	7	−2.52
社会思维僵化	22	2.30	9	1	2.33	6	21	2.30	9	0.03
缺乏政策的有效引导	50	5.22	6	1	2.33	6	49	5.36	6	−3.03
国家重视不够	16	1.67	10	0	0	8	16	1.75	10	−1.75
社会关注度不高	23	2.40	7	0	0	8	23	2.52	7	−2.52
其他	8	0.84	11	0	0	8	8	0.88	11	−0.88
不知道	57	5.96	5	2	4.65	5	55	6.02	5	−1.37
合计	957	100		43	100		914	100		0

4. 科技工作者等 10 个群体的总体认识

如表 7-69 所示，将科技工作者等 10 个群体综合起来看，比率超过 10.00% 的主要因素有"教育体制不能适应社会发展的需要"（39.20%）、"教育观念陈旧"（25.48%）、"学生缺乏自主性"（10.38%），也是排在前三位的选项。可见"教育体制不适应社会发展的需要"与"教育观念陈旧"是制约未成年人科学素质发展的主要原因，这从一个独特的角度印证了"体制性因素正在妨碍中国公众科学素养提高"（甘晓，2010）的说法。由此我们认为，"教育体制不能适应社会发展的需要"也是阻碍未成年人企业家精神培养的第一因素。人们的目光聚集在教育本身的一些直接因素上，对教育以外的国家层面、社会层面、政策层面的间接因素关注不够。

将科技工作者等 10 个群体进行比较，"教育观念陈旧"选择比率最高的群体是科技工作者，科技型中小企业家，以及教育、科技、人事管理部门领导；"教育体制不能适应社会发展的需要"选择比率最高的群体是德育干部；"教师缺乏创造性"、"学生缺乏自主性"、学生的能力基础太差"和"社会思维僵化"选择比率最高的群体是研究生与大学生；"缺乏政策的有效引导"、"社会关注度不高"和"不知道"选择比率最高的群体是家长；"国家重视不够"和"其他"选择比率最高的群体是中学校长、中学老师、小学校长。

表 7-69　科技工作者等 10 个群体认为的阻碍未成年人科学素质发展
与企业家精神培养的主要因素

选项	总			科技工作者，科技型中小企业家，教育、科技、人事管理部门领导（2010 年）		研究生与大学生（2010 年）		中学校长、中学老师、小学校长（2013～2015 年）		家长（2010～2011 年、2013～2015 年）		德育干部（2013 年）	
	人数/人	比率/%	排序	人数/人	比率/%	人数/人	比率/%	人数/人	比率/%	人数/人	比率/%	人数/人	比率/%
教育观念陈旧	852	25.48	2	52	31.33	238	23.80	332	27.19	225	24.62	5	11.63
教育体制不能适应社会发展的需要	1311	39.20	1	75	45.18	336	33.60	539	44.14	334	36.54	27	62.79
教师缺乏创造性	239	7.15	4	11	6.63	100	10.00	65	5.32	59	6.46	4	9.30
学生缺乏自主性	347	10.38	3	11	6.63	145	14.50	87	7.13	101	11.05	3	6.98
学生的能力基础太差	67	2.00	8	0	0	36	3.60	8	0.66	23	2.51	0	0
社会思维僵化	126	3.77	6	3	1.81	65	6.50	36	2.95	21	2.30	1	2.33
缺乏政策的有效引导	131	3.92	5	1	0.60	31	3.10	49	4.01	49	5.36	1	2.33
国家重视不够	59	1.76	10	2	1.20	17	1.70	24	1.97	16	1.75	0	0
社会关注度不高	65	1.94	9	3	1.81	12	1.20	27	2.21	23	2.52	0	0
其他	33	0.99	11	2	1.20	2	0.20	21	1.72	8	0.88	0	0
不知道	114	3.41	7	6	3.61	18	1.80	33	2.70	55	6.02	2	4.65
合计	3344	100		166	100	1000	100	1221	100	914	100	43	100

二 学校的重视程度不够

（一）相关群体的看法

1. 未成年人的看法

对于学校是否重视未成年人科学素质发展和企业家精神培养，未成年人最有发言权。如表 7-70 所示，未成年人选择"重视"和"非常重视"的合比率为57.29%，其中"重视"的比率为32.01%，居于第一位。选择"非常不重视"和"不重视"的合比率为 24.24%。选择"不好评价"和"不知道"的比率分别为13.28%和 5.18%。从数据来看，大多数未成年人认为学校重视未成年人的科学素质发展与企业家精神培养。

从两个阶段的比较来看，阶段（二）选择"非常重视"的比率较阶段（一）高 2.67 个百分点，选择"非常不重视"、"不好评价"和"不知道"的比率均较阶段（一）有所降低。从率差比较来看，未成年人对这一问题的认识逐渐明晰化，且积极性和正面性评价较高，可以看出学校切实采取了相应的措施旨在推动未成年人科学素质发展与企业家精神培养，且取得了一定成效。

表 7-70　未成年人认为的学校对未成年人科学素质发展与企业家精神培养的重视情况

选项	总 人数/人	总 比率/%	总 排序	（一）2009年 人数/人	2009年 比率/%	2010年 人数/人	2010年 比率/%	合比率/%	（二）2011年 人数/人	2011年 比率/%	2013年 人数/人	2013年 比率/%	2014年 人数/人	2014年 比率/%	2015年 人数/人	2015年 比率/%	合比率/%	（二）与（一）比较率差
非常重视	3 415	25.28	2	596	26.90	377	19.47	23.43	435	22.53	802	27.02	770	26.21	435	28.66	26.10	2.67
重视	4 324	32.01	1	748	33.75	587	30.32	32.15	541	28.02	912	30.73	1 051	35.77	485	31.95	31.95	-0.20
非常不重视	923	6.83	5	102	4.60	236	12.19	8.14	132	6.84	201	6.77	154	5.24	98	6.46	6.25	-1.89
不重视	2 352	17.41	3	339	15.30	337	17.41	16.28	421	21.80	480	16.17	559	19.03	216	14.23	17.92	1.64
不好评价	1 794	13.28	4	328	14.80	256	13.22	14.07	309	16.00	427	14.39	288	9.80	186	12.25	12.93	-1.14
不知道	699	5.18	6	103	4.65	143	7.39	5.92	93	4.82	146	4.92	116	3.95	98	6.46	4.84	-1.08
合计	13 507	100		2 216	100	1 936	100	100	1 931	100	2 968	100	2 938	100	1 518	100	100	0

2. 中学老师的看法

如表 7-71 所示，中学老师选择"非常重视"和"重视"的合比率为 60.43%，中学老师选择这一选项的合比率较未成年人稍高。选择"非常不重视"和"不重视"的合比率为 27.37%。选择"不好评价"和"不知道"的比率分别为 9.50% 和 2.69%。从数据来看，中学老师与未成年人的认识较为相似，认为当前学校对未成年人的科学素质发展与企业家精神培养较为重视。中学老师作为教育的重要实施者，其认识具有较高的可信性。

从 2015 年与 2009 年的比较来看，2015 年选择"非常重视"和"重视"的比率均有所降低，选择"不重视"的比率较 2009 年高 6.52 个百分点。从率差比较来看，中学老师认为学校对这一问题的重视程度有所下降。

表 7-71　中学老师认为的学校对未成年人科学素质发展与企业家精神培养的重视情况

选项	总			2009 年		2010 年		2011 年		2013 年		2014 年		2015 年		2015 年与 2009 年比较率差
	人数/人	比率/%	排序	人数/人	比率/%	人数/人	比率/%	人数/人	比率/%	人数/人	比率/%	人数/人	比率/%	人数/人	比率/%	
非常重视	278	20.79	2	59	26.46	32	14.88	47	21.56	65	22.03	36	15.52	39	25.32	-1.14
重视	530	39.64	1	101	45.29	91	42.33	80	36.70	111	37.63	83	35.78	64	41.56	-3.73
非常不重视	107	8.00	5	16	7.17	17	7.91	28	12.84	29	9.83	10	4.31	7	4.55	-2.62
不重视	259	19.37	3	26	11.66	45	20.93	43	19.72	44	14.92	73	31.47	28	18.18	6.52
不好评价	127	9.50	4	17	7.62	22	10.23	16	7.34	28	9.49	30	12.93	14	9.09	1.47
不知道	36	2.69	6	4	1.79	8	3.72	4	1.83	18	6.10	0	0	2	1.30	-0.49
合计	1337	100		223	100	215	100	218	100	295	100	232	100	154	100	0

3. 家长的看法

如表 7-72 所示，家长选择"非常重视"和"重视"的合比率为 61.82%，这一合比率较中学老师与未成年人均高。选择"不重视"和"非常不重视"的合比率为 18.78%。选择"不好评价"和"不知道"的比率分别为 13.17% 和 6.22%。从数据来看，家长认为学校对未成年人的科学素质发展与企业家精神培养表现出较高的重视程度。

从 2015 年与 2010 年的比较来看，2015 年选择"非常重视"的比率较 2010 年高 11.04 个百分点，选择"不知道"和"非常不重视"的比率均较 2010 年低。从率差比较来看，家长认为学校对这一问题呈现出越来越重视的态度。家长的积极性认识与评价增多。

表 7-72　家长认为的学校对未成年人科学素质发展与企业家精神培养的重视情况

选项	总			2010 年		2011 年		2013 年		2014 年		2015 年		2015 年与 2010 年比较率差
	人数 /人	比率 /%	排序	人数 /人	比率 /%	人数 /人	比率 /%	人数 /人	比率 /%	人数 /人	比率 /%	人数 /人	比率 /%	
非常重视	196	20.33	2	7	7.14	38	20.77	57	19.39	66	28.09	28	18.18	11.04
重视	400	41.49	1	40	40.82	65	35.52	120	40.82	112	47.66	63	40.91	0.09
非常不重视	50	5.19	6	6	6.12	15	8.20	26	8.84	2	0.85	1	0.65	−5.47
不重视	131	13.59	3	18	18.37	24	13.11	34	11.56	25	10.64	30	19.48	1.11
不好评价	127	13.17	4	16	16.33	29	15.85	34	11.56	22	9.36	26	16.88	0.55
不知道	60	6.22	5	11	11.22	12	6.56	23	7.82	8	3.40	6	3.90	−7.32
合计	964	100		98	100	183	100	294	100	235	100	154	100	0

4. 科技工作者，科技型中小企业家，教育、科技、人事管理部门领导的看法

科技工作者认为"重视"（30.77%）与"非常重视"（12.09%）的合比率为 42.86%；认为"非常不重视"（5.49%）与"不重视"（31.87%）的合比率为 37.36%；认为"不好评价"（14.29%）与"不知道"（5.49%）的合比率为19.78%。科技工作者的评价不及未成年人、中学老师以及家长群体高。

科技型中小企业家认为"重视"（48.78%）与"非常重视"（2.44%）的合比率为 51.22%，比科技工作者同类选项的比率高。认为"非常不重视"（0）与"不重视"（31.71%）的合比率为 31.71%；认为"不好评价"（9.76%）与"不知道"（7.32%）的合比率为 17.08%。

教育、科技、人事管理部门领导认为"重视"（26.47%）与"非常重视"（2.94%）的合比率为 29.41%，这一合比率较科技工作者以及科技型中小企业家低。认为"非常不重视"（14.71%）与"不重视"（38.24%）的合比率为 52.95%；认为"不好评价"（17.65%）与"不知道"（0）的合比率为 17.65%。总的来看，教育、科技、人事管理部门领导认为学校对未成年人的科学素质发展与企业家精神培养不重视。

5. 研究生与大学生的看法

研究生认为"重视"（47.33%）与"非常重视"（12.98%）的合比率为 60.31%，这一合比率与中学老师和家长选择的同类选项相似。认为"非常不重视"（11.45%）与"不重视"（16.03%）的合比率为 27.48%。认为"不好评价"（10.69%）与"不知道"（1.53%）的合比率为 12.22%。总的来看，研究生认为学校对未成年人的科学素质发展与企业家精神培养是重视的。

大学生认为"重视"（23.01%）与"非常重视"（22.44%）的合比率为45.45%，这一合比率稍低于研究生。认为"非常不重视"（8.40%）与"不重视"（28.54%）的合比率为36.94%。认为"不好评价"（11.62%）与"不知道"（5.98%）的合比率为17.60%。大学生认为学校对未成年人的科学素质发展与企业家精神培养是比较重视的。

6. 中学校长的看法

如表7-73所示，中学校长认为"重视"（40.49%）与"非常重视"（19.51%）的合比率为60.00%，这一合比率与中学老师的认识较为接近。选择"非常不重视"（5.19%）与"不重视"（21.73%）的合比率为26.92%；认为"不好评价"（11.85%）与"不知道"（1.23%）的合比率为13.08%。超过一半的中学校长认为学校对未成年人的科学素质发展与企业家精神培养是重视的，总的来说，中学校长对这一问题的看法比较乐观。

表 7-73　中学校长认为的学校对未成年人科学素质发展与企业家精神培养的重视情况

| 选项 | 总 | | | 2013 年 | | 2014 年 | | | | 2015 年 | | | | | | | |
| | | | | | | （1） | | （2） | | （1） | | （2） | | （3） | | （4） | |
	人数/人	比率/%	排序	人数/人	比率/%	人数/人	比率/%	人数/人	比率/%	人数/人	比率/%	人数/人	比率/%	人数/人	比率/%	人数/人	比率/%
非常重视	79	19.51	3	31	17.03	4	5.80	19	40.43	10	50.0	1	5.00	1	5.56	13	26.53
重视	164	40.49	1	94	51.65	24	34.78	14	29.79	3	15.0	8	40.00	2	11.11	19	38.78
非常不重视	21	5.19	5	6	3.30	3	4.35	2	4.26	1	5.00	7	35.00	2	11.11	0	0
不重视	88	21.73	2	33	18.13	30	43.48	2	4.26	1	5.00	0	0	11	61.11	11	22.45
不好评价	48	11.85	4	18	9.89	7	10.14	10	21.28	5	25.00	4	20.00	1	5.56	3	6.12
不知道	5	1.23		0	0	1	1.45	0	0	0	0	0	0	1	5.56	3	6.12
合计	405	100		182	100	69	100	47	100	20	100	20	100	18	100	49	100

7. 德育干部的看法

在2013年对德育干部的调查中，其认为"重视"（51.16%）与"非常重视"（11.63%）的合比率为62.79%，与中学老师和中学校长的认识较为接近。认为"非常不重视"（4.65%）与"不重视"（23.26%）的合比率为27.91%；认为"不好评价"（9.30%）与"不知道"（0）的合比率为9.30%。总的来看，德育干部对这一问题的看法持非常乐观的态度。

8. 小学校长的看法

如表 7-74 所示,小学校长认为"重视"(41.48%)与"非常重视"(7.41%)的合比率为 48.89%,小学校长选择这一选项的合比率较中学校长和德育干部均低。认为"非常不重视"(2.96%)与"不重视"(28.15%)的合比率为 31.11%;认为"不好评价"(15.56%)与"不知道"(4.44%)的合比率为 20.00%。小学校长认为学校对未成年人科学素质发展与企业家精神培养是重视的,其中重视的合比率较不重视的合比率高出 17.78 个百分点。

表 7-74 小学校长认为的学校对未成年人科学素质发展与企业家精神培养的重视情况

| 选项 | 总 | | | 2013 年
(安徽省) | | 2014 年 | | | | 2015 年(安徽省) | | | |
| | | | | | | 全国部分省市
(少数民族地
区)(1) | | 安徽省(2) | | (1) | | (2) | |
	人数 /人	比率 /%	排序	人数 /人	比率 /%	人数 /人	比率 /%	人数 /人	比率 /%	人数 /人	比率 /%	人数 /人	比率 /%
非常重视	10	7.41	4	4	10.53	0	0	0	0	6	35.29	0	0
重视	56	41.48	1	15	39.47	9	34.62	12	36.36	8	47.06	12	57.14
非常不重视	4	2.96	6	0	0	2	7.69	2	6.06	0	0	0	0
不重视	38	28.15	2	12	31.58	5	19.23	12	36.36	0	0	9	42.86
不好评价	21	15.56	3	7	18.42	4	15.38	7	21.21	3	17.65	0	0
不知道	6	4.44	5	0	0	6	23.08	0	0	0	0	0	0
合计	135	100		38	100	26	100	33	100	17	100	21	100

(二)基本认识

1. 未成年人自身看法的比较

未成年人看法的排序是:"重视"(32.01%)、"非常重视"(25.28%)、"不重视"(17.41%)、"不好评价"(13.28%)、"非常不重视"(6.83%)、"不知道"(5.18%)(表 7-70)。其中重视类选项的合比率为 57.29%。可以看出,大多数未成年人认为学校重视未成年人的科学素质发展与企业家精神培养。

未成年人认为"非常重视"的比率在 2010 年以后有所增高,认为"非常不重视"的比率在 2010 年以后有所降低,未成年人对这一问题的评价有所提高(表 7-70)。

2. 未成年人与成年人群体看法的比较

1)未成年人与中学老师、家长看法的比较

从未成年人与中学老师的比较来看,未成年人认为"非常重视"与"重视"

的合比率为 57.29%，这一合比率较中学老师同类选项的合比率低 3.14 个百分点，未成年人认为"不知道"的比率较中学老师高。

家长认为"非常重视"与"重视"的合比率为 61.82%，这一合比率较未成年人高，家长认为"不知道"的比率较未成年人高。总的来说，家长是这 3 个群体中评价较为积极的群体，但也存在一定程度的模糊性认知。

2）未成年人与科技工作者，科技型中小企业家，教育、科技、人事管理部门领导看法的比较

如表 7-75 所示，科技工作者等 3 个群体认为"非常重视"和"重视"的合比率为 42.17%，这一合比率远低于未成年人同类选项的合比率。科技工作者等 3 个群体认为"非常不重视"和"不重视"的合比率比未成年人高 9.55 个百分点。未成年人认为"不知道"的比率较科技工作者等 3 个群体高。由此可见，未成年人对这一问题的评价较科技工作者等 3 个群体高。

从单个选项来看，认为"非常重视"与"不知道"比率最高的群体是未成年人，认为"重视"比率最高的群体是科技型中小企业家，认为"不重视"和"不好评价"比率最高的是教育、科技、人事管理部门领导。

表 7-75　未成年人，科技工作者，科技型中小企业家，教育、科技、人事管理部门领导认为的学校对未成年人科学素质发展与企业家精神培养重视情况的比较（2010 年）

| 选项 | 未成年人 | | | 科技工作者等 3 个群体 | | | | | | | | 未成年人与科技工作者等 3 个群体比较率差 |
| | | | | 合 | | 科技工作者 | | 科技型中小企业家 | | 教育、科技、人事管理部门领导 | | |
	人数/人	比率/%	排序	人数/人	比率/%	人数/人	比率/%	人数/人	比率/%	人数/人	比率/%	
非常重视	377	19.47	2	13	7.83	11	12.09	1	2.44	1	2.94	11.64
重视	587	30.32	1	57	34.34	28	30.77	20	48.78	9	26.47	-4.02
非常不重视	236	12.19	5	10	6.02	5	5.49	0	0	5	14.71	6.17
不重视	337	17.41	3	55	33.13	29	31.87	13	31.71	13	38.24	-15.72
不好评价	256	13.22	4	23	13.86	13	14.29	4	9.76	6	17.65	-0.64
不知道	143	7.39	6	8	4.82	5	5.49	3	7.32	0	0	2.57
合计	1936	100		166	100	91	100	41	100	34	100	0

3）未成年人与研究生、大学生看法的比较

如表 7-76 所示，研究生、大学生 2 个群体认为"重视"（26.20%）与"非常重视"（21.20%）的合比率为 47.40%；认为"非常不重视"（8.80%）与"不重视"（26.90%）的合比率为 35.70%；认为"不好评价"（11.50%）与"不知道"（5.40%）的合比率为 16.90%。

比较可知，未成年人认为"非常重视"与"重视"的合比率较研究生与大学生高，研究生与大学生认为"不重视"的比率较未成年人高 9.49 个百分点。未成年人的评价稍高于研究生与大学生，而研究生的评价又稍高于大学生。

表 7-76　未成年人、研究生、大学生认为的学校对未成年人科学素质发展与企业家精神培养重视情况的比较（2010 年）

| 选项 | 未成年人 | | | 研究生与大学生 | | | | | | 未成年人与研究生比较率差 | 未成年人与大学生比较率差 | 未成年人与研究生、大学生 2 个群体比较率差 |
| | | | | 合 | | 研究生 | | 大学生 | | | | |
	人数/人	比率/%	排序	人数/人	比率/%	人数/人	比率/%	人数/人	比率/%			
非常重视	377	19.47	2	212	21.20	17	12.98	195	22.44	6.49	-2.97	-1.73
重视	587	30.32	1	262	26.20	62	47.33	200	23.01	-17.01	7.31	4.12
非常不重视	236	12.19	5	88	8.80	15	11.45	73	8.40	0.74	3.79	3.39
不重视	337	17.41	3	269	26.90	21	16.03	248	28.54	1.38	-11.13	-9.49
不好评价	256	13.22	4	115	11.50	14	10.69	101	11.62	2.53	1.6	1.72
不知道	143	7.39	6	54	5.40	2	1.53	52	5.98	5.86	1.41	1.99
合计	1936	100		1000	100	131	100	869	100	0	0	0

4）未成年人与中学校长、德育干部、小学校长看法的比较

如表 7-77 所示，中学校长、德育干部、小学校长选择"重视"（49.81%）与"非常重视"（15.21%）的合比率为 65.02%，这一合比率远高于未成年人的合比率。中学校长等 3 个群体选择"非常不重视"（3.04%）与"不重视"（20.91%）的合比率为 23.95%，稍高于未成年人。总的来看，中学校长等 3 个群体的评价较未成年人稍高。无论是学校相关政策制定还是具体实施相关教育，中学校长等 3 个群体均能具体融入相关的工作之中，其自身有切实的感受与体验，积极性与正面性的评价相对较高。

表 7-77　未成年人、中学校长、德育干部、小学校长认为的学校对未成年人科学素质发展与企业家精神培养重视情况的比较（2013 年）

| 选项 | 未成年人 | | | 中学校长等 3 个群体 | | | | | | | | 未成年人与中学校长等 3 个群体比较率差 |
| | | | | 合 | | 中学校长 | | 德育干部 | | 小学校长 | | |
	人数/人	比率/%	排序	人数/人	比率/%	人数/人	比率/%	人数/人	比率/%	人数/人	比率/%	
非常重视	802	27.02	2	40	15.21	31	17.03	5	11.63	4	10.53	11.81
重视	912	30.73	1	131	49.81	94	51.65	22	51.16	15	39.47	-19.08

续表

| 选项 | 未成年人 | | | 中学校长等3个群体 | | | | | | | | 未成年人与中学校长等3个群体比较率差 |
| | | | | 合 | | 中学校长 | | 德育干部 | | 小学校长 | | |
	人数/人	比率/%	排序	人数/人	比率/%	人数/人	比率/%	人数/人	比率/%	人数/人	比率/%	
非常不重视	201	6.77	5	8	3.04	6	3.30	2	4.65	0	0	3.73
不重视	480	16.17	3	55	20.91	33	18.13	10	23.26	12	31.58	-4.74
不好评价	427	14.39	4	29	11.03	18	9.89	4	9.30	7	18.42	3.36
不知道	146	4.92	6	0	0	0	0	0	0	0	0	4.92
合计	2968	100		263	100	182	100	43	100	38	100	0

（三）未成年人等 11 个群体的看法

1. 未成年人与科技工作者等 10 个群体的看法

如表 7-78 所示，科技工作者等 10 个相关群体认为"重视"（39.26%）与"非常重视"（15.53%）的合比率为 54.79%。认为"非常不重视"（5.83%）与"不重视"（23.73%）的合比率为 29.56%。选择"不好评价"（12.11%）与"不知道"（3.55%）的合比率为 15.66%。从数据来看，科技工作者等 10 个群体认为当前学校较为重视未成年人的科学素质发展与企业家精神培养。

将未成年人纳入成年人群体来看，11 个群体认为"重视"（38.35%）与"非常重视"（16.75%）的合比率为 55.10%，认为"非常不重视"（5.96%）与"不重视"（22.94%）的合比率为 28.90%，认为"不好评价"（12.25%）与"不知道"（3.75%）的合比率为 16.00%。总的来看，未成年人等 11 个群体对这一问题持乐观肯定的态度。

表 7-78 未成年人等 11 个群体认为的学校对未成年人科学素质发展
与企业家精神培养的重视情况

选项	总比率/%	未成年人（2009～2011年、2013～2015年）比率/%	科技工作者等3个群体(2010年)比率/%	研究生与大学生(2010、2015年)比率/%	中学校长（2013～2015年）比率/%	小学校长（2013～2015年）比率/%	中学老师（2009～2011年、2013～2015年）比率/%	家长（2010～2011年、2013～2015年）比率/%	德育干部(2013～2015年)比率/%	合比率/%	未成年人与相关群体比较率差
非常重视	16.75	25.28	7.83	21.20	19.51	7.41	20.79	20.33	11.63	15.53	9.75
重视	38.35	32.01	34.34	26.20	40.49	41.48	39.64	41.49	51.16	39.26	-7.25

续表

选项	总比率/%	未成年人（2009~2011年、2013~2015年）比率/%	相关群体								
			科技工作者等3个群体(2010年)比率/%	研究生与大学生(2010 2015年)比率/%	中学校长(2013~2015年)比率/%	小学校长2011年、2015年比率/%	中学老师（2009~2011年、2013~2015年）比率/%	家长（2010~2011年、2013~2015年）比率/%	德育干部(2013年)比率/%	合比率/%	未成年人与相关群体比较率差
非常不重视	5.96	6.83	6.02	8.80	5.19	2.96	8.00	5.19	4.65	5.83	1.00
不重视	22.94	17.41	33.13	26.90	21.73	28.15	19.37	13.59	23.26	23.73	−6.32
不好评价	12.25	13.28	13.86	11.50	11.85	15.56	9.50	13.17	9.30	12.11	1.17
不知道	3.75	5.19	4.82	5.40	1.23	4.44	2.70	6.23	0	3.55	1.64
合计	100	100	100	100	100	100	100	100	100	100	0

2. 未成年人与成年人群体看法的差异

从未成年人与科技工作者等 10 个群体的比较来看，未成年人认为"非常重视"的比率较科技工作者等 10 个群体高 9.75 个百分点，科技工作者等 10 个群体认为"非常不重视"的比率稍低于未成年人。总的来说，未成年人的看法较科技工作者等 10 个群体积极。未成年人作为接受教育的重要参与者，其对学校的一系列教育政策在实际执行过程中有相对较为正确的认识。未成年人的积极性看法从一定程度上反映了学校在这方面的教育所取得的成效，反映了教育主管部门以及各级教育者对这一问题的重视。

三 目前中学科学课程的相关作用没有充分发挥

（一）相关群体的看法

选项"能"是肯定态度，"不能"是否定态度，"一般化"是中性态度，"不好评价"是半否定态度，"不知道"也是半否定态度。

1. 未成年人的看法

对于科学课程在未成年人的科学素质发展与企业家精神培养中发挥的作用情况，未成年人最有发言权。

如表 7-79 所示，未成年人认为"能"的总比率为 37.45%，居于第一位；认为"一般化"的比率为 31.61%；认为"不能"的比率为 12.65%；认为"不好评价"的比率为 10.22%；认为"不知道"的比率为 8.07%。由此可知，较多的未成年人认为科学课程发挥了一定的作用。

从两个阶段的比较来看，阶段（二）认为"能"和"一般化"的比率均有所提高，其中"能"的比率增幅较大。"不知道"的比率略有上升，其他选项的比率均有所降低。未成年人认为科学课程的作用较为明显。科学课程教材会涉及科学素质以及企业家精神等的相关内涵，对未成年人相关方面素质的养成具有重要的指导意义。

表 7-79　未成年人认为的中学科学课程对未成年人科学素质发展
与企业家精神培养发挥的作用

选项	总		（一）				合 比率 /%	（二）						合 比率 /%	（二）与（一）比较率差
	人数/人	比率/%	2009 年		2010 年			2011 年		2013 年		2014 年		2015 年		
			人数/人	比率/%	人数/人	比率/%		人数/人	比率/%	人数/人	比率/%	人数/人	比率/%	人数/人 比率/%	
能	5 059	37.45	835	37.68	679	35.07	36.46	732	37.91	1 128	38.01	1 060	36.08	625	41.17	37.89	1.43
一般化	4 269	31.61	684	30.87	588	30.37	30.64	553	28.64	821	27.66	1 125	38.29	498	32.81	32.04	1.40
不能	1 708	12.65	272	12.27	289	14.93	13.51	266	13.78	453	15.26	267	9.09	161	10.61	12.26	-1.25
不好评价	1 381	10.22	265	11.96	219	11.31	11.66	224	11.60	378	12.74	221	7.52	74	4.87	9.59	-2.07
不知道	1 090	8.07	160	7.22	161	8.32	7.73	156	8.08	188	6.33	265	9.02	160	10.54	8.22	0.49
合计	13 507	100	2 216	100	1 936	100	100	1 931	100	2 968	100	2 938	100	1 518	100	100	0

2. 中学老师的看法

如表 7-80 所示，中学老师认为"一般化"的比率为 44.13%，居于第一位。认为"能"和"不能"的比率分别为 31.34% 和 8.53%。从数据来看，中学老师认为"能"的比率较未成年人稍低，中学老师较多地认为科学课程所发挥的作用一般。

从 2015 年与 2009 年的比较来看，2015 年选择"能"的比率较 2009 年低 1.57 个百分点，选择"不能"和"不好评价"的比率有所上升。从率差比较可以看出，中学老师所持的否定和半否定的认识有所增加，中学老师认为科学课程发挥的作用有限。

表 7-80　中学老师认为的中学科学课程对未成年人科学素质发展
与企业家精神培养的作用

选项	总			2009 年		2010 年		2011 年		2013 年		2014 年		2015 年		2015 年与 2009 年比较率差
	人数/人	比率/%	排序	人数/人	比率/%	人数/人	比率/%	人数/人	比率/%	人数/人	比率/%	人数/人	比率/%	人数/人	比率/%	
能	419	31.34	2	73	32.74	64	29.77	77	35.32	88	29.83	69	29.74	48	31.17	-1.57

续表

选项	总			2009 年		2010 年		2011 年		2013 年		2014 年		2015 年		2015 年与 2009 年比较率差
	人数/人	比率/%	排序	人数/人	比率/%	人数/人	比率/%	人数/人	比率/%	人数/人	比率/%	人数/人	比率/%	人数/人	比率/%	
一般化	590	44.13	1	91	40.81	76	35.35	90	41.28	140	47.46	129	55.60	64	41.56	0.75
不能	114	8.53	4	16	7.17	27	12.56	23	10.55	19	6.44	16	6.90	13	8.44	1.27
不好评价	95	7.11	5	16	7.17	24	11.16	7	3.21	14	4.75	16	6.90	18	11.69	4.52
不知道	119	8.90	3	27	12.11	24	11.16	21	9.63	34	11.53	2	0.86	11	7.14	-4.97
合计	1337	100		223	100	215	100	218	100	295	100	232	100	154	100	0

3. 家长的看法

如表 7-81 所示，家长认为"能"的比率为 38.69%，这一比率较未成年人与中学老师同类选项的比率高，居于第一位。家长认为"一般化"的比率为 37.76%。其他选项的比率均在 10.00% 以下。从数据来看，家长认为科学课程发挥了重要作用。

从 2015 年与 2010 年的比较来看，2015 年认为"能"的比率较 2010 年高 23.84 个百分点，其他选项的比率均有所降低，其中降幅最大的是"不知道"。从率差来看，家长认为科学课程的作用逐渐增大。

表 7-81　家长认为的中学科学课程对未成年人科学素质发展与企业家精神培养的作用

选项	总			2010 年		2011 年		2013 年		2014 年		2015 年		2015 年与 2010 年比较率差
	人数/人	比率/%	排序	人数/人	比率/%	人数/人	比率/%	人数/人	比率/%	人数/人	比率/%	人数/人	比率/%	
能	373	38.69	1	18	18.37	77	42.08	105	35.71	108	45.96	65	42.21	23.84
一般化	364	37.76	2	43	43.88	73	39.89	113	38.44	74	31.49	61	39.61	-4.27
不能	71	7.37	4	7	7.14	13	7.10	32	10.88	11	4.68	8	5.19	-1.95
不好评价	92	9.54	3	11	11.22	15	8.20	26	8.84	27	11.49	13	8.44	-2.78
不知道	64	6.64	5	19	19.39	5	2.73	18	6.12	15	6.38	7	4.55	-14.84
合计	964	100		98	100	183	100	294	100	235	100	154	100	0

4. 科技工作者，科技型中小企业家，教育、科技、人事管理部门领导的看法

在 2010 年对科技工作者，科技型中小企业家，教育、科技、人事管理部门领导的调查中，选择"能"的比率分别为 24.18%、17.07%、11.76%；选择"一

般化"的比率分别为 36.26%、41.46%、70.59%；选择"不能"的比率分别为 8.79%、9.76%、2.94%；选择"不好评价"的比率分别为 12.09%、14.63%、11.76%；选择"不知道"的比率分别为 18.68%、17.07%、2.94%。

科技工作者认为"能"的比率为 24.18%，较前 3 个群体同类选项的比率均低，科技工作者认为科学课程的作用得到了一定程度的发挥。科技型中小企业家认为"能"的比率为 17.07%，较科技工作者的同类选项低，较多的科技型中小企业家认为科学课程的作用一般。教育、科技、人事管理部门领导认为"能"的比率为 11.76%，这一比率较科技工作者和科技型中小企业家的选择率还要低，较多的教育、科技、人事管理部门领导倾向于认为科学课程发挥的作用一般，作为管理部门领导，其看问题、表达想法总是比较谨慎的，这符合他们的身份特征。既然持中性态度的人居多，也就表明科学课程的作用没有得到充分发挥。

5. 研究生与大学生的看法

在 2010 年对研究生与大学生的调查中，选择"能"的比率分别为 38.17%、34.52%；选择"一般化"的比率分别为 35.88%、30.38%；选择"不能"的比率分别为 10.69%、12.43%；选择"不好评价"的比率分别为 11.45%、13.23%；选择"不知道"的比率分别为 3.82%、9.44%。从数据来看，研究生认为"能"的比率与未成年人非常接近。研究生与大学生认为科学课程发挥了作用。

6. 中学校长的看法

如表 7-82 所示，中学校长认为"能"的比率为 29.88%，这一比率较研究生和大学生均低。中学校长认为"一般化"的比率为 50.37%；认为"不能"的比率为 8.64%；认为"不好评价"的比率为 8.15%；认为"不知道"的比率为 2.96%。由此可以看出，半数以上的中学校长认为科学课程的作用一般。应充分探究中学校长认知背后的原因，并从根本上消除中学校长的误区，将科学课程的实效真正落到实处，切实强化未成年人的科学素质与企业家精神。

表 7-82　中学校长认为的中学科学课程对未成年人科学素质发展
与企业家精神培养的作用

选项	总			2013 年		2014 年				2015 年						
						（1）		（2）		（1）		（2）		（3）		（4）	
	人数/人	比率/%	排序	人数/人	比率/%	人数/人	比率/%	人数/人	比率/%	人数/人	比率/%	人数/人	比率/%	人数/人	比率/%	人数/人	比率/%
能	121	29.88	2	59	32.42	16	23.19	17	36.17	5	25.00	10	50.00	4	22.22	10	20.41
一般化	204	50.37	1	96	52.75	36	52.17	23	48.94	10	50.00			9	50.00	30	61.22
不能	35	8.64	3	13	7.14	8	11.59	0	0	0	0	2	10.00	3	16.67	9	18.37

続表

选项	总			2013年		2014年				2015年						
						（1）		（2）		（1）		（2）		（3）		（4）
	人数/人	比率/%	排序	人数/人	比率/%	人数/人	比率/%	人数/人	比率/%	人数/人	比率/%	人数/人	比率/%	人数/人	比率/%	人数/人	比率/%
不好评价	33	8.15	4	12	6.59	9	13.04	7	14.89	5	25.00	0	0	0	0	0	0
不知道	12	2.96	5	2	1.10	0	0	0	0	0	0	8	40.00	2	11.11	0	0
合计	405	100		182	100	69	100	47	100	20	100	20	100	18	100	49	100

（表头列数较多，人数/人与比率/%交替出现。）

7. 德育干部的看法

在 2013 年对德育干部的调查中，认为"能"的比率为 34.88%，这一比率较中学校长高。认为"一般化"的比率为 51.16%，选择其他选项的比率均较低，选择"不能"、"不好评价"和"不知道"的比率分别为 2.33%、4.65%、6.98%。从数据来看，半数以上的德育干部认为科学课程发挥的作用一般，也就是科学课程的作用没有得到充分发挥。

8. 小学校长的看法

如表 7-83 所示，小学校长看法的排序是："一般化"（47.41%）、"能"（31.85%）、"不好评价"（8.89%）、"不能"（7.41%）、"不知道"（4.44%）。小学校长认为"能"的比率与中学老师非常接近。小学校长的观点与中学校长及德育干部的观点相似，认为科学课程的作用一般。

表 7-83 小学校长认为的中学科学课程对促进未成年人科学素质发展与企业家精神培养的作用

选项	总			2013年（安徽省）		2014年				2015年（安徽省）			
						全国部分省市（少数民族地区）（1）		安徽省（2）		（1）		（2）	
	人数/人	比率/%	排序	人数/人	比率/%	人数/人	比率/%	人数/人	比率/%	人数/人	比率/%	人数/人	比率/%
能	43	31.85	2	14	36.84	8	30.77	6	18.18	8	47.06	7	33.33
一般化	64	47.41	1	12	31.58	14	53.85	18	54.55	9	52.94	11	52.38
不能	10	7.41	4	3	7.89	0	0	4	12.12	0	0	3	14.29
不好评价	12	8.89	3	5	13.16	2	7.69	5	15.15	0	0	0	0
不知道	6	4.44	5	4	10.53	2	7.69	0	0	0	0	0	0
合计	135	100		38	100	26	100	33	100	17	100	21	100

（二）综合认识

1. 未成年人自身看法的比较

未成年人认为"能"的比率为 37.45%；认为"一般化"的比率为 31.61%；认为"不能"的比率为 12.65%；认为"不好评价"的比率为 10.22%；认为"不知道"的比率为 8.07%（表 7-79）。

从两个阶段的比较可知，阶段（二）认为"能"的比率有所提高，认为"不能"和"不好评价"的比率有所降低。从率差来看，未成年人的评价较好。

2. 未成年人与成年人群体看法的比较

1）未成年人与中学老师、家长看法的比较

在未成年人与中学老师的比较中，未成年人认为"能"的比率较中学老师高 6.11 个百分点，中学老师认为"一般化"的比率较未成年人高 12.52 个百分点，未成年人认为"不好评价"的比率较中学老师高。可以看出，未成年人的评价较中学老师稍高。家长认为"能"和"一般化"的比率较未成年人高，未成年人认为"不能"、"不好评价"和"不知道"的比率较家长高。可以看出，家长的评价较未成年人稍高。

2）未成年人与科技工作者，科技型中小企业家，教育、科技、人事管理部门领导看法的比较

如表 7-84 所示，科技工作者等 3 个群体认为"能"和"一般化"的合比率为 64.46%，其中"能"的比率为 19.88%，认为"不能"（7.83%）与"不好评价"（12.65%）的合比率为 20.48%。总的来看，科技工作者等 3 个群体对这一问题的看法比较乐观。

将未成年人与科技工作者等 3 个群体进行比较得出率差："能"（15.19 个百分点）、"一般化"（14.21 个百分点）、"不能"（7.10 个百分点）、"不好评价"（1.34 个百分点）、"不知道"（6.74 个百分点）。对于"能"的比率，未成年人高于科技工作者等 3 个群体，"一般化"比率最高的群体是教育、科技、人事管理部门领导。未成年人的认识较科技工作者等 3 个群体更为积极。

表 7-84　未成年人，科技工作者，科技型中小企业家，教育、科技、人事管理部门领导认为的中学科学课程对未成年人科学素质发展与企业家精神培养的作用的比较（2010 年）

选项	未成年人			科技工作者等 3 个群体								未成年人与科技工作者等 3 个群体比较率差
				合		科技工作者		科技型中小企业家		教育、科技、人事管理部门领导		
	人数/人	比率/%	排序	人数/人	比率/%	人数/人	比率/%	人数/人	比率/%	人数/人	比率/%	
能	679	35.07	1	33	19.88	22	24.18	7	17.07	4	11.76	15.19

续表

| 选项 | 未成年人 | | | 科技工作者等3个群体 | | | | | | | | 未成年人与科技工作者等3个群体比较率差 |
| | | | | 合 | | 科技工作者 | | 科技型中小企业家 | | 教育、科技、人事管理部门领导 | | |
	人数/人	比率/%	排序	人数/人	比率/%	人数/人	比率/%	人数/人	比率/%	人数/人	比率/%	
一般化	588	30.37	2	74	44.58	33	36.26	17	41.46	24	70.59	-14.21
不能	289	14.93	3	13	7.83	8	8.79	4	9.76	1	2.94	7.10
不好评价	219	11.31	4	21	12.65	11	12.09	6	14.63	4	11.76	-1.34
不知道	161	8.32	5	25	15.06	17	18.68	7	17.07	1	2.94	-6.74
合计	1936	100		166	100	91	100	41	100	34	100	0

3）未成年人与研究生、大学生看法的比较

如表 7-85 所示,研究生和大学生看法的排序为:"能"(35.00%)、"一般化"(31.10%)、"不好评价"(13.00%)、"不能"(12.20%)、"不知道"(8.70%)。研究生与大学生认为"能"和"一般化"的合比率为 66.10%,认为"不能"与"不好评价"的合比率为 25.20%。

将未成年人与研究生、大学生进行比较,未成年人选择"能"的比率稍高于研究生与大学生,"一般化"的比率稍低于研究生与大学生。从单个选项来看,选择"能"和"一般化"比率最高的群体是研究生,选择"不好评价"比率最高的群体是大学生。总的来看,未成年人的评价稍高。

表 7-85 未成年人、研究生、大学生认为的中学科学课程对未成年人科学素质发展
与企业家精神培养的作用的比较(2010 年)

| 选项 | 未成年人 | | | 研究生与大学生 | | | | | | 未成年人与研究生比较率差 | 未成年人与大学生比较率差 | 未成年人与大学生、研究生2个群体比较率差 |
| | | | | 合 | | 研究生 | | 大学生 | | | | |
	人数/人	比率/%	排序	人数/人	比率/%	人数/人	比率/%	人数/人	比率/%			
能	679	35.07	1	350	35.00	50	38.17	300	34.52	-3.10	0.55	0.07
一般化	588	30.37	2	311	31.10	47	35.88	264	30.38	-5.51	-0.01	-0.73
不能	289	14.93	3	122	12.20	14	10.69	108	12.43	4.24	2.50	2.73
不好评价	219	11.31	4	130	13.00	15	11.45	115	13.23	-0.14	-1.92	-1.69
不知道	161	8.32	5	87	8.70	5	3.82	82	9.44	4.50	-1.12	-0.38
合计	1936	100		1000	100	131	100	869	100	0	0	0

4）未成年人与中学校长、德育干部、小学校长看法的比较

如表 7-86 所示，中学校长、德育干部、小学校长看法的排序是："一般化"（49.43%）、"能"（33.46%）、"不好评价"（7.22%）、"不能"（6.46%）、"不知道"（3.42%）。中学校长、德育干部、小学校长认为肯定的回答"能"和"一般化"的合比率为 82.89%；认为"不能"与"不好评价"的合比率为 13.68%。中学校长、德育干部、小学校长认为"能"与"一般化"的合比率是所有被访群体中最高的。

从未成年人与中学校长等 3 个群体的比较来看，未成年人选择"能"的比率较中学校长等 3 个群体高 4.55 个百分点，选择"一般化"的比率较中学校长等 3 个群体低 21.77 个百分点。从率差来看，虽然中学校长等 3 个群体的肯定性认识的比率较高，但就认同的强烈程度而言，未成年人稍强。

表 7-86　未成年人、中学校长、德育干部、小学校长认为的中学科学课程
对未成年人科学素质发展与企业家精神培养的作用的比较（2013 年）

| 选项 | 未成年人 | | | 中学校长等 3 个群体 | | | | | | | | 未成年人与中学校长等 3 个群体比较率差 |
| | | | | 合 | | 中学校长 | | 德育干部 | | 小学校长 | | |
	人数/人	比率/%	排序	人数/人	比率/%	人数/人	比率/%	人数/人	比率/%	人数/人	比率/%	
能	1128	38.01	1	88	33.46	59	32.42	15	34.88	14	36.84	4.55
一般化	821	27.66	2	130	49.43	96	52.75	22	51.16	12	31.58	−21.77
不能	453	15.26	3	17	6.46	13	7.14	1	2.33	3	7.89	8.80
不好评价	378	12.74	4	19	7.22	12	6.59	2	4.65	5	13.16	5.52
不知道	188	6.33	5	9	3.42	2	1.10	3	6.98	4	10.53	2.90
合计	2968	100		263	100	182	100	43	100	38	100	0

3. 未成年人等 11 个群体的看法

1）未成年人与科技工作者等 10 个群体的看法

如表 7-87 所示,科技工作者等 10 个群体看法的排序是："一般化"（43.79%）、"能"（31.65%）、"不好评价"（9.14%）、"不能"（7.76%）、"不知道"（7.67%）。科技工作者等 10 个群体认为"能"和"一般化"的合比率为 75.44%；认为"不能"与"不好评价"的合比率为 16.90%。

未成年人等 11 个群体看法的排序是："一般化"（37.70%）、"能"（34.55%）、"不能"（10.21%）、"不好评价"（9.68%）、"不知道"（7.87%）。未成年人等 11 个群体认为"能"和"一般化"的合比率为 72.25%,认为"不能"与"不好评价"的合比率为 19.89%。

总的来看，未成年人等 11 个群体对这一问题持肯定性的看法。

表 7-87　未成年人等 11 个群体认为的中学科学课程
对未成年人科学素质发展与企业家精神培养的作用

选项	总比率/%	未成年人（2009～2011 年、2013～2015 年）比率/%	科技工作者等3个群体（2010年）比率/%	研究生和大学生（2010年）比率/%	中学校长（2013～2015年）比率/%	小学校长（2013～2015 年）比率/%	中学老师（2009～2011 年、2013～2015 年）比率/%	家长（2010～2011 年、2013～2015 年）比率/%	德育干部（2013～2015年）比率/%	合比率/%	未成年人与相关群体比较率差
					相关群体的看法						
能	34.55	37.45	19.88	35.00	29.88	31.85	31.34	38.69	34.88	31.65	5.80
一般化	37.70	31.61	44.58	31.10	50.37	47.41	44.13	37.76	51.16	43.79	−12.18
不能	10.21	12.65	7.83	12.20	8.64	7.41	8.53	7.37	2.33	7.76	4.89
不好评价	9.68	10.22	12.65	13.00	8.15	8.89	7.11	9.54	4.65	9.14	1.08
不知道	7.87	8.07	15.06	8.70	2.96	4.44	8.90	6.64	6.98	7.67	0.40
合计	100	100	100	100	100	100	100	100	100	100	0

2）未成年人与成年人群体看法的差异

从单个选项的比较来看，认为"能"比率最高的群体是家长，认为"一般化"比率最高的群体是德育干部，认为"不能"比率最高的群体是未成年人，认为"不好评价"比率最高的群体是研究生和大学生，认为"不知道"比率最高的群体是科技工作者等 3 个群体。未成年人与科技工作者等 10 个相关群体进行比较，未成年人认为"能"的比率较相关群体高 5.80 个百分点，认为"一般化"的比率大大低于相关群体。比较来看，科技工作者等成年人群体倾向于"一般化"，而未成年人则倾向于"能"。

四 目前中学教育的相关效用没有充分展现

（一）相关群体的看法

1. 中学校长的看法

如表 7-88 所示，中学校长认为"能"和"一般化"的合比率为 67.90%，其中"能"的比率为 28.15%；认为"不能"（23.21%）与"不好评价"（7.41%）的合比率为 30.62%。较多的中学校长认为目前中学教育对未成年人的科学素质发展与企业家精神培养的作用得到发挥。中学教育既包含课堂教育，也包括实践教育等。多种形式的中学教育蕴藏着丰富的科学素质与企业家精神等相关要素。

表 7-88　中学校长认为的目前中学教育对未成年人科学素质发展与企业家精神培养的作用

选项	总			2013 年		2014 年				2015 年							
						（1）		（2）		（1）		（2）		（3）		（4）	
	人数/人	比率/%	排序	人数/人	比率/%	人数/人	比率/%	人数/人	比率/%	人数/人	比率/%	人数/人	比率/%	人数/人	比率/%	人数/人	比率/%
能	114	28.15	2	24	13.19	10	14.49	44	93.62	20	100.00	6	30.0	1	5.56	9	18.37
一般化	161	39.75	1	89	48.90	31	44.93	3	6.38	0	0	8	40.00	7	38.89	23	46.94
不能	94	23.21	3	55	30.22	16	23.19	0	0	0	0	4	20.00	8	44.44	11	22.45
不好评价	30	7.41	4	13	7.14	11	15.94							1	5.56	5	10.20
不知道	6	1.48	5	1	0.55	1	1.45					2	10.00	1	5.56	1	2.04
合计	405	100		182	100	69	100	47	100	20	100	20	100	18	100	49	100

2. 德育干部的看法

在 2013 年对德育干部的调查中，其认为"能"（20.93%）和"一般化"（39.53%）的合比率为 60.46%，认为"不能"和"不好评价"的比率分别为 25.58% 和 11.63%，认为"不知道"（2.33%）的比率较低。总的来看，德育干部认为目前中学教育发挥了一定的作用。

3. 小学校长的看法

如表 7-89 所示，小学校长认为"能"和"一般化"的合比率为 62.22%，认为"不能"（21.48%）与"不好评价"（7.41%）的合比率为 28.89%。小学校长选择肯定性的比率较德育干部高，但低于中学校长。总的来看，小学校长认为目前中学教育发挥了一定的作用。

表 7-89　小学校长认为的目前中学教育对未成年人科学素质发展与企业家精神培养的作用

选项	总			2013 年（安徽省）		2014 年				2015 年（安徽省）			
						全国部分省市（少数民族地区）（1）		安徽省（2）		（1）		（2）	
	人数/人	比率/%	排序	人数/人	比率/%	人数/人	比率/%	人数/人	比率/%	人数/人	比率/%	人数/人	比率/%
能	29	21.48	2	5	13.16	1	3.85	6	18.18	17	100	0	0
一般化	55	40.74	1	15	39.47	18	69.23	12	36.36	0	0	10	47.62

续表

| 选项 | 总 | | | 2013 年(安徽省) | | 2014 年 | | | | 2015 年(安徽省) | | | |
| | | | | | | 全国部分省市(少数民族地区)(1) | | 安徽省(2) | | (1) | | (2) | |
	人数/人	比率/%	排序	人数/人	比率/%	人数/人	比率/%	人数/人	比率/%	人数/人	比率/%	人数/人	比率/%
不能	29	21.48	2	11	28.95	5	19.23	6	18.18	0	0	7	33.33
不好评价	10	7.41	5	3	7.89	2	7.69	3	9.09	0	0	2	9.52
不知道	12	8.89	4	4	10.53	0	0	6	18.18	0	0	2	9.52
合计	135	100		38	100	26	100	33	100	17	100	21	100

（二）基本认识

如表 7-90 所示，中学校长等 3 个群体认为"能"和"一般化"的合比率为 66.04%，其中"能"的比率为 26.07%；认为"不能"（22.98%）与"不好评价"（7.72%）的合比率为 30.70%。从数据来看，中学校长等 3 个群体认为目前中学教育发挥了一定的作用。

从中学校长与德育干部的比较来看，在"一般化"上，两个群体的认识较为相似。中学校长认为"能"的比率较德育干部高。在其他选项上，德育干部的选择率均较中学校长高，中学校长的评价较德育干部稍高。

从中学校长与小学校长比较来看，除了"不知道"选项外，率差最大的是"能"，中学校长的评价较小学校长稍高。

从小学校长与德育干部的比较来看，率差最大的是"不知道"（6.56 个百分点），德育干部选择"不能"的比率较小学校长高，小学校长的评价较德育干部稍高。

总的来看，对这一问题中学校长的认识最为积极乐观。

表 7-90　中学校长、德育干部、小学校长认为的目前中学教育对未成年人科学素质发展与企业家精神培养的作用

| 选项 | 总 | | | 中学校长(2013~2015年) | | 德育干部(2013年) | | 小学校长(2013~2015年) | | 中学校长与德育干部比较率差 | 中学校长与小学校长比较率差 | 德育干部与小学校长比较率差 |
	人数/人	比率/%	排序	人数/人	比率/%	人数/人	比率/%	人数/人	比率/%			
能	152	26.07	2	114	28.15	9	20.93	29	21.48	7.22	6.67	-0.55
一般化	233	39.97	1	161	39.75	17	39.53	55	40.74	0.22	-0.99	-1.21

续表

选项	总			中学校长（2013～2015年）		德育干部（2013年）		小学校长（2013～2015年）		中学校长与德育干部比较率差	中学校长与小学校长比较率差	德育干部与小学校长比较率差
	人数/人	比率/%	排序	人数/人	比率/%	人数/人	比率/%	人数/人	比率/%			
不能	134	22.98	3	94	23.21	11	25.58	29	21.48	−2.37	1.73	4.10
不好评价	45	7.72	4	30	7.41	5	11.63	10	7.41	−4.22	0	4.22
不知道	19	3.26	5	6	1.48	1	2.33	12	8.89	−0.85	−7.41	−6.56
合计	583	100		405	100	43	100	135	100	0	0	0

第八章 未成年人科学素质发展与企业家精神培养的联动策略

本章详细分析未成年人科学素质发展与企业家精神培养的关联性、客观性、现实性、必要性、必然性、可能性、可行性等特性。本章通过对这些特性的把握，同时根据未成年人科学素质发展与企业家精神培养的基本要求，吸纳科技工作者与科技型中小企业家的成长经验和价值取向给出的启示，探寻未成年人科学素质发展与企业家精神培养的联动策略。

第一节 相关联动策略

一 大力提高公众的思想认识水平

就像发展未成年人的思想素质、道德素质、心理素质与身体素质一样，未成年人的科学素质发展与企业家精神培养是未成年人成长中必不可少的因素。从一般意义上说，社会乐于接受未成年人的科学素质发展，而对未成年人的企业家精神培养却不太习惯，也不甚理解，并因此产生一些情感障碍。之所以造成这种状况，主要是因为中国的传统文化中缺少企业家精神的成分，特别是缺少竞争、经商、创业等文化元素。人们的思想认识问题迫切需要得到有效解决，否则，在我国未成年人中难以顺利进行企业家精神的培养，也难以取得好的效果。

（一）进一步加深对科学素质与企业家精神的了解

1. 相关群体对科学素质的了解

1）未成年人对科学素质的了解

如表 8-1 所示，未成年人选择含有了解意味选项（"很了解"、"了解"和"有点了解"）的合比率为 77.96%，其中"有点了解"的比率为 35.41%，居于第一位。选择"不了解"和"很不了解"的合比率为 17.87%，选择"从未听说过"的比率为 4.17%。可见，大多数未成年人对科学素质有一定的了解，但就深度而言，有待进一步加强。

从两年的比较来看，选择"很了解"和"了解"的比率有所上升，选择"从未听说过"的比率有所下降，可以看出，未成年人对这一问题的认识在朝着更深层次的方向发展，科学素质逐渐被广大未成年人所熟知。

表 8-1　未成年人对科学素质的了解情况

选项	总			2014 年			2015 年			2015 年与 2014 年比较率差
	人数/人	比率/%	排序	人数/人	比率/%	排序	人数/人	比率/%	排序	
很了解	871	19.55	3	560	19.06	3	311	20.49	3	1.43
了解	1025	23.00	2	648	22.06	2	377	24.84	2	2.78
有点了解	1578	35.41	1	1075	36.59	1	503	33.14	1	-3.45
不了解	695	15.60	4	440	14.98	4	255	16.8	4	1.82
很不了解	101	2.27	6	72	2.45	6	29	1.91	6	-0.54
从未听说过	186	4.17	5	143	4.87	5	43	2.83	5	-2.04
合计	4456	100		2938	100		1518	100		0

2）中学校长对科学素质的了解

如表 8-2 所示，93.54% 的中学校长对科学素质有一定的了解，其中选择"很了解"的比率为 14.89%，选择"了解"的比率为 47.75%，选择"有点了解"的比率为 30.90%；其他选项的比率均较低。中学校长作为中学的主要领导，其重视未成年人科学素质发展，将有利于提高未成年人对这一问题的认知度，进而使未成年人深刻地理解并转化为自身的自觉行为。

表 8-2　中学校长对科学素质的了解情况

选项	总			2013 年		2014 年				2015 年							
						（1）		（2）		（1）		（2）		（3）		（4）	
	人数/人	比率/%	排序	人数/人	比率/%	人数/人	比率/%	人数/人	比率/%	人数/人	比率/%	人数/人	比率/%	人数/人	比率/%	人数/人	比率/%
很了解	53	14.89	3	30	16.48	14	20.29	6	12.77	2	10.00	0	0	1	5.56	0	0
了解	170	47.75	1	109	59.89	28	40.58	15	31.91	6	30.00	5	25.00	7	38.89	0	0
有点了解	110	30.90	2	41	22.53	26	37.68	13	27.66	6	30.00	15	75.00	9	50.00	0	0
不了解	10	2.81	4	2	1.10	1	1.45	6	12.77	1	5.00	0	0	0	0	0	0
很不了解	10	2.81	4	0	0	0	0	5	10.64	5	25.00	0	0	0	0	0	0
从未听说过	3	0.84	6	0	0	0	0	2	4.26	0	0	0	0	1	5.56	0	0
合计	356	100		182	100	69	100	47	100	20	100	20	100	18	100	0	0

3）小学校长对科学素质的了解

如表 8-3 所示，93.33%的小学校长对科学素质有一定的了解，其中选择"了解"的比率为 41.48%，这一比率较中学校长同类选项的比率低。小学校长选择"不了解"的比率为 6.67%。小学校长对科学素质的了解程度主要集中在"了解"与"有点了解"两项上，明确表示"不了解"的比率不到总数的一成，"很不了解"和"从未听说过"的比率均为 0，因此，小学校长对科学素质也有较高程度的了解。

表 8-3　小学校长对科学素质的了解情况

选项	总			2013 年（安徽省）		2014 年				2015 年（安徽省）			
						全国部分省市（少数民族地区）（1）		安徽省（2）		（1）		（2）	
	人数/人	比率/%	排序	人数/人	比率/%	人数/人	比率/%	人数/人	比率/%	人数/人	比率/%	人数/人	比率/%
很了解	23	17.04	3	4	10.53	6	23.08	0	0	3	17.65	10	47.62
了解	56	41.48	1	18	47.37	13	50.00	11	33.33	7	41.18	7	33.33
有点了解	47	34.81	2	15	39.47	7	26.92	19	57.58	3	17.65	3	14.29
不了解	9	6.67	4	1	2.63	0	0	3	9.09	4	23.53	1	4.76
很不了解	0	0	5	0	0	0	0	0	0	0	0	0	0
从未听说过	0	0	5	0	0	0	0	0	0	0	0	0	0
合计	135	100		38	100	26	100	33	100	17	100	21	100

4）未成年人与家长和中学老师对科学素质的了解的比较

如表 8-4 所示，家长选择含有肯定性意味选项的合比率为 83.29%，较中小学校长同类选项比率低。家长选择"不了解"和"很不了解"的合比率为 14.14%，选择"从未听说过"的比率为 2.57%。可见，超过八成的家长对科学素质有一定程度的了解，且 2015 年的比率有一定的增长。另外，从未成年人与家长的对比可知，前者更倾向于"很了解"科学素质，而后者虽对科学素质有一定的了解，但较多地只停留在"有点了解"阶段。总的来说，两个群体对科学素质都有较好的认识，但家长群体应进一步提高对科学素质的认识。

如表 8-4 所示，中学老师选择"很了解"、"了解"和"有点了解"的合比率为 85.49%，其中"了解"的比率为 43.26%。中学老师选择的比率较家长同类选项比率高。中学老师选择"不了解"和"很不了解"的合比率为 12.69%。中学老师对科学素质也有很清楚的认识，由未成年人与中学老师的比较可知，前者倾向于对科学素质"很了解",而后者倾向于对科学素质"了解",其他选项的率差不大。因此,在这一问题上未成年人更加自信。

表 8-4　未成年人与家长和中学老师对科学素质的了解的比较

选项	未成年人（2014~2015年）			家长（2014~2015年）							中学老师（2014~2015年）						
				总			2014年		2015年		总			2014年		2015年	
	人数/人	比率/%	排序	人数/人	比率/%	排序	人数/人	比率/%	人数/人	比率/%	人数/人	比率/%	排序	人数/人	比率/%	人数/人	比率/%
很了解	871	19.55	3	45	11.57	4	34	14.47	11	7.14	24	6.22	4	13	5.60	11	7.14
了解	1025	23.00	2	77	19.79	2	34	14.47	43	27.92	167	43.26	1	101	43.53	66	42.86
有点了解	1578	35.41	1	202	51.93	1	127	54.04	75	48.7	139	36.01	2	84	36.21	55	35.71
不了解	695	15.6	4	49	12.60	3	28	11.91	21	13.64	42	10.88	3	23	9.91	19	12.34
很不了解	101	2.27	6	6	1.54	6	4	1.7	2	1.3	7	1.81	5	5	2.16	2	1.30
从未听说过	186	4.17	5	10	2.57	5	8	3.4	2	1.3	7	1.81	5	6	2.59	1	0.65
合计	4456	100		389	100		235	100	154	100	386	100		232	100	154	100

5）未成年人与中小学校长对科学素质的了解的比较

比较可知,关于科学素质问题的回答,未成年人在"很了解"选项上较中小学校长更有自信,"有点了解"的比率三者相差不大,但对于"了解"这一选项,中小学校长的选择率是未成年人的 2 倍左右,对于"不了解"的比率,未成年人分别比中小学校长群体高 12.79 个百分点、8.93 个百分点。可见,未成年人较中小学校长对科学素质的了解更加自信,但就了解的覆盖率而言,未成年人还需加强学习,从而降低"不了解"的比率。

2. 相关群体对企业家精神的了解

1）未成年人对企业家精神的了解

如表 8-5 所示,未成年人选择含有了解意味选项的合比率为 65.98%,其中"有点了解"的比率为 35.08%。选择"不了解"和"很不了解"的合比率为 28.39%。"从未听说过"的比率为 5.63%。可以看出,有超过六成的未成年人对企业家精神有一定的了解,但仍有约 1/4 的未成年人明确表示"不了解"。

从两年的比较来看,2015 年选择"了解"和"有点了解"的比率均较 2014 年有所降低,选择"不了解"和"很不了解"的比率有所提高。可见,未成年人对企业家精神的了解有所减弱。因此,未成年人应提高对企业家精神的认识。

表 8-5　未成年人对企业家精神的了解

选项	总			2014 年			2015 年			2015 年与2014 年比较率差
	人数/人	比率/%	排序	人数/人	比率/%	排序	人数/人	比率/%	排序	
很了解	593	13.31	4	358	12.19	4	235	15.48	4	3.29
了解	784	17.59	3	537	18.28	3	247	16.27	3	-2.01
有点了解	1563	35.08	1	1108	37.71	1	455	29.97	1	-7.74
不了解	1130	25.36	2	689	23.45	2	441	29.05	2	5.60
很不了解	135	3.03	6	60	2.04	6	75	4.94	5	2.90
从未听说过	251	5.63	5	186	6.33	5	65	4.28	6	-2.05
合计	4456	100		2938	100		1518	100		0

2）中学校长对企业家精神的了解

如表 8-6 所示，中学校长选择含有了解意味选项的合比率为 75.65%，其中选择"有点了解"的比率为 42.03%。中学校长选择"不了解"和"很不了解"的合比率为 23.71%，选择"从未听说过"的比率较低。中学校长对企业家精神的了解主要集中在"了解""有点了解"两项上，"很了解"和"很不了解"的比率都相对较低，中学校长群体应加强对企业家精神的进一步了解。

表 8-6　中学校长对企业家精神的了解

选项	总			2013 年		2014 年				2015 年							
						（1）		（2）		（1）		（2）		（3）		（4）	
	人数/人	比率/%	排序	人数/人	比率/%	人数/人	比率/%	人数/人	比率/%	人数/人	比率/%	人数/人	比率/%	人数/人	比率/%	人数/人	比率/%
很了解	18	3.88	4	12	6.59	2	1.56	4	8.51	0	0	0	0	0	0	0	0
了解	138	29.74	2	62	34.07	36	28.13	18	38.30	9	45.00	1	5.00	2	11.11	10	20.41
有点了解	195	42.03	1	81	44.51	45	35.16	14	29.79	6	30.00	13	65.00	8	44.44	28	57.14
不了解	92	19.83	3	27	14.84	36	28.13	6	12.77			6	30.00	7	38.89	10	20.41
很不了解	18	3.88	4	0	0	8	6.25	5	10.64	5	25.00	0	0	0	0	0	0
从未听说过	3	0.65	6	0	0	1	0.78	0	0	0	0	0	0	1	5.56	1	2.04
合计	464	100		182	100	128	100	47	100	20	100	20	100	18	100	49	100

3）小学校长对企业家精神的了解

如表 8-7 所示，小学校长选择"很了解"、"了解"和"有点了解"选项
的合比率为 74.82%，其中"有点了解"的比率为 40.74%。23.70%的人选择"不
了解"，"很不了解"与"从未听说过"的比率均为 0.74%。小学校长对企业
家精神"有点了解"的比率在 2013 年最高，接下来两年此项的比率有所下降。
而"很了解"的比率在 2015 年达到了最高值，说明小学校长群体对企业家精神
有了更深入的了解。

表 8-7　小学校长对企业家精神的了解

| 选项 | 总 | | | 2013 年（安徽省） | | 2014 年 | | | | 2015 年（安徽省） | | | |
| | | | | | | 全国部分省市（少数民族地区）（1） | | 安徽省（2） | | （1） | | （2） | |
	人数/人	比率/%	排序	人数/人	比率/%	人数/人	比率/%	人数/人	比率/%	人数/人	比率/%	人数/人	比率/%
很了解	9	6.67	4	4	10.53	0	0	2	6.06	3	17.65	0	0
了解	37	27.41	2	4	10.53	6	23.08	19	57.58	6	35.29	2	9.52
有点了解	55	40.74	1	24	63.16	10	38.46	9	27.27	4	23.53	8	38.10
不了解	32	23.70	3	6	15.79	9	34.62	2	6.06	4	23.53	11	52.38
很不了解	1	0.74	5	0	0	1	3.85	0	0	0	0	0	0
从未听说过	1	0.74	5	0	0	0	0	1	3.03	0	0	0	0
合计	135	100		38	100	26	100	33	100	17	100	21	100

4）未成年人、中学老师、家长对企业家精神了解状况的比较

如表 8-8 所示，中学老师选择含有了解意味选项的合比率为 65.28%，其中
选择"有点了解"的比率为 43.52%，居于第一位。选择"不了解"和"很不了
解"的合比率为 32.65%。比较而言，其选择含有了解意味选项的合比率较未成
年人低 0.70 个百分点。选择"不了解"和"很不了解"的比率较未成年人均高。
就总的了解情况来说，中学老师对企业家精神较多地停留在"有点了解"，程
度不深。未成年人的了解情况稍好于中学老师，但仍存在一定的模糊性认识，
其选择"从未听说过"的比率较中学老师高 3.56 个百分点。

家长选择含有了解意味选项的合比率为 74.04%，其中"有点了解"的比率
为 41.13%。家长选择"不了解"和"很不了解"的合比率为 25.70%，选择"从
未听说过"的比率较低。在未成年人与家长的比较中，未成年人选择含有了解
意味选项的合比率较家长低，但未成年人选择"很了解"的比率较家长高 0.97

个百分点，选"不了解"和"从未听说过"的比率均较家长高。可见，家长对企业家精神的了解较未成年人更深入。

表 8-8　未成年人、中学老师、家长对企业家精神了解状况的比较

选项	未成年人 (2014~2015年)			中学老师 (2014~2015年)							家长 (2014~2015年)						
	人数/人	比率/%	排序	总			2014 年		2015 年		总			2014 年		2015 年	
				人数/人	比率/%	排序	人数/人	比率/%	人数/人	比率/%	人数/人	比率/%	排序	人数/人	比率/%	人数/人	比率/%
很了解	593	13.31	4	14	3.63	5	9	3.88	5	3.25	48	12.34	4	38	16.17	10	6.49
了解	784	17.59	3	70	18.13	3	48	20.69	22	14.29	80	20.57	3	48	20.43	32	20.78
有点了解	1563	35.08	1	168	43.52	1	96	41.38	72	46.75	160	41.13	1	87	37.02	73	47.4
不了解	1130	25.36	2	111	28.76	2	60	25.86	51	33.12	88	22.62	2	56	23.83	32	20.78
很不了解	135	3.03	6	15	3.89	4	11	4.74	4	2.60	12	3.08	5	6	2.55	6	3.90
从未听说过	251	5.63	5	8	2.07	6	8	3.45	0	0	1	0.26	6	0	0	1	0.65
合计	4456	100		386	100		232	100	154	100	389	100		235	100	154	100

5）未成年人、中学校长、小学校长对企业家精神了解状况的比较

未成年人对企业家精神"很了解"的比率比中学校长和小学校长分别高 9.43 个百分点、6.64 个百分点，可见，未成年人自认为"很了解"企业家精神。同时，在"了解"和"有点了解"的比率上，未成年人低于中小学校长群体，未成年人"不了解"和"从未听说过"的比率也高于校长群体，未成年人对企业家精神的了解面尚没有校长群体宽广，就这一问题，相关教育工作者仍需做好对未成年人的宣传教育工作，进一步提高未成年人对这一问题的认识。

3. 综合认识

1）大多数未成年人对科学素质和企业家精神都有一定程度的了解

大多数未成年人对科学素质与企业家精神较为了解，但也应看到，未成年人选择"有点了解"的比率居于第一位。同时，相当一部分未成年人选择"不了解"、"很不了解"和"从未听说过"。总的来看，未成年人的认识不深刻，是一种浮于表面的认识。因此，需要进一步加强对未成年人相关知识的教育，使其明白科学素质与企业家精神的具体内涵，并且意识到这两种素质的重要性，真正使其内化于心，并且自觉转化为实际行动，进一步开拓自身成长成才的新局面。

2）未成年人对有关科学素质与企业家精神的认识没有成年人群体深刻

在对科学素质的认识上，九成多的中小学校长和八成多的中学老师与家长认为自身对科学素质有一定的了解，且认为"了解"的比率较高。在对企业家精神的认识上，虽然中学老师选择肯定性认识的合比率较未成年人稍低，但是仍有七成多的中小学校长和家长认为自身对企业家精神有一定的了解。由此可见，无论从认识的深度还是广度来看，成年人群体对这一问题的认识均较未成年人要好，显得更为成熟。应正视两个群体间认识的差异性，同时进一步加强对未成年人的引导，使其看问题更显成熟。此外，成年人要注重对未成年人进行教育，转变未成年人思考问题的角度。未成年人需向成年人学习，这种学习应是全方位和多形式的学习，使自己不断成熟。

3）学校、社会、家庭以及未成年人自身都要做好科学素质与企业家精神的普及工作

未成年人科学素质发展与企业家精神培养是一项复杂的系统性工程，需要多元主体的共同参与。多元主体包括社会、家庭、学校以及未成年人自身。在社会层面，应当注意营造良好的创新创业氛围，使未成年人感受到社会对这一问题的重视。在家庭层面，家长要积极创造条件让未成年人接触科学，同时积极参与社会实践，真正体悟企业家精神的生成。在学校层面，学校不仅要重视这一工作，同时要通过制定相关的学校规章制度来积极践行和落实。学校要充实师资力量，为未成年人接受专业化科学素质与企业家精神奠定基础。就未成年人自身而言，未成年人除了坚持不懈地学习外，还应积极主动地思考，从大处着眼，从小处着手，在日常的生活和细节中促进自身的科学素质发展与企业家精神培养。

（二）充分认识科学素质与企业家精神对人的成长和工作的帮助

1. 科学素质对人的成长和工作的帮助

1）未成年人的看法

如表 8-9 所示，未成年人选择肯定性选项（"很大"、"大"和"较大"）的合比率为 73.97%，其中选择"很大"的比率为 36.06%，居于第一位，选择"一般化"的比率为 13.51%，其余选项的比率均较小。从数据来看，七成多的未成年人对科学素质的帮助较为认同，并且所持态度积极乐观。

从两年的比较来看，除了"一般化"和"不清楚"的比率波动较大外，其他各选项的比率相差不明显，因此，对这一问题，未成年人的态度变化不大。

表 8-9　未成年人认为的科学素质对人的成长和工作的帮助

选项	总			2014 年			2015 年			2015 年与 2014 年比较率差
	人数/人	比率/%	排序	人数/人	比率/%	排序	人数/人	比率/%	排序	
很大	1607	36.06	1	1046	35.60	1	561	36.96	1	1.36
大	1023	22.96	2	684	23.28	2	339	22.33	2	−0.95
较大	666	14.95	3	444	15.11	3	222	14.62	4	−0.49
一般化	602	13.51	4	357	12.15	4	245	16.14	3	3.99
不大	104	2.33	6	70	2.38	6	34	2.24	6	−0.14
没有帮助	75	1.68	7	44	1.5	7	31	2.04	7	0.54
其他	37	0.83	8	23	0.78	8	14	0.92	8	0.14
不清楚	342	7.68	5	270	9.19	5	72	4.74	5	−4.45
合计	4456	100		2938	100		1518	100		0

2）中学校长与小学校长的看法

如表 8-10 所示，小学校长选择肯定性选项（"很大"、"大"和"较大"）的合比率为 72.42%，这一合比率较未成年人低。选择"一般化"和"不大"的比率分别为 22.70%和 4.35%，其余各选项的比率较低。中学校长选择肯定性选项的合比率为 78.47%，这一合比率较未成年人和小学校长均高。中学校长选择"一般化"的比率为 17.77%，其余选项的比率较低。比较可知，2 个群体对科学素质的帮助都有较高的认同度。只是中学校长群体较多地认为科学素质对人的成长与工作的帮助"大"或者"较大"，中学校长的认识较小学校长更积极。此外，小部分中小学校长认为其帮助"不大"，要增强这部分人对科学素质的认识与了解。

表 8-10　中学校长与小学校长认为的科学素质对人的成长和工作的帮助

选项	小学校长							中学校长									小学校长与中学校长比较率差
	合		2013年比率/%	2014 年		2015 年		合		2013年比率/%	2014 年		2015 年				
	比率/%	排序		(1)比率/%	(2)比率/%	(1)比率/%	(2)比率/%	比率/%	排序		(1)比率/%	(2)比率/%	(1)比率/%	(2)比率/%	(3)比率/%	(4)比率/%	
很大	35.64	1	36.84	30.77	24.24	52.9	33.33	31.77	1	26.92	27.54	55.32	65.00	10.00	11.11	26.53	3.45
大	14.96	4	21.05	3.85	12.12	23.5	14.29	19.99	2	37.36	27.54	12.77	5.00	5.00	27.78	24.49	−12.84
较大	21.82	3	18.42	26.92	21.21	23.5	19.05	26.71	3	28.02	23.19	12.77	0	50.00	44.44	28.57	−4.45
一般化	22.70	2	13.16	38.46	33.33	0	28.57	17.77	4	6.04	13.04	14.89	30.0	35.00	11.11	14.29	11.60

续表

选项	小学校长							中学校长									小学校长与中学校长比较率差
	合		2013年比率/%	2014年		2015年		合		2013年比率/%	2014年		2015年				
	比率/%	排序		(1)比率/%	(2)比率/%	(1)比率/%	(2)比率/%	比率/%	排序		(1)比率/%	(2)比率/%	(1)比率/%	(2)比率/%	(3)比率/%	(4)比率/%	
不大	4.35	5	7.89	0	9.09	0	4.76	1.57	5	1.10	5.80	0	0	0	0	4.08	3.21
没有帮助	0	7	0	0	0	0	0	0.29	7	0	0	0	0	0	0	2.04	−0.25
其他	0.53	6	2.63	0	0	0	0	0	8	0	0	0	0	0	0	0	0.74
不清楚	0	7	0	0	0	0	0	1.89	6	0.55	2.90	4.26	0	0	5.56	0	−1.48
合计	100		100	100	100	100	100	100		100	100	100	100	100	100	100	0

3）未成年人与中学校长、小学校长看法的比较

比较可知，中学校长认为科学素质对人的成长与工作的帮助"很大"的比率相对来说最低，未成年人选择"较大"的比率较其他 2 个群体低。就肯定性认识的合比率而言，中学校长选择率最高。未成年人选择"没有帮助"和"不清楚"的比率较中小学校长 2 个群体高。总的来看，3 个群体都有超过七成的人对科学素质的帮助持肯定性看法，但仍有小部分群体对其不是特别了解。就持肯定性看法的比率来看，中学校长对这一问题的认识相对较好。

4）未成年人与家长、中学老师看法的比较

如表 8-11 所示，家长选择"很大"、"大"和"较大"的合比率为 75.07%。选择"一般化"和"不大"的比率分别为 17.48%和 5.14%，其余各选项的比率均较低。家长在 2014 年和 2015 年的选择率虽有一定的变化，但总体来说，对这一问题的看法波动不大。从未成年人与家长的比较可知，在"较大"与"一般化"的比率上，前者略低于后者，对于"不清楚"的比率前者明显高于后者。

中学老师选择"很大"、"大"和"较大"的合比率为 79.01%，其中选择"大"的比率为 33.68%，居于第一位。可见，近八成的中学老师对科学素质对人的成长与帮助持肯定态度。从未成年人与中学老师群的比较可知，前者倾向于认为科学素质的帮助"很大"，而后者更多地认为科学素质的帮助"大"或"较大"。从总体上看，两个群体对科学素质帮助的态度都较为乐观，但就肯定性认识的合比率而言，中学老师的认识稍好于未成年人。

表 8-11　未成年人、家长、中学老师关于科学素质对人的成长和工作的帮助看法的比较

选项	未成年人 (2014~2015 年)			家长 (2014~2015 年)									中学老师 (2014~2015 年)								
	人数/人	比率/%	排序	总			2014 年		2015 年		总			2014 年		2015 年					
				人数/人	比率/%	排序	人数/人	比率/%	人数/人	比率/%	人数/人	比率/%	排序	人数/人	比率/%	人数/人	比率/%				
很大	1607	36.06	1	127	32.65	1	86	36.6	41	26.62	105	27.20	2	65	28.02	40	25.97				
大	1023	22.96	2	87	22.37	2	43	18.3	44	28.57	130	33.68	1	95	40.95	35	22.73				
较大	666	14.95	3	78	20.05	3	51	21.7	27	17.53	70	18.13	3	26	11.21	44	28.57				
一般化	602	13.51	4	68	17.48	4	40	17.02	28	18.18	52	13.47	4	30	12.93	22	14.29				
不大	104	2.33	6	20	5.14	5	9	3.83	11	7.14	10	2.59	5	4	1.72	6	3.90				
没有帮助	75	1.68	7	1	0.26	7	0	0	1	0.65	3	0.78	7	2	0.86	1	0.65				
其他	37	0.83	8	1	0.26	7	0	0	1	0.65	6	1.55	7	0	0	6	3.90				
不清楚	342	7.68	5	7	1.80	6	6	2.55	1	0.65	10	2.59	5	10	4.31	0	0				
合计	4456	100		389	100		235	100	154	100	386	100		232	100	154	100				

5）未成年人与科技工作者，科技型中小企业家，教育、科技、人事管理部门领导看法的比较

如表 8-12 所示，科技工作者，科技型中小企业家，教育、科技、人事管理部门领导选择肯定性选项的合比率分别为 86.81%、75.61% 和 73.53%，其中科技工作者和科技型中小企业家选择的合比率较未成年人高。从单个选项来看，未成年人在"很大"、"不清楚"、"不大"和"没有帮助"上的选择率较其他 3 个群体都高。在 4 个群体中，教育、科技、人事管理部门领导更多地认为科学素质的帮助只是"较大"。科技工作者选择"不清楚"的比率最低。总的来说，科技工作者等 3 个群体的评价较未成年人更积极，在科技工作者等 3 个群体内部，科技工作者的评价最高，这与其自身职业以及角色定位有较大关联。

表 8-12　未成年人与科技工作者，科技型中小企业家，教育、科技、人事管理部门领导关于科学素质对人的成长和工作的帮助看法的比较

选项	未成年人（2014~2015 年）			科技工作者（2010 年）		科技型中小企业家（2010 年）		教育、科技、人事管理部门领导（2010 年）		未成年人与科技工作者比较率差	未成年人与科技型中小企业家比较率差	未成年人与教育、科技、人事管理部门领导比较率差
	人数/人	比率/%	排序	人数/人	比率/%	人数/人	比率/%	人数/人	比率/%			
很大	1607	36.06	1	28	30.77	12	29.27	8	23.53	5.29	6.79	12.53

续表

选项	未成年人（2014~2015 年）			科技工作者（2010 年）		科技型中小企业家（2010 年）		教育、科技、人事管理部门领导（2010 年）		未成年人与科技工作者比较率差	未成年人与科技型中小企业家比较率差	未成年人与教育、科技、人事管理部门领导比较率差
	人数/人	比率/%	排序	人数/人	比率/%	人数/人	比率/%	人数/人	比率/%			
大	1023	22.96	2	35	38.46	11	26.83	5	14.71	−15.5	−3.87	8.25
较大	666	14.95	3	16	17.58	8	19.51	12	35.29	−2.63	−4.56	−20.34
一般化	602	13.51	4	7	7.69	6	14.63	7	20.59	5.82	−1.12	−7.08
不大	104	2.33	6	1	1.10	0	0	0	0	1.23	2.33	2.33
没有帮助	75	1.68	7	1	1.10	0	0	0	0	0.58	1.68	1.68
其他	37	0.83	8	0	0	1	2.44	0	0	0.83	−1.61	0.83
不清楚	342	7.68	5	3	3.30	3	7.32	2	5.88	4.38	0.36	1.80
合计	4456	100		91	100	41	100	34	100	0	0	0

6）未成年人与研究生、大学生看法的比较

如表 8-13 所示，研究生、大学生都有超过七成的人认为科学素质对人的成长与工作有帮助（"很大"、"大"、"较大"三项比率之和），研究生与大学生对各项的选择率排序相同，可见 2 个群体年龄相近，对事物看法的角度相似。从未成年人与研究生、大学生的比较可知，3 个群体对前三项的排序相同，未成年人与大学生对各项的选择率差较小。总之，3 个群体对科学素质对人的成长与工作的帮助的看法相近。但就肯定性认识的合比率来说，未成年人选择的合比率较研究生和大学生稍高。但也应看到，未成年人仍存在一定的模糊性认识，其选择"不清楚"的比率较研究生和大学生高。

表 8-13　未成年人、研究生、大学生关于科学素质对人的成长与工作的帮助看法的比较

选项	未成年人（2014~2015 年）			研究生（2010 年）			大学生（2010 年）			未成年人与研究生比较率差	未成年人与大学生比较率差
	人数/人	比率/%	排序	人数/人	比率/%	排序	人数/人	比率/%	排序		
很大	1607	36.06	1	37	28.24	1	296	34.06	1	7.82	2.00
大	1023	22.96	2	31	23.66	2	207	23.82	2	−0.7	−0.86
较大	666	14.95	3	28	21.37	3	125	14.38	3	−6.42	0.57
一般化	602	13.51	4	13	9.92	4	112	12.89	4	3.59	0.62
不大	104	2.33	6	10	7.63	5	54	6.21	5	−5.30	−3.88
没有帮助	75	1.68	7	2	1.53	8	11	1.27	8	0.15	0.41

续表

选项	未成年人 （2014~2015 年）			研究生 （2010 年）			大学生 （2010 年）			未成年人 与研究生 比较率差	未成年人与 大学生比较 率差
	人数 /人	比率 /%	排序	人数 /人	比率 /%	排序	人数 /人	比率 /%	排序		
其他	37	0.83	8	4	3.05	7	20	2.30	7	-2.22	-1.47
不清楚	342	7.68	5	6	4.58	6	44	5.06	6	3.10	2.62
合计	4456	100		131	100		869	100		0	0

2. 企业家精神对人的成长和工作的帮助

1）未成年人的看法

如表 8-14 所示，未成年人选择"很大"、"大"和"较大"的合比率为 69.43%，其中"很大"的比率为 35.48%，居于第一位。选择"一般化"的比率为 18.00%，其余选项的比率均较低。从数据来看，未成年人认为企业家精神对人的成长和工作有一定的帮助，总体认识较好。

从两年的比较来看，认为企业家精神对人的成长与工作的帮助"大"的比率有所提高，与此同时，认为"很大"的比率有所降低，其他选项的比率相差不大。可见，未成年人对企业家精神有所了解，并且对企业家精神的帮助的看法较为乐观。

表 8-14　未成年人认为的企业家精神对人的成长和工作的帮助

选项	总			2014 年			2015 年			2015 年与 2014 年比较 率差
	人数 /人	比率 /%	排序	人数 /人	比率 /%	排序	人数 /人	比率 /%	排序	
很大	1581	35.48	1	1122	38.19	1	459	30.24	1	-7.95
大	852	19.12	2	482	16.41	3	370	24.37	2	7.96
较大	661	14.83	4	475	16.17	4	186	12.25	4	-3.92
一般化	802	18.00	3	489	16.64	2	313	20.62	3	3.98
不大	154	3.46	6	77	2.62	6	77	5.07	6	2.45
没有帮助	90	2.02	7	69	2.35	7	21	1.38	7	-0.97
其他	33	0.74	8	22	0.75	8	11	0.72	8	-0.03
不清楚	283	6.35	5	202	6.88	5	81	5.34	5	-1.54
合计	4456	100		2938	100		1518	100		0

2）中学校长的看法

如表 8-15 所示，中学校长选择"很大"、"大"和"较大"的合比率为 64.59%，这一合比率较未成年人低。其中选择"较大"的比率为 25.60%，居于第一位。选择"一般化"的比率为 19.35%。选择"不大"和"没有帮助"的合比率为 6.84%。从数据来看，排名前三位的比率相对平均，比较可知，中学校长认为企业家精神对人的成长与工作的帮助"很大"和"大"的比率有逐年下降的趋势，在"一般化"选项上，2015 年此群体的选择率最高，因此，中学校长应加强对企业家精神的了解，从而发挥其在人的成长和工作中的作用。

表 8-15 中学校长认为的企业家精神对人的成长和工作的帮助

选项	总			2013 年		2014 年				2015 年			
						（1）		（2）		（2）		（3）	
	人数/人	比率/%	排序	人数/人	比率/%	人数/人	比率/%	人数/人	比率/%	人数/人	比率/%	人数/人	比率/%
很大	50	14.88	4	31	17.03	11	15.94	7	14.89	0	0	1	5.56
大	81	24.11	2	43	23.63	16	23.19	17	36.17	3	15.00	2	11.11
较大	86	25.60	1	57	31.32	15	21.74	6	12.77	3	15.00	5	27.78
一般化	65	19.35	3	26	14.29	19	27.54	4	8.51	10	50.00	6	33.33
不大	20	5.95	6	10	5.49	5	7.25	2	4.26	3	15.00	0	0
没有帮助	3	0.89	8	2	1.10	0	0	0	0	0	0	1	5.56
其他	5	1.49	7	4	2.20	1	1.45	0	0	0	0	0	0
不清楚	26	7.74	5	9	4.95	2	2.90	11	23.4	1	5.00	3	16.67
合计	336	100		182	100	69	100	47	100	20	100	18	100

3）小学校长的看法

如表 8-16 所示，小学校长选择"很大"、"大"和"较大"的合比率为 46.61%，这一合比率远低于中学校长同类选项的合比率。小学校长选择"一般化"的比率为 26.27%，居于第一位。选择"不大"和"没有帮助"的合比率为 20.33%，较中学校长高。比较可知，"很大"的比率在三年中有所提高，"一般化"的比率相对降低，因此，小学校长对企业家精神对人的成长和工作的帮助有了进一步的认识。与此同时，仍有部分小学校长对其不了解。

表 8-16 小学校长认为的企业家精神对人的成长和工作的帮助

选项	总			2013 年（安徽省）		2014 年				2015 年（安徽省）			
						全国部分省市（少数民族地区）（1）		安徽省（2）		（1）		（2）	
	人数/人	比率/%	排序	人数/人	比率/%	人数/人	比率/%	人数/人	比率/%	人数/人	比率/%	人数/人	比率/%
很大	12	10.17	5	3	7.89	4	15.38	1	3.03	0	0	4	19.05

续表

选项	总			2013 年（安徽省）		2014 年				2015 年（安徽省）			
						全国部分省市（少数民族地区）（1）		安徽省（2）		（1）		（2）	
	人数/人	比率/%	排序	人数/人	比率/%	人数/人	比率/%	人数/人	比率/%	人数/人	比率/%	人数/人	比率/%
大	27	22.88	2	10	26.32	3	11.54	8	24.24	0	0	6	28.57
较大	16	13.56	4	3	7.89	3	11.54	5	15.15	0	0	5	23.81
一般化	31	26.27	1	12	31.58	9	34.62	9	27.27	0	0	1	4.76
不大	18	15.25	3	2	5.26	6	23.08	6	18.18	0	0	4	19.05
没有帮助	6	5.08	7	2	5.26	1	3.85	2	6.06	0	0	1	4.76
其他	1	0.85	8	1	2.63	0	0	0	0	0	0	0	0
不清楚	7	5.93	6	5	13.16	0	0	2	6.06	0	0	0	0
合计	118	100		38	100	26	100	33	100	0	0	21	100

4）未成年人与中学校长、小学校长看法的比较

由以上数据分析可知，未成年人较倾向于认为企业家精神对人的成长和工作的帮助"很大"，其比率大大高于中小学校长。中学校长认为"较大"的比率均高于未成年人与小学校长。小学校长较多地认为企业家精神的帮助仅限于"一般化"。3个群体虽在总体上对企业家精神帮助的看法都较为清晰，但仍有一小部分人对其"不清楚"。就对这一问题的肯定性认识而言，未成年人的认识较中小学校长好，中学校长的认识又较小学校长稍好。

5）未成年人与家长、中学老师看法的比较

如表 8-17 所示，家长选择"很大"、"大"和"较大"的合比率为 67.86%，这一合比率较未成年人低，其中选择"大"的比率为 29.82%，居于第一位。家长对企业家精神帮助的了解也十分清晰。由未成年人与家长的比较可知，未成年人更多地认为企业家精神的帮助"很大"，而家长更倾向于"大"和"一般化"，未成年人对这一问题认识的自信度较家长稍高。

在表 8-17 中，中学老师选择"很大"、"大"和"较大"的合比率为 52.86%，这一合比率较未成年人低。中学老师选择"一般化"的比率为 19.43%，选择"不大"和"没有帮助"的合比率为 19.69%。其余各选项的比率相对较低。比较可知，中学老师与未成年人的排序不同，未成年人认为帮助"很大"的比率比中学老师高了 2.91 倍，中学老师更倾向于认为企业家精神的帮助"不大"。总的来看，未成年人对这一问题的认识较中学老师稍好。

表 8-17　未成年人与家长、中学老师关于企业家精神对人的成长和工作的帮助看法的比较

选项	未成年人			家长									中学老师								
				总			2014 年		2015 年					总			2014 年		2015 年		
	人数/人	比率/%	排序	人数/人	比率/%	排序	人数/人	比率/%	人数/人	比率/%				人数/人	比率/%	排序	人数/人	比率/%	人数/人	比率/%	
很大	1581	35.45	1	84	21.59	3	60	25.53	24	15.58	47	12.18	5	27	11.64	20	12.99				
大	852	19.10	2	116	29.82	1	74	31.49	42	27.27	99	25.65	1	68	29.31	31	20.13				
较大	661	14.82	4	64	16.45	4	36	15.32	28	18.18	58	15.03	3	31	13.36	27	17.53				
一般化	802	17.98	3	86	22.11	2	48	20.43	38	24.68	75	19.43	2	33	14.22	42	27.27				
不大	154	3.45	6	13	3.34	6	5	2.13	8	5.19	58	15.03	3	42	18.1	16	10.39				
没有帮助	90	2.02	7	9	2.31	7	6	2.55	3	1.95	18	4.66	4	10	4.31	8	5.19				
其他	33	0.74	8	2	0.51	8	0	0	2	1.30	2	0.52	8	0	0	2	1.30				
不清楚	287	6.43	5	15	3.86	5	6	2.55	9	5.84	29	7.51	6	21	9.05	8	5.19				
合计	4460	100		389	100		235	100	154	100	386	100		232	100	154	100				

（三）基本认识

1. "科学素质与企业家精神对人的成长、成才发挥积极作用"这一共识已逐渐形成

在科学素质上，包括未成年人在内的多个群体认为科学素质对人的成长、成才有一定的帮助，其中科技工作者的肯定性选择的合比率为 86.81%，其次是中学校长（84.20%）。在企业家精神上，多数群体认为企业家精神发挥着一定的积极作用，其中家长肯定性选择的合比率为 67.86%，其次是中学校长（64.59%）。从数据来看，积极性评价已成主流评价。从连续年份的比较来看，积极性评价的比率有所提高，表明对这一问题的认同度有所增强。大多数群体的积极性评价实质上进一步肯定了培养未成年人科学素质与企业家精神的必要性与重要性。对科学素质与企业家精神有较高程度的了解有助于未成年人在日常学习与生活中逐渐关注科学素质与企业家精神，产生强烈的求知欲与好奇心。因此，今后对未成年人教育工作的重点在于如何进一步利用这两种素质带来的正面性影响，真正促进未成年人的健康成长、成才。

2. 相关群体较倾向于认为科学素质对人的成长与成才发挥了积极作用

在科学素质的积极性作用评价上，包含未成年人在内的多个群体的选择率集中在 70%～90%。而在企业家精神的积极性作用评价上，相关群体的选择率集中在 40%～70%。从比率的分布区间来看，相比企业家精神，相关群体更倾

向于认为科学素质对人的成长成才发挥积极作用。究其原因，一方面，相关群体接触科学方面的事物以及因素较为频繁，认识上较为深刻。与此同时，未成年人在学习的过程中，接触与科学素质相关的要素（自然知识、科普活动等）较为频繁，未成年人的了解与熟悉程度较高。另一方面，中国传统文化中对经商、企业家等与企业家精神相关的要素重视不足。在课程教材及课程设置上，对诸如商品经济以及企业家精神的内容设置有所欠缺。因此，需要进一步挖掘和认识企业家精神的内涵，正确认识其作用，辩证地认识科学素质与企业家精神之间的联系与区别，从而为未成年人的成长与成才打好基础。

3. 未成年人的认识带有明显的阶段性特征

总体来看，各个群体更加认可科学素质对人的成长与工作的帮助。比较而言，在科学素质上，未成年人选择"很大"的比率为36.06%，居于第一位。在企业家精神上，未成年人选择"很大"的比率为35.48%，同样居于第一位。未成年人对于科学素质和企业家精神对人的成长与工作的帮助最为看重，他们对事物充满了好奇，对所有事情充满激情和热情，未成年人看问题带有明显的个体性特征，没有成年人群体那样的成熟与全面。应当正确认识未成年人认识的阶段性特征，既要看到其积极性的一面，又要兼顾其所带来的消极性的一面。对于积极性的一面，亦即对科学素质与企业家精神了解程度与认同度较高的未成年人，要积极创造条件，让其更深层次地了解相关科学知识与企业家方面的知识；对于表现出消极性认识的未成年人，要继续加强教育与引导，扩大其认知视域，通过加强对未成年人的教育与引导，使其认识更趋完善和全面。这样，才有利于更好地培养未成年人的科学素质与企业家精神。

二 进一步认清内在联系

未成年人科学素质发展与企业家精神培养有着关联性、客观性、现实性、必要性、必然性、可能性、可行性等本质上的内在联系，有着很多共同性与共通性。

为了进一步分析未成年人科学素质发展与企业家精神培养的内在联系，找出科学素质与企业家精神共有的特质，本书设置了科学家最重要的素质与企业家最重要的素质选题进行探寻。

（一）对科学家最重要素质的认识

1. 科技工作者，科技型中小企业家，教育、科技、人事管理部门领导的认识

如表 8-18 所示，在 12 种科学家最重要的素质中，对于"道德品质"，教

育、科技、人事管理部门领导选择率最高；对于"科学素质"，科技型中小企业家选择率最高；对于"创新精神"，科技工作者选择率最高。总的来说，科技工作者等 3 个群体最为看重"创新精神"，对"科学素质"也较为看重，对"道德品质"也较为关注，认识较为全面。

表 8-18 科技工作者，科技型中小企业家，教育、科技、人事管理部门领导认为的科学家最重要的素质（2010 年）

选项	总			科技工作者			科技型中小企业家			教育、科技、人事管理部门领导			科技工作者与总体比较率差	科技工作者与科技型中小企业家比较率差	科技工作者与教育、科技、人事管理部门领导比较率差
	人数/人	比率/%	排序	人数/人	比率/%	排序	人数/人	比率/%	排序	人数/人	比率/%	排序			
道德品质	40	24.1	2	19	20.88	2	10	24.39	2	11	32.35	2	-3.22	-3.51	-11.47
科学素质	28	16.87	3	14	15.38	3	8	19.51	3	6	17.65	3	-1.49	-4.13	-2.27
冒险精神	4	2.41	7	1	1.10	7	1	2.44	6	2	5.88	4	-1.31	-1.34	-4.78
创新精神	72	43.37	1	45	49.45	1	14	34.15	1	13	38.24	1	6.08	15.30	11.21
商业素质	0	0	10	0	0	10	0	0	9	0	0	7	0	0	0
协调能力	0	0	10	0	0	10	0	0	9	0	0	7	0	0	0
合作能力	5	3.01	6	4	4.40	5	1	2.44	6	0	0	7	1.39	1.96	4.40
能有灵感	2	1.20	8	1	1.10	7	1	2.44	6	0	0	7	-0.10	-1.34	1.10
诚信	7	4.22	4	4	4.40	5	2	4.88	3	1	2.94	5	0.18	-0.48	1.46
执着	1	0.60	9	1	1.10	7	0	0	9	0	0	7	0.50	1.10	1.10
宽容	7	4.22	4	2	2.20	6	4	9.76	4	1	2.94	5	-2.02	-7.56	-0.74
严谨	0	0	10	0	0	10	0	0	9	0	0	7			
其他	0	0	10	0	0	10	0	0	9	0	0	7			
合计	166	100		91	100		41	100		34	100		0	0	0

2. 研究生与大学生的认识

如表 8-19 所示，与科技工作者等 3 个群体认识不同的是，研究生与大学生将"道德品质"置于第一位，其相对重视"合作能力"等品质。从研究生与大学生的比较来看，研究生更为看重"科学素质"、"冒险精神"和"创新精神"，大学生更为看重"道德品质"和"诚信"等。这 2 个群体的认识既有共性，同时又各有侧重。

表 8-19　研究生与大学生认为的科学家最重要的素质（2010 年）

选项	总			研究生			大学生			研究生与大学生比较率差
	人数/人	比率/%	排序	人数/人	比率/%	排序	人数/人	比率/%	排序	
道德品质	314	31.40	1	30	22.90	2	284	32.68	1	−9.78
科学素质	231	23.10	2	42	32.06	1	189	21.75	2	10.31
冒险精神	37	3.70	7	14	10.69	4	23	2.65	8	8.04
创新精神	165	16.50	3	27	20.61	3	138	15.88	3	4.73
商业素质	16	1.60	11	2	1.53	8	14	1.61	10	−0.08
协调能力	38	3.80	6	4	3.05	6	34	3.91	6	−0.86
合作能力	56	5.60	4	3	2.29	7	53	6.10	5	−3.81
能有灵感	34	3.40	8	6	4.58	5	28	3.22	7	1.36
诚信	56	5.60	4	2	1.53	8	54	6.21	4	−4.68
执着	23	2.30	9	1	0.76	10	22	2.53	9	−1.77
宽容	17	1.70	10	0	0	11	17	1.96	11	−1.96
严谨	4	0.40	13	0	0	11	4	0.46	13	−0.46
其他	9	0.90	12	0	0	11	9	1.04	12	−1.04
合计	1000	100		131	100		869	100		0

3. 中学校长、德育干部、小学校长的认识

如表 8-20 所示，在 12 种科学家最重要的素质中，中学校长、德育干部、小学校长 3 个群体认为排在前五位的是："创新精神"（37.26%）、"道德品质"（31.94%）、"科学素质"（20.91%）、"合作能力"（4.18%）和"严谨"（2.66%），其余选项的比率均较低。相比前几个群体，中学校长等 3 个群体除了看重"创新精神""道德品质""科学素质"外，还较为看重科学家的严谨精神。

从中学校长与德育干部的比较来看，德育干部可能是由于自身职业角色定位的要求，更看重"道德品质"，中学校长更看重"科学素质"，其余选项的

率差不大，说明 2 个群体对科学家素质的看法存在一定的相似性。由中学校长与小学校长的比较可知，前者更倾向于认为"科学素质"是最重要的素质，后者更侧重"创新精神"，其余选项的率差较小。

表 8-20　中学校长、德育干部、小学校长等 3 个群体认为的科学家最重要的素质（2013 年）

选项	总			中学校长			德育干部			小学校长			中学校长与德育干部比较率差	中学校长与小学校长比较率差
	人数/人	比率/%	排序	人数/人	比率/%	排序	人数/人	比率/%	排序	人数/人	比率/%	排序		
道德品质	84	31.94	2	52	28.57	2	21	48.84	1	11	28.95	2	-20.27	-0.38
科学素质	55	20.91	3	47	25.82	3	3	6.98	3	5	13.16	3	18.84	12.66
冒险精神	3	1.14	7	3	1.65	6	0	0	7	0	0	6	1.65	1.65
创新精神	98	37.26	1	65	35.71	1	14	32.56	2	19	50.00	1	3.15	-14.29
商业素质	0	0	9	0	0	9	0	0	7	0	0	6	0	0
协调能力	1	0.38	8	1	0.55	8	0	0	7	0	0	6	0.55	0.55
合作能力	11	4.18	4	8	4.40	4	1	2.33	6	2	5.26	4	2.07	-0.86
能有灵感	0	0	9	0	0	9	0	0	7	0	0	6	0	0
诚信	0	0	9	0	0	9	0	0	7	0	0	6	0	0
执着	4	1.52	6	2	1.10	7	2	4.65	4	0	0	6	-3.55	1.10
宽容	0	0	9	0	0	9	0	0	7	0	0	6	0	0
严谨	7	2.66	5	4	2.20	5	2	4.65	4	1	2.63	5	-2.45	-0.43
其他	0	0	9	0	0	9	0	0	7	0	0	6	0	0
合计	263	100		182	100		43	100		38	100		0	0

（二）对企业家最重要素质的认识

1. 科技工作者，科技型中小企业家，教育、科技、人事管理部门领导的认识

如表 8-21 所示，在 12 种企业家最重要的素质中，科技工作者等 3 个群体认为企业家与科学家一样，需要具备良好的道德品质和创新精神，另外还较为看重与企业家角色有较强相关性的因素。

通过科技工作者与科技型中小企业家的比较可知，前者更注重"冒险精神"和"创新精神"，后者更注重"道德品质"和"科学素质"。由科技工作者与教育、科技、人事管理部门领导的比较可知，前者看重"创新精神""商业素质"，而后者认为"能有灵感"对于一个企业家来说才是最重要的。

表 8-21　科技工作者等 3 个群体认为的企业家最重要的素质（2010 年）

选项	总			科技工作者			科技型中小企业家			教育、科技、人事管理部门领导			科技工作者与科技型中小企业家比较率差	科技工作者与教育、科技、人事管理部门领导比较率差
	人数/人	比率/%	排序	人数/人	比率/%	排序	人数/人	比率/%	排序	人数/人	比率/%	排序		
道德品质	46	27.71	1	23	25.27	1	14	34.15	1	9	26.47	2	−8.88	−1.20
科学素质	2	1.20	9	0	0	11	2	4.88	5	0	0	9	−4.88	0.00
冒险精神	18	10.84	4	12	13.19	4	2	4.88	5	4	11.76	4	8.31	1.43
创新精神	29	17.47	3	21	23.08	2	6	14.63	3	2	5.88	5	8.45	17.20
商业素质	34	20.48	2	21	23.08	2	8	19.51	2	5	14.71	3	3.57	8.37
协调能力	7	4.22	6	4	4.40	5	2	4.88	5	1	2.94	7	−0.48	1.46
合作能力	5	3.01	7	2	2.20	7	1	2.44	9	2	5.88	5	−0.24	−3.68
能有灵感	18	10.84	4	4	4.40	5	4	9.76	4	10	29.41	1	−5.36	−25.01
诚信	5	3.01	7	2	2.20	7	2	4.88	5	1	2.94	7	−2.68	−0.74
执着	1	0.60	10	1	1.10	9	0	0	10	0	0	9	1.10	1.10
宽容	0	0	12	0	0	11	0	0	10	0	0	9	0	0
严谨	1	0.60	10	1	1.10	9	0	0	10	0	0	9	1.10	1.10
其他	0	0	12	0	0	11	0	0	10	0	0	9	0	0
合计	166	100		91	100		41	100		34	100		0	0

2. 研究生与大学生的认识

如表 8-22 所示，在 12 种企业家最重要的素质中，与科技工作者等 3 个群体不同的是，研究生与大学生较为看重企业家的"科学素质"。由研究生与大学生的比较可知，后者更看重的"创新精神"排名靠前，在"诚信"选项上，研究生比大学生的选择率高。总之，2 个学生群体对企业家最重要素质的了解都较全面。

表 8-22　研究生与大学生认为的企业家最重要的素质（2010 年）

选项	总			研究生			大学生			研究生与大学生比较率差
	人数/人	比率/%	排序	人数/人	比率/%	排序	人数/人	比率/%	排序	
道德品质	287	28.70	1	39	29.77	1	248	28.54	1	1.23
科学素质	78	7.80	5	14	10.69	4	64	7.36	5	3.33
冒险精神	101	10.10	3	17	12.98	2	84	9.67	3	3.31
创新精神	80	8.00	4	1	0.76	11	79	9.09	4	-8.33
商业素质	189	18.90	2	17	12.98	2	172	19.79	2	-6.81
协调能力	50	5.00	8	4	3.05	8	46	5.29	8	-2.24
合作能力	61	6.10	6	4	3.05	8	57	6.56	6	-3.51
能有灵感	61	6.10	6	14	10.69	4	47	5.41	7	5.28
诚信	42	4.20	9	13	9.92	6	29	3.34	9	6.58
执着	11	1.10	12	0	0	12	11	1.27	12	-1.27
宽容	18	1.80	10	4	4.58	7	14	1.38	11	3.20
严谨	16	1.60	11	2	1.53	10	14	1.61	10	-0.08
其他	6	0.60	13	0	0	12	6	0.69	13	-0.69
合计	1000	100		131	100		869	100		0

3. 中学校长、德育干部、小学校长的认识

如表 8-23 所示，与前几个群体不同的是，中学校长等 3 个群体更在意企业家"诚信"素质。由中学校长和德育干部的比较可知，前者更多地认为"创新精神"是企业家的重要素质，后者相比之下更看重"道德品质"和"协调能力"。由中学校长与小学校长的比较可知，前者对"创新精神"和"道德品质"的认同度高，后者对"诚信"的认同度高。

表 8-23　中学校长、德育干部、小学校长等 3 个群体认为的企业家最重要的素质（2013 年）

选项	总			中学校长			德育干部			小学校长			中学校长与德育干部比较率差	中学校长与小学校长比较率差
	人数/人	比率/%	排序	人数/人	比率/%	排序	人数/人	比率/%	排序	人数/人	比率/%	排序		
道德品质	106	40.30	1	72	39.56	1	20	46.51	1	14	36.84	1	-6.95	2.72
科学素质	9	3.42	6	6	3.30	6	1	2.33	7	2	5.26	5	0.97	-1.96
冒险精神	12	4.56	5	8	4.40	5	2	4.65	5	2	5.26	5	-0.25	-0.86
创新精神	53	20.15	2	45	24.73	2	4	9.30	4	4	10.53	4	15.43	14.2

续表

选项	总			中学校长			德育干部			小学校长			中学校长与德育干部比较率差	中学校长与小学校长比较率差
	人数/人	比率/%	排序	人数/人	比率/%	排序	人数/人	比率/%	排序	人数/人	比率/%	排序		
商业素质	36	13.69	3	24	13.19	3	7	16.28	2	5	13.16	3	-3.09	0.03
协调能力	9	3.42	6	2	1.10	9	5	11.63	3	2	5.26	5	-10.53	-4.16
合作能力	7	2.66	8	4	2.20	7	1	2.33	7	2	5.26	5	-0.13	-3.06
能有灵感	2	0.76	10	2	1.10	9	0	0	10	0	0	9	1.10	1.10
诚信	25	9.51	4	16	8.79	4	2	4.65	5	7	18.42	2	4.14	-9.63
执着	4	1.52	9	3	1.65	8	1	2.33	7	0	0	9	-0.68	1.65
宽容	0	0	11	0	0	11	0	0	10	0	0	9	0	0
严谨	0	0	11	0	0	11	0	0	10	0	0	9	0	0
其他	0	0	11	0	0	11	0	0	10	0	0	9	0	0
合计	263	100		182	100		43	100		38	100		0	0

（三）基本认识

1. "创新精神"是科学家首要的内在素质

在对相关群体就科学家最重要素质的调查中，虽然研究生与大学生将"创新精神"置于选项的第三位，但是科技工作者等3个群体选择"创新精神"的比率为43.37%，中小学校长和德育干部选择"创新精神"的比率为37.26%。且综合6个群体统一来看，选择"创新精神"的比率仍居第一位。由此可见，"创新精神"是科学家首要的内在素质，这一论断是公认的。创新精神蕴含着综合运用已有的知识、信息及技能，提出新的观念或产生新的方法，对推动社会进步以及人类发展具有很大的积极意义。科学家肩负着探索人类未知现象以及生命的重要职责，科学家在探索与科研实践中往往会遇到一些阻滞性因素，必须通过创新方法、手段以及技术工艺加以攻克，由此创新精神对于科学家的科研活动显得格外重要。当然，强调创新精神是科学家首要的内在素质并不排斥其他素质，综合来看，"道德品质"与"科学素质"等都是科学家应具备的重要素质。

2. "道德品质"成为企业家首要的内在素质

在对相关群体就企业家最重要素质的调查中，科技工作者等3个群体选择"道德品质"的比率为27.71%，中小学校长与德育干部选择"道德品质"的比率为40.30%，研究生与大学生均将该选项置于第一位。总的来说，道德品质成为企业家首要的内在素质已逐渐成为共识。企业家作为从事生产经营的重要管理者，在实现企业盈利的同时还承担相应的社会责任。"道德品质"作为个人成长、成才的重要条件，其作用不容忽视。就企业家而言，良好的道德品质更多地表现为诚信经营、童叟无欺以及按时缴税等多方面。企业家拥有良好的道德品质对于企业自身的发展亦有裨益，在一定程度上能保证企业沿着正确的轨道发展。此外，还应看到企业家所具备的"商业素质"、"冒险精神"以及"创新精神"等素质同样有利于企业家自身的发展。

3. 科学家与企业家"素质系统"的高度重叠为未成年人科学素质发展与企业家精神培养提供了强有力支撑

科学家与企业家具备的各种素质可以统称为"素质系统"，在这一系统中各种素质共同发挥作用，从而促进和推动科学家和企业家的发展。从相关的数据来看，在列举的素质中，诸如"道德品质"、"创新精神"以及"科学素质"成为科学家与企业家所共同具备的重要素质，只是在侧重点层面稍有不同。从科学家与企业家"素质系统"的高度重叠可以看出，重叠的素质应当成为未成年人科学素质发展与企业家精神培养中的共同内容。如果人们都从这个视角观测，在未成年时期强调科学素质发展与企业家精神培养也就顺理成章了。此外，从素质的重叠来看，未成年人科学素质与企业家精神的培育是一项系统性的工程，需要协调发展未成年人的相关素质，注意从日常的学习与生活着手培养。

三 努力提高重视程度

学校对未成年人的科学素质发展与企业家精神培养的重视程度决定了这所学校的教育功能是否得到了充分发挥。对于学校的教育功能是否充分发挥，以"学校是否重视未成年人的科学素质发展与企业家精神培养"的设问就可探测。题中选项"非常重视"与"重视"是肯定性回应，"非常不重视"与"不重视"为否定性回应，"不好评价"是谨慎说法，"不知道"是消极态度。

（一）学校是否重视未成年人的科学素质发展

1. 相关群体的看法
1）未成年人的看法
如表 8-24 所示，未成年人选择肯定性选项（"非常重视"和"重视"）的合比率为 57.50%，选择否定性选项（"不重视"和"非常不重视"）的合比率为 23.98%，选择"不好评价"的比率为 13.33%。总的来说，超过五成的未成年人认为学校对未成年人的科学素质发展是重视的，但仍有超过两成的未成年人认为学校对此不重视，还有一部分未成年人表示"不好评价"，心存疑虑。

从几年的数据比较来看，2015 年"非常重视"的比率较 2009 年有所提高，选择"不重视"和"不好评价"的比率均有所降低。从率差来看，各项比率都有波动，但整体上起伏较小，说明未成年人对这一问题的看法较稳定。

表 8-24　未成年人对学校是否重视未成年人的科学素质发展的看法

选项	总			2009 年		2010 年		2011 年		2013 年		2014 年		2015 年	
	人数/人	比率/%	排序	人数/人	比率/%	人数/人	比率/%	人数/人	比率/%	人数/人	比率/%	人数/人	比率/%	人数/人	比率/%
非常重视	3 415	25.37	2	596	26.90	377	19.97	435	22.53	802	27.02	770	26.21	435	28.66
重视	4 324	32.13	1	748	33.75	587	31.09	541	28.02	912	30.73	1 051	35.77	485	31.95
非常不重视	875	6.50	5	102	4.60	188	9.96	132	6.84	201	6.77	154	5.24	98	6.46
不重视	2 352	17.48	3	339	15.30	337	17.85	421	21.80	480	16.17	559	19.03	216	14.23
不好评价	1 794	13.33	4	328	14.80	256	13.56	309	16.00	427	14.39	288	9.80	186	12.25
不知道	699	5.19	6	103	4.65	143	7.57	93	4.82	146	4.92	116	3.95	98	6.46
合计	13 459	100		2 216	100	1 888	100	1 931	100	2 968	100	2 938	100	1 518	100

2）家长的看法

如表 8-25 所示，家长选择肯定性选项的合比率为 61.82%，选择否定性选项的合比率为 18.78%，选择"不好评价"与"不知道"的比率分别为 13.17% 和 6.22%。六成多的家长认为学校对未成年人的科学素质发展有较高的重视度，此外，明确表明"非常不重视"的比率甚小，从侧面反映出家长对学校工作的认可。

从几年的数据比较来看，家长在"非常重视"这一选项上的涨幅较大，"重视"的比率较为平稳且一直处于第一位，"不知道"的比率有所降低，家长对这一问题的评价较积极。

表 8-25　家长对学校是否重视未成年人的科学素质发展的看法

选项	总			2010 年		2011 年		2013 年		2014 年		2015 年	
	人数/人	比率/%	排序	人数/人	比率/%	人数/人	比率/%	人数/人	比率/%	人数/人	比率/%	人数/人	比率/%
非常重视	196	20.33	2	7	7.14	38	20.77	57	19.39	66	28.09	28	18.18
重视	400	41.49	1	40	40.82	65	35.52	120	40.82	112	47.66	63	40.91
非常不重视	50	5.19	6	6	6.12	15	8.20	26	8.84	2	0.85	1	0.65
不重视	131	13.59	3	18	18.37	24	13.11	34	11.56	25	10.64	30	19.48
不好评价	127	13.17	4	16	16.33	29	15.85	34	11.56	22	9.36	26	16.88
不知道	60	6.22	5	11	11.22	12	6.56	23	7.82	8	3.40	6	3.90
合计	964	100		98	100	183	100	294	100	235	100	154	100

3）中学老师的看法

如表 8-26 所示，中学老师选择肯定性选项的合比率为 60.43%，这一合比率较家长低，其中选择"重视"的比率为 39.64%，居于第一位。选择"非常不重视"和"不重视"的合比率为 27.37%。选择"不好评价"和"不知道"的比率分别为 9.50% 和 2.69%。总的来看，中学老师认为学校较为重视未成年人的科学素质发展。

从几年的数据比较来看，中学老师认为学校"重视"的比率有所下降，认为"不重视"的比率有所上升，可见，中学老师对这一问题的态度有所摇摆。

表 8-26　中学老师对学校是否重视未成年人的科学素质发展的看法

选项	总			2009 年		2010 年		2011 年		2013 年		2014 年		2015 年	
	人数/人	比率/%	排序	人数/人	比率/%	人数/人	比率/%	人数/人	比率/%	人数/人	比率/%	人数/人	比率/%	人数/人	比率/%
非常重视	278	20.79	2	59	26.46	32	14.88	47	21.56	65	22.03	36	15.52	39	25.32
重视	530	39.64	1	101	45.29	91	42.33	80	36.70	111	37.63	83	35.78	64	41.56
非常不重视	107	8.00	5	16	7.17	17	7.91	28	12.84	29	9.83	10	4.31	7	4.55
不重视	259	19.37	3	26	11.66	45	20.93	43	19.72	44	14.92	73	31.47	28	18.18
不好评价	127	9.50	4	17	7.62	22	10.23	16	7.34	28	9.49	30	12.93	14	9.09
不知道	36	2.69	6	4	1.79	8	3.72	4	1.83	18	6.10	0	0	2	1.30
合计	1337	100		223	100	215	100	218	100	295	100	232	100	154	100

4）中学校长的看法

如表 8-27 所示，中学校长选择肯定性选项的合比率为 63.45%，这一合比率较前几个群体的合比率均高。选择否定性选项的合比率为 24.69%，选择"不好评价"和"不知道"的比率分别为 10.86% 和 0.99%。可见，中学校长作为学校的领导对未成年人的科学素质发展是有自信的。

表 8-27　中学校长对学校是否重视未成年人的科学素质发展的看法

选项	总			2013 年		2014 年				2015 年							
						（1）		（2）		（1）		（2）		（3）		（4）	
	人数/人	比率/%	排序	人数/人	比率/%	人数/人	比率/%	人数/人	比率/%	人数/人	比率/%	人数/人	比率/%	人数/人	比率/%	人数/人	比率/%
非常重视	86	21.23	2	31	17.03	11	15.94	19	40.43	10	50.00	1	5.00	1	5.56	13	26.53
重视	171	42.22	1	94	51.65	31	44.93	14	29.79	3	15.00	8	40.00	2	11.11	19	38.78
非常不重视	22	5.43	5	6	3.30	4	5.80	2	4.26	1	5.00	7	35.00	2	11.11	0	0

续表

| 选项 | 总 | | | 2013 年 | | 2014 年 | | | | 2015 年 | | | | | | | |
| | | | | | | （1） | | （2） | | （1） | | （2） | | （3） | | （4） | |
	人数/人	比率/%	排序	人数/人	比率/%	人数/人	比率/%	人数/人	比率/%	人数/人	比率/%	人数/人	比率/%	人数/人	比率/%	人数/人	比率/%
不重视	78	19.26	3	33	18.13	20	28.99	2	4.26	1	5.00	0	0	11	61.11	11	22.45
不好评价	44	10.86	4	18	9.89	3	4.35	10	21.28	5	25.00	4	20.00	1	5.56	3	6.12
不知道	4	0.99	6											1	5.56	3	6.12
合计	405	100		182	100	69	100	47	100	20	100	20	100	18	100	49	100

5）小学校长的看法

如表 8-28 所示，小学校长选择肯定性选项的合比率为 49.63%，这一合比率较中学校长低。选择否定性选项的合比率为 30.37%，这一合比率较中学校长高。选择"不好评价"和"不知道"的比率分别为 15.56% 和 4.44%。从数据来看，虽有近四成的小学校长选择了"重视"，但也应注意，选择"不重视"的比率较前述群体是最高的，"非常重视"也只排在第四位。可见，小学校长整体上对学校是否重视未成年人的科学素质发展的看法不乐观。

表 8-28　小学校长对学校是否重视未成年人的科学素质发展的看法

| 选项 | 总 | | | 2013 年（安徽省） | | 2014 年 | | | | 2015 年（安徽省） | | | |
| | | | | | | 全国部分省市(少数民族地区)（1） | | 安徽省（2） | | （1） | | （2） | |
	人数/人	比率/%	排序	人数/人	比率/%	人数/人	比率/%	人数/人	比率/%	人数/人	比率/%	人数/人	比率/%
非常重视	14	10.37	4	4	10.53	0	0	0	0	6	35.29	4	19.05
重视	53	39.26	1	15	39.47	9	34.62	12	36.36	8	47.06	9	42.86
非常不重视	6	4.44	5	0	0	2	7.69	2	6.06	0	0	2	9.52
不重视	35	25.93	2	12	31.58	5	19.23	12	36.36	0	0	6	28.57
不好评价	21	15.56	3	7	18.42	4	15.38	7	21.21	3	17.65	0	0
不知道	6	4.44				6	23.08	0	0	0	0	0	0
合计	135	100		38	100	26	100	33	100	17	100	21	100

2. 未成年人与相关群体看法的比较

1）未成年人与中学老师、家长看法的比较

3 个群体对此问题的看法基本相同，都遵循"重视""非常重视""不重视""不好评价"这一基本顺序,说明 3 个群体对未成年人的科学素质发展有较大的信心。就肯定性选项的合比率而言,未成年人的合比率(57.50%)分别较中学老师(60.43%)和家长(61.82%)低 2.93 个百分点和 4.32 个百分点。选择"不好评价"和"不知道"的比率最低的是中学老师。由此可知,中学老师对这个问题所持的态度较为明确和清晰,而家长更倾向于认为学校较为重视未成年人的科学素质发展。

2)未成年人与中学校长等 3 个群体看法的比较

未成年人与中学校长、小学校长都把"重视"作为第一选项。未成年人较其他 2 个群体更倾向于认为学校"非常重视"未成年人的科学素质发展。仍有部分群体认为学校"不重视",虽然比率较低,但并非空穴来风。从肯定性选项的合比率来看,中学校长的合比率较未成年人高,小学校长的合比率较未成年人低。

3)未成年人与科技工作者等 3 个群体看法的比较

如表 8-29 所示,就肯定性选项的合比率而言,科技工作者等 3 个群体的合比率均较未成年人低,其中教育、科技、人事管理部门领导的合比率最低。比较可知,科技型中小企业家倾向于认为学校"重视"未成年人的科学素质发展,但"非常重视"的比率不高。与未成年人的看法不同,科技工作者等 3 个群体更多地认为学校对未成年人的科学素质"不重视",这也许与 3 个群体从事的都是与科技相关的工作有关,因此他们才会对科学素质的要求较其他群体高。

表 8-29 未成年人与科技工作者等 3 个群体对学校是否重视未成年人的科学素质发展看法的比较

选项	未成年人(2009~2011 年、2013~2015 年)			科技工作者(2010 年)		科技型中小企业家(2010 年)		教育、科技、人事管理部门领导(2010 年)		未成年人与科技工作者比较率差	未成年人与科技型中小企业家比较率差	未成年人与教育、科技、人事管理部门领导比较率差
	人数/人	比率/%	排序	人数/人	比率/%	人数/人	比率/%	人数/人	比率/%			
非常重视	3 415	25.37	2	11	12.09	1	2.44	1	2.94	13.28	22.93	22.43
重视	4 324	32.13	1	28	30.77	20	48.78	9	26.47	1.36	−16.65	5.66
非常不重视	875	6.50	5	5	5.49			5	14.71	1.01	6.50	−8.21
不重视	2 352	17.48	3	29	31.87	13	31.71	13	38.24	−14.39	−14.23	−20.76
不好评价	1 794	13.33	4	13	14.29	4	9.76	6	17.65	−0.96	3.57	−4.32
不知道	699	5.19		5	5.49	3	7.32	0	0	−0.30	−2.13	5.19
合计	13 459	100		91	100	41	100	34	100	0	0	0

4）未成年人与研究生、大学生看法的比较

如表 8-30 所示，就肯定性选项的合比率而言，研究生的合比率（60.31%）分别较未成年人（57.50%）和大学生（45.45%）高 2.81 个百分点和 14.86 个百分点。在这 3 个群体中，研究生倾向于认为学校对未成年人的科学素质发展"重视"。与其他 2 个群体的看法不同，大学生认为学校对未成年人的科学素质发展"不重视"，另外，此群体"重视"和"非常重视"的比率与"不重视"的比率相差不大。可见，研究生在 3 个群体中对此问题的看法最为乐观，大学生的看法较为消极。

表 8-30　未成年人与研究生、大学生对学校是否重视未成年人的科学素质发展看法的比较

选项	未成年人（2009~2011年、2013~2015年）			研究生（2010年）			大学生（2010年）			未成年人与研究生比较率差	未成年人与大学生比较率差
	人数/人	比率/%	排序	人数/人	比率/%	排序	人数/人	比率/%	排序		
非常重视	3 415	25.37	2	17	12.98	3	195	22.44	3	12.39	2.93
重视	4 324	32.13	1	62	47.33	1	200	23.01	2	-15.2	9.12
非常不重视	875	6.50	5	15	11.45	4	73	8.40	5	-4.95	-1.90
不重视	2 352	17.48	3	21	16.03	2	248	28.54	1	1.45	-11.06
不好评价	1 794	13.33	4	14	10.69	5	101	11.62	4	2.64	1.71
不知道	699	5.19	6	2	1.53	6	52	5.98	6	3.66	-0.79
合计	13 459	100		131	100		869	100		0	0

（二）学校是否重视未成年人的企业家精神培养

1. 相关群体的看法

1）未成年人的看法

在学校是否重视未成年人企业家精神培养的调查中，如表 8-31 所示，未成年人选择肯定性选项（"非常重视"和"重视"）的合比率为 50.29%，选择否定性选项（"非常不重视"和"不重视"）的合比率为 28.81%，选择"不好评价"和"不知道"的比率分别为 13.98% 和 6.91%。可见，在较多的未成年人眼中，学校重视未成年人的企业家精神培养，但仍需注意的是，有一部分未成年人认为学校"不重视"，说明未成年人对这一问题的看法不太一致。

从 2015 年与 2014 年比较来看，2015 年选择"非常重视"的比率较 2014 年有所提高，选择"不重视"的比率有所降低，但降幅较小。从率差比较来看，未成年人对这一问题的消极性认识有一定程度的提高。

表 8-31 未成年人对学校是否重视未成年人的企业家精神培养的看法

选项	总			2014 年			2015 年			2015 年与2014 年比较率差
	人数/人	比率/%	排序	人数/人	比率/%	排序	人数/人	比率/%	排序	
非常重视	740	16.61	3	389	13.24	4	351	23.12	2	9.88
重视	1501	33.68	1	1132	38.53	1	369	24.31	1	−14.22
非常不重视	402	9.02	5	238	8.10	5	164	10.80	5	2.70
不重视	882	19.79	2	591	20.12	2	291	19.17	3	−0.95
不好评价	623	13.98	4	400	13.61	3	223	14.69	4	1.08
不知道	308	6.91	6	188	6.40	6	120	7.91	6	1.51
合计	4456	100		2938	100		1518	100		0

2）中学老师与家长的看法

如表 8-32 所示，中学老师选择肯定性选项的合比率为 37.30%，选择否定性选项的合比率为 48.45%，选择"不好评价"和"不知道"的比率分别为 8.81%和 5.44%。"不重视"的比率居于第一位，另外有不少中学老师认为"非常不重视"。从两年的比率变化来看，中学老师认为学校"非常重视"未成年人的企业家精神培养的比率有所下降，"不重视"、"不好评价"和"不知道"的比率均有所提高。可见，中学老师对学校对未成年人的企业家精神培养较为担忧。

家长选择肯定性选项的合比率为 42.67%，这一合比率较未成年人低。家长选择否定性选项的合比率为 33.42%，这一合比率较未成年人高。家长选择"不好评价"和"不知道"的比率分别为 17.48%和 6.43%。从数据来看，家长把"不重视"排在了第一位，表达了家长对学校对未成年人的企业家精神培养的担忧，认为学校没有把企业家精神与科学素质摆在同等地位。从两年的比较来看，选择否定性选项的比率有所降低，选择"不好评价"和"不知道"的比率有所上升。可见，家长对这一问题认识的模糊性和不确定性有所增强。

表 8-32 中学老师与家长对学校是否重视未成年人的企业家精神培养的看法

选项	中学老师							家长						
	总			2014 年		2015 年		总			2014 年		2015 年	
	人数/人	比率/%	排序	人数/人	比率/%	人数/人	比率/%	人数/人	比率/%	排序	人数/人	比率/%	人数/人	比率/%
非常重视	63	16.32	3	47	20.26	16	10.39	70	17.99	3	44	18.72	26	16.88
重视	81	20.98	2	46	19.83	35	22.73	96	24.68	2	56	23.83	40	25.97

续表

选项	中学老师							家长						
	总			2014 年		2015 年		总			2014 年		2015 年	
	人数/人	比率/%	排序	人数/人	比率/%	人数/人	比率/%	人数/人	比率/%	排序	人数/人	比率/%	人数/人	比率/%
非常不重视	54	13.99	4	36	15.52	18	11.69	33	8.48	5	20	8.51	13	8.44
不重视	133	34.46	1	77	33.19	56	36.36	97	24.94	1	64	27.23	33	21.43
不好评价	34	8.81	5	18	7.76	16	10.39	68	17.48	4	39	16.60	29	18.83
不知道	21	5.44	6	8	3.45	13	8.44	25	6.43	6	12	5.11	13	8.44
合计	386	100		232	100	154	100	389	100		235	100	154	100

3）中学校长的看法

如表 8-33 所示，中学校长选择肯定性选项的合比率为 34.43%，选择否定性选项的合比率为 51.14%。选择"不好评价"和"不知道"的比率分别为 12.91% 和 1.52%。可见，超过半数的中学校长选择了否定性选项，肯定性选项的比率仅有三成多，部分中学校长对此问题表示"不好评价"，总体来说，中学校长对学校在未成年人企业家精神培养问题上的评价不高。

表 8-33　中学校长对学校是否重视未成年人的企业家精神培养的看法

选项	总			2013 年		2014 年				2015 年						
						（1）		（2）		（1）		（2）		（3）		（4）
	人数/人	比率/%	排序	人数/人	比率/%	人数/人	比率/%	人数/人	比率/%	人数/人	比率/%	人数/人	比率/%	人数/人	比率/%	人数/人	比率/%
非常重视	54	13.67	3	10	5.49	0	0	30	63.83	11	55.00	0	0	0	0	3	6.12
重视	82	20.76	2	41	22.53	14	23.73	8	17.02	3	15.00	1	5.00	3	16.67	12	24.49
非常不重视	21	5.32	5	15	8.24	1	1.69	0	0	0	0	1	5.00	1	5.56	3	6.12
不重视	181	45.82	1	94	51.65	38	64.41	0	0	0	0	13	65.00	12	66.67	24	48.98
不好评价	51	12.91	4	20	10.99	5	8.47	7	14.89	6	30.00	5	25.00	1	5.56	7	14.29
不知道	6	1.52	6	2	1.10	1	1.69	2	4.26	0	0	0	0	1	5.56	0	0
合计	395	100		182	100	59	100	47	100	20	100	20	100	18	100	49	100

4）小学校长的看法

如表 8-34 所示，小学校长选择肯定性选项的合比率为 34.81%，选择否定性选项的合比率为 49.63%，其中"不重视"的比率为 45.93%，居于第一位。选择"不好评价"和"不知道"的比率分别为 12.59% 和 2.96%。可见，与中学校长的看法相似，小学校长对于学校对未成年人企业家精神培养的态度不容乐观。

表 8-34　小学校长对学校是否重视未成年人的企业家精神培养的看法

选项	总			2013 年（安徽省）		2014 年				2015 年（安徽省）			
						全国部分省市（少数民族地区）（1）		安徽省（2）		（1）		（2）	
	人数/人	比率/%	排序	人数/人	比率/%	人数/人	比率/%	人数/人	比率/%	人数/人	比率/%	人数/人	比率/%
非常重视	20	14.81	3	7	18.42	0	0	0	0	13	76.47	0	0
重视	27	20.00	2	6	15.79	4	15.38	10	30.30	4	23.53	3	14.29
非常不重视	5	3.70	5	2	5.26	1	3.85	0	0	0	0	2	9.52
不重视	62	45.93	1	11	28.95	20	76.92	18	54.55	0	0	13	61.90
不好评价	17	12.59		10	26.32	1	3.85	4	12.12	0	0	2	9.52
不知道	4	2.96	6	2	5.26	0	0	1	3.03	0	0	1	4.76
合计	135	100		38	100	26	100	33	100	17	100	21	100

2. 未成年人与相关群体看法的比较

1）未成年人与中学老师、家长看法的比较

就肯定性选项的合比率而言，未成年人的合比率（50.29%）分别较中学老师（37.30%）和家长（42.67%）的合比率高 12.99 个百分点和 7.62 个百分点。由 3 个群体的比较可知，未成年人的评价较高，中学老师与家长均较多地认为学校对未成年人的企业家精神培养"不重视"，态度稍显消极。另外，在这一问题上，3 个群体都有部分人选择了"不好评价"。

2）未成年人与中学校长、小学校长看法的比较

就肯定性选项的合比率而言，未成年人选择的合比率较中学校长和小学校长高。由未成年人与两个校长群体的比较可知，校长群体对学校的未成年人的企业家精神培养的信心不足，均有近半数的人倾向于认为"不重视"。虽然仍有部分人选择"重视"或者"非常重视"，但两者之和才与"不重视"的比率相近。可见，与未成年人的乐观看法相比，校长群体更多是对未成年人企业家精神培养现状的担忧。

（三）基本认识

1. 相比未成年人，成年人群体更倾向于认为学校对未成年人的科学素质发展较为重视

综合相关数据来看，除小学校长外，六成多的中学校长、中学老师和家长均认为学校较为重视未成年人科学素质发展。可以看出，成年人群体更倾向于认为学校对未成年人的科学素质发展较为重视。导致成年人群体与未成年人群体看法差异的主要原因包括：一是成年人群体对科学素质的认知和了解程度较未成年人高；二是在学校具体性的管理事务中，成年人群体的参与度比未成年人高。未成年人在学校教育中，扮演的更多是"受教育者"的角色，参与学校具体事务的管理与决策的机会偏少。其对问题的认识往往滞留于事物的表面，并未真正地感悟其中的内涵。相应地，其认识存在一定的偏差，认为学校对这一问题不重视。此外，还应进一步加强对小学校长的宣传与引导，提高其对这一问题的认识，从而使其在今后学校日常工作中更加重视这方面的工作。成年人群体对这一问题的认识虽较未成年人好，但也应看到未成年人对这一问题的认识呈现出良好的发展态势，从其2015年"非常重视"选项的比率较2009年有所提高可得到印证。

2. 相比成年人，未成年人更倾向于认为学校对未成年人企业家精神培养较为重视

在就学校对未成年人企业家精神培养的重视程度的调查中，未成年人选择肯定性选项的合比率为50.29%，这一合比率较中学老师等4个成年人群体选择的合比率高。可见，未成年人更倾向于认为学校对未成年人的企业家精神培养较为重视。与科学素质相比，学校对企业家精神的关注较晚，而未成年人由于受到大众传媒以及家庭环境（如父母职业为商人、个体户、企业家等）的影响，对企业家精神的了解相对较为清晰。两类群体间认识上的"时间差"反映到调查中，造成看法的差异性较大。正视两类群体间认识的差异性，充分认识不同群体的优势，实现优势互补，从而更好地促进未成年人的科学素质发展与企业家精神培养。

3. 学校对未成年人企业家精神培养的重视程度稍低于对未成年人科学素质发展的重视程度，因此需要调动各方面教育力量的积极性

总体来看，各个群体均认为学校比较重视未成年人的科学素质发展，较为忽视未成年人的企业家精神培养。究其原因，很大程度上源于我国传统文化强调"仁爱""爱国情怀"等元素，对"经商"及"竞争"等含有浓郁商业气息因素的重视程度较低。因此，可以看出大部分学校的教育功能没有得到充分发挥。学校对未成年人的教育关键在于上级领导的重视，社会要给予充分关注，未成年人要切实践行科学素质和企业家精神在生活中的运用，同时，家庭的支持也不可或缺。只有各个方面协调合作，才能充分发挥学校的教育功能。

四 积极借鉴科技工作者与科技型中小企业家的成长经验

（一）科技工作者与科技型中小企业家的成长经验

1. 科技工作者与科技型中小企业家父母亲的职业状况

如表 8-35 所示，科技工作者的父母以农民居多，其次是老师，职业为公务员和工人的也占有一定的比例。与科技工作者相似的是，科技型中小企业家的父母最多的也是农民，但比率略小于科技工作者群体，其次是工人和老师。总之，这两个群体的出生背景都很普通，并不十分显赫，他们取得的成就都与自己后天努力的程度有关。因此，在未成年人科学素质发展与企业家精神培养过程中，应当注意发挥未成年人自身的主观能动性，激发其学习动力，从而使其获得更好的发展。

表 8-35　科技工作者与科技型中小企业家父母亲的职业状况（2010 年）

选项	科技工作者				科技型中小企业家				科技工作者与科技型中小企业家比较率差	
	父亲		母亲		父亲		母亲		父亲	母亲
	人数/人	比率/%	人数/人	比率/%	人数/人	比率/%	人数/人	比率/%		
工人	8	8.79	9	9.89	10	24.39	12	29.27	−15.6	−19.38
公务员（非领导干部）	10	10.99	3	3.30	4	9.76	0	0	1.23	3.30
老师	17	18.68	15	16.48	8	19.51	5	12.20	−0.83	4.28
农民	35	38.46	40	43.96	14	34.15	15	36.59	4.31	7.37
下岗人员（打工）	0	0	3	3.30	1	2.44	1	2.44	−2.44	0.86
军人（非领导干部）	1	1.10	1	1.10	1	2.44	0	0	−1.34	1.10
商人（非民营企业主）	3	3.30	2	2.20	0	0	0	0	3.30	2.20
领导干部	7	7.69	2	2.20	3	7.32	1	2.44	0.37	−0.24
民营企业主	0	0	0	0	0	0	0	0	0.00	0.00
其他	8	8.79	15	16.48	0	0	7	17.07	8.79	−0.59
不清楚	2	2.20	1	1.10	0	0	0	0	2.2	1.10
合计	91	100	91	100	41	100	41	100	0	0

2. 科技工作者与科技型中小企业家从小的人生志向

如表 8-36 所示，科技工作者从小更多是想"当老师"，而科技型中小企业家则更倾向于"经商当老板"，对于"干大事"选项，2 个群体均有较高的选择率。因此可以看出，这 2 个群体从小的人生志向都比较积极。

表 8-36　科技工作者与科技型中小企业家从小的人生志向比较（2010 年）

选项	科技工作者			科技型中小企业家			科技工作者与科技型中小企业家比较率差
	人数/人	比率/%	排序	人数/人	比率/%	排序	
干大事	23	25.27	3	9	21.95	1	3.32
当高级官员	0	0	10	1	2.44	6	−2.44
经商当老板	5	5.49	5	8	19.51	2	−14.02
当老师	25	27.47	1	5	12.20	5	15.27
当工人	1	1.10	7	0	0	10	1.10
当解放军	5	5.49	5	1	2.44	6	3.05
当科学家	24	26.37	2	8	19.51	4	6.86
当工程师	6	6.59	4	7	17.07	4	−10.48
当律师	0	0	10	1	2.44	6	−2.44
当法官	1	1.10	7	1	2.44	6	−1.34
其他	1	1.10	7	0	0	10	1.10
合计	91	100		41	100		0

3. 科技工作者与科技型中小企业家从小具有的经商想法

如表 8-37 所示，较多的科技工作者明确表示"没有"经商想法，而科技型中小企业家"有，很强烈"的比率比科技工作者高 7.05 个百分点。从总体上看，这 2 个群体对于经商有一定的想法。相比较而言，科技型中小企业家的意愿度更高些，这与其"企业家"的角色与身份或多或少有一定的关联。

表 8-37　科技工作者与科技型中小企业家从小具有的经商想法的比较（2010 年）

选项	科技工作者			科技型中小企业家			科技工作者与科技型中小企业家比较率差
	人数/人	比率/%	排序	人数/人	比率/%	排序	
有，很强烈	18	19.78	3	11	26.83	3	−7.05
有，一般化	34	37.36	2	15	36.59	1	0.77
没有	37	40.66	1	14	34.15	2	6.51
不知道	2	2.20	4	1	2.44	4	−0.24
合计	91	100		41	100		0

4. 科技工作者与科技型中小企业家读书时期具有的创业想法

如表 8-38 所示，49.45%的科技工作者在读书时期就具有创业想法，科技工作者选择"没有"的比率为 47.25%，居于第一位，选择"不知道"的比率为3.30%。70.73%的科技型中小企业家在读书时期就具有创业想法，其中选择"有，一般化"的比率为46.34%，居于第一位，选择"没有"和"不知道"的比率分别为 26.83%和2.44%。比较可知，科技型中小企业家在读书时期的创业想法更多是"有，一般化"，而科技工作者更多是"没有"这一想法。2 个群体在读书时期想法的差异在一定程度上影响到其以后的职业选择与职业生涯。

表 8-38　科技型中小企业家与科技工作者读书时期具有的
创业想法的比较（2010 年）

选项	科技工作者			科技型中小企业家			科技工作者与科技型中小企业家比较率差
	人数/人	比率/%	排序	人数/人	比率/%	排序	
有，很强烈	18	19.78	3	10	24.39	3	−4.61
有，一般化	27	29.67	2	19	46.34	1	−16.67
没有	43	47.25	1	11	26.83	2	20.42
不知道	3	3.30	4	1	2.44	4	0.86
合计	91	100		41	100		0

5. 科技工作者与科技型中小企业家的职称

如表 8-39 所示，九成以上的科技工作者和科技型中小企业家都有一定的职称，科技工作者群体中很多人是"教授"（研究员）职称，而科技型中小企业家更多是"副教授"（副研究员）。比较可知，科技工作者的职称在一定程度上高于科技型中小企业家，但总体来看，两个群体的职称都达到了较高的水平。

表 8-39　科技工作者与科技型中小企业家职称的比较（2010 年）

选项	科技工作者			科技型中小企业家			科技工作者与科技型中小企业家比较率差
	人数/人	比率/%	排序	人数/人	比率/%	排序	
教授（研究员）	40	43.96	1	12	29.27	2	14.69
副教授（副研究员）	22	24.18	2	16	39.02	1	−14.84
讲师（工程师）	17	18.68	3	1	2.44	4	16.24
助教（助理工程师）	9	9.89	4	12	29.27	2	−19.38
暂无职称	3	3.30	5	0	0	5	3.30
不清楚	0	0	6	0	0	5	0
合计	91	100		41	100		0

6. 科技工作者与科技型中小企业家形成科学素质的人生阶段

如表 8-40 所示，科技工作者与科技型中小企业家形成科学素质的人生阶段主要集中在"大学""中学""研究生"等阶段，还有一部分群体是"在工作实践中逐渐形成"的科学素质，但所占比率较小。因此，可以看出，学生时期是价值观形成与发展的重要时期。在学生时期，需要不断加强对未成年人的科学素质教育，从而使其具备科学素质，进而指导自身的社会实践活动。

表 8-40　科技工作者与科技型中小企业家形成科学素质的人生阶段的比较（2010 年）

选项	科技工作者			科技型中小企业家			科技工作者与科技型中小企业家比较率差
	人数/人	比率/%	排序	人数/人	比率/%	排序	
小学时期	15	16.48	4	5	12.20	3	4.28
中学时期	18	19.78	3	14	34.15	2	−14.37
大学时期	22	24.18	1	16	39.02	1	−14.84
硕士研究生时期	19	20.88	2	2	4.88	5	16.00
博士研究生时期	4	4.40	6	0	0	7	4.40
博士后时期	1	1.10	8	0	0	7	1.10
走上社会后	1	1.10	8	1	2.44	6	−1.34
在工作实践中逐渐形成	8	8.79	5	0	0	7	8.79
不清楚	3	3.30	7	3	7.32	4	−4.02
合计	91	100		41	100		0

7. 科技工作者与科技型中小企业家形成企业家精神的人生阶段

如表 8-41 所示，科技工作者较多地选择了"不清楚"什么阶段形成的企业家精神，接着就是"大学时期"和"在工作实践中逐渐形成"。科技型中小企业家"在工作实践中逐渐形成"企业家精神的居多，其次是在"大学时期"和"中学时期"形成。因此，对于企业家精神的形成阶段两个群体的选择较为分散。

表 8-41　科技工作者与科技型中小企业家形成企业家精神的
人生阶段的比较（2010 年）

选项	科技工作者			科技型中小企业家			科技工作者与科技型中小企业家比较率差
	人数/人	比率/%	排序	人数/人	比率/%	排序	
小学时期	2	2.20	8	2	4.88	6	−2.68
中学时期	10	10.99	4	8	19.51	3	−8.52

续表

选项	科技工作者			科技型中小企业家			科技工作者与科技型中小企业家比较率差
	人数/人	比率/%	排序	人数/人	比率/%	排序	
大学时期	20	21.98	2	9	21.95	2	0.03
硕士研究生时期	3	3.30	6	2	4.88	6	−1.58
博士研究生时期	3	3.30	6	0	0	8	3.30
博士后时期	0	0	9	0	0	8	0
走上社会后	9	9.89	5	7	17.07	4	−7.18
在工作实践中逐渐形成	12	13.19	3	10	24.39	1	−11.20
不清楚	32	35.16	1	3	7.32	5	27.84
合计	91	100		41	100		0

8. 科技工作者与科技型中小企业家的科学素质对其成长与工作的帮助

如表 8-42 所示，大部分的科技工作者和科技型中小企业家都认为科学素质有一定的帮助，前者更认同科学素质帮助"大"，后者相对于前者更偏向于"一般化"。两个群体对科学素质的帮助的看法稍有出入，科技工作者对科学素质更加有信心，且对这一问题的认识水平稍高。

表 8-42 科技工作者与科技型中小企业家的科学素质对其成长和工作帮助的比较（2010 年）

选项	科技工作者			科技型中小企业家			科技工作者与科技型中小企业家比较率差
	人数/人	比率/%	排序	人数/人	比率/%	排序	
很大	28	30.77	2	12	29.27	1	1.50
大	35	38.46	1	11	26.83	2	11.63
较大	16	17.58	3	8	19.51	3	−1.93
一般化	7	7.69	4	6	14.63	4	−6.94
不大	1	1.10	6	0	0	7	1.10
没有帮助	1	1.10	6	0	0	7	1.10
其他	0	0	8	1	2.44	6	−2.44
不清楚	3	3.30	5	3	7.32	5	−4.02
合计	91	100		41	100		0

9. 成就科技工作者与科技型中小企业家今日辉煌的青少年时期的因素

如表 8-43 所示，两个群体都较为重视道德品质，其中科技工作者较为重视做人的好品质，而科技型中小企业家较为重视创业意识。此外，有的选项比率为零并不意味着它们不重要，只是科技工作者与科技型中小企业家这两个群体认为以上几种因素更加具有代表性。

表 8-43　成就科技工作者与科技型中小企业家今日辉煌的青少年时期的因素的比较（2010 年）

选项	科技工作者			科技型中小企业家			科技工作者与科技型中小企业家比较率差
	人数/人	比率/%	排序	人数/人	比率/%	排序	
良好的道德品质	45	49.45	1	25	30.12	1	19.33
做人的好品质	23	25.27	2	11	13.25	2	12.02
良好的科学素质	5	5.49	4	4	4.82	6	0.67
良好的商业素质	5	5.49	4	6	7.23	3	−1.74
吃苦耐劳的精神	6	6.59	3	6	7.23	3	−0.64
良好的组织管理能力	1	1.10	7	3	3.61	9	−2.51
良好的合作精神	1	1.10	7	4	4.82	6	−3.72
良好的家庭教育	0	0	11	3	3.61	9	−3.61
良好的学校教育	0	0	11	4	4.82	6	−4.82
良好的自学能力	0	0	11	2	2.41	12	−2.41
创新意识	1	1.10	7	2	2.41	12	−1.31
创业意识	0	0	11	6	7.23	3	−7.23
坚忍不拔的毅力	0	0	11	3	3.61	9	−3.61
争强好胜心理	1	1.10	7	2	2.41	12	−1.31
超常的勇气与胆略	0	0	11	1	1.20	15	−1.20
良好的机遇	0	0	11	1	1.20	15	−1.20
雄厚的家庭经济基础	0	0	11	0	0	17	0
意外的获取	0	0	11	0	0	17	0
特殊的理念	0	0	11	0	0	17	0
古怪的性格、脾气、气质	0	0	11	0	0	17	0
其他	3	3.30	6	0	0	17	3.30
合计	91	100		83	100		0

　　10. 最能影响科技工作者与科技型中小企业家世界观、人生观、价值观的因素

　　如表 8-44 所示，在以下 14 种因素中，两个群体都认为排名靠前的因素有"大学教育"、"中学教育"、"社会现实"、"小学教育"以及"传统美德"。

可见科技工作者与科技型中小企业家在世界观、人生观、价值观形成的重要时期是受教育阶段，当然后期的社会阅历以及成长过程中父母的言传身教和中华民族的传统美德，对两个群体"三观"的形成也起到了不可或缺的作用。从率差来看，科技工作者较为看重大学教育和个人遭遇的影响，科技型中小企业家较为看重中学教育和社会思潮的影响。

表 8-44 最能影响科技工作者与科技型中小企业家世界观、人生观、价值观的因素的比较（2010 年）

选项	科技工作者			科技型中小企业家			科技工作者与科技型中小企业家比较率差
	人数/人	比率/%	排序	人数/人	比率/%	排序	
小学教育	10	10.99	4	5	12.20	4	−1.21
中学教育	11	12.09	3	7	17.07	2	−4.98
大学教育	23	25.27	1	8	19.51	1	5.76
传统美德	9	9.89	5	4	9.76	5	0.13
社会思潮	2	2.20	9	3	7.32	6	−5.12
社会现实	18	19.78	2	7	17.07	2	2.71
个人遭遇	6	6.59	7	1	2.44	9	4.15
突发变故	1	1.10	10	0	0	10	1.10
父母言行	7	7.69	6	3	7.32	6	0.37
领导言行	0	0	12	0	0	10	0
辅导员言行	0	0	12	0	0	10	0
任课老师言行	0	0	12	0	0	10	0
同龄人言行	1	1.10	10	0	0	10	1.10
朋友言行	0	0	12	0	0	10	0
其他	3	3.30	8	3	7.32	6	−4.02
合计	91	100		41	100		0

11. 科技工作者与科技型中小企业家青少年时期的科学素质对其他素质的影响

在 2010 年对科技工作者和科技型中小企业家的调查中，选择"夯实基础"的比率分别为 41.76%、46.34%，选择"促进发展"的比率分别为 37.36%、39.02%，选择"产生素质变异"的比率分别为 3.30%、9.76%，选择"没有影响"的比率分别为 5.49%、4.88%，选择"不清楚"的比率分别为 12.09%、0。2 个群体的排序大致相同，但对于"产生素质变异"这一选项，科技型中小企业家的选择率略高于科技工作者群体。总的来说，2 个群体对这一问题的认识都较为乐观。

（二）基本认识

1. 后天经验和因素是科技工作者与科技型中小企业家成长、成才的重要条件

在对科技工作者与科技型中小企业家成长经验和相关要素的调查中，这两个群体的出生背景都很普通，并不十分显赫。在读书时期具有的创业想法以及从小具有的经商想法的调查中，两个群体均有一定的意愿，但是愿意的强烈程度一般。可见，虽然两个群体从小具有积极的人生志向与态度，但是他们取得的成就都与自己后天努力的程度有关。后天的努力对个体的成功与成才意义重大，通过后天的努力可以进一步弥补生理条件以及其他先天条件带来的差距。大量的事实也证明了后天努力的重要性。正是由于后天因素的影响，未成年人才具有极强的可塑性，因此，各级教育工作者要重视对未成年人相关素质尤其是科学素质与企业家精神的培养与发展。

2. 群体性特征对个体成长与成才影响较大

群体性特征更多地表现为个体所在地带所具有的特定群体和身份的特征，在对科技工作者和科技型中小企业家就经商意识的调查中，科技型中小企业家的经商意识较为明显。从相关数据来看，科技型中小企业家选择现代企业元素和商业元素的比重较大，而科技工作者选择科学素质的比重较大。在不考虑"素质系统"重叠性影响的前提下，两个群体对问题的认识带有较强的群体性特征，均代表各自群体的立场与观点。然而，在培养未成年人科学素质与企业家精神过程中，应当重视从多层次以及"视角融合"等方面来考虑问题，以增强未成年人培养工作的实效性。

3. 需要进一步重视青少年阶段的素质养成与发展

在对科技工作者与科技型中小企业家的调查中，两个群体选择中学阶段教育重要性的比率较高，而中学阶段又是未成年人成长发展的关键阶段，这一阶段是他们的世界观、人生观、价值观形成与发展的黄金时期，这个时期的观念一旦形成就会影响其一生。因此，需要进一步重视青少年阶段素质的养成与发展。青少年时期，个体接受事物以及观念的积极性较高、可塑性较强，接受能力与阈限较成年人群体高。在这一阶段，各级教育尤其是各级学校教育要高度重视未成年人素质的培养与发展，制订科学化和专业化的培养方案，立足于未成年人的实际，契合其心理需求，更好地促进未成年人的科学素质发展与企业家精神培养。

五 积极创造主要条件

在学校教育上，已经有一些培养未成年人科学素质与企业家精神的条件，但条件是否很充分，应创造怎样的主要条件，现在来分析一下。

（一）相关群体的看法

1. 未成年人的看法

如表 8-45 所示，在列出的 10 项条件中（不含"不知道"），未成年人排在前五位的选项是："教育观念先进"（34.00%）、"学生具有自主性"（17.08%）、"教育体制科学、合理"（16.63%）、"强有力的政策支撑引导"（6.06%）和"教师具有创造性"（5.52%）。从数据来看，未成年人科学素质发展与企业家精神培养主要源于教育观念以及学生和教师等方面的因素。

从两年的数据比较来看，"教育观念先进"、"教育体制科学、合理"和"学生的能力基础好"的比率有所上升，学生的自主性以及国家政策的引导等因素的比率有所降低。

表 8-45　未成年人认为的创造未成年人科学素质发展与企业家精神培养的主要条件

选项	总			2014 年			2015 年			2015 年与 2014 年比较率差
	人数/人	比率/%	排序	人数/人	比率/%	排序	人数/人	比率/%	排序	
教育观念先进	1515	34.00	1	946	32.2	1	569	37.48	1	5.28
教育体制科学、合理	741	16.63	3	437	14.87	3	304	20.03	2	5.16
教师具有创造性	246	5.52	5	173	5.89	5	73	4.81	7	−1.08
学生具有自主性	761	17.08	2	579	19.71	2	182	11.99	3	−7.72
学生的能力基础好	122	2.74	10	36	1.23	10	86	5.67	5	4.44
社会思维活跃	213	4.78	7	116	3.95	8	97	6.39	4	2.44
强有力的政策支撑引导	270	6.06	4	222	7.56	4	48	3.16	8	−4.40
国家高度重视	123	2.76	9	91	3.10	9	32	2.11	9	−0.99
社会广泛关注	202	4.53	8	170	5.79	6	32	2.11	9	−3.68
其他	32	0.72	11	11	0.37	11	21	1.38	11	1.01
不知道	231	5.18	6	157	5.34	7	74	4.87	6	−0.47
合计	4456	100		2938	100		1518	100		0

2. 中学老师的看法

如表 8-46 所示，与未成年人不同，中学老师更加认为"教育体制科学、合理"应排在第一位,更加注重教育体制、教育者以及政策导向等的作用。从 2015 年与 2013 年的比较来看,学生的自主性和社会思维因素的比率有所提高,教育观念以及政策引导因素的比率有所降低,其余选项的比率波动不大,可以看出中学老师的认识相对稳定。

表 8-46　中学老师认为的创造未成年人科学素质发展与企业家精神培养的主要条件

| 选项 | 总 | | | 2013 年 | | 2014 年 | | 2015 年 | | 2015 年与 2013 年比较率差 |
	人数/人	比率/%	排序	人数/人	比率/%	人数/人	比率/%	人数/人	比率/%	
教育观念先进	190	27.90	2	77	26.10	75	32.33	38	24.68	-1.42
教育体制科学、合理	212	31.13	1	99	33.56	61	26.29	52	33.77	0.21
教师具有创造性	54	7.93	3	21	7.12	22	9.48	11	7.14	0.02
学生具有自主性	54	7.93	3	21	7.12	14	6.03	19	12.34	5.22
学生的能力基础好	12	1.76	11	9	3.05	0	0	3	1.95	-1.10
社会思维活跃	32	4.70	6	11	3.73	13	5.60	8	5.19	1.46
强有力的政策支撑引导	52	7.64	5	20	6.78	24	10.34	8	5.19	-1.59
国家高度重视	23	3.38	7	14	4.75	3	1.29	6	3.90	-0.85
社会广泛关注	20	2.94	8	6	2.03	11	4.74	3	1.95	-0.08
其他	13	1.91	10	7	2.37	5	2.16	1	0.65	-1.72
不知道	19	2.79		10	3.39	4	1.72	5	3.25	-0.14
合计	681	100		295	100	232	100	154	100	0

3. 家长的看法

如表 8-47 所示,从五年的调查可知,家长同样注重教育体制、教育观念的作用,同时在家长眼中受教育者的自主性也是科学素质发展与企业家精神培养不可或缺的因素。从 2015 年与 2010 年的比较来看,教育观念、教育体制以及学生的自主性等因素的变化幅度较大,家长对这一问题的认识相对不稳定。

表 8-47　家长认为的创造未成年人科学素质发展与企业家精神培养的主要条件

| 选项 | 总 | | | 2010 年 | | 2011 年 | | 2013 年 | | 2014 年 | | 2015 年 | |
	人数/人	比率/%	排序	人数/人	比率/%	人数/人	比率/%	人数/人	比率/%	人数/人	比率/%	人数/人	比率/%
教育观念先进	244	26.70	2	7	14.58	48	26.23	74	25.17	82	34.89	33	21.43
教育体制科学、合理	362	39.61	1	28	58.33	57	31.15	120	40.82	93	39.57	64	41.56
教师具有创造性	41	4.49	5	1	2.08	12	6.56	15	5.10	6	2.55	7	4.55
学生具有自主性	80	8.75	4	1	2.08	26	14.21	22	7.48	13	5.53	18	11.69

续表

选项	总			2010年		2011年		2013年		2014年		2015年	
	人数/人	比率/%	排序	人数/人	比率/%	人数/人	比率/%	人数/人	比率/%	人数/人	比率/%	人数/人	比率/%
学生的能力基础好	24	2.63	8	2	4.17	3	1.64	6	2.04	7	2.98	6	3.90
社会思维活跃	15	1.64	10	0	0	6	3.28	4	1.36	2	0.85	3	1.95
强有力的政策支撑引导	52	5.69	4	5	10.42	14	7.65	14	4.76	10	4.26	9	5.84
国家高度重视	33	3.61	6	0	0	8	4.37	12	4.08	11	4.68	2	1.30
社会广泛关注	20	2.19		1	2.08	6	3.28	4	1.36	3	1.28	6	3.90
其他	10	1.09	11	0	0	1	0.55	4	1.36	3	1.28	2	1.30
不知道	33	3.61		3	6.25	2	1.09	19	6.46	5	2.13	4	2.60
合计	914	100		48	100	183	100	294	100	235	100	154	100

4. 中学校长的看法

如表 8-48 所示，中学校长排在前五位的选项是："教育体制科学、合理"（39.01%）、"教育观念先进"（32.84%）、"教师具有创造性"（7.65%）、"强有力的政策支撑引导"（5.43%）和"社会思维活跃"（4.20%）。可以看出，中学校长注重教育体制的作用，对国家政策所承担的角色也很重视。

表 8-48 中学校长认为的创造未成年人科学素质发展与企业家精神培养的主要条件

选项	总			2013年		2014年				2015年							
						（1）		（2）		（1）		（2）		（3）		（4）	
	人数/人	比率/%	排序	人数/人	比率/%	人数/人	比率/%	人数/人	比率/%	人数/人	比率/%	人数/人	比率/%	人数/人	比率/%	人数/人	比率/%
教育观念先进	133	32.84	2	61	33.52	21	30.43	23	48.94	7	35.00	6	30.00	4	22.22	11	22.45
教育体制科学、合理	158	39.01	1	84	46.15	28	40.58	2	4.26	1	2.00	11	55.00	7	38.89	25	51.02
教师具有创造性	31	7.65	3	9	4.95	6	8.70	5	10.64	5	25.00	1	5.00	1	5.56	4	8.16
学生具有自主性	14	3.46	6	8	4.40	1	1.45	0	0	0	0	2	10.00	1	5.56	2	4.08
学生的能力基础好	2	0.49	11	1	0.55	0	0	0	0	0	0	0	0	0	0	1	2.04

续表

选项	总			2013 年		2014 年 (1)		(2)		2015 年 (1)		(2)		(3)		(4)	
	人数/人	比率/%	排序	人数/人	比率/%	人数/人	比率/%	人数/人	比率/%	人数/人	比率/%	人数/人	比率/%	人数/人	比率/%	人数/人	比率/%
社会思维活跃	17	4.20	5	3	1.65	1	1.45	7	14.89	6	30.00	0	0	0	0	0	0
强有力的政策支撑引导	22	5.43	4	7	3.85	7	10.14	4	8.51	0	0	0	0	0	0	4	8.16
国家高度重视	8	1.98	8	6	3.30	0	0	0	0	0	0	0	0	1	5.56	1	2.04
社会广泛关注	12	2.96	7	2	1.10	4	5.80	2	4.26	1	5.00	0	0	2	11.11	1	2.04
其他	3	0.74	10	1	0.55	0	0	2	4.26	0	0	0	0	0	0	0	0
不知道	5	1.23	9	0	0	1	1.45	2	4.26	0	0	0	0	2	11.11	0	0
合计	405	100		182	100	69	100	47	100	20	100	20	100	18	100	49	100

5. 德育干部的看法

在 2013 年对德育干部的调查中,各选项比率为:"教育观念先进"(32.56%)、"教育体制科学、合理"(41.86%)、"教师具有创造性"(6.98%)、"学生具有自主性"(6.98%)、"国家高度重视"(4.65%)、"社会广泛关注"(2.33%)、"不知道"(4.65%),选择"学生的能力基础好"、"社会思维活跃"、"强有力的政策支撑引导"和"其他"的比率均为 0。德育干部除了重视教育体制与观念等因素的影响外,还比较重视国家层面的因素,认为国家的高度重视有助于未成年人科学素质发展与企业家精神培养。总体来看,德育干部不太看重"强有力的政策支撑引导""社会思维活跃""学生的能力基础好"等因素。

6. 小学校长的看法

如表 8-49 所示,小学校长排在前五位的选项是:"教育体制科学、合理"(42.96%)、"教育观念先进"(25.19%)、"教师具有创造性"(12.59%)、"学生具有自主性"(5.19%)和"强有力的政策支撑引导"(4.44%)。可以看出,小学校长非常注重教育体制的作用,但对"社会广泛关注"的作用产生怀疑,因为这一项的选择率为 0。

表 8-49 小学校长认为的创造未成年人科学素质发展与企业家精神培养的主要条件

选项	总			2013 年（安徽省）		2014 年 全国部分省市（少数民族地区）（1）		2014 年 安徽省（2）		2015 年（安徽省）（1）		2015 年（安徽省）（2）	
	人数/人	比率/%	排序	人数/人	比率/%	人数/人	比率/%	人数/人	比率/%	人数/人	比率/%	人数/人	比率/%
教育观念先进	34	25.19	2	7	18.42	2	7.69	8	24.24	12	70.59	5	23.81
教育体制科学、合理	58	42.96	1	24	63.16	3	11.54	18	54.55	0	0	13	61.90
教师具有创造性	17	12.59	3	2	5.26	14	53.85	1	3.03	0	0	0	0
学生具有自主性	7	5.19	4	3	7.89	3	11.54	1	3.03	0	0	0	0
学生的能力基础好	1	0.74	9	0	0	1	3.85	0	0	0	0	0	0
社会思维活跃	3	2.22	7	0	0	2	7.69	0	0	1	5.88	0	0
强有力的政策支撑引导	6	4.44	5	1	2.63	0	0	3	9.09	2	11.76	0	0
国家高度重视	6	4.44	5	1	2.63	1	3.85	2	6.06	0	0	2	9.52
社会广泛关注	0	0	11	0	0	0	0	0	0	0	0	0	0
其他	2	1.48	8	0	0	0	0	0	0	2	11.76	0	0
不知道	1	0.74		0	0	0	0	0	0	0	0	1	4.76
合计	135	100		38	100	26	100	33	100	17	100	21	100

7. 科技工作者，科技型中小企业家，教育、科技、人事管理部门领导的看法

在 2010 年对科技工作者，科技型中小企业家，教育、科技、人事管理部门领导的调查中，选择"教育观念先进"的比率分别为 29.67%、34.14%、41.18%；选择"教育体制科学、合理"的比率分别为 43.96%、36.58%、47.06%；选择"教师具有创造性"的比率分别为 4.40%、2.44%、2.94%；选择"学生具有自主性"的比率分别为 6.59%、9.76%、5.88%；选择"学生的能力基础好"的比率均为 0；选择"社会思维活跃"的比率分别为 4.40%、4.88%、0；选择"强有力的政策支撑引导"的比率分别为 3.30%、4.88%、0；选择"国家高度重视"的比率分别为 1.10%、2.44%、2.94%；选择"社会广泛关注"的比率分别为 0、2.44%、0；选择"其他"的比率分别为 1.10%、0、0；选择"不知道"的比率分别为 5.49%、2.44%、0。

与其他群体有所不同的是，科技工作者相对更为重视"教师具有创造性"因素。"教育体制科学、合理"被科技型中小企业家认为是最主要的条件，"教育观念先进"的比率与排在第一位的"教育体制科学、合理"的比率相比仅低

2.44 个百分点，可见其地位所在，"学生具有自主性"的比率尽管不高，但排在第三位，表明也被科技型中小企业家看重。教育、科技、人事管理部门领导对教育体制问题与教育观念问题比其他群体有更多的现实感受和思考，因此"教育体制科学、合理"与"教育观念先进"的合比率为88.24%，他们认为这两项条件最重要。

8. 研究生与大学生的看法

在 2010 年对研究生与大学生的调查中，选择"教育观念先进"的比率分别为 17.56%、20.25%；选择"教育体制科学、合理"的比率分别为 34.35%、30.61%；选择"教师具有创造性"的比率分别为 16.79%、8.98%；选择"学生具有自主性"的比率分别为 6.87%、16.57%；选择"学生的能力基础好"的比率分别为 6.11%、2.88%；选择"社会思维活跃"的比率分别为 3.05%、7.02%；选择"强有力的政策支撑引导"的比率分别为 6.11%、4.60%；选择"国家高度重视"的比率分别为 6.11%、4.26%；选择"社会广泛关注"的比率分别为 1.53%、0.92%；选择"其他"的比率分别为 1.53%、1.96%；选择"不知道"的比率分别为 0、1.96%。

相比大学生，研究生较为重视教师因素。与研究生群体的认识不同的是，大学生较为重视学生的自主性因素以及社会思维的活跃程度。此外，大学生与未成年人在"学生具有自主性"这一选项上的选择率相近。

（二）未成年人与相关群体看法的比较

1. 未成年人与中学老师、家长看法的比较

通过 3 个群体的比较可知，未成年人对"学生具有自主性"的认同度最高，有很大一部分原因是他们自身作为受教育者，对这个问题的认识更加深入，也更有发言权。中学老师与家长更看重教育体制对未成年人科学素质发展与企业家精神培养的作用，同时他们也关注国家政策的引导作用。

从未成年人与中学老师比较来看，中学老师更关注教育体制、教师创造性以及政策的导向作用。在未成年人与家长比较中，家长更关注教育体制，未成年人则更关注教育观念、学生自主性、社会思维活跃度以及社会关注度等因素。

2. 未成年人与中学校长、德育干部、小学校长等 3 个群体看法的比较

中学校长等 3 个群体在前三项的选择排序上相同，都较为注重教育体制、教育观念以及教师的创造性，而未成年人对教育体制的认同度普遍不高，较多地倾向于先进的教育观念的作用，并且选择"学生具有自主性"的比率在 4 个群体中是最高的。

在未成年人与中学校长的比较中，中学校长较为关注教育体制、教师的创

造性，而未成年人则更关注学生自主性以及教育观念。在未成年人与德育干部的比较中，德育干部较为关注教育体制，而未成年人则更关注社会思维、政策引导以及社会关注度。在未成年人与小学校长的比较中，未成年人较为关注教育观念、学生自主性以及社会关注度等因素。

3. 未成年人与科技工作者等 3 个群体看法的比较

这 4 个群体对前三项的选择没有大的出入。科技工作者等 3 个群体注重的是教育体制和教育观念的科学与先进，不注重学生能力基础的优劣，特别是教育、科技、人事管理部门领导不看重国家政策的支撑引导作用。比较可知，各群体都立足于自身的特点去看待这一问题，且未成年人的认识或多或少带有强烈的个体性成分。

4. 未成年人与研究生和大学生看法的比较

由未成年人与研究生、大学生的比较可知，未成年人对"教育观念先进"的选择率最高，但对"教育体制科学、合理"的选择率都低于其他 2 个群体，并且对教师创造性的认同度也没有其他 2 个群体高。未成年人与大学生更加注重"学生具有自主性"。从率差可以看出，由于年龄差距不大，未成年人与大学生有某些相似性。

（三）基本认识

1. 未成年人的科学素质发展与企业家精神培养需多种条件与因素综合作用

从相关数据来看，大部分群体选择的主要条件集中在教育体制、教育观念、学生自主性以及教师创造性等方面。可见，未成年人科学素质发展与企业家精神培养中涉及的条件较多。因此，今后对未成年人的教育中，要注意各种条件作用的均衡化发挥，真正做到条件间的协同发展，尤其要处理好主要条件与次要条件的关系。在对未成年人的教育与引导过程中，要充分发挥主要条件的主导性作用，让其在未成年人的日常教育生活中发挥积极性作用。对于次要条件，要注重在"素质系统"中加以聚合，发挥次要条件的协同作用。同时要注意条件生成的时间跨度问题，有些培养条件的生成是一个长期性过程，不能一蹴而就。只有将条件综合起来考虑才能进一步增强实效性。

2. 未成年人更多地关注本群体因素的影响

未成年人与成年人群体在对这一问题的认识上，既存在共性又存在差异性。在共性认识上，均重视教育体制以及教育观念等因素，这些因素具有丰富的内涵和较强的兼容性，受到大部分群体的"青睐"。要不断增强共识性因素的聚合力，扩大不同群体的共识，更好地理解科学素质与企业家精神的实质内涵，为培育提供前置性条件。在差异性认识上，未成年人更多地重视"学生的自主性"条件,未成年人对本群体的因素较为关注,为本群体"发声",体现了较强的个体性特征,同时具有一定的独立思考问题的能力。对于未成年人所重视和选择的培养条件,各级教育工作者要重视,结合未成年人的实际,充分满足未成年人的诉求,从而更好地促进未成年人的科学素质发展与企业家精神培养。

3. 在相关群体认为的未成年人科学素质发展与企业家精神培养的主要条件上,教育层面的条件居多

总体来看,对于未成年人的科学素质发展与企业家精神培养的主要条件,除了已有的条件外,人们的注意力相对集中,紧盯着的是教育层面,如"教育体制科学、合理"与"教育观念先进"等,对国家层面、社会层面、政策层面的问题不太关注。在相关访谈中,被访者认为,之所以会出现这样的调查结果,主要是因为人们对创造教育条件的难易度有所估计。对不同的条件要素要注意协调相互之间的关系,真正做到协调与发展。因此,未成年人的科学素质发展与企业家精神培养,还要调动教育者和受教育者的积极主动性,国家政策的引导以及广泛的社会关注都是培养科学素质发展和企业家精神培养不可或缺的重要条件。只有做到把这些必要条件有效地结合起来,才能达到事半功倍的效果。

六 进一步促进培养中最需做的工作

发展未成年人的科学素质与培养未成年人的企业家精神,其中学校教育是最重要的。要在政府的主导下,动员一切社会力量努力办好学校教育,充分发挥学校教育这一主渠道的功能,这是根本。了解了未成年人科学素质发展与企业家精神培养现状,分析了阻碍发展与培养的主要影响因素和应该创造的主要条件,下面再来看看当前最需要做的是哪些工作。

(一)相关群体的看法

1. 未成年人的看法

如表 8-50 所示,未成年人排在前五位的选项是:"更新教育观念"(33.08%)、"改革教育体制"(18.42%)、"提高学生的自主性"(15.93%)、"从小培养学生扎实的能力基础"(7.85%)和"活跃社会思维"(7.72%)。未成年人主要关注教育观念、体制以及自身因素,对社会以及政策因素的考量较少。

通过 2015 年和 2014 年的比较可知,"更新教育观念"的比率有所提高,说明未成年人对教育观念的认识有所加深,"引导社会关注"因素的比率有所提高。选择教师和学生自身等相关性因素的比率有所降低。

表 8-50 未成年人认为的促进未成年人科学素质发展
与企业家精神培养当前最需做的工作

选项	总			2014 年			2015 年			2015 年与 2014 年比较率差
	人数/人	比率/%	排序	人数/人	比率/%	排序	人数/人	比率/%	排序	
更新教育观念	1474	33.08	1	899	30.6	1	575	37.88	1	7.28
改革教育体制	821	18.42	2	545	18.55	2	276	18.18	2	-0.37
提高教师的创造性	212	4.76	6	157	5.34	6	55	3.62	7	-1.72
提高学生的自主性	710	15.93	3	483	16.44	3	227	14.95	3	-1.49
从小培养学生扎实的能力基础	350	7.85	4	243	8.27	5	107	7.05	4	-1.22
活跃社会思维	344	7.72	5	267	9.09	4	77	5.07	5	-4.02
出台新政策	101	2.27	9	77	2.62	9	24	1.58	10	-1.04
国家要高度重视	158	3.55	8	104	3.54	8	54	3.56	8	0.02
引导社会关注	55	1.23	10	21	0.71	10	34	2.24	9	1.53
其他	39	0.88	11	17	0.58	11	22	1.45	11	0.87
不知道	192	4.31	7	125	4.25	7	67	4.41	6	0.16
合计	4456	100		2938	100		1518	100		0

2. 中学老师的看法

如表 8-51 所示,中学老师排在前五位的选项是:"改革教育体制"(30.10%)、"更新教育观念"(29.96%)、"提高学生的自主性"(9.10%)、"提高教师的创造性"(8.52%)和"从小培养学生扎实的能力基础"(4.85%)。与未成年人不同的是,中学老师更多地是站在教育者的角度考虑问题,因此,超过六成的中学老师认为教育体制和教育观念的改革与更新是首要工作。另外,此群体还注重教师的创造性与学生的自主性。

从 2015 年与 2013 年的比较来看,学生的自主性、教师的创造性以及学生扎实的能力基础等方面的因素比率有所提高,选择从教育观念以及新政策等方面开展工作的比率有所降低。

表 8-51 中学老师认为的促进未成年人科学素质发展
与企业家精神培养当前最需做的工作

选项	总			2013 年			2014 年			2015 年			2015 年与 2013 年比较率差
	人数/人	比率/%	排序	人数/人	比率/%	排序	人数/人	比率/%	排序	人数/人	比率/%	排序	
更新教育观念	204	29.96	2	88	29.83	2	72	31.03	1	44	28.57	1	-1.26

续表

| 选项 | 总 | | | 2013 年 | | | 2014 年 | | | 2015 年 | | | 2015 年与 2013 年比较率差 |
	人数/人	比率/%	排序	人数/人	比率/%	排序	人数/人	比率/%	排序	人数/人	比率/%	排序	
改革教育体制	205	30.10	1	94	31.86	1	70	30.17	2	41	26.62	2	−5.24
提高教师的创造性	58	8.52	4	23	7.80	3	19	8.19	4	16	10.39	4	2.59
提高学生的自主性	62	9.10	3	17	5.76	4	24	10.34	3	21	13.64	3	7.88
从小培养学生扎实的能力基础	33	4.85	5	12	4.07	7	11	4.74	6	10	6.49	5	2.42
活跃社会思维	24	3.52	7	14	4.75	5	4	1.72	8	6	3.90	7	−0.85
出台新政策	30	4.41	6	13	4.41	6	15	6.47	5	2	1.30	9	−3.11
国家要高度重视	24	3.52	7	12	4.07	7	4	1.72	8	8	5.19	6	1.12
引导社会关注	16	2.35	9	8	2.71	10	6	2.59	7	2	1.30	9	−1.41
其他	14	2.06	10	11	3.73	9	3	1.29	11	0	0	11	−3.73
不知道	11	1.62	11	3	1.02	11	4	1.72	8	4	2.60	8	1.58
合计	681	100		295	100		232	100		154	100		0

3. 家长的看法

如表 8-52 所示，家长排在前五位的选项是："改革教育体制"（31.62%）、"更新教育观念"（27.90%）、"提高学生的自主性"（11.82%）、"从小培养学生扎实的能力基础"（7.77%）和"提高教师的创造性"（6.13%）。可以看出，家长迫切期望的是"改革教育体制"，"更新教育观念"也被家长摆在很高的位置。

此外，家长对教育体制改革的认同度有所下降，反之，对"更新教育观念"的重视程度总体有所提高，对提高学生的自主性的认识变化幅度最大。

表 8-52 家长认为的促进未成年人科学素质发展与企业家精神培养当前最需做的工作

| 选项 | 总 | | | 2010 年 | | 2011 年 | | 2013 年 | | 2014 年 | | 2015 年 | | 2015 年与 2010 年比较率差 |
	人数/人	比率/%	排序	人数/人	比率/%	人数/人	比率/%	人数/人	比率/%	人数/人	比率/%	人数/人	比率/%	
更新教育观念	255	27.90	2	10	20.83	60	32.79	83	28.23	63	26.81	39	25.32	4.49
改革教育体制	289	31.62	1	28	58.33	50	27.32	98	33.33	66	28.09	47	30.52	−27.81
提高教师的创造性	56	6.13	5	0	0	11	6.01	19	6.46	16	6.81	10	6.49	6.49
提高学生的自主性	108	11.82	3	1	2.08	31	16.94	27	9.18	21	8.94	28	18.18	16.1

续表

选项	总			2010 年		2011 年		2013 年		2014 年		2015 年		2015 年与 2010 年比较率差
	人数/人	比率/%	排序	人数/人	比率/%	人数/人	比率/%	人数/人	比率/%	人数/人	比率/%	人数/人	比率/%	
从小培养学生扎实的能力基础	71	7.77	4	1	2.08	11	6.01	22	7.48	23	9.79	14	9.09	7.01
活跃社会思维	19	2.08	9	0	0	2	1.09	6	2.04	9	3.83	2	1.30	1.30
出台新政策	27	2.95	8	1	2.08	6	3.28	6	2.04	11	4.68	3	1.95	-0.13
国家要高度重视	31	3.39	7	3	6.25	6	3.28	8	2.72	10	4.26	4	2.60	-3.65
引导社会关注	18	1.97	10	1	2.08	4	2.19	4	1.36	8	3.40	1	0.65	-1.43
其他	8	0.88	11	0	0	1	0.55	2	0.68	3	1.28	2	1.30	1.30
不知道	32	3.50	6	3	6.25	1	0.55	19	6.46	5	2.13	4	2.60	-3.65
合计	914	100		48	100	183	100	294	100	235	100	154	100	0

4. 中学校长的看法

如表 8-53 所示,中学校长认为加强未成年人科学素质发展与企业家精神培养当前最需做的工作排在前五位的选项分别是:"更新教育观念"(40.25%)、"改革教育体制"(36.30%)、"提高教师的创造性"(6.67%)、"提高学生的自主性"(4.69%)和"从小培养学生扎实的能力基础"(3.21%)。根据数据可以看出,家长与前面其他几个群体一样,注重教育体制、教育观念以及教师和学生在未成年人科学素质发展与企业家精神培养中的重要作用,也注重对学生从小的培养。中学校长对从国家重视、出台新政策以及社会思维等方面加强未成年人科学素质发展与企业家精神培养的重视程度偏低。

表 8-53 中学校长认为的促进未成年人科学素质发展与企业家精神培养当前最需做的工作

选项	总			2013 年		2014 年				2015 年							
						(1)		(2)		(1)		(2)		(3)		(4)	
	人数/人	比率/%	排序	人数/人	比率/%	人数/人	比率/%	人数/人	比率/%	人数/人	比率/%	人数/人	比率/%	人数/人	比率/%	人数/人	比率/%
更新教育观念	163	40.25	1	73	40.11	21	30.43	30	63.83	13	65.00	4	20.00	4	22.22	18	36.73
改革教育体制	147	36.30	2	72	39.56	42	60.87	0	0	0	0	7	35.00	6	33.33	20	40.82
提高教师的创造性	27	6.67	3	10	5.49	1	1.45	7	14.89	6	30.00	0	0	1	5.56	2	4.08

续表

选项	总			2013 年		2014 年				2015 年							
						(1)		(2)		(1)		(2)		(3)		(4)	
	人数/人	比率/%	排序	人数/人	比率/%	人数/人	比率/%	人数/人	比率/%	人数/人	比率/%	人数/人	比率/%	人数/人	比率/%	人数/人	比率/%
提高学生的自主性	19	4.69	4	6	3.30	3	4.35	6	12.77	0	0	3	15.00	0	0	1	2.04
从小培养学生扎实的能力基础	13	3.21	5	8	4.40	0	0	0	0	0	0	2	10.00	0	0	3	6.12
活跃社会思维	9	2.22	7	6	3.30	2	2.90	0	0	0	0	0	0	1	5.56	0	0
出台新政策	8	1.98	8	1	0.55	0	0	0	0	0	0	2	10.00	3	16.67	2	4.08
国家要高度重视	4	0.99	10	3	1.65	0	0	0	0	0	0	0	0	0	0	1	2.04
引导社会关注	10	2.47	6	2	1.10	0	0	2	4.26	1	5.00	2	10.00	2	11.11	1	2.04
其他	0	0	11	0	0	0	0	0	0	0	0	0	0	0	0	0	0
不知道	5	1.23	9	1	0.55	0	0	2	4.26	0	0	0	0	1	5.56	1	2.04
合计	405	100		182	100	69	100	47	100	20	100	20	100	18	100	49	100

5. 德育干部的看法

在 2013 年对德育干部的调查中，其选择各选项的比率分别为："更新教育观念"（30.23%）、"改革教育体制"（34.88%）、"提高学生的自主性"（6.98%）、"从小培养学生扎实的能力基础"（11.63%）、"活跃社会思维"（6.98%）、"国家要高度重视"（2.33%）、"引导社会关注"（2.33%）、"不知道"（4.65%）、"提高教师的创造性"（0）、"出台新政策"（0）、"其他"（0）。

德育干部与中学校长的认识稍有不同的是，德育干部较为重视社会思维因素对未成年人科学素质发展与企业家精神培养的作用，认为积极活跃的社会思维有助于进一步增强未成年人的科学素质发展与企业家精神。

6. 小学校长的看法

如表 8-54 所示，小学校长排在前五位的选项是："改革教育体制"（37.04%）、"更新教育观念"（33.33%）、"从小培养学生扎实的能力基础"（8.89%）、"提高教师的创造性"（5.93%）和"提高学生的自主性"（5.19%）。超过七成的小学校长非常重视"更新教育观念"和"改革教育体制"，也注重国家与政策的引导作用，对社会关注的作用并不看好。但社会的广泛关注将有利于形成对未成年人素质培养的"聚焦"，从而营造良好的社会氛围，为未成年人的科学素质发展与企业家精神培养提供必要的环境支撑。

表 8-54　小学校长认为的促进未成年人科学素质发展
与企业家精神培养当前最需做的工作

| 选项 | 总 | | | 2013 年（安徽省） | | 2014 年 | | | | 2015 年（安徽省） | | | |
| | | | | | | 全国部分省市（少数民族地区）（1） | | 安徽省（2） | | （1） | | （2） | |
	人数/人	比率/%	排序	人数/人	比率/%	人数/人	比率/%	人数/人	比率/%	人数/人	比率/%	人数/人	比率/%
更新教育观念	45	33.33	2	13	34.21	3	11.54	13	39.39	13	76.47	3	14.29
改革教育体制	50	37.04	1	12	31.58	12	46.15	12	36.36	0	0	14	66.67
提高教师的创造性	8	5.93	4	4	10.53	2	7.69	0	0	1	5.88	1	4.76
提高学生的自主性	7	5.19	5	3	7.89	0	0	1	3.03	3	17.65	0	0
从小培养学生扎实的能力基础	12	8.89	3	4	10.53	4	15.38	4	12.12	0	0	0	0
活跃社会思维	1	0.74	9	0	0	0	0	1	3.03	0	0	0	0
出台新政策	3	2.22	8	1	2.63	2	7.69	0	0	0	0	0	0
国家要高度重视	5	3.70	6	1	2.63	0	0	2	6.06	0	0	2	9.52
引导社会关注	0	0	10	0	0	0	0	0	0	0	0	0	0
其他	0	0		0	0	0	0	0	0	0	0	0	0
不知道	4	2.96	7	0	0	3	11.54	0	0	0	0	1	4.76
合计	135	100		38	100	26	100	33	100	17	100	21	100

7. 科技工作者，科技型中小企业家，教育、科技、人事管理部门领导的看法

在 2010 年对科技工作者，科技型中小企业家，教育、科技、人事管理部门领导的调查中，选择"更新教育观念"的比率分别为 39.56%、29.27%、44.12%；选择"改革教育体制"的比率分别为 36.26%、41.46%、41.18%；选择"提高教师的创造性"的比率分别为 1.10%、2.44%、2.94%；选择"提高学生的自主性"的比率分别为 7.69%、7.32%、5.88%；选择"从小培养学生扎实的能力基础"的比率分别为 4.40%、7.32%、0；选择"活跃社会思维"的比率分别为 0、2.44%、0；选择"出台新政策"的比率分别为 1.10%、2.44%、0；选择"国家高度重视"的比率分别为 3.30%、4.88%、5.88%；选择"引导社会关注"的比率均为 0；

选择"其他"的比率分别为 2.20%、0、0；选择"不知道"的比率分别为 4.40%、2.44%、0。

从数据来看，立足于体制和观念仍是促进未成年人科学素质发展与企业家精神培养的关键。值得注意的是，科技工作者选择"不知道"的比率居于前五位，表明有相当一部分科技工作者对这一问题仍存在一定的模糊性认知。科技型中小企业家的认识较科技工作者稍显清晰，其较为重视体制、观念以及学生自身等因素。与科技型中小企业家、科技工作者不同的是，教育、科技、人事管理部门领导选择"更新教育观念"与"改革教育体制"的合比率为 85.30%，均大大高于科技型中小企业家、科技工作者此两项的合比率(70.73%、75.82%)，表明在"改革教育体制"与"更新教育观念"上，教育、科技、人事管理部门领导更有紧迫感。

8. 研究生与大学生的看法

在 2010 年对研究生与大学生的调查中，选择"更新教育观念"的比率分别为 16.03%、25.32%；选择"改革教育体制"的比率分别为 28.24%、25.20%；选择"提高教师的创造性"的比率分别为 12.98%、12.77%；选择"提高学生的自主性"的比率分别为 16.79%、15.42%；选择"从小培养学生扎实的能力基础"的比率分别为 4.58%、5.18%；选择"活跃社会思维"的比率分别为 5.34%、7.94%；选择"出台新政策"的比率分别为 6.87%、1.73%；选择"国家要高度重视"的比率分别为 7.63%、2.30%；选择"引导社会关注"的比率分别为 0、2.07%；选择"其他"的比率分别为 0、0.23%；选择"不知道"的比率分别为 1.53%、1.84%。总体来说，研究生认为最需做的首要工作是"改革教育体制"，"提高学生的自主性"也被研究生置于较高的地位。大学生则将教育体制与教育观念置于优先考虑的范畴。

（二）未成年人与相关群体看法的比较

1. 未成年人与中学老师、家长看法的比较

比较可知，中学老师与家长最为看重的是"改革教育体制"，比率较未成年人均高出一成多，在"更新教育观念"这一选项上，3 个群体的比率相差不是很大，但对于"提高学生的自主性"，未成年人的选择率最高，同时"活跃社会思维"也是未成年人较为看重的因素。因此，作为教育主体的未成年人较中学老师与家长更加看重学生自主性的提高。此外，家长和中学老师较为关注"引导社会关注"等宏观层面的问题，而未成年人基于学生视角来考虑问题的居多。

2. 未成年人与中学校长、德育干部、小学校长 3 个群体看法的比较

比较可知，未成年人与中学校长等 3 个群体的选项排序不尽相同。在对教

育观念与教育体制的认识上，四个群体的看法较为一致，但在比率上有一定的差异。中学校长对教育观念的更新最为看重，德育干部较少关心教师的重要性。未成年人在这 4 个群体中倾向于"提高学生的自主性"。此外，来自国家以及社会等方面的工作也得到了各群体的适度关注。

3. 未成年人与科技工作者等 3 个群体看法的比较

未成年人与科技工作者等 3 个群体相同的是：都把"更新教育观念""改革教育体制""提高学生的自主性"排在了前三位，其中未成年人、科技工作者与教育、科技、人事管理部门领导对此三项的排序相同。同时还发现，科技工作者等 3 个群体更注重"改革教育体制"，而未成年人更看重"提高学生的自主性"。另外，科技工作者与教育、科技、人事管理部门领导对"活跃社会思维"的认同度不高。科技工作者等 3 个群体对这一问题的认识具有较强的针对性且侧重点有所不同，在部分选项上的比率甚至为 0。相比而言，未成年人在各个选项上均有所涉及。

4. 未成年人与研究生、大学生看法的比较

由 3 个群体的比较可知，排名前三的选择也与教育观念的更新、教育体制的改革以及学生自主性的提高有关。但相比之下，3 个群体之间还是有些细微的差别：研究生"更新教育观念"的比率低于其他 2 个群体；未成年人在"改革教育体制"方面的认同率没有研究生等两个群体高；研究生与大学生较多地认同"提高教师的创造性"。可以看出，未成年人在心态上还没有研究生和大学生成熟。

（三）基本认识

在对未成年人在内的 11 个群体的调查中，大多数群体均认为"改革教育体制"、"更新教育观念"与"提高学生的自主性"是加强未成年人科学素质发展与企业家精神培养的当务之急。因此，有必要从这三个方面展开深入的探讨。

1. 遵循未成年人的成长规律且循序渐进地改革教育体制

就目前的教育体制而言，其总体上符合社会发展的趋势和期望，与未成年人的身心健康发展相契合。对教育体制中所呈现出的对未成年人科学素质与企业家精神的"疏离性因素"需引起高度重视。对于存在的"疏离性因素"应注意厘清其产生的原因，做出适当的归因分析，判断究竟是由体制本身的不完善造成的还是在现行教育体制下，具体政策在执行过程中发生了一定程度的偏离。对于由教育体制本身因素所造成的阻碍，在切实遵循教育发展和学生成长规律的基础上，循序渐进地对教育体制做出一定的调整和改革，尤其是要与未成年人科学素质发展与企业家精神培养密切结合，从而使体制发展更具指导性与前瞻性，为未成年人更好地发展奠定基础。

2. 在思想观念上逐步重视未成年人的企业家精神培养

从相关数据来看，对未成年人科学素质发展的重视在一定程度上高于企业家精神培养。企业家精神对未成年人来说来显得很陌生，这并不奇怪，因为他们平时关注少或者还不习惯用这个词语。日常对未成年人进行的各种教育中，都已经或多或少地蕴含着企业家精神的培养成分，比如，"创新""冒险""合作""敬业""学习""执着""诚信""宽容"等企业家精神要素，都是日常教育的重要内容。客观地说，到目前为止，我国未成年人的企业家精神培养已有一定的成效，只是与国际形势的发展和社会发展的需要还有一定的差距，如何认真弄清培养现状，透彻分析阻滞发展的原因，进一步发挥有利因素的作用，排除不利因素，从主客观上创造条件，是社会应当做的，也是可以做到的。只要全社会高度重视，就一定能迎来未成年人企业家精神培养的新局面。

3. 未成年人自身应注意从多途径、多层次、多角度来增强自身科学素质与企业家精神

未成年人的科学素质发展与企业家精神培养的关键因素在于未成年人自身，其作为重要的参与主体，其主观能动性的发挥在很大程度上影响了发展与培养的成效。未成年人自身应从多途径、多层次、多角度增强自身的科学素质和企业家精神。具体而言，未成年人自身除了在学校接受相应的培养教育外，还应重视社会教育和实践教育等多种形式的教育。同时，未成年人不仅要重视言教、身教，还要重视境教。注重在具体情境下培养未成年人的科学素质与企业家精神（如参观科技馆、博物馆，聆听企业家讲座等）。未成年人自身要敢于突破相关条件的限制与束缚，主动寻求有关方面的支持与配合，从而增强自身的科学素质与企业家精神。

七 准确把握最佳阶段

在一生中，哪个阶段是人的科学素质发展与企业家精神培养的最佳阶段？这从未成年人，教育者，科技工作者，科技型中小企业家，教育、科技、人事管理部门领导，家长，研究生，大学生等 8 个群体的认识中可以作出判断。设问："人的科学素质在什么阶段发展最好？""人的企业家精神在什么阶段培养最好？"

（一）未成年人科学素质发展的最佳阶段

1. 相关群体的看法

1）未成年人的看法

如表 8-55 所示，未成年人排在前五位的选项是："幼儿"（49.93%）、"小

学"（30.46%）、"初中"（10.54%）、"高中"（3.33%）和"大学专科"
（2.27%）。未成年人认为的最佳阶段应该在"幼儿"和"小学"阶段，年龄越
小对一个人科学素质的发展越有益。通过数据的比较可知，未成年人认为"幼
儿"时期是科学素质发展的最佳时期，从2010年开始比率逐年上升；反之，未
成年人认为随着年龄的增长，人的科学素质发展的效果逐渐减弱，这也体现在
整体比率的下降上。

表8-55　未成年人认为的人的科学素质发展的最佳阶段

选项	总			2009 年		2010 年		2011 年		2013 年		2014 年		2015 年	
	人数/人	比率/%	排序	人数/人	比率/%	人数/人	比率/%	人数/人	比率/%	人数/人	比率/%	人数/人	比率/%	人数/人	比率/%
幼儿	6 720	49.93	1	1 035	46.71	811	42.96	934	48.37	1 519	51.18	1 592	54.19	829	54.61
小学	4 099	30.46	2	750	33.84	581	30.77	595	30.81	799	26.92	961	32.71	413	27.21
初中	1 419	10.54	3	258	11.64	232	12.29	207	10.72	304	10.24	265	9.02	153	10.08
高中	448	3.33	4	89	4.02	107	5.67	39	2.02	116	3.91	44	1.50	53	3.49
大学专科	306	2.27	5	33	1.49	107	5.67	19	0.98	89	3.00	48	1.63	10	0.66
大学本科	167	1.24	6	20	0.90	20	1.06	16	0.83	56	1.89	21	0.71	34	2.24
硕士研究生	62	0.46	9	5	0.23	9	0.48	10	0.52	22	0.74	1	0.03	15	0.99
博士研究生	41	0.30	10	9	0.41	9	0.48	5	0.26	14	0.47	2	0.07	2	0.13
走入社会后	102	0.76	7	17	0.77	12	0.64	11	0.57	49	1.65	4	0.14	9	0.59
不知道	95	0.71	8	0	0	0	0	95	4.92	0	0	0	0	0	0
合计	13 459	100		2 216	100	1 888	100	1 931	100	2 968	100	2 938	100	1 518	100

2）中学老师的看法

如表8-56所示，中学老师排在前五位的选项是："幼儿"（40.27%）、"小
学"（36.49%）、"初中"（13.56%）、"高中"（4.63%）和"大学本科"
（2.73%）。超过七成的中学老师认为科学素质要从"幼儿"和"小学"教育开
始抓起，因为这是发展的最佳时期。通过数据的比较可知，中学老师对"幼儿"
的选择率在2011年达到最高，这几年总体比率有所下降，选择"初中"的比率
总体上呈波动上升趋势。

表 8-56　中学老师认为的人的科学素质发展的最佳阶段

选项	总			2009 年		2010 年		2011 年		2013 年	
	人数/人	比率/%	排序	人数/人	比率/%	人数/人	比率/%	人数/人	比率/%	人数/人	比率/%
幼儿	383	40.27	1	99	44.39	86	40.00	104	47.71	94	31.86
小学	347	36.49	2	78	34.98	86	40.00	82	37.61	101	34.24
初中	129	13.56	3	25	11.21	26	12.09	19	8.72	59	20.00
高中	44	4.63	4	14	6.28	13	6.05	4	1.83	13	4.41
大学专科	10	1.05	6	0	0	0	0	1	0.46	9	3.05
大学本科	26	2.73	5	3	1.35	2	0.93	5	2.29	16	5.42
硕士研究生	3	0.32	8	2	0.90	1	0.47	0	0	0	0
博士研究生	6	0.63	7	2	0.90	1	0.47	3	1.38	0	0
走入社会后	3	0.32	8	0	0	0	0	0	0	3	1.02
不知道	0	0	10	0	0	0	0	0	0	0	0
合计	951	100		223	100	215	100	218	100	295	100

3）家长的看法

如表 8-57 所示，家长排在前五位的选项是："小学"（39.21%）、"幼儿"（32.68%）、"初中"（13.90%）、"硕士研究生"（3.53%）和"博士研究生"（3.01%）。家长比较赞同"小学"与"幼儿"是最佳阶段，对"初中"阶段也有一定的认同感，认为"硕士研究生"和"博士研究生"阶段不是完全不能发展科学素质。通过数据的比较可知，家长对"小学"阶段的认同率高于"幼儿"阶段，并且对"小学"阶段的认同率从 2011 年开始逐年上升，增幅较大。

表 8-57　家长认为的人的科学素质发展的最佳阶段

选项	总			2010 年		2011 年		2013 年		2014 年		2015 年	
	人数/人	比率/%	排序	人数/人	比率/%	人数/人	比率/%	人数/人	比率/%	人数/人	比率/%	人数/人	比率/%
幼儿	315	32.68	2	32	32.65	78	42.62	129	43.88	47	20.00	29	18.83
小学	378	39.21	1	34	34.69	60	32.79	105	35.71	101	42.98	78	50.65
初中	134	13.90	3	18	18.37	31	16.94	37	12.59	35	14.89	13	8.44
高中	26	2.70	6	8	8.16	7	3.83	6	2.04	3	1.28	2	1.30
大学专科	12	1.24	9	3	3.06	1	0.55	5	1.70	3	1.28	0	0
大学本科	15	1.56	8	3	3.06	2	1.09	5	1.70	0	0	5	3.25
硕士研究生	34	3.53	4	0	0	1	0.55	3	1.02	15	6.38	15	9.74

续表

选项	总			2010 年		2011 年		2013 年		2014 年		2015 年	
	人数/人	比率/%	排序	人数/人	比率/%	人数/人	比率/%	人数/人	比率/%	人数/人	比率/%	人数/人	比率/%
博士研究生	29	3.01	5	0	0	1	0.55	2	0.68	17	7.23	9	5.84
走入社会后	21	2.18	7	0	0	2	1.09	2	0.68	14	5.96	3	1.95
不知道	0	0	10	0	0	0	0	0	0	0	0	0	0
合计	964	100		98	100	183	100	294	100	235	100	154	100

2. 未成年人与相关群体看法的比较

1）未成年人与中学老师、家长看法的比较

比较可知，3 个群体对"幼儿"和"小学"阶段持有较高的认同率，此外"初中"阶段也被 3 个群体认同，可以看出这 3 个群体均认为科学素质的发展应当从小抓起。相比其他两个群体，家长较多地认为在"硕士研究生"和"博士研究生"阶段仍然可以发展人的科学素质。从 3 个群体的选择来看，基础教育阶段是人的科学素质发展的最佳时期，这一时期形成的科学素质有利于今后的学习以及职业发展，同时在一定程度上也间接印证了未成年人创新力培育的可行性。因此，教育工作者应高度重视未成年人基础教育阶段科学素质的培养。

2）未成年人与中学校长等 3 个群体看法的比较

如表 8-58 所示，中学校长、德育干部、小学校长认为人的科学素质发展的最佳阶段主要在"幼儿""小学""初中"阶段。通过 4 个群体的比较可知，他们最认同"幼儿"和"小学"阶段，"初中"阶段也有一定的认同率。未成年人与中学校长等 3 个群体最大的区别在于，在对"高中"阶段能否成为最佳阶段的认识上，有部分未成年人认为可以，德育干部和小学校长认为不可以，中学校长的选择率也非常低。总之，在基础教育阶段未成年人科学素质的发展显得尤为重要。

表 8-58　未成年人、中学校长、德育干部、小学校长对人的科学素质发展最佳阶段看法的比较

选项	未成年人（2009~2011 年、2013~2015 年）			中学校长（2013年）			德育干部（2013年）			小学校长（2013年）			未成年人与中学校长比较率差	未成年人与德育干部比较率差	未成年人与小学校长比较率差
	人数/人	比率/%	排序	人数/人	比率/%	排序	人数/人	比率/%	排序	人数/人	比率/%	排序			
幼儿	6 720	49.98	1	56	30.77	2	23	53.49	1	22	57.89	1	19.21	-3.51	-7.91
小学	4 099	30.48	2	96	52.75	1	19	44.19	2	11	28.95	2	-22.27	-13.71	1.53

续表

选项	未成年人（2009～2011年、2013～2015年）			中学校长（2013年）			德育干部（2013年）			小学校长（2013年）			未成年人与中学校长比较率差	未成年人与德育干部比较率差	未成年人与小学校长比较率差
	人数/人	比率/%	排序	人数/人	比率/%	排序	人数/人	比率/%	排序	人数/人	比率/%	排序			
初中	1 419	10.55	3	25	13.74	3	1	2.33	3	4	10.53	3	-3.19	8.22	0.02
高中	448	3.33	4	3	1.65	4	0	0	4	0	0	5	1.68	3.33	3.33
大学专科	306	2.28	5	1	0.55	5	0	0	4	0	0	5	1.73	2.28	2.28
大学本科	167	1.24	6	1	0.55	5	0	0	4	1	2.63	3	0.69	1.24	-1.39
硕士研究生	62	0.46	9	0	0	7	0	0	4	0	0	5	0.46	0.46	0.46
博士研究生	41	0.30	10	0	0	7	0	0	4	0	0	5	0.30	0.30	0.30
走入社会后	102	0.76	7	0	0	7	0	0	4	0	0	5	0.76	0.76	0.76
不知道	82	0.61	8	0	0	7	0	0	4	0	0	5	0.61	0.61	0.61
合计	13 446	100		182	100		43	100		38	100		0	0	0

3）未成年人与科技工作者等3个群体看法的比较

如表8-59所示，科技工作者把"幼儿"与"小学"分别排在第一、第二位，显然科技工作者比较认同年龄小好培养的理念，认为到了大学和研究生阶段人的科学素质已经基本定型，已不是发展的最佳阶段。科技型中小企业家认同"小学""幼儿""初中"为最佳阶段，对"大学专科""硕士研究生""博士研究生"阶段持完全否定态度。教育、科技、人事管理部门领导特别推崇"小学"阶段，"初中"阶段与"幼儿"阶段也进入他们的视野，对"大学本科""硕士研究生""博士研究生""走入社会后"等阶段完全不认同。

可见，4个群体都认为年龄越小对人的科学素质的发展越有益。科技工作者等3个群体较多地认为"初中"阶段也不失为发展科学素质的最佳时期；近半数的未成年人对"幼儿"时期的作用最认同。

表8-59 未成年人，科技工作者，科技型中小企业家，教育、科技、人事管理部门领导对人的科学素质发展最佳阶段看法的比较

选项	未成年人（2009~2011年、2013~2015年）			科技工作者（2010年）			科技型中小企业家（2010年）			教育、科技、人事管理部门领导（2010年）			未成年人与科技工作者比较率差	未成年人与科技型中小企业家比较率差	未成年人与教育、科技、人事管理部门领导比较率差
	人数/人	比率/%	排序	人数/人	比率/%	排序	人数/人	比率/%	排序	人数/人	比率/%	排序			
幼儿	6 720	49.98	1	31	34.07	1	12	29.27	2	8	23.53	3	15.91	20.71	26.45
小学	4 099	30.48	2	28	30.77	2	13	31.71	1	15	44.12	1	-0.29	-1.23	-13.64

续表

选项	未成年人（2009~2011年、2013~2015年）			科技工作者（2010年）			科技型中小企业家（2010年）			教育、科技、人事管理部门领导（2010年）			未成年人与科技工作者比较率差	未成年人与科技型中小企业家比较率差	未成年人与教育、科技、人事管理部门领导比较率差
	人数/人	比率/%	排序	人数/人	比率/%	排序	人数/人	比率/%	排序	人数/人	比率/%	排序			
初中	1 419	10.55	3	18	19.78	3	10	24.39	3	9	26.47	2	-9.23	-13.84	-15.92
高中	448	3.33	4	7	7.69	4	2	4.88	5	1	2.94	4	-4.36	-1.55	0.39
大学专科	306	2.28	5	1	1.10	6	0	0	7	1	2.94	4	1.18	2.28	-0.66
大学本科	167	1.24	6	5	5.49	5	3	7.32	4	0	0	6	-4.25	-6.08	1.24
硕士研究生	62	0.46	9	1	1.10	6	0	0	7	0	0	6	-0.64	0.46	0.46
博士研究生	41	0.30	10	0	0	7	0	0	7	0	0	6	0.30	0.30	0.30
走入社会后	102	0.76	7	0	0	8	1	2.44	6	0	0	6	0.76	-1.68	0.76
不知道	82	0.61	8	0	0	8	0	0	8	0	0	6	0.61	0.61	0.61
合计	13 446	100		91	100		41	100		34	100		0	0	0

4）未成年人与研究生、大学生看法的比较

如表 8-60 所示，研究生对"幼儿"和"小学"阶段很感兴趣，同时没有忘记"初中""高中"阶段对发展科学素质的作用，但完全不认同"大学专科"、"博士研究生"与"走入社会后"阶段。大学生前四位的排序与研究生一致，两者的各自比率相近，与研究生不同的是，有部分大学生认为"大学专科"阶段、"博士研究生"阶段及"走入社会后"阶段都可发展科学素质。

3 个群体各项的率差不大，可见作为学生，三者对事物认识的角度大为相似。相比较，未成年人更倾向于"幼儿"阶段，研究生则对"小学"阶段更为青睐。

表 8-60 未成年人、研究生、大学生对人的科学素质发展最佳阶段看法的比较

选项	未成年人（2009~2011年、2013~2015年）			研究生（2010年）			大学生（2010年）			未成年人与研究生比较率差	未成年人与大学生比较率差
	人数/人	比率/%	排序	人数/人	比率/%	排序	人数/人	比率/%	排序		
幼儿	6 720	49.98	1	58	44.27	1	402	46.26	1	5.71	3.72
小学	4 099	30.48	2	52	39.69	2	275	31.65	2	-9.21	-1.17
初中	1 419	10.55	3	12	9.16	3	88	10.13	3	1.39	0.42
高中	448	3.33	4	4	3.05	4	37	4.26	4	0.28	-0.93

续表

选项	未成年人（2009~2011年、2013~2015年）			研究生（2010年）			大学生（2010年）			未成年人与研究生比较率差	未成年人与大学生比较率差
	人数/人	比率/%	排序	人数/人	比率/%	排序	人数/人	比率/%	排序		
大学专科	306	2.28	5	0	0.00	7	30	3.45	5	2.28	-1.17
大学本科	167	1.24	6	2	1.53	6	26	2.99	6	-0.29	-1.75
硕士研究生	62	0.46	9	3	2.29	5	4	0.46	8	-1.83	0.00
博士研究生	41	0.30	10	0	0	7	1	0.12	9	0.30	0.18
走入社会后	102	0.76	7	0	0	7	6	0.69	7	0.76	0.07
不知道	82	0.61	8	0	0	7	0	0	10	0.61	0.61
合计	13 446	100		131	100		869	100		0	0

（二）未成年人企业家精神培养的最佳阶段

1. 相关群体的看法

1）未成年人的看法

如表 8-61 所示，未成年人排在前五位的选项是："幼儿"（36.85%）、"小学"（19.50%）、"初中"（17.92%）、"高中"（12.87%）、"大学专科"（4.85%）。可以看出，未成年人各选项的排序与之前对科学素质发展的排序相同，但不同的是，未成年人也看重"高中"阶段，对"大学专科"和"大学本科"两个阶段也有一定的认同度。未成年人选择较高层次教育阶段的比率相对较小。从数据比较可知，选择"幼儿"阶段的比率总体有所提高，选择"高中"阶段的比率基本稳定。

表 8-61　未成年人认为的人的企业家精神培养的最佳阶段

选项	总			2009 年		2010 年		2011 年		2013 年		2014 年		2015 年	
	人数/人	比率/%	排序	人数/人	比率/%	人数/人	比率/%	人数/人	比率/%	人数/人	比率/%	人数/人	比率/%	人数/人	比率/%
幼儿	4 977	36.85	1	638	28.79	519	26.81	608	31.49	1 356	45.69	1 218	41.46	638	42.03
小学	2 634	19.50	2	467	21.07	392	20.25	421	21.8	562	18.94	508	17.29	284	18.71
初中	2 420	17.92	3	508	22.92	360	18.6	362	18.75	364	12.26	563	19.16	263	17.33
高中	1 738	12.87	4	309	13.94	269	13.89	207	10.72	361	12.16	396	13.48	196	12.91
大学专科	655	4.85	5	139	6.27	171	8.83	89	4.61	114	3.84	109	3.71	33	2.17
大学本科	516	3.82	6	71	3.20	130	6.71	75	3.88	107	3.61	78	2.65	55	3.62
硕士研究生	93	0.69	9	11	0.50	16	0.83	10	0.52	25	0.84	23	0.78	8	0.53

续表

选项	总			2009 年		2010 年		2011 年		2013 年		2014 年		2015 年	
	人数/人	比率/%	排序	人数/人	比率/%	人数/人	比率/%	人数/人	比率/%	人数/人	比率/%	人数/人	比率/%	人数/人	比率/%
博士研究生	55	0.41	10	12	0.54	11	0.57	2	0.10	12	0.40	9	0.31	9	0.59
走入社会后	292	2.16	7	61	2.75	68	3.51	30	1.55	67	2.26	34	1.16	32	2.11
不知道	127	0.94	8	0	0	0	0	127	6.58	0	0	0	0	0	0
合计	13 507	100		2 216	100	1 936	100	1 931	100	2 968	100	2 938	100	1 518	100

2）中学老师的看法

如表 8-62 所示，中学老师排在前五位的选项是："幼儿"（26.12%）、"小学"（21.26%）、"初中"（19.69%）、"高中"（15.19%）和"大学本科"（7.86%）。中学老师与未成年人的选择大致相同，都认为培养企业家精神要趁早。通过数据比较可以看出，选择"幼儿"的比率在 2011 年达到最高，半数多的中学老师都选择了此项。此外，部分中学老师认为在"大学本科"阶段培养企业家精神还为时不晚，总体比率有所提高。

表 8-62　中学老师认为的人的企业家精神培养的最佳阶段

选项	总			2009 年		2010 年		2011 年		2013 年		2014 年		2015 年	
	人数/人	比率/%	排序	人数/人	比率/%	人数/人	比率/%	人数/人	比率/%	人数/人	比率/%	人数/人	比率/%	人数/人	比率/%
幼儿	349	26.12	1	53	23.77	44	20.47	114	52.29	36	12.24	66	28.45	36	23.38
小学	284	21.26	2	60	26.91	57	26.51	30	13.76	55	18.71	48	20.69	34	22.08
初中	263	19.69	3	45	20.18	54	25.12	28	12.84	71	24.15	37	15.95	28	18.18
高中	203	15.19	4	26	11.66	29	13.49	26	11.93	60	20.41	34	14.66	28	18.18
大学专科	64	4.79	6	16	7.17	10	4.65	7	3.21	15	5.10	7	3.02	9	5.84
大学本科	105	7.86	5	15	6.73	17	7.91	7	3.21	19	6.46	33	14.22	14	9.09
硕士研究生	9	0.67	8	2	0.90	1	0.47	0	0	0	0	3	1.29	3	1.95
博士研究生	4	0.30	9	2	0.90	0	0	2	0.92	0	0	0	0	0	0
走入社会后	55	4.12	7	4	1.79	3	1.40	4	1.83	38	12.93	4	1.72	2	1.30
不知道	0	0	10	0	0	0	0	0	0	0	0	0	0	0	0
合计	1336	100		223	100	215	100	218	100	294	100	232	100	154	100

3）家长的看法

如表 8-63 所示，家长排在前五位的选项是："幼儿"（24.52%）、"小学"（22.09%）、"初中"（22.09%）、"高中"（13.91%）和"大学本科"（6.61%）。可见，家长比较推崇"幼儿""小学""初中"阶段，认为这三个阶段比较适宜培养企业家精神。由三年的数据比较可知，家长选择"幼儿"阶段的比率上升较多，选择大学阶段的比率有所下降，表明家长比较看重从小培养人的企业家精神。此外，家长选择"硕士研究生"与"博士研究生"阶段的比率有小幅增长，这两个阶段个体的相关素质呈现"定型化"趋向，表现较为稳定，家长较为看重。

表 8-63　家长认为的人的企业家精神培养的最佳阶段

选项	总			2010 年		2011 年		2013 年		2013 年与2010 年比较率差
	人数/人	比率/%	排序	人数/人	比率/%	人数/人	比率/%	人数/人	比率/%	
幼儿	141	24.52	1	14	14.29	46	25.14	81	27.55	13.26
小学	127	22.09	2	20	20.41	42	22.95	65	22.11	1.70
初中	127	22.09	2	25	25.51	44	24.04	58	19.73	−5.78
高中	80	13.91	4	16	16.33	25	13.66	39	13.27	−3.06
大学专科	31	5.39	6	8	8.16	8	4.37	15	5.10	−3.06
大学本科	38	6.61	5	11	11.22	12	6.56	15	5.10	−6.12
硕士研究生	3	0.52	8	0	0	0	0	3	1.02	1.02
博士研究生	3	0.52	8	0	0	2	1.09	1	0.34	0.34
走入社会后	25	4.35	7	4	4.08	4	2.19	17	5.78	1.70
不知道	0	0	10	0	0	0	0	0	0	0
合计	575	100		98	100	183	100	294	100	0

4）中学校长的看法

如表 8-64 所示，中学校长排在前五位的选项是："小学"（42.13%）、"幼儿"（26.97%）、"初中"（15.73%）、"高中"（8.15%）和"大学本科"（2.53%）。与以上几个群体的看法稍有不同的是，中学校长认为"小学"阶段是最佳阶段，因为"小学"阶段的人对所有事物都好奇，并具备一定的领悟能力。当然，中学校长同样也认为"幼儿""初中"阶段是适宜阶段。

表 8-64　中学校长认为的人的企业家精神培养的最佳阶段

选项	总			2013 年		2014 年				2015 年					
						（1）		（2）		（1）		（2）		（3）	
	人数/人	比率/%	排序	人数/人	比率/%	人数/人	比率/%	人数/人	比率/%	人数/人	比率/%	人数/人	比率/%	人数/人	比率/%
幼儿	96	26.97	2	56	30.77	10	14.49	13	27.66	6	30	8	40.00	3	16.67
小学	150	42.13	1	96	52.75	23	33.33	13	27.66	12	60	2	10.00	4	22.22
初中	56	15.73	3	25	13.74	17	24.64	7	14.89	1	5	2	10.00	4	22.22
高中	29	8.15	4	3	1.65	6	8.70	10	21.28	0	0	6	30.00	4	22.22
大学专科	8	2.25	6	1	0.55	3	4.35	2	4.26	1	5	0	0	1	5.56
大学本科	9	2.53	5	1	0.55	7	10.14	0	0	0	0	0	0	1	5.56
硕士研究生	1	0.28	8	0	0	1	1.45	0	0	0	0	0	0	0	0
博士研究生	0	0	9	0	0	0	0	0	0	0	0	0	0	0	0
走入社会后	7	1.97	7	0	0	2	2.90	2	4.26	0	0	2	10.00	1	5.56
不知道	0	0	9	0	0	0	0	0	0	0	0	0	0	0	0
合计	356	100		182	100	69	100	47	100	20	100	20	100	18	100

5）德育干部的看法

在 2013 年对德育干部的调查中，其选择的各选项的比率如下：选择"幼儿"和"小学"选项的比率均为 37.21%；选择"初中"选项的比率为 13.95%；选择"高中"选项的比率为 6.98%；选择"大学专科"和"大学本科"的比率均为 2.33%；选择"硕士研究生""博士研究生""走入社会后""不知道"选项的比率均为 0。德育干部认为"幼儿"和"小学"阶段都是培养企业家精神的最佳阶段，不分伯仲。当然，德育干部也不否认"初中"与"高中"阶段对企业家精神培养的作用。

6）小学校长的看法

如表 8-65 所示，小学校长排在前五位的选项是："小学"（26.67%）、"幼儿"（24.44%）、"初中"（24.44%）、"高中"（10.37%）和"大学专科"（7.41%）。另外，"硕士研究生""博士研究生""不知道"的比率都是 0。"幼儿""小学""初中"这三个阶段在小学校长看来，都是培养企业家精神的最佳阶段，同时此群体不认为"硕士研究生"或者"博士研究生"阶段还能培养出良好的企业家精神。基于小学校长的认识，应当高度重视基础教育阶段对人的企业家精神的培养。

表 8-65　小学校长认为的人的企业家精神培养的最佳阶段

| 选项 | 总 | | | 2013 年（安徽省） | | 2014 年 | | | | 2015 年（安徽省） | | | |
| | | | | | | 全国部分省市（少数民族地区）（1） | | 安徽省（2） | | （1） | | （2） | |
	人数/人	比率/%	排序	人数/人	比率/%	人数/人	比率/%	人数/人	比率/%	人数/人	比率/%	人数/人	比率/%
幼儿	33	24.44	2	8	21.05	7	26.92	6	18.18	4	23.53	8	38.10
小学	36	26.67	1	7	18.42	6	23.08	15	45.45	1	5.88	7	33.33
初中	33	24.44	2	11	28.95	5	19.23	8	24.24	5	29.41	4	19.05
高中	14	10.37	4	4	10.53	3	11.54	0	0	7	41.18	0	0
大学专科	10	7.41	5	1	2.63	5	19.23	2	6.06	0	0	2	9.52
大学本科	5	3.70	6	4	10.53	0	0	1	3.03	0	0	0	0
硕士研究生	0	0	8	0	0	0	0	0	0	0	0	0	0
博士研究生	0	0	8	0	0	0	0	0	0	0	0	0	0
走入社会后	4	2.96	7	3	7.89	0	0	1	3.03	0	0	0	0
不知道	0	0	8	0	0	0	0	0	0	0	0	0	0
合计	135	100		38	100	26	100	33	100	17	100	21	100

2. 相关群体看法的比较

1）未成年人与中学老师、家长看法的比较

3 个群体各选项的比率排序大致相同，且都认为培养企业家精神的最佳阶段是"幼儿"阶段，未成年人对此深信不疑。从排序上可以看出，未成年人等群体认为企业家精神的培养年龄越小越好，整体的比率和年龄成反比。因此，未成年人、中学老师、家长等 3 个群体，在对企业家精神培养的最佳阶段的认识上有着很大的相似性。应当看到，中学老师和家长较为重视高等教育阶段企业家精神的培养，毕竟随着"创新创业"政策的颁布实施，企业家精神培养的相关要素和条件较为成熟，在一定程度上有利于企业家精神的培养。

2）未成年人与中学校长等 3 个群体看法的比较

从 4 个群体对各项的排序可以看出，"幼儿""小学""初中""高中"均是排名前四的选项，其中，四成多的中学校长把"小学"阶段列为企业家精神培养的最佳阶段，且在这 4 个群体中的比率最高。4 个群体对大学以前的时期可以作为培养企业家精神的最佳阶段没有排斥的态度，但德育干部和小学校长群体很肯定地认为研究生阶段并不是培养企业家精神的最佳阶段。

3）未成年人与科技工作者等 3 个群体看法的比较

从表 8-66 中可知，与对人的科学素质发展最佳阶段的认识形成较大反差的是，科技工作者不认同人的企业家精神培养"年龄越小越好"的价值取向，而是把"高中""小学""初中"排在前三位，他们认为，这三个阶段的未成年人虽然不成熟，但已具有一定的思维能力，不认同研究生阶段还能培养企业家精神。

与科技工作者不同的是，科技型中小企业家最看重"初中"阶段，同时认为"幼儿""小学""高中""大学专科""大学本科""走入社会后"等阶段都可培养企业家精神。与科技工作者相同的是，其对研究生阶段持完全否定态度。

教育、科技、人事管理部门领导认为"高中"和"大学本科"阶段是最佳阶段，不认同"年龄越小越好"的看法。这表明他们实际想表达的是，人的科学素质发展与企业家精神培养是存在一定差异的，人应该同时具备一定的科学素质与企业家精神，但发展与培养的最佳阶段不一定一致。

比较可知，与未成年人不同的是，科技工作者等 3 个群体更看重心智的成熟对企业家精神培养的作用，因此科技工作者并不认同未成年人对"幼儿"阶段尤其看重的做法，反之，他们认为高中阶段的学生有一定的思维能力，对企业家精神的培养大有帮助。

表 8-66　未成年人，科技工作者，科技型中小企业家，教育、科技、人事管理部门领导
对人的企业家精神培养最佳阶段看法的比较

选项	未成年人（2009～2011 年、2013～2015 年）			科技工作者（2010 年）			科技型中小企业家（2010 年）			教育、科技、人事管理部门领导（2010 年）			未成年人与科技工作者比较率差	未成年人与科技型中小企业家比较率差	未成年人与教育、科技、人事管理部门领导比较率差
	人数/人	比率/%	排序	人数/人	比率/%	排序	人数/人	比率/%	排序	人数/人	比率/%	排序			
幼儿	4 977	36.85	1	14	15.38	4	7	17.07	3	4	11.76	5	21.47	19.78	25.09
小学	2 634	19.50	2	17	18.68	2	5	12.20	4	6	17.65	3	0.82	7.30	1.85
初中	2 420	17.92	3	17	18.68	2	11	26.83	1	5	14.71	4	-0.76	-8.91	3.21
高中	1 738	12.87	4	19	20.88	1	4	9.76	4	8	23.53	1	-8.01	3.11	-10.66
大学专科	655	4.85	5	7	7.69	6	4	9.76	4	1	2.94	7	-2.84	-4.91	1.91
大学本科	516	3.82	6	13	14.29	5	8	19.51	2	8	23.53	1	-10.47	-15.69	-19.71
硕士研究生	93	0.69	9	0	0	8	0	0	8	0	0	8	0.69	0.69	0.69
博士研究生	55	0.41	10	0	0	8	0	0	8	0	0	8	0.41	0.41	0.41

续表

选项	未成年人（2009~2011年、2013~2015年）			科技工作者（2010年）			科技型中小企业家（2010年）			教育、科技、人事管理部门领导（2010年）			未成年人与科技工作者比较率差	未成年人与科技型中小企业家比较率差	未成年人与教育、科技、人事管理部门领导比较率差
	人数/人	比率/%	排序	人数/人	比率/%	排序	人数/人	比率/%	排序	人数/人	比率/%	排序			
走入社会后	292	2.16	7	4	4.40	7	2	4.88	7	2	5.88	6	-2.24	-2.72	-3.72
不知道	127	0.94	8	0	0	8	0	0	8	0	0	8	0.94	0.94	0.94
合计	13 507	100		91	100		41	100		34	100		0	0	0

4）未成年人与研究生、大学生群体看法的比较

如表 8-67 所示，研究生比较认同"幼儿"、"小学"与"初中"阶段，而且认为"年龄越小越好"。对于"幼儿"阶段，大学生的看法与研究生相似，对于"初中"与"高中"阶段却相反，他们比较赞同"幼儿"、"高中"与"小学"阶段，基本不认同"博士研究生"阶段，也有"年龄越小越好"的偏向。因此，这 3 个群体都认为年龄越小对人的企业家精神培养越有益。

表 8-67　未成年人、研究生、大学生对人的企业家精神培养最佳阶段看法的比较

选项	未成年人（2009~2011年、2013~2015年）			研究生（2010年）			大学生（2010年）			未成年人与研究生比较率差	未成年人与大学生比较率差
	人数/人	比率/%	排序	人数/人	比率/%	排序	人数/人	比率/%	排序		
幼儿	4 977	36.85	1	44	33.59	1	225	25.89	1	3.26	10.96
小学	2 634	19.50	2	34	25.95	2	154	17.72	3	-6.45	1.78
初中	2 420	17.92	3	26	19.85	3	114	13.12	4	-1.93	4.80
高中	1 738	12.87	4	9	6.87	4	184	21.17	2	6.00	-8.30
大学专科	655	4.85	5	8	6.11	5	79	9.09	5	-1.26	-4.24
大学本科	516	3.82	6	8	6.11	5	70	8.06	6	-2.29	-4.24
硕士研究生	93	0.69	9	1	0.76	7	16	1.84	8	-0.07	-1.15
博士研究生	55	0.41	10	0	0	9	6	0.69	9	0.41	-0.28
走入社会后	292	2.16	7	1	0.76	7	21	2.42	7	1.40	-0.26
不知道	127	0.94	8	0	0	10	0	0	10	0.94	0.94
合计	13 507	100		131	100		869	100		0	0

（三）基本认识

1. "幼儿"和"小学"阶段是未成年人科学素质发展与企业家精神培养的关键期

总体来说，各群体对这一问题尽管存在一定的认识差异，但除了科技工作者等3个群体外，其他各群体比较一致的看法是，未成年人的科学素质发展与企业家精神培养的最佳阶段是"幼儿"与"小学"阶段，这种认识与邓小平的"政策上的失误容易纠正过来，而知识不是立即就能得到的，人才也不是一天两天就能培养出来的，这就要抓教育，要从娃娃抓起"（邓小平，2004）的精辟论断不谋而合，也与"培养人才要从娃娃抓起"（韦钰，2008）、"科学教育要从娃娃抓起"（张国和李新玲，2008）、"学生进了大学以后，有些教育就太晚了，我们必须要从一个人的幼儿阶段开始培养良好品德，来培养我们的年轻人"（王振宇，2008）等主张一致。"幼儿"与"小学"阶段是未成年人各方面素质养成的重要时期，未成年人在这个阶段逐渐确立起对事物的认识与看法，心智在逐渐地培育发展。因此，学龄阶段或青少年阶段的科学素质和企业家精神的教育显得尤为重要。

2. 成年人群体较为重视高等教育阶段素质培养的成效

在对相关群体的调查中，大部分群体认为基础教育阶段是未成年人科学素质发展与企业家精神培养的重要时期。但是也应看到，除了基础教育阶段，高等教育阶段或多或少对科学素质发展与企业家精神培养有所裨益，中学老师与家长对这一阶段的培养持较高期待值。相比未成年人，成年人受过高等教育的比率较高，其熟知高等教育的规律，对高等教育发挥的重要作用持有较高的认同度。成年人群体的心理与智力发展水平渐趋稳定，对事物有较为稳定的认知。与此同时，高等教育阶段所包含的科学素质与企业家精神的因素也不断丰富，教育元素较多。此外，随着高等教育的发展和国家"创新创业"政策的颁布实施，科学素质与企业家精神培养的相关要素和条件较为成熟，成年人的认知深度和广度有所提高，从认识水平上看较未成年人要高。

3. 针对不同阶段的特点制订行之有效的培养方案

一般而言，未成年人科学素质发展与企业家精神培养的最佳阶段为基础教育阶段。在基础教育阶段，多元主体应注重协调各方面的因素，加强对未成年人的教育与引导，切实做好未成年人的素质培养工作，要从诸如课程设置、体制机制建设以及行为习惯的养成等方面着手，逐渐提高基础教育的实效性。但也应看到，企业家精神在高等教育阶段以及步入社会后亦能取得较好的发展。因此,各级教育工作者应树立长期性的思维方式来把握科学素质与企业家精神。

在关注基础教育阶段未成年人素质养成的同时，要注意其不同阶段的表现。针对不同阶段的状况与特点，制订出行之有效的培养方案，力促培养取得实效。

八 合理协调主要因素

影响未成年人科学素质发展与企业家精神培养的因素很多，哪些是主要的？设问："促进未成年人科学素质发展与企业家精神培养的最主要因素有哪些？"列出 8 种因素（"其他"是除已具体化因素外的因素）供选择。

（一）相关群体的看法

1. 未成年人的看法

如表 8-68 所示，在未成年人的看法中，比率超过 10.00%的有："更新教育观念"（33.53%）、"增强学生实践环节"（22.80%）、"因材施教"（13.22%）和"扩大学生的学习自主性"（12.34%）。未成年人认为在这 8 项中"更新教育观念"是科学素质发展和企业家精神培养的最主要因素，此群体还注重学生实践环节的增强。

从 2015 年与 2014 年的比较来看，"更新教育观念"以及学生学习自主性因素的比率有所提高，课程设置、实践环节以及因材施教等因素的比率有所降低。未成年人的认识呈现出较为全面但又有失稳定的发展态势。

表 8-68　未成年人认为的未成年人科学素质发展与企业家精神培养的最主要因素

选项	总			2014 年			2015 年			2015 年与2014 年比较率差
	人数/人	比率/%	排序	人数/人	比率/%	排序	人数/人	比率/%	排序	
更新教育观念	1494	33.53	1	907	30.87	1	587	38.67	1	7.80
调整现有课程设置	368	8.26	5	269	9.16	5	99	6.52	5	-2.64
增强学生实践环节	1016	22.80	2	704	23.96	2	312	20.55	2	-3.41
扩大学生的学习自主性	550	12.34	4	332	11.3	4	218	14.36	3	3.06
因材施教	589	13.22	3	443	15.08	3	146	9.62	4	-5.46
提高个性化教育比重	136	3.05	7	81	2.76	7	55	3.62	7	0.86
重视偏才、怪才、奇才的培养	93	2.09	8	66	2.25	8	27	1.78	8	-0.47
其他	210	4.71	6	136	4.63	6	74	4.87	6	0.24
合计	4456	100		2938	100		1518	100		0

2. 中学老师和家长的看法

如表 8-69 所示，在中学老师的看法中，比率超过 10.00%的有："更新教育观念"（32.64%）、"增强学生实践环节"（25.91%）、"调整现有课程设置"（17.10%）和"扩大学生的学习自主性"（12.95%）。中学老师作为教育者较未成年人更看重现有课程设置的调整，相关课程的设置也是影响科学素质发展与企业家精神培养的重要因素。此外，中学老师不太认同"重视偏才、怪才、奇才的培养"和"因材施教"是最主要因素。从两年的比较来看，"更新教育观念"的比率呈大幅下降趋势，实践环节、学生学习自主性以及因材施教因素的比率有所提高。

在家长的看法中，比率超过 10.00%的有："增强学生实践环节"（31.62%）、"更新教育观念"（28.02%）和"扩大学生的学习自主性"（12.08%）。家长认为"增强学生实践环节"是最主要因素，家长认为在实践中，未成年人能得到更好的锻炼，同时对科学素质与企业家精神的体悟会更深，从而有利于两种素质的培养。此外，"更新教育观念"也可作为最主要因素，同时此群体还看重"因材施教"与个性化教育的重要作用。从两年比较来看，教育观念、课程设置以及学生学习自主性等因素的比率有所提高，实践环节、个性化教育的比率均有所下降。

表 8-69　中学老师、家长认为的未成年人科学素质发展与企业家精神培养的最主要因素

| 选项 | 中学老师 | | | | | | | 家长 | | | | | | |
| | 总 | | | 2014 年 | | 2015 年 | | 总 | | | 2014 年 | | 2015 年 | |
	人数/人	比率/%	排序	人数/人	比率/%	人数/人	比率/%	人数/人	比率/%	排序	人数/人	比率/%	人数/人	比率/%
更新教育观念	126	32.64	1	92	39.66	34	22.08	109	28.02	2	59	25.11	50	32.47
调整现有课程设置	66	17.10	3	39	16.81	27	17.53	35	9.00	4	12	5.11	23	14.94
增强学生实践环节	100	25.91	2	51	21.98	49	31.82	123	31.62	1	89	37.87	34	22.08
扩大学生的学习自主性	50	12.95	4	26	11.21	24	15.58	47	12.08	3	23	9.79	24	15.58
因材施教	7	1.81	7	0	0	7	4.55	32	8.23	5	21	8.94	11	7.14
提高个性化教育比重	21	5.44	5	15	6.47	6	3.90	32	8.23	5	26	11.06	6	3.90
重视偏才、怪才、奇才的培养	4	1.04	8	2	0.86	2	1.30	8	2.06	7	5	2.13	3	1.95
其他	12	3.11	6	7	3.02	5	3.25	3	0.77	8	0	0	3	1.95
合计	386	100		232	100	154	100	389	100		235	100	154	100

3. 中学校长的看法

如表 8-70 所示，在中学校长的看法中，比率超过 10.00% 的有："更新教育观念"（39.51%）、"增强学生实践环节"（21.73%）、"调整现有课程设置"（18.02%）。可见，中学校长对此问题的认识与中学老师的认识大致相同，两者都确定"更新教育观念"是最主要因素，对"重视偏才、怪才、奇才的培养"是最主要因素这一选项持较为怀疑的态度。此外，中学校长与家长的认识较为相似，认为实践环节有助于未成年人的科学素质发展与企业家精神培养。

表 8-70 中学校长认为的未成年人科学素质发展与企业家精神培养的最主要因素

选项	总			2013 年		2014 年				2015 年							
						（1）		（2）		（1）		（2）		（3）		（4）	
	人数/人	比率/%	排序	人数/人	比率/%	人数/人	比率/%	人数/人	比率/%	人数/人	比率/%	人数/人	比率/%	人数/人	比率/%	人数/人	比率/%
更新教育观念	160	39.51	1	73	40.11	28	40.58	24	51.06	14	70.00	8	40.00	2	11.11	11	22.45
调整现有课程设置	73	18.02	3	30	16.48	16	23.19	0	0	0	0	1	5.00	6	33.33	20	40.82
增强学生实践环节	88	21.73	2	36	19.78	10	14.49	15	31.91	5	25.00	9	45.00	4	22.22	9	18.37
扩大学生的学习自主性	35	8.64	4	24	13.19	5	7.25	2	4.26	0	0	0	0	1	5.56	3	6.12
因材施教	10	2.47	6	5	2.75	2	2.90	0	0	0	0	0	0	1	5.56	2	4.08
提高个性化教育比重	29	7.16	5	12	6.59	5	7.25	4	8.51	1	5.00	2	10.00	2	11.11	3	6.12
重视偏才、怪才、奇才的培养	3	0.74	8	0	0	1	1.45	0	0	0	0	0	0	1	5.56	1	2.04
其他	7	1.73	7	2	1.10	2	2.90	2	4.26	0	0	0	0	1	5.56	0	0
合计	405	100		182	100	69	100	47	100	20	100	20	100	18	100	49	100

4. 德育干部的看法

在 2013 年对德育干部的调查中，其选择比率超过 10.00% 的选项有："增强学生实践环节"（32.56%）、"更新教育观念"（25.58%）和"调整现有课程设置"（20.93%）。选择"扩大学生的学习自主性""其他""提高个性化教育比重"的比率均为 6.98%；选择"因材施教""重视偏才、怪才、奇才的培养"的比率均为 0。从调查数据可知，德育干部更多地关注未成年人自身，认为"增强学生实践环节"才是培养两种素质的最主要因素，同时表示"因材施教"与"重视偏才、怪才、奇才的培养"不是最主要因素。

5. 小学校长的看法

如表 8-71 所示，在小学校长的看法中，比率超过 10.00%的有："更新教育观念"（34.07%）、"增强学生实践环节"（23.70）和"调整现有课程设置"（20.74%）。与中学校长的看法相同，小学校长更多地认为"更新教育观念"是培养两种素质的最主要的因素，较为不同的是，一部分小学校长认为"因材施教"也可作为最主要因素，甚至不太认可学生学习自主性的作用。

表 8-71　小学校长认为的未成年人科学素质发展与企业家精神培养的最主要因素

| 选项 | 总 | | | 2013 年（安徽省） | | 2014 年 | | | | 2015 年（安徽省） | | | |
| | | | | | | 全国部分省市（少数民族地区）（1） | | 安徽省（2） | | （1） | | （2） | |
	人数/人	比率/%	排序	人数/人	比率/%	人数/人	比率/%	人数/人	比率/%	人数/人	比率/%	人数/人	比率/%
更新教育观念	46	34.07	1	14	36.84	3	11.54	11	33.33	8	47.06	10	47.62
调整现有课程设置	28	20.74	3	7	18.42	11	42.31	9	27.27	0	0	1	4.76
增强学生实践环节	32	23.70	2	10	26.32	2	7.69	9	27.27	7	41.18	4	19.05
扩大学生的学习自主性	3	2.22	7	1	2.63	0	0	2	6.06	0	0	0	0
因材施教	10	7.41	4	3	7.89	4	15.38	1	3.03	0	0	2	9.52
提高个性化教育比重	9	6.67	5	3	7.89	4	15.38	0	0	2	11.76	0	0
重视偏才、怪才、奇才的培养	3	2.22	7	0	0	2	7.69	1	3.03	0	0	0	0
其他	4	2.96	6	0	0	0	0	0	0	0	0	4	19.05
合计	135	100		38	100	26	100	33	100	17	100	21	100

6. 科技工作者，科技型中小企业家，教育、科技、人事管理部门领导的看法

在 2010 年对科技工作者，科技型中小企业家，教育、科技、人事管理部门领导的调查中，选择"更新教育观念"的比率分别为 43.96%、29.27%、29.43%；选择"调整现有课程设置"的比率分别为 8.79%、14.63%、11.76%；选择"增强学生实践环节"的比率分别为 20.88%、24.39%、35.29%；选择"扩大学生的

学习自主性"的比率分别为 8.79%、4.88%、11.76%；选择"因材施教"的比率分别为 8.79%、14.63%、5.88%；选择"提高个性化教育比重"的比率分别为 4.40%、9.76%、5.88%；选择"重视偏才、怪才、奇才的培养"的比率均为 0；选择"其他"的比率分别为 4.40%、2.44%、0。

在科技工作者的看法中，多数科技工作者认为教育观念的更新是发展科学素质和企业家精神最主要的因素，同时，除了"重视偏才、怪才、奇才的培养"，其他几项也有一定的选择率。在科技型中小企业家的看法中，"更新教育观念"排在第一位，"增强学生实践环节"的比率与之相差不大，排在第二位，科技型中小企业家对"因材施教"的重视程度比之前所有的群体都高，但相同的是，此群体不认为"重视偏才、怪才、奇才的培养"能够成为培养两种素质的最主要因素。在教育、科技、人事管理部门领导的看法中，与科技型中小企业家的排序不同，"增强学生实践环节"排名第一，"更新教育观念"排名第二，"调整现有课程设置"和"扩大学生的学习自主性"有着相同的选择率，同样此群体明确表示"重视偏才、怪才、奇才的培养"不是最主要因素。

7. 研究生与大学生的看法

在 2010 年对研究生和大学生的调查中，选择"更新教育观念"的比率分别为 37.40%、23.59%；选择"调整现有课程设置"的比率分别为 9.16%、11.74%；选择"增强学生实践环节"的比率分别为 29.77%、29.23%；选择"扩大学生的学习自主性"的比率分别为 8.40%、12.66%；选择"因材施教"的比率分别为 5.34%、8.98%；选择"提高个性化教育比重"的比率分别为 8.40%、7.36%；选择"重视偏才、怪才、奇才的培养"的比率分别为 0、2.30%；选择"其他"的比率分别为 1.53%、4.14%。

在研究生的看法中，研究生把"更新教育观念"排在第一位，认为"增强学生实践环节"也有很大可能是培养两种素质的最主要因素。此外，研究生并不认为"重视偏才、怪才、奇才的培养"是未成年人科学素质发展与企业家精神培养的最主要因素。在大学生的认识中，大学生对实践环节以及教育观念较为重视，与研究生认识不同的是，大学生较为看重"重视偏才、怪才、奇才的培养"。

（二）相关群体看法的比较

1. 未成年人与中学老师、家长看法的比较

未成年人与中学老师把"更新教育观念"作为最主要因素，而家长则认为"增强学生实践环节"是最主要因素。在对"调整现有课程设置"的选择中，中学老师更多地站在教育者的角度，选择率最高；未成年人把"因材施教"排在

第三位，可见未成年人重视个性对科学素质和企业家精神的影响。总之，虽然各选项的率差并不悬殊，但 3 个群体对这一问题的看法各有不同。

2. 未成年人与中学校长等 3 个群体看法的比较

中学校长等 3 个群体把"更新教育观念""调整现有课程设置""增强学生实践环节"排在前三位。未成年人对把"调整现有课程设置"作为最主要因素的认同度没有其他 3 个群体高。此外，未成年人在"扩大学生的学习自主性"的选择率上比其他 3 个群体高，可以看出未成年人较多地认为学生学习自主性的扩大可以成为最主要因素。

3. 未成年人与科技工作者等 3 个群体看法的比较

首先，未成年人、科技工作者、科技型中小企业家都把"更新教育观念"看作最主要因素，而教育、科技、人事管理部门领导却把此项排在了第二位。其次，科技工作者等 3 个群体均不认同"重视偏才、怪才、奇才的培养"可以作为最主要因素，未成年人对这一选项的排名靠后，但仍有一定的选择率。4 个群体都觉得"因材施教"有成为最主要因素的可能。

4. 未成年人与研究生、大学生看法的比较

未成年人与研究生、大学生都把"更新教育观念"和"增强学生实践环节"排在了前两位，可见，作为学生这 3 个群体对教育观念与学生实践活动有着相似的关注度。研究生与其他两个群体在对"重视偏才、怪才、奇才的培养"的认识上存在分歧。同时，3 个群体都认为还有一些别的、没有列举出的因素可以成为未成年人科学素质发展和企业家精神培养的最主要因素。

（三）基本认识

1. 未成年人科学素质发展与企业家精神培养需要协调多种因素

从以上 11 个群体的比较情况来看，"更新教育观念"得到青睐，表明教育观念的更新是迫切需要解决的重要问题，"增强学生实践环节"的重要程度也被广泛认可，表明实践在现有教育环境下的重要意义。"调整现有课程设置""因材施教""扩大学生的学习自主性""提高个性化教育比重"等也分别得到不同程度的认同，而"重视偏才、怪才、奇才的培养"的认同率较小，原因是"偏才、怪才、奇才"的标准很难确定（王庆环，2011），而且"偏才、怪才、奇才"的出现要顺其自然，不能刻意培养。可见，未成年人科学素质发展与企业家精神培养需要协调多种因素才能取得成效。协调多种因素的过程中，要注重主要因素与其他因素之间的关系，二者的关系应该是不断趋于稳定与平衡的关系，在培育的过程中，应契合未成年人的实际学习与生活情况，有针对性地提出相应的培养对策。

2. 更新教育观念是有效促进未成年人科学素质发展与企业家精神培养的重要条件

从相关数据来看，"更新教育观念"成为未成年人科学素质发展与企业家精神培养迫切需要解决的问题。教育观念的更新并不意味着否定原有的教育思想和相关理念，而是进一步消弭阻碍性因素，使原有的僵化性思想更趋弹性与活力。根据未成年人发展的实际及其自身的发展需求，在思想观念层面更加重视这一问题。更新思想观念，既包括转变话语体系，使话语体系符合未成年人的特征及其接受方式，有利于更好地阐释科学素质与企业家精神，同时包括采用适合未成年人的"行事逻辑"，在作出具体行动、行为及相关决策时，要尊重未成年人的意愿。

3. "实践出真知"同样适用于未成年人的科学素质发展与企业家精神培养

在相关数据中，不同的群体均表示要相应地增加学生的实践环节。只有通过实践，未成年人才能更好地领悟科学素质与企业家精神的丰富内涵。具体而言，在科学素质发展方面，学校应积极组织开展丰富多彩的科普活动，提高未成年人的科技创新兴趣。同时，家长应经常带领未成年人参观科技馆、博物馆、科技展以及观看科技型节目。通过一系列的实践活动提高教育的实效性。在企业家精神培养方面，社会以及社区与学校携手，组织开展参观企业以及适应未成年人身心发展阶段的实训，让未成年人在真正的实践中体悟企业家精神。只有通过实践，未成年人的认识才更具深刻性。

九 选准有效方式

未成年人科学素质发展与企业家精神培养的方式很多，哪些是最有效的？

设问："未成年人科学素质发展与企业家精神培养的最有效方式有哪些？"题中列出 5 种方式（"其他"是除已具体化的方式外的方式），以及增设"不清楚"选项供选择。

（一）相关群体的看法

1. 未成年人的看法

如表 8-72 所示，未成年人对最有效方式的看法是："社会实践"（34.87%）、"课堂教学"（23.23%）、"自我锻炼和积累"（16.09%）、"提供机会增强磨炼"（16.07%），其余选项的比率较小。可见，未成年人看重实践和课堂教学对科学素质发展与企业家精神培养的作用。由两年的比较可知，选择"课堂教学"、"其他"以及"不清楚"选项的比率有所提高，其余各选项的比率均有所降低。从率差来看，未成年人对这一问题的认识仍不够清晰。

表 8-72　未成年人认为的未成年人科学素质发展与企业家精神培养的最有效方式

选项	总			2014 年			2015 年			2015 年与2014 年比较率差
	人数/人	比率/%	排序	人数/人	比率/%	排序	人数/人	比率/%	排序	
课堂教学	1035	23.23	2	664	22.6	2	371	24.44	2	1.84
社会实践	1554	34.87	1	1044	35.53	1	510	33.60	1	−1.93
提供机会增强磨炼	716	16.07	4	498	16.95	3	218	14.36	4	−2.59
自我锻炼和积累	717	16.09	3	497	16.92	4	220	14.49	3	−2.43
其他	173	3.88	6	100	3.40	6	73	4.81	6	1.41
不清楚	261	5.86	5	135	4.59	5	126	8.30	5	3.71
合计	4456	100		2938	100		1518	100		0

2. 中学老师与家长的看法

如表 8-73 所示，中学老师对最有效方式的看法是："社会实践"（38.86%）、"提供机会增强磨炼"（24.35%）、"课堂教学"（18.91%）、"自我锻炼和积累"（12.95%），其余选项的比率较低。"社会实践"排名第一，但与未成年人不同的是，中学老师把"提供机会增强磨炼"排在了第二位，超过了"课堂教学"的比率。由两年的比较可以看出，中学老师对"社会实践"的重视程度上升，选择课堂教学的比率有所降低。

家长对最有效方式的看法是："社会实践"（37.53%）、"提供机会增强磨炼"（28.53%）、"课堂教学"（17.48%）、"自我锻炼和积累"（14.14%）。在家长心中最有效的方式为"社会实践"，但"提供机会增强磨炼""课堂教学"也不失为最有效方式。从两年的比较可知，实践环节以及提供磨炼机会的比率均有所提高，选择"课堂教学"以及"自我锻炼和积累"的比率有所降低。

表 8-73　中学老师、家长认为的未成年人科学素质发展与企业家精神培养的最有效方式

选项	中学老师							家长						
	总			2014 年		2015 年		总			2014 年		2015 年	
	人数/人	比率/%	排序	人数/人	比率/%	人数/人	比率/%	人数/人	比率/%	排序	人数/人	比率/%	人数/人	比率/%
课堂教学	73	18.91	3	52	22.41	21	13.64	68	17.48	3	48	20.43	20	12.99
社会实践	150	38.86	1	82	35.34	68	44.16	146	37.53	1	78	33.19	68	44.16
提供机会增强磨炼	94	24.35	2	59	25.43	35	22.73	111	28.53	2	64	27.23	47	30.52
自我锻炼和积累	50	12.95	4	29	12.5	21	13.64	55	14.14	4	42	17.87	13	8.44

续表

| 选项 | 中学老师 | | | | | | | 家长 | | | | | | |
| | 总 | | | 2014 年 | | 2015 年 | | 总 | | | 2014 年 | | 2015 年 | |
	人数/人	比率/%	排序	人数/人	比率/%	人数/人	比率/%	人数/人	比率/%	排序	人数/人	比率/%	人数/人	比率/%
其他	9	2.33	6	6	2.59	3	1.95	6	1.54	5	3	1.28	3	1.95
不清楚	10	2.59	5	4	1.72	6	3.90	3	0.77	6	0	0	3	1.95
合计	386	100		232	100	154	100	389	100		235	100	154	100

3. 中学校长的看法

如表 8-74 所示，中学校长对最有效方式的看法是："社会实践"（39.01%）、"课堂教学"（26.08%）、"提供机会增强磨炼"（21.12%）、"自我锻炼和积累"（9.91%），"其他"与"不清楚"的比率均为 1.94%。"社会实践"是中学校长心中最有效方式，此外，此群体没有放弃"自我锻炼和积累"的方式。

表 8-74 中学校长认为的未成年人科学素质发展与企业家精神培养的最有效方式

| 选项 | 总 | | | 2013 年 | | 2014 年 | | | | 2015 年 | | | | | | | |
| | | | | | | （1） | | （2） | | （1） | | （2） | | （3） | | （4） | |
	人数/人	比率/%	排序	人数/人	比率/%	人数/人	比率/%	人数/人	比率/%	人数/人	比率/%	人数/人	比率/%	人数/人	比率/%	人数/人	比率/%
课堂教学	121	26.08	2	44	24.18	27	21.09	19	40.43	12	60.00	1	5.00	1	5.56	17	34.69
社会实践	181	39.01	1	68	37.36	59	46.09	16	34.04	3	15.00	8	40.00	7	38.89	20	40.82
提供机会增强磨炼	98	21.12	3	53	29.12	20	15.63	2	4.26	0		5	25.00	8	44.44	10	20.41
自我锻炼和积累	46	9.91	4	16	8.79	13	10.16	5	10.64	5	25.00	5	25.00	1	5.56	1	2.04
其他	9	1.94	5	0	0	4	3.13	3	6.38	0		1	5.00	0	0	1	2.04
不清楚	9	1.94	5	1	0.55	5	3.91	2	4.26	0		0		1	5.56	0	0
合计	464	100		182	100	128	100	47	100	20	100	20	100	18	100	49	100

4. 德育干部的看法

在 2013 年对德育干部的调查中，对最有效方式的看法是："社会实践"（58.14%）、"提供机会增强磨炼"（30.23%）、"课堂教学"（6.98%）、"自我锻炼和积累"（2.33%）、"不清楚"（2.33%）、"其他"（0）。超过半数的德育干部肯定"社会实践"是最有效方式，此选项的比率是最高的。

5. 小学校长的看法

如表 8-75 所示，小学校长对最有效方式的看法为："社会实践"（52.59%）、"课堂教学"（18.52%）、"提供机会增强磨炼"（14.81%）、"自我锻炼和积累"（8.89%）、"其他"（3.70%）、"不清楚"（1.48%）。由三年的比较可知，"社会实践"的比率一直居高，可见在小学校长眼中"社会实践"一直是所有方式中最有效的方式。

表 8-75　小学校长认为的未成年人科学素质发展与企业家精神培养的最有效方式

| 选项 | 总 | | | 2013 年（安徽省） | | 2014 年 | | | | 2015 年（安徽省） | | | |
| | | | | | | 全国部分省市（少数民族地区）（1） | | 安徽省（2） | | （1） | | （2） | |
	人数/人	比率/%	排序	人数/人	比率/%	人数/人	比率/%	人数/人	比率/%	人数/人	比率/%	人数/人	比率/%
课堂教学	25	18.52	2	4	10.53	5	19.23	7	21.21	5	29.41	4	19.05
社会实践	71	52.59	1	19	50.00	14	53.85	18	54.55	7	41.18	13	61.90
提供机会增强磨炼	20	14.81	3	9	23.68	2	7.69	5	15.15	2	11.76	2	9.52
自我锻炼和积累	12	8.89	4	5	13.16	2	7.69	3	9.09	0	0	2	9.52
其他	5	3.70	5	1	2.63	1	3.85	0	0	3	17.65	0	0
不清楚	2	1.48	6	0	0	2	7.69	0	0	0	0	0	0
合计	135	100		38	100	26	100	33	100	17	100	21	100

6. 科技工作者，科技型中小企业家，教育、科技、人事管理部门领导的看法

在 2010 年对科技工作者，科技型中小企业家，教育、科技、人事管理部门领导的调查中，选择"课堂教学"的比率分别为 7.69%、12.20%、8.82%；选择"社会实践"的比率分别为 36.26%、48.78%、47.06%；选择"提供机会增强磨炼"的比率分别为 39.56%、29.27%、29.41%；选择"自我锻炼和积累"的比率分别为 7.69%、4.88%、11.76%；选择"其他"的比率分别为 2.20%、2.44%、0；选择"不清楚"的比率分别为 6.59%、2.44%、2.94%。

"提供机会增强磨炼"与"社会实践"分别被科技工作者排在第一、第二位，并且两者的比率不相上下，可以看出科技工作者心中最有效的方式就是"社会实践"与"提供机会增强磨炼"。仍有一小部分科技工作者对这一问题的认识"不清楚"。"社会实践"与"提供机会增强磨炼"分别被科技型中小企业

家排在第一、第二位。与科技型中小企业家的选择相同，"社会实践"与"提供机会增强磨炼"分别被教育、科技、人事管理部门领导排在第一、第二位。

7. 研究生与大学生的看法

在 2010 年对研究生与大学生的调查中，选择"课堂教学"的比率分别为 12.98%、17.61%；选择"社会实践"的比率分别为 48.85%、33.83%；选择"提供机会增强磨炼"的比率分别为 19.08%、21.75%；选择"自我锻炼和积累"的比率分别为 14.50%、18.64%；选择"其他"的比率分别为 1.53%、5.52%；选择"不清楚"的比率分别为 0、2.65%。

研究生对最有效方式的看法中，排名第一的"社会实践"的比率是第二名和第三名的 3 倍左右，因此，研究生对"社会实践"作为最有效方式是毫不质疑的。大学生与研究生的认识较为相似，认为社会实践是最有效的方式。

（二）相关群体看法的比较

1. 未成年人与中学老师、家长看法的比较

中学老师与家长各项的选择率相近，排序结果基本相同，可见，两个群体的认识有较高的一致性。未成年人、中学老师、家长 3 个群体都充分肯定"社会实践"是最有效方式。在"提供机会增强磨炼"的选择率上，未成年人明显低于其他两个群体。另外，更多的未成年人表现出对这一问题"不清楚"。

2. 未成年人与中学校长等 3 个群体看法的比较

比较可知，4 个群体认为最有效的方式是"社会实践"，其中德育干部对此项的选择率最高（近六成）。"课堂教学"、"提供机会增强磨炼"以及"自我锻炼和积累"均排名靠前。因此，这 4 个群体的看法也有着一定的相似性。

3. 未成年人与科技工作者等 3 个群体看法的比较

除了科技工作者，其他 3 个群体都认为"社会实践"是最有效方式。相比之下，未成年人更加注重"课堂教学"所起的作用。在对"提供机会增强磨炼"的选择上，未成年人的选择率最低，但并不等于否定它成为最有效方式的可能性。

4. 未成年人与研究生、大学生看法的比较

3 个学生群体都明确表示"社会实践"是最有效方式，其中近半数的研究生对此深信不疑。相比之下，未成年人对"课堂教学"的选择率高于其他两个群体，这很可能与未成年人接受知识的主要渠道是课堂学习这一事实有关。总体来看，由于年龄相仿，3 个群体对这一问题的认识存在着很强的相似性。

（三）基本认识

1. 在社会实践中促进未成年人科学素质发展与企业家精神培养渐成共识

从相关数据来看，与"未成年人科学素质发展与企业家精神培养的最主要因素"相对应的是，在促进未成年人的科学素质发展与企业家精神培养的过程中，"社会实践"是最受欢迎的方式，说明"实践出真知"是有道理的。"提供机会增强磨炼"得到青睐，"自我锻炼和积累"也是一种可行的方式，但随着时代的发展、教育理念的更新，传统的"课堂教学"的作用被认为有限。各级教育力量应尽可能多地给未成年人创造多种锻炼机会，使其在实践中促进科学素质发展与企业家精神培养。

2. 课堂教学的作用不容忽视

虽然相关群体对课堂教学的作用持较为平和的态度，认为课堂教学的作用有限，但不应忽视课堂教学的作用。就目前教育的现状而言，未成年人接受的学校教育主要是通过课堂教学的形式来进行的。在课堂中，教育者可以通过集中的授课与讲解使未成年人进一步明晰相关素质与精神的具体内涵及其表现形式。未成年人在课堂中通过教师讲解以及与同学的互动和交流，对认识与理解上的障碍能及时予以化解。同时也应注意消解课堂教学存在的局限性，如课堂教学水平主要依赖教师的专业水准、课堂教学的生动性和活泼性不及实践活动等。

3. 科学素质发展与企业家精神培养应逐渐形成"知行合一"的循环圈

未成年人科学素质发展与企业家精神培养不仅要求未成年人在"知"的层面做到了解与认识的深刻性，不断了解科学素质与企业家精神的内涵及其表现，同时要求未成年人在"行"的层面注重身体力行地去践行相关素质与精神要求，还应在实践中去更好地发展科学素质与培养企业家精神。未成年人的科学素质发展与企业家精神培养应逐渐形成"知行合一"的循环圈，这符合认识与实践的相互关系，同时也有助于未成年人对这一问题认识的深化。

十 增大相关教育成分

在学校教育中，未成年人的科学素质发展是被明确提出与重视的，贯穿于日常教育之中。未成年人的企业家精神培养在学校教育中尚未被明确提出，也就无从得到重视。我们通过各相关群体的认识，客观地来看当前学校教育中有无未成年人企业家精神培养的教育成分。

（一）相关群体的看法

1. 未成年人的看法

如表 8-76 所示，未成年人对有无企业家精神培养教育成分的看法："有"
（36.51%）、"没有"（32.83%）、"不好说"（18.83%）、"不知道"（11.83%）。
近四成的未成年人认为学校教育中有企业家精神培养的教育成分，但也应注意，
认为"没有"与"有"的率差不大，说明未成年人对此问题的认识存在分歧。
由六年的比较可知，"有"的比率在上升，"没有"的比率在下降，总之，未
成年人的认识在变化。

表 8-76　未成年人认为的当前学校教育中有无未成年人企业家精神培养的教育成分

选项	总			2009 年		2010 年		2011 年		2013 年		2014 年		2015 年	
	人数/人	比率/%	排序	人数/人	比率/%	人数/人	比率/%	人数/人	比率/%	人数/人	比率/%	人数/人	比率/%	人数/人	比率/%
有	4 931	36.51	1	782	35.29	547	28.25	625	32.37	1 087	36.62	1 242	42.27	648	42.69
没有	4 435	32.83	2	780	35.20	835	43.13	746	38.63	1035	34.87	644	21.92	395	26.02
不好说	2 543	18.83	3	355	16.02	318	16.43	296	15.33	452	15.23	810	27.57	312	20.55
不知道	1 598	11.83	4	299	13.49	236	12.19	264	13.67	394	13.27	242	8.24	163	10.74
合计	13 507	100		2 216	100	1 936	100	1 931	100	2 968	100	2 938	100	1 518	100

2. 家长的看法

如表 8-77 所示，家长对有无企业家精神培养教育成分的看法："有"的比
率为 36.62%，排在第一位，其次是"没有"，比率为 26.87%，再次是"不好
说"，比率为 22.10%，最后是"不知道"，比率为 14.42%。由此可见，家长
群体也是较多地认同学校在企业家精神培养方面的努力。由几年的比较可知，
认为"有"的比率逐年上升，2015 年达到最高，相反，认为"没有"的比率逐
年下降，说明家长群体对学校做法的看法日渐乐观。

表 8-77　家长认为的当前学校教育中有无未成年人企业家精神培养的教育成分

选项	总			2010 年		2011 年		2013 年		2014 年		2015 年	
	人数/人	比率/%	排序	人数/人	比率/%	人数/人	比率/%	人数/人	比率/%	人数/人	比率/%	人数/人	比率/%
有	353	36.62	1	23	23.47	59	32.24	97	32.99	105	44.68	69	44.81
没有	259	26.87	2	39	39.80	66	36.07	95	32.31	37	15.74	22	14.29
不好说	213	22.10	3	21	21.43	34	18.58	50	17.01	74	31.49	34	22.08
不知道	139	14.42	4	15	15.31	24	13.11	52	17.69	19	8.09	29	18.83
合计	964	100		98	100	183	100	294	100	235	100	154	100

3. 中学老师的看法

如表 8-78 所示，中学老师对有无企业家精神培养教育成分的看法："有"（36.87%）、"没有"（36.65%）、"不好说"（19.15%）、"不知道"（7.33%）。可见与之前两个群体的看法大致相同，中学老师更倾向于认为在未成年人的企业家精神培养方面，学校教育中有一定的教育成分，但值得注意的是，认为"没有"的比率与"有"的比率相差微小。从六年的数据可知，"有"的比率在波动中上升，"没有"的比率整体上下降，并且在 2015 年其比率达到了最低，"不知道"的比率总体上也有所上升。

表 8-78　中学老师认为的当前学校教育中有无未成年人企业家精神培养的教育成分

选项	总 人数/人	总 比率/%	总 排序	2009 年 人数/人	2009 年 比率/%	2010 年 人数/人	2010 年 比率/%	2011 年 人数/人	2011 年 比率/%	2013 年 人数/人	2013 年 比率/%	2014 年 人数/人	2014 年 比率/%	2015 年 人数/人	2015 年 比率/%
有	493	36.87	1	94	42.15	75	34.88	78	35.78	106	35.93	78	33.62	62	40.26
没有	490	36.65	2	88	39.46	89	41.40	90	41.28	97	32.88	82	35.34	44	28.57
不好说	256	19.15	3	36	16.14	40	18.60	39	17.89	52	17.63	56	24.14	33	21.43
不知道	98	7.33	4	5	2.24	11	5.12	11	5.05	40	13.56	16	6.90	15	9.74
合计	1337	100		223	100	215	100	218	100	295	100	232	100	154	100

4. 中学校长的看法

如表 8-79 所示，中学校长对有无企业家精神培养教育成分的看法："有"（39.01%）、"没有"（31.60%）、"不好说"（26.17%）、"不知道"（3.21%）。"有"的比率排在第一位，说明中学校长对此问题的看法较为乐观。中学校长作为学校教育的重要领导者和管理者，其选择"有"的比率较前几个群体要高，这从侧面反映出，中学校长在日常学校管理与教育工作中，较为关注未成年人企业家精神的培养。

表 8-79　中学校长认为的当前学校教育中有无未成年人企业家精神培养的教育成分

选项	总 人数/人	总 比率/%	总 排序	2013 年 人数/人	2013 年 比率/%	2014 年 (1) 人数/人	2014 年 (1) 比率/%	2014 年 (2) 人数/人	2014 年 (2) 比率/%	2015 年 (1) 人数/人	2015 年 (1) 比率/%	2015 年 (2) 人数/人	2015 年 (2) 比率/%	2015 年 (3) 人数/人	2015 年 (3) 比率/%	2015 年 (4) 人数/人	2015 年 (4) 比率/%
有	158	39.01	1	64	35.16	32	46.38	20	42.55	7	35.0	3	15.00	5	27.78	27	55.10
没有	128	31.60	2	62	34.07	18	26.09	12	25.53	8	40.0	9	45.00	4	22.22	15	30.61
不好说	106	26.17	3	49	26.92	19	27.54	13	27.66	5	25.0	8	40.00	8	44.44	4	8.16
不知道	13	3.21	4	7	3.85	0	0	2	4.26	0	0	0	0	1	5.56	3	6.12
合计	405	100		182	100	69	100	47	100	20	100	20	100	18	100	49	100

5. 小学校长的看法

如表 8-80 所示，小学校长对有无企业家精神培养教育成分的看法："有"（36.30%）、"不好说"（31.85%）、"没有"（21.48%）、"不知道"（10.37%）。与前述几个群体的看法相似，从总体上说，小学校长也是更倾向于认为学校教育在未成年人企业家精神培养方面有一定的教育成分。但不同的是，小学校长对这一问题认为"不好说"的比率超过了"没有"的比率，可能其在此问题的回答上较其他群体更拿不定主意。

表 8-80　小学校长认为的当前学校教育中有无未成年人企业家精神培养的教育成分

| 选项 | 总 | | | 2013 年（安徽省） | | 2014 年 | | | | 2015 年（安徽省） | | | |
| | | | | | | 全国部分省市（少数民族地区）（1） | | 安徽省（2） | | （1） | | （2） | |
	人数/人	比率/%	排序	人数/人	比率/%	人数/人	比率/%	人数/人	比率/%	人数/人	比率/%	人数/人	比率/%
有	49	36.30	1	11	28.95	7	26.92	12	36.36	8	47.06	11	52.38
没有	29	21.48	3	12	31.58	3	11.54	9	27.27	1	5.88	4	19.05
不好说	43	31.85	2	12	31.58	9	34.62	10	30.30	6	35.29	6	28.57
不知道	14	10.37	4	3	7.89	7	26.92	2	6.06	2	11.76	0	0
合计	135	100		38	100	26	100	33	100	17	100	21	100

（二）相关群体看法的比较

1. 未成年人与中学老师、家长看法的比较

3 个群体对这一问题各选项的排序相同，都有近四成的人认为学校教育中对未成年人的企业家精神培养存在一些教育成分。但"没有"的比率与"有"的比率相近，可见 3 个群体认为学校在这一问题上的关注度还不够，需要增加相应的教育措施来培养未成年人的企业家精神。

2. 未成年人与中学校长等 3 个群体看法的比较

在表 8-81 中，未成年人与中学校长的排序一致，德育干部与小学校长的排序相同，虽然在一定程度上有细微的差别，但认为"有"的比率都是最高的，这说明 4 个群体均认为学校在未成年人企业家精神培养方面下了一定的功夫，其中，德育干部最认同学校教育"有"企业家精神培养的教育成分这一认识。此外，未成年人认为"没有"的比率在 4 个群体里是最高的，德育干部和小学校长的此项比率相对较低。

表 8-81　未成年人、中学校长、德育干部、小学校长对当前学校教育中有无未成年人企业家精神培养教育成分看法的比较

选项	未成年人（2009～2011年、2013～2015年）			中学校长（2013～2015年）			德育干部（2013年）			小学校长（2013～2015年）			未成年人与中学校长比较率差	未成年人与德育干部比较率差	未成年人与小学校长比较率差
	人数/人	比率/%	排序	人数/人	比率/%	排序	人数/人	比率/%	排序	人数/人	比率/%	排序			
有	4 931	36.51	1	158	39.01	1	20	46.51	1	49	36.30	1	-2.52	-10.02	0.19
没有	4 435	32.83	2	128	31.60	2	9	20.93	3	29	21.48	3	1.2	11.87	11.32
不好说	2 543	18.83	3	106	26.17	3	12	27.91	2	43	31.85	2	-7.34	-9.08	-13.02
不知道	1 598	11.83	4	13	3.21	4	2	4.65	4	14	10.37	4	8.66	7.22	1.50
合计	13 507	100		405	100		43	100		135	100		0	0	0

3. 未成年人与科技工作者等3个群体看法的比较

在表 8-82 中，科技工作者等 3 个群体认为当前学校教育中有未成年人企业家精神培养教育成分的比率很低，其中超过半数的科技型中小企业家认为学校并没有承担起培养未成年人企业家精神的责任。此外，科技型中小企业家与教育、科技、人事管理部门领导认为"不好说"的比率超过了"有"的比率，可见这 2 个群体在企业家精神培养方面对学校教育的失望。相对于这 3 个群体，未成年人对学校教育所持的态度较为乐观。

表 8-82　未成年人，科技工作者，科技型中小企业家，教育、科技、人事管理部门领导对当前学校教育中有无未成年人企业家精神培养教育成分看法的比较

选项	未成年人（2009～2011年、2013～2015年）			科技工作者（2010年）		科技型中小企业家（2010年）		教育、科技、人事管理部门领导（2010年）		未成年人与科技工作者比较率差	未成年人与科技型中小企业家比较率差	未成年人与教育、科技、人事管理部门领导比较率差
	人数/人	比率/%	排序	人数/人	比率/%	人数/人	比率/%	人数/人	比率/%			
有	4 931	36.51	1	23	25.27	6	14.63	8	23.53	11.22	21.86	12.96
没有	4 435	32.83	2	40	43.96	22	53.66	13	38.24	-11.16	-20.86	-5.44
不好说	2 543	18.83	3	19	20.88	7	17.07	10	29.41	-2.05	1.76	-10.58
不知道	1 598	11.83	4	9	9.89	6	14.63	3	8.82	1.98	-2.76	3.05
合计	13 507	100		91	100	41	100	34	100	0	0	0

4. 未成年人与研究生、大学生看法的比较

在表 8-83 中，未成年人较多地认为学校教育中有未成年人企业家精神培养

的教育成分，而研究生与大学生的认识正好相反，他们较多地认为"没有"，这与研究生、大学生在学校没有接受到企业家精神培养有关，他们对当前学校教育中有企业家精神培养的教育成分信心不足。

表 8-83　未成年人、研究生、大学生对当前学校教育中有无未成年人企业家精神培养教育成分看法的比较

选项	未成年人（2009～2011年、2013～2015年）			研究生（2010年）			大学生（2010年）			未成年人与研究生比较率差	未成年人与大学生比较率差
	人数/人	比率/%	排序	人数/人	比率/%	排序	人数/人	比率/%	排序		
有	4 931	36.51	1	40	30.53	2	287	33.03	2	5.96	3.46
没有	4 435	32.83	2	59	45.04	1	388	44.65	1	-12.24	-11.85
不好说	2 543	18.83	3	20	15.27	3	109	12.54	3	3.56	6.29
不知道	1 598	11.83	4	12	9.16	4	85	9.78	4	2.71	2.09
合计	13 507	100		131	100		869	100		0	0

（三）基本认识

1. 学校教育对未成年人科学素质发展与企业家精神培养较为重视

在对包括未成年人在内的多个群体的调查中，大多数群体认为当前学校教育中含有科学素质发展与企业家精神培养的教育成分，其中，中学校长选择"有"的比率最高（39.01%）。应当看到，学校教育不仅包括知识性教育，还包括相应的素质教育。随着《国家中长期教育改革和发展规划纲要（2010—2020 年）》的颁布实施，学校教育越来越重视内涵式发展，对学生素质教育的重视程度越来越高。此外，随着国家科技发展以及社会主义市场经济作用的发挥，科学素质与企业家精神逐渐受到越来越广泛的关注。在"聚焦"视角下，学校教育的触及面会增大，重视度也会显著增强，学校通过课程设置、课外实践活动以及其他各种措施来逐渐增加科学素质发展与企业家精神培养的教育成分。

2. 亟须提高科技工作者等 3 个群体以及研究生与大学生的认知

在对科技工作者等 3 个群体的调查中，科技型中小企业家与教育、科技、人事管理部门领导选择"不好说"的比率超过了"有"的比率，其中超过半数的科技型中小企业家认为学校并没有承担起培养未成年人企业家精神的责任。可见，科技工作者等 3 个群体对这一问题的认识不积极。研究生与大学生较多地倾向于"没有"，对这一问题的认识较为消极。由此可见，需要进一步提高这 5 个群体对这一问题的认识，使其明晰学校教育在未成年人素质养成过程中的重要性及必要性。受制于职业定位、身份以及角色等多种因素的影响，这 5

个群体更多地是从自身立场来考虑问题，对学校教育的重视程度不足。此外，学校教育本身应通过各种措施切实加强对未成年人的培养与教育，并努力做出一定的成效，以期改变其他群体的认识。

3. 应通过多种途径增加学校教育中未成年人科学素质发展与企业家精神培养的教育成分

总体来说，未成年人、中学老师、家长、德育干部以及校长群体认为学校教育中有一定的未成年人企业家精神培养的教育成分，但整体的选择率都不高，并且选择"没有"的比率与"有"的比率相差不大，这更说明了学校在对未成年人企业家精神培养上还有很多的工作需要做。此外，科技工作者等3个群体以及研究生与大学生都明确表示学校教育中缺乏未成年人企业家精神培养的教育成分。因此，需要通过多种途径增加学校教育中未成年人科学素质发展与企业家精神培养的成分，学校应着眼于未成年人的实际，从课程设置、教材开发、实践活动、校企合作、专业师资队伍建设等多途径来加以实现，切实重视并将工作落到实处，力促取得实效。

十一　充分发挥情感效能

人的情感作用十分显著。未成年人的情感已经比较敏感，他们对自身的情感感受与来自外界的情感刺激都有着独特的反应。他们既不像成年人那样深沉，也不像儿童那样天真，他们虽然还稚嫩，但已有自己的判断。充分发挥未成年人的情感作用，促进未成年人的科学素质发展与企业家精神培养，在新形势下显得非常重要。

（一）相关群体的看法

1. 未成年人的看法

研究表明，当代未成年人有一个显著的特点，"就是他觉得谁最可靠，他就会最信任谁，谁的话他就最愿听，也听得进去，就能在很多方面影响他"（叶松庆，2007h）。

如表8-84所示，未成年人最愿听谁的话？未成年人各选项的排序如下："父亲"（36.31%）、"母亲"（30.95%）、"爷爷、奶奶或外祖父、外祖母"（7.86%）、"任课老师"（6.03%）、"校长"（4.74%）、"自己所崇拜的人"（4.53%）、"好朋友"（3.60%）、"班主任"（3.15%）、"其他"（2.83%）。可见，未成年人更愿听从父母的话，其次是其他家人，再者是老师朋友，这与其亲密度有一定的关联。父母给予他们生命，照顾他们的生活，负责他们的教育等，在未成年人心中有一定的威严。由十年的比较可知,未成年人对父母是最顺从的,而且总体比率有所上升;对班主任与任课老师的顺从度有所下降。

表 8-84　未成年人认为的自己最愿听谁的话

选项	总			2006年比率/%	2007年比率/%	2008年比率/%	2009年比率/%	2010年比率/%	2011年比率/%	2012年比率/%	2013年比率/%	2014年比率/%	2015年比率/%
	人数/人	比率/%	排序										
父亲	9 117	36.31	1	30.95	35.67	32.97	42.28	34.61	36.04	40.16	39.76	36.69	36.03
母亲	7 771	30.95	2	27.70	32.25	32.02	29.47	38.12	32.83	24.38	27.36	33.42	32.67
爷爷、奶奶或外祖父、外祖母	1 974	7.86	3	9.89	7.36	7.18	6.09	5.53	7.25	7.51	9.16	10.04	7.51
校长	1 191	4.74	5	2.27	3.81	3.58	6.95	4.24	6.11	5.66	5.36	5.85	4.74
班主任	790	3.15	8	5.77	6.24	5.12	2.12	1.65	1.45	1.71	1.55	1.46	1.45
任课老师	1 513	6.03	4	6.18	6.54	6.06	6.45	7.13	7.61	8.75	5.76	2.83	3.56
好朋友	903	3.60	7	11.04	4.47	6.06	2.71	3.51	3.32	0.95	0.77	0.41	0.86
自己所崇拜的人	1 138	4.53	6	6.18	3.68	7.01	3.93	5.22	5.39	3.52	3.23	1.84	5.14
其他	710	2.83	9	0	0	0	0	0	0	7.37	7.04	7.45	8.04
合计	25 107	100		100	100	100	100	100	100	100	100	100	100

2. 中学老师的看法

如表 8-85 所示,中学老师认为未成年人最愿听谁的话的排序为:"校长"(32.82%)、"自己所崇拜的人"(22.11%)、"好朋友"(21.14%)、"母亲"(8.62%)、"父亲"(8.34%)、"任课老师"(3.06%)、"班主任"(1.81%)、"爷爷、奶奶或外祖父、外祖母"(1.25%)、"其他"(0.83%)。可见,中学老师与未成年人的看法有很大的出入,中学老师认为未成年人作为在校学生更多地认可校长的权威,因此最听校长的话。"好朋友"与未成年人是同辈群体,所以有较多的共同语言,在一定程度上未成年人会听从"好朋友"的意见或建议。

表 8-85　中学老师认为的未成年人最愿听谁的话

选项	中学老师								
	总			2009 年		2012 年		2013 年	
	人数/人	比率/%	排序	人数/人	比率/%	人数/人	比率/%	人数/人	比率/%
父亲	60	8.34	5	29	13.00	9	4.48	22	7.46

续表

选项	中学老师								
	总			2009 年		2012 年		2013 年	
	人数/人	比率/%	排序	人数/人	比率/%	人数/人	比率/%	人数/人	比率/%
母亲	62	8.62	4	26	11.66	13	6.47	23	7.80
爷爷、奶奶或外祖父、外祖母	9	1.25	8	3	1.35	1	0.50	5	1.69
校长	236	32.82	1	74	33.18	70	34.83	92	31.19
班主任	13	1.81	7	5	2.24	5	2.49	3	1.02
任课老师	22	3.06	6	1	0.45	6	2.99	15	5.08
好朋友	152	21.14	3	36	16.14	51	25.37	65	22.03
自己所崇拜的人	159	22.11	2	49	21.97	43	21.39	67	22.71
其他	6	0.83	9	0	0	3	1.49	3	1.02
合计	719	100		223	100	201	100	295	100

3. 家长的看法

如表 8-86 所示，家长认为未成年人最愿听谁的话的排序为："校长"（28.87%）、"母亲"（20.87%）、"父亲"（15.48%）、"好朋友"（12.87%）、"自己所崇拜的人"（12.17%）、"班主任"（3.65%）、"爷爷、奶奶或外祖父、外祖母"（3.48%）、"其他"（1.74%）、"任课老师"（0.87%）。家长把"校长"排在了第一位，更多地认为校长在未成年人心中更具有权威性，其次是肯定自己在未成年人心中的地位，同时家长肯定了未成年人的好朋友与未成年人所崇拜的人的重要作用。

表 8-86　家长认为的未成年人最愿听谁的话

选项	家长								
	总			2010 年		2011 年		2013 年	
	人数/人	比率/%	排序	人数/人	比率/%	人数/人	比率/%	人数/人	比率/%
父亲	89	15.48	3	12	12.24	40	21.86	37	12.59
母亲	120	20.87	2	19	19.39	37	20.22	64	21.77
爷爷、奶奶或外祖父、外祖母	20	3.48	7	0	0	8	4.37	12	4.08
校长	166	28.87	1	29	29.59	55	30.05	82	27.89
班主任	21	3.65	6	5	5.10	6	3.28	10	3.40
任课老师	5	0.87	9	0	0	1	0.55	4	1.36

续表

选项	家长								
	总			2010 年		2011 年		2013 年	
	人数/人	比率/%	排序	人数/人	比率/%	人数/人	比率/%	人数/人	比率/%
好朋友	74	12.87	4	14	14.29	25	13.66	35	11.90
自己所崇拜的人	70	12.17	5	19	19.39	11	6.01	40	13.61
其他	10	1.74	8	0	0	0	0	10	3.40
合计	575	100		98	100	183	100	294	100

4. 中学校长的看法

如表 8-87 所示，中学校长认为未成年人最愿听谁的话的排序为："班主任"（42.86%）、"好朋友"（16.48%）、"自己所崇拜的人"（15.93%）、"母亲"（10.44%）、"父亲"（6.59%）、"爷爷、奶奶或外祖父、外祖母"（3.30%）、"任课老师"（3.30%）、"校长"（0.55%）、"其他"（0.55%）。中学校长更倾向于认为未成年人最愿听"班主任"的话。从性别上看，男性中学校长对"班主任"的威信更加看重；从地域上看，乡镇中学校长相比城市中学校长更多认为未成年人最愿听"母亲"的话；从职称上看，相比正校长副校长更为看重未成年人"自己所崇拜的人"所起的作用。

表 8-87　中学校长认为的未成年人最愿听谁的话（2013 年）

选项	总			性别			地域			职称		
	人数/人	比率/%	排序	男（比率）/%	女（比率）/%	男与女比较率差	城市（比率）/%	乡镇（比率）/%	城市与乡镇比较率差	正校长（比率）/%	副校长（比率）/%	正校长与副校长比较率差
父亲	12	6.59	5	5.66	13.04	-7.38	9.18	3.57	5.61	8.93	5.56	3.37
母亲	19	10.44	4	8.81	21.74	-12.93	8.16	13.10	-4.94	10.71	10.32	0.39
爷爷、奶奶或外祖父、外祖母	6	3.30	6	3.77	0	3.77	4.08	2.38	1.70	3.57	3.17	0.40
校长	1	0.55	8	0.63	0	0.63	1.02	0	1.02	1.79	0	1.79
班主任	78	42.86	1	44.65	30.43	14.22	41.84	44.05	-2.21	44.64	42.06	2.58
任课老师	6	3.30	6	3.77	0	3.77	3.06	3.57	-0.51	1.79	3.97	-2.18
好朋友	30	16.48	2	16.35	17.39	-1.04	18.37	14.29	4.08	14.29	17.46	-3.17
自己所崇拜的人	29	15.93	3	15.72	17.39	-1.67	14.29	17.86	-3.57	12.50	17.46	-4.96
其他	1	0.55	8	0.63	0	0.63	0	1.19	-1.19	1.79	0	1.79
合计	182	100		100	100	0	100	100	0	100	100	0

5. 小学校长的看法

如表 8-88 所示,小学校长对未成年人最愿听谁的话的排序为:"班主任"(36.84%)、"自己所崇拜的人"(26.32%)、"母亲"(13.16%)、"父亲"(13.16%)、"好朋友"(7.89%)、"任课老师"(2.63%)、"爷爷、奶奶或外祖父、外祖母"(0)、"校长"(0)、"其他"(0)的比率均为零。与中学校长的看法相似,小学校长也倾向于认为未成年人最愿听"班主任"的话。从性别上看,相比男性小学校长女性小学校长更多地认为未成年人更愿听"父亲"的话;从地域上看,相比城市小学校长乡镇小学校长较多地认为未成年人比较听"好朋友"的话;从职称上看,小学正校长更倾向于看重"母亲"在未成年人心中的威信。

表 8-88 小学校长认为的未成年人最愿听谁的话(2013 年)

选项	总			性别			地域			职称		
	人数/人	比率/%	排序	男(比率)/%	女(比率)/%	男与女比较率差	城市(比率)/%	乡镇(比率)/%	比城市与乡镇比较率差	正校长(比率)/%	副校长(比率)/%	正校长与副校长比较率差
父亲	5	13.16	3	4.17	28.57	−24.40	18.52	0	18.52	14.81	9.09	5.72
母亲	5	13.16	3	16.67	7.14	9.53	18.52	0	18.52	18.52	0	18.52
爷爷、奶奶或外祖父、外祖母	0	0	7	0	0	0	0	0	0	0	0	0
校长	0	0	7	0	0	0	0	0	0	0	0	0
班主任	14	36.84	1	41.67	28.57	13.10	37.04	36.36	0.68	40.74	27.27	13.47
任课老师	1	2.63	6	0	7.14	−7.14	0	9.09	−9.09	0	9.09	−9.09
好朋友	3	7.89	5	12.50	0	12.50	3.70	18.18	−14.48	0	27.27	−27.27
自己所崇拜的人	10	26.32	2	25.00	28.57	−3.57	22.22	36.36	−14.14	25.93	27.27	−1.34
其他	0	0	7	0	0	0	0	0	0	0	0	0
合计	38	100		100	100	0	100	100	0	100	100	0

(二)相关群体看法的比较

1. 未成年人与中学老师、家长看法的比较

未成年人认为自己最愿听父母亲的话,而中学老师和家长则认为未成年人更愿听"校长"的话,3 个群体的选择有较大的出入,原因在于未成年人更多地是从家庭生活的角度考虑这一问题,其他 2 个群体把未成年人置于学校这一

大的学习环境之下，因此才会产生认识上的较大出入。此外，未成年人、中学老师、家长 3 个群体选择"班主任"的比率都不高。

2. 未成年人与中学校长、小学校长看法的比较

两个校长群体都比较认同未成年人最愿听"班主任"的话，特别是中学校长群体。总体看来，未成年人、中学校长、小学校长 3 个群体对父母的选择排名都较为靠前，可以认为，未成年人对父母的话有较强的认同度，这从侧面反映出他们会比较听父母的话；另外，未成年人又是以学生的身份在学校里学习的，接触最多的就是自己的班主任，所以，校长群体认为未成年人最愿听"班主任"的话是有充分依据的。

（三）基本认识

1. 未成年人认为父母的情感作用最为显著

在对未成年人就最愿听谁的话的调查中，未成年人选择"父亲"和"母亲"的比率分别为 36.31% 和 30.95%。在未成年人眼中，父母是最可信赖的人，父母的情感作用也最显著，父母具有较强的"权威性"，因此他们最愿听父母的话。父母作为未成年人的第一任老师，其言行会对未成年人产生潜移默化的影响。除去在学校的学习时间，未成年人与父母相处的时间较多，父母对其影响表现在各个方面。作为父母应当及时了解未成年人的思想动态，关注未成年人的想法，切实从"同理心"的角度去关注未成年人的身心健康发展。在未成年人科学素质发展与企业家精神培养中，注重发挥父母的情感效能作用，使父母真正了解科学素质与企业家精神，同时在条件允许的情况下，带领未成年人参与相关的科技创新实践、参观相应的企业和与企业家进行零距离接触。父母通过这一系列的措施在一定程度上能保证培养取得一定的成效。

2. 教育工作者认为应进一步发挥朋辈群体的积极作用

调查显示，教育工作者较为重视朋辈群体的情感效能。未成年人与朋辈群体有较多的共同语言与情感交流，未成年人在一定程度上会听从朋辈群体（"好朋友"）的意见或建议。在未成年人科学素质发展与企业家精神培养中，提高朋辈群体的兴趣与热情，同时积极创造良好的氛围促使朋辈群体融入科学素质与企业家精神的相关元素。教育工作者应密切关注未成年人朋辈群体中出现的"异质性"因素，即与主流价值观以及相关素质培养不相符合的因素。教育工作者应注意管控"异质性"因素，激活群体间的积极因素。

3. 发挥情感在未成年人科学素质发展与企业家精神培养中的作用需多元主体共同参与

在未成年人科学素质发展与企业家精神培养的情感作用发挥过程中，父母

的作用较为显著，爷爷、奶奶或外祖父、外祖母给予未成年人的爱是无私的，情感作用也很大，至亲的情感作用是不可替代的。教育工作者（校长、班主任、任课老师）也有一定的情感影响力。由此，需要多元主体共同参与和发挥情感效能。成年人群体间应相互协同与合作，同时要注意不同群体间效能作用的差异性。提高低效能群体的参与度和积极性，为未成年人科学素质发展与企业家精神培养提供情感支撑。

十二 加大对未成年人的科普力度与创新人才早期培养力度

（一）加大对未成年人的科普力度

我国对科学普及工作是相当重视的，从中央到地方都建立了科协组织，还设立了全国科普日，在科普日期间，党和国家领导人都会出席现场会议，予以了高度关注并寄予厚望。中国科学技术协会还在安徽省芜湖市召开科技博览会，推介科学产品，提高公众尤其是未成年人对科学的认识，各地科技管理部门与科协采用多种形式普及科技知识，对提高未成年人的科学素质起了积极的促进作用，"但是，由于方法和理念上的原因，中国很多科普机构形同虚设，大多数百姓感受不到现代科学的魅力"（张文凌，2011）。目前的科普工作，主要力量与实施手段都比较传统和单一，大量的科普活动主要由各级科技部门与科协唱"独角戏"，力量薄弱，影响有限，因此我们的科普工作还有较大的发展空间。有专家认为，"如果只有科协和科技厅倡导科普，就会导致创造力枯竭"（张文凌，2011）。应当在政府的统一领导下，在继续发挥科技管理部门、科协以及科普机构的主导作用的同时，调动企业尤其是科技企业承担社会责任的积极性，利用它们的优势资源，在未成年人科普、科普场馆建设上有所作为，还应考虑充分利用传播媒体展示科技资讯的魅力，建立对企业、传媒科普活动的奖励机制和监督机制，做好这些工作，会大大促进未成年人的科学素质发展与企业家精神培养。

（二）加大创新人才早期培养力度

目前创新人才培养一般在大学阶段才得到重视，根据本书研究可知，在被调查的科技工作者，科技型中小企业家，教育、科技、人事管理部门领导，家长，研究生，大学生等6个群体中，79.76%的人认为"幼儿"与"小学"阶段是未成年人科学素质发展的最佳阶段，40%以上的人认为"幼儿"与"小学"阶段是企业家精神培养的最佳阶段。

李克强同志在 2016 年 3 月 5 日的《政府工作报告》中指出，"大力弘扬创新文化，厚植创新沃土，营造敢为人先、宽容失败的良好氛围，充分激发企业家精神，调动全社会创业创新积极性，汇聚成推动发展的磅礴力量"。"在基础教育阶段应对拔尖创新人才进行早期培养。"（靳晓燕，2011）中国人民大学附中的早期培养经验为创新人才早期培养提供了新思路与新途径。因此，在基础教育阶段进行创新人才早期培养是可行的，应当推广先进经验，扩大培养范围，加大工作力度。

十三 做好制度性保障工作及策略设计与途径选择的有效衔接

（一）做好制度性保障工作

做好制度性保障，是政府的重要工作。"党的十八大以来，以习近平同志为核心的党中央，坚持把教育摆在优先发展的战略位置，全面深化教育领域综合改革"，"中国特色社会主义教育制度体系进一步完善"（佘颖，2017）。形成新的教育体制是最根本的政府制度性保障，也是未成年人科学素质发展与企业家精神培养的最有力保障。新形势下，要注意结合和贯彻"创新创业"的有关精神，注意结合学校、未成年人以及家庭实际，制定详细可行的政策以保障未成年人能积极参与到科技创新活动中。此外，学校应积极创造条件与企业展开合作与交流，进一步构建未成年人认识企业家、了解企业家精神的平台，真正将各项工作落到实处，取得实效。

（二）做好策略设计与途径选择的有效衔接

由于未成年人的科学素质与企业家精神有着显著的相关性和密切联系，在发展与培养过程中，选择的策略与途径一定也有着显著的相关性，因此要做好策略设计与途径选择的有效衔接。例如，要增强学校教育功能、抓好基础学习、加强课外学习实践、培养创新能力与创业能力、重视媒体力量、养成良好习惯、强化政府主导作用等。具体而言，要把握最佳阶段，提高重视程度，协调主要因素，选准有效方式，增大相关教育成分，发挥课程作用，开启情感效能；端正学习动机，克服学习障碍，独立完成作业，矫正不良考试习惯；强化课外阅读功能，活跃课外科技活动，加强动手能力培养；加强创新力与创业能力培养；关注媒体作用，引导媒体耗时，合理安排内容，发挥网络作用；矫正不良习惯，保持心理健康；做好制度性保障工作，大力组织未成年人的科技活动，加大科学普及力度，加大创业的工作力度；等等。当然，改革教育体制，更新教育观念，克服体制性障碍，也是一项长期而艰巨的工作。这些对未成年人的科学素质发展与企业家精神培养都在同时起作用，只要注重策略设计与途径选择的有效衔接，认真扎实地做好这些工作，未成年人的科学素质发展与企业家精神培养就一定能够互促双赢。

第二节　对联动策略的综合认识

一 联动策略要切实融入未成年人的日常生活与教育过程中

在上述 13 种策略中，不同策略的侧重点有所不同。对不同的策略既要看到策略本身的内在要求，如要求未成年人在思想观念上重视科学素质与企业家精神的培育，抑或从未成年人的"幼儿"和"小学"阶段起加强对未成年人的相关教育与引导。在充分理解各策略的内在要求的基础上，要注意联动策略与现行的教育体制与机制间以及现行做法间的关系。

笔者在实际调研中发现，部分教育主管部门虽然制定了相应的促进未成年人科学素质发展的规章制度，但是在具体的执行过程中，执行力度有待进一步增强。在企业家精神的培育方面，更多是分散地分布在课程教学内容中，在体系与制度的考量上有所缺失。在部分学校的教育中，教师更关注学生的知识性教育，过分关注学生的学习成绩，进而忽视科学素质与企业家精神的养成。对未成年人本身而言，未成年人的心智尚未成熟，对事物的认知尚处在学习阶段，稳定性认知能力匮乏，对科学素质与企业家精神培育的重要性、必要性以及可能性的认识仍处于朦胧状态，其认为自身的重要任务是知识性学习，进而获得较高的分数与考核等级。与此同时，教育主管部门与学校的不重视在一定程度上阻滞了未成年人的科学素质与企业家精神的养成。

上述 13 种联动策略从不同的层面、视角与立足点展开，在今后的教育过程中，教育主管部门、学校以及家长等多个群体要切实将联动策略融入未成年人的日常生活中，从生活细节中探寻蕴藏科学素质与企业家精神的因子，要及时注重启发与引导，引导未成年人关注生活、了解生活和热爱生活。在教育过程中，未成年人除了掌握课本知识的学习外，还要投入一定的时间与精力来了解科学素质和企业家精神的内涵，通过不同视角的学习以及不同内容的学习来充实自己，扩大自身认知视域，进而为培育科学素质与企业家精神奠定基础。

二 立足学校教育，联合社会教育，鼓励多元主体共同参与

学校教育是未成年人个人一生中所受教育的重要组成部分，在学校教育

中，未成年人系统地学习科学文化知识，并且接受相应的道德教育。对未成年人科学素质与企业家精神的培育一定要立足于学校教育，在某种意义上，学校教育关系着个人的社会化水平与程度。学校教育在未成年人一生的成长过程中扮演着重要的角色，学校教育如何促成未成年人养成科学素质与企业家精神显得尤为重要与必要。立足学校教育，应当从学校教育的组织领导、体制与机制建立、课程设置、师资培训等多个方面来共同做好未成年人在学校的科学素质与企业家精神教育工作。

社会教育较学校教育更显深刻与丰富，社会教育的形式更为灵活多样，能更好地发挥未成年人的主观能动性。通过社会教育培育未成年人的科学素质与企业家精神的重要载体就是社会实践活动。未成年人参与社会实践活动应当注重发挥多元主体的积极参与作用，多元主体既包含未成年人与学校教育力量，还包括政府部门、家长以及相应的专业化社会组织与社工队伍。未成年人参与的社会实践活动应该切实具备相应的科学素质与企业家精神的因子，在这些活动中要能切实提高未成年人对科学素质的认识，又能更好地促使其理解企业家精神的实质内涵。无论是社会实践活动的组织、实施还是其后期的总结评价，都要注重多元主体的协同参与。与此同时，还应关照未成年人对社会实践活动的切身体会。

对未成年人科学素质与企业家精神的培育要在准确把握上述 13 种策略的基础上立足学校教育，在学校教育的全过程中贯彻这些策略。在联合社会教育上，应当鼓励未成年人积极参与社会实践活动，同时积极借鉴科技工作者和优秀企业家的有益经验，邀请业内知名科技工作者和企业家为未成年人提供课程讲座，提高未成年人的兴趣，切实提高科学素质与企业家精神培养的实效性。

三 "分阶段"实施与"点面结合"实施相结合

在上述联动策略中，不同策略侧重点不同，针对不同的策略要契合未成年人的实际日常生活与学习。对未成年人科学素质与企业家精神的培育要注重"分阶段"实施。"分阶段"实施是指对不同年龄段、不同学段的未成年人采取的联动策略有所不同。对于低年级或者年龄偏小的未成年人要采取灵活新颖的形式来启发其认识科学素质与企业家精神。在具体的实操过程中，针对采取策略的不同开展形式各异的教育活动。

"点面结合"是指，在横向上，针对不同学段和年龄的未成年人，分类实施教育与引导，与此同时，关注科学素质与企业家精神在未成年人群体中的认知情况，关注两者之间的差异性；在纵向上，用联系的观点看待这两种素质的培养，观察两者间的联系与相同的地方，逐渐扩大未成年人认知的基础。此外，"点面结合"还包括通过不同的科普活动以及其他的教育活动来积极培育未成年人的科学素质与企业家精神，同时，又侧重从顶层设计角度出发，逐渐形成科学素质和企业家精神培育的制度体系，使培育过程更显规范化、制度化与体系化，进而提升培育的质量。

总之，在上述联动策略中实质上已经包含"分阶段"实施的重要元素以及"点面结合"等因素。

未成年人科学素质发展与企业家
精神培养的具体方法

未成年人科学素质发展与企业家精神培养具有共同性和共通性，两者必然存在共同的基本方法来解决各自的问题与相同或相似性问题，即采用同一种方法可以对两者都产生积极作用与效果，这"同一种方法"亦称联动方法。

第一节　具体方法的认同与选择

一　具体方法的认同

（一）相关群体认同的未成年人科学素质发展的具体方法

1. 未成年人认同的具体方法

如表 9-1 所示，未成年人认为排在前三位的具体方法是："培养正确的世界观、人生观与价值观"（8.69%）、"培养良好的道德品质"（6.93%）、"养成独立思考习惯"（5.95%）。综合数据来看，关涉"三观"和道德品质的方法占有重要地位。从两年的率差比较来看，各项波动较小，表明未成年人对这一问题的认识趋于平稳化。

表 9-1　未成年人认同的未成年人科学素质发展的具体方法（多选）

选项	总			2014 年			2015 年			2015 年与2014 年比较率差
	人数/人	比率/%	排序	人数/人	比率/%	排序	人数/人	比率/%	排序	
培养正确的世界观、人生观与价值观	3 141	8.69	1	2 172	8.49	1	969	9.16	1	0.67
培养良好的道德品质	2 503	6.93	2	1 780	6.96	2	723	6.84	2	−0.12
端正学习动机	1 975	5.464	6	1 335	5.22	7	640	6.05	4	0.83
抓好基础学习	1 972	5.456	7	1 295	5.06	9	677	6.40	3	1.34

续表

选项	总			2014 年			2015 年			2015 年与2014 年比较率差
	人数/人	比率/%	排序	人数/人	比率/%	排序	人数/人	比率/%	排序	
克服学习障碍	1 455	4.03	14	1 018	3.98	15	437	4.13	11	0.15
考试不作弊	1 435	3.97	15	1 016	3.97	16	419	3.96	13	−0.01
独立完成作业	1 702	4.71	10	1 284	5.02	10	418	3.95	14	−1.07
养成独立思考习惯	2 151	5.95	3	1 523	5.96	3	628	5.94	5	−0.02
加强课外阅读	1 890	5.23	8	1 297	5.07	8	593	5.61	6	0.54
定期组织科技活动	1 533	4.24	13	1 087	4.25	13	446	4.22	10	−0.03
多参加科普活动	1 797	4.97	9	1 401	5.48	6	396	3.74	16	−1.74
加强动手能力的培养	2 060	5.70	4	1 512	5.91	4	548	5.18	8	−0.73
培养创新能力	2 025	5.60	5	1 443	5.64	5	582	5.50	7	−0.14
培养创业能力	1 586	4.39	11	1 153	4.51	12	433	4.09	12	−0.42
加大自然科学课程分量	1 317	3.64	17	1 025	4.01	14	292	2.76	19	−1.25
参加青少年科技创新竞赛	1 243	3.44	18	795	3.11	19	448	4.24	9	1.13
经常开展小制作、小发明、小创造竞赛	1 577	4.36	12	1 180	4.62	11	397	3.75	15	−0.87
在各科教学中渗透科学理念	1 320	3.65	16	932	3.65	17	388	3.67	17	0.02
把科学课程前移	818	2.26	21	539	2.11	21	279	2.64	21	0.53
创造条件多接触科技工作者	1 167	3.23	19	817	3.20	18	350	3.31	18	0.11
在中学普遍开展"做中学"	898	2.48	20	609	2.38	20	289	2.73	20	0.35
其他	578	1.60	22	355	1.39	22	223	2.11	22	0.72
合计	36 143	100		25 568	100		10 575	100		0

2. 中学校长认同的具体方法

如表 9-2 所示，中学校长认为排在前三位的具体方法是："培养正确的世界观、人生观与价值观"（9.20%）、"培养良好的道德品质"（7.13%）、"多参加科普活动"（6.74%）。中学校长选择关涉"三观"与道德品质的方法所占的比率较未成年人分别高 0.51 个百分点、0.20 个百分点。此外，中学校长更加推崇带有实操性的科普活动，认为科普活动对于提高未成年人的科学素质更具直接影响力。

表 9-2　中学校长认同的未成年人科学素质发展的具体方法（多选）

| 选项 | 总 | | | 2013 年 | | 2014 年 | | | | 2015 年 | | | | | | | |
| | | | | | | （1） | | （2） | | （1） | | （2） | | （3） | | （4） | |
	人数/人	比率/%	排序	人数/人	比率/%	人数/人	比率/%	人数/人	比率/%	人数/人	比率/%	人数/人	比率/%	人数/人	比率/%	人数/人	比率/%
培养正确的世界观、人生观与价值观	191	9.20	1	72	7.05	46	64.79	20	9.57	3	1.72	17	10.63	8	8.99	25	7.10
培养良好的道德品质	148	7.13	2	78	7.63	8	11.27	0	0	17	9.77	13	8.13	7	7.87	25	7.10
端正学习动机	138	6.64	4	57	5.58	6	8.45	17	8.13	10	5.75	16	10.00	9	10.11	23	6.53
抓好基础学习	136	6.55	5	76	7.44	0	0	2	0.96	19	10.92	9	5.63	8	8.99	22	6.25
克服学习障碍	28	1.35	22	15	1.47	3	4.23	0	0	0	0	0	0	2	2.25	8	2.27
考试不作弊	38	1.83	20	21	2.05	0	0	4	1.91	1	0.57	0	0	2	2.25	10	2.84
独立完成作业	76	3.66	14	52	5.09	0	0	10	4.78	1	0.57	0	0	2	2.25	11	3.13
养成独立思考习惯	136	6.55	5	72	7.05	6	8.45	17	8.13	5	2.87	12	7.50	6	6.74	18	5.11
加强课外阅读	102	4.91	9	41	4.01	0	0	9	4.31	6	3.45	11	6.88	5	5.62	30	8.52
定期组织科技活动	86	4.14	12	43	4.21	0	0	9	4.31	6	3.45	8	5.00	3	3.37	17	4.83
多参加科普活动	140	6.74	3	79	7.73	0	0	20	9.57	6	3.45	1	0.63	8	8.99	26	7.39
加强动手能力的培养	130	6.26	7	76	7.44	2	2.82	15	7.18	6	3.45	3	1.88	7	7.87	21	5.97
培养创新能力	102	4.91	9	51	4.99	0	0	13	6.22	5	2.87	13	8.13	3	3.37	17	4.83
培养创业能力	73	3.51	15	26	2.54	0	0	4	1.91	19	10.92	13	8.13	2	2.25	9	2.56
加大自然科学课程分量	60	2.89	17	21	2.05	0	0	11	5.26	6	3.45	8	5.00	1	1.12	13	3.69

续表

选项	总			2013 年		2014 年 (1)		(2)		2015 年 (1)		(2)		(3)		(4)	
	人数/人	比率/%	排序	人数/人	比率/%	人数/人	比率/%	人数/人	比率/%	人数/人	比率/%	人数/人	比率/%	人数/人	比率/%	人数/人	比率/%
参加青少年科技创新竞赛	89	4.29	11	52	5.09	0	0	9	4.31	5	2.87	6	3.75	3	3.37	14	3.98
经常开展小制作、小发明、小创造竞赛	112	5.39	8	60	5.87	0	0	15	7.18	5	2.87	8	5.00	4	4.49	20	5.68
在各科教学中渗透科学理念	86	4.14	12	33	3.23	0	0	16	7.66	6	3.45	12	7.50	3	3.37	16	4.55
把科学课程前移	48	2.31	19	16	1.57	0	0	0	0	19	10.92	2	1.25	4	4.49	7	1.99
创造条件多接触科技工作者	66	3.18	16	42	4.11	0	0	9	4.31	5	2.87	1	0.63	1	1.12	8	2.27
在中学普遍开展"做中学"	60	2.89	17	36	3.52	0	0	7	3.35	5	2.87	1	0.63	1	1.12	10	2.84
其他	32	1.54	21	3	0.29	0	0	2	0.96	19	10.92	6	3.75	0	0	2	0.57
合计	2077	100		1022	100	71	100	209	100	174	100	160	100	89	100	352	100

3. 小学校长认同的具体方法

如表 9-3 所示，小学校长认为排在前三位的具体方法是："培养正确的世界观、人生观与价值观"（11.18%）、"培养良好的道德品质"（9.99%）、"加强动手能力的培养"（6.71%）。小学校长选择关涉世界观、人生观、价值观和道德品质的方法所占的比率较中学校长分别高 1.98 个百分点、2.86 个百分点。小学校长较中学校长更注重"三观"和道德品质因素，这在很大程度上源于小学阶段的未成年人的"三观"和道德品质亟须正确引导和塑造。此外，小学校长还强调加强动手能力的培养，这与小学生的心智发展程度有关，小学生更擅长的是具象思维能力，乐于尝试，动手能力较强。

表 9-3　小学校长认同的未成年人科学素质发展的具体方法（多选）

| 选项 | 总 | | | 2013 年（安徽省） | | 2014 年 | | | | 2015 年（安徽省） | | | |
| | | | | | | 全国部分省市（少数民族地区）（1） | | 安徽省（2） | | （1） | | （2） | |
	人数/人	比率/%	排序	人数/人	比率/%	人数/人	比率/%	人数/人	比率/%	人数/人	比率/%	人数/人	比率/%
培养正确的世界观、人生观与价值观	75	11.18	1	25	7.20	14	53.85	12	36.36	12	10.34	12	8.05
培养良好的道德品质	67	9.99	2	23	6.63	9	34.62	6	18.18	12	10.34	17	11.41
端正学习动机	36	5.37	7	18	5.19	1	3.85	3	9.09	5	4.31	9	6.04
抓好基础学习	32	4.77	10	20	5.76	0	0	3	9.09	2	1.72	7	4.70
克服学习障碍	22	3.28	14	12	3.46	0	0	0	0	0	0	10	6.71
考试不作弊	11	1.64	21	9	2.59	0	0	0	0	2	1.72	0	0
独立完成作业	33	4.92	9	16	4.61			2	6.06	6	5.17	9	6.04
养成独立思考习惯	43	6.41	5	25	7.20			1	3.03	8	6.90	9	6.04
加强课外阅读	31	4.62	11	20	5.76	1	3.85	2	6.06	2	1.72	4	4.03
定期组织科技活动	22	3.28	14	17	4.90	0	0	0	0	2	1.72	3	2.01
多参加科普活动	44	6.56	4	24	6.92	1	3.85	1	3.03	10	8.62	8	5.37
加强动手能力的培养	45	6.71	3	24	6.92	0	0	2	6.06	4	3.45	15	10.07
培养创新能力	38	5.66	6	20	5.76	0	0	1	3.03	8	6.90	9	6.04
培养创业能力	13	1.94	19	7	2.02	0	0	0	0	3	2.59	3	2.01
加大自然科学课程分量	18	2.68	17	10	2.88	0	0	0	0	3	2.59	5	3.36
参加青少年科技创新竞赛	22	3.28	14	12	3.46	0	0	0	0	4	3.45	6	4.03
经常开展小制作、小发明、小创造竞赛	35	5.22	8	22	6.34	0	0	0	0	5	4.31	8	5.37
在各科教学中渗透科学理念	23	3.43	13	14	4.03	0	0	0	0	7	6.03	2	1.34
把科学课程前移	28	4.17	12	7	2.02	0	0	0	0	15	12.93	6	4.03

续表

选项	总			2013年（安徽省）		2014年				2015年（安徽省）			
						全国部分省市（少数民族地区）（1）		安徽省（2）		（1）		（2）	
	人数/人	比率/%	排序	人数/人	比率/%	人数/人	比率/%	人数/人	比率/%	人数/人	比率/%	人数/人	比率/%
创造条件多接触科技工作者	15	2.24	18	9	2.59	0	0	0	0	2	1.72	4	2.68
在中学普遍开展"做中学"	13	1.94	19	10	2.88	0	0	0	0	2	1.72	1	0.67
其他	5	0.75	22	3	0.86	0	0	0	0	2	1.72	0	0
合计	671	100		347	100	26	100	33	100	116	100	149	100

4. 中学老师与家长认同的具体方法

如表9-4所示，中学老师认为排在前三位的具体方法是："培养良好的道德品质"（9.35%）、"培养正确的世界观、人生观与价值观"（7.97%）、"养成独立思考习惯"（6.63%）。中学老师对这一问题的看法与未成年人的看法相似，稍有不同的是，中学老师更加注重道德品质因素。从两年的比较来看，中学老师选择基础学习、学习动机以及课外阅读等因素的比率有所提高。

家长认为排在前三位的具体方法是："培养正确的世界观、人生观与价值观"（10.64%）、"培养良好的道德品质"（8.22%）、"养成独立思考习惯"（7.30%）。家长对这一问题的看法与未成年人的看法在前三位的排序上保持一致。家长在前三位选项上的比率较未成年人分别高1.95个百分点、1.29个百分点和1.35个百分点。从2015年与2014年的比较来看，家长选择"克服学习障碍"因素的比率有所提高，选择"经常开展小制作、小发明、小创造竞赛"的比率有所降低。

表9-4　中学老师和家长认同的未成年人科学素质发展的具体方法（多选）

选项	中学老师							家长						
	总			2014年		2015年		总			2014年		2015年	
	人数/人	比率/%	排序	人数/人	比率/%	人数/人	比率/%	人数/人	比率/%	排序	人数/人	比率/%	人数/人	比率/%
培养正确的世界观、人生观与价值观	179	7.97	2	116	7.43	63	9.20	242	10.64	1	160	10.80	82	10.33
培养良好的道德品质	210	9.35	1	163	10.44	47	6.86	187	8.22		120	8.10	67	8.44

续表

选项	中学老师							家长						
	总			2014 年		2015 年		总			2014 年		2015 年	
	人数/人	比率/%	排序	人数/人	比率/%	人数/人	比率/%	人数/人	比率/%	排序	人数/人	比率/%	人数/人	比率/%
端正学习动机	131	5.83	6	74	4.74	57	8.32	165	7.25	4	98	6.62	67	8.44
抓好基础学习	74	3.29	16	31	1.98	43	6.28	157	6.90	5	98	6.62	59	7.43
克服学习障碍	11	0.49	22	0	0	11	1.61	18	0.79	21	0	0	18	2.27
考试不作弊	63	2.80	19	40	2.56	23	3.36	86	3.78	13	60	4.05	26	3.27
独立完成作业	116	5.16	7	90	5.76	26	3.80	120	5.27	8	81	5.47	39	4.91
养成独立思考习惯	149	6.63	3	96	6.15	53	7.74	166	7.30	3	107	7.22	59	7.43
加强课外阅读	108	4.81	10	63	4.03	45	6.57	119	5.23	9	74	5.00	45	5.67
定期组织科技活动	103	4.58	12	78	4.99	25	3.65	110	4.84	10	72	4.86	38	4.79
多参加科普活动	132	5.87	4	83	5.31	49	7.15	152	6.68	6	98	6.62	54	6.80
加强动手能力的培养	132	5.87	4	90	5.76	42	6.13	137	6.02	7	84	5.67	53	6.68
培养创新能力	104	4.63	11	60	3.84	44	6.42	100	4.40	11	61	4.12	39	4.91
培养创业能力	60	2.67	20	51	3.27	9	1.31	85	3.74	14	64	4.32	21	2.64
加大自然科学课程分量	95	4.23	14	71	4.55	24	3.50	71	3.12	15	41	2.77	30	3.78
参加青少年科技创新竞赛	90	4.01	15	72	4.61	18	2.63	65	2.86	17	43	2.90	22	2.77
经常开展小制作、小发明、小创造竞赛	109	4.85	9	84	5.38	25	3.65	100	4.40	11	80	5.40	20	2.52
在各科教学中渗透科学理念	96	4.27	13	70	4.48	26	3.80	46	2.02	18	38	2.57	8	1.01
把科学课程前移	27	1.20	21	21	1.34	6	0.88	35	1.54	20	19	1.28	16	2.02
创造条件多接触科技工作者	74	3.29	16	49	3.14	25	3.65	66	2.90	16	51	3.44	15	1.89
在中学普遍开展"做中学"	70	3.12	18	46	2.94	24	3.50	44	1.93	19	30	2.03	14	1.76
其他	114	5.07	8	114	7.30	0	0	4	0.18	22	2	0.14	2	0.25
合计	2247	100		1562	100	685	100	2275	100		1481	100	794	100

（二）相关群体认同的未成年人企业家精神培养的具体方法

1. 未成年人认同的具体方法

如表 9-5 所示，未成年人认为排在前三位的具体方法是："培养正确的世界观、人生观与价值观"（8.58%）、"培养良好的道德品质"（7.14%）、"端正学习动机"（6.60%），学习动机因素在培养未成年人企业家精神方面的意义凸显。从两年的比较来看，未成年人对"培养正确的世界观、人生观与价值观"以及"培养创新能力"等因素较为看重，其比率呈增长态势。选择"独立完成作业"的比率有所降低。

表 9-5　未成年人认同的未成年人企业家精神培养的具体方法（多选）

选项	总			2014 年			2015 年			2015 年与 2014 年比较率差
	人数/人	比率/%	排序	人数/人	比率/%	排序	人数/人	比率/%	排序	
培养正确的世界观、人生观与价值观	2 787	8.58	1	1 844	8.07	1	943	9.79	1	1.72
培养良好的道德品质	2 320	7.14	2	1 626	7.12	2	694	7.20	2	0.08
端正学习动机	2 143	6.60	3	1 512	6.62	4	631	6.55	4	−0.07
抓好基础学习	1 712	5.27	9	1 111	4.86	11	601	6.24	5	1.38
考试不作弊	1 204	3.71	15	832	3.64	15	372	3.86	14	0.22
独立完成作业	1 364	4.20	14	1 070	4.68	12	294	3.05	15	−1.63
养成独立思考习惯	2 027	6.24	5	1 474	6.45	5	553	5.74	8	−0.71
加强课外阅读	1 863	5.73	6	1 362	5.96	6	501	5.20	10	−0.76
培养创新能力	1 790	5.51	7	1 131	4.95	10	659	6.84	3	1.89
培养创业能力	2 094	6.45	4	1 534	6.71	3	560	5.81	6	−0.9
培养商业素质	1 589	4.89	11	1 183	5.18	7	406	4.21	13	−0.97
学习经商本领	1 037	3.19	16	794	3.48	16	243	2.52	18	−0.96
学习协调人际关系技巧	1 536	4.73	12	1 025	4.49	13	511	5.30	9	0.81
从小学高年级开始普遍开设"企业家精神培养"校本课程	1 015	3.12	17	746	3.27	17	269	2.79	16	−0.48
从小培养经商思想	802	2.47	20	607	2.66	20	195	2.02	20	−0.64
从小培养创业思想	876	2.70	19	636	2.78	19	240	2.49	19	−0.29
创造条件多接触企业家	989	3.04	18	730	3.20	18	259	2.69	17	−0.51
重点培养适应社会的能力	1 640	5.05	10	1 145	5.01	9	495	5.14	11	0.13
培养风险意识	1 394	4.29	13	929	4.07	14	465	4.83	12	0.76
培养组织管理能力	1 737	5.35	8	1 180	5.16	8	557	5.78	7	0.62
其他	566	1.74	21	377	1.65	21	189	1.96	21	0.31
合计	32 485	100		22 848	100		9 637	100		0

2. 中学校长认同的具体方法

如表 9-6 所示，中学校长认为排在前三位的具体方法是："培养正确的世界观、人生观与价值观"（10.00%）、"培养良好的道德品质"（8.98%）、"培养创新能力"（8.50%）。中学校长在培养未成年人企业家精神方面注重创新能力的培养，创新能力不仅仅表现为企业家基于多变的市场行情做出的重大的经营战略部署，它是融于企业家精神之中的。

表 9-6　中学校长认同的未成年人企业家精神培养的具体方法（多选）

选项	总			2013 年		2014 年 (1)		(2)		2015 年 (1)		(2)		(3)		(4)	
	人数/人	比率/%	排序	人数/人	比率/%	人数/人	比率/%	人数/人	比率/%	人数/人	比率/%	人数/人	比率/%	人数/人	比率/%	人数/人	比率/%
培养正确的世界观、人生观与价值观	227	10.00	1	120	9.22	23	33.33	30	13.57	8	3.77	13	12.75	8	8.08	25	9.36
培养良好的道德品质	204	8.98	2	125	9.61	5	7.25	19	8.60	8	3.77	15	14.71	8	8.08	24	8.99
端正学习动机	138	6.08	6	63	4.84	5	7.25	26	11.76	15	7.08	8	7.84	3	3.03	18	6.74
抓好基础学习	128	5.64	8	73	5.61	3	4.35	9	4.07	6	2.83	12	11.76	6	6.06	19	7.12
考试不作弊	39	1.72	19	22	1.69	3	4.35	6	2.71	1	0.47	0	0	1	1.01	6	2.25
独立完成作业	53	2.33	17	30	2.31	0	0	10	4.52	5	2.36	0	0	3	3.03	5	1.87
养成独立思考习惯	156	6.87	4	97	7.46	7	10.14	17	7.69	5	2.36	8	7.84	7	7.07	15	5.62
加强课外阅读	97	4.27	12	52	4.00	0	0	11	4.98	5	2.36	6	5.88	6	6.06	17	6.37
培养创新能力	193	8.50	3	120	9.22	4	5.80	19	8.60	6	2.83	9	8.82	11	11.11	24	8.99
培养创业能力	128	5.64	8	76	5.84	0	0	17	7.69	6	2.83	10	9.80	4	4.04	15	5.62
培养商业素质	110	4.84	10	57	4.38	7	10.14	7	3.17	19	8.96	2	1.96	6	6.06	12	4.49
学习经商本领	58	2.55	16	30	2.31	2	2.90	0	0	19	8.96	1	0.98	1	1.01	5	1.87

续表

选项	总			2013 年		2014 年				2015 年							
						（1）		（2）		（1）		（2）		（3）		（4）	
	人数/人	比率/%	排序	人数/人	比率/%	人数/人	比率/%	人数/人	比率/%	人数/人	比率/%	人数/人	比率/%	人数/人	比率/%	人数/人	比率/%
学习协调人际关系技巧	131	5.77	7	79	6.07	0	0	11	4.98	6	2.83	6	5.88	8	8.08	21	7.87
从小学高年级开始普遍开设"企业家精神培养"校本课程	86	3.79	14	41	3.15	10	14.49	3	1.36	19	8.96	0	0	3	3.03	10	3.75
从小培养经商思想	39	1.72	19	22	1.69	0	0	0	0	15	7.08	0	0	0	0	2	0.75
从小培养创业思想	40	1.76	18	19	1.46	0	0	0	0	19	8.96	0	0	0	0	2	0.75
创造条件多接触企业家	70	3.08	15	35	2.69	0	0	0	0	19	8.96	5	4.90	4	4.04	7	2.62
重点培养适应社会的能力	110	4.84	10	64	4.92	0	0	17	7.69	6	2.83	4	3.92	7	7.07	12	4.49
培养风险意识	88	3.87	13	66	5.07	0	0	4	1.81	1	0.47	2	1.96	5	5.05	10	3.75
培养组织管理能力	139	6.12	5	100	7.69	0	0	9	4.07	5	2.36	1	0.98	7	7.07	17	6.37
其他	37	1.63	21	10	0.77	0	0	6	2.71	19	8.96	0	0	1	1.01	1	0.37
合计	2271	100		1301	100	69	100	221	100	212	100	102	100	99	100	267	100

3. 小学校长认同的具体方法

如表 9-7 所示，小学校长认为排在前三位的具体方法是："培养正确的世界观、人生观与价值观"（13.83%）、"培养良好的道德品质"（10.47%）、"端正学习动机"（9.09%）。小学校长与中学校长在前三位选项上的分歧在于：中学校长注重未成年人创新能力的培养，小学校长注重未成年人的学习动机。小学阶段是良好的学习习惯和生活习惯形成的关键时期，良好的学习动机对于良好学习习惯的养成具有重要作用。

表 9-7　小学校长认同的未成年人企业家精神培养的具体方法（多选）

选项	总			2013 年（安徽省）		2014 年 全国部分省市（少数民族地区）（1）		2014 年 安徽省（2）		2015 年（安徽省）（1）		2015 年（安徽省）（2）	
	人数/人	比率/%	排序	人数/人	比率/%	人数/人	比率/%	人数/人	比率/%	人数/人	比率/%	人数/人	比率/%
培养正确的世界观、人生观与价值观	70	13.83	1	7	3.13	14	53.85	15	45.45	16	18.82	18	13.04
培养良好的道德品质	53	10.47	2	21	9.38	6	23.08	8	24.24	5	5.88	13	9.42
端正学习动机	46	9.09	3	14	6.25	3	11.54	4	12.12	9	10.59	16	11.59
抓好基础学习	31	6.13	5	13	5.80	3	11.54	2	6.06	2	2.35	11	7.97
考试不作弊	17	3.36	12	7	3.13	0	0	0	0	2	2.35	8	5.80
独立完成作业	16	3.16	13	6	2.68	0	0	0	0	5	5.88	5	3.62
养成独立思考习惯	43	8.50	4	24	10.71	0	0	3	9.09	7	8.24	9	6.52
加强课外阅读	21	4.15	11	15	6.70	0	0	0	0	3	3.53	3	2.17
培养创新能力	31	6.13	5	20	8.93	0	0	1	3.03	8	9.41	2	1.45
培养创业能力	25	4.94	9	14	6.25	0	0	0	0	6	7.06	5	3.62
培养商业素质	14	2.77	16	9	4.02	0	0	0	0	5	5.88	0	0
学习经商本领	15	2.96	15	3	1.34	0	0	0	0	0	0	12	8.70
学习协调人际关系技巧	27	5.34	8	18	8.04	0	0	0	0	2	2.35	7	5.07
从小学高年级开始普遍开设"企业家精神培养"校本课程	16	3.16	13	6	2.68	0	0	0	0	3	3.53	7	5.07
从小培养经商思想	1	0.20	20	1	0.45	0	0	0	0	0	0	0	0
从小培养创业思想	1	0.20	20	1	0.45	0	0	0	0	0	0	0	0
创造条件多接触企业家	5	0.99	19	4	1.79	0	0	0	0	0	0	1	0.72
重点培养适应社会的能力	31	6.13	5	11	4.91	0	0	0	0	6	7.06	14	10.14
培养风险意识	13	2.57	17	10	4.46	0	0	0	0	0	0	3	2.17
培养组织管理能力	22	4.35	10	17	7.59	0	0	0	0	2	2.35	3	2.17
其他	8	1.58	18	3	1.34	0	0	0	0	4	4.71	1	0.72
合计	506	100		224	100	26	100	33	100	85	100	138	100

4. 中学老师与家长认同的具体方法

如表 9-8 所示，中学老师认为排在前三位的具体方法是："培养正确的世界观、人生观与价值观"（10.10%）、"养成独立思考习惯"（8.61%）、"培养良好的道德品质"（7.41%）。从各个年份以及总体所关涉的选项来看，中学老师对这一问题的看法比较多元化。此外，中学老师群体较为重视未成年人道德品质、创新能力、适应社会的能力等方面因素的影响，中学老师并不太认同未成年人从小学习经商本领会对其企业家精神培养有所帮助。

家长认同的未成年人企业家精神培养的具体方法排在前三位的分别是："培养正确的世界观、人生观与价值观"（10.87%）、"培养良好的道德品质"（10.26%）、"抓好基础学习"（7.81%）。家长对这一问题的看法除了关涉"三观"和道德品质方面，还突出了基础学习的重要性。从两年的比较来看，"三观"在未成年人企业家精神培养中的作用逐渐凸显。此外，家长对未成年人道德品质因素的关注度有所降低。

表 9-8　中学老师和家长认同的未成年人企业家精神培养的具体方法（多选）

选项	中学老师						家长						
	总			2014 年		2015 年		总			2014 年		2015 年	
	人数/人	比率/%	排序	人数/人	比率/%	人数/人	比率/%	人数/人	比率/%	排序	人数/人	比率/%	人数/人	比率/%
培养正确的世界观、人生观与价值观	210	10.10	1	145	9.95	65	10.47	231	10.87	1	125	9.84	106	12.40
培养良好的道德品质	154	7.41	3	88	6.04	66	10.63	218	10.26	2	146	11.50	72	8.42
端正学习动机	140	6.73	6	91	6.24	49	7.89	134	6.31	6	77	6.06	57	6.67
抓好基础学习	83	3.99	13	51	3.50	32	5.15	166	7.81	3	107	8.43	59	6.90
考试不作弊	52	2.50	16	38	2.61	14	2.25	71	3.34	14	46	3.62	25	2.92
独立完成作业	78	3.75	14	66	4.53	12	1.93	98	4.61	12	68	5.35	30	3.51
养成独立思考习惯	179	8.61	2	114	7.82	65	10.47	166	7.81	4	94	7.40	72	8.42
加强课外阅读	96	4.62	11	67	4.60	29	4.67	116	5.46	9	60	4.72	56	6.55
培养创新能力	150	7.22	4	92	6.31	58	9.34	140	6.59	5	69	5.43	71	8.30
培养创业能力	128	6.16	8	89	6.10	39	6.28	101	4.75	11	60	4.72	41	4.80
培养商业素质	76	3.66	15	55	3.77	21	3.38	84	3.95	13	51	4.02	33	3.86
学习经商本领	35	1.68	18	28	1.92	7	1.13	47	2.21	17	36	2.83	11	1.29
学习协调人际关系技巧	100	4.81	10	65	4.46	35	5.64	121	5.69	7	65	5.12	56	6.55
从小学高年级开始普遍开设"企业家精神培养"校本课程	43	2.07	17	29	1.99	14	2.25	59	2.78	15	41	3.23	18	2.11
从小培养经商思想	131	6.30	7	127	8.71	4	0.64	25	1.18	19	17	1.34	8	0.94
从小培养创业思想	16	0.77	20	12	0.82	4	0.64	11	0.52	21	9	0.71	2	0.23
创造条件多接触企业家	35	1.68	18	26	1.78	9	1.45	31	1.46	18	22	1.73	9	1.05

续表

选项	中学老师							家长						
	总			2014 年		2015 年		总			2014 年		2015 年	
	人数/人	比率/%	排序	人数/人	比率/%	人数/人	比率/%	人数/人	比率/%	排序	人数/人	比率/%	人数/人	比率/%
重点培养适应社会的能力	148	7.12	5	115	7.89	33	5.31	114	5.36	10	67	5.28	47	5.50
培养风险意识	90	4.33	12	65	4.46	25	4.03	59	2.78	15	30	2.36	29	3.39
培养组织管理能力	122	5.87	9	85	5.83	37	5.96	119	5.60	8	73	5.75	46	5.38
其他	13	0.63	21	10	0.69	3	0.48	14	0.66	20	7	0.55	7	0.82
合计	2079	100		1458	100	621	100	2125	100		1270	100	855	100

二 具体方法的选择

（一）高度重视未成年人世界观、人生观、价值观及道德品质的培养

在培养未成年人科学素质与企业家精神的具体方法上，大多数群体选择将"培养正确的世界观、人生观与价值观"和"培养良好的道德品质"作为前置性方法。树立正确的世界观、人生观、价值观，培养良好的道德品质，对于个人的成长成才及行为规范具有重要的意义。例如，作为一个科学家，倘若掌握尖端的科学技术，但缺乏正确价值观念的引导，有可能会做出有悖于社会规范的行为。同理，一个企业家若缺乏良好的道德品质，有可能会在市场竞争中采取不正当的手段牟取暴利，这一方面会破坏正常的市场经济秩序，另一方面折射出其道德品质的恶劣。

（二）注重未成年人创新能力的培养，以呼应创新是科学家与企业家的共同使命

在 2015 年对未成年人的调查中，6.84%的未成年人认为培养自身的企业家精神需要加强创新能力的培养，在 2013～2015 年连续 3 年对中学校长的调查中，8.50%的中学校长认同培养创新能力为未成年人企业家精神培养的具体方法。创新能力蕴藏于科学素质中，科研攻关是科学家的重要任务，而科研创新为重大科研问题的解决提供了可行性路径。创新能力同样是企业家精神的重要成分，企业的生存发展，不单单依靠设备、资金等，更需要企业家所具有的创造性思维，以应对市场的变化和企业在经营管理过程中遇到的瓶颈。

（三）逐渐培养未成年人的独立思考习惯

关于养成独立思考习惯，很多著名科学家都有同感。如著名物理学家周培源在总结自己"独立思考，实事求是，锲而不舍、以勤补拙"的治学精神时，把"独立思考"放在第一位（叶松庆，1997a）；著名物理学家杨振宁就有"独立思考与学术交流紧密结合"（叶松庆，2000b）这一特殊的治学风格；著名物理学家李政道"竭力倡导学生要养成独立思考的习惯，不要囿于老师的思路，更不能墨守成规"（叶松庆，1996b）；诺贝尔物理学奖获得者、著名物理学家丁肇中曾特别强调，"作为一个科学家，最重要的是不断探寻教科书之外的事，对该学科有深入一层的理解，有能力去独立思考各种物理现象的本质，面对占压倒优势的反对意见，毫不胆怯地迎接挑战"（叶松庆，1999c）。企业家也需要独立思考问题的能力，在企业升级转型的过程中，企业家需要综合考虑多种因素，思考企业升级转型之路在何方。科学家和企业家都认同独立思考问题在各自身份中所扮演的角色。培养未成年人的独立思考习惯，对于培养未成年人的科学素质和企业家精神具有双重意义。

（四）端正未成年人的学习动机及加强动手能力的培养以顺应科学和企业领域对人才的需求

在调查中，6.74%的中学校长认为多参加科普活动有助于未成年人科学素质的培养，6.71%的小学校长认为加强动手能力的培养对于未成年人科学素质培养有益处，9.09%的小学校长认为端正学习动机有助于强化未成年人的企业家精神。在2014~2015年对未成年人的调查中，6.60%的未成年人认同端正学习动机对于强化自身企业家精神的作用。学习动机是学生良好学习习惯养成的动力，学习还应注重学生的动手实践能力的培养。无论是科学发展还是企业的发展都要求科学家或企业家具备较强的动手实践能力，具备动手实践能力是科学和企业领域对人才的必备要求。

第二节　具体方法的运用

一 培养未成年人正确的世界观、人生观、价值观与道德观

正确的世界观、人生观、价值观与道德观是未成年人科学素质发展与企业家精神培养的方向盘。

（一）培养未成年人正确的世界观、人生观与价值观

1. 未成年人的世界观、人生观、价值观现状

1）中学老师眼中未成年人的世界观、人生观与价值观

如表 9-9 所示，较多的中学老师认为未成年人的世界观、人生观与价值观呈现"一般化"水平，认为仅有三成多的未成年人"三观"比较正确。中学老师是未成年人接触最为密切和频繁的群体，对未成年人的思想动态最为了解。从 2013 年与 2008 年的比较来看，"正确"的比率有所提高，"一般化"的比率呈小幅上升后陡然下降的状态。

表 9-9　中学老师眼中未成年人的世界观、人生观与价值观

| 选项 | 总 | | 2008 年 | 2009 年 | 2010 年 | 2011 年 | 2012 年 | 2013 年 | 2013 年与 2008 |
	比率/%	排序	比率/%	比率/%	比率/%	比率/%	比率/%	比率/%	年比较率差
正确	8.64	4	5.81	7.62	6.05	8.72	3.98	19.66	13.85
比较正确	30.34	2	37.42	33.63	32.56	24.77	26.87	26.78	−10.64
一般化	44.85	1	43.23	43.50	44.65	48.62	49.75	39.32	−3.91
不正确	3.72	5	2.58	3.14	2.79	4.59	4.48	4.75	2.17
很难判断	12.46	3	10.97	12.11	13.95	13.30	14.93	9.49	−1.48
合计	100		100	100	100	100	100	100	0

2）家长眼中未成年人的世界观、人生观与价值观

如表 9-10 所示，大多数家长对未成年人世界观、人生观与价值观的看法呈现出积极的态度，较中学老师的看法更为乐观。从 2013 年与 2010 年的比较来看，率差最大的是"比较正确"（8.85 个百分点），其次是"一般化"（5.78 个百分点）。

表 9-10　家长眼中未成年人的世界观、人生观与价值观

| 选项 | 总 | | 2010 年 | 2011 年 | 2012 年 | 2013 年 | 2013 年与 2010 年 |
	比率/%	排序	比率/%	比率/%	比率/%	比率/%	比较率差
正确	14.49	4	10.20	15.85	16.59	15.31	5.11
比较正确	35.75	1	39.80	41.53	30.73	30.95	−8.85
一般化	31.85	2	28.57	27.87	36.59	34.35	5.78
不正确	1.65	5	2.04	0.55	1.95	2.04	0
很难判断	16.28	3	19.39	14.21	14.15	17.35	−2.04
合计	100		100	100	100	100	0

2. 未成年人的人生理想

如表 9-11 所示，未成年人的人生理想的排序是："实现自己的远大理想"（42.73%）、"脚踏实地，讲求实际"（29.37%）、"能有个好工作"（16.00%）、"能为国家作贡献"（10.07%）、"不清楚"（1.85%）。可以认为，未成年人有比较正确的人生理想，但随着时代的发展，加上未成年人自身的身心特点，其人生理想带有较强的个人色彩，在连续 10 年的调查中，16.00% 的未成年人认为自己的人生理想就是"能有个好工作"。

从两个阶段的比较来看，未成年人的人生理想的排序没有出现变化，但率差有变化，在阶段（二）未成年人更倾向于选择"脚踏实地，讲求实际"，选择"能为国家作贡献"以及"能有个好工作"的比率有所降低。可见，未成年人的人生理想与其阶段性发展特征较为贴近。

表 9-11　未成年人的人生理想

选项	总		（一）							（二）						（二）与（一）比较率差
	比率/%	排序	2006年比率/%	2007年比率/%	2008年比率/%	2009年比率/%	2010年比率/%	合比率/%	2011年比率/%	2012年比率/%	2013年比率/%	2014年比率/%	2015年比率/%	合比率/%	
实现自己的远大理想	42.73	1	32.32	35.44	37.72	52.17	51.19	41.77	47.18	49.24	42.96	32.20	46.84	43.68	1.91
脚踏实地，讲求实际	29.37	2	23.58	23.05	24.58	27.57	28.56	25.47	27.96	30.13	32.72	42.82	32.67	33.26	7.79
能为国家作贡献	10.07	4	18.88	17.80	13.44	8.08	7.02	13.04	5.49	7.60	9.00	8.10	5.34	7.10	−5.94
能有个好工作	16.00	3	25.23	23.71	24.28	12.18	13.22	19.72	15.07	10.22	11.56	13.96	10.61	12.28	−7.44
不清楚	1.85	5	0	0	0	0	0	0	4.30	2.80	3.77	2.93	4.74	3.70	3.70
合计	100		100	100	100	100	100	100	100	100	100	100	100	100	0

3. 未成年人的人生志向

如表 9-12 所示，未成年人的人生志向的排序是："讲道德的人"（32.31%）、"对社会有用的人"（28.99%）、"出人头地的人"（14.02%）、"有大本事的人"（10.61%）、"光宗耀祖的人"（8.08%）、"平庸的人"（4.64%）、"不清楚"（1.36%）。

从两个阶段的比较来看，在阶段（一）中，较多的未成年人愿意成为"对社会有用的人"，在阶段（二）中，较多的未成年人愿意成为"讲道德的人"。

从率差可知，未成年人更愿意做个"讲道德的人"，未成年人的道德意识呈显著增强趋势。未成年人选择成为"出人头地的人"、"光宗耀祖的人"以及"有大本事的人"的比率有所降低。可见，未成年人的人生志向与人生理想较为吻合，均凸显务实性。

表 9-12　未成年人的人生志向

| 选项 | 总 | | （一） | | | | | | （二） | | | | | | （二）与（一）比较率差 |
	比率/%	排序	2006年比率/%	2007年比率/%	2008年比率/%	2009年比率/%	2010年比率/%	合比率/%	2011年比率/%	2012年比率/%	2013年比率/%	2014年比率/%	2015年比率/%	合比率/%	
讲道德的人	32.31	1	22.79	26.08	17.89	34.75	25.46	25.39	28.74	49.86	34.20	41.12	42.16	39.22	13.83
对社会有用的人	28.99	2	14.01	25.98	25.57	32.94	43.60	28.42	34.02	24.14	31.44	31.14	27.01	29.55	1.13
出人头地的人	14.02	3	18.51	14.81	18.61	13.81	13.17	15.78	14.55	8.13	15.36	12.46	10.74	12.25	−3.53
光宗耀祖的人	8.08	5	11.05	11.82	14.04	7.63	6.30	10.17	7.92	5.28	6.13	5.45	5.14	5.98	−4.19
有大本事的人	10.61	4	13.73	16.68	19.71	9.07	9.50	13.74	9.58	6.80	6.57	6.36	8.10	7.48	−6.26
平庸的人	4.64	6	19.91	4.63	4.20	1.81	1.76	6.46	4.82	2.52	1.99	2.01	2.70	2.81	−3.65
不清楚	1.36	7	0	0	0	0	0	0	0.37	3.28	4.31	1.46	4.15	2.71	2.71
合计	100		100	100	100	100	100	100	100	100	100	100	100	100	0

4. 未成年人的价值认知

1）未成年人对社会主义核心价值观的了解情况

如表 9-13 所示，74.93%的未成年人对社会主义核心价值观有一定的了解。两成多的未成年人对社会主义核心价值观"不了解"，3.20%的未成年人表达了"无所谓"的态度。从 2015 年与 2011 年的比较来看，"了解"的比率呈上升趋势，"无所谓"的比率有小幅上升。

表 9-13　未成年人对社会主义核心价值观的了解情况

| 选项 | 总 | | | 2011 年 | | 2012 年 | | 2013 年 | | 2014 年 | | 2015 年 | | 2015 年与 2011 年比较率差 |
	人数/人	比率/%	排序	人数/人	比率/%	人数/人	比率/%	人数/人	比率/%	人数/人	比率/%	人数/人	比率/%	
了解	3 258	28.43	2	373	19.32	671	31.89	813	27.39	651	22.16	750	49.41	30.09
有点了解	5 328	46.50	1	946	48.99	902	42.87	1 383	46.60	1 534	52.21	563	37.09	−11.90

续表

选项	总			2011 年		2012 年		2013 年		2014 年		2015 年		2015 年与 2011 年比较率差
	人数/人	比率/%	排序	人数/人	比率/%	人数/人	比率/%	人数/人	比率/%	人数/人	比率/%	人数/人	比率/%	
不了解	2 506	21.87	3	567	29.36	481	22.86	689	23.21	624	21.24	145	9.55	−19.81
无所谓	367	3.20	4	45	2.33	50	2.38	83	2.80	129	4.39	60	3.95	1.62
合计	11 459	100		1 931	100	2 104	100	2 968	100	2 938	100	1 518	100	0

2）未成年人对社会主义荣辱观的认同情况

如表 9-14 所示，91.50%的未成年人对社会主义荣辱观表示认同。

从两个阶段的比较来看，在阶段（一）中，89.79%的未成年人对社会主义荣辱观表示认同，在阶段（二）中，93.19%的未成年人对社会主义荣辱观表示认同。从认同的趋势来看，未成年人对社会主义荣辱观的认同度逐渐增强。

表 9-14　未成年人对社会主义荣辱观的认同情况

选项	总		（一）						（二）						（二）与（一）比较率差
	比率/%	排序	2006年比率/%	2007年比率/%	2008年比率/%	2009年比率/%	2010年比率/%	合比率/%	2011年比率/%	2012年比率/%	2013年比率/%	2014年比率/%	2015年比率/%	合比率/%	
赞成	67.25	1	52.60	72.55	73.44	78.75	75.00	70.47	70.90	72.10	66.37	74.13	36.59	64.02	−6.44
比较赞成	24.25	2	22.92	16.45	20.15	16.79	20.30	19.32	22.01	22.34	26.42	18.96	56.10	29.17	9.85
不知道	4.87	3	16.86	5.68	3.38	2.39	2.53	6.17	3.73	2.00	3.74	3.51	4.88	3.57	−2.60
无所谓	3.65	4	7.63	5.32	3.03	2.08	2.17	4.05	3.37	3.56	3.47	3.40	2.44	3.25	−0.80
合计	100		100	100	100	100	100	100	100	100	100	100	100	100	0

5．基本认识

1）未成年人的世界观、人生观与价值观总体上积极、健康、向上

对未成年人世界观、人生观与价值观的考量，除了对"三观"现状做出正面回应外，未成年人的人生理想和人生志向也能反映未成年人"三观"的总体状况。在正面回应层面，在对中学老师的调查中，其认为未成年人的"三观""一般化"占主导，但在此前提下，其选择含有正确意味选项的合比率较高；家长认为未成年人的"三观""比较正确"占主导。可以看出，未成年人的"三观"呈积极、健康、向上的趋势。在未成年人的人生理想上，未成年人倾向于选择实现自己的远大理想，其次是脚踏实地，讲求实际，实现自身价值。在人生志向上，大多数未成年人愿意成为有道德的人，其道德意识逐渐增强。

未成年人总体上的人生理想和人生志向符合社会发展的总体要求，但不容忽视的是，还有少数未成年人对自己的人生理想和人生志向模糊不清，甘愿成为一个平庸的人。

2）对社会主义核心价值观有一定的了解但欠深刻

社会主义核心价值观是新时期全面建成小康社会和实现中华民族伟大复兴在思想层面上的动力源。未成年人对社会主义核心价值观的认同，在一定程度上会转化为未成年人努力学习的动力。从调查数据来看，大部分未成年人对社会主义核心价值观有一定的了解，但很多人了解不深刻，同时也有两成多的未成年人对社会主义核心价值观不了解。

3）大多数未成年人认同社会主义荣辱观

大多数未成年人对社会主义荣辱观表示认同，但尚有一定数量的未成年人表现出消极被动的态度，应加强引导。

（二）培养未成年人良好的道德品质

良好的道德品质是科学素质与企业家精神的重要成分。

1. 未成年人的社会公德状况

1）中学老师眼中未成年人的社会公德

为了更直观地看出未成年人的社会公德状况，将选项进行一定的分类，将"比较好""很好"划分为正性评价，将"不好""很差"划分为负性评价，将"一般化"归为中性评价。

如表 9-15 所示，53.05%的中学老师给予未成年人社会公德正性评价，5.97%的中学老师给予未成年人社会公德负性评价，40.99%的中学老师选择中性评价。从评价体系来看，正性评价占主导地位，负性评价所占比重较小。从 2015 年与 2008 年的比较来看，正性评价的比率呈现上升趋势。

表 9-15　中学老师眼中未成年人的社会公德

选项	总		2008 年 比率/%	2009 年 比率/%	2010 年 比率/%	2011 年 比率/%	2012 年 比率/%	2013 年 比率/%	2014 年 比率/%	2015 年 比率/%	2015 年与 2008 年比较 率差
	比率/%	排序									
很好	7.53	3	3.87	6.73	6.05	5.05	2.49	18.31	7.33	10.39	6.52
比较好	45.52	1	50.97	43.05	48.37	44.50	46.77	32.20	48.28	50.00	−0.97
一般化	40.99	2	40.00	44.84	34.88	42.20	48.76	41.69	40.52	35.06	−4.94
不好	4.40	4	5.16	4.48	7.91	7.34	1.99	3.73	0.00	4.55	−0.61
很差	1.57	5	0	0.90	2.79	0.92	0	4.07	3.88	0	0
合计	100		100	100	100	100	100	100	100	100	0

2）家长眼中未成年人的社会公德

如表 9-16 所示，66.41%的家长给予正性评价，3.49%的家长给予负性评价，30.27%的家长给予中性评价。大多数家长认为未成年人的社会公德较好。较中学老师而言，家长对这一问题的看法更为积极乐观。从 2015 年与 2010 年的比较来看，率差最大的是"很好"，表明家长比较认可未成年人的社会公德。

表 9-16　家长眼中未成年人的社会公德

选项	总		2010 年比率/%	2011 年比率/%	2012 年比率/%	2013 年比率/%	2014 年比率/%	2015 年比率/%	2015 年与 2010 年比较率差
	比率/%	排序							
很好	16.55	3	13.27	18.03	13.66	18.03	16.17	20.13	6.86
比较好	49.86	1	53.06	54.64	47.80	47.28	47.66	48.70	−4.36
一般化	30.27	2	33.67	24.04	34.63	30.27	31.06	27.92	−5.75
不好	2.22	4	0	2.19	2.93	2.72	2.55	2.94	2.94
很差	1.27	5	0	1.09	0.98	1.70	2.55	1.30	1.30
合计	100		100	100	100	100	100	100	0

3）中学校长眼中未成年人的社会公德

如表 9-17 所示，38.02%的中学校长给予正性评价，8.39%的中学校长给予负性评价，53.58%的中学校长给予中性评价。与中学老师和家长不同的是，大多数中学校长认为未成年人的社会公德"一般化"，中学校长的负性评价较中学老师和家长高。总的来看，中学校长对这一问题的看法稍显消极。

表 9-17　中学校长眼中未成年人的社会公德

选项	总			2013 年		2014 年				2015 年							
						（1）		（2）		（1）		（2）		（3）		（4）	
	人数/人	比率/%	排序	人数/人	比率/%	人数/人	比率/%	人数/人	比率/%	人数/人	比率/%	人数/人	比率/%	人数/人	比率/%	人数/人	比率/%
很好	12	2.96	4	4	2.20	0	0	8	17.02	0	0	0	0	0	0	0	0
比较好	142	35.06	2	80	43.96	16	23.19	12	25.53	4	20.00	9	45.00	7	38.89	14	28.57
一般化	217	53.58	1	89	48.90	42	60.87	24	51.06	15	75.00	11	55.00	8	44.44	28	57.14
不好	28	6.91	3	9	4.95	11	15.94	0	0	0	0	0	0	2	11.11	6	12.24
很差	6	1.48	5	0	0	0	0	3	6.38	1	5.00	0	0	1	5.56	1	2.04
合计	405	100		182	100	69	100	47	100	20	100	20	100	18	100	49	100

4）小学校长眼中未成年人的社会公德

如表 9-18 所示，40.74%的小学校长给予正性评价，8.15%的小学校长给予负性评价，51.11%的小学校长给予中性评价。"一般化"仍是小学校长的主要评价。小学校长与中学校长评价相似，不同的是，小学校长的正性评价情况较中学校长稍好。

表 9-18　小学校长眼中未成年人的社会公德

| 选项 | 总 | | | 2013 年（安徽省） | | 2014 年 | | | | 2015 年（安徽省） | | | |
| | | | | | | 全国部分省市（少数民族地区）（1） | | 安徽省（2） | | （1） | | （2） | |
	人数/人	比率/%	排序	人数/人	比率/%	人数/人	比率/%	人数/人	比率/%	人数/人	比率/%	人数/人	比率/%
很好	3	2.22	4	0	0	0	0	0	0	3	17.65	0	0
比较好	52	38.52	2	22	57.89	5	19.23	12	36.36	4	23.53	9	42.86
一般化	69	51.11	1	14	36.84	19	73.08	19	57.58	7	41.18	10	47.62
不好	8	5.93	3	2	5.26	2	7.69	2	6.06	0	0	2	9.52
很差	3	2.22	4	0	0	0	0	0	0	3	17.65	0	0
合计	135	100		38	100	26	100	33	100	17	100	21	100

2. 未成年人遵守网络道德的情况

如表 9-19 所示，大多数未成年人能遵守网络道德，但仍有 9.32%的未成年人不遵守和不想遵守。21.00%的未成年人甚至对网络道德和遵守网络道德方式不了解。数据显示，对未成年人网络道德内容的教育以及网络道德实践方式的传授是社会教育、家庭教育和学校教育需要关注的问题。

从两个阶段的比较来看，阶段（二）未成年人选择遵守网络道德的比率（73.04%）比阶段（一）未成年人的同类选项比率（61.89%）高 11.15 个百分点。从趋势来看，未成年人遵守网络道德状况呈现出良好稳定的发展态势，部分年份的比率稍低。

表 9-19　未成年人遵守网络道德的情况

| 选项 | 总 | | （一） | | | | | | （二） | | | | | | （二）与（一）比较率差 |
	比率/%	排序	2006年比率/%	2007年比率/%	2008年比率/%	2009年比率/%	2010年比率/%	合比率/%	2011年比率/%	2012年比率/%	2013年比率/%	2014年比率/%	2015年比率/%	合比率/%	
遵守	67.47	1	40.80	47.62	73.24	72.92	74.85	61.89	70.17	75.19	66.88	77.81	75.16	73.04	11.15
不遵守	5.16	5	5.73	7.65	2.14	2.48	2.32	4.06	3.57	8.65	8.36	5.72	5.01	6.26	2.20
不想遵守	4.16	6	6.46	9.10	1.54	3.75	2.48	4.67	4.40	2.76	5.49	2.31	3.23	3.64	-1.03

续表

选项	总		（一）							（二）						（二）与（一）比较率差
	比率/%	排序	2006年比率/%	2007年比率/%	2008年比率/%	2009年比率/%	2010年比率/%	合比率/%	2011年比率/%	2012年比率/%	2013年比率/%	2014年比率/%	2015年比率/%	合比率/%	
不知道怎么遵守	7.29	3	13.83	12.61	8.37	8.35	3.72	9.38	7.66	4.94	4.65	5.14	3.62	5.20	−4.18
不知什么是网络道德	7.53	2	21.61	15.86	0	0	7.80	9.05	7.72	4.18	5.86	6.02	6.26	6.01	−3.04
搞不清楚	6.18	4	4.64	3.12	14.71	12.50	6.30	8.25	5.13	3.37	5.66	1.91	4.48	4.11	−4.14
其他	2.22	7	6.93	4.04	0	0	2.53	2.70	1.35	0.90	3.10	1.09	2.24	1.74	−0.96
合计	100		100	100	100	100	100	100	100	100	100	100	100	100	0

3．未成年人讲诚信状况

1）未成年人的看法

如表 9-20 所示，大多数未成年人认为自己"讲"诚信，27.44%的未成年人由于各种原因"不讲"、"不太讲"、"不愿讲"和"别人不讲我也不讲"诚信，4.70%的未成年人对是否讲诚信没有自己的看法。

从两个阶段的比较来看，在阶段（一）中，选择"讲"诚信的比率为67.24%，选择"不讲"、"不太讲"、"不愿讲"和"别人不讲我也不讲"诚信的比率为27.71%，选择"不知道"的比率为5.06%；在阶段（二）中，选择"讲"诚信的比率为68.52%，选择"不讲"、"不太讲"、"不愿讲"和"别人不讲我也不讲"诚信的比率为27.14%，选择"不知道"的比率为4.33%。从率差来看，选择"讲"诚信的比率呈上升趋势，选择"不讲"诚信的比率呈下降趋势，选择"不知道"的比率也呈下降趋势。

表 9-20　未成年人讲诚信状况的自我评价

选项	总		（一）							（二）						（二）与（一）比较率差
	比率/%	排序	2006年比率/%	2007年比率/%	2008年比率/%	2009年比率/%	2010年比率/%	合比率/%	2011年比率/%	2012年比率/%	2013年比率/%	2014年比率/%	2015年比率/%	合比率/%	
讲	67.88	1	57.09	60.53	72.25	71.66	74.69	67.24	68.72	73.29	59.30	71.48	69.83	68.52	1.28
不太讲	17.42	2	18.26	14.81	16.97	18.68	15.34	16.81	17.50	15.64	25.10	15.01	16.86	18.02	1.21
不讲	3.25	5	6.19	8.67	0.87	0.72	1.34	3.56	2.95	2.66	3.84	2.62	2.64	2.94	−0.62
不愿讲	2.01	6	4.83	4.93	0.37	0.59	0.77	2.30	1.24	0.62	2.32	3.03	1.32	1.71	−0.59

续表

选项	总		（一）						（二）						（二）与（一）比较率差
	比率/%	排序	2006年比率/%	2007年比率/%	2008年比率/%	2009年比率/%	2010年比率/%	合比率/%	2011年比率/%	2012年比率/%	2013年比率/%	2014年比率/%	2015年比率/%	合比率/%	
别人不讲我也不讲	4.76	3	6.10	5.16	5.04	3.97	4.91	5.04	6.16	4.23	4.01	2.83	5.14	4.47	-0.57
不知道	4.70	4	7.55	5.91	4.50	4.38	2.94	5.06	3.42	3.56	5.42	5.04	4.22	4.33	-0.73
合计	100		100	100	100	100	100	100	100	100	100	100	100	100	0

2）中学老师与教育、科技、人事管理部门领导的看法

如表 9-21 所示，在中学老师眼中，58.46%的未成年人由于各种原因"不讲"、"不太讲"、"不愿讲"和"别人不讲我也不讲"诚信，36.63%的未成年人"讲"诚信。从 2013 年与 2008 年的比较来看，率差最大的是"讲"（9.13 个百分点），未成年人讲诚信的比率呈增长趋势。

在教育、科技、人事管理部门领导眼中，58.82%的未成年人由于各种原因"不讲"、"不太讲"、"不愿讲"和"别人不讲我也不讲"诚信，41.18%的未成年人"讲"诚信。教育、科技、人事管理部门领导对这一问题的看法稍显消极。

表 9-21 中学老师与教育、科技、人事管理部门领导眼中未成年人的讲诚信情况

选项	总		中学老师						教育、科技、人事管理部门领导（2010年）	
	比率/%	排序	2008年比率/%	2009年比率/%	2010年比率/%	2011年比率/%	2012年比率/%	2013年比率/%	人数/人	比率/%
讲	36.63	2	32.90	35.87	36.28	34.86	37.81	42.03	14	41.18
不太讲	40.68	1	42.58	43.05	42.33	40.83	38.31	36.95	16	47.06
不讲	2.62	6	1.94	4.04	3.72	2.29	1.00	2.71	0	0
不愿讲	3.01	5	0.65	1.79	3.72	2.75	7.46	1.69	0	0
别人不讲我也不讲	12.15	3	16.77	11.21	11.63	15.60	6.47	11.19	4	11.76
不知道	4.93	4	5.16	4.04	2.33	3.67	8.96	5.42	0	0
合计	100		100	100	100	100	100	100	34	100

4. 基本认识

1）主流积极、健康、向上

我国正处在社会深度转型阶段，社会、经济步入高速发展轨道，社会资源

调整加快，各个群体的利益得到有效保障，社会和谐程度越来越高，各种观念在交错中变化，在变化中发展，主流道德体系承前启后基本建设完成。这一时期未成年人的道德观念也在不停地变化发展，动感极强。从社会公德、网络道德、诚信等方面综合考察未成年人的道德观念，总体上其符合我国社会主义核心价值体系的基本要求，主流积极、健康、向上，并呈现出良好的发展势头。

2）没有发现特别严重的离心现象

在社会道德价值体系形成过程中，正面的影响会促进未成年人道德观念的良性建构，负面的影响会阻碍未成年人道德观念的发展。未成年人违法犯罪一般都突破了社会道德底线，这是法律范畴的问题。在道德范畴内，未成年人的行为未出现特别严重的离心现象。所谓离心现象，是指"实质性地摆脱道德约束，隔断心理顾忌，消解向心分力，偏离主流运行轨道的现象"（叶松庆，2012b）。

3）存在亟待解决的问题

调查表明，未成年人的道德观念存在一定的问题，这是不容回避的，我们应当正视，针对存在的问题提出教育引导的建议。

（三）相应措施

1. 选用最有效的教育

如表9-22所示，未成年人认为排在前五位的最有效教育是："思想教育"（21.64%）、"政治教育"（13.09%）、"人生观教育"（11.04%）、"心理教育"（10.67%）、"家庭教育"（8.96%）。

从两个阶段的比较来看，在阶段（二）中更突出道德教育的重要性。从率差来看，阶段（二）较阶段（一）更重视"政治教育"和"道德教育"。也应看到，未成年人选择心理教育以及家庭教育等的比率有所降低，应注意使各方面的教育更趋协同性，发挥出最大功效。

表 9-22 未成年人认为的最有效的教育

选项	总		（一）					（二）						（二）与（一）比较率差
	比率/%	排序	2007年比率/%	2008年比率/%	2009年比率/%	2010年比率/%	合比率/%	2011年比率/%	2012年比率/%	2013年比率/%	2014年比率/%	2015年比率/%	合比率/%	
政治教育	13.09	2	10.28	8.99	10.79	6.87	9.23	9.99	18.63	18.63	17.32	16.34	16.18	6.95
思想教育	21.64	1	16.58	24.80	23.74	21.18	21.58	24.65	21.53	19.64	22.09	20.55	21.69	0.11
道德教育	8.25	6	0	0	9.03	11.98	5.25	10.72	10.27	11.86	10.31	10.08	10.65	5.40
人生观教育	11.04	3	14.35	13.39	9.48	11.52	12.19	9.58	9.79	7.51	15.52	8.23	10.13	-2.06

选项	总		（一）					（二）						（二）与（一）比较率差
	比率/%	排序	2007年比率/%	2008年比率/%	2009年比率/%	2010年比率/%	合比率/%	2011年比率/%	2012年比率/%	2013年比率/%	2014年比率/%	2015年比率/%	合比率/%	
价值观教育	5.54	7	9.69	6.91	3.84	6.92	6.84	3.78	5.51	5.46	2.45	5.34	4.51	-2.33
生活教育	5.26	9	9.89	4.75	5.01	5.63	6.32	4.82	3.47	5.49	3.37	4.87	4.40	-1.92
社会教育	5.33	8	10.71	4.92	3.84	4.08	5.89	6.42	2.71	4.68	5.99	4.61	4.88	-1.01
课堂教育	3.24	10	3.42	3.38	4.38	3.41	3.65	2.54	2.52	3.13	2.89	3.49	2.91	-0.74
学校教育	3.24	10	6.08	3.53	3.93	2.94	4.12	1.92	2.09	2.16	3.06	3.49	2.54	-1.58
劳动教育	1.48	13	2.99	2.71	1.40	0.72	1.96	0.57	1.19	0.88	1.33	1.52	1.10	-0.86
心理教育	10.67	4	6.34	17.27	15.75	12.24	12.90	11.50	11.22	9.03	5.14	7.58	8.89	-4.01
家庭教育	8.96	5	9.69	9.37	8.84	12.50	10.10	8.80	7.18	6.87	8.03	9.35	8.05	-2.05
其他	2.25	12	0	0	0	0	0	4.71	3.90	4.65	2.48	4.55	4.06	4.06
合计	100		100	100	100	100	100	100	100	100	100	100	100	0

2. 选用最有效的教育方式

如表 9-23 所示，未成年人认为排在前五位的最有效教育方式是："谈心"（48.11%）、"表扬与批评相结合"（13.55%）、"鼓励法"（11.30%）、"成年人的言传身教"（4.36%）、"老师与家长配合"（4.36%）。总的来看，未成年人青睐"谈心"这种教育方式。

从两个阶段的比较来看，阶段（一）更突出榜样教育的重要性，阶段（二）更注重成年人的言传身教。从率差来看，率差最大的是"其他"（3.37 个百分点），其次是"表扬与批评相结合"（2.99 个百分点）。

表 9-23 未成年人认为的最有效的教育方式

选项	总		（一）					（二）						（二）与（一）比较率差
	比率/%	排序	2007年比率/%	2008年比率/%	2009年比率/%	2010年比率/%	合比率/%	2011年比率/%	2012年比率/%	2013年比率/%	2014年比率/%	2015年比率/%	合比率/%	
谈心	48.11	1	43.09	47.50	50.41	47.57	47.14	48.58	51.24	49.09	51.97	43.54	48.88	1.74
表扬与批评相结合	13.55	2	8.37	13.27	10.97	14.93	11.89	14.66	15.30	11.93	14.60	17.92	14.88	2.99
鼓励法	11.30	3	15.53	12.89	12.36	10.85	12.91	11.50	10.41	9.16	9.94	9.09	10.02	-2.89
成年人的言传身教	4.36	4	5.81	2.93	3.47	3.41	3.91	3.16	3.04	5.36	5.85	6.19	4.72	0.81

续表

选项	总		(一)					(二)						(二)与(一)比较率差
	比率/%	排序	2007年比率/%	2008年比率/%	2009年比率/%	2010年比率/%	合比率/%	2011年比率/%	2012年比率/%	2013年比率/%	2014年比率/%	2015年比率/%	合比率/%	
榜样法	3.62	6	4.83	3.50	4.69	4.44	4.37	2.49	3.33	4.25	1.40	3.62	3.02	-1.35
典型案例分析	2.87	9	3.58	3.48	2.84	3.87	3.44	2.69	2.33	3.27	1.23	2.50	2.41	-1.03
老师与家长配合	4.36	4	4.33	4.30	3.70	4.60	4.23	4.14	3.61	4.04	6.16	4.35	4.46	0.23
老师的充分信任	3.46	7	4.60	4.30	4.24	3.51	4.16	3.31	3.09	2.06	2.76	3.29	2.90	-1.26
同伴帮助	3.11	8	5.45	3.40	3.29	3.31	3.86	2.23	3.14	3.13	1.60	2.37	2.49	-1.37
崇拜者的言论	1.30	11	2.00	2.19	0.95	1.70	1.71	0.73	0.43	1.92	0.44	1.32	1.02	-0.69
名人报告	0.98	13	1.28	0.87	1.49	0.93	1.14	0.41	1.00	1.08	0.61	1.19	0.86	-0.28
时政学习	1.12	12	1.12	1.37	1.58	0.88	1.24	1.75	0.71	0.67	0.78	1.19	0.97	-0.27
其他	1.87	10	0	0	0	0	0	4.35	2.38	4.04	2.65	3.43	3.37	3.37
合计	100		100	100	100	100	100	100	100	100	100	100	100	0

3. 引导好未成年人的职业选择

1）未成年人的看法

如表 9-24 所示，未成年人选择"企业家"和"科学家"的比率相差不大，企业家和科学家都受到未成年人的青睐。

从 2013 年与 2009 年的比较来看，选择"企业家"的比率有所降低，选择"不好说"的比率有所提高，这表明未成年人对自身的职业选择并未形成相对明晰的认识，模糊性认知仍然存在。

表 9-24　未成年人的职业选择

选项	总		2009年		2010年		2011年		2013年		2013年与2009年比较	
	人数/人	比率/%	人数/人	比率/%	人数/人	比率/%	人数/人	比率/%	人数/人	比率/%	人数差/人	率差
科学家	3391	37.47	848	38.27	785	40.55	593	30.71	1165	39.25	317	0.98
企业家	3609	39.87	893	40.30	740	38.22	910	47.13	1066	35.92	173	-4.38
不好说	1572	17.37	376	16.97	280	14.46	333	17.24	583	19.64	207	2.67
不知道	479	5.29	99	4.47	131	6.77	95	4.92	154	5.19	55	0.72
合计	9051	100	2216	100	1936	100	1931	100	2968	100	752	0

2）中学老师的看法

如表 9-25 所示，在中学老师眼中，超过半数的未成年人会选择"企业家"作为自己的职业。

从 2013 年与 2009 年的比较来看，首先，中学老师认为未成年人尚处于学习阶段，可塑性与波动性较大，对职业选择的认识较为模糊，因此中学老师选择"不好说"的比率有所提高。其次，中学老师认为未成年人选择做"科学家"的比率有一定的下降。

表 9-25 中学老师认为的未成年人的职业选择

选项	总		2009 年		2010 年		2011 年		2012 年		2013 年		2013 年与 2009 年比较	
	人数/人	比率/%	人数/人	比率/%	人数/人	比率/%	人数/人	比率/%	人数/人	比率/%	人数/人	比率/%	人数差/人	率差
科学家	228	19.79	49	21.97	40	18.60	46	21.10	43	21.39	50	16.95	1	-5.02
企业家	590	51.22	119	53.36	111	51.63	115	52.75	91	45.27	154	52.20	35	-1.16
不好说	295	25.61	49	21.97	53	24.65	48	22.02	65	32.34	80	27.12	31	5.15
不知道	39	3.39	6	2.69	11	5.12	9	4.13	2	1.00	11	3.73	5	1.04
合计	1152	100	223	100	215	100	218	100	201	100	295	100	72	0

3）家长的看法

如表 9-26 所示，在家长眼中，大多数未成年人选择"企业家"作为自己的职业。

从 2013 年与 2010 年的比较来看，率差最大的是"企业家"（10.89 个百分点），其次是"不好说"（7.48 个百分点），家长与中学老师的认识较为相似，模糊性认知有所增加，他们认为未成年人愿做"科学家"的比率有所上升。

表 9-26 家长认为的未成年人的职业选择

选项	总		2010 年		2011 年		2012 年		2013 年		2013 年与 2010 年比较	
	人数/人	比率/%	人数/人	比率/%	人数/人	比率/%	人数/人	比率/%	人数/人	比率/%	人数差/人	率差
科学家	215	27.56	24	24.49	61	33.33	48	23.41	82	27.89	58	3.40
企业家	281	36.03	40	40.82	76	41.53	77	37.56	88	29.93	48	-10.89
不好说	234	30.00	26	26.53	37	20.22	71	34.63	100	34.01	74	7.48
不知道	50	6.41	8	8.16	9	4.92	9	4.39	24	8.16	16	0
合计	780	100	98	100	183	100	205	100	294	100	196	0

4）中学校长、德育干部、小学校长的看法

如表 9-27 所示，中学校长、德育干部、小学校长 3 个群体认为未成年人的职业选择的排序是："科学家"（39.16%）、"企业家"（35.74%）、"不好说"（22.82%）、"不知道"（2.28%）。从单一群体来看，中学校长认为未成年人选择"企业家"和"科学家"的比率相当，德育干部认为未成年人的职业选择较多地倾向于"企业家"，小学校长认为未成年人较多地倾向于将"科学家"作为自己的职业。

表 9-27 未成年人的职业选择（2013 年）

选项	总			中学校长			德育干部			小学校长			中学校长与德育干部比较率差	中学校长与小学校长比较率差	德育干部与小学校长比较率差
	人数/人	比率/%	排序	人数/人	比率/%	排序	人数/人	比率/%	排序	人数/人	比率/%	排序			
科学家	103	39.16	1	67	36.81	1	14	32.56	2	22	57.89	1	4.25	−21.08	−25.33
企业家	94	35.74	2	67	36.81	1	17	39.53	1	10	26.32	2	−2.72	10.49	13.21
不好说	60	22.82	3	44	24.18	3	12	27.91	3	4	10.53	3	−3.73	13.65	17.38
不知道	6	2.28	4	4	2.20	4	0	0	4	2	5.26	4	2.20	−3.06	−5.26
合计	263	100		182	100		43	100		38	100		0	0	0

4. 引导好未成年人的内心崇拜

如表 9-28 所示，未成年人排在前五位的内心崇拜人物是："著名科学家"（15.51%）、"歌手"（12.58%）、"影视演员"（12.44%）、"国家领导人"（11.09%）、"战斗英雄"（10.37%）。

从两个阶段的比较来看，在阶段（一）和阶段（二）未成年人的选择均呈现出多元化状况，"其他"的比率较为突出。从率差来看，未成年人选择"其他"的比率有所提高，表明未成年人内心崇拜的人物呈多元化趋势；选择"歌手""影视演员"等的比率有所降低，表明未成年人对该类群体的认识渐趋理性。

表 9-28 未成年人的内心崇拜

选项	总			（一）						（二）				（二）与（一）比较率差
	人数/人	比率/%	排序	2006年比率/%	2007年比率/%	2008年比率/%	2009年比率/%	2010年比率/%	合比率/%	2011年比率/%	2012年比率/%	2013年比率/%	合比率/%	
国家领导人	1053	11.09	4	6.76	13.86	11.60	11.69	16.18	12.02	12.64	14.50	20.25	15.80	3.78
著名科学家	1473	15.51	1	5.73	19.87	18.11	16.74	17.62	15.61	17.97	20.77	16.41	18.38	2.77
战斗英雄	985	10.37	5	5.19	11.72	12.47	11.82	10.44	10.33	12.01	7.94	10.41	10.12	−0.21

续表

选项	总			（一）						（二）				（二）与（一）比较率差
	人数/人	比率/%	排序	2006年比率/%	2007年比率/%	2008年比率/%	2009年比率/%	2010年比率/%	合比率/%	2011年比率/%	2012年比率/%	2013年比率/%	合比率/%	
见义勇为的人	878	9.25	7	7.54	8.21	11.06	11.10	8.84	9.35	7.66	7.98	11.49	9.04	−0.31
影视演员	1181	12.44	3	11.75	12.12	13.09	12.64	13.44	12.61	10.05	10.22	8.32	9.53	−3.08
歌手	1195	12.58	2	16.45	11.40	11.16	12.91	12.87	12.96	12.17	6.32	4.78	7.76	−5.20
自己的中学老师	418	4.40	9	5.19	4.24	4.05	3.38	3.20	4.01	3.83	7.13	4.18	5.05	1.04
自己的小学老师	232	2.44	11	3.83	2.52	1.54	2.48	1.29	2.33	1.76	2.09	1.89	1.91	−0.42
"超女"	494	5.20	8	7.05	8.80	1.37	0.90	0.21	3.67	1.45	1.57	2.16	1.73	−1.94
劳动模范	95	1.00	14	3.92	0	0	0	0	0.78	0	0	0	0	−0.78
富翁	289	3.04	10	11.91	0	0	0	0	2.38	0	0	0	0	−2.38
父母	104	1.10	13	4.29	0	0	0	0	0.86	0	0	0	0	−0.86
自己	201	2.12	12	8.29	0	0	0	0	1.66	0	0	0	0	−1.66
其他	898	9.46	6	2.10	7.26	15.55	16.34	15.91	11.43	20.46	21.48	20.11	20.68	9.25
合计	9496	100		100	100	100	100	100	100	100	100	100	100	0

5. 社会、学校、家庭的教育要形成合力

要注意整合社会、学校、家庭的教育资源，有效形成合力，为未成年人的思想道德教育提供正能量。

在社会层面，应注意社会风气、社会舆论以及大众传媒对未成年人思想道德教育的影响。从未成年人内心崇拜和内心追慕的选择率来看，歌手、影视演员、著名体育人物等都是未成年人崇拜或追慕的人物，未成年人通过大众传媒接触和认识到该类人物，大众传媒的舆论和思想导向对未成年人的影响可想而知。

在学校层面，学校应注意通过开展多种形式的实践活动，提高未成年人的思想认识。在 2007～2015 年连续 9 年对未成年人的调查中，21.64%的未成年人认为最有效的教育是思想教育。学校开展思想教育活动可以借助于多种载体展开，如建立班级微信公众号、QQ 讨论组等。

在家庭层面，应切实关注未成年人的健康与全面成长。未成年人在社会公德、网络道德与诚信方面存在的一些问题在一定层面上可以反映出家长在家庭教育上做得不够好。未成年人的成长具有阶段性与规律性，家长予以必要的方向性、规划性教育显得尤为重要。

二 抓好未成年人的基础学习

未成年人科学素质发展与企业家精神培养和基础学习关系甚大，下面从端正学习目的、克服学习障碍、独立完成作业、矫正不良考试习惯等四个方面来论述。

（一）端正未成年人的学习目的

如表 9-29 所示，未成年人排在第一、第二位的学习目的是"学习知识"与"为自己"。从总的情况来看，未成年人的学习目的多样化（叶松庆，2006）。

从两个阶段的比较来看，率差最大的是"学习知识"（9.55 个百分点），其次是"为祖国"（4.32 个百分点）。将"学习知识"作为学习目的没有异议，"为自己"虽然无可厚非，但显得有些过于自我化，如果在学习目的上有这样的明确指向，那么在科学素质发展与企业家精神培养中以及将来在心理认同和社会行为方式上也非常可能自我化与"以我为中心"，应注意引导，以端正未成年人的学习目的。

表 9-29　未成年人的学习目的

选项	总			（一）						（二）				（二）与（一）比较率差
	人数/人	比率/%	排序	2006年比率/%	2007年比率/%	2008年比率/%	2009年比率/%	2010年比率/%	合比率/%	2011年比率/%	2012年比率/%	2013年比率/%	合比率/%	
学习知识	4 859	23.53	1	9.69	14.25	18.36	34.30	28.98	21.12	30.40	33.03	28.57	30.67	9.55
学习本领	2 712	13.13	3	8.33	13.23	14.49	12.86	13.64	12.51	14.50	12.64	14.45	13.86	1.35
为上大学打基础	2 641	12.79	4	11.17	12.25	11.51	11.73	16.12	12.56	15.95	13.59	12.40	13.98	1.42
将来干大事	2 007	9.72	5	11.25	12.91	9.37	8.62	8.26	10.08	8.18	7.65	9.91	8.58	-1.50
为祖国	1 423	6.89	7	12.65	8.87	7.68	6.36	5.84	8.28	4.25	2.99	4.65	3.96	-4.32
为社会	1 227	5.94	8	11.25	8.05	8.27	4.06	3.15	6.96	2.43	2.95	3.91	3.10	-3.86
为父母	1 659	8.03	6	13.23	10.38	10.65	6.09	3.25	8.72	5.64	4.94	6.13	5.57	-3.15
为自己	3 845	18.62	2	22.42	20.07	19.67	15.97	20.76	19.78	15.07	17.97	15.94	16.33	-3.45
不知道	278	1.35	9	0	0	0	0	0	0	3.57	4.23	4.04	3.95	3.95
合计	20 651	100		100	100	100	100	100	100	100	100	100	100	0

（二）克服未成年人的学习障碍

学习上的苦恼是未成年人的学习障碍，有了学习障碍，未成年人的科学素质发展与企业家精神培养也就不会顺利。未成年人的学习障碍有两种：一种是学习本身的困难所带来的障碍，如"听不懂课""不敢提问""不敢回答问题""作业做不出来""畏惧考试"等；另一种是与学习相关的心理因素所导致的障碍，如"学不好""成绩差""别人的成绩比自己好"等。

如表 9-30 所示，未成年人认为自己由心理因素所导致的学习障碍占主导，"听不懂课"与"不敢提问"也居重要地位，"不敢回答问题""作业做不出来""畏惧考试"等学习障碍也是苦恼源，如何排除学习障碍，消解苦恼源，是教育者与未成年人共同要做的重要工作。只有做好这些工作，未成年人的科学素质发展与企业家精神培养才可能得到有效保障。

从两个阶段的比较来看，阶段（二）中的"学不好"这一与学习相关的心理因素障碍所占比率大于阶段（一），而阶段（一）中的"别人的成绩比自己好"这一与学习相关的心理因素障碍所占比率大于阶段（二），两个阶段相应选项的率差相当，说明学习相关心理因素障碍没有明显变化，只是侧重点不同。

表 9-30　未成年人学习上的苦恼

选项	总			（一）						（二）	（二）与（一）比较率差
	人数/人	比率/%	排序	2006年比率/%	2007年比率/%	2008年比率/%	2009年比率/%	2010年比率/%	合比率/%	2011年比率/%	
学不好	4 080	26.19	1	19.00	22.13	24.30	31.23	34.50	26.23	31.43	5.20
成绩差	2 744	17.61	2	19.08	20.30	16.00	16.29	14.82	17.30	19.21	1.91
听不懂课	2 148	13.79	3	9.60	13.40	16.27	12.73	14.72	13.34	14.76	1.42
别人的成绩比自己好	2 086	13.39	4	17.81	13.56	13.79	13.67	11.00	13.97	8.80	−5.17
不敢提问	1 727	11.09	5	9.11	13.92	13.61	9.16	10.18	11.20	6.94	−4.26
不敢回答问题	952	6.11	7	6.68	4.93	7.33	8.08	5.42	6.49	3.16	−3.33
作业做不出来	967	6.21	6	12.94	5.12	5.34	3.84	4.86	6.42	5.33	−1.09
畏惧考试	740	4.75	8	5.77	6.63	3.35	5.01	4.49	5.05	3.37	−1.68
其他	135	0.87	9	0	0	0	0	0	0	6.89	6.89
合计	15 579	100		100	100	100	100	100	100	100	0

（三）未成年人要独立完成作业

独立完成作业是未成年人独立思考问题、解决问题的过程和必要的训练。为了了解未成年人的完成作业情况，在调查中设问："未成年人完成作业的情况如何？""独立"完成作业，是培养独立思考能力的好方法；"和同学讨论完成"作业也是可以的，在讨论中可以相互启发，把不懂的问题弄懂；"抄同学作业"与"不想做"是不可取的，前者投机取巧，易养成学习上的懒惰习惯，后者无法学到知识和本领。

由表 9-31 可知，半数以上的未成年人能够"独立"完成作业，这是学习上的好习惯，这部分未成年人一定能在独立完成作业的同时，使自己的独立思考能力得到加强，"在作业中感受学习的快乐"（龙云，2011）；31.25% 的"和同学讨论完成"作业的未成年人也能得到有效训练；唯有 15.47% 的"抄同学作业"与"不想做"作业的未成年人会浪费大好的学习时光。

从两个阶段的比较来看，在阶段（一）中，84.98% 的未成年人可以"独立"完成或"和同学讨论完成"作业。在阶段（二）中，80.22% 的未成年人可以"独立"完成或"和同学讨论完成"作业。总的来说，未成年人"独立"完成作业的情况是好的，但部分人存在思想上的懒惰性，这不符合科学素质发展与企业家精神培养中养成独立思考问题能力的要求。加强未成年人"独立"完成作业的引导显得很有必要。如果连基本学习的作业都不愿完成或者完不成，要想促进自己的科学素质发展与企业家精神培养是很难的。当然，教师应关注未成年人的个性差异，针对不同的未成年人布置相关作业，避免封闭学生，而要采取激励措施，鼓励与引导未成年人"独立"完成作业，让未成年人爱上作业。

表 9-31　未成年人完成作业情况

选项	总			（一）						（二）	（二）与（一）比较率差
	人数/人	比率/%	排序	2006年比率/%	2007年比率/%	2008年比率/%	2009年比率/%	2010年比率/%	合比率/%	2011年比率/%	
独立	8 302	53.29	1	48.39	57.87	53.91	58.89	52.69	54.35	45.11	-9.24
和同学讨论完成	4 868	31.25	2	29.27	27.82	32.89	30.78	32.39	30.63	35.11	4.48
抄同学作业	1 235	7.93	3	13.11	7.49	6.53	5.05	7.70	7.98	8.54	0.56
不想做	1 174	7.54	4	9.23	6.83	6.67	5.28	7.22	7.05	11.24	4.19
合计	15 579	100		100	100	100	100	100	100	100	0

（四）矫正未成年人的不良考试习惯

人一般都有习惯性思维和行为，未成年人的考试行为也是一种习惯性行为。

1. 未成年人的考试观

如表 9-32 所示，未成年人选择"经常作弊"与"有时作弊"的合比率是 27.70%。较多的未成年人认为自己的考试态度端正，但调查反映出每年都有 1/4 以上的未成年人承认在考试中作弊。

从两个阶段的比较来看，未成年人"从不作弊"的比率呈上升趋势，考试作弊的比率呈下降趋势，说明未成年人对待考试的态度较为端正，对考试作弊的恶劣影响有较为清晰的认识。树立诚信的考试观对于养成独立思考问题和解决问题的能力具有重要意义，也是科学素质发展与企业家精神培养的内在要求。

表 9-32 未成年人的考试观

选项	总		（一）						（二）						（二）与（一）比较率差
	比率/%	排序	2006年比率/%	2007年比率/%	2008年比率/%	2009年比率/%	2010年比率/%	合计比率/%	2011年比率/%	2012年比率/%	2013年比率/%	2014年比率/%	2015年比率/%	合计比率/%	
从不作弊	49.24	1	40.07	45.85	52.17	50.50	52.84	48.29	41.95	44.15	46.23	58.71	59.88	50.18	1.89
有时作弊	23.10	2	24.40	21.51	23.45	24.41	24.07	23.57	33.20	26.71	21.26	15.55	16.40	22.62	-0.95
经常作弊	4.60	5	8.41	6.24	2.53	2.08	3.25	4.50	4.66	4.04	6.50	4.70	3.62	4.70	0.20
想作弊，但又怕被老师发现	11.80	3	11.17	12.28	10.96	11.73	11.73	11.57	12.99	14.69	12.97	9.94	9.49	12.02	0.45
根本不想作弊	11.27	4	15.95	14.12	10.89	11.28	8.11	12.07	7.20	10.41	13.04	11.10	10.61	10.47	-1.60
合计	100		100	100	100	100	100	100	100	100	100	100	100	100	0

2. 中学老师对未成年人考试的认识

如表 9-33 所示，中学老师认为未成年人在考试时"经常作弊"的比率为 12.94%，"有时作弊"的比率为 58.09%，中学老师的反映与未成年人自身的反映存在较大差异。因为笔者连续六年调查的中学老师全部是工作在教学第一线的老师（班主任或任课教师），他们十分了解未成年人的考试情况，所以其反映应该贴近真实。

表 9-33 中学老师眼中未成年人的考试观

选项	总		2008年比率/%	2009年比率/%	2010年比率/%	2011年比率/%	2012年比率/%	2013年比率/%	2013年与2008年比较率差
	比率/%	排序							
从不作弊	4.32	4	3.87	4.04	2.33	5.96	4.98	4.75	0.88
有时作弊	58.09	1	56.13	64.13	54.42	50.46	62.69	60.68	4.55
经常作弊	12.94	3	9.68	12.11	15.35	22.94	10.45	7.12	-2.56

续表

选项	总		2008年比率/%	2009年比率/%	2010年比率/%	2011年比率/%	2012年比率/%	2013年比率/%	2013年与2008年比较率差
	比率/%	排序							
想作弊但又怕被老师发现	23.37	2	29.68	18.39	26.51	20.64	19.90	25.08	-4.60
根本不想作弊	1.29	5	0.65	1.35	1.40	0	1.99	2.37	1.72
合计	100		100	100	100	100	100	100	0

3. 家长对未成年人考试的认识

如表 9-34 所示，家长认为未成年人在考试时"经常作弊"的比率为 9.41%，"有时作弊"的比率为 47.13%，家长认为未成年人作弊的比率较中学老师认为的比率低 14.49 个百分点。

从 2013 年与 2010 年的比较来看，家长认为未成年人"从不作弊"的比率有所提高，认为未成年人"有时作弊"的比率有所下降。

表 9-34　家长眼中未成年人的考试观

选项	总		2010年比率/%	2011年比率/%	2012年比率/%	2013年比率/%	2013年与2010年比较率差
	比率/%	排序					
从不作弊	20.93	2	16.33	21.31	26.34	19.73	3.40
有时作弊	47.13	1	52.04	39.34	47.80	49.32	-2.72
经常作弊	9.41	4	8.16	12.02	8.29	9.18	1.02
想作弊但又怕被老师发现	17.00	3	17.35	18.03	15.61	17.01	-0.34
根本不想作弊	5.53	5	6.12	9.29	1.95	4.76	-1.36
合计	100		100	100	100	100	0

4. 中学校长、德育干部、小学校长对未成年人考试的认识

如表 9-35 所示，中学校长认为未成年人在考试时"经常作弊"的比率为 7.69%，"有时作弊"的比率为 72.53%；德育干部认为未成年人在考试时"经常作弊"的比率为 13.95%，"有时作弊"的比率为 51.16%；小学校长认为未成年人在考试时"经常作弊"的比率为 5.26%，"有时作弊"的比率为 63.16%。这 3 个群体中，中学校长认为未成年人的考试作弊现象较为严重，小学校长选择"从不作弊"的比率最高，这在一定程度上反映出小学生比中学生更遵守规则。

表 9-35　中学校长、德育干部、小学校长眼中未成年人的考试观（2013 年）

选项	总			中学校长			德育干部			小学校长			中学校长与德育干部比较率差	中学校长与小学校长比较率差	德育干部与小学校长比较率差
	人数/人	比率/%	排序	人数/人	比率/%	排序	人数/人	比率/%	排序	人数/人	比率/%	排序			
从不作弊	5	1.90	4	2	1.10	4	1	2.33	4	2	5.26	3	-1.23	-4.16	-2.93
有时作弊	178	67.68	1	132	72.53	1	22	51.16	1	24	63.16	1	21.37	9.37	-12
经常作弊	22	8.37	3	14	7.69	3	6	13.95	3	2	5.26	3	-6.26	2.43	8.69
想作弊但又怕被老师发现	58	22.05	2	34	18.68	2	14	32.56	2	10	26.32	2	-13.88	-7.64	6.24
根本不想作弊	0	0	5	0	0	5	0	0	5	0	0	5	0	0	0
合计	263	100		182	100		43	100		38	100		0	0	0

5. 基本认识

在了解了未成年人自身与成年人对未成年人考试的看法后，笔者深感在基础教育中，未成年人的思想教育存在一定的问题。考试作弊一是反映了未成年人不懂得讲诚信或者不讲诚信，二是反映了未成年人把考试作弊当成一种行为习惯，习以为常，不以为耻。若要促进未成年人的科学素质发展与企业家精神培养，就必须正视未成年人的考试作弊问题，加强诚信教育，矫正不良考试习惯，否则效果会大打折扣。

（五）相应措施

1. 未成年人应了解自身实际情况，切实把握学习目的

未成年人在学习目的上已不再是单一的价值取向，而是呈现出多元化状况。值得注意的是，科学素质与企业家精神更多地是侧重于科学家和企业家为社会及整个人类所做的贡献。未成年人在学习上如果只是为了自身的需要及发展，那么其发展势必会受到一定的限制，也与科学素质发展与企业家精神培养背道而驰。

2. 未成年人应端正学习态度，提高学习动力

从上述数据可知，两成多的未成年人并不是因为学习课程的难度而苦恼，而更多是由于自身的心理畏惧或胆怯而对学习失去兴趣，这与未成年人的学习态度有密切关系。积极的学习态度可以反映一个人在学习过程中面对所遇到的问题时寻求解决方法的迫切心理。未成年人应当端正学习态度，提高学习动力。科学素质发展与企业家精神培养同样注重学习态度，科学研究中需要锲而不舍

的科研态度，企业家需要坚持不懈的追求态度，未成年人只有端正学习态度，才能与科学素质发展和企业家精神培养的要求保持一致。

3. 加强未成年人的底线意识教育

未成年人"学习伦理能够遵从，底线意识相对淡薄"（叶松庆，2007d）。由调查可知，一部分未成年人学习目的明确，学习态度端正，遵守考试规则与纪律，遵从学习伦理，但还有一部分未成年人学习目的不明确，抄袭作业，考试作弊等，逾越道德底线。科学素质发展与企业家精神培养同样需要遵从伦理，加强未成年人的底线意识教育也是科学素质发展与企业家精神培养的"题中之意"。

三 充分发挥相关课程的引导作用

课程是未成年人学习的主要内容，那么如何发挥课程的正向作用？这一问题在不少学校还没有得到很好的解决。我们先来看看未成年人究竟对哪些课程最感兴趣，最喜爱哪些课程，也就是最愿意学哪些课程。设问："未成年人最喜爱什么课程？""教育者认为未成年人所重视的课程是什么？""家长认为未成年人所重视的课程是什么？"

（一）相关课程的作用及开设情况

1. 科学课程的作用

未成年人科学素质发展的最主要途径是科学教育，"科学教育已成为基础教育阶段的核心课程"（邹广严，2015），中学科学课程是把原来的物理、化学、生物、地理四门学科合一的产物，课改的初衷是将其变为科学教育的主要形式，但该课程是否起到了培养未成年人科学素质核心课程的作用？设问："目前中学科学课程对未成年人的科学素质发展能否起作用？"题中选项"能"是肯定，"不能"是否定，"一般化"是中性表达，"不好评价"是谨慎说法，"不知道"其实是另有想法。

我们采用 2010 年对科技工作者等 3 个群体的调查与 2013 年对中学校长等 3 个群体的调查作一个比较，来说明科学课程的作用。

如表 9-36 所示，科技工作者等 3 个群体选择肯定性回答的比率为 17.67%，选择否定性回答的比率为 7.16%；中学校长等 3 个群体选择肯定性回答的比率为 37.04%，选择否定性回答的比率为 5.79%。中学校长等 3 个群体选择肯定性回答的比率较科技工作者等 3 个群体高 19.37 个百分点。

科技工作者等 3 个群体及中学校长等 3 个群体共 6 个群体选择肯定性回答

的比率为 27.36%，选择否定性回答的比率为 6.48%。

总的来看，6 个群体对科学课程促进未成年人科学素质发展与企业家精神培养的作用持"一般化"认识。

表 9-36　目前中学科学课对培养未成年人科学素质与企业家精神作用的比较

选项	总		科技工作者等 3 个群体（2010 年）				中学校长等 3 个群体（2013 年）				科技工作者等 3 个群体与中学校长等 3 个群体比较率差
	比率/%	排序	科技工作者比率/%	科技型中小企业家比率/%	教育、科技、人事管理部门领导比率/%	合比率/%	中学校长比率/%	小学校长比率/%	德育干部比率/%	合比率/%	
能	27.36	2	24.18	17.07	11.76	17.67	32.42	36.84	41.86	37.04	-19.37
一般化	46.14	1	36.26	41.46	70.59	49.44	52.75	31.58	44.19	42.84	6.60
不能	6.48	5	8.79	9.76	2.94	7.16	7.14	7.89	2.33	5.79	1.37
不好评价	10.48	3	12.09	14.63	11.76	12.83	6.59	13.16	4.65	8.13	4.70
不知道	9.55	4	18.68	17.08	2.95	12.9	1.10	10.53	6.97	6.20	6.70
合计	100		100	100	100	100	100	100	100	100	0

2. "企业家精神"课程开设情况

"企业家也是企业的领路人，企业家精神是企业乃至整个经济社会发展的核心驱动力。"（邹广严，2015）企业家精神对于经济社会的发展具有重要作用。未成年人是未来我国社会主义事业的接班人和经济发展的主力军。在未成年人中开设"企业家精神"相关课程，不仅有利于未成年人素质教育的开展，同时有利于未成年人企业家精神的培养。

1）未成年人的看法

如表 9-37 所示，未成年人对学校是否开设"企业家精神"课程的看法的排序是："没有开设"（61.45%）、"开设了"（24.84%）、"不清楚"（13.71%）。超过一半的未成年人认为学校没有开设"企业家精神"课程。从 2015 年与 2014 年的比较来看，认为开设了的比率呈快速上升趋势。

表 9-37　未成年人对学校"企业家精神"课程开设情况的看法

选项	总			2014 年			2015 年			2015 年与 2014 年比较率差
	人数/人	比率/%	排序	人数/人	比率/%	排序	人数/人	比率/%	排序	
开设了	1107	24.84	2	686	23.35	2	421	27.73	2	4.38
没有开设	2738	61.45	1	1832	62.36	1	906	59.68	1	-2.68
不清楚	611	13.71	3	420	14.30	3	191	12.58	3	-1.72
合计	4456	100		2938	100		1518	100		0

2）中学老师、家长与德育干部的看法

如表 9-38 所示，七成多的中学老师认为学校没有开设"企业家精神"相关课程。从 2015 年与 2013 年的比较来看，率差最大的是"不清楚"（20.43 个百分点），其次是"没有开设"（14.64 个百分点）。近一半的家长认为学校没有开设"企业家精神"相关课程。从 2015 年与 2013 年的比较来看，率差最大的是"不清楚"（12.06 个百分点），其次是"没有开设"（7.73 个百分点）。七成多的德育干部认为学校没有开设"企业家精神"相关课程。

表 9-38　中学老师、家长、德育干部对学校"企业家精神"课程开设情况的看法

| 选项 | 中学老师 | | | | | | | | 家长 | | | | | | | | 德育干部（2013 年） | |
| | 合 | | 2013 年 | | 2014 年 | | 2015 年 | | 合 | | 2013 年 | | 2014 年 | | 2015 年 | | | |
	人数/人	比率/%	人数/人	比率/%	人数/人	比率/%	人数/人	比率/%	人数/人	比率/%	人数/人	比率/%	人数/人	比率/%	人数/人	比率/%	人数/人	比率/%
开设了	81	11.89	27	9.15	31	13.36	23	14.94	125	18.30	35	11.90	65	27.66	25	16.23	7	16.28
没有开设	481	70.63	179	60.68	186	80.17	116	75.32	332	48.61	130	44.22	122	51.91	80	51.95	31	72.09
不清楚	119	17.47	89	30.17	15	6.47	15	9.74	226	33.09	129	43.88	48	20.43	49	31.82	5	11.63
合计	681	100	295	100	232	100	154	100	683	100	294	100	235	100	154	100	43	100

3）中学校长的看法

如表 9-39 所示，中学校长对学校是否开设"企业家精神"课程看法的排序是："没有开设"（83.70%）、"开设了"（14.57%）、"不清楚"（1.73%）。八成多的中学校长认为学校没有开设"企业家精神"相关课程。

表 9-39　中学校长对学校"企业家精神"课程开设情况的看法

| 选项 | 总 | | | 2013 年 | | 2014 年 | | | | 2015 年 | | | | | | | |
| | | | | | | （1） | | （2） | | （1） | | （2） | | （3） | | （4） | |
	人数/人	比率/%	排序	人数/人	比率/%	人数/人	比率/%	人数/人	比率/%	人数/人	比率/%	人数/人	比率/%	人数/人	比率/%	人数/人	比率/%
开设了	59	14.57	2	10	5.49	1	1.45	14	29.79	1	5.0	3	15.00	0	0	30	61.22
没有开设	339	83.70	1	170	93.41	68	98.55	31	65.96	18	90.00	17	85.00	17	94.44	18	36.73
不清楚	7	1.73	3	2	1.10	0	0	2	4.26	1	5.0	0	0	1	5.56	1	2.04
合计	405	100		182	100	69	100	47	100	20	100	20	100	18	100	49	100

4）小学校长的看法

如表 9-40 所示，小学校长对学校是否开设"企业家精神"课程看法的排序

是："没有开设"（90.37%）、"开设了"（8.15%）、"不清楚"（1.48%）。九成多的小学校长认为学校没有开设"企业家精神"相关课程。

表 9-40　小学校长对学校"企业家精神"课程开设情况的看法

选项	总			2013 年（安徽省）		2014 年				2015 年（安徽省）			
						全国部分省市（少数民族地区）（1）		安徽省（2）		（1）		（2）	
	人数/人	比率/%	排序	人数/人	比率/%	人数/人	比率/%	人数/人	比率/%	人数/人	比率/%	人数/人	比率/%
开设了	11	8.15	2	1	2.63	1	3.85	1	3.03	8	47.06	0	0
没有开设	122	90.37	1	35	92.11	25	96.15	32	96.97	9	52.94	21	100.00
不清楚	2	1.48	3	2	5.26	0	0	0	0	0	0	0	0
合计	135	100		38	100	26	100	33	100	17	100	21	100

3. "创业教育"课程开设情况调查

"把创新创业教育贯穿人才培养全过程"（柴葳，2015），不仅对于高校推进创新创业教育改革工作具有重要意义，而且对于未成年人的培养同样具有重要意义。在未成年人中开设"创业教育"相关课程，是积极贯彻落实全国就业创业工作暨 2017 年普通高等学校毕业生就业创业工作电视电话会议精神，也是未成年人科学素质发展与企业家精神培养的要求。

1）未成年人的看法

如表 9-41 所示，未成年人对学校是否开设"创业教育"课程看法的排序是："没有开设"（62.03%）、"开设了"（24.82%）、"不清楚"（13.15%）。六成多的未成年人认为学校没有开设"创业教育"相关课程。从两年的比较来看，未成年人选择"开设了"的比率有大幅增长。

表 9-41　未成年人对学校"创业教育"课程开设情况的看法

选项	总			2014 年			2015 年			2015 年与 2014年比较率差
	人数/人	比率/%	排序	人数/人	比率/%	排序	人数/人	比率/%	排序	
开设了	1106	24.82	2	672	22.87	2	434	28.59	2	5.72
没有开设	2764	62.03	1	1889	64.30	1	875	57.64	1	−6.66
不清楚	586	13.15	3	377	12.83	3	209	13.77	3	0.94
合计	4456	100		2938	100		1518	100		0

2）中学老师、家长与德育干部的看法

如表 9-42 所示，中学老师对学校是否开设"创业教育"课程看法的排序是：

"没有开设"（77.20%）、"开设了"（17.10%）、"不清楚"（5.70%）。七成多的中学老师认为学校没有开设"创业教育"相关课程。从两年的比较来看，中学老师的认识变化不大，选择不清楚的比率上升。

家长对学校是否开设"创业教育"课程看法的排序是："没有开设"（48.33%）、"不清楚"（28.53%）、"开设了"（23.14%）。近五成的家长认为学校没有开设"创业教育"相关课程。从两年的比较来看，率差最大的是"开设了"（10.35 个百分点），其次是"没有开设"（5.99 个百分点）。

德育干部对学校是否开设"创业教育"课程看法的排序是："没有开设"（44.19%）、"开设了"（39.53%）、"不清楚"（16.28%）。

表 9-42　中学老师、家长与德育干部对"创业教育"课程开设情况的看法

| 选项 | 中学老师 | | | | | | | 家长 | | | | | | | 德育干部 (2013 年) | |
| | 合 | | | 2014 年 | | 2015 年 | | 合 | | | 2014 年 | | 2015 年 | | | |
	人数/人	比率/%	排序	人数/人	比率/%	人数/人	比率/%	人数/人	比率/%	排序	人数/人	比率/%	人数/人	比率/%	人数/人	比率/%
开设了	66	17.10	2	42	18.10	24	15.58	90	23.14	3	64	27.23	26	16.88	17	39.53
没有开设	298	77.20	1	182	78.45	116	75.32	188	48.33	1	108	45.96	80	51.95	19	44.19
不清楚	22	5.70	3	8	3.45	14	9.09	111	28.53	2	63	26.81	48	31.17	7	16.28
合计	386	100		232	100	154	100	389	100		235	100	154	100	43	100

3）中学校长的看法

如表 9-43 所示，中学校长对学校是否开设"创业教育"课程看法的排序是："没有开设"（86.91%）、"开设了"（10.86%）、"不清楚"（2.22%）。八成多的中学校长认为学校没有开设"创业教育"相关课程。

表 9-43　中学校长对学校"创业教育"课程开设情况的看法

| 选项 | 总 | | | 2013 年 | | 2014 年 | | | | 2015 年 | | | | | | |
| | | | | | | （1） | | （2） | | （1） | | （2） | | （3） | | （4） |
	人数/人	比率/%	排序	人数/人	比率/%	人数/人	比率/%	人数/人	比率/%	人数/人	比率/%	人数/人	比率/%	人数/人	比率/%	人数/人	比率/%
开设了	44	10.86	2	9	4.95	2	2.90	18	38.30	7	35.0	0	0	0		8	16.33
没有开设	352	86.91	1	170	93.41	67	97.10	27	57.45	12	60.0	16	88.89	40	81.63		
不清楚	9	2.22	3	3	1.65	0	0	2	4.26	1	5.00	0	0	2	11.11	1	2.04
合计	405	100		182	100	69	100	47	100	20	100	20	100	18	100	49	100

4）小学校长的看法

如表 9-44 所示，小学校长对学校是否开设"创业教育"课程看法的排序是："没有开设"（91.85%）、"开设了"（8.15%）、"不清楚"（0）。九成多的小学校长认为学校没有开设"创业教育"相关课程。

表 9-44　小学校长对学校"创业教育"课程开设情况的看法

选项	总			2013 年（安徽省）		2014 年				2015 年（安徽省）			
						全国部分省市（少数民族地区）（1）		安徽省（2）		（1）		（2）	
	人数/人	比率/%	排序	人数/人	比率/%	人数/人	比率/%	人数/人	比率/%	人数/人	比率/%	人数/人	比率/%
开设了	11	8.15	2	2	5.26	1	3.85	1	3.03	7	41.18	0	0
没有开设	124	91.85	1	36	94.74	25	96.15	32	96.97	10	58.82	21	100
不清楚	0	0	3	0	0	0	0	0	0	0	0	0	0
合计	135	100		38	100	26	100	33	100	17	100	21	100

4. 基本认识

未成年人，中学老师，家长，中学校长，德育干部，小学校长，科技工作者，科技型中小企业家，教育、科技、人事管理部门领导，研究生，大学生等11 个群体认为，目前中学的科学课程能在一定程度上起到促进未成年人科学素质发展的作用，但与课程的设置目标和人们的预期还有相当的距离，科学课程作用的发挥空间还较大。2008 年 2 月 27 日《中国青年报》载文指出"科学课关乎国家竞争力"。"虽然有些地区的小学开设了科学课，也处于'副科'地位"（张国和李新玲，2008）。2008 年 10 月 10 日《中国青年报》载文：《武汉科学课改革四年陷入分合之争》（雷宇，2008）。"科学"课激发未成年人的探究热情，培养他们自行获取知识的能力。"让孩子像科学家一样地思考，而不是一味地为了分数而学习"的目的可否达到，令人在忐忑中期待。

在"企业家精神"和"创业教育"课程的开设方面，大部分学校并没有开设专门课程，只是零散地见诸相关课程当中，如道德与法治课、思想政治课。

科学素质发展与企业家精神培养在一定程度上可以借助于相关课程的学习，更重要的是"教育要着重加强学生的'企业家素质'和'企业家精神'的培养，加强教育过程中所包含的进取、创新、诚信等多种内涵"（信力建，2003）。教育者可以通过将科学素质与企业家精神的内涵和相关要求融于自己的教育过程中，再通过一定的课堂教学形式表现出来，让未成年人间接感受和体悟科学素质与企业家精神的内在要求。未成年人的体验和感悟在思想层面会形成对科学素质与企业家精神的认知，这种认知在一定条件下会力促未成年人全面素质的养成。

（二）相关课程的重视情况调查

1. 未成年人的看法

如表 9-45 所示，未成年人认为自己所重视课程的前三位是"数学"、"体育"和"语文"。

从两个阶段的比较来看，在阶段（一）中，未成年人认为自己重视的课程排在前三位的是："数学"（22.01%）、"语文"（18.64%）、"体育"（17.53%）。在阶段（二）中，未成年人认为自己重视的课程排在前三位的是："思想品德"（18.82%）、"体育"（18.14%）、"语文"（16.00%）。可见，与阶段（一）相比，在阶段（二）中，未成年人更重视"思想品德"。从率差来看，阶段（二）较阶段（一）更重视"思想品德"课程，对"语文"、"数学"和"英语"等课程的重视程度有所降低。

表 9-45　未成年人认为自己所重视的课程

选项	总 比率/%	排序	（一）2006年比率/%	2007年比率/%	2008年比率/%	2009年比率/%	2010年比率/%	合比率/%	（二）2011年比率/%	2012年比率/%	2013年比率/%	2014年比率/%	2015年比率/%	合比率/%	（二）与（一）比较率差
思想品德	14.38	4	2.26	11.43	10.81	15.66	9.50	9.93	13.93	21.39	19.81	21.38	17.59	18.82	8.89
语文	17.32	3	31.16	22.00	12.80	15.48	11.78	18.64	13.83	18.35	16.58	16.10	15.15	16.00	-2.64
数学	18.17	1	33.47	27.42	16.37	17.10	15.70	22.01	14.45	12.07	15.73	13.68	15.74	14.33	-7.68
英语	12.14	6	28.64	17.21	13.81	9.43	11.62	16.14	8.54	6.94	9.10	9.22	6.85	8.13	-8.01
体育	17.83	2	0	12.02	22.48	23.65	29.49	17.53	21.96	22.24	21.56	5.82	19.10	18.14	0.61
劳动	3.09	8	0	2.13	2.21	1.90	2.12	1.67	2.95	1.47	2.59	11.54	3.95	4.50	2.83
其他	12.89	5	4.45	4.04	16.75	12.23	14.62	10.42	18.49	12.79	10.78	19.16	15.55	15.35	4.93
不知道	4.19	7	0	3.74	4.77	4.56	5.22	3.66	5.85	4.75	3.85	3.10	6.07	4.72	1.06
合计	100		100	100	100	100	100.	100	100	100	100	100	100	100	0

2. 中学老师的看法

如表 9-46 所示，中学老师认为未成年人所重视课程的前三位是"体育"、"科学常识"和"其他"。可见，中学老师认为未成年人更注重自身的锻炼所带来的快乐体验。在中学老师眼里，未成年人对"科学常识"有浓厚的兴趣，这与未成年人身心发展的阶段性特征有关，未成年人对事物的认知置于一种表象层面，好奇心强烈，凡事爱问为什么，会逐渐将对科学现象的认知转化为对科学常识和知识的了解，这对于其科学素质发展是有益的。

表 9-46　中学老师认为的未成年人所重视的课程

选项	总		2008年比率/%	2009年比率/%	2010年比率/%	2011年比率/%	2012年比率/%	2013年比率/%	2014年比率/%	2015年比率/%	2015年与2008年比较率差
	比率/%	排序									
思想品德	6.31	4	5.16	6.73	5.58	9.63	3.48	7.80	8.19	3.90	−1.26
语文	5.88	5	7.10	7.17	5.58	5.05	4.48	6.44	3.45	7.79	0.69
数学	4.55	7	6.45	3.59	4.19	6.42	3.98	5.08	4.74	1.95	−4.50
英语	5.65	6	5.16	2.69	3.26	1.38	3.98	26.78	0	1.95	−3.21
体育	57.88	1	63.23	60.54	63.72	53.21	56.72	37.29	65.95	62.34	−0.89
劳动	2.55	8	2.58	0.90	0.93	0.92	3.48	5.76	0	5.84	3.26
科学常识	9.27	2	7.10	8.97	7.91	11.01	15.42	2.37	12.93	8.44	1.34
其他	7.91	3	3.22	9.41	8.83	12.38	8.46	8.48	4.74	7.79	4.57
合计	100		100	100	100	100	100	100	100	100	0

3. 家长的看法

如表 9-47 所示，家长认为未成年人所重视课程的前三位是"体育"、"科学常识"和"语文"。与中学老师相比，家长认为未成年人也很喜爱"语文"。

在 2015 年与 2010 年的比较中，家长认为未成年人对"体育"、"劳动"和"数学"课程的重视程度有所提高。

表 9-47　家长认为的未成年人所重视的课程

选项	总		2010年比率/%	2011年比率/%	2012年比率/%	2013年比率/%	2014年比率/%	2015年比率/%	2015年与2010年比较率差
	比率/%	排序							
思想品德	7.90	6	10.20	9.29	6.34	6.12	7.66	7.79	−2.41
语文	11.40	3	13.27	12.02	7.80	12.59	12.34	10.39	−2.88
数学	10.63	4	9.18	10.93	12.20	9.18	11.91	10.39	1.21
英语	5.01	7	4.08	8.20	3.90	6.12	3.83	3.90	−0.18
体育	35.81	1	30.61	36.61	37.07	36.05	33.62	40.91	10.30
劳动	1.83	8	1.02	1.64	4.39	0.68	1.28	1.95	0.93
科学常识	17.61	2	22.45	15.30	16.10	17.69	16.60	17.53	−4.92
其他	9.81	5	9.19	6.01	12.20	11.57	12.76	7.14	−2.05
合计	100		100	100	100	100	100	100	0

4. 中学校长的看法

如表 9-48 所示，中学校长认为未成年人所重视课程的前三位是"体育"、"科学常识"和"其他"。中学校长前三位的选项与中学老师前三位的选项一致，可以看出中学校长认为未成年人的发展是全面的发展，未成年人对课程的重视程度不一定局限于语文、数学、英语等科目。未成年人其他素质的养成，需要未成年人广泛涉猎，科学素质发展与企业家精神培养同样应有此类要求。

表 9-48　中学校长认为的未成年人所重视的课程

选项	总			2013 年		2014 年				2015 年							
						（1）		（2）		（1）		（2）		（3）		（4）	
	人数/人	比率/%	排序	人数/人	比率/%	人数/人	比率/%	人数/人	比率/%	人数/人	比率/%	人数/人	比率/%	人数/人	比率/%	人数/人	比率/%
思想品德	9	2.22	7	4	2.20	0	0	4	8.51	1	5.00	0	0	0	0	0	0
语文	27	6.67	4	16	8.79	4	5.80	0	0	1	5.00	0	0	1	5.56	5	10.20
数学	16	3.95	5	11	6.04	0	0	4	8.51	0	0	0	0	1	5.56	0	0
英语	3	0.74	8	2	1.10	0	0	0	0	0	0	0	0	0	0	1	2.04
体育	270	66.67	1	123	67.58	54	78.26	27	57.45	6	30.00	16	80.00	14	77.78	30	61.22
劳动	10	2.47	6	1	0.55	8	11.59	0	0	0	0	0	0	0	0	1	2.04
科学常识	42	10.37	2	17	9.34	2	2.90	7	14.89	7	35.00	1	5.00	1	5.56	7	14.29
其他	28	6.91	3	8	4.40	1	1.45	5	10.64	5	25.00	3	15.00	1	5.56	5	10.20
合计	405	100		182	100	69	100	47	100	20	100	20	100	18	100	49	100

5. 小学校长的看法

如表 9-49 所示，小学校长认为未成年人所重视课程的前三位是"体育"、"科学常识"和"语文"。小学校长选择的前三位选项与家长选择的前三位选项一致，小学校长认为未成年人重要的是发展自身的身体素质，其次是广泛涉猎包括科学常识在内的其他知识。

表 9-49　小学校长认为的未成年人所重视的课程

选项	总			2013 年（安徽省）		2014 年				2015 年（安徽省）			
						全国部分省市（少数民族地区）（1）		安徽省（2）		（1）		（2）	
	人数/人	比率/%	排序	人数/人	比率/%	人数/人	比率/%	人数/人	比率/%	人数/人	比率/%	人数/人	比率/%
思想品德	2	1.48	5	0	0	0	0	0	0	2	11.76	0	0

续表

选项	总			2013 年（安徽省）		2014 年				2015 年（安徽省）			
						全国部分省市（少数民族地区）（1）		安徽省（2）		（1）		（2）	
	人数/人	比率/%	排序	人数/人	比率/%	人数/人	比率/%	人数/人	比率/%	人数/人	比率/%	人数/人	比率/%
语文	7	5.19	3	2	5.26	3	11.54	2	6.06	0	0	0	0
数学	0	0	6	0	0	0	0	0	0	0	0	0	0
英语	0	0	6	0	0	0	0	0	0	0	0	0	0
体育	102	75.56	1	25	65.79	19	73.08	25	75.76	14	82.35	19	90.48
劳动	0	0	6	0	0	0	0	0	0	0	0	0	0
科学常识	18	13.33	2	8	21.05	4	15.38	4	12.12	1	5.88	1	4.76
其他	6	4.44	4	3	7.89	0	0	2	6.06	0	0	1	4.76
合计	135	100		38	100	26	100	33	100	17	100	21	100

6. 德育干部的看法

在 2013 年对德育干部的调查中，其选择各选项的比率为："思想品德"（4.65%）、"语文"（0）、"数学"（6.98%）、"英语"（2.33%）、"体育"（58.14%）、"劳动"（2.33%）、"科学常识"（16.28%）、"其他"（9.30%）。德育干部选择的前三位与中学校长、中学老师的选择相同。

7. 基本认识

从数据来看，未成年人所重视的课程中，主要的是"科学常识"和"体育"科目。从某种层面来讲，"体育"课需要的脑力劳动相对较少，而且未成年人本身就好动，喜欢运动，所以这门课正合未成年人心意；"科学常识"课程内容以科普知识居多，学起来容易，考试易过关。"语文"与"数学"这两门课程不太被未成年人重视，多数未成年人是在不喜欢的状态下学习这两门课程的，要加强引导。

在未成年人科学素质发展与企业家精神培养中，重要的一点是数理逻辑的培养，在成年人群体看来，未成年人对数学的喜好远不及对科学常识和体育的喜好。加强未成年人素质的全面发展，避免未成年人出现严重的"偏科"现象，是成年人群体尤其是中学老师的重要职责。

（三）相应措施

1. 重视相关课程的建设

"基础教育中的文化课学习是青少年科学素质发展与企业家精神培养的主

渠道。"（叶松庆，2011c）从目前学校开设的"科学"课程、"企业家精神"课程、"创业教育"课程等相关课程来看，大部分学校未能切实落实相关课程的开设，只是作为相关的背景材料或知识给未成年人进行讲解。科学素质发展与企业家精神培养需要专业化的教材与课程。专业性的了解一方面有利于未成年人对科学素质与企业家精神的深入了解，另一方面对未成年人的接纳力和吸收力的培养具有重要的意义，因此，中学要重视与加快"科学""企业家精神""创业教育"等课程的建设步伐。

2. 重视学科间的均衡化发展，促进未成年人的全面发展

在未成年人自己重视的课程中，"科学常识""体育"最受未成年人青睐。值得注意的是，相关学科，如"语文""数学""英语"等课程的选择比率相对较低，从中可以看出未成年人的学科间均衡化发展意识不强，均衡化发展在某种程度上会拓宽未成年人学习的知识面和视野，对进一步深入了解科学素质与企业家精神意义重大。科学素质发展与企业家精神培养对未成年人素质全面发展的要求较高，这也是两者内在精神中创新能力培养的前置性要求。

四　加强未成年人的课外学习

（一）未成年人的课外阅读状况

1. 未成年人眼中的课外阅读
1）未成年人最喜欢的课外阅读方式

大多数未成年人选择"纸质书刊"方式作为自己的课外阅读方式，而"网络阅读"和"手机阅读"方式也逐渐成为未成年人阅读的"新宠儿"。

如表 9-50 所示，从 2015 年与 2011 年的比较来看，率差最大的是"纸质书刊"（6.16 个百分点），其次是"手机阅读"（5.40 个百分点）。值得注意的是，随着网络的日益发达，尤其是自媒体的广泛运用，网络阅读、手机阅读等电子式阅读会逐渐占据重要地位，纸质书刊的发展势必受到影响。

表 9-50　未成年人的课外阅读方式

选项	总 人数/人	比率/%	排序	2011 人数/人	比率/%	2012 人数/人	比率/%	2013 人数/人	比率/%	2014 年 人数/人	比率/%	2015 年 人数/人	比率/%	2015 年与 2011 年比较率差
纸质书刊	7 116	62.10	1	1 106	57.28	1 353	64.31	1 749	58.93	1 945	66.20	963	63.44	6.16
网络阅读	1 343	11.72	2	237	12.27	227	10.79	370	12.47	365	12.42	144	9.49	-2.78
手机阅读	1 210	10.56	3	173	8.96	228	10.84	302	10.18	289	9.84	218	14.36	5.40

续表

选项	总			2011		2012		2013		2014 年		2015 年		2015 年与2011 年比较率差
	人数/人	比率/%	排序	人数/人	比率/%	人数/人	比率/%	人数/人	比率/%	人数/人	比率/%	人数/人	比率/%	
电视阅读	346	3.02	6	81	4.19	62	2.95	133	4.48	36	1.23	34	2.24	-1.95
电子书阅读	1 041	9.08	4	243	12.58	168	7.98	317	10.68	202	6.88	111	7.31	-5.27
不知道	403	3.52	5	91	4.71	66	3.14	97	3.27	101	3.44	48	3.16	-1.55
合计	11 459	100		1 931	100	2 104	100	2 968	100	2 938	100	1 518	100	0

2）未成年人的课外手机阅读状况

如表 9-51 所示，51.73%的未成年人选择手机阅读，手机阅读得到未成年人群体的"青睐"。在 2015 年与 2010 年的比较中，手机阅读的比率有所下降。

表 9-51　未成年人的课外手机阅读状况

选项	总			2010 年		2011 年		2012 年		2013 年		2014 年		2015 年		2015 年与 2010 年比较率差
	人数/人	比率/%	排序	人数/人	比率/%	人数/人	比率/%	人数/人	比率/%	人数/人	比率/%	人数/人	比率/%	人数/人	比率/%	
经常阅读	2 473	18.46	3	454	23.45	346	17.92	492	23.38	576	19.41	336	11.44	269	17.72	-5.73
偶尔阅读	4 457	33.27	1	738	38.12	650	33.66	581	27.61	943	31.77	984	33.49	561	36.96	-1.16
从不阅读	3 234	24.14	2	479	24.74	401	20.77	526	25.00	734	24.73	747	25.43	347	22.86	-1.88
不知道	1 626	12.14	4	265	13.69	534	27.65	114	5.42	269	9.06	290	9.87	154	10.14	-3.55
没有手机	1 605	11.98	5	0	0	0	0	391	18.58	446	15.03	581	19.78	187	12.32	12.32
合计	13 395	100		1 936	100	1 931	100	2 104	100	2 968	100	2 938	100	1 518	100	0

3）未成年人的课外阅读目的

如表 9-52 所示，未成年人认为的课外阅读目的的排序是："增长知识"（40.75%）、"休闲"（27.27%）、"补充课内学习"（11.99%）、"猎奇探析"（7.71%）、"消磨时间"（5.99%）、"不阅读"（3.16%）、"毫无目的"（3.13%）。多数未成年人课外阅读的目的是增长知识，拓宽自己的知识面。

从 2011 年与 2007 年比较来看，"休闲"与"增长知识"的比率有较大提高。

表 9-52 未成年人的课外阅读目的

选项	总			2007 年		2008 年		2009 年		2010 年		2011 年		2011 年与 2007 年比较率差
	人数/人	比率/%	排序	人数/人	比率/%	人数/人	比率/%	人数/人	比率/%	人数/人	比率/%	人数/人	比率/%	
增长知识	5 360	40.75	1	916	30.08	1 827	45.39	1 082	48.83	795	41.06	740	38.32	8.24
补充课内学习	1 577	11.99	3	541	17.77	408	10.14	194	8.75	206	10.64	228	11.81	−5.96
休闲	3 587	27.27	2	640	21.02	1 182	29.37	623	28.11	547	28.25	595	30.81	9.79
猎奇探新	1 014	7.71	4	285	9.36	258	6.41	144	6.50	183	9.45	144	7.46	−1.90
消磨时间	788	5.99	5	212	6.96	194	4.82	116	5.23	115	5.94	151	7.82	0.86
毫无目的	412	3.13	7	195	6.40	107	2.66	25	1.13	51	2.63	34	1.76	−4.64
不阅读	415	3.16	6	256	8.41	49	1.22	32	1.44	39	2.01	39	2.02	−6.39
合计	13 153	100		3 045	100	4 025	100	2 216	100	1 936	100	1 931	100	0

4）未成年人课外最喜欢阅读的书刊

如表 9-53 所示，未成年人课外最喜欢阅读的书刊的前五位是："青少年读物"（22.65%）、"与学习有关的期刊"（18.41%）、"休闲图书"（16.22%）、"学习辅导图书资料"（8.46%）、"时尚刊物"（8.27%）。未成年人课外最喜欢阅读的书刊主要集中于自己的学习类。

从两个阶段的比较来看，率差最大的是"与学习有关的期刊"（5.22 个百分点），其次是"休闲杂志"（1.71 个百分点）。受制于学业等因素的影响，未成年人选择"与学习有关的期刊"的比率有明显增长。

表 9-53 未成年人课外最喜欢阅读的书刊

选项	总		（一）					（二）						（二）与（一）比较率差
	比率/%	排序	2007 年比率/%	2008 年比率/%	2009 年比率/%	2010 年比率/%	合比率/%	2011 年比率/%	2012 年比率/%	2013 年比率/%	2014 年比率/%	2015 年比率/%	合比率/%	
与学习有关的期刊	18.41	2	16.29	16.20	17.19	12.35	15.51	14.34	22.39	23.18	20.08	23.65	20.73	5.22
学习辅导图书资料	8.46	4	8.41	10.36	8.12	8.57	8.87	7.35	9.27	8.83	7.76	7.51	8.14	−0.73
时尚刊物	8.27	5	7.78	8.75	10.15	9.40	9.02	9.37	10.31	7.08	5.62	5.99	7.67	−1.35
休闲图书	16.22	3	18.82	14.91	15.48	14.57	15.95	12.22	13.97	16.24	21.61	18.12	16.43	0.48
青少年读物	22.65	1	16.39	21.81	25.86	26.24	22.58	27.96	19.49	20.22	24.81	21.08	22.71	0.13
影视同期书	3.78	9	4.70	3.23	2.44	3.87	3.56	4.04	3.28	4.25	2.48	5.73	3.96	0.40
网络出版物	5.09	7	5.94	4.45	4.42	5.42	5.06	4.97	4.56	4.92	6.09	5.01	5.11	0.05

续表

选项	总		（一）					（二）						（二）与（一）比较率差
	比率/%	排序	2007年比率/%	2008年比率/%	2009年比率/%	2010年比率/%	合比率/%	2011年比率/%	2012年比率/%	2013年比率/%	2014年比率/%	2015年比率/%	合比率/%	
大报纸（如《中国青年报》）	3.00	11	4.83	2.34	2.53	4.18	3.47	2.90	2.66	2.53	2.65	2.37	2.62	−0.85
小报纸（如晚报）	3.12	10	4.20	3.11	2.48	3.56	3.34	3.83	3.52	2.59	1.63	3.16	2.95	−0.39
休闲杂志	6.28	6	8.05	8.34	6.00	6.51	7.23	6.90	6.32	5.39	4.57	4.41	5.52	−1.71
不知道	4.73	8	4.59	6.50	5.33	5.33	5.44	6.12	4.23	4.77	2.70	2.97	4.16	−1.28
合计	100		100	100	100	100	100	100	100	100	100	100	100	0

2. 中学老师眼中未成年人的课外阅读状况

如表 9-54 所示，中学老师认为有 95.55% 的未成年人或多或少地进行课外阅读。可见，大多数未成年人或多或少地进行课外阅读，保持这种良好的学习习惯，可以促进未成年人的科学素质发展与企业家精神培养。

从 2015 年与 2008 年的比较来看，率差最大的是"经常阅读"（15.02 个百分点），其次是"有时阅读"（9.35 个百分点）。在中学老师眼中未成年人课外阅读频率有所增加，课外阅读状况较好。

表 9-54　中学老师眼中未成年人的课外阅读状况

选项	总		2008年比率/%	2009年比率/%	2010年比率/%	2011年比率/%	2012年比率/%	2013年比率/%	2014年比率/%	2015年比率/%	2015年与2008年比较率差
	比率/%	排序									
经常阅读	18.10	3	12.90	20.18	10.23	14.22	21.89	15.93	21.55	27.92	15.02
有时阅读	50.29	1	59.35	44.39	55.35	50.46	46.27	54.24	42.24	50.00	−9.35
很少阅读	27.16	2	23.87	33.18	30.70	31.19	27.86	27.12	28.45	14.94	−8.93
不阅读	1.04	5	1.94	1.35	1.40	1.83	0.50	0.68	0.00	0.65	−1.29
不清楚	3.40	4	1.94	0.90	2.32	2.30	3.48	2.03	7.76	6.49	4.55
合计	100		100	100	100	100	100	100	100	100	0

3. 家长眼中未成年人课外阅读状况

如表 9-55 所示，家长认为未成年人课外阅读状况的排序是："有时阅读"（51.12%）、"经常阅读"（26.17%）、"很少阅读"（16.22%）、"不清楚"（5.66%）、"不阅读"（0.83%）。在家长眼中，有 93.51% 的未成年人或多或少地进行课外阅读。

从 2015 年与 2010 年的比较来看，率差最大的是"经常阅读"（3.81 个百分点），其次是"有时阅读"（3.34 个百分点），家长的认识与中学老师相似，可见，未成年人课外阅读状况较好。

表 9-55　家长眼中未成年人课外阅读状况

选项	总		2010 年比率/%	2011 年比率/%	2012 年比率/%	2013 年比率/%	2014 年比率/%	2015 年比率/%	2015 年与2010 年比较率差
	比率/%	排序							
经常阅读	26.17	2	30.61	25.68	21.46	23.13	21.70	34.42	3.81
有时阅读	51.12	1	52.04	54.10	44.88	51.70	55.32	48.70	−3.34
很少阅读	16.22	3	11.22	19.13	21.46	19.39	15.74	10.39	−0.83
不阅读	0.83	5	1.02	0	0.98	1.70	0	1.30	0.28
不清楚	5.66	4	5.11	1.09	11.22	4.08	7.24	5.19	0.08
合计	100		100	100	100	100	100	100	0

4. 中学校长眼中未成年人课外阅读状况

如表 9-56 所示，中学校长认为未成年人课外阅读状况的排序是："有时阅读"（48.31%）、"很少阅读"（31.46%）、"经常阅读"（11.80%）、"不清楚"（5.90%）、"不阅读"（2.53%）。在中学校长眼中，有 91.57% 的未成年人或多或少进行课外阅读。

表 9-56　中学校长眼中未成年人课外阅读状况

| 选项 | 总 | | | 2013 年 | | 2014 年 | | | | 2015 年 | | | | | |
| | | | | | | （1） | | （2） | | （1） | | （2） | | （3） | |
	人数/人	比率/%	排序	人数/人	比率/%	人数/人	比率/%	人数/人	比率/%	人数/人	比率/%	人数/人	比率/%	人数/人	比率/%
经常阅读	42	11.80	3	17	9.34	8	11.59	9	19.15	1	5.00	4	20.00	3	16.67
有时阅读	172	48.31	1	101	55.49	22	31.88	21	44.68	9	45.00	10	50.00	9	50.00
很少阅读	112	31.46	2	59	32.42	33	47.83	10	21.28	5	25.00	0	0	5	27.78
不阅读	9	2.53	5	3	1.65	6	8.70	0	0	0	0	0	0	0	0
不清楚	21	5.90	4	2	1.10	0	0	7	14.89	5	25.00	6	30.00	1	5.56
合计	356	100		182	100	69	100	47	100	20	100	20	100	18	100

5. 小学校长眼中未成年人课外阅读状况

如表 9-57 所示，小学校长认为未成年人的课外阅读状况的排序是："有时阅读"（48.09%）、"经常阅读"（24.43%）、"很少阅读"（19.08%）、"不清楚"（6.11%）、"不阅读"（2.29%）。在小学校长眼中，有91.60%的未成年人或多或少进行课外阅读。

表 9-57　小学校长眼中未成年人课外阅读状况

| 选项 | 总 | | | 2013 年（安徽省） | | 2014 年 | | | | 2015 年（安徽省） | | | |
| | | | | | | 全国部分省市（少数民族地区）（1） | | 安徽省（2） | | （1） | | （2） | |
	人数/人	比率/%	排序	人数/人	比率/%	人数/人	比率/%	人数/人	比率/%	人数/人	比率/%	人数/人	比率/%
经常阅读	32	24.43	2	5	14.71	4	15.38	14	42.42	6	35.29	3	14.29
有时阅读	63	48.09	1	26	76.47	13	50.00	8	24.24	9	52.94	7	33.33
很少阅读	25	19.08	3	2	5.88	6	23.08	7	21.21	2	11.76	8	38.10
不阅读	3	2.29	5	0	0	0	0	3	9.09	0	0	0	0
不清楚	8	6.11	4	1	2.94	3	11.54	1	3.03	0	0	3	14.29
合计	131	100		34	100	26	100	33	100	17	100	21	100

6. 德育干部眼中未成年人课外阅读状况

在 2013 年对德育干部的调查中，其选择的各选项比率分别为："有时阅读"（58.14%）、"经常阅读"（23.16%）、"很少阅读"（16.28%）、"不阅读"（2.33%）、"不清楚"（0.09%）。在德育干部眼中，有97.58%的未成年人或多或少进行课外阅读。

7. 基本认识

1）电子化阅读方式的地位逐渐凸显

在未成年人最喜欢的课外阅读方式的调查中，34.38%的未成年人选择电子媒介的阅读方式。在未成年人课外手机阅读状况调查中，51.73%的未成年人选择手机阅读，手机阅读受到未成年人群体的青睐。随着"互联网+"快速地与生活相融合，伴随而来的是生活方式的逐渐改变，而未成年人有着强烈的好奇心，对新鲜事物保持有较高的敏感度。"互联网+"模式的发展与推广，很大程度上依赖于互联网技术的发展，与科学技术的发展密不可分。追根溯源，科学素质发展与企业家精神培养在一定程度上也促成了未成年人阅读方式的改变。

2）未成年人的阅读目的以增长知识为主

在未成年人课外阅读目的的调查中，40.75%的未成年人表示课外阅读的目的就是增长知识。在2007～2015 年连续 9 年对未成年人课外最喜欢阅读的书刊的调查中，未成年人课外最喜欢阅读的书刊主要集中于自己的学习类。总的来看，未成年人的课外阅读目的是好的，是为了弥补课堂知识的有限性，完善自己现有的知识体系。

3）未成年人的阅读状况整体良好，但要注意向精细化方向引导

在对成年人群体的调查中，90%以上的成年人认为未成年人或多或少进行课外阅读。未成年人有课外阅读的行为是不争的事实，但是未成年人课外阅读是"精细化阅读"还是"碎片式"抑或是"囫囵吞枣式"阅读？这是值得成年人群体关注的问题，阅读的深浅从侧面可以反映出未成年人的专注度与投入度。科学素质发展与企业家精神培养同样需要极强的专注度与投入度。

（二）未成年人最感兴趣的课外阅读内容

未成年人的阅读范围很广，涉及方方面面。"科学知识"与"科幻"等课外阅读内容与科学素质发展有直接关联。

如表 9-58 所示，未成年人选择"科学知识""武侠""科幻"类阅读内容的较多。这类内容与科学有着千丝万缕的联系，未成年人阅读这类内容可以培养其科学想象能力。从两个阶段的比较看，对"科学知识"与"科幻"感兴趣的未成年人的比率增大。此外，不容忽视的是，2.85%的未成年人选择"带有色情的"阅读内容、1.23%的未成年人选择"黄色"阅读内容，1.52%的未成年人选择"暴力凶杀"阅读内容，对于这一小部分未成年人，应加强课外阅读的引导，帮助其树立健康的阅读观，使阅读对科学素质发展与企业家精神培养发挥作用。

从两个阶段的比较来看，率差最大的是"科学知识"（6.42 个百分点），其次是"休闲"（5.39 个百分点）。可见，在未成年人的课外阅读内容中，科学知识的比率有所提高，这在一定程度上有益于未成年人的科学素质发展。

表 9-58　未成年人最感兴趣的课外阅读内容

选项	总		（一）						（二）						（二）与（一）比较率差
	比率/%	排序	2006年比率/%	2007年比率/%	2008年比率/%	2009年比率/%	2010年比率/%	合比率/%	2011年比率/%	2012年比率/%	2013年比率/%	2014年比率/%	2015年比率/%	合比率/%	
科学知识	30.04	1	12.41	20.13	35.48	34.21	31.92	26.83	26.72	35.93	33.93	34.48	35.18	33.25	6.42
武侠	8.59	5	12.98	12.35	7.40	6.36	6.51	9.12	7.56	7.65	9.57	7.28	8.23	8.06	-1.06
科幻	12.50	3	3.71	10.48	10.71	13.22	14.62	10.55	11.96	14.40	15.63	15.76	14.43	14.44	3.89
情感	10.57	4	8.74	10.31	9.44	9.30	12.29	10.02	14.34	11.36	9.47	9.94	10.47	11.12	1.10
带有色情的	2.85	9	5.11	8.93	1.42	1.22	1.91	3.72	1.92	2.19	2.56	0.78	2.44	1.98	-1.74
休闲	14.94	2	24.90	22.61	14.88	13.90	11.88	17.63	12.69	11.50	12.06	16.00	8.96	12.24	-5.39

续表

| 选项 | 总 | | (一) | | | | | | (二) | | | | | | (二)与(一)比较率差 |
	比率/%	排序	2006年比率/%	2007年比率/%	2008年比率/%	2009年比率/%	2010年比率/%	合比率/%	2011年比率/%	2012年比率/%	2013年比率/%	2014年比率/%	2015年比率/%	合比率/%	
爱情	5.97	7	8.52	10.28	4.55	4.47	5.79	6.72	6.84	3.56	4.72	5.65	5.34	5.22	-1.50
案件侦破	7.88	6	6.31	4.01	9.22	11.15	8.32	7.80	9.58	7.75	6.20	6.91	9.29	7.95	0.15
黄色	1.23	11	1.73	2.79	0.60	0.59	1.08	1.36	0.88	0.76	1.01	0.48	2.31	1.09	-0.27
暴力凶杀	1.52	10	3.13	3.71	1.02	1.84	1.19	2.18	1.40	0.81	0.47	0.31	1.32	0.86	-1.32
不清楚	4.94	8	12.45	4.40	5.29	3.74	4.49	6.07	6.11	4.09	4.38	2.41	2.03	3.80	-2.27
合计	100		100	100	100	100	100	100	100	100	100	100	100	100	0

（三）成年人指导未成年人课外阅读的情况

1. 中学老师的指导情况

如表 9-59 所示，指导未成年人课外阅读的中学老师的比率为 76.82%。大多数中学老师担负起指导未成年人课外阅读的任务，少数中学老师没有负起应有的责任，如果全体中学老师都能积极参与指导，一定有助于未成年人的科学素质发展与企业家精神培养。

从 2015 年与 2008 年的比较来看，率差最大的是"有时指导"（15.78 个百分点），其次是"不指导"（13.06 个百分点）。可见，中学老师的指导情况不容乐观。

表 9-59　中学老师指导未成年人课外阅读的情况

| 选项 | 总 | | 2008年比率/% | 2009年比率/% | 2010年比率/% | 2011年比率/% | 2012年比率/% | 2013年比率/% | 2014年比率/% | 2015年比率/% | 2015年与2008年比较率差 |
	比率/%	排序									
经常指导	17.90	3	18.71	19.28	13.02	16.97	24.38	25.76	9.48	15.58	-3.13
有时指导	58.92	1	69.03	60.99	65.58	54.59	59.71	63.39	44.83	53.25	-15.78
不指导	20.20	2	10.97	18.39	20.93	27.52	14.93	9.49	35.34	24.03	13.06
无所谓	2.98	4	1.29	1.35	0.47	0.92	1.00	1.36	10.34	7.14	5.85
合计	100		100	100	100	100	100	100	100	100	0

2. 家长的指导情况

如表 9-60 所示，家长指导未成年人课外阅读情况的排序是："有时指导"（58.74%）、"不指导"（19.26%）、"经常指导"（18.72%）、"无所谓"

（3.28%）。指导未成年人课外阅读的家长的比率为77.46%。从2015年与2010年的比较来看，率差最大的是"不指导"（8.91个百分点），其次是"经常指导"（5.84个百分点）。

表9-60 家长指导未成年人课外阅读的情况

选项	总		2010年比率/%	2011年比率/%	2012年比率/%	2013年比率/%	2014年比率/%	2015年比率/%	2015年与2010年比较率差
	比率/%	排序							
经常指导	18.72	3	14.29	13.66	14.15	24.15	25.96	20.13	5.84
有时指导	58.74	1	58.16	56.28	59.02	57.48	59.15	62.34	4.18
不指导	19.26	2	24.49	27.87	19.02	18.37	10.21	15.58	−8.91
无所谓	3.28	4	3.06	2.19	7.80	0	4.68	1.95	−1.11
合计	100		100	100	100	100	100	100	0

3. 中学校长的指导情况

如表9-61所示，中学校长指导未成年人课外阅读情况的排序是："有时指导"（67.16%）、"经常指导"（16.05%）、"不指导"（15.80%）、"无所谓"（0.99%）。指导未成年人课外阅读的中学校长比率为83.21%。

表9-61 中学校长指导未成年人课外阅读的情况

选项	总			2013年		2014年				2015年							
						（1）		（2）		（1）		（2）		（3）		（4）	
	人数/人	比率/%	排序	人数/人	比率/%	人数/人	比率/%	人数/人	比率/%	人数/人	比率/%	人数/人	比率/%	人数/人	比率/%	人数/人	比率/%
经常指导	65	16.05	2	20	10.99	10	14.49	9	19.15	0	0	12	60.00	1	5.56	13	26.53
有时指导	272	67.16	1	142	78.02	46	66.67	23	48.94	9	45.00	8	40.00	13	72.22	31	63.27
不指导	64	15.80	3	20	10.99	12	17.39	13	27.66	11	55.00	0	0	3	16.67	5	10.20
无所谓	4	0.99	4	0	0	1	1.45	2	4.26	0	0	0	0	1	5.56	0	0
合计	405	100		182	100	69	100	47	100	20	100	20	100	18	100	49	100

4. 德育干部的指导情况

在2013年对德育干部的调查中，其选择各选项的比率分别为："有时指导"（60.47%）、"经常指导"（23.26%）、"不指导"（16.28%）、"无所谓"（0）。指导未成年人课外阅读的德育干部比率为83.73%。

5. 小学校长的指导情况

如表 9-62 所示，小学校长指导未成年人课外阅读情况的排序是："有时指导"（64.44%）、"经常指导"（18.52%）、"不指导"（17.04%）、"无所谓"（0）。指导未成年人课外阅读的小学校长比率为 82.96%。

表 9-62　小学校长指导未成年人课外阅读的情况

选项	总			2013 年（安徽省）		2014 年				2015 年（安徽省）			
						全国部分省市（少数民族地区）（1）		安徽省（2）		（1）		（2）	
	人数/人	比率/%	排序	人数/人	比率/%	人数/人	比率/%	人数/人	比率/%	人数/人	比率/%	人数/人	比率/%
经常指导	25	18.52	2	8	21.05	4	15.38	6	18.18	6	35.29	1	4.76
有时指导	87	64.44	1	25	65.79	19	73.08	21	63.64	10	58.82	12	57.14
不指导	23	17.04	3	5	13.16	3	11.54	6	18.18	1	5.88	8	38.10
无所谓	0	0	4	0	0	0	0	0	0	0	0	0	0
合计	135	100		38	100	26	100	33	100	17	100	21	100

6. 基本认识

调查表明，70%以上的成年人群体（即中学老师、家长、中学校长、小学校长等）都指导过未成年人的课外阅读。从各群体的数据来看，超过 80% 的中小学校长与德育干部指导过未成年人的课外阅读，不到 80% 的中学老师与家长指导过未成年人的课外阅读。在成年人群体中，中学老师指导未成年人课外阅读的比率最低，为 76.82%。未成年人大部分的时间都在校学习，与老师的接触最为频繁。中学老师指导未成年人的课外阅读，具有较强的可操作性。中学老师由于教学任务繁重，教学压力较大，无暇分出更多的时间来指导未成年人的课外学习。这是值得包括中小学校长和德育干部在内的教育者思考的问题，科学素质发展与企业家精神培养要求未成年人广泛涉猎课外知识，如何有效指导未成年人的课外阅读确实是中学老师应重视的问题。

（四）相应措施

1. 加快中小学基础设施建设

从未成年人的课外阅读方式来看，如今越来越多的未成年人更加青睐电子阅读。学校教育除了进一步完善传统阅读设施的建设（如图书馆、报刊阅览室等）外，更重要的是重视电子化设备的配置，适应未成年人课外阅读方式的变化。同时，在使用电子化设备的过程中，会进一步加深未成年人对科学技术发展的直观了解以及对电子产品来源的熟悉度，从而使未成年人切实体会到科学素质与企业家精神的内涵。

2. "多读书"与"读好书"相结合

90%以上的成年人认为未成年人或多或少进行课外阅读，未成年人课外阅读是一个普遍的事实。未成年人在广泛阅读的基础上，应当注重阅读的质量，也就是要读好书，读对自己有益的书。基于科学素质发展与企业家精神培养，未成年人应注意阅读科学简史、名人传记类的书刊，加深对科学知识的了解和对企业家成长历程的认识。

3. 成年人群体要注重指导未成年人课外阅读工作的成效

大多数成年人都能够做到指导未成年人的课外阅读，但指导未成年人阅读成效的检验却是成年人群体易忽视的问题。未成年人课外阅读成效的检测，一方面可以通过未成年人参加与之相关活动的表现看出来，另一方面可以通过未成年人的思维方式来体现，未成年人敢不敢于打破常规思维也是重要的检测维度。这些对于未成年人科学素质发展与企业家精神培养都具有重要的促进作用。

五　活跃未成年人的课外科技活动

（一）未成年人参加课外科技活动状况

1. 未成年人的看法

如表9-63所示，未成年人参加课外科技活动情况的排序是："没有课外科技活动"（28.40%）、"完全自主"（27.04%）、"任课老师指导"（23.99%）、"与别人合作"（13.61%）、"家长指导"（4.05%）、"科普辅导员指导"（2.91%）。近三成的未成年人"没有课外科技活动"，不利于未成年人的科学素质发展与企业家精神培养。

从两个阶段的比较来看，"科普辅导员指导"排在最后，从侧面可以看出科普辅导员的配置率较低，不利于未成年人科学素质发展与企业家精神培养。

表 9-63　未成年人参加课外科技活动的情况

选项	总		（一）				（二）					（二）与（一）
	比率/%	排序	2007年比率/%	2009年比率/%	2010年比率/%	合比率/%	2011年比率/%	2013年比率/%	2014年比率/%	2015年比率/%	合比率/%	比较率差
完全自主	27.04	2	18.30	28.97	23.76	23.68	28.79	30.90	25.56	33.00	29.56	5.88
任课老师指导	23.99	3	7.75	26.44	32.33	22.17	25.43	29.31	23.45	23.19	25.35	3.18

续表

选项	总		（一）				（二）					（二）与（一）比较率差
	比率/%	排序	2007年比率/%	2009年比率/%	2010年比率/%	合比率/%	2011年比率/%	2013年比率/%	2014年比率/%	2015年比率/%	合比率/%	
家长指导	4.05	5	2.93	3.66	4.65	3.75	2.95	5.73	3.13	5.34	4.29	0.54
科普辅导员指导	2.91	6	3.78	2.62	3.25	3.22	2.12	5.53	1.36	1.71	2.68	−0.54
与别人合作	13.61	4	8.35	13.54	12.91	11.60	11.19	9.33	24.34	15.61	15.12	3.52
没有课外科技活动	28.40	1	58.92	24.77	23.09	35.59	29.52	19.20	22.16	21.15	23.01	−12.58
合计	100		100	100	100	100	100	100	100	100	100	0

2. 中学校长眼中未成年人的课外科技活动情况

如表 9-64 所示，中学校长眼中未成年人参加课外科技活动的情况是："任课老师指导"（55.06%）、"没有课外科技活动"（15.80%）、"科普辅导员指导"（12.10%）、"完全自主"（8.15%）、"与别人合作"（5.19%）、"家长指导"（3.70%）。在中学校长看来，未成年人参加课外科技活动主要由"任课老师指导"。

表 9-64　中学校长眼中未成年人参加课外科技活动的情况

选项	总			2013年		2014年				2015年							
						（1）		（2）		（1）		（2）		（3）		（4）	
	人数/人	比率/%	排序	人数/人	比率/%	人数/人	比率/%	人数/人	比率/%	人数/人	比率/%	人数/人	比率/%	人数/人	比率/%	人数/人	比率/%
完全自主	33	8.15	4	16	8.79	2	2.90	8	17.02	0	0	0	0	2	11.11	5	10.20
任课老师指导	223	55.06	1	116	63.74	31	44.93	24	51.06	13	65.00	9	45.00	7	38.89	23	46.94
家长指导	15	3.70	6	4	2.20	2	2.90	4	8.51	0	0	0	0	2	11.11	3	6.12
科普辅导员指导	49	12.10	3	24	13.19	4	5.80	6	12.77	2	10.00	9	45.00	0	0	4	8.16
与别人合作	21	5.19	5	6	3.30	6	8.70	0	0	0	0	2	10.00	4	22.22	3	6.12
没有课外科技活动	64	15.80	2	16	8.79	24	34.78	5	10.64	5	25.00	0	0	3	16.67	11	22.45
合计	405	100		182	100	69	100	47	100	20	100	20	100	18	100	49	100

3. 小学校长眼中未成年人的课外科技活动情况

如表 9-65 所示，小学校长眼中未成年人参加课外科技活动的情况是："任课老师指导"（42.22%）、"没有课外科技活动"（26.67%）、"科普辅导员指导"（9.63%）、"完全自主"（9.63%）、"家长指导"（7.41%）、"与别人合作"（4.44%）。较多数量的小学校长认为未成年人的课外科技活动主要由"任课老师指导"。

表 9-65　小学校长眼中未成年人参加课外科技活动的情况

选项	总			2013 年（安徽省）		2014 年				2015 年（安徽省）			
						全国部分省市（少数民族地区）（1）		安徽省（2）		（1）		（2）	
	人数/人	比率/%	排序	人数/人	比率/%	人数/人	比率/%	人数/人	比率/%	人数/人	比率/%	人数/人	比率/%
完全自主	13	9.63	3	3	7.89	0	0	2	6.06	6	35.29	2	9.52
任课老师指导	57	42.22	1	19	50.00	10	38.46	15	45.45	7	41.18	6	28.57
家长指导	10	7.41	5	3	7.89	0	0	3	9.09	4	23.53	0	0
科普辅导员指导	13	9.63	3	7	18.42	4	15.38	0	0	0	0	2	9.52
与别人合作	6	4.44	6	2	5.26	4	15.38	0	0	0	0	0	0
没有课外科技活动	36	26.67	2	4	10.53	8	30.77	13	39.39	0	0	11	52.38
合计	135	100		38	100	26	100	33	100	17	100	21	100

4. 基本认识

调查显示，有 28.40% 的未成年人选择"没有课外科技活动"，"科普辅导员指导"也被排在最后。从中可以看出，未成年人一方面没有参加课外科技活动的经历，可能是由于繁重的学业压力或其他因素；另一方面，未成年人参加课外科技活动缺少科普辅导员的指导。科普辅导员是专业的科普人员，具有一定的专业知识背景，对于未成年人科学素质发展与企业家精神培养不可或缺。在中小学校长眼中，未成年人的课外科技活动是由任课老师指导的，相关科目的任课老师的指导对于未成年人的科学素质发展与企业家精神培养有一定的帮助。

（二）成年人指导未成年人课外科技活动的情况

1. 中学老师指导未成年人课外科技活动的情况

如表 9-66 所示，中学老师指导未成年人课外科技活动的情况是："有时指导"（49.28%）、"不指导"（22.93%）、"学校没有课外科技活动"（15.24%）、"经常指导"（12.55%）。指导未成年人课外科技活动的中学老师占61.83%，"学校没有课外科技活动"与"不指导"的比率为38.17%。

从2015年与2009年的比较来看，率差最大的是"学校没有课外科技活动"（14.38个百分点），其次是"有时指导"（5.72个百分点）。可见，未成年人课外科技活动逐渐丰富，且中学老师指导的比率有所提高。

表 9-66　中学老师指导未成年人课外科技活动的情况

选项	总		2009 年比率/%	2010 年比率/%	2011 年比率/%	2013 年比率/%	2014 年比率/%	2015 年比率/%	2015 年与2009 年比较率差
	比率/%	排序							
经常指导	12.55	4	12.11	7.44	13.76	16.95	9.48	15.58	3.47
有时指导	49.28	1	47.53	46.51	48.62	54.92	44.83	53.25	5.72
不指导	22.93	2	18.83	21.86	21.56	15.93	35.34	24.03	5.20
学校没有课外科技活动	15.24	3	21.52	24.19	16.06	12.20	10.34	7.14	−14.38
合计	100		100	100	100	100	100	100	0

2. 家长指导未成年人课外科技活动的情况

如表9-67所示，家长指导未成年人课外科技活动的情况是："有时指导"（45.29%）、"不指导"（26.81%）、"学校没有课外科技活动"（14.49%）、"经常指导"（13.42%）。指导未成年人课外科技活动的家长占58.71%，"学校没有课外科技活动"与"不指导"的比率为41.30%。

从2015年与2010年的比较来看，率差最大的是"经常指导"（15.77个百分点），其次是"不指导"（13.26个百分点）。可见，家长参与指导的比率有所提高，对这一问题的重视程度有一定提高。

表 9-67　家长指导未成年人课外科技活动的情况

选项	总		2010 年比率/%	2011 年比率/%	2012 年比率/%	2013 年比率/%	2014 年比率/%	2015 年比率/%	2015 年与2010 年比较率差
	比率/%	排序							
经常指导	13.42	4	3.06	14.21	16.10	12.59	15.74	18.83	15.77
有时指导	45.29	1	40.82	34.97	47.80	45.58	53.19	49.35	8.53
不指导	26.81	2	34.69	41.53	16.59	27.89	18.72	21.43	−13.26
学校没有课外科技活动	14.49	3	21.43	9.29	19.51	13.95	12.34	10.39	−11.04
合计	100		100	100	100	100	100	100	0

3. 中学校长指导未成年人课外科技活动的情况

如表 9-68 所示，中学校长指导未成年人课外科技活动的情况是："有时指导"（55.06%）、"不指导"（20.00%）、"学校没有课外科技活动"（13.34%）、"经常指导"（11.60%）。指导未成年人课外科技活动的中学校长占 66.66%，"学校没有课外科技活动"与"不指导"的比率为 33.34%。

表 9-68　中学校长指导未成年人课外科技活动的情况

选项	总			2013年		2014年				2015年							
---	---	---	---	---	---	（1）		（2）		（1）		（2）		（3）		（4）	
	人数/人	比率/%	排序	人数/人	比率/%	人数/人	比率/%	人数/人	比率/%	人数/人	比率/%	人数/人	比率/%	人数/人	比率/%	人数/人	比率/%
经常指导	47	11.60	4	28	15.38	5	7.25	6	12.77	1	5.0	0	0	1	5.56	6	12.24
有时指导	223	55.06	1	120	65.93	30	43.48	20	42.55	6	30.0	16	80.00	11	61.11	20	40.82
不指导	81	20.00	2	26	14.29	13	18.84	10	21.28	8	40.0	4	20.00	3	16.67	17	34.69
学校没有课外科技活动	54	13.34	3	8	4.40	21	30.43	11	23.40	5	25.0	0	0	3	16.67	6	12.24
合计	405	100		182	100	69	100	47	100	20	100	20	100	18	100	49	100

4. 小学校长指导未成年人课外科技活动的情况

如表 9-69 所示，小学校长指导未成年人课外科技活动的情况是："有时指导"（59.26%）、"经常指导"（15.56%）、"学校没有课外科技活动"（13.33%）、"不指导"（11.85%）。指导未成年人课外科技活动的小学校长占 74.82%，"学校没有课外科技活动"与"不指导"的比率为 25.18%。

表 9-69　小学校长指导未成年人课外科技活动的情况

选项	总			2013年（安徽省）		2014年				2015年（安徽省）			
---	---	---	---	---	---	全国部分省市（少数民族地区）（1）		安徽省（2）		（1）		（2）	
	人数/人	比率/%	排序	人数/人	比率/%	人数/人	比率/%	人数/人	比率/%	人数/人	比率/%	人数/人	比率/%
经常指导	21	15.56	2	7	18.42	3	11.54	3	9.09	5	29.41	3	14.29
有时指导	80	59.26	1	29	76.32	16	61.54	18	54.55	7	41.18	10	47.62
不指导	16	11.85	4	2	5.26	5	19.23	4	12.12	1	5.88	4	19.05

续表

选项	总			2013 年（安徽省）		2014 年				2015 年（安徽省）			
						全国部分省市（少数民族地区）（1）		安徽省（2）		（1）		（2）	
	人数/人	比率/%	排序	人数/人	比率/%	人数/人	比率/%	人数/人	比率/%	人数/人	比率/%	人数/人	比率/%
学校没有课外科技活动	18	13.33	3	0	0	2	7.69	8	24.24	4	23.53	4	19.05
合计	135	100		38	100	26	100	33	100	17	100	21	100

5. 德育干部指导未成年人课外科技活动的情况

在 2013 年对德育干部的调查中，其选择各选项的比率为："有时指导"（51.16%）、"经常指导"（16.28%）、"学校没有课外科技活动"（16.28%）、"不指导"（16.28%）。指导未成年人课外科技活动的德育干部占 67.44%，"学校没有课外科技活动"与"不指导"的比率为 32.56%。

6. 基本认识

调查显示，有 61.83%的中学老师指导未成年人的课外科技活动，有 58.71%的家长指导未成年人的课外科技活动，分别有 66.66%的中学校长、67.44%的德育干部与 74.82%的小学校长指导未成年人的课外科技活动。在成年人群体中，大多数成年人指导过未成年人的课外科技活动。

（三）未成年人与成年人的中学时代参加课外科技活动情况的比较

1. 未成年人与科技工作者，科技型中小企业家，教育、科技、人事管理部门领导的比较

如表 9-70 所示，科技工作者等 3 个群体看法的排序是："没有课外科技活动"（30.72%）、"任课老师指导"（28.92%）、"完全自主"（22.29%）、"与别人合作"（10.24%）、"科普辅导员指导"（4.82%）、"家长指导"（3.01%）。

比较而言，科技工作者等 3 个群体的中学时代"没有课外科技活动"的比率高于未成年人，可见当前未成年人的课外科技活动条件较科技工作者等 3 个群体的中学时代条件优越。

表 9-70　未成年人与科技工作者等 3 个群体的中学时代
参加课外科技活动情况的比较（2010 年）

| 选项 | 未成年人 | | | 科技工作者等 3 个群体 | | | | | | | | | | 未成年人与科技工作者等 3 个群体比较率差 |
| | | | | 合 | | 科技工作者 | | 科技型中小企业家 | | 教育、科技、人事管理部门领导 | | | |
	人数/人	比率/%	排序	人数/人	比率/%	人数/人	比率/%	人数/人	比率/%	人数/人	比率/%	
完全自主	460	23.76	2	37	22.29	31	34.07	3	7.32	3	8.82	1.47
任课老师指导	626	32.33	1	48	28.92	24	26.37	12	29.27	12	35.29	3.41
家长指导	90	4.65	5	5	3.01	2	2.20	1	2.44	2	5.88	1.64
科普辅导员指导	63	3.25	6	8	4.82	3	3.30	2	4.88	3	8.82	-1.57
与别人合作	250	12.91	4	17	10.24	7	7.69	6	14.63	4	11.76	2.67
没有课外科技活动	447	23.09	3	51	30.72	24	26.37	17	41.46	10	29.41	-7.63
合计	1936	100		166	100	91	100	41	100	34	100	0

2. 未成年人与研究生、大学生的比较

如表 9-71 所示，研究生与大学生看法的排序是："任课老师指导"（25.10%）、"与别人合作"（21.80%）、"完全自主"（21.70%）、"没有课外科技活动"（20.70%）、"科普辅导员指导"（7.10%）、"家长指导"（3.60%）。在研究生与大学生的眼中，任课老师的作用很大，科普辅导员的作用很小。

从未成年人与研究生、大学生的比较来看，率差最大的是"与别人合作"（8.89 个百分点），其次是"任课老师指导"（7.23 个百分点）。

表 9-71　未成年人与研究生、大学生的中学时代参加课外科技活动情况的比较（2010 年）

| 选项 | 未成年人 | | | 研究生与大学生 | | | | | | | 未成年人与研究生和大学生比较率差 |
| | | | | 合 | | | 研究生 | | 大学生 | | |
	人数/人	比率/%	排序	人数/人	比率/%	排序	人数/人	比率/%	人数/人	比率/%	
完全自主	460	23.76	2	217	21.70	3	20	15.27	197	22.67	2.06
任课老师指导	626	32.33	1	251	25.10	1	55	41.98	196	22.55	7.23
家长指导	90	4.65	5	36	3.60	6	10	7.63	26	2.99	1.05
科普辅导员指导	63	3.25	6	71	7.10	5	0	0	71	8.17	-3.85
与别人合作	250	12.91	4	218	21.80	2	17	12.98	201	23.13	-8.89
没有课外科技活动	447	23.09	3	207	20.70	4	29	22.14	178	20.48	2.39
合计	1936	100		1000	100		131	100	869	100	0

3. 未成年人与中学校长、小学校长的比较

如表 9-72 所示，中学校长与小学校长看法的排序是："任课老师指导"（43.18%）、"没有课外科技活动"（29.09%）、"完全自主"（18.18%）、"与别人合作"（5.00%）、"科普辅导员指导"（3.64%）、"家长指导"（0.91%）。中学校长和小学校长认为任课老师的作用很大，科普辅导员的作用很小。

从未成年人与中学校长、小学校长的比较来看，率差最大的是"任课老师指导"（13.87 个百分点），其次是"完全自主"（12.72 个百分点）。

表 9-72　未成年人与中学校长、小学校长中学时代参加课外科技活动情况的比较（2013 年）

| 选项 | 未成年人 | | | 中学校长、小学校长 | | | | | | | 未成年人与中学校长等比较率差 |
| | | | | 合 | | | 中学校长 | | 小学校长 | | |
	人数/人	比率/%	排序	人数/人	比率/%	排序	人数/人	比率/%	人数/人	比率/%	
完全自主	917	30.90	1	40	18.18	3	32	17.58	8	21.05	12.72
任课老师指导	870	29.31	2	95	43.18	1	85	46.70	10	26.32	-13.87
家长指导	170	5.73	5	2	0.91	6	1	0.55	1	2.63	4.82
科普辅导员指导	164	5.53	6	8	3.64	5	4	2.20	4	10.53	1.89
与别人合作	277	9.33	4	11	5.00	4	10	5.49	1	2.63	4.33
没有课外科技活动	570	19.20	3	64	29.09	2	50	27.47	14	36.84	-9.89
合计	2968	100		220	100		182	100	38	100	0

4. 未成年人等 8 个群体的认识

如表 9-73 所示，未成年人等 8 个群体参加课外科技活动情况的排序是："任课老师指导"（30.30%）、"没有课外科技活动"（27.23%）、"完全自主"（22.30%）、"与别人合作"（12.66%）、"科普辅导员指导"（4.62%）、"家长指导"（2.89%）。这 8 个群体更加重视"任课老师指导"，而"科普辅导员指导"的比率较小。

表 9-73　未成年人与成年人中学时代参加课外科技活动的情况

| 选项 | 总 | | 未成年人（2007 年、2009～2011 年、2013～2015 年）比率/% | 科技工作者等 3 个群体（2010 年）比率/% | 研究生与大学生（2010 年）比率/% | 中学校长与小学校长（2013 年）比率/% |
	比率/%	排序				
完全自主	22.30	3	27.04	22.29	21.70	18.18
任课老师指导	30.30	1	23.99	28.92	25.10	43.18
家长指导	2.89	6	4.05	3.01	3.60	0.91
科普辅导员指导	4.62	5	2.91	4.82	7.10	3.64

续表

选项	总		未成年人（2007年、2009~2011年、2013~2015年）比率/%	科技工作者等3个群体（2010年）比率/%	研究生与大学生（2010年）比率/%	中学校长与小学校长（2013年）比率/%
	比率/%	排序				
与别人合作	12.66	4	13.61	10.24	21.80	5.00
没有课外科技活动	27.23	2	28.40	30.72	20.70	29.09
合计	100		100	100	100	100

5. 基本认识

在未成年人与科技工作者等3个群体的比较中，科技工作者等3个群体选择"没有课外科技活动"的比率较大，比较而言，未成年人的课外科技活动条件相对于科技工作者等3个群体的中学时代的条件要好。在研究生与大学生群体的选择中，其更加看重"任课老师指导"和"与别人合作"。在中小学校长眼中，他们同样看重任课老师的作用。总的来看，加强任课老师与科普辅导员的指导，扩大参与范围，是未成年人课外科技活动中亟须解决的问题，这项工作做好了，将有力促进未成年人的科学素质发展与企业家精神培养。

（四）相应措施

1. 提高任课老师的专业水平，健全科普辅导员队伍

中小学阶段开设类似于自然、社会、科学等课程的老师，大部分是"兼职"老师，如原本是教语文科目的老师担任社会等课程的教学。与科学素质和企业家精神相匹配课程的任课老师队伍良莠不齐。学校应该切实提高相关任课老师的专业水平，使任课老师指导课外科技活动更具专业性和针对性。从数据来看，"科普辅导员指导"的选择率较低，说明科普辅导员队伍还不强大，科普辅导员发挥作用的空间较大。健全科普辅导员队伍是切实促进未成年人科学素质发展与企业家精神培养的良策之一。

2. 提高成年人指导未成年人课外科技活动的实效性

在对成年人群体的调查中，多数成年人都有指导未成年人课外科技活动的经历。指导的质量也就是未成年人课外科技活动的实效性是一个非常重要的衡量指导效果的指标。切实提高未成年人课外科技活动的实效性，使得未成年人在参加课外科技活动中，不仅收获科技知识，更重要的是获得对科学素质与企业家精神的了解，从而在行动中自觉促进科学素质发展与企业家精神培养。

六 引导未成年人参加课外科普活动

（一）未成年人的课外科普活动状况

1．未成年人科普知识的来源

1）未成年人科普知识来源情况

未成年人主要是从课堂教学中获得科普知识，其次，网络和电视因素占据了较大比重。

如表 9-74 所示，从 2015 年与 2012 年的比较来看，率差最大的是"其他"（14.55 个百分点），其次是"学校课堂"（7.99 个百分点）。因此，要重视课堂教学的作用，在课堂教学中穿插一定的科普知识以及其他相关知识，将有助于未成年人的科学素质发展与企业家精神培养。

表 9-74　未成年人的科普知识来源（多选）

选项	总			2012 年		2013 年		2014 年		2015 年		2015 年与2012 年比较率差
	人数/人	比率/%	排序	人数/人	比率/%	人数/人	比率/%	人数/人	比率/%	人数/人	比率/%	
学校课堂	3 656	16.97	1	292	12.82	1 116	18.21	1 507	15.74	741	20.81	7.99
科学报告	1 846	8.57	6	172	7.55	544	8.88	845	8.82	285	8.01	0.46
街头科普宣传栏	1 128	5.24	8	126	5.53	272	4.44	565	5.90	165	4.63	−0.9
电视	2 680	12.44	3	185	8.12	882	14.39	1 201	12.54	412	11.57	3.45
科幻电影	1 866	8.66	5	153	6.72	600	9.79	819	8.55	294	8.26	1.54
网络	3 148	14.61	2	186	8.17	984	16.05	1 426	14.89	552	15.51	7.34
收音机	748	3.47	11	138	6.06	179	2.92	327	3.41	104	2.92	−3.14
手机	1 753	8.14	7	172	7.55	437	7.13	788	8.23	356	10.00	2.45
课外阅读	2 316	10.75	4	280	12.29	519	8.47	1 135	11.85	382	10.73	−1.56
口口相传	1 005	4.66	9	144	6.32	269	4.39	487	5.09	105	2.95	−3.37
其他	840	3.90	10	394	17.30	160	2.61	188	1.96	98	2.75	−14.55
不清楚	558	2.59	12	36	1.58	167	2.72	289	3.02	66	1.85	0.27
合计	21 544	100		2 278	100	6 129	100	9 577	100	3 560	100	0

2）中学老师科普知识来源情况

如表 9-75 所示，中学老师获取科普知识主要是通过网络以及其他手段。与未成年人相比，中学老师对网络的依赖较强，中学老师为了丰富教学形式和资料，需要借助网络搜集最新的相关资料，在一定程度上在网络上花费的时间较多，相对而言接触到科普知识的机会较多。

从 2015 年与 2012 年的比较来看，差率最大的是"其他"（45.88 个百分点），其次是"学校课堂"（17.82 个百分点）。

表 9-75　中学老师的科普知识来源

选项	总			2012 年		2013 年		2014 年		2015 年		2015 年与2012 年比较率差
	人数/人	比率/%	排序	人数/人	比率/%	人数/人	比率/%	人数/人	比率/%	人数/人	比率/%	
学校课堂	207	12.16	3	5	2.49	53	12.44	97	11.84	52	20.31	17.82
科学报告	151	8.87	5	11	5.47	43	10.09	68	8.30	29	11.33	5.86
街头科普宣传栏	88	5.17	8	0	0	37	8.69	37	4.52	14	5.47	5.47
电视	113	6.64	7	8	3.98	56	13.15	21	2.56	28	10.94	6.96
科幻电影	63	3.70	10	1	0.50	23	5.40	27	3.30	12	4.69	4.19
网络	253	14.86	2	19	9.45	62	14.55	104	12.70	68	26.56	17.11
收音机	31	1.82	12	8	3.98	12	2.82	10	1.22	1	0.39	−3.59
手机	87	5.11	9	11	5.47	33	7.75	29	3.54	14	5.47	0
课外阅读	167	9.81	4	28	13.93	42	9.86	65	7.94	32	12.50	−1.43
口口相传	61	3.58	11	16	7.96	21	5.16	18	2.20	5	1.95	−6.01
其他	340	19.98	1	93	46.27	24	5.63	222	27.11	1	0.39	−45.88
不清楚	141	8.28	6	1	0.50	19	4.46	121	14.77	0	0	−0.50
合计	1702	100		201	100	426	100	819	100	256	100	0

3）家长科普知识来源情况

家长认为自己的科普知识来自"网络"的比率较大，随着自媒体的迅猛发展，家长使用网络越来越频繁。在网络上，家长可以阅读大量的科普知识。

如表 9-76 所示，在 2015 年与 2012 年的比较中，率差最大的是"其他"（36.58 个百分点），其次是"网络"（17.09 个百分点）。网络日渐成为家长扩大知识面的重要载体，作用也更加凸显。

表 9-76　家长的科普知识来源

选项	总			2012 年		2013 年		2014 年		2015 年		2015 年与2012 年比较率差
	人数/人	比率/%	排序	人数/人	比率/%	人数/人	比率/%	人数/人	比率/%	人数/人	比率/%	
学校课堂	247	15.45	2	6	2.93	85	15.07	96	19.59	60	17.65	14.72

续表

选项	总			2012 年		2013 年		2014 年		2015 年		2015 年与 2012 年比较率差
	人数/人	比率/%	排序	人数/人	比率/%	人数/人	比率/%	人数/人	比率/%	人数/人	比率/%	
科学报告	130	8.13	5	14	6.83	45	7.98	37	7.55	34	10.00	3.17
街头科普宣传栏	86	5.38	7	5	2.44	36	6.38	21	4.29	24	7.06	4.62
电视	239	14.95	3	26	12.68	114	20.21	62	12.65	37	10.88	-1.80
科幻电影	83	5.19	8	5	2.44	25	4.43	34	6.94	19	5.59	3.15
网络	274	17.14	1	12	5.85	86	15.25	98	20.00	78	22.94	17.09
收音机	64	4.00	10	18	8.78	17	3.01	21	4.29	8	2.35	-6.43
手机	80	5.00	9	6	2.93	25	4.43	30	6.12	19	5.59	2.66
课外阅读	200	12.51	4	13	6.34	83	14.72	59	12.04	45	13.24	6.90
口口相传	64	4.00	10	19	9.27	14	2.48	24	4.90	7	2.06	-7.21
其他	99	6.19	6	78	38.05	13	2.30	3	0.61	5	1.47	-36.58
不清楚	33	2.06	12	3	1.46	21	3.72	5	1.02	4	1.18	-0.28
合计	1599	100		205	100	564	100	490	100	340	100	0

4）中学校长科普知识来源情况

如表 9-77 所示，中学校长各选项的排序是："学校课堂"（20.05%）、"网络"（17.94%）、"课外阅读"（17.58%）、"电视"（14.30%）、"科学报告"（13.25%）、"街头科普宣传栏"（5.86%）、"手机"（3.75%）、"科幻电影"（3.52%）、"口口相传"（1.76%）、"其他"（1.17%）、"不清楚"（0.47%）、"收音机"（0.35%）。中学校长更看重"学校课堂"作为科普知识的来源，其次是"网络"和"课外阅读"。

表 9-77　中学校长的科普知识来源

选项	总			2013 年		2014 年				2015 年						
						（1）		（2）		（1）		（2）		（3）		（4）
	人数/人	比率/%	排序	人数/人	比率/%	人数/人	比率/%	人数/人	比率/%	人数/人	比率/%	人数/人	比率/%	人数/人	比率/%	人数/人	比率/%
学校课堂	171	20.05	1	95	19.96	27	39.13	17	14.53	2	4.65	12	17.91	6	18.75	12	24.49
科学报告	113	13.25	5	59	12.39	8	11.59	20	17.09	9	20.93	16	23.88	1	3.13	0	0
街头科普宣传栏	50	5.86	6	26	5.46	0	0	7	5.98	1	2.33	11	16.42	2	6.25	3	6.12

续表

选项	总			2013年		2014年				2015年							
---	---	---	---	---	---	(1)		(2)		(1)		(2)		(3)		(4)	
	人数/人	比率/%	排序	人数/人	比率/%	人数/人	比率/%	人数/人	比率/%	人数/人	比率/%	人数/人	比率/%	人数/人	比率/%	人数/人	比率/%
电视	122	14.30	4	78	16.39	5	7.25	15	12.82	6	13.95	15	22.39	3	9.38	0	0
科幻电影	30	3.52	8	15	3.15	5	7.25	6	5.13	1	2.33	2	2.99	1	3.13	0	0
网络	153	17.94	2	83	17.44	7	10.14	17	14.53	6	13.95	4	5.97	7	21.88	29	59.18
收音机	3	0.35	12	2	0.42	0	0	0	0	1	2.33	0	0	0	0	0	0
手机	32	3.75	7	7	1.47	2	2.90	13	11.11	5	11.63	2	2.99	1	3.13	2	4.08
课外阅读	150	17.58	3	99	20.80	14	20.29	15	12.82	6	13.95	5	7.46	8	25.00	3	6.12
口口相传	15	1.76	9	4	0.84	0	0	5	4.27	5	11.63	0	0	1	3.13	0	0
其他	10	1.17	10	8	1.68	1	1.45	0	0	1	2.33	0	0	0	0	0	0
不清楚	4	0.47	11					2	1.71					2	6.25	0	0
合计	853	100		476	100	69	100	117	100	43	100	67	100	32	100	49	100

5）小学校长科普知识来源情况

如表 9-78 所示，小学校长各选项的排序是："学校课堂"（20.16%）、"网络"（19.37%）、"电视"（15.81%）、"课外阅读"（15.42%）、"手机"（6.32%）、"科学报告"（5.93%）、"街头科普宣传栏"（5.93%）、"科幻电影"（5.93%）、"收音机"（3.56%）、"口口相传"（0.79%）、"其他"（0.79%）、"不清楚"（0）。小学校长认为"学校课堂"是自己科普知识的重要来源，其次是"网络""电视"等其他来源。

表 9-78　小学校长的科普知识来源

选项	总			2013年（安徽省）		2014年				2015年（安徽省）			
---	---	---	---	---	---	全国部分省市（少数民族地区）(1)		安徽省（2）		(1)		(2)	
	人数/人	比率/%	排序	人数/人	比率/%	人数/人	比率/%	人数/人	比率/%	人数/人	比率/%	人数/人	比率/%
学校课堂	51	20.16	1	20	19.05	2	8.33	15	45.45	8	17.02	6	13.64
科学报告	15	5.93	6	6	5.71	0	0		6.06	7	14.89	0	0
街头科普宣传栏	15	5.93	6	4	3.81	2	8.33	1	3.03	5	10.64	3	6.82

续表

| 选项 | 总 | | | 2013 年（安徽省） | | 2014 年 | | | | 2015 年（安徽省） | | | |
| | | | | | | 全国部分省市（少数民族地区）（1） | | 安徽省（2） | | （1） | | （2） | |
	人数/人	比率/%	排序	人数/人	比率/%	人数/人	比率/%	人数/人	比率/%	人数/人	比率/%	人数/人	比率/%
电视	40	15.81	3	19	18.10	4	16.67	5	15.15	6	12.77	6	13.64
科幻电影	15	5.93	6	5	4.76	3	12.50	0	0	4	8.51	3	6.82
网络	49	19.37	2	17	16.19	7	29.17	8	24.24	6	12.77	11	25.00
收音机	9	3.56	9	3	2.86	2	8.33	0	0	3	6.38	1	2.27
手机	16	6.32	5	2	1.90	0	0	0	0	4	8.51	10	22.73
课外阅读	39	15.42	4	26	24.76	4	16.67	2	6.06	4	8.51	3	6.82
口口相传	2	0.79	10	1	0.95	0	0	0	0	0	0	1	2.27
其他	2	0.79	10	2	1.90	0	0	0	0	0	0	0	0
不清楚	0	0	12	0	0	0	0	0	0	0	0	0	0
合计	253	100		105	100	24	100	33	100	47	100	44	100

6）德育干部科普知识来源情况

在 2013 年对德育干部的调查中，其选择的各选项比率分别为："课外阅读"（18.69%）、"网络"（14.95%）、"学校课堂"（14.02%）、"电视"（14.02%）、"科学报告"（9.35%）、"科幻电影"（9.35%）、"街头科普宣传栏"（5.61%）、"手机"（5.61%）、"口口相传"（2.80%）、"收音机"（1.87%）、"其他"（1.87%）、"不清楚"（1.87%）。德育干部更重视"课外阅读"，认为课外阅读可以有效地增加科普知识。

2. 未成年人参加科普活动的情况

1）未成年人的相关情况

如表 9-79 所示，未成年人参加科普活动情况的排序是："学校组织的课外科普兴趣活动"（22.79%）、"没有参加过"（19.02%）、"参加科普博览会"（15.05%）、"看街头科普宣传栏"（13.63%）、"听科普报告"（11.31%）、"参加科普知识竞赛"（9.93%）、"不清楚"（8.27%）。可见学校组织课外科普兴趣活动的重要性。近两成的未成年人没有参加过科普活动。

从 2015 年与 2012 年的比较来看，率差最大的是"没有参加过"（32.77个百分点），其次是"学校组织的课外科普兴趣活动"（20.47 个百分点）。学校组织开展各种形式的课外科普活动的比率逐渐增大，未成年人的参与度也逐渐增强。

表 9-79　未成年人参加科普活动的情况

选项	总			2012 年		2013 年		2014 年		2015 年		2015 年与2012 年比较率差
	人数/人	比率/%	排序	人数/人	比率/%	人数/人	比率/%	人数/人	比率/%	人数/人	比率/%	
学校组织的课外科普兴趣活动	3 149	22.79	1	232	10.78	1 016	24.74	1 156	22.34	745	31.25	20.47
听科普报告	1 563	11.31	5	129	5.99	509	12.39	615	11.88	310	13.00	7.01
看街头科普宣传栏	1 884	13.63	4	189	8.78	631	15.36	807	15.59	257	10.78	2.00
参加科普博览会	2 080	15.05	3	202	9.38	651	15.85	844	16.31	383	16.07	6.69
参加科普知识竞赛	1 372	9.93	6	331	15.37	305	7.43	467	9.02	269	11.28	−4.09
没有参加过	2 628	19.02	2	962	44.68	560	13.64	822	15.88	284	11.91	−32.77
不清楚	1 143	8.27	7	108	5.02	435	10.59	464	8.97	136	5.70	0.68
合计	13 819	100		2 153	100	4 107	100	5 175	100	2 384	100	0

2）未成年人与中学老师、家长参加科普活动情况的比较

如表 9-80 所示，在未成年人与中学老师的比较中，两成多的中学老师没有参加过科普活动，近两成的中学老师参加科普知识竞赛。未成年人选择参加"学校组织的课外科普兴趣活动"的比率较中学老师高 7.86 个百分点。由未成年人与家长的比较可知，三成多的家长没有参加过科普活动，大部分家长是通过看街头科普宣传栏、参加科普博览会和听科普报告的形式参加科普活动的。家长与未成年人相比，没有参加科普活动的比率较未成年人高 6.93 个百分点，未成年人参加"学校组织的课外科普兴趣活动"的比率较家长高 8.25 个百分点。

表 9-80　未成年人与中学老师、家长参加科普活动情况的比较

选项	未成年人			中学老师			家长			未成年人与中学老师比较率差	未成年人与家长比较率差
	2012 年比率/%	2013 年比率/%	合比率/%	2012 年比率/%	2013 年比率/%	合比率/%	2012 年比率/%	2013 年比率/%	合比率/%		
学校组织的课外科普兴趣活动	10.78	24.74	17.76	1.49	18.31	9.90	1.46	17.55	9.51	7.86	8.25
听科普报告	5.99	12.39	9.19	4.48	21.04	12.76	11.71	15.63	13.67	−3.57	−4.48
看街头科普宣传栏	8.78	15.36	12.07	5.97	25.96	15.97	5.37	18.75	12.06	−3.90	0.01
参加科普博览会	9.38	15.85	12.62	13.43	11.75	12.59	4.88	18.75	11.82	0.03	0.80
参加科普知识竞赛	15.37	7.43	11.40	28.86	10.38	19.62	14.15	5.53	9.84	−8.22	1.56
没有参加过	44.68	13.64	29.16	43.28	7.65	25.47	53.66	18.51	36.09	3.69	−6.93
不清楚	5.02	10.59	7.81	2.49	4.92	3.71	8.78	5.29	7.04	4.10	0.77
合计	100	100	100	100	100	100	100	100	100	0	0

3）未成年人与中学校长、德育干部、小学校长的比较

如表 9-81 所示，在未成年人与中学校长等 3 个群体的比较中，中学校长等
3 个群体选择"听科普报告"的比率较未成年人高 14.69 个百分点，未成年人
选择"没有参加过"的比率较中学校长等 3 个群体高 11.73 个百分点。未成年
人的参与度明显低于中学校长等 3 个群体。

表 9-81　未成年人与中学校长、德育干部、小学校长参加科普活动情况的比较（2013 年）

| 选项 | 未成年人 | | | 中学校长等 3 个群体 | | | | | | | | | 未成年人与中学校长等 3 个群体比较率差 |
| | | | | 合 | | 中学校长 | | 德育干部 | | 小学校长 | | | |
	人数/人	比率/%	排序	人数/人	比率/%	人数/人	比率/%	人数/人	比率/%	人数/人	比率/%		
学校组织的课外科普兴趣活动	1016	24.74	1	147	25.52	105	26.12	15	18.07	27	29.67		-0.78
听科普报告	509	12.39	5	156	27.08	112	27.86	20	24.10	24	26.37		-14.69
看街头科普宣传栏	631	15.36	3	81	14.06	53	13.18	18	21.69	10	10.99		1.30
参加科普博览会	651	15.85	2	128	22.22	86	21.39	20	24.10	22	24.18		-6.37
参加科普知识竞赛	305	7.43	7	51	8.85	40	9.95	5	6.02	6	6.59		-1.42
没有参加过	560	13.64	4	11	1.91	6	1.49	3	3.61	2	2.20		11.73
不清楚	435	10.59	6	2	0.35	0	0	2	2.41	0	0		10.24
合计	4107	100		576	100	402	100	83	100	91	100		0

3. 未成年人参加科普会的情况

1）未成年人的相关情况

如表 9-82 所示，未成年人参加中国科普博览会（芜湖）或当地科普会的情
况是："没参加过"（55.30%）、"参加过"（16.48%）、"不知道"（14.79%）、
"每次都参加"（13.43%）。29.91% 的未成年人参加过科普会，大多数未成年
人没有参加过科普会。

从 2013 年与 2012 年的比较来看，未成年人参会的比率有所增大，表明未
成年人开始意识到从实践层面发展科学素质的重要性。

表 9-82　未成年人参加中国科普博览会（芜湖）或当地科普会的情况

| 选项 | 总 | | | 2012 年 | | | 2013 年 | | | 2013 年与2012 年比较率差 |
	人数/人	比率/%	排序	人数/人	比率/%	排序	人数/人	比率/%	排序	
每次都参加	681	13.43	4	199	9.46	4	482	16.24	3	6.78
参加过	836	16.48	2	273	12.98	2	563	18.97	2	5.99

续表

选项	总			2012 年			2013 年			2013 年与2012 年比较率差
	人数/人	比率/%	排序	人数/人	比率/%	排序	人数/人	比率/%	排序	
没参加过	2805	55.30	1	1364	64.83	1	1441	48.55	1	−16.28
不知道	750	14.79	3	268	12.74	3	482	16.24	3	3.50
合计	5072	100		2104	100		2968	100		0

2）未成年人与中学老师、家长的比较

如表 9-83 所示，在未成年人与中学老师的比较中，24.29%的中学老师参加过（"每次都参加"与"参加过"）科普会，64.37%的中学老师没有参加过科普会，未成年人选择"每次都参加"与"参加过"的合比率较中学老师高 4.54 个百分点。

在未成年人与家长的比较中，28.12%的家长参加过（"每次都参加"与"参加过"）科普会，60.57%的家长没有参加过科普会，未成年人选择"每次都参加"与"参加过"的合比率较家长高 0.71 个百分点。可见，未成年人科普会的参与度比相关成年人高。

表 9-83　未成年人与中学老师、家长参加中国科普博览会（芜湖）或当地科普会情况的比较

选项	未成年人			中学老师			家长			未成年人与中学老师比较率差	未成年人与家长比较率差
	2012 年比率/%	2013 年比率/%	合比率/%	2012 年比率/%	2013 年比率/%	合比率/%	2012 年比率/%	2013 年比率/%	合比率/%		
每次都参加	9.46	16.24	12.85	2.49	8.81	5.65	5.37	9.86	7.62	7.20	5.23
参加过	12.98	18.97	15.98	8.46	28.81	18.64	21.95	19.05	20.50	−2.66	−4.52
没参加过	64.83	48.55	56.69	80.60	48.14	64.37	61.95	59.18	60.57	−7.68	−3.88
不知道	12.74	16.24	14.49	8.46	14.24	11.35	10.73	11.90	11.32	3.14	3.17
合计	100	100	100	100	100	100	100	100	100	0	0

3）未成年人与中学校长、德育干部、小学校长的比较

如表 9-84 所示，中学校长等 3 个群体参加科普会情况的排序是："参加过"（47.67%）、"没参加过"（44.96%）、"每次都参加"（4.26%）、"不知道"（3.10%）。中学校长等 3 个群体选择参加过（"每次都参加"与"参加过"）的比率为 51.93%。

在未成年人与中学校长等 3 个群体的比较中，35.21%的未成年人参加过（"每次都参加"与"参加过"）科普会，中学校长等 3 个群体参加过（"每次

都参加"与"参加过")科普会的比率较未成年人高 16.72 个百分点。

表 9-84　未成年人与中学校长、德育干部、小学校长参加中国科普博览会（芜湖）或当地科普会情况的比较（2013 年）

| 选项 | 未成年人 | | | 中学校长等 3 个群体 | | | | | | | | 未成年人与中学校长等 3 个群体比较率差 |
| | | | | 合 | | 中学校长 | | 德育干部 | | 小学校长 | | |
	人数/人	比率/%	排序	人数/人	比率/%	人数/人	比率/%	人数/人	比率/%	人数/人	比率/%	
每次都参加	482	16.24	3	11	4.26	7	3.85	2	4.65	2	6.06	11.98
参加过	563	18.97	2	123	47.67	85	46.70	19	44.19	19	57.58	−28.70
没参加过	1441	48.55	1	116	44.96	84	46.15	21	48.84	11	33.33	3.59
不知道	482	16.24	3	8	3.10	6	3.30	1	2.33	1	3.03	13.14
合计	2968	100		258	100	182	100	43	100	33	100	0

4. 未成年人接受过的科普辅导

1）未成年人的相关情况

如表 9-85 所示，未成年人接受科普辅导情况的排序是："没有接受过"（41.48%）、"接受过"（30.37%）、"经常接受"（14.44%）、"不知道"（13.71%）。从数据来看，44.81%的未成年人接受过科普辅导，与没有接受过科普辅导的比率相差不大，未成年人接受科普辅导的情况不是太理想。

从 2015 年与 2012 年的比较来看，率差最大的是"没有接受过"（13.06 个百分点），其次是"经常接受"（8.78 个百分点）。

表 9-85　未成年人接受过科普辅导的情况

| 选项 | 总 | | | 2012 年 | | 2013 年 | | 2014 年 | | 2015 年 | | 2015 年与 2012 年比较率差 |
	人数/人	比率/%	排序	人数/人	比率/%	人数/人	比率/%	人数/人	比率/%	人数/人	比率/%	
经常接受	1376	14.44	3	224	10.65	523	17.62	334	11.37	295	19.43	8.78
接受过	2894	30.37	2	642	30.51	825	27.80	859	29.24	568	37.42	6.91
没有接受过	3952	41.48	1	965	45.87	1197	40.33	1292	43.98	498	32.81	−13.06
不知道	1306	13.71	4	273	12.98	423	14.25	453	15.42	157	10.34	−2.64
合计	9528	100		2104	100	2968	100	2938	100	1518	100	0

2）未成年人与中学老师、家长的比较

如表 9-86 所示，在未成年人与中学老师的比较中，37.89%的中学老师接受过科普辅导，59.08%的中学老师没有接受过科普辅导，未成年人接受过科普辅导的比率较中学老师高 5.41 个百分点；在未成年人与家长的比较中，35.87% 的家长接受过科普辅导，44.51% 的家长没有接受过科普辅导，家长选择没有接受过科普辅导的比率较未成年人高 1.41 个百分点。

可见，未成年人接受过科普辅导的比率高于中学老师与家长。

表 9-86 未成年人与中学老师、家长接受过科普辅导情况的比较

选项	未成年人			中学老师			家长			未成年人与中学老师比较率差	未成年人与家长比较率差
	2012 年比率 /%	2013 年比率 /%	合比率 /%	2012 年比率 /%	2013 年比率 /%	合比率 /%	2012 年比率 /%	2013 年比率 /%	合比率 /%		
经常接受	10.65	17.62	14.14	5.97	8.47	7.22	3.41	6.80	5.11	6.92	9.03
接受过	30.51	27.80	29.16	24.38	36.95	30.67	26.83	34.69	30.76	−1.51	−1.60
没有接受过	45.87	40.33	43.10	68.66	49.49	59.08	61.46	27.55	44.51	−15.98	−1.41
不知道	12.98	14.25	13.62	1.00	5.08	3.04	8.29	30.95	19.62	10.58	−6.00
合计	100	100	100	100	100	100	100	100	100	0	0

3）未成年人与中学校长、德育干部、小学校长的比较

如表 9-87 所示，中学校长等 3 个群体接受科普辅导情况的排序是："接受过"（59.32%）、"没有接受过"（35.36%）、"经常接受"（4.94%）、"不知道"（0.38%）。中学校长等 3 个群体接受过科普辅导的比率为 64.26%，较未成年人高 18.84 个百分点。这说明未成年人接受过的科普辅导明显少于中学校长等 3 个群体。

表 9-87 未成年人与中学校长、德育干部、小学校长接受过科普辅导情况的比较（2013 年）

选项	未成年人			中学校长等 3 个群体								未成年人与中学校长等 3 个群体比较率差
				合		中学校长		德育干部		小学校长		
	人数 /人	比率 /%	排序	人数 /人	比率 /%	人数 /人	比率 /%	人数 /人	比率 /%	人数 /人	比率 /%	
经常接受	523	17.62	3	13	4.94	11	6.04	0	0	2	5.26	12.68
接受过	825	27.80	2	156	59.32	115	63.19	22	51.16	19	50.00	−31.52
没有接受过	1197	40.33	1	93	35.36	56	30.77	20	46.51	17	44.74	4.97
不知道	423	14.25	4	1	0.38	0	0	1	2.33	0	0	13.87
合计	2968	100		263	100	182	100	43	100	38	100	0

5. 基本认识

调查可知，未成年人的科普知识主要是通过课堂学习以及网络和课外阅读

获得的。要做到在有限的课堂教学实践中最大限度地传递科普知识，关键在于中学老师要积极认真备课，丰富自己的知识面和知识体系，为未成年人提供尽可能多的有关科学素质与企业家精神的相关内容。在对未成年人参加科普活动情况的调查中，未成年人参加科普活动主要是以学校组织为主，近两成的未成年人没有参加过科普活动。参加科普活动可以使未成年人更加直观地感受科学的魅力，增加对科普知识的理解，不参加科普活动，就不能感受到科普活动所带来的乐趣。在对未成年人参加中国科普博览会（芜湖）或当地科普会情况的调查中，一半以上的未成年人没有参加过科普会，科普会能传递最新的科普资讯，使未成年人掌握最新的科普动态。在对未成年人接受科普辅导情况的调查中，44.81%的未成年人接受过科普辅导，相对而言，情况比较乐观。

（二）社会科普资源利用情况

1. 未成年人的看法

如表 9-88 所示，未成年人认为的社会科普资源利用情况的排序是："不充分"（28.79%）、"充分"（24.28%）、"不知道"（19.44%）、"很充分"（16.89%）、"很不充分"（6.97%）。从数据来看，41.17%的未成年人认为社会科普资源利用情况是相对较好的。

从 2015 年与 2012 年的比较来看，未成年人认为社会科普资源的利用情况呈现出越来越好的态势。

表 9-88　未成年人眼中社会科普资源的利用情况

选项	总			2012 年		2013 年		2014 年		2015 年		2015 年与2012 年比较率差
	人数/人	比率/%	排序	人数/人	比率/%	人数/人	比率/%	人数/人	比率/%	人数/人	比率/%	
很充分	1609	16.89	4	312	14.83	567	19.10	398	13.55	332	21.87	7.04
充分	2313	24.28	2	478	22.72	760	25.61	639	21.75	436	28.72	6.00
不充分	2743	28.79	1	643	30.56	762	25.67	913	31.08	425	28.00	-2.56
很不充分	664	6.97	5	222	10.55	155	5.22	182	6.19	105	6.92	-3.63
浪费	346	3.63	6	88	4.18	118	3.98	82	2.79	58	3.82	-0.36
不知道	1853	19.44	3	361	17.16	606	20.42	724	24.64	162	10.67	-6.49
合计	9528	100		2104	100	2968	100	2938	100	1518	100	0

2. 未成年人与中学老师、家长的比较

如表 9-89 所示，在未成年人与中学老师的比较中，54.93%的中学老师认为社会科普资源的利用是不充分（"不充分"与"很不充分"）的，未成年人认为社会科普资源充分利用的比率较中学老师高 16.52 个百分点。

在未成年人与家长的比较中，51.97% 的家长认为社会科普资源的利用是不充分（"不充分"与"很不充分"）的，未成年人认为社会科普资源充分利用的比率较家长高 13.72 个百分点。

表 9-89　未成年人与中学老师、家长眼中社会科普资源利用情况的比较

选项	未成年人			中学老师			家长			未成年人与中学老师比较率差	未成年人与家长比较率差
	2012年比率/%	2013年比率/%	合比率/%	2012年比率/%	2013年比率/%	合比率/%	2012年比率/%	2013年比率/%	合比率/%		
很充分	14.83	19.10	16.97	6.47	9.15	7.81	7.32	7.14	7.23	9.16	9.74
充分	22.72	25.61	24.17	12.94	20.68	16.81	13.17	27.21	20.19	7.36	3.98
不充分	30.56	25.67	28.12	50.25	37.97	44.11	58.54	35.71	47.13	−15.99	−19.01
很不充分	10.55	5.22	7.89	10.45	11.19	10.82	3.90	5.78	4.84	−2.93	3.05
浪费	4.18	3.98	4.08	1.49	5.76	3.63	0.98	1.02	1.00	0.45	3.08
不知道	17.16	20.42	18.79	18.41	15.25	16.83	16.10	23.13	19.62	1.96	−0.83
合计	100	100	100	100	100.	100	100	100	100	0	0

3. 未成年人与中学校长、德育干部、小学校长的比较

如表 9-90 所示，中学校长等 3 个群体认为社会科普资源利用充分（"很充分"与"充分"）的比率为 21.67%，认为社会科普资源利用不充分（"很不充分"与"不充分"）的比率是 72.25%。

在未成年人与中学校长等 3 个群体的比较中，未成年人认为社会科普资源充分利用的比率较中学校长等 3 个群体高 23.04 个百分点。

表 9-90　未成年人与中学校长、德育干部、小学校长眼中社会科普资源利用情况比较（2013 年）

选项	未成年人			中学校长等3个群体								未成年人与中学校长等3个群体比较率差
				合		中学校长		德育干部		小学校长		
	人数/人	比率/%	排序	人数/人	比率/%	人数/人	比率/%	人数/人	比率/%	人数/人	比率/%	
很充分	567	19.10	4	4	1.52	2	1.10	1	2.33	1	2.63	17.58
充分	760	25.61	2	53	20.15	34	18.68	10	23.26	9	23.68	5.46
不充分	762	25.67	1	160	60.84	119	65.38	24	55.81	17	44.74	−35.17
很不充分	155	5.22	5	30	11.41	21	11.54	4	9.30	5	13.16	−6.19
浪费	118	3.98	6	0	0	0	0	0	0	0	0	3.98
不知道	606	20.42	3	16	6.08	6	3.30	4	9.30	6	15.79	14.34
合计	2968	100		263	100	182	100	43	100	38	100	0

4. 基本认识

调查显示，未成年人对社会科普资源利用状况的认识最为乐观，评价较中学老师与家长高，中学校长等3个群体的看法最为消极。社会科普资源的利用程度，关系着科普工作的实效性，应注意充分利用社会科普资源，将其作为"第二课堂"来促进未成年人的科学素质发展与企业家精神培养。

（三）相应措施

1. 加大投入力度，大力改善科普设施条件

科普设施是有效开展科普活动的重要条件。未成年人可以通过参观和感受科普设施来直观地感受科学原理。各级政府以及教育主管部门应该加大投入力度，新建科普设施或进一步完善现有科普设施，为有效地开展科普活动提供一定的场所和条件。值得借鉴的是，可以鼓励民间资本来参与科普设施的建设，从而更加形象地体现企业家精神在科学普及方面所具有的精神引领作用，同时这也是科学素质与企业家精神相结合的生动写照。

2. 充分利用现有社会科普资源

从社会科普资源的利用状况来看，认为利用不充分的比率：未成年人为35.76%，中学老师为54.93%，家长为51.97%，中学校长、德育干部、小学校长为72.25%。努力提高社会科普资源的利用率，重视其在促进未成年人科学素质发展与企业家精神培养中的作用是成年人群体需要重视的问题。在充分利用现有科普资源方面，可借鉴的经验包括：降低科普资源使用门槛、科普资源免费进校园等。

3. 利用各种途径进行科普

科普工作是一项全方位的工作，需要社会、学校、家庭和未成年人自身共同努力。在社会层面，各级党委和政府应切实重视科普工作，增加对科普工作的人力、物力和财力的投入。在学校层面，学校应该开设并上好相应的科学常识等相关课程，使未成年人通过课堂学习获得科普知识。在家庭层面，家长应不定期地带未成年人参观科普场所，多渠道学习科普知识。在未成年人个人层面，未成年人应该通过阅读课外书籍了解科普知识，增长自己的见识。

七 加强未成年人动手实践能力的培养

（一）对未成年人动手实践能力的认识

在调查中，认为未成年人有一定的动手实践能力的比率：未成年人为

46.57%，中学老师为 25.38%，家长为 30.85%，中学校长为 22.72%，小学校长为 13.33%，德育干部为 32.56%。从数据来看，未成年人自认为动手实践能力较强，大多数成年人认为未成年人的动手实践能力一般，未成年人的动手实践能力有待进一步增强（详见第三章表 3-31）。

（二）相应措施

1. 各级党委、政府应重视未成年人动手实践能力的培养

各级党委、政府应重视未成年人动手实践能力的培养。例如，可以以各级政府科技管理部门牵头，各级科协承办，积极组织未成年人科技制作大赛，激发未成年人的科技兴趣，培养未成年人的创新精神和能力。要像免费开放图书馆那样开放各级未成年人科技活动中心，让未成年人在寓教于乐中提升科学素质与企业家精神。

2. 成年人群体应以身作则，提升自身动手实践能力

成年人群体的一言一行都深刻影响着未成年人。加强未成年人动手实践能力的培养，重要的是提高成年人的动手实践能力，以身作则，给未成年人做出学习的榜样。在实践环节，只有成年人亲力亲为，才能让未成年人从中更深刻地领会科学精神，从而进一步发展科学素质与培养企业家精神。

八 大力培养未成年人的创新能力与创业能力

创新能力与创业能力对科学家与企业家来说很重要。

（一）大力培养未成年人的创新能力

未成年人的创新能力一般可从未成年人的创新欲望来探知，创新欲望与创新能力呈极强的正相关性。在 2009～2011 年、2013～2015 年六年对未成年人的调查中，91.87%的未成年人有创新欲望。从未成年人自身的调查数据来看，大部分未成年人有创新欲望。在 2010 年对科技工作者等 3 个群体的调查中，科技工作者等 3 个群体有创新欲望的比率为 98.09%，较 2010 年未成年人的调查数据高 5.21 个百分点，科技工作者等 3 个群体的素质包含科学素质和企业家精神，故其创新欲望较高。在 2010 年对研究生和大学生的调查中，90.18%的研究生和大学生有一定的创新欲望，同时 2010 年未成年人的创新欲望较研究生和大学生高 2.70 个百分点（详见第三章表 3-2～表 3-6）。应积极采取相应的办法来大力培养未成年人的创新能力。当然，在未成年人的科学素质发展与企业家精神培养中，创新能力的培养也蕴含其中。

（二）大力培养未成年人的创业能力

1. 未成年人的创业意识比较

1）未成年人创业意识的自我比较

如表 9-91 所示，未成年人认为的自身创业意识情况的排序是："有，很强烈"（45.07%）、"有，一般化"（38.45%）、"没有"（12.93%）、"不知道"（3.55%）。综合起来看，"有，很强烈"与"有，一般化"的合比率为83.52%，大多数未成年人有创业意识。

从两个阶段的比较来看，在阶段（一）中，79.84%的未成年人有创业意识，在阶段（二）中，85.36%的未成年人有创业意识，阶段（二）未成年人选择有创业意识的比率较阶段（一）高 5.52 个百分点。从率差来看，率差最大的是"有，很强烈"（14.01 个百分点），其次是"有，一般化"（8.49 个百分点）。显然，未成年人的创业意识逐渐增强。

表 9-91　未成年人的创业意识

选项	总		（一）			（二）					（二）与（一）比较率差
	比率/%	排序	2009年比率/%	2010年比率/%	合比率/%	2011年比率/%	2013年比率/%	2014年比率/%	2015年比率/%	合比率/%	
有，很强烈	45.07	1	36.28	35.18	35.73	42.41	41.61	36.90	78.05	49.74	14.01
有，一般化	38.45	2	45.08	43.13	44.11	40.13	38.17	44.66	19.51	35.62	−8.49
没有	12.93	3	15.61	16.79	16.20	13.15	14.35	15.25	2.44	11.3	−4.90
不知道	3.55	4	3.02	4.91	3.97	4.30	5.87	3.20	0	3.34	−0.63
合计	100		100	100	100	100	100	100	100	100	0

2）未成年人与科技工作者，科技型中小企业家，教育、科技、人事管理部门领导的比较

如表 9-92 所示，科技工作者等 3 个群体认为的自身创业意识情况的排序是："没有"（42.17%）、"有，一般化"（36.14%）、"有，很强烈"（18.67%）、"不知道"（3.01%）。科技工作者等 3 个群体有创业意识的比率为 54.81%。在 2010 年对未成年人的调查中，未成年人选择各选项比率的排序如下："有，一般化"（43.13%）、"有，很强烈"（35.18%）、"没有"（16.79%）、"不知道"（4.91%）。78.31%的未成年人有创业意识。从数据比较来看，率差最大的是"没有"（25.38 个百分点），即未成年人"没有"的比率低于科技工作者等 3 个群体；其次是"有，很强烈"（16.51 个百分点），即未成年人的"有，很强烈"的比率高于科技工作者等 3 个群体。未成年人的创业意识较科技工作者等 3 个群体强烈。

表 9-92　未成年人与科技工作者等 3 个群体对创业看法的比较（2010 年）

| 选项 | 未成年人 | | | 科技工作者等 3 个群体 | | | | | | | | | 未成年人与科技工作者等 3 个群体比较率差 |
| | | | | 合 | | 科技工作者 | | 科技型中小企业家 | | 教育、科技、人事管理部门领导 | | | |
	人数/人	比率/%	排序	人数/人	比率/%	人数/人	比率/%	人数/人	比率/%	人数/人	比率/%		
有，很强烈	681	35.18	2	31	18.67	18	19.78	10	24.39	3	8.82		16.51
有，一般化	835	43.13	1	60	36.14	27	29.67	19	46.34	14	41.18		6.99
没有	325	16.79	3	70	42.17	43	47.25	11	26.83	16	47.06		−25.38
不知道	95	4.91	4	5	3.01	3	3.30	1	2.44	1	2.94		1.90
合计	1936	100		166	100	91	100	41	100	34	100		0

3）未成年人与研究生、大学生的比较

如表 9-93 所示，研究生与大学生 2 个群体认为自身创业意识情况的排序是："有，一般化"（41.50%）、"有，很强烈"（39.30%）、"没有"（13.80%）、"不知道"（5.40%）。研究生和大学生 2 个群体有创业意识的比率为 80.80%。2010 年 78.31%的未成年人有创业意识。从数据比较来看，率差最大的是"有，很强烈"（4.12 个百分点），即研究生和大学生 2 个群体的创业意识较未成年人强烈。

表 9-93　未成年人与研究生、大学生的比较（2010 年）

| 选项 | 未成年人 | | | 研究生和大学生 2 个群体 | | | | | | 未成年人与研究生、大学生 2 个群体比较率差 |
| | | | | 合 | | 研究生 | | 大学生 | | |
	人数/人	比率/%	排序	人数/人	比率/%	人数人	比率/%	人数/人	比率/%	
有，很强烈	681	35.18	2	393	39.30	47	35.88	346	39.82	−4.12
有，一般化	835	43.13	1	415	41.50	74	56.49	341	39.24	1.63
没有	325	16.79	3	138	13.80	9	6.87	129	14.84	2.99
不知道	95	4.91	4	54	5.40	1	0.76	53	6.10	−0.49
合计	1936	100		1000	100	131	100	869	100	0

4）未成年人与中学校长、德育干部、小学校长的比较

如表 9-94 所示，中学校长等 3 个群体认为自身创业意识情况的排序是："没有"（43.35%）、"有，一般化"（42.97%）、"有，很强烈"（13.69%）、"不知道"（0）。中学校长等 3 个群体有创业意识的比率为 56.66%。

在 2013 年的调查中，未成年人认为自身创业意识情况的排序是："有，很强烈"（41.61%）、"有，一般化"（38.17%）、"没有"（14.35%）、"不知道"（5.86%）。79.78%的未成年人有创业意识，未成年人认为有创业意识的比率较中学校长等 3 个群体高 23.12 个百分点，表明未成年人这方面的意识大大强于中学校长等 3 个群体。

表 9-94　未成年人与中学校长、德育干部、小学校长的比较（2013 年）

| 选项 | 未成年人 | | | 中学校长等 3 个群体 | | | | | | | | 未成年人与中学校长等 3 个群体比较率差 |
| | | | | 合 | | 中学校长 | | 德育干部 | | 小学校长 | | |
	人数/人	比率/%	排序	人数/人	比率/%	人数/人	比率/%	人数/人	比率/%	人数/人	比率/%	
有，很强烈	1235	41.61	1	36	13.69	25	13.74	5	11.63	6	15.79	27.92
有，一般化	1133	38.17	2	113	42.97	83	45.60	21	48.84	9	23.68	-4.80
没有	426	14.35	3	114	43.35	74	40.66	17	39.53	23	60.53	-29.00
不知道	174	5.86	4	0	0	0	0	0	0	0	0	5.86
合计	2968	100		263	100	182	100	43	100	38	100	0

2. 基本认识

在 2010 年的调查中，78.31%的未成年人有创业意识，这一比率高于科技型中小企业家的同一项比率（70.73%）；在 2013 年的调查中，79.78%的未成年人认为自己有创业意识，也高于中学校长、小学校长、德育干部同类选项的合比率（56.66%）。可见，未成年人的创业意识很强烈。只要保持这样的创业意识，未成年人的企业家精神也一定会得到较好的培养。

（三）相应措施

1. 保护未成年人的创新欲望，力促未成年人积极参加创新活动

调查表明，91.87%的未成年人有创新欲望。未成年人的创新欲望如何才能转化为创新能力，进而内化为未成年人的科学素质与企业家精神？重要的是要切实保护未成年人的创新欲望，在保护的基础上，积极鼓励与引导未成年人参加科技创新活动，在活动中体验创新带来的乐趣，如进行"小制作、小发明、小创造"，参加航空模型比赛、科技作品大赛等。参加科技创新活动能进一步提高未成年人对科学素质的认知度。

2. 开展创业体验活动或模拟创办"微型企业"

大多数未成年人有创业意识，这种意识也应得到保护与鼓励。要注意引导

未成年人树立健康的创业观和财富观。由学校组织在校内开展创业体验活动或者在学生之间模拟创办"微型企业",使未成年人在真实的交易或创业环境中,感受创业的过程,对企业家创业有进一步的认识,这同时也能加深未成年人对企业家精神的了解与感悟,有助于未成年人企业家精神的培养。

九 重视来自媒体的力量

(一)关注媒体的作用

如表 9-95 所示,电视对未成年人的影响最大,其次是网络。从两个阶段的比较来看,在阶段(二)中,网络的因素更加突出。

电视与网络的正面作用要充分发挥,但电视与网络尤其是网络的负面作用也不同程度地存在,需要社会的引导。社会应从政策法规、市场监管等方面加强对网络的监管,使未成年人在健康安全的网络环境下接受媒体信息,这有利于促进未成年人的科学素质发展与企业家精神培养。

表 9-95 对未成年人影响最大的媒体

选项	总 比率/%	排序	(一) 2006年比率/%	2007年比率%	2008年比率/%	2009年比率/%	2010年比率/%	合比率/%	(二) 2011年比率/%	2012年比率/%	2013年比率/%	2014年比率/%	2015年比率/%	合比率/%	(二)与(一)比较率差
电视	46.22	1	44.56	56.68	61.22	53.66	48.86	53.00	37.55	46.01	42.76	34.17	36.69	39.44	−13.56
网络	33.80	2	25.76	14.09	23.06	27.80	34.40	25.02	49.15	36.74	34.30	46.19	46.51	42.58	17.56
报纸	6.47	4	14.22	10.38	5.96	5.42	5.53	8.30	2.02	5.23	6.50	5.45	3.95	4.63	−3.67
刊物	6.82	3	8.24	10.31	6.06	7.36	6.82	7.76	2.94	6.23	6.23	7.69	6.26	5.87	−1.89
收音机	2.36	6	3.30	5.75	1.24	1.22	0.83	2.47	2.28	2.09	3.10	2.35	1.38	2.24	−0.23
其他	4.36	5	3.92	2.79	2.46	4.56	3.56	6.45	3.71	7.11	4.15	5.25	1.79
合计	100		100	100	100	100	100	100	100	100	100	100	100	100	0

(二)引导媒体耗时

未成年人的媒体耗时指的是在一天中,上网、看电视、读报、玩手机、听音乐、看休闲杂志、听收音机等花费的时间,为了契合对未成年人影响最大的媒体是电视的实际情况,故调查选择电视媒体。

如表 9-96 所示,未成年人的媒体每天耗时的排序是:"两小时以上"(27.67%)、"一小时到两小时"(24.29%)、"半小时以下"(18.33%)、

"半小时到一小时"（17.31%）、"不花时间"（12.41%）。87.60%的未成年人每天都会花一定的时间用于媒体。

对于未成年人"两小时以上"的媒体耗时，应认真加以分析，加强引导，避免未成年人把过多的时间与精力消耗在媒体行为上。

表 9-96　未成年人的媒体（主要调查的是电视媒体）每天耗时

| 选项 | 总 | | | 2013 年 | | 2014 年 | | 2015 年 | | 2015 年与 2013 年比较率差 |
	人数/人	比率/%	排序	人数/人	比率/%	人数/人	比率/%	人数/人	比率/%	
两小时以上	2054	27.67	1	935	31.50	802	27.30	317	20.88	-10.62
一小时到两小时	1803	24.29	2	706	23.79	765	26.04	332	21.87	-1.92
半小时到一小时	1285	17.31	4	455	15.33	534	18.18	296	19.50	4.17
半小时以下	1361	18.33	3	552	18.60	488	16.61	321	21.15	2.55
不花时间	921	12.41	5	320	10.78	349	11.88	252	16.60	5.82
合计	7424	100		2968	100	2938	100	1518	100	0

（三）畅通信息渠道

1. 未成年人获取科学信息渠道的自我比较

如表 9-97 所示，在对未成年人获取科学信息渠道的调查中，"电视"与"互联网"是未成年人获取科学信息的主要渠道，"街头科普画廊"的作用十分有限。

从两个阶段的比较来看，在阶段（一）中，排在前三位的是"电视"（35.97%）、"互联网"（33.20%）、"报纸"（11.95%），电视的影响较为突出。在阶段（二）中，排在前三位的是"互联网"（52.65%）、"电视"（16.92%）、"报纸"（8.42%），互联网的影响突出。从率差来看，率差最大的是"互联网"（19.45 个百分点），其次是"电视"（19.05 个百分点）。可见，随着网络的发展，未成年人借助网络获取科学信息的比率有大幅增长。

表 9-97　未成年人获取科学信息渠道的自我比较

| 选项 | 总 | | （一） | | | | （二） | | | | （二）与（一）比较率差 |
	比率/%	排序	2009 年比率/%	2010 年比率/%	合比率/%	2011 年比率/%	2013 年比率/%	2014 年比率/%	2015 年比率/%	合比率/%	
互联网	42.93	1	31.99	34.40	33.20	42.31	46.16	61.84	60.28	52.65	19.45
报纸	10.19	3	13.36	10.54	11.95	10.72	10.61	5.31	7.05	8.42	-3.53
刊物	7.26	4	6.81	7.02	6.92	5.39	8.69	6.50	9.82	7.60	0.68
电视	26.45	2	35.42	36.52	35.97	29.78	20.18	10.45	7.25	16.92	-19.05

续表

选项	总		（一）				（二）				（二）与（一）比较率差
	比率/%	排序	2009年比率/%	2010年比率/%	合比率/%	2011年比率/%	2013年比率/%	2014年比率/%	2015年比率/%	合比率/%	
收音机	1.04	9	1.40	0.88	1.14	0.31	1.35	1.84	0.20	0.93	−0.21
手机	4.09	6	2.12	3.72	2.92	2.85	6.00	4.83	7.31	5.25	2.33
课堂教育	4.46	5	4.47	4.34	4.41	3.00	3.03	5.96	6.06	4.51	0.10
听家长说	1.33	8	1.99	0.46	1.23	1.14	1.65	2.04	0.92	1.43	0.20
听同学说	1.48	7	1.71	1.81	1.76	1.40	1.85	1.02	0.53	1.20	−0.56
街头科普画廊	0.46	10	0.72	0.31	0.52	0.31	0.47	0.20	0.59	0.39	−0.13
其他	0.35	11	0	0	0	2.80	0	0	0	0.70	0.70
合计	100		100	100	100	100	100	100	100	100	0

2. 未成年人与科技工作者等5个群体获取科学信息渠道的比较

1）未成年人与科技工作者，科技型中小企业家，教育、科技、人事管理部门领导获取科学信息渠道的比较

如表9-98所示,科技工作者等3个群体都倾向于通过网络来获取科学信息，未成年人主要是通过电视来获取科学信息，这与对未成年人影响最大的媒体是电视的调查结果有较强的关联性。从未成年人与科技工作者等3个群体的比较来看，率差最大的都是"互联网"，其次是"电视"，对于利用网络获取科学信息，科技型中小企业家的比率最高，未成年人的比率最低。

表9-98　未成年人与科技工作者，科技型中小企业家，教育、科技、人事管理部门领导获取科学信息的渠道（2010年）

选项	未成年人			科技工作者		科技型中小企业家		教育、科技、人事管理部门领导		未成年人与科技工作者比较率差	未成年人与科技型中小企业家比较率差	未成年人与教育、科技、人事管理部门领导比较率差
	人数/人	比率/%	排序	人数/人	比率/%	人数/人	比率/%	人数/人	比率/%			
互联网	666	34.40	2	59	64.84	29	70.73	24	70.59	−30.44	−36.33	−36.19
报纸	204	10.54	3	2	2.20	4	9.76	3	8.82	8.34	0.78	1.72
刊物	136	7.02	4	22	24.18	4	9.76	5	14.71	−17.16	−2.74	−7.69
电视	707	36.52	1	7	7.69	4	9.76	2	5.88	28.83	26.76	30.64
收音机	17	0.88	8	0	0	0	0	0	0	0.88	0.88	0.88
手机	72	3.72	5	0	0	0	0	0	0	3.72	3.72	3.72
课堂教育	84	4.34	4	0	0	0	0	0	0	4.34	4.34	4.34

续表

选项	未成年人			科技工作者		科技型中小企业家		教育、科技、人事管理部门领导		未成年人与科技工作者比较率差	未成年人与科技型中小企业家比较率差	未成年人与教育、科技、人事管理部门领导比较率差
	人数/人	比率/%	排序	人数/人	比率/%	人数/人	比率/%	人数/人	比率/%			
听家长说	9	0.46	9	1	1.10	0	0	0	0	-0.64	0.46	0.46
听同学说	35	1.81	7	0	0	0	0	0	0	1.81	1.81	1.81
街头科普画廊	6	0.31	10	0	0	0	0	0	0	0.31	0.31	0.31
其他	0	0	11	0	0	0	0	0	0	0	0	0
合计	1936	100		91	100	41	100	34	100	0	0	0

2）未成年人与研究生、大学生获取科学信息渠道的比较

如表 9-99 所示，大多数研究生和大学生选择"互联网"作为获取科学信息的渠道。在 3 个群体中，选择"互联网"比率最高的是研究生，其次是大学生，未成年人的比率最低。在"电视"选项上，未成年人的比率最高。

在未成年人与研究生的比较中，率差最大的是"互联网"（35.07 个百分点），在未成年人与大学生的比较中，率差最大的是"电视"（16.50 个百分点）。研究生与大学生倾向于使用"互联网"获取科学信息，而未成年人则倾向于从"电视"获取科学信息。

表 9-99　未成年人与研究生、大学生获取科学信息的渠道（2010 年）

选项	未成年人			研究生		大学生		未成年人与研究生比较率差	未成年人与大学生比较率差
	人数/人	比率/%	排序	人数/人	比率/%	人数/人	比率/%		
互联网	666	34.40	2	91	69.47	439	50.52	-35.07	-16.12
报纸	204	10.54	3	13	9.92	76	8.75	0.62	1.79
刊物	136	7.02	4	15	11.45	70	8.06	-4.43	-1.04
电视	707	36.52	1	10	7.63	174	20.02	28.89	16.50
收音机	17	0.88	8	0	0	8	0.92	0.88	-0.04
手机	72	3.72	6	0	0	36	4.14	3.72	-0.42
课堂教育	84	4.34	5	2	1.53	44	5.06	2.81	-0.72
听家长说	9	0.46	9	0	0	9	1.04	0.46	-0.58
听同学说	35	1.81	7	0	0	9	1.04	1.81	0.77
街头科普画廊	6	0.31	10	0	0	4	0.46	0.31	-0.15
其他	0	0	11	0	0	0	0	0	0
合计	1936	100		131	100	869	100	0	0

3. 基本认识

可以看出，与媒体对未成年人的显著作用相对应的是，"电视"与"网络"对未成年人科学信息的获取也产生极为重要的影响。应在"电视"与"网络"方面加大科学传播力度，尤其是应加强电视科普栏目的作用（颜燕，陈玲，2010），及时发布科学新发现的相关信息，及时报道科学新闻，介绍科学家的生平事迹与奋斗经历，普及科学知识，畅通科学信息传播渠道。

（四）合理安排内容

1. 对未成年人影响最大的网络内容

如表 9-100 所示，未成年人排在前三位的影响最大的网络内容是"国内新闻"（18.65%）、"国际新闻"（14.24%）、"文学阅读与音乐欣赏"（12.50%）；排在后三位的是"通信"（0.85%）、"网恋"（0.64%）、"网婚"（0.54%）。看来未成年人对"网婚""网恋"并不感兴趣。未成年人把"企业家成功之路"排在第七位，把"科学文化知识"排在第八位。

从两个阶段的比较来看，阶段（一）与阶段（二）排在前三位的都是"国内新闻""国际新闻""文学阅读与音乐欣赏"。

表 9-100　对未成年人影响最大的网络内容

选项	总		（一）			（二）						（二）与（一）比较率差
	比率/%	排序	2009年比率/%	2010年比率/%	合比率/%	2011年比率/%	2012年比率/%	2013年比率/%	2014年比率/%	2015年比率/%	合比率/%	
国内新闻	18.65	1	16.29	14.52	15.41	17.09	23.24	20.25	22.53	26.28	21.88	6.47
国际新闻	14.24	2	9.48	15.96	12.72	14.66	14.64	12.97	18.86	17.65	15.76	3.04
企业家成功之路	4.93	7	4.11	5.79	4.95	4.30	5.94	7.18	5.24	1.84	4.90	−0.05
未成年人事件	8.15	4	12.82	7.49	10.16	6.84	6.70	5.80	4.80	6.52	6.13	−4.03
爱情	3.33	10	2.21	4.08	3.15	2.69	4.47	4.65	3.06	2.64	3.50	0.35
涉黄	1.77	16	0.9	1.86	1.38	0.83	2.00	2.29	2.59	3.10	2.16	0.78
凶杀暴力	2.05	14	3.07	1.71	2.39	2.07	1.19	1.55	2.01	1.71	1.71	−0.68
社会趣闻	5.85	6	4.78	6.72	5.75	6.01	5.66	5.90	6.71	5.40	5.94	0.19
科学文化知识	4.05	8	4.02	5.32	4.67	2.18	3.09	3.27	1.84	6.79	3.43	−1.24
文学阅读与音乐欣赏	12.50	3	13.85	11.52	12.69	13.78	12.17	11.62	13.51	10.41	12.30	−0.39
游戏	7.94	5	8.94	6.93	7.94	8.08	8.89	7.75	8.58	6.39	7.94	0
创业就业信息	1.42	17	2.57	1.19	1.88	0.93	0.90	1.21	0.65	1.12	0.96	−0.92
军事	1.98	15	1.13	2.28	1.71	3.21	1.28	2.70	1.02	3.03	2.25	0.54

续表

选项	总		（一）			（二）						（二）与（一）比较率差
	比率/%	排序	2009年比率/%	2010年比率/%	合比率/%	2011年比率/%	2012年比率/%	2013年比率/%	2014年比率/%	2015年比率/%	合比率/%	
网聊	3.05	11	3.47	3.72	3.60	4.66	2.14	2.49	1.97	1.25	2.50	−1.10
网恋	0.64	19	1.13	0.57	0.85	0.41	0.24	0.74	0.44	0.33	0.43	−0.42
网婚	0.54	20	0.99	0.52	0.76	0.47	0.19	0.44	0.17	0.26	0.31	−0.45
通信	0.85	18	0.63	1.04	0.84	0.83	1.19	0.98	0.27	1.05	0.86	0.02
其他	3.62	9	4.65	3.88	4.27	4.25	3.37	3.84	1.94	1.38	2.96	−1.31
无所谓	2.11	13	3.34	1.71	2.53	3.52	1.57	1.48	0.85	0.99	1.68	−0.85
不知道	2.41	12	1.62	3.19	2.41	3.21	1.13	2.90	2.96	1.84	2.41	0
合计	100		100	100	100	100	100	100	100	100	100	0

2. 对未成年人影响最大的电视内容

如表 9-101 所示，未成年人排在前三位的影响最大的电视内容是"国内新闻"（18.44%）、"国际新闻"（13.46%）"国产电视连续剧"（10.72%）；排在后三位的是"科学文化知识"（1.61%）、"人生纪实"（1.60%）、"社会趣闻"（1.37%）。

从两个阶段的比较来看，在阶段（一）和阶段（二），"国内新闻""国际新闻""国产电视连续剧"均在前列。

表 9-101　对未成年人影响最大的电视内容

选项	总		（一）			（二）						（二）与（一）比较率差
	比率/%	排序	2009年比率/%	2010年比率/%	合比率/%	2011年比率/%	2012年比率/%	2013年比率/%	2014年比率/%	2015年比率/%	合比率/%	
国内新闻	18.44	1	16.25	15.19	15.72	17.04	23.19	20.75	19.37	17.26	19.52	3.80
国际新闻	13.46	2	10.70	10.28	10.49	10.51	17.02	15.26	16.41	14.03	14.65	4.16
企业家成功之路	4.38	10	3.16	6.04	4.60	4.35	5.13	4.75	2.79	4.41	4.29	−0.31
未成年人事件	5.38	6	7.00	4.29	5.65	4.04	6.46	6.67	4.32	4.87	5.27	−0.38
感情故事	5.76	5	5.10	5.99	5.55	5.70	5.99	6.23	7.76	3.56	5.85	0.30
国产电影	4.71	7	4.56	4.60	4.58	5.59	4.71	4.58	4.66	4.28	4.76	0.18
国产电视连续剧	10.72	3	12.28	14.57	13.43	12.53	6.89	9.47	10.11	9.22	9.64	−3.79
国外电影	5.95	4	3.21	4.39	3.80	5.18	7.70	4.95	6.88	9.35	6.81	3.01
科学文化知识	1.61	18	3.57	0.98	2.28	0.62	1.09	1.52	1.02	2.44	1.34	−0.94
文学阅读	2.21	15	2.80	2.63	2.72	1.61	2.19	1.82	1.94	2.50	2.01	−0.71

续表

选项	总		（一）			（二）						（二）与（一）比较率差
	比率/%	排序	2009年比率/%	2010年比率/%	合比率/%	2011年比率/%	2012年比率/%	2013年比率/%	2014年比率/%	2015年比率/%	合比率/%	
音乐欣赏	4.63	9	7.95	4.91	6.43	4.04	3.94	4.21	3.57	3.82	3.92	−2.51
创业就业信息	1.86	16	0.91	2.38	1.65	2.07	1.38	1.89	1.87	2.50	1.94	0.29
国外电视连续剧	4.23	11	1.40	5.73	3.57	5.28	2.66	3.81	4.87	5.86	4.5	0.93
社会趣闻	1.37	20	4.11	1.60	2.86	0.98	0.67	0.64	0.17	1.45	0.78	−2.08
军事节目	2.71	12	3.16	3.41	3.29	3.47	2.71	2.32	1.46	2.44	2.48	−0.81
人生纪实	1.60	19	2.12	2.38	2.25	2.02	0.95	0.67	1.33	1.71	1.34	−0.91
案件侦破	4.67	8	6.32	4.08	5.20	6.42	3.66	3.54	4.29	4.41	4.46	−0.74
其他	2.30	13	2.12	3.20	2.66	2.69	1.57	3.10	1.63	1.78	2.15	−0.51
无所谓	1.79	17	1.94	1.50	1.72	3.26	0.71	2.36	1.02	1.71	1.81	0.09
不知道	2.22	14	1.34	1.86	1.60	2.59	1.38	1.45	4.53	2.37	2.46	0.86
合计	100		100	100	100	100	100	100	100	100	100	0

3. 基本认识

毛泽东同志早在1959年8月23日在给相关同志的信中就指出："科学讨论，《人民日报》要多起来，要多得占篇幅五分之一左右，岂不是很好吗？"（中共中央文献编辑委员会，1999）报刊登载老百姓感兴趣的、能看懂的科学讨论文章有助于增强其对科学的兴趣和理解。未成年人把关注的目光给了时事（包括科学新闻）和社会发展动向（包括科学发展动向）以及连续剧，对"创业就业信息""科学文化知识"关注不够。这种注意力的分布状态与未成年人科学信息的获取渠道相对应。在个案访谈中，当问及为何对"创业就业信息"不关注时，未成年人认为自己还处在读书阶段，创业就业是大学毕业生的事，离自己还远。当问及为何对"科学文化知识"不够关注时，未成年人认为科学文化知识在学校里学就可以了，况且新闻联播中还经常播送科学新闻，所以如此。

（五）发挥网络效能

如表9-102所示，未成年人的网络行为以聊天和玩游戏为主。从两个阶段的比较来看，两个阶段未成年人网络行为排在前两位的都是"聊天""玩游戏"。

未成年人网络行为的重心在"聊天"与"玩游戏"。如何引导未成年人的网络行为是教育者与家长应高度关注的事。应当合理引导未成年人的网络行为，使其网络行为在规范化和合法化的前提下，适当增加与科学素质发展和企业家精神培养相关的元素，从而发挥网络媒体的优势，促进未成年人的健康成长。

表 9-102　未成年人的网络行为

| 选项 | 总 | | (一) | | | | | | (二) | | | | (二)与(一)比较率差 |
	比率/%	排序	2006年比率/%	2007年比率/%	2008年比率/%	2009年比率/%	2010年比率/%	合比率/%	2011年比率/%	2012年比率/%	2013年比率/%	合比率/%	
聊天	31.42	1	19.70	27.39	26.51	28.75	43.75	29.22	30.66	35.60	34.60	33.62	4.40
玩游戏	22.04	2	39.94	18.46	17.14	19.77	9.45	20.95	20.82	22.91	25.64	23.12	2.17
发邮件	3.92	7	4.20	4.50	3.33	2.17	3.31	3.50	2.64	6.04	4.35	4.34	0.84
浏览网页	14.79	3	9.89	14.91	20.00	12.95	8.32	13.21	17.14	15.78	16.17	16.36	3.15
查资料	14.16	4	13.15	11.99	31.20	21.62	12.55	18.10	10.77	9.84	10.01	10.21	-7.89
其他	7.56	5	3.71	3.32	0.89	7.63	20.87	7.28	9.99	7.08	6.44	7.84	0.56
不上网	6.12	6	9.40	19.44	0.92	7.13	1.76	7.73	7.98	2.76	2.80	4.51	-3.22
合计	100		100	100	100	100	100	100	100	100	100	100	0

（六）相关措施

1. 合理运用电视和网络媒体

电视和网络对未成年人有着较大的影响，如何充分发挥电视和网络的积极作用，规避其带来的消极影响是一个值得思考的问题。未成年人在利用电视和网络媒体时，应注意接收既符合未成年人身心发展特点，又能促进科学素质发展和企业家精神培养的内容。

2. 合理安排未成年人的媒体耗时

未成年人的主要任务是学习，不仅要学习课本上的知识，更重要的是在生活中学习，也可以通过电视与网络媒体学习。未成年人的媒体耗时从侧面反映了未成年人课外学习的投入情况，家长和老师应合理安排未成年人的媒体耗时，不让未成年人沉迷于电视或网络。注意处理好未成年人的学业与媒体耗时之间的关系，在不耽误正常学习的前提下，适度控制未成年人的媒体耗时，通过接触媒体，扩大未成年人的知识面，以助其科学素质发展与企业家精神培养。

3. 引导未成年人的网络接触内容

针对未成年人科学素质发展与企业家精神培养的实际，未成年人应适当增加自身相关科学知识和企业家精神方面知识的学习，这可以通过网络渠道广泛地获取。应当注意的是，未成年人应抵制网络不良内容对自己的消极影响。家长与老师要积极引导未成年人接触与科学素质及企业家精神具有较强相关性的内容。与此同时，切实做好未成年人网络接触内容的监管工作，防止未成年人接触不良和有害信息。

十　使未成年人养成良好习惯

（一）矫正不良习惯

1. 未成年人对自身不良习惯的看法

如表 9-103 所示，有 82.94% 的未成年人"反感"或"很厌恶"自己的不良习惯，可见大多数未成年人对自身不良习惯持"反感"或"很厌恶"态度。

从两个阶段的比较来看，在阶段（一）中，有 83.41% 的未成年人"反感"或"很厌恶"自身的不良习惯；在阶段（二）中，有 82.81% 的未成年人"反感"或"很厌恶"自身的不良习惯。率差最大的是"很厌恶"（4.02 个百分点），其次是"反感"（3.42 个百分点）。总的来看，未成年人对自身的不良习惯有较为清晰的认识。

表 9-103　未成年人对自身不良习惯的看法

选项	总			（一）						（二）				（二）与（一）比较率差
	人数/人	比率/%	排序	2006年比率/%	2007年比率/%	2008年比率/%	2009年比率/%	2010年比率/%	合比率/%	2011年比率/%	2012年比率/%	2013年比率/%	合比率/%	
很厌恶	6 882	33.33	2	38.58	30.90	33.59	36.10	35.28	34.89	32.00	28.61	32.01	30.87	-4.02
反感	10 245	49.61	1	45.63	44.63	52.00	49.37	50.98	48.52	52.41	55.13	48.28	51.94	3.42
不反感	952	4.61	4	4.20	9.89	2.98	2.39	3.00	4.49	4.09	3.61	5.49	4.40	-0.09
无所谓	1 783	8.63	3	8.04	8.54	7.35	8.48	7.59	8.00	8.80	10.41	10.30	9.86	1.86
觉得很正常	789	3.82	5	3.54	6.04	4.07	3.66	3.15	4.09	2.69	2.23	3.84	2.92	-1.17
合计	20 651	100		100	100	100	100	100	100	100	100	100	100	0

2. 中学老师对未成年人不良习惯的看法

如表 9-104 所示，有 74.52% 的中学老师"反感"或"很厌恶"未成年人的不良习惯。从阶段比较来看，中学老师对未成年人的不良习惯有"放松管教"的潜在因素。

表 9-104　中学老师对未成年人不良习惯的看法

选项	总			(一)				(二)				(二)与(一)比较率差
	人数/人	比率/%	排序	2008年比率/%	2009年比率/%	2010年比率/%	合比率/%	2011年比率/%	2012年比率/%	2013年比率/%	合比率/%	
很厌恶	141	10.79	3	14.84	13.90	12.09	13.61	9.17	10.95	6.44	8.85	-4.76
反感	833	63.73	1	65.81	64.13	66.51	65.48	66.06	62.69	59.32	62.69	-2.79
不反感	121	9.26	4	7.74	7.17	8.37	7.76	11.93	8.46	10.85	10.41	2.65
无所谓	51	3.90	5	1.94	3.59	3.26	2.93	4.13	4.98	4.75	4.62	1.69
觉得很正常	161	12.32	2	9.68	11.21	9.77	10.22	8.72	12.94	18.64	13.43	3.21
合计	1307	100		100	100	100	100	100	100	100	100	0

3. 基本认识

既然大多数未成年人与中学老师都对未成年人的不良习惯持"反感"或"很厌恶"态度，那么矫正未成年人的不良习惯就有了认识基础。未成年人的不良习惯对未成年人的健康成长是不利的。未成年人既然切实认识到了自身的不良习惯，就应注意在平时的言行中纠正不良习惯。养成良好的习惯对科学素质发展与企业家精神培养是有益的。此外，成年人群体应为未成年人作出表率，对未成年人存在的不良行为习惯及时帮助纠正，防止未成年人的不良行为习惯对其科学素质发展与企业家精神培养产生消极影响。

（二）保持身心健康

身心健康的未成年人，其精神状态、学习状态、情感状态、行为状态、体质状态也会很好，身心不健康的未成年人正好相反。

1. 保持心理健康

未成年人的自卑感往往是未成年人心理不健康的反映，来看看有多大比率的未成年人存在自卑感。

如表 9-105 所示，有自卑感的未成年人的比率为 65.89%。2007 年被调查的未成年人有自卑感的比率最高（71.69%），2010 年被调查的未成年人有自卑感的比率最低，但也达 49.17%。有如此高比率的未成年人存在自卑感，可见学校的心理健康教育任务很重。学校应加强心理健康教育，让未成年人不自卑，具备健康的心理。

表 9-105　未成年人的自卑感

| 选项 | 总 | | （一） | | | | | | （二） | | | （二）与（一）比较率差 |
	比率/%	排序	2006年比率/%	2007年比率/%	2008年比率/%	2009年比率/%	2010年比率/%	合比率/%	2011年比率/%	2015年比率/%	合比率/%	
经常有	14.09	3	18.30	22.20	9.19	10.42	8.52	13.73	11.86	18.12	14.99	1.26
有时有	51.80	1	42.62	49.49	60.12	57.31	40.65	50.04	59.30	53.10	56.20	6.16
没有	25.30	2	23.70	21.74	21.24	24.55	41.94	26.63	22.16	21.74	21.95	-4.68
搞不清楚	8.82	4	15.38	6.57	9.44	7.72	8.89	9.60	6.68	7.05	6.87	-2.73
合计	100		100	100	100	100	100	100	100	100	100	0

2. 保持身体健康

1）遏制未成年人的肥胖发展势头

如表 9-106 所示，未成年人对自己是否肥胖的看法的排序是："不是"（69.64%）、"是"（18.65%）、"不知道是不是"（11.72%）。且不论"不知道是不是"当中有多少未成年人是肥胖的，直接认为"是"的比率就高达18.65%。切实关注未成年人的身体健康是未成年人科学素质发展与企业家精神培养的基础。

从两个阶段的比较来看，未成年人中肥胖的比率有所提高，需要引起社会的高度重视。

表 9-106　未成年人是否肥胖情况

| 选项 | 总 | | （一） | | | | | | （二） | （二）与（一）比较率差 |
	比率/%	排序	2006年比率/%	2007年比率/%	2008年比率/%	2009年比率/%	2010年比率/%	合比率/%	2011年比率/%	
是	18.65	2	17.02	16.88	16.55	19.95	20.04	18.09	21.44	3.35
不是	69.64	1	65.91	68.54	72.37	71.98	71.13	69.99	67.89	-2.10
不知道是不是	11.72	3	17.06	14.58	11.08	8.08	8.83	11.93	10.67	-1.26
合计	100		100	100	100	100	100	100	100	0

2）使未成年人加强体育锻炼

如表 9-107 所示，未成年人体育锻炼情况的排序是："不经常"（44.48%）、"经常"（33.16%）、"只是上体育课时"（12.21%）、"从不"（10.16%）。89.85%的未成年人有体育锻炼行为。

从两个阶段的比较来看，在阶段（一）中，未成年人"经常"锻炼的比率为 32.20%，在阶段（二）中，未成年人"经常"锻炼的比率为 34.11%，为保持未成年人的身体健康，加强体育锻炼是一良策。

表 9-107　未成年人的体育锻炼情况

选项	总比率/%	排序	(一)						(二)						(二)与(一)比较率差
			2006年比率/%	2007年比率/%	2008年比率/%	2009年比率/%	2010年比率/%	合比率/%	2011年比率/%	2012年比率/%	2013年比率/%	2014年比率/%	2015年比率/%	合比率/%	
经常	33.16	2	34.75	35.37	28.12	31.86	30.89	32.20	28.22	42.30	41.64	55.96	2.44	34.11	1.91
不经常	44.48	1	42.33	41.67	53.52	52.93	48.50	47.79	56.65	41.40	40.09	31.11	36.59	41.17	−6.62
从不	10.16	4	4.70	9.46	2.93	3.25	3.72	4.81	5.18	6.13	6.17	3.91	56.10	15.5	10.69
只是上体育课时	12.21	3	18.22	13.50	15.43	11.96	16.89	15.2	9.94	10.17	12.10	9.02	4.88	9.22	−5.98
合计	100		100	100	100	100	100	100	100	100	100	100	100	100	0

3）提高中学老师对未成年人体育锻炼的重视度

如表 9-108 所示，中学老师选择"不重视""根本不管不问""不知道"（不可能是重视）的合比率为 12.63%。一部分教育者不重视未成年人的体育锻炼，甚至根本不管不问，不利于未成年人的身体健康。提高中学老师的重视度很有必要。

表 9-108　中学老师对未成年人体育锻炼的重视与否

选项	总			2011年		2012年		2013年		2014年		2015年		2015年与2011年比较率差
	人数/人	比率/%	排序	人数/人	比率/%	人数/人	比率/%	人数/人	比率/%	人数/人	比率/%	人数/人	比率/%	
非常重视	495	45.00	1	89	40.83	102	50.75	136	46.10	94	40.52	74	48.05	7.22
重视	466	42.36	2	103	47.25	91	45.27	94	31.86	108	46.55	70	45.45	−1.80
不重视	59	5.36	3	20	9.17	3	1.49	16	5.42	11	4.74	9	5.84	−3.33
根本不管不问	46	4.18	4	4	1.83	0	0	31	10.51	10	4.31	1	0.65	−1.18
不知道	34	3.09	5	2	0.92	5	2.49	18	6.10	9	3.88	0	0	−0.92
合计	1100	100		218	100	201	100	295	100	232	100	154	100	0

4）提高中学老师对未成年人体育锻炼的支持度

如表 9-109 所示，中学老师表示"不支持""无所谓""不知道"（不可能是支持）的合比率为 15.14%。一部分中学老师不支持未成年人的体育锻炼，或者感到"无所谓"或一无所知，不利于未成年人的身体健康。提高中学老师的支持度也很必要。

表 9-109　中学老师对未成年人体育锻炼的支持与否

选项	总		2009 年比率/%	2010 年比率/%	2011 年比率/%	2012 年比率/%	2013 年比率/%	2014 年比率/%	2015 年比率/%	2015 年与2009 年比较率差
	比率/%	排序								
非常支持	57.79	1	32.74	65.58	61.93	68.66	49.49	63.79	62.34	29.60
支持	27.07	2	44.84	31.63	30.28	0	22.71	27.59	32.47	−12.37
不支持	10.44	3	21.52	2.33	5.05	27.36	6.44	6.47	3.90	−17.62
无所谓	4.12	4	0.90	0.47	2.75	3.98	17.29	2.16	1.30	0.40
不知道	0.58	5	0	0	0	0	4.07	0	0	0
合计	100		100	100	100	100	100	100	100	0

5）提高家长对未成年人体育锻炼的支持度

家长对未成年人体育锻炼的支持至关重要。如表 9-110 所示，家长对未成年人体育锻炼支持情况的排序是："支持"（81.41%）、"不支持"（14.13%）、"无所谓"（2.99%）、"不知道"（1.48%）。大多数家长都积极支持未成年人参加体育锻炼。尽管如此，进一步提高家长的支持度很有必要。

表 9-110　家长对未成年人体育锻炼的支持与否

选项	总		（一）			（二）				（二）与（一）比较率差
	比率/%	排序	2010 年比率/%	2011 年比率/%	合比率/%	2012 年比率/%	2013 年比率/%	2014 年比率/%	2015 年比率/%	合比率/%	
支持	81.41	1	73.47	84.15	78.81	45.37	91.84	94.90	98.70	82.70	3.89
不支持	14.13	2	23.47	9.29	16.38	43.41	3.06	4.26	1.30	13.01	−3.37
无所谓	2.99	3	1.02	5.46	3.24	9.76	1.70	0	0	2.87	−0.37
不知道	1.48	4	2.04	1.09	1.57	1.47	3.40	0.85	0	1.43	−0.14
合计	100		100	100	100	100	100	100	100	100	0

6）提高中学校长对未成年人体育锻炼的支持度

如表 9-111 所示，中学校长对未成年人体育锻炼支持情况的排序是："支持"（92.70%）、"不支持"（5.90%）、"无所谓"（0.84%）、"不知道"（0.56%）。大部分中学校长都支持未成年人积极参加体育锻炼。

表 9-111　中学校长对未成年人体育锻炼的支持情况

选项	总			2013 年		2014 年				2015 年					
						（1）		（2）		（1）		（2）		（3）	
	人数/人	比率/%	排序	人数/人	比率/%	人数/人	比率/%	人数/人	比率/%	人数/人	比率/%	人数/人	比率/%	人数/人	比率/%
支持	330	92.70	1	182	100	69	100	34	72.34	9	45.00	20	100	16	88.89
不支持	21	5.90	2	0	0	0	0	11	23.40	10	50.00	0	0	0	0
无所谓	3	0.84	3	0	0	0	0	2	4.26	1	5.00	0	0	0	0
不知道	2	0.56	4	0	0	0	0	0	0	0	0	0	0	2	11.11
合计	356	100		182	100	69	100	47	100	20	100	20	100	18	100

7）提高德育干部对未成年人体育锻炼的支持度

在 2013 年对德育干部就其对未成年人体育锻炼支持情况的调查中，其各选项的排序是："支持"（100%）、"不知道"（0）、"不支持"（0）、"无所谓"（0）。从调查的数据来看，德育干部全部积极支持未成年人参加体育锻炼。

3. 综合认识

加强学校心理健康教育与加强未成年人体育锻炼，是保持未成年人身心健康的必要措施，也是未成年人良好习惯养成的物质基础。没有良好的心理素质与良好的体魄，既无法完成繁重的学习任务，也无法承担成年后繁重的工作任务，更无法成为一个科学家或企业家。从数据来看，大多数成年人支持对未成年人的体育锻炼，但支持力度仍需增强。遏制未成年人肥胖的增长势头，重视与支持未成年人进行体育锻炼，使其具有良好的体魄，为促进未成年人的科学素质发展与企业家精神培养提供物质条件。

（三）相应措施

1. 及时纠正未成年人的不良习惯

未成年人对自身的不良习惯所带来的消极影响在思想上有一定的认识，但如何在实践中纠正不良习惯，做到"知行合一"，这就需要教育者采取适当的策略来力促未成年人改变这种状况，如教育者可以采取奖惩策略等。

2. 重视未成年人的身心健康

一个人的健康不仅是身体素质良好，还应具有良好的心理素质与社会适应能力。教育者不仅要重视未成年人的体育锻炼，还要重视未成年人的心理健康教育，及时排解未成年人的心理忧患。在学校可以开设诸如"心理咨询室""心理聊天室", 帮助未成年人调整心态, 未成年人心理健康发展对其一生的成长都将产生重要影响。身心健康发展为未成年人的学习以及生活提供精神上的支撑, 将会使他们以更加饱满的情绪投入到日常的学习与生活中, 将有利于其科学素质发展与企业家精神培养。

十一　优化成年人群体的价值环境

（一）成年人的科学素质

1. 成年人对科学素质的自我判断

1）中学老师对科学素质的自我判断

如表 9-112 所示, 中学老师认为自身科学素质好（"很好""好""较好"）的合比率为 51.25%, 对自身的科学素质有较为积极乐观的判断。

从 2015 年与 2013 年的比较来看, 率差最大的是"一般"（32.49 个百分点）, 其次是"很好"（22.04 个百分点）。

表 9-112　中学老师对科学素质的自我判断

选项	总			2013 年		2014 年		2015 年		2015 年与 2013 年比较率差
	人数/人	比率/%	排序	人数/人	比率/%	人数/人	比率/%	人数/人	比率/%	
很好	145	21.29	2	48	16.27	38	16.38	59	38.31	22.04
好	89	13.07	4	52	17.63	15	6.47	22	14.29	-3.34
较好	115	16.89	3	0	0	87	37.50	28	18.18	18.18
一般	227	33.33	1	138	46.78	67	28.88	22	14.29	-32.49
不好	35	5.14	5	20	6.78	14	6.03	1	0.65	-6.13
很差	16	2.35	8	9	3.05	4	1.72	3	1.95	-1.10
不好评价	25	3.67	7	2	0.68	4	1.72	19	12.34	11.66
不知道	29	4.26	6	26	8.81	3	1.29	0	0	-8.81
合计	681	100		295	100	232	100	154	100	0

2）家长对科学素质的自我判断

如表 9-113 所示, 家长认为自身科学素质好（"很好""好""较好"）的合比率为 39.82%, 自我评价一般。从 2015 年与 2013 年的比较来看, 率差最大的是"较好"（31.82 个百分点）, 其次是"一般"（18.27 个百分点）。

表 9-113　家长对科学素质的自我判断

选项	总			2013 年		2014 年		2015 年		2015 年与 2013 年比较率差
	人数/人	比率/%	排序	人数/人	比率/%	人数/人	比率/%	人数/人	比率/%	
很好	70	10.25	4	24	8.16	31	13.19	15	9.74	1.58
好	111	16.25	2	50	17.01	34	14.47	27	17.53	0.52
较好	91	13.32	3	0	0	42	17.87	49	31.82	31.82
一般	309	45.24	1	153	52.04	104	44.26	52	33.77	−18.27
不好	44	6.44	6	26	8.84	11	4.68	7	4.55	−4.29
很差	5	0.73	7	2	0.68	3	1.28	0	0	−0.68
不好评价	3	0.44	8	1	0.34	0	0	2	1.30	0.96
不知道	50	7.32	5	38	12.93	10	4.26	2	1.30	−11.63
合计	683	100		294	100	235	100	154	100	0

3）科技工作者，科技型中小企业家，教育、科技、人事管理部门领导对科学素质的自我判断

如表 9-114 所示，科技工作者等 3 个群体对科学素质自我判断的排序是："一般化"（56.63%）、"好"（42.77%）、"不好"（0.60%）、"不知道"（0）。总体上，科技工作者等 3 个群体对自身科学素质的看法一般，认为"好"的比率最高的群体是科技工作者。

表 9-114　科技工作者等 3 个群体对科学素质的自我判断（2010 年）

选项	总			科技工作者		科技型中小企业家		教育、科技、人事管理部门领导		科技工作者与科技型中小企业家比较率差	科技工作者与教育、科技、人事管理部门领导比较率差
	人数/人	比率/%	排序	人数/人	比率/%	人数/人	比率/%	人数/人	比率/%		
好	71	42.77	2	44	48.35	15	36.59	12	35.29	11.76	13.06
一般化	94	56.63	1	47	51.65	26	63.41	21	61.76	−11.76	−10.11
不好	1	0.60	3	0	0	0	0	1	2.94	0	−2.94
不知道	0	0	4	0	0	0	0	0	0	0	0
合计	166	100		91	100	41	100	34	100	0	0

4）研究生与大学生对科学素质的自我判断

如表 9-115 所示，研究生与大学生 2 个群体对科学素质自我判断的排序是："一般化"（51.00%）、"好"（32.00%）、"不好"（9.50%）、"不知道"（7.50%）。总体上，研究生与大学生认为自身科学素质一般。大学生认为"好"的比率高于研究生。

表 9-115　研究生与大学生对科学素质的自我判断（2010 年）

选项	总			研究生			大学生			研究生与大学生比较率差
	人数/人	比率/%	排序	人数/人	比率/%	排序	人数/人	比率/%	排序	
好	320	32.00	2	26	19.85	2	294	33.83	2	−13.98
一般化	510	51.00	1	89	67.94	1	421	48.45	1	19.49
不好	95	9.50	3	11	8.40	3	84	9.67	3	−1.27
不知道	75	7.50	4	5	3.82	4	70	8.06	4	−4.24
合计	1000	100		131	100		869	100		0

5）中学校长对科学素质的自我判断

如表 9-116 所示，中学校长对科学素质自我判断的排序是："一般"（41.85%）、"好"（25.28%）、"较好"（11.80%）、"不好"（10.96%）、"很好"（8.99%）、"不好评价"（0.56%）、"很差"（0.28%）、"不知道"（0.28%）。总的来看，中学校长认为自身科学素质较好。

表 9-116　中学校长对科学素质的自我判断

选项	总			2013 年		2014 年				2015 年					
						（1）		（2）		（1）		（2）		（3）	
	人数/人	比率/%	排序	人数/人	比率/%	人数/人	比率/%	人数/人	比率/%	人数/人	比率/%	人数/人	比率/%	人数/人	比率/%
很好	32	8.99	5	23	12.64	2	2.90	6	12.77	1	5	0	0	0	0
好	90	25.28	2	68	37.36	11	15.94	4	8.51	0	0	5	25.00	2	11.11
较好	42	11.80	3	0	0	15	21.74	15	31.91	7	35.00	1	5.00	4	22.22
一般	149	41.85	1	54	29.67	37	53.62	22	46.81	12	60.00	14	70.00	10	55.56
不好	39	10.96	4	35	19.23	4	5.80	0	0	0	0	0	0	0	0
很差	1	0.28	7	1	0.55	0	0	0	0	0	0	0	0	0	0
不好评价	2	0.56	6	1	0.55	0	0	0	0	0	0	0	0	1	5.56
不知道	1	0.28	7	0	0	0	0	0	0	0	0	0	0	1	5.56
合计	356	100		182	100	69	100	47	100	20	100	20	100	18	100

6）小学校长对科学素质的自我判断

如表 9-117 所示，小学校长对科学素质自我判断的排序是："一般"（45.19%）、"较好"（20.74%）、"好"（14.07%）、"不好"（10.37%）、"很好"（5.19%）、"很差"（2.22%）、"不好评价"（1.48%）、"不知道"（0.74%）。总的来看，小学校长认为自身科学素质一般。

表 9-117　小学校长对科学素质的自我判断

| 选项 | 总 | | | 2013 年（安徽省） | | 2014 年 | | | | 2015 年（安徽省） | | | |
| | | | | | | 全国部分省市（少数民族地区）（1） | | 安徽省（2） | | （1） | | （2） | |
	人数/人	比率/%	排序	人数/人	比率/%	人数/人	比率/%	人数/人	比率/%	人数/人	比率/%	人数/人	比率/%
很好	7	5.19	5	1	2.63	0	0	3	9.09	3	17.65	0	0
好	19	14.07	3	7	18.42	3	11.54	7	21.21	2	11.76	0	0
较好	28	20.74	2	0	0	9	34.62	6	18.18	5	29.41	8	38.10
一般	61	45.19	1	15	39.47	12	46.15	15	45.45	7	41.18	12	57.14
不好	14	10.37	4	13	34.21	0	0	0	0	0	0	1	4.76
很差	3	2.22	6	1	2.63	1	3.85	1	3.03	0	0	0	0
不好评价	2	1.48	7	0	0	1	3.85	1	3.03	0	0	0	0
不知道	1	0.74	8	1	2.63	0	0	0	0	0	0	0	0
合计	135	100		38	100	26	100	33	100	17	100	21	100

7）德育干部对科学素质的自我判断

在 2013 年就德育干部对科学素质自我判断的调查中，其排序是："一般"（65.10%）、"好"（16.28%）、"很好"（11.63%）、"很不好"（2.33%）、"很差"（2.33%）、"不知道"（2.33%）"不好"（0）。总体来看，德育干部认为自身科学素质一般。

2. 基本认识

从数据来看，大多数成年人认为自身科学素质一般，其中科技工作者与中学老师认为自身科学素质较好的比率高于其他群体，这与其自身的职业和角色定位有一定的关联。科技工作者有较强的科学素质，科技型中小企业家有较强的企业家精神。在未成年人的科学素质发展与企业家精神培养中，不仅要注重来自教育者、家长的教育引导，也要注重来自科技工作者、科技型中小企业家等群体的影响。

（二）成年人的迷信情况

1. 成年人相信迷信的情况

相信迷信，是完全违背科学的行为。在成年人群体中常有算命、占卜、周公解梦等形式的迷信活动出现，正确认识成年人的迷信活动，对于未成年人的科学素质发展与企业家精神培养具有重要的警示性意义。调查显示，有 9.80%的家长、9.52%的中学老师、8.43%的中学校长、6.98%的德育干部、6.67%的小学校长对"算命"持相信的态度。成年人对未成年人会产生潜移默化的影响，成年人的盲从和不科学的思维会给未成年人科学素质发展与企业家精神培养造成很大的负面影响。

2. 成年人处理迷信的情况

1）中学老师、家长处理"求签、相面、星座预测、碟仙、笔仙、周公解梦、网络占卜"的情况

如表 9-118 所示，中学老师选择的排序是："不理睬"（49.15%）、"不知道"（23.05%）、"查询有关书籍或询问亲友"（19.32%）、"按预测者提供的方法避灾"（8.47%）。家长选择的排序是："不理睬"（49.66%）、"查询有关书籍或询问亲友"（19.73%）、"不知道"（19.05%）、"按预测者提供的方法避灾"（11.56%）。

中学老师和家长 2 个群体选择的排序是："不理睬"（49.41%）、"不知道"（21.05%）、"查询有关书籍或询问亲友"（19.52%）、"按预测者提供的方法避灾"（10.02%）。

从中学老师与家长的比较来看，家长选择"按预测者提供的方法避灾"的比率相对较高。

表 9-118　中学老师、家长对"求签、相面、星座预测、碟仙、笔仙、周公解梦、网络占卜"预测方法的处理方式（2013 年）

选项	总			中学老师			家长			中学老师与家长比较率差
	人数/人	比率/%	排序	人数/人	比率/%	排序	人数/人	比率/%	排序	
不理睬	291	49.41	1	145	49.15	1	146	49.66	1	-0.51
查询有关书籍或询问亲友	115	19.52	3	57	19.32	3	58	19.73	2	-0.41
按预测者提供的方法避灾	59	10.02	4	25	8.47	4	34	11.56	4	-3.09
不知道	124	21.05	2	68	23.05	2	56	19.05	3	4.00
合计	589	100		295	100		294	100		0

2）中学校长、德育干部、小学校长处理"求签、相面、星座预测、碟仙、笔仙、周公解梦、网络占卜"的情况

如表 9-119 所示，中学校长选择的排序是："不理睬"（75.27%）、"查询有关书籍或询问亲友"（17.03%）、"不知道"（4.40%）、"按预测者提供的方法避灾"（3.30%）。德育干部选择的排序是："不理睬"（58.14%）、"查询有关书籍或询问亲友"（23.26%）、"按预测者提供的方法避灾"（11.63%）、

"不知道"（6.98%）。小学校长选择的排序是："不理睬"（84.21%）、"查询有关书籍或询问亲友"（10.53%）、"按预测者提供的方法避灾"（2.63%）、"不知道"（2.63%）。

中学校长等3个群体选择的排序是："不理睬"（73.76%）、"查询有关书籍或询问亲友"（17.11%）、"按预测者提供的方法避灾"（4.56%）、"不知道"（4.56%）。选择"不理睬"的比率最高的群体是小学校长，德育干部的比率最低。

表 9-119　中学校长、德育干部、小学校长对"求签、相面、星座预测、碟仙、笔仙、周公解梦、网络占卜"预测方法的处理方式（2013 年）

选项	总			中学校长		德育干部		小学校长		中学校长与德育干部比较率差	中学校长与小学校长比较率差
	人数/人	比率/%	排序	人数/人	比率/%	人数/人	比率/%	人数/人	比率/%		
不理睬	194	73.76	1	137	75.27	25	58.14	32	84.21	17.13	−8.94
查询有关书籍或询问亲友	45	17.11	2	31	17.03	10	23.26	4	10.53	−6.23	6.50
按预测者提供的方法避灾	12	4.56	3	6	3.30	5	11.63	1	2.63	−8.33	0.67
不知道	12	4.56	3	8	4.40	3	6.98	1	2.63	−2.58	1.77
合计	263	100		182	100	43	100	38	100	0	0

3）中学老师等 5 个群体相信迷信的情况

如表 9-120 所示，中学老师等 5 个群体对这一问题看法的排序是："不理睬"（56.92%）、"查询有关书籍或询问亲友"（18.78%）、"不知道"（15.96%）、"按预测者提供的方法避灾"（8.33%）。选择"不理睬"选项比率最高的群体是中学校长等 3 个群体。在中学老师与中学校长等 3 个群体的比较中，率差最大的是"不理睬"（24.61 个百分点），可见中学老师此方面的认知水平低于中学校长等 3 个群体。

表 9-120　中学老师等 5 个群体对"求签、相面、星座预测、碟仙、笔仙、周公解梦、网络占卜"预测方法的处理方式（2013 年）

选项	总			中学老师		家长		中学校长等 3 个群体		中学老师与家长比较率差	中学老师与中学校长等 3 个群体比较率差
	人数/人	比率/%	排序	人数/人	比率/%	人数/人	比率/%	人数/人	比率/%		
不理睬	485	56.92	1	145	49.15	146	49.66	194	73.76	−0.51	−24.61

续表

选项	总			中学老师		家长		中学校长等3个群体		中学老师与家长比较率差	中学老师与中学校长等3个群体比较率差
	人数/人	比率/%	排序	人数/人	比率/%	人数/人	比率/%	人数/人	比率/%		
查询有关书籍或询问亲友	160	18.78	2	57	19.32	58	19.73	45	17.11	-0.41	2.21
按预测者提供的方法避灾	71	8.33	4	25	8.47	34	11.56	12	4.56	-3.09	3.91
不知道	136	15.96	3	68	23.05	56	19.05	12	4.56	4.00	18.49
合计	852	100		295	100	294	100	263	100	0	0

3. 基本认识

调查显示，部分成年人相信"算命"等迷信活动，表明有些成年人的科学素质不强，这极其不利于未成年人科学素质的发展。提高成年人群体的科学素质显得尤为重要，成年人群体应接受继续教育，注重学习一定的科学常识以及掌握相应的科学知识，强化自身科学素质与科学精神，这样才能摒弃迷信的思想与行为，才能有益于未成年人的科学素质发展与企业家精神培养。

（三）成年人的诚信素质

1. 成年人的自我评价
1）家长的自我评价

如表 9-121 所示，家长认为自身诚信情况的排序是："讲"（80.41%）、"不太讲"（11.23%）、"别人不讲我也不讲"（4.38%）、"不讲"（1.64%）、"不知道"（1.37%）、"不愿讲"（0.96%）。大多数家长认为自己讲诚信。

从 2013 年与 2010 年的比较来看，率差最大的是"讲"（15.22 个百分点），其次是"不太讲"（10.20 个百分点）。可见，家长讲诚信的意识有所减弱。

表 9-121　家长是否讲诚信的自我评价

选项	总			2010 年		2011 年		2012 年		2013 年		2013 年与2010 年比较率差
	人数/人	比率/%	排序	人数/人	比率/%	人数/人	比率/%	人数/人	比率/%	人数/人	比率/%	
讲	587	80.41	1	46	95.83	146	79.78	158	77.07	237	80.61	-15.22
不太讲	82	11.23	2	0	0	24	13.11	28	13.66	30	10.20	10.20
不讲	12	1.64	4	0	0	6	3.28	1	0.49	5	1.70	1.70

续表

选项	总			2010 年		2011 年		2012 年		2013 年		2013 年与2010 年比较率差
	人数/人	比率/%	排序	人数/人	比率/%	人数/人	比率/%	人数/人	比率/%	人数/人	比率/%	
不愿讲	7	0.96	6	0	0	3	1.64	1	0.49	3	1.02	1.02
别人不讲我也不讲	32	4.38	3	1	2.08	4	2.19	16	7.80	11	3.74	1.66
不知道	10	1.37	5	1	2.08	0	0	1	0.49	8	2.72	0.64
合计	730	100		48	100	183	100	205	100	294	100	0

2）中学老师的自我评价

在 2013 年对中学老师的调查中，其认为自身诚信情况的排序是："讲"（61.02%）、"别人不讲我也不讲"（11.53%）、"不太讲"（8.47%）、"不愿讲"（8.47%）、"不讲"（6.44%）、"不知道"（4.07%）。大多数中学老师认为自己讲诚信。

3）科技工作者，科技型中小企业家，教育、科技、人事管理部门领导的自我评价

如表 9-122 所示,科技工作者等 3 个群体认为自身诚信情况的排序是:"讲"（83.13%）、"不太讲"（12.05%）、"别人不讲我也不讲"（3.01%）、"不知道"（1.20%）、"不讲"（0.60%）、"不愿讲"（0）。科技工作者等 3 个群体中的大多数人认为自己讲诚信，其中自我评价最好的是科技工作者。

表 9-122　科技工作者等 3 个群体是否讲诚信的自我评价（2010 年）

选项	总			科技工作者		科技型中小企业家		教育、科技、人事管理部门领导		科技工作者与科技型中小企业家比较率差	科技工作者与教育、科技、人事管理部门领导比较率差
	人数/人	比率/%	排序	人数/人	比率/%	人数/人	比率/%	人数/人	比率/%		
讲	138	83.13	1	86	94.51	38	92.68	14	41.18	1.83	53.33
不太讲	20	12.05	2	3	3.30	1	2.44	16	47.06	0.86	-43.76
不讲	1	0.60	5	0	0	1	2.44	0	0	-2.44	0
不愿讲	0	0	6	0	0	0	0	0	0	0	0
别人不讲我也不讲	5	3.01	3	1	1.10	0	0	4	11.76	1.10	-10.66
不知道	2	1.20	4	1	1.10	1	2.44	0	0	-1.34	1.10
合计	166	100		91	100	41	100	34	100	0	0

4）研究生与大学生的自我评价

如表 9-123 所示，研究生和大学生 2 个群体认为自身诚信情况的排序是："讲"（81.10%）、"不太讲"（10.30%）、"不讲"（2.90%）、"别人不讲我也不讲"（2.50%）、"不知道"（2.20%）、"不愿讲"（1.00%）。总的来看，大多数研究生和大学生认为自己讲诚信。

表 9-123　研究生与大学生是否讲诚信的自我评价（2010 年）

选项	总			研究生			大学生			研究生与大学生比较率差
	人数/人	比率/%	排序	人数/人	比率/%	排序	人数/人	比率/%	排序	
讲	811	81.10	1	106	80.92	1	705	81.13	1	−0.21
不太讲	103	10.30	2	20	15.27	2	83	9.55	2	5.72
不讲	29	2.90	3	2	1.53	4	27	3.11	3	−1.58
不愿讲	10	1.00	6	0	0	5	10	1.15	6	−1.15
别人不讲我也不讲	25	2.50	4	3	2.29	3	22	2.53	4	−0.24
不知道	22	2.20	5	0	0	5	22	2.53	4	−2.53
合计	1000	100		131	100		869	100		0

5）中学校长、德育干部、小学校长的自我评价

如表 9-124 所示，中学校长等 3 个群体认为自身诚信情况的排序是："讲"（90.11%）、"不太讲"（6.84%）、"别人不讲我也不讲"（2.28%）、"不知道"（0.76%）、"不讲"（0）、"不愿讲"（0）。中学校长等 3 个群体中的绝大多数人认为自己讲诚信。

表 9-124　中学校长、德育干部、小学校长是否讲诚信的自我评价（2013 年）

选项	总			中学校长			德育干部			小学校长			中学校长与德育干部比较率差	中学校长与小学校长比较率差
	人数/人	比率/%	排序	人数/人	比率/%	排序	人数/人	比率/%	排序	人数/人	比率/%	排序		
讲	237	90.11	1	164	90.11	1	39	90.70	1	34	89.47	1	−0.59	0.64
不太讲	18	6.84	2	11	6.04	2	3	6.98	2	4	10.53	2	−0.94	−4.49
不讲	0	0	5	0	0	5	0	0	4	0	0	3	0	0
不愿讲	0	0	5	0	0	5	0	0	4	0	0	3	0	0
别人不讲我也不讲	6	2.28	3	5	2.75	3	1	2.33	3	0	0	3	0.42	2.75
不知道	2	0.76	4	2	1.10	4	0	0	4	0	0	3	1.10	1.10
合计	263	100		182	100		43	100		38	100		0	0

6）中学老师等 10 个群体的自我评价

如表 9-125 所示，在中学老师等 10 个群体的诚信素质的调查中，各选项的排序是："讲"（79.58%）、"不太讲"（10.11%）、"别人不讲我也不讲"（4.16%）、"不讲"（2.49%）、"不知道"（1.96%）、"不愿讲"（1.71%）。总的来看，中学老师等 10 个群体中的大多数人认为自己讲诚信。

表 9-125　中学老师等 10 个群体是否讲诚信的自我评价

选项	总			中学老师（2013 年）		家长（2010~2013 年）		科技工作者等 3 个群体（2010 年）		研究生与大学生（2010 年）		中学校长等 3 个群体（2013 年）	
	人数/人	比率/%	排序	人数/人	比率/%	人数/人	比率/%	人数/人	比率/%	人数/人	比率/%	人数/人	比率/%
讲	1953	79.58	1	180	61.02	587	80.41	138	83.13	811	81.10	237	90.11
不太讲	248	10.11	2	25	8.47	82	11.23	20	12.05	103	10.30	18	6.84
不讲	61	2.49	4	19	6.44	12	1.64	1	0.60	29	2.90	0	0
不愿讲	42	1.71	6	25	8.47	7	0.96	0	0	10	1.00	0	0
别人不讲我也不讲	102	4.16	3	34	11.53	32	4.38	5	3.01	25	2.50	6	2.28
不知道	48	1.96	5	12	4.07	10	1.37	2	1.20	22	2.20	2	0.76
合计	2454	100		295	100	730	100	166	100	1000	100	263	100

2. 基本认识

调查可知，大多数成年人能做到讲诚信，但仍有少数成年人"不讲"和"不愿讲"诚信。成年人不讲诚信的思想与行为本身就是错误的，至于是何种原因导致的，需要认真分析，以便成年人群体有针对性地进行自我教育，提高自己的诚信意识，强化自己的诚信行为，为未成年人的科学素质发展与企业家精神培养提供榜样示范。

（四）相应措施

1. 开展形式多样的活动以提高成年人群体的科学素质

从成年人科学素质的调查来看，大多数成年人有一定的科学素质，但不容忽视的是，有少数成年人不了解自己的科学素质究竟是怎样的，这就从一定程度上反映了成年人对科学素质的认知不充分和不全面。"打铁仍需自身硬"，成年人虽然对事物的认识能力以及接受能力强于未成年人，但如果不注意提升自身素质，就不能对未成年人起到榜样示范作用。应针对成年人群体的实际情况开展科普活动，如组织教育者学习科普知识、科普知识进课堂、组织家长参加参观科技馆等形式多样的活动。在实践活动中，让成年人群体对自身的科学素质有较为清晰的认识，进一步提升自己对科学素质与企业家精神的理解，从而更好地指导与教育未成年人，促使未成年人的科学素质发展与企业家精神培养取得更大成效。

2. 坚决抵制迷信活动以强化成年人的科学精神

有少数成年人相信并参与类似于"算命"的活动，成年人群体深知此类活动带有强烈的迷信色彩，严重违背科学精神和科学素质的要求，但依然选择相信和从事一些迷信活动。这种思想与行为会对未成年人造成很大的负面影响，一旦成年人的错误与消极意识为未成年人所接受，在一定程度上会扰乱其价值判断，造成未成年人思想、心理与行为的失衡。成年人群体应关注自身的不当行为将导致的严重后果，努力提高自身科学素质，强化科学精神，自觉抵制迷信活动，以符合科学的思想与行为影响未成年人。

3. 成年人群体应注重加强自身修养

在对成年人诚信情况的调查中，有少数成年人的选择不尽如人意。在未成年人的科学素质发展与企业家精神培养中，诚信素质是重要元素。成年人群体应通过各种形式提高自身修养，做到信守承诺、知行合一，这对未成年人的科学素质发展与企业家精神培养无疑是有益的。成年人加强自身修养可通过"言教"、"身教"及"境教"等三个方面展开。在"言教"方面，成年人群体应注意控制自身言语，不说脏话，讲话注意方式方法，符合未成年人的接受方式；在"身教"方面，成年人群体要以身作则，注意自身行为的影响，要能为未成年人作出正确的榜样；此外，成年人还应注重环境对未成年人的影响，营造良好的学习与生活环境，充分发挥环境的育人作用。

结　语

关于未成年人的科学素质发展，人们耳熟能详，并有着较高的热情与殷切的期待。自 2001 年国务院批准中国科学技术协会关于在我国开展"全民科学素质行动计划"（简称"2049 计划"）的建议并逐步实施以来，我国公民的科学素质得到较大程度的提升，从 2003 年的 1.98%，到 2007 年的 2.25%，到 2010 年的 3.27%（刘福利，2010），再到 2015 年的 6.20%[①]，未成年人的科学素质也在不断提高，我国青少年的科学素质总体处在中等以上水平，从总体上看，青少年科学素质的发展呈积极、健康、向上状态，发展势头较好。

关于未成年人的企业家精神培养，在发达国家早已蔚然成风，我国民众尤其是未成年人还感到比较陌生，对此还不太关注。至今，能够见诸报端把"未成年人"与"企业家精神"联系起来的，是 2009 年 5 月 17 日由浙江省教育学会、浙江省企业家协会、诸暨市青年联合会主办，浙江荣怀教育集团承办，中央教育科学研究所《教育研究》杂志社、华东师范大学、浙江大学、浙江大学民办教育研究中心在诸暨市举行的"浙江省首届未成年人'企业家精神'教育论坛"的报道（黄海宁，2009）。

在 2013 年第十二届全国人民代表大会召开期间，大公网记者周楠专访全国人大代表、香港特别行政区立法会议员、香港青年企业家发展局主席梁刘柔芬谈"企业家精神"时，梁刘柔芬认为"企业家精神""最主要的就是坚持、不放弃，还有就是追求完美，还有就是一定要很勤奋，不要放弃地去干。最主要的还有另外一个就是一定要多照顾别人的心态，你自己的心态也要保持非常非常地正常，还要照顾你团队里面的心态"（周楠，2013）。周楠提到"为什么想到对中学生，那么小的年龄段就让他们具备'企业家精神'呢"（周楠，2013），梁刘柔芬转述了她所采访的很多企业家的"企业家精神""是可以培养的，而且越早培养越好"的看法（周楠，2013）。通过多年的实践，梁刘柔芬认为"中学生完全可以培养'企业家精神'"（周楠，2013）。这也为未成年人的企业家精神培养提供了参考依据。

[①] 国务院办公厅印发《全民科学素质行动计划纲要实施方案（2016—2020 年）》. 人民日报, 2016-03-15（4）.

　　而把未成年人的科学素质发展与企业家精神培养视为一个整体的更不多见。造成这种状况的原因很多，比如，教育观念陈旧、传统思想禁锢、只注重未成年人的思想道德素质的培养、人为割裂科学素质与企业家精神的内在联系、轻视创新力的早期养成，等等。

　　本书探讨未成年人的科学素质发展与企业家精神培养的关联性、客观性、现实性、必要性、必然性、可能性、可行性等七种相关性发现，两者有着天然的内在联系，比如，科学素质中的"创新"特质，与企业家精神中的"创新"特质完全一样；科技工作者的"科学道德"与企业家的"企业家道德"在本质上是一致的；要求企业家讲"诚信"，同样也要求科技工作者讲"诚信"；在"敬业"上，科技工作者与企业家不可能有两种完全不同的解释，等等。当然，在管理与经营理念上，在风险意识、创业能力等问题上，科技工作者与企业家存在显著差异。在相关性的研究中，在对一些问题的看法上，科技工作者与企业家或相同或相似或相近，这为贯通和契合未成年人的科学素质发展与企业家精神培养，达到创新力的早期养成的目标，寻觅到了精神渊源。

　　如同在提高公众科学素质的"实行过程中，有许多难以逾越的体制上的障碍"（甘晓，2010）一样，对贯通和契合未成年人的科学素质发展与企业家精神培养来说，同样会遇到"体制性障碍"这一特别难题，如何破解这个难题，开创未成年人创新力的早期养成的新局面，是全社会应当高度关注、缜密思考并扎实作出相关工作的。

参 考 文 献

阿尔弗雷德·马歇尔. 2009. 经济学原理. 彭逸林, 等译. 北京: 人民日报出版社: 9.

埃米尔·涂尔干. 2000. 社会分工论. 渠东译. 北京: 生活·读书·新知三联书店: 4.

彼得·德鲁克. 2007. 创新与企业家精神. 蔡文燕译. 北京: 机械工业出版社: 1.

曹继军, 颜维琦, 周列. 2013-06-17. 上海理工大学: 创新人才培养需从娃娃抓起. 光明日报, 3 版.

柴葳. 2015-06-03. 把创新创业教育贯穿人才培养全过程. 中国教育报, 3 版.

陈劲, 朱学彦. 2006. 学术型创业家与企业绩效的关系研究. 中国软科学, (4): 25-28.

陈李. 2016. 城镇初中生科技创新能力的案例群研究. 文理导航, (2): 65.

陈璐. 2016-10-30. 大学生创业: 有激情还要有能力. 中国青年报, 1 版.

陈庆照. 2007. 充分利用乡镇现有科普资源, 培养未成年人科学创新能力. 中国科协年会论文集(四): 1-3.

陈寿弘, 叶松庆, 徐青青, 等. 2016. 青少年体育消费现状、影响因素及对策研究——以安徽省芜湖市青少年的调查为例. 安徽广播电视大学学报, (1): 77-80.

陈伟. 2008. 法国科技人才发展状况探析. 中国科技论坛, (8): 126-130.

陈宪. 2014-07-05. 中国缺企业家, 还是企业家精神? 解放日报, 7 版.

陈一舟. 2011-02-24. 中国人为什么科学素质低. 中国青年报, 3 版.

程彩铃. 2006. 幼儿手工创新教育活动的实验研究. 学前教育研究, (z1): 70-71.

迟明霞. 2007-06-19. 中国青少年创业渐成新亮点 专家支招: 如何创业. 中华工商时报, 2 版.

代吉林, 高雯, 张敏. 2015. 科技型企业家能力特征研究——基于 147 份企业家调查问卷的比较分析. 科技进步与对策, 32(2): 146-150.

邓朴方. 2004. 邓小平与未成年人科技创新. 中国软科学, (8): 2-3.

邓小平. 2004. 邓小平论教育(第三版). 北京: 人民教育出版社: 2.

丁栋虹. 2010. 企业家精神. 北京: 清华大学出版社: 1.

丁福虎. 1998. 科技型企业家: 技术创新的主要推进者. 中国人力资源开发, (2): 43-45.

丁肇中. 1999-03-30. 中国年轻人考试优秀, 但动手能力略逊一筹. 科学时报, 3 版.

樊中卫. 2008-07-09. 2007 年南京公众科学素养调查结果出炉——女性科学素养比男性高. 现代快报, 5 版.

甘晓. 2010-10-14. 体制性因素正在妨碍中国公众科学素养提高. 中国青年报, 3 版.

高邦仁. 2009. 创新与企业家精神. 互联网周刊, (1): 12.

葛剑平. 2010. 创新人才培养需要创新教育. 群言, (7): 4-5.

耿明友. 2006. 青少年中的鬼神迷信现象探析. 中国青年研究, (4): 80-82.

宫礼, 陈哲, 袁星红, 等. 2009-11-02. 让我们直面钱学森之问. 新安晚报, 5 版.

关婉君. 2010. 广州市初中生科学素质调查评估. 科技管理研究, (14): 193-195, 204.

郭彦霞. 2006. 中国师生科学素养现状调查. 理工高教研究, (6): 68-71.

韩克茵. 2002. 中学生科学素养的调查分析与对策. 甘肃教育, (2): 6-7.

韩雪. 2012. 没有企业家精神 科学变不成生产力. 创新科技, (8): 37-39.

何青松, 尹肖妮, 李湛. 2013. 科技型小微企业企业家政治关联对企业技术选择方向的影响. 科技进步与对策, 30(18): 113-116.

何微, 张超, 高宏斌. 2008. 中国公民的科学素质及对科学技术的态度. 科普研究, 3(6): 22.

贺玉玲. 2008-04-15. 近四成中学生相信算命突显科学教育亟待加强. 福建科技报, 3 版.

赫斯利普. 2003. 美国人的道德教育. 王邦虎译. 北京: 人民教育出版社: 4.

侯锡林. 2007. 企业家精神: 高校创业教育的核心. 高等工程教育, (2): 31-34.

胡卫平. 2003. 青少年科学创造力的培养与发展. 北京: 北京师范大学出版社: 11.

黄国雄. 2004. 中学生科学素养调查报告. 株洲工学院学报, (6): 113-116.

黄海宁. 2009-05-19. 浙江省首届未成年人 "企业家精神" 教育论坛举行. 诸暨日报, 2 版.

简渠. 2007. 科学素养读本. 重庆: 重庆出版社: 2.

江苏省教育厅. 2014-03-24. 全面推进未成年人的科学素质提升(摘要). 江苏科技报, A04 版.

蒋国华. 2017-05-19. 加快从科技工作者向科技型企业家转变 补齐不同发展阶段不同短板提升企业竞争力. 黑龙江日报, 1 版.

教育部科技司, 共青团中央学校部, 中国(科协)科普研究所. 2000. 全国青少年创造能力培养系列社会调查和对策研究. 广州: 广东教育出版社: 7.

杰夫·戴尔, 赫尔·葛瑞格森, 克莱顿·克里斯坦森. 2013. 创新者的基因. 曾佳宁译. 北京: 中信出版社: 3.

金振蓉. 2001-04-28. 调查显示有创造力特征的青少年多了. 光明日报, 5 版.

靳晓燕. 2011-01-24. 人大附中探索拔尖创新人才早期培养. 光明日报, 6 版.

雷宇. 2008-10-10. 武汉科学课改革四年陷入分合之争. 中国青年报, 3 版.

李枫. 2016. 科技型企业家的成长规律. 山东工商学院学报, (1): 68-75.

李海英. 2013. 培养幼儿的创新能力之我见. 2012 年幼儿教师专业与发展论坛论文集: 405-410.http://navi.cnki.net/KNavi/DPaperDetail?pcode=CIPD&lwjcode=HJSJ201303001&hycode=[2016-08-23].

李和平, 安拴虎. 2008. 河北省中学生方术迷信调查报告. 河北师范大学学报(教育科学版), (6): 74-78.

李静. 2016. 培养幼儿创新能力的几点思考. 小学科学(教师版), (1): 152.

李诗海. 2013. 青年调查: 中国梦 创业梦. 半月谈, (5): 10.

李渊渊. 2011. 浅谈科技馆教育活动如何培养未成年人的创新意识和能力. 探索创新意识和创新能力的培养: 第十九届上海市青少年科技辅导员论文征集活动论文汇编. 北京: 中国时代出版社: 166-168.

李玥莹. 2013. 未成年人创新意识和创新能力培养的实践探索. 科技与企业, (10): 309-310.

李云鹤, 李湛. 2009. 改革开放 30 年来中国科技创新的演变与启示. 中国科技论坛, (1): 8-10.

李占风, 刘晓歌. 2017. 企业家精神对经济增长的影响. 统计与决策, (12): 115-119.

林左鸣, 吴秀生. 2005. 中国企业家精神特质及其建构条件分析. 云梦学刊, 26(5): 52-58.

刘德燕, 杨增雄. 2012. 基于我国经济结构转型下企业家精神研究. 特区经济, (11): 223-225.

刘福利. 2010-09-29. 公民科学素质低与媒体的缺位. 中国青年报, 2 版.

刘海艳. 2017. 如何在教学中有效培养幼儿创新能力. 考试周刊, (34): 187.

刘莉. 2012-09-10. 谁动了孩子的想象力?我国青少年想象力不及格. 科技日报, 2 版.

刘五柒. 2013. 一六八中学举办未成年科学素质行动计划专题讲座. 发明与创新(中学时代), (2): 43.

刘云伶, 燕雁. 2007. 专家: 对中学生创业应予关注和引导. http://news.xinhuanet.com/life/2007-04/24/content_6018125.htm[2007-04-24].

龙云. 2011-02-24. 在作业中感受学习的快乐. 中国教育报, 8 版.

楼高行. 2011. 企业家精神教育"进课堂"的探索与实践. 现代教育科学, (5): 76-78.

楼高行. 2012. 开发企业家精神教育校本课程的探索与实践. 教书育人, (17): 24-25.

楼高行, 王慧君. 2009. 民办学校开发"企业家精神"校本课程调研报告. 思考与争鸣, (5): 36-37.

卢春, 周玲, 万永红. 2007. 南昌市高中生科学素养现状调查报告. 社会工作, (4): 43-44.

卢晓明. 2015-05-24. 校外教育, 培育青少年创新精神. 解放日报, 2 版.

路军. 2011-09-19. 面对1%的成功率我们该不该大力开展创业教育. 中国青年报, 9 版.

吕爱权, 林战平. 2006. 论企业家精神的内涵及其培育. 商业研究, (7): 92-95.

马卡连柯. 1957. 教育诗. 北京: 人民文学出版社: 11.

马抗美, 翟立原. 2000. 青少年创造能力培养调查与对策. 中国青年政治学院学报, (1): 8-11.

马抗美, 翟立原. 2003. 2002年全国青少年创造能力培养社会调查报告. 科普研究, (3): 10.

南倩昀. 2017. 现代特性理论视角下的企业家精神内涵. 科技经济导刊, (22): 204-205, 202.

聂伟. 2011. 当代青少年科学素质状况调查研究——基于深圳、中山、北京、成都初中生的调查. 青年探索, (2): 67-70.

潘天骄. 2011. 青少年科技活动对培养企业家精神的作用效果研究. 中国地质大学(北京)硕士学位论文.

齐芳. 2007-08-01. 我国青少年科技创新能力显著提高. 光明日报, 5 版.

钱江英, 于云昊. 2006. 科技型企业的企业家角色行为与成长研究. 商场现代化, (32): 67-68.

乔希·林克纳. 2012. 创新五把刀: 突破式创新的运作系统. 王勇译. 北京: 中信出版社: 10.

邱国俊. 2015. 政府职能转变视角下未成年人科学素质调查及管理优化研究. 兰州大学硕士学位论文.

任敏. 2007-08-29. 青少年的科技创新能力提高了多少? 中国青年报, 5 版.

荣梅, 叶松庆, 王淑清, 等. 2016. 当代青少年科技创新素质培养的问题与对策——以安徽省芜湖市的调查为例. 安徽师范大学学报(自然科学版), 39(6): 602-607.

塞曼. 2016. 企业家精神: 一种新常识. 马克思主义与现实, (2): 70-78.

单许昌. 2013-04-09. 中国要重视企业家精神衰落的问题. 东方早报, 2 版.

佘颖. 2017-09-29. 花大力气啃下教育体制改革硬骨头. 经济日报, 9 版.

史铁杰, 叶超. 2011. 青少年科学素质发展与企业家精神培养的主要方法. 安徽师范大学学报(自然科学版), 34(6): 607-613.

史振厚. 2013. 企业家精神为何衰减. 企业管理, (9): 40-42.

宋建陵. 2016. 科普阅读与思维训练. 广州: 广东教育出版社: 5.

宋元芳. 2013-05-28. 闵行区政协委员呼吁加强青少年科技创新能力培养. 联合时报, 2 版.

苏婷. 2007-02-10. 青少年科技教育需众人拾柴"添旺火". 中国教育报, 3 版.

苏婷. 2008-01-08. 增强未成年人思想道德教育创新能力. 中国教育报, 1 版.

孙抱弘. 1999. 上海青少年素质现状分析与思考. 青年研究, (5): 5-10.

孙大卫. 2013-08-13. 国内创业青年为何少有"比尔·盖茨". 辽宁日报, 7 版.

孙锐, 石金涛. 2007. 市场机制下科技创新人才培养与开发分析. 中国科技论坛, (4): 20-22.

唐蓉蓉. 2009. 安徽省公民科学素质调查与现状分析. 新闻世界, (3): 88-90.

陶涛, 张燕. 2011-08-15. 涉农专业大学生创业成功率高. 中国青年报, 9 版.

田耘. 2009. 中国企业家精神的现状及对策分析. 商场现代化, (4): 167.

王波. 2012-02-18. 从课外活动看中美大学生就业能力差距. 光明日报, 16 版.

王大珩. 1998. 创新寓于问题之中. 价值工程, (5): 38.

王弘钰, 马苗苗, 王辉. 2014. 时代的领跑者——科技型企业家. 企业研究, (7): 20-23.

王红茹. 2017. 中国大学生创业率 5 年翻一番 平均成功率不足 5%. 中国经济周刊, (39): 5.

王家绪, 樊大庆, 皮恩伸. 2015. 推广"家庭亲子"科普模式 引领未成年人科学素质提升——以鄂州市"家庭亲子科普行"活动为例. 科协论坛, (6): 35-37.

王君. 2015-02-04. 江苏省青少年想象力相对较弱 "听话"教育有影响. 金陵晚报, 2 版.

王俊杰. 2010-10-29. 什么绑住了孩子的想象力. 大江晚报, 8 版.

王俊鸣. 1998-08-25. 诺贝尔奖得主朱棣文谈创新意识. 科技日报, 2 版.

王俊秀, 吕莎莎. 2010-09-28. 我国公民科学素质与欧美相比排名垫底. 中国青年报, 3 版.

王丽, 周莹莹. 2011. 青少年创新能力培养现状调查分析. 时代金融, (10): 149-150.

王丽敏. 2009. 培养幼儿创新能力的三个途径. 中国教育技术装备, (13): 140-141.

王林. 2006. 要加强创新型人才培养模式的研究. 国家教育行政学院学报, (5): 27-29.

王敏. 2012. 基于企业家精神视角的中小企业创业创新研究. 理论学刊, (7): 48-52.

王庆环. 2011-01-24. 北大首次详解"偏才"、"怪才". 光明日报, 6 版.

王淑清, 叶松庆. 2016. 当代青少年盲目追星群体的价值观现状与引导. 黄山学院学报, 18(2): 135-140.

王硕. 2010-11-26. 我国公民科学素养水平明显提升. 人民政协报, A01 版.

王振宇. 2008-03-05. 朱清时做客网易谈教育——一流大学应当学术优先. 新安晚报, 5 版.

韦钰. 2008. 我国青少年科学教育的历史与展望. 科普研究, 3(4): 6-10.

魏和平. 2007-12-24. YBC 模式让青年创业成功率达到 90%. 中国青年报, 5 版.

魏娜, 赵武英. 2010-08-04. 中国青少年想象力世界倒数第一, 创造力倒数第五. 长江日报, 2 版.

文静. 2011-03-03. 社会企业家精神是社会创业的第一推动力. 中国青年报, 10 版.

乌云娜. 2012. 创新力. 北京: 国家行政学院出版社: 4.

沈大德. 2009-11-02. 钱学森关于教育问题的一次谈话. 中国青年报, 9 版.

齐兰兰, 俞碧超. 2009-10-22. 诸暨莘莘学子尽展青春光芒. 浙江日报, 4 版.

王波. 2012-10-08. 从课外活动看中美大学生就业能力差距. 光明日报, 16 版.

王怡. 2012-03-07. 创新人才培养需从娃娃抓起. 北京晚报.

郑勇. 2016-06-23. 创造性思维要从娃娃抓起. 北京晚报, 2 版.

武勤, 朱光明. 2008. 日本科技人才战略及其对中国的启示. 中国科技论坛, (1): 122-126.

武秀芳. 2012. 乔布斯的创新力研究. 新西部: 下旬·理论, (6): 187-188.

厦门英才学校. 2008. 厦门英才学校小学部校本课程开发计划. http://www.doc88.com/p-9902746097 630.html[2008-03-25].

夏树同. 2014. 青少年科技教育工作方法的思考与探索. 天津科技, (5): 28-30.

肖绯. 2016. 宜兴市科协提升未成年人科学素质研究. 西北师范大学硕士学位论文.

谢冬梅. 2000. 培养幼儿创新意识和创新能力之我见. 教育导刊(下半月), (3): 7-9.

新民市实验小学. 2005. 新民市实验小学部校本课程开发计划. http://www.xmsyxx.syn.cn/ showart.asp?id=82[2005-09-10].

心远. 1994. 在碰撞中产生能量——诺贝尔物理奖获得者杨振宁教授答问录. 科技文萃, (7): 10-12.

信力建. 2003-07-23. 教师应该具有"企业家精神". 中国教师报, D01版.

熊言豪. 2006-03-12. 中学生相信"网络占算"应引起高度重视. 大众科技报, 4版.

徐进, 俞真. 2005. 上海青少年科学素养的调查研究. 思想理论教育, (10): 47-50.

徐京跃. 2009-09-20. 习近平参加全国科普日活动时强调提高创新能力. 科技日报, 1版.

徐思彦. 2013-07-05. 创造力教育将成趋势. 中国青年报, 3版.

薛晖. 2001-04-27. 调查显示: 中国青少年创造发明的积极性下降. 北京晨报, 2版.

颜燕, 陈玲. 2010. 我国电视科普栏目的现状及发展对策. 中国科技论坛, (5): 84-90.

杨晨, 黄信惠. 2007. 以创新团队为载体的科技创新领军人物内涵初探. 科技进步与政策, (10): 32-35.

杨德林. 2005. 中国科技型创业家行为与成长. 北京: 清华大学出版社: 5.

杨明名. 2015. 对青少年科技创新人才培养模式的研究. 学园, (10): 197.

杨雄, 雷开春, 陈建军. 2013. 上海市青少年创造力发展状况最新调查. 当代青年研究, (5): 5-12.

姚安贵. 2015. 未成年人创新意识和能力培养的理论研究与实践探索. 青少年日记(教育教学研究), (5): 72.

姚则会. 2008. 论美国企业家精神培育机制及对我国教育的启示. 黑龙江教育(高教研究与评估), (3): 1-3.

姚祖军, 蔡根女. 2005. 论企业家精神的内涵与中国企业家精神的缺失. 经济师, (8): 267.

叶松庆. 1995a. 面对知识经济挑战的当代大学生. 青年探索, (6): 33.

叶松庆. 1995b. 吴大猷的科学教育思想. 高等教育研究, (5): 7-11.

叶松庆. 1996a. 吴大猷先生的主要业绩与科学教育观. 中国科技史料, (2): 47-57.

叶松庆. 1996b. 李政道的治学经历对科学教育的启示. 高等教育研究, (5): 60-65.

叶松庆. 1997a. 著名物理学家周培源教授. 中国科技史料, (1): 49-62.

叶松庆. 1997b. 严济慈的科学教育思想与实践. 教育与现代化, (6): 61-64.

叶松庆. 1998a. 信息化时代与大学生的科技观. 青年研究, (4): 46-49.

叶松庆. 1998b. 青年再就业与青年的素质. 青年探索, (4): 36-38.

叶松庆. 1998c. 再论下岗青年的素质. 青年探索, (6): 36-39.

叶松庆. 1998d. 克隆羊的问世与伦理学的新问题. 科技导报, (12): 6-7, 15.

叶松庆. 1998e. 地质物理学家李吉均的思维特色//卢嘉锡. 院士思维. 合肥: 安徽教育出版社: 301-311.

叶松庆. 1998f. 科学实验的教育学评价. 自然辩证法研究,(2): 26-30.

叶松庆. 1999a. "克隆羊"与科学技术中的伦理问题. 道德与文明,(3): 26-27.

叶松庆. 1999b. 论科学与艺术的融合. 安徽师范大学学报(哲学社会科学版),(4): 445-450.

叶松庆. 1999c. 丁肇中科学观的教育价值. 世界科技研究与发展,(6): 63-65.

叶松庆. 1999d. 信息技术与青年伦理. 青年研究,(3): 1-4.

叶松庆. 1999e. 信息技术将给高等教育带来的新变化. 国家教育行政学院学报,(4): 57-60.

叶松庆. 1999f. 伟长的科学教育思想与实践. 上海大学学报(社会科学版),(4): 90-98.

叶松庆. 1999g. 三论下岗青年的素质. 青年探索,(2): 36-39.

叶松庆. 2000a. 李政道对科学与艺术的历史性贡献. 世界科技研究与发展,(4): 90-95.

叶松庆. 2000b. 试论杨振宁的鲜明个性. 世界科技研究与发展,(8): 93-96.

叶松庆. 2000c. 杨振宁的治学经历对科技教育的启示. 安徽教育学院学报,(1): 65-68.

叶松庆. 2000d. 科学巨匠 师表流芳——著名物理学家周培源院士. 科学画报,(10): 46-47.

叶松庆. 2000e. 当代师范大学生的择业观透视. 青年探索,(2): 26-28.

叶松庆. 2002a. 论青年学者的科学道德. 青年研究,(8): 1-9.

叶松庆. 2002b. 论待岗青年科技人员的素质改善. 广东行政学院学报,(1): 61-64.

叶松庆. 2002c. 下岗女青工的素质改善与再就业. 广东行政学院学报,14(4): 87-89.

叶松庆. 2006. 当代未成年人价值观的演变特点与影响因素. 青年研究,(12): 1-9.

叶松庆. 2007a. 对部分中学生阅读与购买书刊状况的调查. 出版发行研究,(4): 17-22.

叶松庆. 2007b. 未成年人人生价值观研究. 当代青年研究,(4): 46-49.

叶松庆. 2007c. 当代未成年人价值观的基本状况与原因分析. 中国教育学刊,(8): 36-38.

叶松庆. 2007d. 当代未成年人的学习观现状与特点. 青年探索,(2): 7-10.

叶松庆. 2007e. 当代女中学生的价值观的调查与分析. 广西青年干部学院学报,(2): 15-17.

叶松庆 2007f. 不同地域未成年人社交观的比较研究. 山西青年管理干部学院学报,(6): 15-20.

叶松庆. 2007g. 当代未成年人的道德问题调查与对策分析. 山东青年管理干部学院学报,(3): 20-24.

叶松庆. 2007h. 当代未成年人价值观的演变与教育. 合肥: 安徽人民出版社: 8.

叶松庆. 2008a. 当代青少年社会公德的现状、特点与发展趋向. 青年研究,(12): 28-34.

叶松庆. 2008b. 省属高校毕业生的就业现状与对策. 高等农业教育,(2): 92-95.

叶松庆. 2008c. 大学生就业的影响因素与思想政治教育. 青年探索,(6): 63-66.

叶松庆. 2008d. 当代男、女未成年人道德观的比较研究. 广西青年干部学院学报,(6): 14-18.

叶松庆. 2008e. 城市未成年人与农村未成年人劳动观的比较研究. 广东青年干部学院学报,(1): 26-29.

叶松庆. 2008f. 城市未成年人与农村未成年人现代观的比较研究. 北京青年政治学院学报,(1): 59-66.

叶松庆. 2009a. 当代城乡青少年科学素质的比较研究. 当代青年研究,(5): 38-42.

叶松庆. 2009b. 当代城乡青少年迷信观的比较研究. 青年探索,(3): 92-96.

叶松庆. 2009c. 大学生就业创业思想政治工作的着力点. 思想政治工作研究,(10): 18-19.

叶松庆. 2010a. 安徽城乡未成年人的阅读观现状与趋向. 中国出版,(17): 63-65.

叶松庆. 2010b. 当代城乡青少年体育观的比较研究. 成都体育学院学报,36(3): 25-29.

叶松庆.2010c.对安徽当代未成年人购买书刊的调查分析.出版发行研究,(10):28-31.

叶松庆.2010d.青少年思想道德素质发展状况实证研究.芜湖:安徽师范大学出版社:9.

叶松庆.2011a.当代未成年人道德观发展的影响因素分析.中国青年政治学院学报,(1):56-61.

叶松庆.2011b.青少年的科学素质发展状况实证分析.青年研究,(5):39-50.

叶松庆.2011c.青少年科学素质发展与企业家精神培养的基本策略.安徽师范大学学报(自然科学版),34(4):403-408.

叶松庆.2012a.青少年企业家精神培养实证分析.中国青年政治学院学报,(1):42-46.

叶松庆.2012b.当代男、女未成年人社会公德的比较研究.思想政治教育发展报告,(12):384-407.

叶松庆.2012c.青少年科学素质发展与企业家精神培养的相关性.安徽师范大学学报(自然科学版),35(1):95-102.

叶松庆.2013a.当代未成年人体育行为对道德观发展的作用.成都体育学院学报,(5):15-19.

叶松庆.2013b.当代未成年人的微阅读现状与引导对策.中国出版,(21):62-65.

叶松庆.2013c.安徽省科普资源现状与利用机制研究.安徽师范大学学报(自然科学版),36(6):601-608.

叶松庆.2013d.当代未成年人的道德观现状与教育 2006—2010.芜湖:安徽师范大学出版社:10.

叶松庆.2015.当代未成年人阅读行为对道德观发展的积极影响.中国出版,(7):12-15.

叶松庆.2016.当代未成年人道德观发展变化与引导对策的实证研究.芜湖:安徽师范大学出版社:11.

叶松庆,朱琳.2013.2013年未成年人的阅读趋势及引导策略.出版发行研究,(4):53-56.

叶松庆,罗永,荣梅.2015a.电视剧文化对未成年人价值观的影响方式、特点及其问题——以安徽省未成年人的调查为例.皖西学院学报,31(6):29-33.

叶松庆,李伟龙,陈德友.2015b.社会转型中当代未成年人道德观探析——以安徽省为例.中国青年社会科学,34(5):112-119.

叶松庆,王良欢,荣梅.2014.当代青少年道德观发展变化现状、特点与趋势研究.中国青年研究,(3):102-109.

叶松庆,陈寿弘,王淑清,等.2016.当代青少年科技创新素质培养现状分析——以安徽省芜湖市的调查为例.安徽师范大学学报(自然科学版),39(5):498-504.

佚名.2016.着眼于全体学生的科学素养 着力于创新人才的早期培养.中国科技教育,(2):52-53.

易自力,任湘,王慧.2008.企业家精神对高校创业型人才培养的启示.中国电力教育,(2):31-32.

余晓洁,董瑞丰,徐海涛,等.2017.让创新成为发展的第一动力——重访习近平总书记党的十八大以来国内考察地.http://www.xinhuanet.com/politics/2017-09/28/c_1121739466.htm[2017-09-28].

俞浙铖,郑敏超.2010-09-16.大学生创业现状.杭州日报,C7版.

约翰·贝赞特.2011.管理人手册12:创新力.杨波译.北京:世界图书出版公司:5.

约瑟夫·熊彼特.1991.经济发展理论——对于利润、资本、信贷、利息和经济周期的考察.何畏，易家祥译. 北京: 商务印书馆: 9.

章迪思. 2005-08-30. 青少年调查: 大多数人爱科普不少人信星座. 解放日报, 3 版.

章丘市党家小学. 2012.章丘市党家小学校本课程开发计划. http://www.lsdjxx.net/yf_ShowArticle. asp?yf_ArticleID=217[2012-05-23].

张伯文. 2012. 科学家的素质. 郑州: 大象出版社: 11.

张国, 李新玲. 2008-02-27. 中国几亿孩子的科学素养让院士忧心. 中国青年报, 6 版.

张华. 1999. 城市青年科技价值意识的现状与问题分析. 青年研究, (4): 7-11.

张文凌. 2011-02-13. 科普不应是科技部门唱"独角戏". 中国青年报, 3 版.

张晓歌, 杜文娟. 2007. 儒家思想与企业家素质的关系初探. 国外理论动态, (7): 63-66.

张晓明. 2012-05-26. 那些少年得志的"老总们"——青年企业家的成长与培养. 文汇报, 6 版.

张艳芳. 2006. 造就大批科技型企业家. 经营管理者, (12): 1.

张玉利, 杨俊. 2004. 国外企业家精神教育及其对我们的启示. 中国地质大学学报(社会科学版), 4(4): 22-27.

赵丹丹. 2008-09-19. 探探市民科学素养的"底". 大江晚报, 8 版.

郑海航, 等. 2006. 中国企业家成长问题研究. 北京: 经济管理出版社: 6.

郑舒翔, 胡荣辉, 陈强. 2011-08-15. 创业失败, 大不了就饿几天. 中国青年报, 9 版.

中共教育部党组. 2017-09-08. 深入学习贯彻习近平总书记关于青年学生成长成才重要思想 大力培养中国特色社会主义建设者和接班人. 光明日报, 2 版.

中共中央文献编辑委员会. 1999. 毛泽东文集(第八卷). 北京: 人民出版社.

中国科协. 2011. 教育部大力提高我国未成年人科技素养. 科技传播, (18): 19.

中国社会科学院语言研究所词典编辑室. 2016. 现代汉语词典. 北京: 商务印书馆: 68.

中央电视台少儿·军事·农业频道, 清华大学中国创业研究中心. 2007. 2006—2007 年度中国百姓创业致富调查报告. 现代营销(经营版), (7): 4-5.

周国红, 陆敏, 周丽梅. 2007. 科技型企业家的作用机制与成长环境营造. 科学学研究, 25(增刊): 139-143.

周凯. 2010-11-15. 创新人才难产, 怪学校还是怪文化. 中国青年报, 3 版.

周立军, 李亦非, 赵红. 2013. 青少年科学素养的形成机理研究. 科研管理, 34(5): 153-160.

周楠. 2013. 梁刘柔芬谈企业家精神: 坚持、不放弃且追求完美. http://news.takungpao. com/public/q/2013/0315/1372957.html[2013-03-15].

周玉华. 2012-06-11. 企业家精神与企业成长. 经济日报, 3 版.

朱琳, 叶松庆. 2016. 当代青少年道德教育的现状与对策研究. 教育科学, 32(1): 20-26.

祝君, 尹晓婧. 2015-12-31. 当下大学生总体创业意愿不高——一项关于北京高校大学生创业意愿的调查. 中国青年政治学院校报, 5 版.

邹广严. 2015-05-23. 提高企业家素质, 发扬企业家精神, 为保持新常态下经济稳定发展而奋斗. 企业家日报, 2 版.

R. L. 韦伯. 1985. 诺贝尔物理学奖获得者(1901—1984). 李应刚, 宁存政译. 上海: 上海翻译出版公司: 186.

Kao R W Y, Liang T W. 2001. Entrepreneurship and Enterprise Development in Asia. Englewood: Prentice Hall.

后　记

　　自从 2015 年 1 月荣幸应承了国家软科学研究计划出版项目，欣喜与自豪像闪电般掠过之后，飘然而至的是巨石压心，如芒在背。耿耿于多少个不眠之夜，流淌了无数次愉悦之情，心甘情愿地沉浸于心悦与体困交织、惬意与烦苦并存的矛盾之中，无意也无力自拔，唯有心无旁骛，铆足干劲，克难驱险，方可重迎红日一轮，再沐缕缕喜光。

　　适逢拙作面世，谨向科技部国家软科学研究计划出版项目管理办公室的领导、同志与科学出版社的领导、编辑老师表示衷心感谢！谨向安徽师范大学领导与安徽师范大学科研处领导及老师、《安徽师范大学学报》编辑部领导及同事、安徽师范大学马克思主义学院领导及老师、历史与社会学院的领导及老师表示衷心的感谢！

　　同时，向为调研作出贡献的我在安徽师范大学物理系工作时期的学生们（现都是中学教育的骨干）以及现在安徽师范大学政治学院、历史与社会学院毕业和在读的学生们表示诚挚的谢意，向为调研提供方便与条件的知姓名与不知姓名的中学领导与朋友们表示诚挚感谢！向热情帮助过我的所有人士致以诚挚的谢意！

　　在调研、撰稿、统稿工作中，荣梅、陈寿弘、叶超给予了帮助。在调研与数据统计及文稿初校过程中，廖仲明、崔玉凤、张磊、徐玲、龚伟、王良欢、李伟龙、吴巍、徐辉、徐青青、吴笛、罗永、王淑清、卢慧莲、侯贤婷、刘燕、郭瑞等做了较多工作。在此深表谢意！

　　囿于视界与水平，拙作难免良莠共生，诚盼不吝赐教。

叶松庆

2018 年 6 月于安徽师范大学赭山校区